Eberhard Ehlers

Analytik I – Prüfungsfragen

Ruth Deeg
5. Semester
ruth.deeg@stud.uni-greifswald.de
10 €

404

Eberhard Ehlers

Analytik I
Prüfungsfragen

Beiheft
Lösungen der MC-Fragen

Deutscher Apotheker Verlag

Erklärung der Aufgabentypen

Aufgabentyp A1: Einfachauswahl

*Erläuterung: Auf eine Frage oder unvollständige Aussage folgen bei diesem Aufgabentyp fünf mit (A)–(E) gekennzeichnete Antworten oder Ergänzungen, von denen Sie eine **einzige** auswählen sollen und zwar*
*entweder die **einzig** richtige*
*oder die **beste** von mehreren möglichen.*

Lesen Sie immer alle Antwortmöglichkeiten durch, bevor Sie sich für eine Lösung entscheiden.

Aufgabentyp A2: Einfachauswahl

*Erläuterung: Diese Aufgaben sind so formuliert, dass Sie aus den angebotenen Antwortalternativen jeweils die einzig **nicht** zutreffende wählen sollen.*

Aufgabentyp B: Aufgabengruppe mit gemeinsamem Antwortangebot – Zuordnungsaufgaben:

Erläuterung: Jede dieser Aufgabengruppen besteht aus
a) einer Liste mit nummerierten Begriffen, Fragen oder Aussagen (Liste 1 = Aufgabengruppe)
b) einer Liste von fünf durch die Buchstaben (A)–(E) gekennzeichneten Antwortmöglichkeiten (Liste 2).

Sie sollen zu jeder nummerierten Aufgabe der Liste 1 aus der Liste 2 die eine Antwort (A)–(E) auswählen, die Sie für zutreffend halten oder von der Sie meinen, dass sie im engsten Zusammenhang mit dieser Aufgabe steht. Bitte beachten Sie, dass jede Antwortmöglichkeit (A)–(E) auch für mehrere Aufgaben der Liste 1 die Lösung darstellen kann.

Aufgabentyp A2: Aussagekombination

Erläuterung: Dieser Aufgabentyp besteht aus
a) einer Frage oder unvollständigen Aussage,
b) mehreren durch eingeklammerte Zahlen gekennzeichneten Aussagen sowie
c) mit den Buchstaben (A)–(E) gekennzeichneten Antworten (Aussagekombination).

Wählen Sie bitte die zutreffende Lösung unter den fünf vorgegebenen Aussagekombinationen (A)–(E) aus.

Grundsätzliche Hinweise

1. Der in einer Prüfungsaufgabe angesprochene Sachverhalt bezieht sich grundsätzlich auf den naturwissenschaftlich einfachsten Fall und auf Standard- bzw. Normalbedingungen, es sei denn, dass besondere Gegebenheiten ausdrücklich genannt werden.
2. Angaben im Aufgabenstamm (z. B. chemische Formeln, Befunde usw.) sind stets als richtig zu unterstellen. Nur die fünf Antwortmöglichkeiten sind von Ihnen zu beurteilen.

Lösungen der MC-Fragen

1	D	41	C	81	B	121	B
2	C	42	D	82	A	122	E
3	E	43	B	83	A	123	A
4	D	44	B	84	E	124	E
5	C	45	E	85	A	125	C
6	E	46	A	86	A	126	E
7	E	47	D	87	A	127	D
8	D	48	A	88	D	128	C
9	C	49	E	89	B	129	E
10	C	50	D	90	D	130	E
11	A	51	E	91	A	131	A
12	E	52	E	92	B	132	A
13	B	53	C	93	A	133	E
14	A	54	C	94	B	134	C
15	D	55	A	95	A	135	B
16	A	56	A	96	A	136	D
17	C	57	D	97	B	137	D
18	B	58	B	98	B	138	C
19	A	59	D	99	D	139	C
20	D	60	D	100	A	140	C
21	E	61	C	101	C	141	C
22	A	62	E	102	E	142	D
23	A	63	B	103	E	143	C
24	B	64	C	104	E	144	E*
25	D	65	B	105	D	145	E
26	D	66	A	106	C	146	D
27	D	67	B	107	A	147	E
28	C	68	E	108	B	148	E
29	C	69	E	109	B	149	C
30	B	70	E	110	A	150	C
31	A	71	D	111	A	151	B
32	C	72	A	112	E	152	D
33	C	73	B	113	E	153	E
34	B	74	E	114	E	154	C
35	E	75	B	115	B	155	C
36	B	76	E	116	A	156	B
37	B	77	B	117	C	157	E
38	D	78	E	118	A	158	B
39	E	79	A	119	C	159	E
40	C	80	B	120	D	160	B

161	C	211	C	261	B	311	D
162	E	212	C	262	C	312	D
163	B	213	B	263	C	313	B
164	E	214	B	264	D	314	D
165	E	215	A	265	D	315	C
166	E	216	A	266	D	316	E
167	B	217	E	267	C	317	D
168	D	218	D	268	B	318	D
169	B	219	D	269	D	319	C
170	B	220	E	270	C	320	C
171	B	221	E	271	A	321	D
172	C	222	E	272	B	322	B
173	B	223	A	273	D	323	B
174	B	224	C	274	E	324	A
175	D	225	E	275	A	325	A
176	A	226	A	276	E	326	C
177	E	227	B	277	C	327	D
178	A	228	B	278	A	328	C
179	C	229	A	279	D	329	E
180	D	230	A	280	D	330	E
181	C	231	C	281	E	331	B
182	A	232	E	282	E	332	E
183	C	233	C	283	D	333	E
184	A	234	E	284	D	334	B
185	E	235	A	285	D	335	D
186	D	236	D	286	E	336	D
187	A	237	D	287	D	337	E
188	D	238	E	288	C	338	B
189	E	239	E	289	D	339	A
190	E	240	E	290	B	340	C
191	E	241	A	291	B	341	C
192	D	242	C	292	E	342	B
193	A	243	C*	293	E	343	C
194	B	244	A*	294	A	344	D
195	B	245	D	295	E	345	C
196	A	246	C	296	C	346	E
197	E	247	C	297	C	347	D
198	D	248	B	298	C	348	E
199	C	249	C	299	B	349	E
200	D	250	D	300	B	350	A
201	B	251	A	301	C	351	B
202	D	252	C	302	B	352	E
203	C	253	A	303	D	353	E
204	E	254	B	304	C	354	B
205	B	255	E	305	B	355	C
206	E	256	A	306	C	356	E
207	E	257	A	307	B	357	C
208	E	258	B	308	A	358	B
209	E	259	D	309	A	359	A
210	B	260	E	310	B	360	D

361	D	411	D	461	E	511	E
362	B	412	A	462	B	512	B
363	E	413	B	463	E	513	C
364	E	414	D	464	E	514	C
365	C	415	E	465	C	515	D
366	B	416	E	466	A	516	D
367	C	417	D	467	B	517	D
368	E	418	B	468	A	518	D
369	E	419	D	469	C	519	A
370	E	420	E	470	C	520	E
371	A	421	A	471	B	521	E
372	D	422	E	472	A	522	D
373	C	423	E	473	D	523	D
374	B	424	E	474	B	524	C
375	C	425	D	475	D	525	D
376	A	426	E	476	C	526	E
377	E	427	E	477	E	527	E
378	D	428	D	478	C	528	D
379	A	429	C*	479	D	529	D
380	E	430	D	480	A	530	B
381	E	431	E	481	A	531	D*
382	C	432	E	482	C	532	E
383	D	433	E	483	C	533	A
384	E	434	D	484	A	534	D
385	C	435	A	485	A	535	D
386	D	436	C	486	E	536	A
387	D	437	A	487	D	537	D
388	B	438	E	488	E	538	A
389	E	439	C	489	B	539	B
390	C	440	A	490	E	540	E
391	E	441	D	491	A	541	D
392	E	442	C	492	E	542	D
393	A	443	B	493	B*	543	B
394	D	444	C	494	B	544	E
395	B	445	B	495	D*	545	B
396	E	446	B	496	D	546	E
397	E	447	E	497	C	547	E
398	B	448	B	498	C*	548	D
399	E	449	D	499	A	549	E
400	E	450	C	500	D	550	E
401	C	451	E	501	C	551	E
402	C	452	B	502	D	552	E
403	E	453	C	503	A	553	D
404	A	454	B	504	B	554	E
405	A	455	C	505	D	555	D
406	E	456	E	506	D	556	C
407	E	457	B	507	D	557	D
408	D	458	A	508	D	558	A
409	D	459	D	509	C*	559	E
410	B	460	B	510	C	560	D

561	B	611	E	661	E	711	D
562	E	612	E	662	E	712	A
563	B	613	E	663	B	713	C
564	A	614	A*	664	B	714	D
565	E	615	B	665	B	715	B
566	C	616	C*	666	D	716	A
567	B	617	E	667	E	717	B
568	D	618	E	668	D	718	B
569	E	619	C	669	D	719	B
570	E	620	C	670	B	720	E
571	C	621	E	671	D	721	B
572	C	622	A	672	B	722	B
573	C	623	D	673	C	723	C
574	D	624	E	674	E	724	E
575	B	625	D	675	C	725	B
576	B	626	D	676	D	726	E
577	A	627	C	677	D	727	E
578	E	628	A	678	B	728	B
579	A	629	E	679	A	729	A
580	E	630	C	680	D	730	B
581	D	631	A	681	D	731	E
582	B	632	A	682	B	732	D*
583	B	633	B	683	D	733	A*
584	B	634	C	684	D	734	C
585	C	635	A	685	D	735	D
586	B	636	B	686	E	736	D
587	D	637	C	687	D	737	E
588	B	638	D	688	C	738	C
589	C	639	A	689	D	739	C
590	E	640	E	690	E	740	C
591	A	641	A	691	C	741	C
592	E	642	D	692	C	742	E
593	E	643	D	693	E	743	C
594	E	644	D	694	C	744	E
595	A	645	D	695	A	745	D
596	A	646	D	696	D	746	C
597	A	647	A	697	A	747	E
598	C	648	D	698	B	748	D
599	C	649	B	699	C	749	D
600	E	650	E	700	E	750	C*
601	A	651	B	701	E	751	B
602	A	652	E	702	D	752	D
603	E	653	E	703	E	753	D
604	B	654	E	704	D	754	E
605	E	655	A	705	D	755	C
606	C	656	E	706	D	756	B
607	E	657	C	707	B	757	C
608	C	658	A	708	C	758	A
609	B	659	B	709	C	759	B
610	A	660	B	710	D	760	E

761 A
762 B
763 C
764 B
765 A
766 C
767 E
768 B
769 C
770 B

771 B
772 B
773 B
774 E
775 A
776 C
777 C
778 A
779 D
780 E

781 A
782 E
783 A
784 A
785 C
786 B
787 D
788 A
789 B
790 B

791 C
792 B
793 A
794 D
795 C*
796 C
797 D
798 D
799 B
800 E

801 D
802 A*
803 A
804 D*
805 B
806 E*
807 C
808 D
809 D
810 C

811 B
812 A
813 E
814 D
815 C
816 E
817 A
818 D
819 B
820 D

821 B
822 D
823 D
824 B
825 B
826 B
827 D
828 D
829 A
830 D

831 B
832 E
833 D
834 C
835 E
836 C
837 A
838 A
839 D
840 E

841 B
842 C
843 E
844 E
845 E
846 B
847 B
848 D
849 B
850 D

851 B
852 A
853 D
854 A
855 B
856 D
857 B
858 C
859 D
860 E

861 E
862 E
863 D
864 D
865 E
866 B
867 C
868 E
869 B
870 C

871 A
872 D
873 D
874 E
875 D
876 C
877 E
878 D
879 B
880 D

881 D
882 B
883 B
884 E
885 C
886 D
887 B
888 B
889 C
890 B

891 B
892 C
893 C
894 C
895 C
896 C
897 D
898 C
899 E
900 C

901 C
902 C
903 E
904 C
905 C
906 B
907 B
908 E
909 E
910 A

911 E
912 B
913 C
914 D

Anmerkungen zu einzelnen MC-Fragen

Im Abschnitt „Lösungen der MC-Fragen" sind einige Antworten zu Fragen nach Arzneibuchmethoden mit einem Stern (*) gekennzeichnet. Die gegebenen Antworten sind ***zutreffend***, entsprechen jedoch nicht mehr in allen Einzelheiten den aktuellen Methoden des Ph.Eur.7. Darüber hinaus bestehen bei einigen Fragen Unklarheiten bezüglich der Formulierung des Aufgabentextes.

[144] Ph.Eur. 7 lässt die Grenzprüfung auf Fluorid-Ionen kolorimetrisch mit dem rot gefärbten Cer(III)-Aminomethylalizarindiessigsäure-Komplex durchführen (siehe Frage Nr. 146). Eine alternative Bestimmung ist die Titration der gebildeten Fluorid-Ionen mit Thoriumtetranitrat gegen Alizarin S in Gegenwart von Stärke-Lösung oder die potentiometrische Titration gegen eine Fluorid-sensitive Elektrode.

[243] Antwort (D) in Frage Nr. 243 und Antwortalternative (A) in Frage Nr. 244 wider-
[244] sprechen sich. Einige Lehrbücher empfehlen, für den Carbonat-Nachweis die Vorlage mit Kalkwasser anstatt mit Barytwasser zu beschicken. Eine einsichtige Begründung hierfür wird aber nicht angegeben.

[429] Bei der Prüfung auf „Blei in Zuckern" setzt Ph.Eur. 7 Ammoniumpyrrolidincarbodithi-
[495] oat als Komplexbildner ein, während andere Arzneibücher Dithizon verwenden.

[493] Die Fällung von gelbem Natriummagnesiumuranylacetat ist eine mögliche Identitätsprüfung auf Natrium, jedoch setzt Ph.Eur.7 Kaliumhexahydroxoantimonat(V) oder Methoxyphenylessigsäure als Nachweisreagenzien ein.

[498] Ph.Eur.7 setzt zum Nachweis von Kalium-Ionen Weinsäure oder Natriumhexanitrocobaltat(III) als Fällungsreagenzien ein, während zur Grenzprüfung auf Kalium-Ionen Natriumtetraphenylborat-Reagenz verwendet wird.

[509] Abgebildet ist ein Teil des Gerätes zur „Bestimmung der Siedetemperatur" nach DAB.

[531] Kohlenmonoxid kann mit Wasser zu Wassergas (CO_2/H_2) reagieren [$CO + H_2O + 1000\,°C \rightarrow CO_2 + H_2$], jedoch ist die Kohlendioxid-Konvertierung nur wenig für eine rasche analytische Identifizierung von Wasser geeignet. Antwort (D) ist daher als die am wenigsten zutreffende Antwortalternative als Lösung anzukreuzen.

[614] 4-Aminoantipyrin und Aminopyrazolon (siehe Frage Nr. 615) sind synonyme Begriffe
[616] für ein und dasselbe Reagenz.

[732] Citrat wird durch Permanganat zu Acetondicarbonsäure oxidiert, die ein schwer lösliches Quecksilber(II)-Salz bildet. Ph.Eur.7 hingegen weist das aus Acetondicarbonsäure durch Decarboxylierung gebildete Aceton mit Nitroprussidnatrium mittels Legalscher Probe nach.

[733] Lactat ergibt eine positive Iodoform-Reaktion. Ph.Eur.7 lässt jedoch Lactat mit Bromwasser zu Brenztraubensäure oxidieren, die zu Acetaldehyd decarboxyliert. Letzterer wird mit Nitroprussidnatrium mittels Legalscher Probe nachgewiesen.

[750] Als Sörensen-Titration bezeichnet man die alkalimetrische Bestimmung von Aminosäuren nach Zusatz von Formaldehyd-Lösung. Antwort (C) ist somit korrekt. Die Diazotierung von Aminosäuren mit Salpetriger Säure [Antwort E] und anschließende volumetrische Messung des freigesetzten Stickstoffs wird als van Slyke-Methode bezeichnet.

[795] Antwortalternative (4) ist zutreffend, aber Ph.Eur. 7 lässt den Methanol-Gehalt in „Ethanol, wasserfreies" gaschromatographisch bestimmen.

[802] Titanylsulfat $[TiO]SO_4$ – mit vierwertigem Titan – reagiert mit Wasserstoffperoxid (H-O-O-H) oder Hydroperoxiden (R-O-O-H) zu *orange* gefärbtem Peroxotitanylsulfat $[TiO_2]SO_4$. In der angegebenen Reagenzienkombination (A) $TiSO_4/H_2SO_4$ liegt hingegen zweiwertiges Titan vor.

[804] Primäre aromatische Amine können mit 4-Dimethylaminobenzaldehyd (Ehrlichs Reagenz) nachgewiesen werden, allerdings nutzt Ph.Eur.7 nach vorheriger Diazotierung mit Natriumnitrit nur die Azokupplung mit 2-Naphthol als Identitätsprüfung auf primäre aromatische Amine.

[806] Die vorgegebene Antwortalternative ist korrekt. Ph.Eur. 7 verwendet jedoch zum Barbiturat-Nachweis die Reagenzienkombination methanolische Cobalt(II)-nitrat-Lösung/Calciumchlorid/Natriumhydroxid-Lösung (siehe Frage Nr. 809).

Analytik I
Prüfungsfragen

Kommentierte Originalfragen bis Herbst 2011
Qualitative pharmazeutische Analytik

Eberhard Ehlers, Hofheim/Taunus

Mit Beiheft: Lösungen der MC-Fragen

Deutscher Apotheker Verlag

Der Autor

Professor Dr. Eberhard Ehlers
Lorsbacher Str. 54B
65719 Hofheim/Taunus

Studium der Chemie in Frankfurt/Main, 1970 Diplomarbeit in Organischer Chemie, 1974 Promotion in Pharmazeutischer Chemie. 1976 Lehrauftrag für Pharmazeutische Chemie an der Universität Frankfurt/Main, 1987 Habilitation und Venia legendi im Fach Pharmazeutische Chemie ebendort. 1975 bis 2006 Tätigkeiten in Forschung und Management in der Pharmazeutischen Industrie.

Autor mehrerer Kurzlehrbücher für qualitative und quantitative Analytik sowie anorganische und organische Chemie beim Deutschen Apotheker Verlag.

Bibliographische Information der Deutschen Bibliothek
Die Deutsche Bibliothek verzeichnet diese Publikation in der Deutschen Nationalbibliographie; detaillierte bibliographische Daten sind im Internet unter http://dnb.d-nb.de abrufbar.

ISBN 978-3-7692-5773-1

Birkenwaldstr. 44, 70191 Stuttgart
www.deutscher-apotheker-verlag.de
Printed in Germany
Satz: primustype R. Hurler GmbH, Notzingen
Druck und Bindung: AZ Druck- und Datentechnik, Berlin
Umschlaggestaltung: Atelier Schäfer, Esslingen

Vorwort

Für das Fach **„Grundlagen der pharmazeutischen Analytik"** des 1. Abschnittes der Pharmazeutischen Prüfung verlangt die Prüfungsstoffliste Kenntnisse über folgende Themen:
- Klassische qualitative Analyse (behandelt im Band Ehlers, **Analytik I**, als Teil 1–3),
- Klassische quantitative Analyse (behandelt im Band Ehlers, **Analytik II** als Teil 4–10),
- Instrumentelle Analyse (behandelt im Band Ehlers, **Analytik II**, als Teil 11–14).

Unter Beibehaltung des bewährten Konzeptes mit getrennten Bänden für die Prüfungsfragen und das Kurzlehrbuch liegt jetzt die neue Auflage der **Analytik I – Prüfungsfragen 1979–2011** vor. Einige Fragen aus den Physikprüfungen, die Themen der qualitativen Analyse (Schmelztemperatur, Dichte u.a.) behandeln, wurden mit aufgelistet.

Der Fragenband enthält **914 Multiple choice-Fragen** der **klassischen qualitativen Analyse** bis einschließlich **Herbst 2011**. Wiederholt gestellte Fragen sind mit einem Stern (*) gekennzeichnet.

Im ersten Teil sind 821 Fragen der klassischen qualitativen Analyse bis Herbst 2008 thematisch in 3 Kapiteln nach den Prüfungsanforderungen (Anlage 13 der AAppO vom 19. Juli 1989 in der Fassung vom 14. Dezember 2000) geordnet. Diese Gliederung lehnt sich an den Gegenstandskatalog des IMPP (Institut für medizinische und pharmazeutische Prüfungsfragen) für das Fach „Grundlagen der pharmazeutischen Analytik" an. Daran schließen sich 93 neue Fragen der Prüfungen vom Frühjahr 2009 bis Herbst 2011 an.

Die Prüfungsfragen bis einschließlich Herbst 2009 werden in der neuen 10. Auflage des Kurzlehrbuches Analytik I ausführlich kommentiert.

Der vorliegende Band „Analytik I – Prüfungsfragen 2011" bietet aber eine **wichtige Neuerung**! Obwohl die Originalfragen im Kurzlehrbuch unmittelbar oder in allgemeiner Form kommentiert werden, hat die Vergangenheit gezeigt, dass manche Lösungsangebote für die gestellten Fragen von den Prüfungskandidaten nicht rasch und eindeutig nachzuvollziehen sind. Es bestand seitens der Pharmaziestudenten der dringende Wunsch nach einer **direkten Kommentierung** der gestellten Aufgaben und somit nach einer höheren Transparenz für die Richtigkeit der vorgegebenen Lösungen.

Darüber hinaus existieren viele Fragen, die verschiedenartige Lerninhalte ansprechen. Auch können unterschiedliche Eigenschaften ein und desselben Stoffes zu Fragen führen, die verschiedenen Kapiteln zu zuordnen sind. Eine stärkere Vernetzung durch Querverweise wäre daher für ein umfassendes und rasches Lernen des Prüfungsstoffes hilfreich.

Das vorliegende Buch versucht nun diese Lücken zu schließen, indem die Fragen zur klassischen qualitativen Analyse kommentiert und die richtigen Lösungen erklärt werden. Die Kommentierung der Prüfungsfragen lehnt sich in Text und Abbildungen sehr eng an die gestellten Aufgaben an.

Fragenteil mit Kommentar sowie das Kurzlehrbuch bilden eine Lerneinheit! Einige Fragen, die unterschiedliche Themen ansprechen, werden mehrmals an verschiedenen Stellen des Buches kommentiert. Durch die gewählte Form ist es möglich, alle Fragen, welche gleiche oder ähnliche Themen zum Inhalt haben, auf einen Blick zu erfassen.

Bei der Kommentierung werden deshalb all jene Fragen (aus anderen Prüfungsabschnitten) mit aufgelistet, die Teile des gleichen Prüfungsstoffes beinhalten. Davon verspreche ich mir eine Intensivierung der Prüfungsvorbereitungen. Die Kenntnisse über die Lerninhalte und die Fragenvielfalt können schneller und umfassender erarbeitet werden.

Ich hoffe, dass die zusätzliche Kommentierung von Prüfungsfragen den Studenten der Pharmazie beim Erarbeiten des Lehrstoffes sowie bei ihren Prüfungsvorbereitungen nützliche Dienste leisten kann. Ich wünsche allen Studierenden der Pharmazie viel Erfolg im 1. Abschnitt des Staatsexamens bzw. bei ihren jeweiligen Semesterabschlussprüfungen.

Mein Dank gilt vielen Pharmaziestudenten für wertvolle Hinweise und Anregungen zur Verbesserung ihrer Prüfungssituation durch entsprechendes Lehr- und Lernmaterial. Dem Lektorat Pharmazie des Deutschen Apotheker Verlages danke ich für die Unterstützung und tatkräftige Mithilfe bei der Realisierung des neuen Lernkonzeptes.

Hofheim am Taunus, im Herbst 2012 Eberhard Ehlers

Inhaltsverzeichnis

Kommentare

Beiheft

Klassische qualitative Analytik

1 Grundlagen und allgemeine Arbeitsweisen der qualitativen anorganischen Analyse

1.1 Grundbegriffe, Validierung

1* Welche Aussage trifft zu?
Unter der Grenzkonzentration einer Nachweisreaktion versteht man

(A) die Maximalkonzentration an nachzuweisender Substanz, die beim Nachweis nicht überschritten werden darf
(B) die mindestens erforderliche Konzentration an Nachweisreagenz
(C) die maximal zulässige Konzentration an Nachweisreagenz, bei der noch keine störende Komplexbildung auftritt
(D) die Minimalkonzentration an nachzuweisender Substanz, die noch einen positiven Nachweis ergibt
(E) die Mindestmasse an Substanz (in µg), die noch einen positiven Nachweis ergibt

2* Welche Aussagen treffen zu?
Die übliche Angabe, dass der Wert für die Grenzkonzentration für einen Nachweis 10^{-4} (entsprechend 100 ppm) sei, bedeutet, dass die Reaktion positiv ausfällt, wenn

(1) mindestens 10^{-4} g Substanz in 1 ml gelöst sind
(2) mindestens 1 g Substanz in 10^4 ml gelöst ist
(3) das Löslichkeitsprodukt der Substanz höchstens 10^{-4} beträgt
(4) mindestens 10^{-4} g Substanz gelöst sind

(A) nur 2 ist richtig
(B) nur 3 ist richtig
(C) nur 1 und 2 sind richtig
(D) nur 1 und 3 sind richtig
(E) 1–4 = alle sind richtig

3 Welche Aussagen treffen zu?
Selektivität (in der klassischen qualitativen Analyse) kann sich beziehen auf:

(1) Elemente
(2) Stoffe
(3) funktionelle Gruppen
(4) Elementspezies (z. B. Oxidationsstufen)

(A) nur 4 ist richtig
(B) nur 1 und 2 sind richtig
(C) nur 1, 2 und 3 sind richtig
(D) nur 1, 3 und 4 sind richtig
(E) 1–4 = alle sind richtig

4 Welche der folgenden Strategien des Arzneibuchs dienen der Erhöhung der Selektivität?

(1) Kombination verschiedener Reaktionen
(2) Trennung der Reaktionsräume zweier aufeinander folgender Reaktionen
(3) Verbesserung der Empfindlichkeit
(4) Ausschluss ähnlich reagierender Stoffe durch zusätzliche Reaktionen
(5) Erhöhung der Robustheit der eingesetzten Nachweise

(A) nur 1 und 5 sind richtig
(B) nur 2 und 3 sind richtig
(C) nur 2 und 4 sind richtig
(D) nur 1, 2 und 4 sind richtig
(E) 1–5 = alle sind richtig

1.2 Vorproben

Flammenfärbung

5* Welche der folgenden Verbindungen ergeben eine grüne Flammenfärbung, wenn sie in die nichtleuchtende Bunsenflamme gebracht werden?

(1) $FeSO_4$
(2) $Cu(NO_3)_2$
(3) $BaCl_2$
(4) $B(OCH_3)_3$
(5) Cs_2SO_4

(A) nur 1 ist richtig
(B) nur 3 ist richtig
(C) nur 2, 3 und 4 sind richtig
(D) nur 1, 2, 3 und 4 sind richtig
(E) 1–5 = alle sind richtig

6* Welche der folgenden Verbindungen ergeben eine grüne oder blaugrüne Flammenfärbung, wenn sie in die nichtleuchtende Bunsenflamme gebracht werden?

(1) SnO_2
(2) $CuCl_2$
(3) $BaCl_2$
(4) $B(OCH_3)_3$
(5) Cr_2O_3

(A) nur 2 ist richtig
(B) nur 4 ist richtig
(C) nur 1 und 4 sind richtig
(D) nur 2 und 5 sind richtig
(E) nur 2, 3 und 4 sind richtig

7* Welche der folgenden Verbindungen ergeben eine grüne oder blaugrüne Flammenfärbung, wenn sie in die nichtleuchtende Bunsenflamme gebracht werden?

(1) As_2O_3
(2) $CuCl_2$
(3) $BaCl_2$
(4) $B(OCH_3)_3$
(5) K_2SO_4

(A) nur 2 ist richtig
(B) nur 4 ist richtig
(C) nur 1 und 4 sind richtig
(D) nur 2 und 5 sind richtig
(E) nur 2, 3 und 4 sind richtig

8 Welche der folgenden Verbindungen ergeben eine grüne oder blaugrüne Flammenfärbung, wenn sie in die nichtleuchtende Bunsenflamme gebracht werden?

(1) $NiSO_4$
(2) $CuCl_2$
(3) $BaCl_2$
(4) $B(OCH_3)_3$
(5) Tl_2SO_4

(A) nur 1 ist richtig
(B) nur 3 ist richtig
(C) nur 1, 2, 3 und 4 sind richtig
(D) nur 2, 3, 4 und 5 sind richtig
(E) 1–5 = alle sind richtig

9 Welche Aussagen treffen zu?
Eine rote Flammenfärbung tritt auf, wenn folgende Verbindung in die nichtleuchtende Bunsenflamme gebracht wird:

(1) $Ni(OH)_2$
(2) Li_2CO_3
(3) $SrCl_2$
(4) MnO_2
(5) $Cd(OH)_2$

(A) nur 2 ist richtig
(B) nur 1 und 2 sind richtig
(C) nur 2 und 3 sind richtig
(D) nur 4 und 5 sind richtig
(E) nur 1, 2, 3 und 5 sind richtig

10* Welche Aussagen treffen zu?
Eine rote Flammenfärbung tritt auf, wenn folgende Verbindung in die nichtleuchtende Bunsenflamme gebracht wird:

(1) $Fe(OH)_3$
(2) $LiCl$
(3) $SrCl_2$
(4) $NaCl$
(5) $CuCl_2$

(A) nur 2 ist richtig
(B) nur 1 und 2 sind richtig
(C) nur 2 und 3 sind richtig
(D) nur 4 und 5 sind richtig
(E) nur 1, 2, 3 und 5 sind richtig

11 Welche der folgenden Verbindungen ergibt **keine** grüne oder blaugrüne Flammenfärbung, wenn sie in die nichtleuchtende Bunsenflamme gebracht wird?

(A) $NiSO_4$
(B) $CuCl_2$
(C) $BaCl_2$
(D) $B(OCH_3)_3$
(E) Tl_2SO_4

12 Welche der folgenden Metallchloride kann **nicht** durch Flammenfärbung erkannt werden?

(A) LiCl
(B) KCl
(C) NaCl
(D) $CaCl_2$
(E) $ZnCl_2$

13 Welche Aussage trifft zu?
Die rote Flammenfärbung einer Bunsenflamme bei Einbringen von Lithiumchlorid wird hervorgerufen durch:

(A) Li-Ionen
(B) Li-Atome
(C) LiCl-Moleküle
(D) Li_2-Moleküle
(E) freie Elektronen

14 Welche Aussage trifft zu?
Der Nachweis von Lithium in Lithiumsalzen wird nach Arzneibuch durch das Auftreten einer Flammenfärbung geführt. Dabei ist folgende Färbung zutreffend:

(A) rot
(B) gelb
(C) grün
(D) blau
(E) violett

15* Was enthält ein Handspektroskop typischerweise **nicht**?

(A) Abbildungslinse (Sammellinse)
(B) Eintrittsspalt
(C) Amici-Prisma (Geradsichtprisma)
(D) Nicolsches Prisma
(E) Wellenlängenskala

16 Folgende Abbildung zeigt schematisch den Aufbau eines Handspektroskops.
Welches Bauteil in diesem Aufbau ist dafür verantwortlich, dass beim Betrachten einer Natrium-Flamme eine gelbe Linie (und nicht etwa ein Punkt) beobachtet wird?

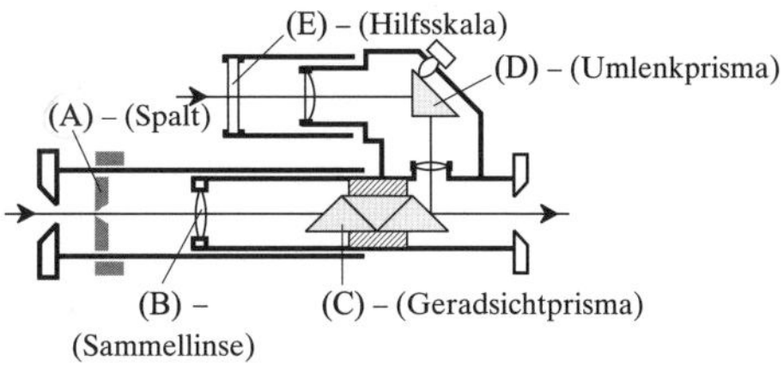

17* Folgende Abbildung zeigt schematisch den Aufbau eines Handspektroskops.
Durch welches Bauteil erfolgt dabei die Zerlegung des Lichtes?

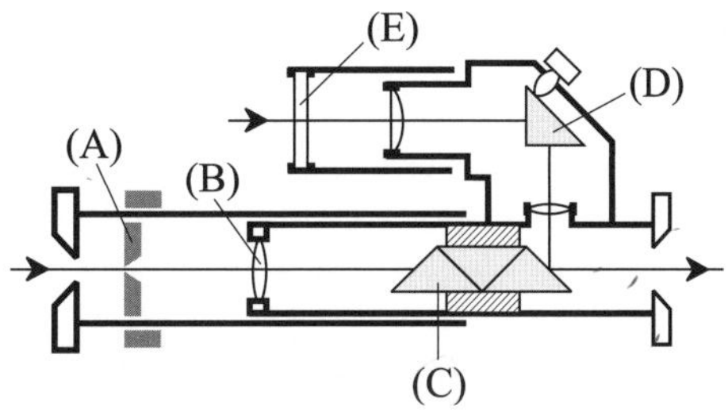

Oxidationsschmelze

18* Welche Aussage trifft zu?
Die beim Mangan-Nachweis in der Oxidationsschmelze (Na_2CO_3/KNO_3) eines Mangan(II)-Salzes ablaufende Reaktion lässt sich wie folgt formulieren (von Folgereaktionen sei hier abgesehen):

(A) $2\,Mn^{2+} + 3\,NO_3^- + 2\,CO_3^{2-} \rightarrow 2\,MnO_4^{2-} + 3\,NO_2^- + 2\,CO_2$
(B) $Mn^{2+} + 2\,NO_3^- + 2\,CO_3^{2-} \rightarrow MnO_4^{2-} + 2\,NO_2^- + 2\,CO_2$
(C) $3\,Mn^{2+} + 5\,NO_3^- + 2\,CO_3^{2-} \rightarrow 3\,MnO_4^- + 5\,NO + 2\,CO_2$
(D) $2\,Mn^{2+} + 5\,NO_3^- + 3\,CO_3^{2-} \rightarrow 2\,MnO_4^- + 5\,NO_2^- + 3\,CO_2$
(E) $Mn^{2+} + 2\,NO_3^- + 2\,CO_3^{2-} \rightarrow MnO_2 + 2\,NO_2^-$

19* Welche Aussage trifft zu?
Wird die zum Mangan-Nachweis hergestellte Oxidationsschmelze (Na_2CO_3/KNO_3) in Wasser gelöst und diese Lösung mit verdünnter Essigsäure angesäuert, tritt eine Disproportionierung gemäß folgender Reaktionsgleichung ein:

(A) $3\,MnO_4^{2-} + 4\,H^+ \rightarrow 2\,MnO_4^- + MnO_2 + 2\,H_2O$
(B) $2\,MnO_2 + 4\,H^+ \rightarrow MnO_4^{2-} + Mn^{2+} + 2\,H_2O$
(C) $2\,MnO_4^{2-} + 4\,H^+ \rightarrow MnO_4^- + MnO_2 + 2\,H_2O$
(D) $3\,MnO_4^- + 4\,H^+ \rightarrow MnO_4^{2-} + 2\,MnO_2 + 4\,H_2O$
(E) $5\,MnO_4^{2-} + 8\,H^+ \rightarrow 4\,MnO_4^- + Mn^{2+} + 4\,H_2O$

20* Welche der folgenden Reaktionen können beim Mangan-Nachweis mittels einer alkalisch-oxidierenden Schmelze (Na_2CO_3/KNO_3) zu der Grünfärbung der Schmelze beitragen?

(1) $3\,Mn^{2+} + 5\,NO_3^- \rightarrow 3\,MnO_4^- + 5\,NO + 2\,CO_2$
(2) $Mn^{2+} + 2\,NO_3^- + 2\,CO_3^{2-} \rightarrow MnO_4^{2-} + 2\,NO_2^- + 2\,CO_2$
(3) $Mn^{2+} + 4\,NO_2^- \rightarrow MnO_4^{2-} + 4\,NO$
(4) $2\,Mn^{2+} + 3\,NO_3^- + 2\,CO_3^{2-} \rightarrow 2\,MnO_4^{2-} + 3\,NO_2^- + 2\,CO_2$

(A) nur 1 ist richtig
(B) nur 4 ist richtig
(C) nur 1 und 2 sind richtig
(D) nur 2 und 3 sind richtig
(E) nur 3 und 4 sind richtig

21 Welche Aussage trifft zu?
Chrom(III)-oxid wird zu seiner qualitativen Analyse üblicherweise aufgeschlossen mittels:

(A) Soda-Pottasche-Schmelze
(B) Freiberger Aufschluss (Schmelze mit Soda + Schwefel)
(C) Königswasser (unter Erhitzen)
(D) NaOH-Schmelze
(E) Oxidationsschmelze mit Na_2CO_3/KNO_3

22* Chrom(III)-oxid kann durch eine Oxidationsschmelze aufgeschlossen werden.
Welche der folgenden Gleichungen beschreibt den chemischen Vorgang?

(A) $Cr_2O_3 + 3\,NaNO_3 + 2\,Na_2CO_3 \rightarrow 2\,Na_2CrO_4 + 3\,NaNO_2 + 2\,CO_2\uparrow$
(B) $Cr_2O_3 + 2\,Na_2CO_3 + NaNO_3 \rightarrow 2\,Na_2CrO_4 + NaNO_2 + 2\,CO\uparrow$
(C) $5\,Cr_2O_3 + 6\,NaNO_3 + 7\,Na_2CO_3 \rightarrow 10\,Na_2CrO_4 + 3\,N_2\uparrow + 7\,CO_2\uparrow$
(D) $Cr_2O_3 + NaNO_2 + K_2CO_3 \rightarrow K_2Cr_2O_7 + NaNO_3 + CO_2\uparrow$
(E) $Cr_2O_3 + 2\,NaNO_3 \rightarrow Na_2Cr_2O_7 + 2\,NO\uparrow$

23* Chromeisenstein ($FeCr_2O_4$) kann durch eine Oxidationsschmelze aufgeschlossen werden.
Welche der folgenden Gleichungen beschreibt einen solchen Vorgang?

(A) $2\,FeCr_2O_4 + 4\,K_2CO_3 + 7\,NaNO_3 \rightarrow Fe_2O_3 + 4\,K_2CrO_4 + 7\,NaNO_2 + 4\,CO_2$
(B) $3\,FeCr_2O_4 + 3\,K_2CO_3 + 5\,NaNO_3 \rightarrow Fe_3O_4 + 3\,K_2Cr_2O_7 + 5\,NaNO_2 + 3\,CO_2$
(C) $2\,FeCr_2O_4 + K_2CO_3 + 4\,KHSO_4 \rightarrow Fe_2(SO_4)_3 + K_2Cr_2O_7 + K_2SO_4 + 2\,KOH + CO_2$
(D) $FeCr_2O_4 + 3\,K_2CO_3 + 3\,S \rightarrow FeS + K_2Cr_2O_7 + 2\,K_2S + CO_2$
(E) $2\,FeCr_2O_4 + 6\,KHSO_4 \rightarrow Fe_2(SO_4)_3 + 2\,K_2Cr_2O_7 + K_2SO_4 + H_2O + SO_2$

Perlreaktion

24 Welche Aussage trifft zu?
Die in der „Boraxperle“ bei der Prüfung von Cobalt(II)-sulfat ablaufende Gesamtreaktion wird üblicherweise durch folgende Gleichung schematisch beschrieben:

(A) $Na_2B_4O_7 + CoSO_4 \rightarrow Na_2SO_4 + CoB_4O_7$
(B) $Na_2B_4O_7 + CoSO_4 \rightarrow 2\,NaBO_2 + Co(BO_2)_2 + SO_3\uparrow$
(C) $Na_2B_4O_7 + 2\,CoSO_4 \rightarrow 2\,NaCoBO_3 + B_2O_5 + SO_3\uparrow$
(D) $Na_2B_4O_7 + CoSO_4 \rightarrow Na_2O + CoB_4O_7 + SO_3\uparrow$
(E) $Na_2B_4O_7 + 2\,CoSO_4 \rightarrow 2\,NaBO_2 + Co_2(BO_2)_3 + 2\,SO_2\uparrow$

Marsh-Probe

25* Welche Aussagen treffen zu?
Die Marshsche Probe auf Arsenverbindungen unter Einschluss einer Unterscheidungsmöglichkeit gegenüber Antimon beruht auf folgenden (stöchiometrisch zutreffend formulierten) Reaktionen:

(1) $2\,AsO_3^{3-} + 3\,H_3PO_2 + 6\,H^+ \rightarrow 2\,As + 3\,H_3PO_3 + 3\,H_2O$
(2) $As_2O_3 + 6\,Zn + 12\,H^+ \rightarrow 2\,AsH_3 + 6\,Zn^{2+} + 3\,H_2O$

(3) $2\,AsH_3 \rightarrow 2\,As + 3\,H_2$
(4) $2\,As + 5\,H_2O_2 + 6\,NH_3 \rightarrow 2\,AsO_4^{3-} + 6\,NH_4^+ + 2\,H_2O$
(5) $AsH_3 + 6\,Ag^+ + 3\,H_2O \rightarrow 6\,Ag + AsO_3^{3-} + 9\,H^+$

(A) nur 1 und 4 sind richtig
(B) nur 2 und 5 sind richtig
(C) nur 1, 2 und 5 sind richtig
(D) nur 2, 3 und 4 sind richtig
(E) nur 1, 3, 4 und 5 sind richtig

26 Welche Aussagen treffen zu?
Die Marshsche Probe auf Arsenverbindungen unter Einschluss einer Unterscheidungsmöglichkeit gegenüber Antimon beruht u. a. auf folgenden Reaktionen:

(1) Umsetzung mit H_3PO_2
(2) Reduktion mit Zink/HCl
(3) thermische Zersetzung der Wasserstoffverbindungen
(4) Oxidation des elementaren Arsens mit H_2O_2/NH_3
(5) Reaktion von AsH_3 mit Ag^+

(A) nur 1 und 4 sind richtig
(B) nur 2 und 5 sind richtig
(C) nur 1, 2 und 5 sind richtig
(D) nur 2, 3 und 4 sind richtig
(E) nur 1, 3, 4 und 5 sind richtig

Leuchtprobe

27* Ein mit kaltem Wasser gefülltes Reagenzglas werde in eine salzsaure Analysenlösung, zu der man metallisches Zink gegeben hat, eingetaucht und danach in eine nichtleuchtende Bunsenflamme gehalten.
Welches der folgenden Elemente verursacht hierbei (in Form von Verbindungen) eine blaue Lumineszenz („Leuchtprobe“)?

(A) Blei
(B) Kupfer
(C) Zink
(D) Zinn
(E) Antimon

Erhitzen im Glührohr

28 Welche Aussagen treffen zu?
Beim Erhitzen einer trockenen Substanz im Glühröhrchen entsteht an der Glaswand ein zunächst gelber Beschlag. Dies kann hindeuten auf die Anwesenheit von:

(1) Schwefel
(2) Arsen(III)-sulfid
(3) Quecksilber(II)-iodid
(4) Bleichlorid

(A) nur 1 ist richtig
(B) nur 1 und 2 sind richtig
(C) nur 1, 2 und 3 sind richtig
(D) nur 2, 3 und 4 sind richtig
(E) 1–4 = alle sind richtig

29* Zur Vorprobe auf Anionen wird eine Analysensubstanz im Glühröhrchen unter Luftzutritt erhitzt.
Welche der folgenden Substanzen können zu einer SO_2-Entwicklung führen?

(1) Sulfide
(2) Sulfite
(3) Thiosulfate
(4) Sulfate (in Abwesenheit von Reduktionsmitteln)

(A) nur 2 ist richtig
(B) nur 2 und 3 sind richtig
(C) nur 1, 2 und 3 sind richtig
(D) nur 1, 3 und 4 sind richtig
(E) 1–4 = alle sind richtig

Themenübergreifende Fragen

Ordnen Sie bitte den in Liste 1 genannten Ionen die jeweils geeignete Vorprobe aus Liste 2 zu!

Liste 1

30* Sb^{3+}

31* Sn^{2+}

32* Mn^{2+}

33* Cr^{3+}

34* As^{3+}

Liste 2
(A) Leuchtprobe
(B) Marshsche Probe
(C) Oxidationsschmelze
(D) Ätzprobe
(E) Wassertropfenprobe

Verhalten gegenüber Ammoniak und Lauge

35* Welche Aussage trifft zu?
Nach Zugabe eines großen Überschusses an konzentrierter Natriumhydroxid-Lösung zu einer wässrigen Lösung seines Sulfats liegt folgendes Kation als Hydroxid gefällt vor:

(A) Zn^{2+}
(B) Pb^{2+}
(C) Al^{3+}
(D) Sn^{2+}
(E) Fe^{2+}

36 Welche Aussage trifft zu?
Nach Zugabe eines großen Überschusses an Natriumhydroxid-Lösung zu einer wässrigen Lösung seines Sulfats liegt folgendes Kation als Hydroxid gefällt vor:

(A) Zn^{2+}
(B) Mg^{2+}
(C) Al^{3+}
(D) Sn^{2+}
(E) Keine der obigen Aussagen trifft zu.

37 Welche Aussage trifft zu?
Nach Zugabe eines großen Überschusses an Natriumhydroxid-Lösung zu einer wässrigen Lösung seines Sulfats liegt folgendes Kation als Hydroxid gefällt vor:

(A) Zn^{2+}
(B) Fe^{2+}
(C) Al^{3+}
(D) Sn^{2+}
(E) Hg_2^{2+}

38 Welche Aussage trifft zu?
Nach Zugabe eines großen Überschusses an konzentrierter Natriumhydroxid-Lösung zu einer wässrigen Lösung seines Sulfats liegt folgendes Kation als Hydroxid gefällt vor:

(A) Zn^{2+}
(B) Pb^{2+}
(C) Al^{3+}
(D) Fe^{3+}
(E) Keines der obigen Kationen wird gefällt.

39 Welche Aussage trifft zu?
Nach Zugabe eines großen Überschusses an konzentrierter Natriumhydroxid-Lösung zu einer wässrigen Lösung seines Sulfats liegt folgendes Kation als Hydroxid gefällt vor:

(A) Zn^{2+}
(B) Pb^{2+}
(C) Al^{3+}
(D) Cr^{3+}
(E) Keine der Aussagen (A) bis (D) trifft zu.

40 Welche Aussage trifft **nicht** zu?
Mit einem Überschuss von NaOH lösen sich folgende Hydroxide auf Grund ihres amphoteren Charakters zu komplexen Verbindungen:

(A) $Pb(OH)_2$
(B) $Sn(OH)_2$
(C) $Mg(OH)_2$
(D) $Al(OH)_3$
(E) $Zn(OH)_2$

41 Welche Aussage trifft **nicht** zu?
Mit einem Überschuss von NaOH lösen sich folgende Hydroxide auf Grund ihres amphoteren Charakters zu komplexen Verbindungen:

(A) $Pb(OH)_2$
(B) $Sn(OH)_2$
(C) $Fe(OH)_3$
(D) $Al(OH)_3$
(E) $Zn(OH)_2$

42 Welche der folgenden Hydroxide können mit einem Überschuss von wässriger Ammoniak-Lösung als Amminkomplexe in Lösung gebracht werden?

(1) $Cd(OH)_2$
(2) $Bi(OH)_3$
(3) $Cu(OH)_2$
(4) $Pb(OH)_2$
(5) AgOH

(A) nur 5 ist richtig
(B) nur 1 und 3 sind richtig
(C) nur 3 und 4 sind richtig
(D) nur 1, 3 und 5 sind richtig
(E) nur 2, 4 und 5 sind richtig

43* Welche der folgenden Metallhydroxide werden von verdünntem Ammoniak (10 %) unter Komplexbildung gelöst?

(1) $Bi(OH)_3$
(2) $Cd(OH)_2$
(3) $Zn(OH)_2$
(4) $Fe(OH)_3$
(5) $Pb(OH)_2$

(A) nur 1 und 2 sind richtig
(B) nur 2 und 3 sind richtig
(C) nur 3 und 4 sind richtig
(D) nur 4 und 5 sind richtig
(E) nur 1, 3 und 5 sind richtig

44* Welche der folgenden Metallhydroxide werden von verdünntem Ammoniak (10 %) unter Komplexbildung gelöst?

(1) $Bi(OH)_3$
(2) $Cd(OH)_2$
(3) $Cu(OH)_2$
(4) $Fe(OH)_3$
(5) $Sn(OH)_2$

(A) nur 1 und 2 sind richtig
(B) nur 2 und 3 sind richtig
(C) nur 3 und 4 sind richtig
(D) nur 4 und 5 sind richtig
(E) nur 1, 3 und 5 sind richtig

45* Welche der folgenden, schematisiert dargestellten Komplexbildungen der Kationen ist mit einer analytisch verwertbaren sichtbaren Farbänderung oder Farbvertiefung verbunden?

(A) $Ag^+ \rightarrow [Ag(CN)_2]^-$
(B) $Cd^{2+} \rightarrow [Cd(NH_3)_6]^{2+}$
(C) $Pb^{2+} \rightarrow [Pb(OH)_4]^{2-}$
(D) $Zn^{2+} \rightarrow [Zn(NH_3)_4]^{2+}$
(E) Keine der angegebenen Komplexbildungen trifft zu.

46 Welche der folgenden Ionen bilden unter Ausschluss von Sauerstoff mit Ammoniak in Gegenwart von Ammoniumsalzen einen Niederschlag?

(1) Ni^{2+}
(2) Zn^{2+}
(3) Mn^{2+}
(4) Fe^{2+}

(A) Keines der Ionen bildet einen Niederschlag.
(B) nur 1 ist richtig
(C) nur 2 ist richtig
(D) nur 4 ist richtig
(E) nur 3 und 4 sind richtig

47* Welche Aussage trifft zu?
Eine wässrige Lösung, die die Ionen Ag^+, Cu^{2+} und Zn^{2+} enthält, wird mit Ammoniak im Überschuss versetzt. Dabei entstehen überwiegend folgende Reaktionsprodukte:

(A) $AgOH, [Cu(NH_3)_4]^{2+}, Zn(OH)_2$
(B) $Ag_2O, Cu(OH)_2, [Zn(NH_4)_4]^{2+}$
(C) $[Ag(NH_3)_2]^+, [Cu(NH_3)_2]^{2+}, [Zn(NH_3)_4]^{2+}$
(D) $[Ag(NH_3)_2]^+, [Cu(NH_3)_4]^{2+}, [Zn(NH_3)_4]^{2+}$
(E) $[Ag(NH_4)_2]^+, [Cu(NH_4)_4]^{2+}, Zn(OH)_2$

Verhalten gegenüber Säuren

siehe auch MC-Fragen Nr. 62–69, 880

48* Eine Analysenlösung werde mit Schwefelsäure angesäuert.
Welche der folgenden Anionen können hierdurch wegen Instabilität der entstandenen Säuren dem weiteren Nachweis entzogen werden?

(1) $H_2PO_4^-$
(2) NO_2^-
(3) ClO_4^-
(4) NO_3^-

(A) nur 2 ist richtig
(B) nur 1 und 2 sind richtig
(C) nur 1 und 4 sind richtig
(D) nur 3 und 4 sind richtig
(E) 1–4 = alle sind richtig

49* Zur Vorprobe auf Anionen wird eine Analysensubstanz mit konzentrierter Schwefelsäure erhitzt.
Welche der folgenden Substanzen können zu einer SO_2-Entwicklung führen?

(1) Sulfite
(2) Thiosulfate
(3) unedle Metalle
(4) Sulfide
(5) elementarer Schwefel

(A) nur 1 und 2 sind richtig
(B) nur 1 und 4 sind richtig
(C) nur 1, 2 und 4 sind richtig
(D) nur 2, 4 und 5 sind richtig
(E) 1–5 = alle sind richtig

50* Welche Aussage trifft **nicht** zu?
Beim Versetzen folgender Salze mit konzentrierter Schwefelsäure entstehen gefärbte oder typisch riechende Dämpfe oder Gase:

(A) $NaNO_2$
(B) KBr
(C) Na_2SO_3
(D) K_2CO_3
(E) NaI

51 Beim Erhitzen einer Analysenprobe mit konzentrierter Schwefelsäure werden CO und CO_2 nachgewiesen.
Welche der folgenden Verbindungen können zur Entwicklung eines dieser Gase oder beider geführt haben?

(1) Carbonate
(2) Cyanide
(3) Tartrate
(4) Oxalate

(A) nur 1 ist richtig
(B) nur 4 ist richtig
(C) nur 1 und 4 sind richtig
(D) nur 1, 2 und 4 sind richtig
(E) 1–4 = alle sind richtig

52 Bei welchen der folgenden Verbindungen ist beim Erhitzen mit konzentrierter Schwefelsäure CO_2-Entwicklung festzustellen?

(1) Natriumcarbonat
(2) basisches Bismutcarbonat
(3) Natriumoxalat
(4) Natriumtartrat

(A) nur 1 ist richtig
(B) nur 1 und 2 sind richtig
(C) nur 1, 2 und 3 sind richtig
(D) nur 2, 3 und 4 sind richtig
(E) 1–4 = alle sind richtig

53 Ein Stoffgemisch wird in einem Reagenzglas bei Raumtemperatur mit H_2SO_4 (1 M) versetzt. Auf das Reagenzglas wird sofort ein Gärröhrchen aufgesetzt, das eine verdünnte Lösung von Natriumcarbonat enthält, die durch Phenolphthalein gerade rot gefärbt ist. Man beobachtet nun eine Entfärbung des Indikators.
Welche der nachfolgend genannten Analysenbestandteile können diese Entfärbung verursachen?

(1) Na_2SO_3
(2) NH_4NO_3
(3) $NaHCO_3$
(4) KF
(5) $Na_2B_4O_7$

(A) nur 1 ist richtig
(B) nur 3 ist richtig
(C) nur 1 und 3 sind richtig
(D) nur 1, 2 und 4 sind richtig
(E) nur 2, 3 und 5 sind richtig

54 Eine Analysenlösung werde mit **verdünnter** Schwefelsäure angesäuert. Welche der folgenden Anionen können hierdurch wegen Instabilität der entstandenen Säuren dem weiteren Nachweis entzogen werden?

(1) F^-
(2) $S_2O_3^{2-}$
(3) $(COO)_2^{2-}$
(4) NO_2^-

(A) nur 2 ist richtig
(B) nur 1 und 2 sind richtig
(C) nur 2 und 4 sind richtig
(D) nur 3 und 4 sind richtig
(E) 1–4 = alle sind richtig

55* Welches der folgenden Anionen wird beim Ansäuern einer Analysenlösung mit **verdünnter** Schwefelsäure und Erhitzen durch Zersetzung (der entstandenen Säure) dem Nachweis entzogen?

(A) NO_2^-
(B) NO_3^-
(C) $H_2PO_4^-$
(D) I^-
(E) ClO_4^-

56 Welche der folgenden Anionen werden beim Ansäuern einer Analysenlösung mit **verdünnter** Schwefelsäure und Erwärmen durch Zersetzung (der entstandenen Säure) dem Nachweis entzogen?

(1) NO_2^-
(2) NO_3^-
(3) Br^-
(4) ClO_4^-

(A) nur 1 ist richtig
(B) nur 2 ist richtig
(C) nur 1 und 3 sind richtig
(D) nur 1, 3 und 4 sind richtig
(E) 1–4 = alle sind richtig

Verhalten gegenüber Oxidations- und Reduktionsmitteln

siehe auch MC-Fragen Nr. 106–121

57 Welche der folgenden Substanzen bzw. Ionen wird durch Schweflige Säure in neutraler oder schwach saurer wässriger Lösung **nicht** reduziert?

(A) I_2
(B) CrO_4^{2-}
(C) Fe^{3+}
(D) Ag^+
(E) Cu^{2+}

58 Welche Aussage trifft zu?
Eine Analysensubstanz bestehe aus einem Gemisch von Natriumnitrat und Aluminium-Metall.
Welche Endprodukte entstehen beim Übergießen mit einem Überschuss an 2 M-NaOH?

(A) NO_3^-, $[Al(OH)_4]^-$
(B) NH_3, $[Al(OH)_4]^-$
(C) Al^{3+}, NO_3^-
(D) NO_2^-, $[Al(OH)_4]^-$
(E) Es findet keine Reaktion statt.

59 Welche Aussage trifft zu?
Ein Gemisch von wenig $NaNO_3$ und viel metallischem Aluminium wird mit überschüssiger Natriumhydroxid-Lösung versetzt. Bei der Reaktion entsteht aus NO_3^- überwiegend:

(A) NO_2^-
(B) N_2O
(C) H_2NOH
(D) NH_3
(E) Keiner der angegebenen Stoffe entsteht.

60* Welche Aussagen treffen zu?
Mittels nascierendem Wasserstoff und anschließendem Nachweis charakteristischer Reduktionsprodukte können folgende Ionen qualitativ nachgewiesen werden:

(1) NO_3^-
(2) As^{3+}
(3) F^-
(4) Sb^{3+}

(A) nur 2 ist richtig
(B) nur 1 und 2 sind richtig
(C) nur 3 und 4 sind richtig
(D) nur 1, 2 und 4 sind richtig
(E) 1–4 = alle sind richtig

61 Welche Aussage trifft zu?
Gereinigtes Wasser kann zur Kontrolle der Qualität mit verdünnter Schwefelsäure und wenig verdünnter Kaliumpermanganat-Lösung behandelt werden. Das Verschwinden einer rosa Färbung ist ein Indiz für:

(A) die unzureichende Demineralisierung des Wassers
(B) eine Verunreinigung mit Nitraten
(C) das Vorhandensein oxidierbarer Substanzen
(D) einen zu hohen Gehalt an Kohlendioxid
(E) das Vorhandensein von elementarem Chlor

1.3 Lösen

62* Beim Lösen fester Analysensubstanzen in konzentrierter Salpetersäure (65 %) treten unterschiedliche Effekte auf.
Welche der folgenden Aussagen trifft **nicht** zu?

(A) Sulfide können unter Oxidation zu Sulfat gelöst werden, sodass z. B. $PbSO_4$ ausfallen kann.
(B) Sulfide können unter H_2S-Entwicklung gelöst werden.
(C) Metallisches Aluminium und metallisches Chrom sind wegen der Ausbildung von Schutzschichten (Passivierung) in kalter konz. HNO_3 praktisch unlöslich.

(D) Zinn(IV)-Verbindungen können in konz. HNO_3 Niederschläge bilden.
(E) Metallisches Silber löst sich in konz. HNO_3 unter Wasserstoffentwicklung auf.

63 Welche Aussagen treffen zu?
Folgende Verbindungen geben beim längeren Erhitzen mit konz. HNO_3 einen Niederschlag:

(1) Calciumcarbonat
(2) Natriumsilicat ($Na_2H_2SiO_4$ aq)
(3) Zinn(II)-chlorid
(4) Aluminiumsulfat

(A) nur 1 und 4 sind richtig
(B) nur 2 und 3 sind richtig
(C) nur 3 und 4 sind richtig
(D) nur 1, 2 und 3 sind richtig
(E) 1–4 = alle sind richtig

64 Bei welchen der folgenden (festen) Substanzen kann beim Behandeln mit konz. HNO_3 eine in Wasser schwer lösliche Verbindung entstehen?

(1) PbS
(2) ZnS
(3) $SnCl_2$
(4) Cu (metallisch)

(A) nur 1 ist richtig
(B) nur 1 und 2 sind richtig
(C) nur 1 und 3 sind richtig
(D) nur 3 und 4 sind richtig
(E) nur 2, 3 und 4 sind richtig

65* Welches der folgenden Ionen ergibt mit 2 M-HCl bei Raumtemperatur eine farblose Lösung (abgesehen von Spuren)?

(A) Cu^{2+}
(B) Hg^{2+}
(C) Ag^{+}
(D) CrO_4^{2-}
(E) Hg_2^{2+}

66* Eine klare Analysenlösung werde mit konzentrierter Salzsäure erhitzt.
Welches der folgenden Anionen kann nach längerem Kochen eine Trübung verursachen?

(A) $S_2O_3^{2-}$
(B) Br^-
(C) ClO_3^-
(D) SO_4^{2-}
(E) ClO_4^-

67* Eine klare Analyselösung werde mit konzentrierter Salzsäure erhitzt.
Welches der folgenden Anionen kann nach längerem Kochen eine Trübung verursachen?

(A) Br^-
(B) SiO_3^{2-}
(C) ClO_3^-
(D) SO_4^{2-}
(E) ClO_4^-

68* Welche der folgenden Ionen können beim Erhitzen einer Analysenprobe mit konz. HCl infolge Flüchtigkeit entstehender Verbindungen dem weiteren Nachweis entzogen werden?

(1) As^{3+}
(2) S^{2-}
(3) SO_3^{2-}
(4) CO_3^{2-}
(5) CN^-

(A) nur 2 und 4 sind richtig
(B) nur 3 und 4 sind richtig
(C) nur 1, 2 und 3 sind richtig
(D) nur 2, 4 und 5 sind richtig
(E) 1–5 = alle sind richtig

69 Welches der folgenden Ionen bildet beim Eindampfen einer Analysensubstanz mit konzentrierter Salzsäure **keine** flüchtige Verbindung?

(A) As^{3+}
(B) S^{2-}
(C) SO_3^{2-}
(D) CO_3^{2-}
(E) PO_4^{3-}

1.4 Alkalicarbonatauszug

70* Eine die Ionen Fe^{3+}, Ca^{2+} und As^{3+} enthaltende Lösung wird mit Natriumcarbonat-Lösung im Überschuss gekocht.
Welche Reaktionshauptprodukte entstehen?

(A) Eisen(III)-carbonat, Calciumcarbonat, Natriumarsenat
(B) Eisen(III)-carbonat, Calciumcarbonat, Arsen(V)-hydroxid

(C) Eisen(III)-hydroxid, Calciumcarbonat, Arsen(V)-hydroxid
(D) Eisen(III)-hydroxid, Calciumhydroxid, Natriumarsenit
(E) Eisen(III)-hydroxid, Calciumcarbonat, Natriumarsenit

71* Welche der unter (1) bis (4) aufgeführten Elemente können als Oxo-Anionen im Sodaauszug gelöst vorliegen?

(1) Ba
(2) Sn
(3) Al
(4) As

(A) nur 1 und 2 sind richtig
(B) nur 1 und 4 sind richtig
(C) nur 2 und 4 sind richtig
(D) nur 2, 3 und 4 sind richtig
(E) 1–4 = alle sind richtig

72* Bei zunächst schwachem Ansäuern eines **filtrierten** Sodaauszuges mit Salzsäure können Niederschläge auftreten, die sich bei stärkerem Ansäuern wieder auflösen.
Für welche der folgenden Niederschläge treffen **beide** Beobachtungen zu?

(1) $Sn(OH)_2$
(2) $Fe(OH)_2$
(3) Kieselsäure
(4) Schwefel

(A) nur 1 ist richtig
(B) nur 1 und 2 sind richtig
(C) nur 2 und 3 sind richtig
(D) nur 3 und 4 sind richtig
(E) nur 1, 2 und 3 sind richtig

73* Bei schwachem Ansäuern eines **filtrierten** Sodaauszuges mit HNO_3 können Niederschläge von Oxidhydraten bzw. Hydroxiden auftreten.
Um welchen der folgenden Niederschläge kann es sich **nicht** handeln?

(A) $Al(OH)_3$
(B) $Fe(OH)_3$
(C) $Zn(OH)_2$
(D) $Pb(OH)_2$
(E) $Sn(OH)_2$

74 In der Monographie „Bariumsulfat“ des Arzneibuchs wird eine Identitätsprüfung mit verdünnter Schwefelsäure als Fällungsreagenz durchgeführt.
Durch welches Verfahren kann eine Lösung von Barium-Ionen ausreichender Konzentration für die Identifizierung erhalten werden?

(A) Extraktion mit wasserfreiem Ethanol
(B) Zugabe von Ammoniumchlorid und Sublimation leicht flüchtigen Bariumchlorids
(C) Reduktion des Sulfats mit Silberpulver in wässriger Suspension
(D) Oxidation zu Bariumpersulfat mit Wasserstoffperoxid
(E) Umwandlung mittels konzentrierter Natriumcarbonat-Lösung in das Carbonat

1.5 Aufschlüsse

Soda-Pottasche-Aufschluss

75 Beim Soda-Pottasche-Aufschluss wird mit einem Gemisch gleicher Mengen von Soda (Na_2CO_3) und Pottasche (K_2CO_3) gearbeitet.
Welcher der folgenden Begriffe charakterisiert das dabei angestrebte Prinzip zur Beeinflussung der Schmelztemperatur?

(A) Isotherme
(B) Eutektikum
(C) Kalorimetrie
(D) Azeotrop
(E) Schmelzpunkterhöhung

76 Welche der folgenden Verbindungen können mit einer Schmelze von Soda-Pottasche aufgeschlossen werden?

(1) $BaSO_4$
(2) $CaAl_2Si_2O_8$
(3) AgBr

(A) nur 1 ist richtig
(B) nur 2 ist richtig
(C) nur 3 ist richtig
(D) nur 1 und 2 sind richtig
(E) 1–3 = alle sind richtig

77* Welche Aussage trifft zu?
Schwer lösliche Erdalkalisulfate werden zu ihrer qualitativen Analyse üblicherweise aufgeschlossen mittels:

(A) $KHSO_4$-Schmelze
(B) Soda-Pottasche-Schmelze
(C) ammoniakalischer Tartrat-Lösung
(D) Königswasser (unter Erhitzen)
(E) $Na_2B_4O_7$-Schmelze

78 Welche Aussage trifft **nicht** zu?
Beim Schmelzaufschluss schwer löslicher Rückstände mit Soda treten folgende Reaktionen ein:

(A) $2\,AgBr + Na_2CO_3 \rightleftharpoons Ag_2CO_3 + 2\,NaBr$
$2\,Ag_2CO_3 \rightarrow 4\,Ag + 2\,CO_2 + O_2$
(B) $Al_2O_3 + Na_2CO_3 \rightarrow 2\,NaAlO_2 + CO_2$
(C) $BaSO_4 + Na_2CO_3 \rightleftharpoons BaCO_3 + Na_2SO_4$
(D) $CaAl_2Si_2O_8 + 5\,Na_2CO_3 \rightarrow 2\,Na_4SiO_4 + CaCO_3 + 2\,NaAlO_2 + 4\,CO_2$
(E) $2\,Fe_2O_3 + 3\,Na_2CO_3 \rightarrow 2\,Na_3[FeO_3] + Fe_2(CO_3)_3$

79 Welches Metallion der folgenden Verbindung ist nach einem Alkalicarbonataufschluss, anschließendem Behandeln der Schmelze mit Wasser und Filtration im Filtrat enthalten?

(A) Al_2O_3
(B) $PbSO_4$
(C) $AgCl$
(D) Fe_2O_3
(E) $BaSO_4$

80* Zum Aufschluss von Silberbromid kann der Soda-Pottasche-Aufschluss verwendet werden.
Mit welchen der folgenden Gleichungen kann das chemische Geschehen (hier nur mit Natriumcarbonat formuliert) beschrieben werden?

(1) $2\,AgBr + Na_2CO_3 \rightleftharpoons Ag_2CO_3 + 2\,NaBr$
(2) $AgBr + \frac{3}{2}\,O_2 \rightarrow AgBrO_3$
(3) $Ag_2CO_3 \rightarrow 2\,Ag + CO_2 + \frac{1}{2}\,O_2$
(4) $AgBr + Na_2CO_3 + H_2O \rightarrow AgHCO_3 + NaBr + NaOH$
(5) $2\,AgBr + Na_2CO_3 \rightarrow 2\,Ag + CO_2 + NaBr + NaOBr$

(A) nur 2 ist richtig
(B) nur 1 und 3 sind richtig
(C) nur 2 und 4 sind richtig
(D) nur 3 und 5 sind richtig
(E) 1–5 = alle sind richtig

81 Zum Aufschluss von Calciumaluminiumsilicaten wie $CaAl_2Si_2O_8$ wendet man üblicherweise eine Soda-Pottasche-Schmelze an.
Mit welcher der folgenden Gleichungen kann die Aufschlusswirkung der Schmelze beschrieben werden (hier nur mit Natriumcarbonat formuliert)?

(A) $CaAl_2Si_2O_8 + 5\,Na_2CO_3 \rightarrow CaSiO_3 + Al_2(CO_3)_3 + Si(CO_3)_2 + 5\,Na_2O$
(B) $CaAl_2Si_2O_8 + 3\,Na_2CO_3 \rightarrow 2\,Na_2SiO_3 + CaCO_3 + 2\,NaAlO_2 + 2\,CO_2$
(C) $CaAl_2Si_2O_8 + Na_2CO_3 \rightarrow 2\,SiO_2 + Al_2SiO_3 + CaO + Na_2O + CO_2$
(D) $CaAl_2Si_2O_8 + Na_2CO_3 \rightarrow CaSiO_3 + Al_2O_3 + Na_2SiO_3 + CO_2$
(E) $2\,CaAl_2Si_2O_8 + 2\,Na_2CO_3 \rightarrow 2\,CaCO_3 + Al_2(SiO_3)_3 + Na_2SiO_3 + Na_2O$

Ordnen Sie bitte den Kationen der in Liste 1 genannten Verbindungen jeweils die Form aus Liste 2 zu, in der sie nach der Extraktion ihrer Soda-Pottasche-Schmelze mit Wasser überwiegend vorliegen!

Liste 1

82* Erdalkalisulfate

83 Bleisulfat

84* Siliciumdioxid

Liste 2

(A) als Carbonat im Rückstand
(B) als Carbonat in der Lösung
(C) als Sulfat im Rückstand
(D) als Hydroxid im Rückstand
(E) als Oxo-Anion in der Lösung

Disulfat-Aufschluss

85 Welche der im Folgenden schematisch dargestellten Oxidationsreaktionen können bei einem Disulfat-Aufschluss ablaufen?

(1) $Fe^{2+} \rightarrow Fe^{3+}$
(2) $Cr^{3+} \rightarrow CrO_4^{2-}$
(3) $Pt \rightarrow Pt^{6+}$

(A) nur 1 ist richtig
(B) nur 1 und 2 sind richtig

(C) nur 1 und 3 sind richtig
(D) nur 2 und 3 sind richtig
(E) 1–3 = alle sind richtig

86 Welche der im Folgenden schematisch dargestellten Oxidationsreaktionen können bei einem Disulfat-Aufschluss ablaufen?

(1) $Mn^{4+} \rightarrow Mn^{7+}$
(2) $Cr^{3+} \rightarrow CrO_4^{2-}$
(3) $Pt \rightarrow Pt^{6+}$

(A) Keine der aufgeführten Reaktionen trifft zu.
(B) nur 1 und 2 sind richtig
(C) nur 1 und 3 sind richtig
(D) nur 2 und 3 sind richtig
(E) 1–3 = alle sind richtig

87* Unter einem Pyrosulfat-Aufschluss versteht man das Schmelzen einer Substanz mit Kaliumhydrogensulfat.
Welche der folgenden Gefäße können beim Pyrosulfat-Aufschluss eines Aluminiumsilicates verwendet werden?

(1) Platintiegel
(2) Porzellantiegel
(3) Bleitiegel

(A) nur 1 ist richtig
(B) nur 2 ist richtig
(C) nur 1 und 2 sind richtig
(D) nur 2 und 3 sind richtig
(E) 1–3 = alle sind richtig

88 Unter einem „Disulfat-Aufschluss" versteht man das Schmelzen einer Substanz mit Kaliumhydrogensulfat.
Welche der folgenden Gefäße können beim Disulfat-Aufschluss eines Al(III)-Fe(III)-Oxides zur Prüfung auf Aluminium und Eisen verwendet werden?

(1) Platintiegel
(2) Nickeltiegel
(3) Bleitiegel
(4) Quarztiegel

(A) nur 2 ist richtig
(B) nur 1 und 3 sind richtig
(C) nur 3 und 4 sind richtig
(D) nur 1, 2 und 4 sind richtig
(E) nur 2, 3 und 4 sind richtig

Freiberger Aufschluss

89 Welche der folgenden Reaktionen ist typisch für den Freiberger-Aufschluss?

(A) $Fe_2O_3 + 3\,K_2S_2O_7 \rightarrow Fe_2(SO_4)_3 + 3\,K_2SO_4$
(B) $2\,SnO_2 + 2\,Na_2CO_3 + 9\,S \rightarrow 2\,Na_2SnS_3 + 3\,SO_2 + 2\,CO_2$
(C) $2\,FeCr_2O_4 + 4\,K_2CO_3 + 7\,NaNO_3 \rightarrow Fe_2O_3 + 4\,K_2CrO_4 + 7\,NaNO_2 + CO_2$
(D) $Al_2O_3 + NaOH \rightarrow 2\,NaAlO_2 + H_2O$
(E) $Cr_2O_3 + 2\,Na_2CO_3 + 3\,KNO_3 \rightarrow 2\,Na_2CrO_4 + 3\,KNO_2 + 2\,CO_2$

Themenübergreifende Fragen

90 Welche der folgenden Aussagen über Aufschlüsse trifft **nicht** zu?

(A) Der Soda-Pottasche-Aufschluss wird bei Silicaten, Silberhalogeniden und hoch geglühten Oxiden angewendet.
(B) Oxidierbare schwer lösliche Verbindungen wie $FeCr_2O_4$ werden durch eine Oxidationsschmelze aufgeschlossen.
(C) Mit dem $KHSO_4$-Aufschluss kann Fe_2O_3 in eine wasserlösliche Verbindung übergeführt werden.
(D) $PbSO_4$ wird mit Soda/Schwefel in säurelösliches PbS_2O_3 übergeführt.
(E) Der Freiberger-Aufschluss ist für schwer lösliche Oxide von Elementen, die Thiosalze bilden, geeignet.

91* Welche der folgenden Aussagen über Aufschlüsse trifft **nicht** zu?

(A) Beim Kjeldahl-Aufschluss wird organisch gebundener Stickstoff in Nitrat übergeführt.
(B) Oxidierbare schwer lösliche Verbindungen wie $FeCr_2O_4$ werden durch eine Oxidationsschmelze aufgeschlossen.
(C) Mit dem $KHSO_4$-Aufschluss kann Fe_2O_3 in eine wasserlösliche Verbindung übergeführt werden.
(D) Der Soda-Pottasche-Aufschluss wird u. a. bei Silberhalogeniden und hochgeglühten Oxiden angewendet.
(E) $PbSO_4$ wird mit ammoniakalischer Ammoniumtartrat-Lösung in ein lösliches Komplexsalz übergeführt.

Ordnen Sie bitte den in Liste 1 genannten „schwer löslichen Rückständen“ das jeweils geeignete Aufschlussreagenz bzw. -reagenziengemisch aus Liste 2 zu!

Liste 1

92* $BaSO_4$

93* Cr_2O_3

94 Silicate

Liste 2

(A) $Na_2CO_3/NaNO_3$ (Oxidationsschmelze)
(B) Na_2CO_3/K_2CO_3 (Soda-Pottasche-Schmelze)
(C) Na_2CO_3/S (Freiberger-Aufschluss)
(D) ammoniakalische Tartrat-Lösung
(E) Ammoniak-Lösung

Die in Liste 1 genannten schwer löslichen Verbindungen sollen zum Zweck ihrer Identifizierung aufgeschlossen werden.

Ordnen Sie bitte das jeweils geeignete Aufschlussverfahren aus Liste 2 zu!

Liste 1

95 Strontiumsulfat

96 Siliciumdioxid

Liste 2

(A) Schmelze mit Na_2CO_3
(B) Schmelze mit KNO_3
(C) Schmelze mit $KHSO_4$
(D) Kochen mit HCl/HNO_3
(E) Umsetzung mit Zn und H_2SO_4

97 Welches der folgenden Aufschlussverfahren eignet sich zum Aufschluss von Chrom(III)-oxid (hochgeglüht) am besten?

(A) Schmelze mit Na_2CO_3 und K_2CO_3
(B) Schmelze mit Na_2CO_3 und KNO_3
(C) Schmelze mit $KHSO_4$
(D) Kochen mit HCl und HNO_3
(E) Umsetzung mit Zn und H_2SO_4

98 Welche Reaktionsprodukte entstehen, wenn ein Silberiodid-Rückstand zum Zwecke des Aufschlusses mit (überschüssigem) Zinkpulver und verdünnter Schwefelsäure erhitzt wird?

(1) molekularer Wasserstoff
(2) Iodat(V)-Ionen
(3) Schwefeldioxid
(4) elementares Silber
(5) schwer lösliches Silbersulfat

(A) nur 1 und 2 sind richtig
(B) nur 1 und 4 sind richtig
(C) nur 3 und 5 sind richtig
(D) nur 2, 3 und 5 sind richtig
(E) nur 1, 2, 3 und 4 sind richtig

2 Anorganische Bestandteile

2.1 Analyse nichtionischer Stoffe

Ordnen Sie bitte die zutreffende, in Liste 2 aufgeführte qualitative Nachweismethode jeweils den in Liste 1 genannten Elementen zu!

Liste 1

99* Kohlenstoff

100* Sauerstoff

101 Schwefel

Liste 2

(A) beim Schütteln mit alkalischer Pyrogallol-Lösung dunkelbraune Färbung
(B) mit konzentrierter Schwefelsäure Gasentwicklung unter Anätzung von Glasoberflächen
(C) nach Erhitzen mit Bromwasser weiße, kristalline Fällung bei $BaCl_2$-Zusatz
(D) Einleiten des beim Verbrennen erhaltenen Gases in $Ba(OH)_2$-Lösung ergibt einen weißen, Essigsäure-löslichen Niederschlag.
(E) nach Reaktion mit geschmolzenem Natrium und Zusatz von Eisensalzen Bildung von Berliner Blau

102* Welche der folgenden Reaktionen sind zum Nachweis von elementarem Schwefel geeignet?

(1) Oxidation mit Bromwasser und Nachweis des entstandenen SO_4^{2-}
(2) Verbrennen an der Luft und Nachweis des entstandenen SO_2
(3) Schmelzen mit Natrium und Nachweis des entstandenen S^{2-}

(A) nur 1 ist richtig
(B) nur 2 ist richtig
(C) nur 1 und 2 sind richtig
(D) nur 2 und 3 sind richtig
(E) 1–3 = alle sind richtig

103 Welche der folgenden Identitätsprüfungen sind für Schwefel geeignet?

(1) Nachweis als Sulfat nach Oxidation mittels Bromwasser
(2) klare Lösung in Schwefelkohlenstoff; nach Verdunsten Rückstand aus gelben Kristallen
(3) Verbrennen an der Luft mit blauer Flamme und Nachweis des gebildeten SO_2

(A) nur 1 ist richtig
(B) nur 2 ist richtig
(C) nur 1 und 2 sind richtig
(D) nur 2 und 3 sind richtig
(E) 1–3 = alle sind richtig

104 Welche der folgenden Reaktionen ist zum qualitativen Nachweis von Wasserstoffperoxid **nicht** geeignet?

(A) starke Gasentwicklung nach Zusatz von Mangandioxid zur Prüflösung
(B) Gelb- bis Braunfärbung nach Zugabe der Prüflösung zu einer verdünnten, schwach salzsauren Kaliumiodid-Lösung
(C) Entfärbung einer mit verdünnter Schwefelsäure versetzten Kaliumpermanganat-Lösung

(D) unbeständige tiefblaue Färbung nach Zusatz von verdünnter Schwefelsäure und Kaliumdichromat-Lösung zur Prüflösung
(E) schwarzer Niederschlag nach Zusatz von verdünnter Salpetersäure und Quecksilber(II)-nitrat-Lösung

2.2 Analyse von Anionen

Gruppenreaktionen

105* Welche Aussage trifft **nicht** zu?
Mit folgenden Reagenzien können jeweils bestimmte Gruppen von Ionen bei der qualitativen Analyse nachgewiesen oder abgetrennt werden:

(A) Schwefelwasserstoff
(B) verdünnte Salzsäure
(C) Iod-Lösung
(D) verdünnte Salpetersäure
(E) Silbernitrat-Lösung

106* Welche Aussage trifft **nicht** zu?
Beim Versetzen des mit Schwefelsäure angesäuerten Sodaauszuges einer Analysensubstanz mit verdünnter Kaliumpermanganat-Lösung tritt (nötigenfalls beim Erwärmen) bei Anwesenheit folgender Anionen des Sodaauszuges Entfärbung des Permanganats ein:

(A) Iodid
(B) Oxalat
(C) Diphosphat
(D) Thiosulfat
(E) Tartrat

107 Welche Aussage trifft **nicht** zu?
Beim Versetzen des mit Schwefelsäure angesäuerten Sodaauszuges einer Analysensubstanz mit verdünnter Kaliumpermanganat-Lösung tritt (nötigenfalls beim Erwärmen) bei Anwesenheit folgender Anionen des Sodaauszuges Entfärbung des Permanganats ein:

(A) Chlorid
(B) Iodid
(C) Sulfit
(D) Oxalat
(E) Thiosulfat

108 Durch welches der folgenden Anionen kann Kaliumpermanganat-Lösung **nicht** entfärbt werden?

(A) Oxalat
(B) Nitrat
(C) Iodid
(D) Tartrat
(E) Thiosulfat

109 Welche Aussage trifft **nicht** zu?
Der Sodaauszug einer Analyse wird mit verdünnter Schwefelsäure und tropfenweise mit Kaliumpermanganat-Lösung versetzt. Eine bei leichtem Erwärmen eintretende Entfärbung kann verursacht werden durch:

(A) Br^-
(B) NO_3^-
(C) SO_3^{2-}
(D) SCN^-
(E) S^{2-}

110 Welche der folgenden Ionen bzw. Verbindungen werden in schwefelsaurer Lösung zwar von $KMnO_4$, **nicht** aber von Iod-Lösung oxidiert?

(1) Br^-
(2) H_2O_2
(3) SO_3^{2-}
(4) SH^-

(A) nur 1 und 2 sind richtig
(B) nur 2 und 3 sind richtig
(C) nur 3 und 4 sind richtig
(D) nur 1, 2 und 3 sind richtig
(E) nur 2, 3 und 4 sind richtig

111 In schwefelsaurer Lösung vermag $KMnO_4$ Verbindungen zu oxidieren, die von Iod-Lösung **nicht** oxidiert werden.
Für welche der folgenden Verbindungen trifft dies zu?

(1) Br^-
(2) $S_2O_3^{2-}$
(3) SO_3^{2-}
(4) SH^-

(A) nur 1 ist richtig
(B) nur 2 ist richtig
(C) nur 2 und 3 sind richtig
(D) nur 3 und 4 sind richtig
(E) nur 1, 3 und 4 sind richtig

112* Eine Analysenlösung werde angesäuert und mit Iod/Stärke-Lösung versetzt.
Welche der folgenden Anionen bzw. Substanzen können eine Entfärbung bewirken?

(1) S^{2-}
(2) SO_3^{2-}
(3) $S_2O_3^{2-}$
(4) N_2H_4
(5) NH_2OH

(A) nur 1, 2 und 4 sind richtig
(B) nur 1, 2, 3 und 5 sind richtig
(C) nur 1, 3, 4 und 5 sind richtig
(D) nur 2, 3, 4 und 5 sind richtig
(E) 1–5 = alle sind richtig

113 Der mit Salzsäure angesäuerte Sodaauszug einer Substanz werde mit Iod/Stärke-Lösung geprüft.
Welches der folgenden Anionen des Sodaauszuges kann Entfärbung verursachen?

(A) Br^-
(B) F^-
(C) ClO_4^-
(D) $C_2O_4^{2-}$
(E) AsO_3^{3-}

114 Der mit Salzsäure angesäuerte Sodaauszug einer Substanz werde mit Iod/Stärke-Lösung geprüft.
Welches der folgenden Anionen des Sodaauszuges kann Entfärbung verursachen?

(A) SO_4^{2-}
(B) PO_4^{3-}
(C) SiO_3^{2-}
(D) $[Fe(CN)_6]^{3-}$
(E) $S_2O_3^{2-}$

115 Der mit Salzsäure angesäuerte Sodaauszug einer Substanz werde mit Iod/Stärke-Lösung geprüft.
Welches der folgenden Anionen des Sodaauszuges kann Entfärbung verursachen?

(A) SO_4^{2-}
(B) $S_2O_3^{2-}$
(C) $S_4O_6^{2-}$
(D) IO_3^-
(E) IO_4^-

116 Der mit Salzsäure angesäuerte Sodaauszug einer Substanz werde mit Iod/Stärke-Lösung geprüft.
Welches der folgenden Anionen des Sodaauszuges kann Entfärbung verursachen?

(A) AsO_3^{3-}
(B) NO_3^-
(C) AsO_4^{3-}
(D) NO_2^-
(E) $B_4O_7^{2-}$

117 In einem mit Salzsäure angesäuerten Sodaauszug erfolgt nach Zugabe von KI-Lösung die Bildung von elementarem Iod.
Auf welche der folgenden Anionen kann diese Beobachtung hinweisen?

(1) BrO_3^-
(2) $[Fe(CN)_6]^{3-}$
(3) $S_2O_3^{2-}$

(A) nur 1 ist richtig
(B) nur 2 ist richtig
(C) nur 1 und 2 sind richtig
(D) nur 2 und 3 sind richtig
(E) 1–3 = alle sind richtig

118 In einem mit Salzsäure **stark** angesäuerten Sodaauszug erfolgt nach Zugabe von KI-Lösung die Bildung von elementarem Iod. Auf welche der folgenden Anionen kann diese Beobachtung hinweisen?

(1) $S_4O_6^{2-}$
(2) $S_2O_3^{2-}$
(3) NO_2^-
(4) SO_3^{2-}

(A) nur 3 ist richtig
(B) nur 1 und 4 sind richtig
(C) nur 2 und 3 sind richtig
(D) nur 2 und 4 sind richtig
(E) nur 2, 3 und 4 sind richtig

119* Der mit Salzsäure angesäuerte Sodaauszug einer Substanz werde mit KI- und Stärke-Lösung versetzt.
Welche der folgenden im Sodaauszug vorhandenen Anionen können eine Blaufärbung verursachen?

(1) S^{2-}
(2) AsO_3^{3-}

(3) IO_3^-
(4) SO_3^{2-}
(5) CrO_4^{2-}

(A) nur 1 und 3 sind richtig
(B) nur 2 und 4 sind richtig
(C) nur 3 und 5 sind richtig
(D) nur 4 und 5 sind richtig
(E) nur 1, 2 und 4 sind richtig

120* In einem mit Salzsäure angesäuerten Sodaauszug erfolgt nach Zugabe von KI-Lösung die Abscheidung von elementarem Iod. Auf welche der folgenden Anionen kann diese Beobachtung hinweisen?

(1) $Cr_2O_7^{2-}$
(2) SiO_3^{2-}
(3) IO_3^-
(4) NO_2^-
(5) $S_2O_3^{2-}$

(A) nur 2 und 4 sind richtig
(B) nur 3 und 5 sind richtig
(C) nur 1, 2 und 4 sind richtig
(D) nur 1, 3 und 4 sind richtig
(E) nur 2, 3 und 5 sind richtig

121* Aus der salzsauren Lösung einer Analysensubstanz scheidet sich nach Zugabe von KI-Lösung elementares Iod ab.
Auf das Vorliegen welcher Anionen weist diese Beobachtung hin?

(1) PO_4^{3-}
(2) AsO_4^{3-}
(3) BO_3^{3-}
(4) NO_2^-
(5) Br^-

(A) nur 1 und 2 sind richtig
(B) nur 2 und 4 sind richtig
(C) nur 1, 3 und 5 sind richtig
(D) nur 2, 4 und 5 sind richtig
(E) nur 3, 4 und 5 sind richtig

122 Der mit Essigsäure angesäuerte Sodaauszug einer Analysenprobe werde mit $AgNO_3$-Lösung versetzt.
Welche der folgenden Niederschläge können dabei auftreten?

(1) $AgBrO_3$
(2) $AgSCN$
(3) $Ag_4[Fe(CN)_6]$
(4) Ag_2S

(A) nur 4 ist richtig
(B) nur 2 und 3 sind richtig
(C) nur 3 und 4 sind richtig
(D) nur 1, 2 und 3 sind richtig
(E) 1–4 = alle sind richtig

123 Welche Aussage trifft **nicht** zu?
Beim Versetzen eines mit verdünnter Salpetersäure angesäuerten Sodaauszuges mit $AgNO_3$-Lösung können Niederschläge entstehen von:

(A) $AgClO_3$
(B) $AgCl$
(C) $AgIO_3$
(D) $Ag_3[Fe(CN)_6]$
(E) $Ag_4[Fe(CN)_6]$

124 Welche Aussagen treffen zu?
Mit einem geringen Überschuss an Silbernitrat fallen aus mit Salpetersäure angesäuerten Lösungen folgende Anionen als Silbersalze aus:

(1) Sulfid
(2) Fluorid
(3) Thiocyanat (Rhodanid)
(4) Cyanid

(A) nur 1 ist richtig
(B) nur 1 und 2 sind richtig
(C) nur 2 und 3 sind richtig
(D) nur 1, 2 und 4 sind richtig
(E) nur 1, 3 und 4 sind richtig

125* Welche Aussage trifft **nicht** zu?
Beim Versetzen eines mit verd. HNO_3 angesäuerten Sodaauszuges mit $AgNO_3$-Lösung kann ein **weißer** Niederschlag ausfallen von:

(A) $AgBrO_3$
(B) $AgCl$
(C) AgI
(D) $AgSCN$
(E) $Ag_4[Fe(CN)_6]$

126* Welche Aussage trifft zu?
Beim Versetzen eines mit verdünnter Salpetersäure angesäuerten Sodaauszuges mit $AgNO_3$-Lösung kann ein **gelber** Niederschlag ausfallen von:

(A) $AgCN$
(B) $AgSCN$
(C) AgF
(D) $AgCl$
(E) AgI

127 Beim Versetzen eines schwach angesäuerten Sodaauszuges mit $AgNO_3$-Lösung kann ein Niederschlag von Ag_2CrO_4 auftreten.
Mit welchem der folgenden Niederschläge besteht am ehesten die Gefahr einer Verwechslung auf Grund der Farbe?

(A) AgI
(B) $AgBrO_3$
(C) $AgIO_3$
(D) $Ag_3[Fe(CN)_6]$
(E) $Ag_4[Fe(CN)_6]$

128* Aus einem Sodaauszug wird (nach Ansäuern) durch Zugabe von $AgNO_3$-Lösung eine Gruppe von Anionen ausgefällt.
Welche der im Folgenden genannten Niederschläge können beim Digerieren mit kalter, gesättigter $(NH_4)_2CO_3$-Lösung aufgelöst werden?

(1) AgBr
(2) AgCl
(3) Ag_2S
(4) AgSCN
(5) $AgIO_3$

(A) nur 1 und 4 sind richtig
(B) nur 2 und 3 sind richtig
(C) nur 2 und 5 sind richtig
(D) nur 1, 4 und 5 sind richtig
(E) nur 2, 3 und 4 sind richtig

129 Welche der folgenden Ionen ergeben in neutraler Lösung bei Zugabe von Ba^{2+}-Ionen einen Niederschlag, der von verdünnter Salzsäure (2 M) gelöst wird?

(1) PO_4^{3-}
(2) CO_3^{2-}
(3) CrO_4^{2-}
(4) SO_3^{2-}

(A) nur 2 ist richtig
(B) nur 2 und 4 sind richtig
(C) nur 1, 3 und 4 sind richtig
(D) nur 2, 3 und 4 sind richtig
(E) 1–4 = alle sind richtig

130 Welches der folgenden Ionen ergibt in neutraler Lösung bei Zugabe von Ba^{2+}-Ionen einen Niederschlag, der **nicht** von verdünnter Salzsäure gelöst wird?

(A) CO_3^{2-}
(B) SO_3^{2-}
(C) CrO_4^{2-}
(D) PO_4^{3-}
(E) F^-

131 Welche der folgenden Anionen ergeben in verdünnt salzsaurer Lösung (2 M) schwer lösliche Bariumsalze?

(1) SO_4^{2-}
(2) CN^-
(3) CH_3COO^-
(4) F^-

(A) nur 1 und 4 sind richtig
(B) nur 2 und 3 sind richtig
(C) nur 1, 3 und 4 sind richtig
(D) nur 2, 3 und 4 sind richtig
(E) 1–4 = alle sind richtig

132 Welche der folgenden Anionen ergeben in verdünnt salzsaurer Lösung (2 M) schwer lösliche Bariumsalze?

(1) $C_2O_4^{2-}$
(2) SO_3^{2-}
(3) PO_4^{3-}

(A) Keines der Anionen.
(B) nur 1 ist richtig
(C) nur 1 und 2 sind richtig
(D) nur 2 und 3 sind richtig
(E) 1–3 = alle sind richtig

133 Welche Aussagen treffen zu?
Eine mit Essigsäure/Natriumacetat-gepufferte Lösung eines der nachfolgenden Anionen wird mit Bariumchlorid-Lösung versetzt. Diese Probe kann einen Niederschlag ergeben bei Anwesenheit von:

(1) CrO_4^{2-}
(2) SO_3^{2-}
(3) SO_4^{2-}
(4) $C_2O_4^{2-}$

(A) nur 1 ist richtig
(B) nur 2 und 4 sind richtig
(C) nur 3 und 4 sind richtig
(D) nur 1, 2 und 3 sind richtig
(E) 1–4 = alle sind richtig

134 Welches der folgenden Anionen bildet in schwach alkalischer Lösung **kein** schwer lösliches Calciumsalz?

(A) $C_2O_4^{2-}$
(B) CO_3^{2-}
(C) NO_3^-
(D) F^-
(E) PO_4^{3-}

Iod-Azid-Reaktion

135 Welche Aussage trifft zu?
Die „Iod-Azid-Probe" wird zum **direkten** Nachweis folgender Verbindungen angewandt:

(A) Sulfit
(B) Verbindungen mit Schwefel der Oxidationsstufe –2
(C) Sulfanilamid
(D) Iodwasserstoff
(E) tertiäre aromatische Amine

136 Welche der folgenden Ionen können mit der Iod-Azid-Reaktion nachgewiesen werden?

(1) SCN^-
(2) SO_4^{2-}
(3) S^{2-}
(4) $S_2O_3^{2-}$

(A) nur 1 ist richtig
(B) nur 2 ist richtig
(C) nur 3 ist richtig
(D) nur 1, 3 und 4 sind richtig
(E) 1–4 = alle sind richtig

137* Welche Aussagen treffen zu?
Die Reaktion zwischen NaN_3 und Iod (Iod-Azid-Reaktion) wird durch folgende Ionen katalysiert:

(1) SO_3^{2-}
(2) $S_2O_3^{2-}$
(3) S^{2-}
(4) SCN^-

(A) nur 1 und 3 sind richtig
(B) nur 2 und 4 sind richtig
(C) nur 1, 2 und 3 sind richtig
(D) nur 2, 3 und 4 sind richtig
(E) 1–4 = alle sind richtig

Nachweis pharmazeutisch relevanter Anionen

Fluorid

siehe auch MC-Fragen Nr. 131, 134, 499, 554–557, 709, 710, 854, 881

138 Welche der folgenden Reaktionen eignen sich zum qualitativen Nachweis von Fluorid?

(1) Entfärbung von Eisen(III)-thiocyanat-Lösung
(2) Verhinderung der Reaktion von Ti^{4+} mit H_2O_2 durch Komplexbildung
(3) Entfärbung von Methylenblau in essigsaurer Lösung
(4) Erwärmen mit SiO_2 und konz. H_2SO_4, Nachweis des entstandenen flüchtigen SiF_4 durch Hydrolyse mit H_2O

(A) nur 1 und 3 sind richtig
(B) nur 3 und 4 sind richtig
(C) nur 1, 2 und 4 sind richtig
(D) nur 2, 3 und 4 sind richtig
(E) 1–4 = alle sind richtig

139 Welche der folgenden Reaktionen eignen sich zum qualitativen Nachweis von Fluorid?

(1) Entfärbung von Eisen(III)-thiocyanat-Lösung
(2) Verhinderung der Reaktion von Ti^{4+} mit H_2O_2 durch Komplexbildung
(3) Entfärbung von Methylenblau in essigsaurer Lösung
(4) Umsetzung mit $BaCl_2$ in neutraler Lösung

(A) nur 1 und 2 sind richtig
(B) nur 3 und 4 sind richtig
(C) nur 1, 2 und 4 sind richtig
(D) nur 2, 3 und 4 sind richtig
(E) 1–4 = alle sind richtig

140 Welche der folgenden Reaktionen eignen sich zum qualitativen Nachweis von Fluorid?

(1) Entfärbung von Eisen(III)-thiocyanat-Lösung
(2) Verhinderung der Reaktion von Ti^{4+} mit H_2O_2 durch Komplexbildung
(3) Entfärbung von Methylenblau in essigsaurer Lösung
(4) Fällung als Calciumfluorid mit $CaCl_2$ in neutraler Lösung

(A) nur 2 ist richtig
(B) nur 3 und 4 sind richtig
(C) nur 1, 2 und 4 sind richtig
(D) nur 2, 3 und 4 sind richtig
(E) 1–4 = alle sind richtig

141 Welche der folgenden Reaktionen können zum qualitativen Nachweis von Fluorid beitragen?

(1) Entfärbung von Eisen(III)-thiocyanat-Lösung
(2) Verhinderung der Reaktion von Ti^{4+} mit H_2O_2 durch Komplexbildung
(3) Bildung von gelbem Fluorescein aus rotem Eosin
(4) Fällung als Calciumfluorid mit $CaCl_2$

(A) nur 2 ist richtig
(B) nur 3 und 4 sind richtig
(C) nur 1, 2 und 4 sind richtig
(D) nur 2, 3 und 4 sind richtig
(E) 1–4 = alle sind richtig

142 Welche Aussagen treffen zu?
Fluorid-Ionen lassen sich nachweisen durch:

(1) Fällung als schwer lösliches CsF
(2) Entfärbung einer Lösung von $Fe(SCN)_3$
(3) Farbreaktion mit einem Komplex aus Alizarin S und Zr(IV)
(4) grünliche Flammenfärbung in Gegenwart von Blei

(A) nur 2 ist richtig
(B) nur 1 und 2 sind richtig
(C) nur 1 und 3 sind richtig
(D) nur 2 und 3 sind richtig
(E) 1–4 = alle sind richtig

143* Die Ätzprobe zum Nachweis von Fluorid kann bei Anwesenheit eines Überschusses von Silicat oder Borat misslingen.
Welche der folgenden Verbindungen sind hierfür verantwortlich?

(1) SiF_4
(2) BF_3
(3) $SiO_2 \cdot NaF$

(A) nur 1 ist richtig
(B) nur 2 ist richtig
(C) nur 1 und 2 sind richtig
(D) nur 2 und 3 sind richtig
(E) 1–3 = alle sind richtig

144 Welche der folgenden Aussagen trifft zu?
Die Grenzprüfung auf Fluorid-Ionen nach Arzneibuch wird durchgeführt

(A) durch Erfassung des HF-Gehaltes mittels acidimetrischer Titration in wässriger Lösung gegen Alizaringelb als Indikator
(B) durch Überführung der Fluorid-Ionen in flüchtiges H_2SiF_6, welches auf feuchtem Filterpapier zu $SiO_2 \cdot n\ H_2O$ hydrolysiert wird
(C) durch Behandeln der Substanz mit konzentrierter Schwefelsäure, wobei der entstehende Fluorwasserstoff mit der Wand des Reagenzglases reagiert (Ätzprobe)
(D) durch Einstrahlung von Licht definierter Wellenlänge mit quantitativer Erfassung des ausgestrahlten Fluoreszenzlichtes
(E) durch Überführung in flüchtiges SiF_4, welches in der Vorlage mit Wasser Fluorid-Ionen ergibt, die mit Thoriumnitrat-Lösung titriert werden

145 Welche der folgenden Reaktionen ist an der Grenzwertbestimmung von Fluorid nach Arzneibuch **nicht** beteiligt?

(A) $SiO_2 + 3\,H_2F_2 \rightleftharpoons H_2[SiF_6] + 2\,H_2O$
(B) $H_2[SiF_6] \rightleftharpoons SiF_4 + H_2F_2$
(C) $3\ SiF_4 + 4\ HO^- \rightleftharpoons SiO_2 + 2\ [SiF_6]^{2-} + 2\,H_2O$
(D) $H_2F_2 + 2\,NaOH \rightleftharpoons 2\,NaF + 2\,H_2O$
(E) 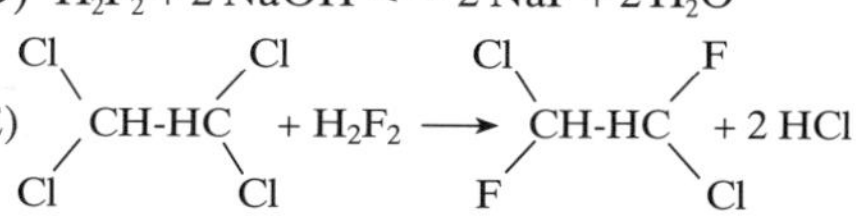

146 Welche Aussage trifft zu?
Die Grenzprüfung auf Fluorid wird unter Verwendung von Natriumacetat, Cer(III)-nitrat und Aminomethylalizarindiessigsäure durchgeführt. Die Funktion der Cer(III)-Ionen ist hierbei:

(A) Bildung eines Tetrafluoro-Cer-Komplexes
(B) Oxidation störender Silicat-Ionen
(C) Katalysator zur Fluorierung der Aminomethylalizarindiessigsäure
(D) Bildung eines gefärbten Aminomethylalizarindiessigsäure-Cer-Komplexes
(E) Bestandteil der Maßlösung zur Titration der Fluorid-Ionen

Chlorid

siehe auch MC-Fragen Nr. 123, 125, 126, 128, 270, 315, 537, 546–551, 554–558, 573, 822

147 Durch welches Verfahren kann das Anion aus Silberchlorid **nicht** in Lösung gebracht werden?

(A) Kochen mit Natriumcarbonat-Lösung
(B) Kochen mit Kaliumhydroxid-Lösung
(C) Schmelzen mit einem Gemisch von Kalium- und Natriumcarbonat und Behandeln der Schmelze mit Wasser
(D) Behandeln mit Zink und verdünnter Schwefelsäure
(E) Kochen mit 2 M-HNO_3-Lösung

148 Welche Aussage trifft **nicht** zu?
Bei Anwesenheit folgender Ionen (in einer ursprünglich neutralen bis schwach sauren Lösung) kann der Nachweis von Chlorid als Silberchlorid in verdünnt salpetersaurer Lösung gestört werden durch:

(A) Br^-
(B) CN^-
(C) $[Fe(CN)_6]^{4-}$
(D) SCN^-
(E) F^-

149* Welche Aussage trifft zu?
Zum Nachweis von Chlorid-Ionen können diese mit Mangan(IV)-oxid oxidiert werden. Die Reaktion kann schematisch wie folgt formuliert werden:

(A) $2\,Cl^- + 6\,MnO_2 + 8\,H_3O^+ \rightarrow Cl_2 + 4\,Mn^{2+} + 2\,MnO_4^- + 12\,H_2O$
(B) $2\,Cl^- + MnO_2 + 4\,H_3O^+ \rightarrow Cl_2 + Mn^{4+} + 6\,H_2O$
(C) $2\,Cl^- + MnO_2 + 4\,H_3O^+ \rightarrow Cl_2 + Mn^{2+} + 6\,H_2O$
(D) $4\,Cl^- + MnO_2 + 4\,H_3O^+ \rightarrow 2\,Cl_2 + Mn^{2+} + 6\,H_2O$
(E) Keine der Reaktionen (A) bis (D) trifft zu.

150 Welche Aussage trifft zu?
Eine Analysensubstanz wird in einem Reagenzglas mit Kaliumdichromat und konzentrierter Schwefelsäure versetzt.
Die Violettrotfärbung eines über die Öffnung des Reagenzglases gehaltenen mit essigsaurer Diphenylcarbazid-Lösung imprägnierten Filterpapierstreifens ist ein Nachweis für:

(A) Sulfid
(B) Azid
(C) Chlorid
(D) Fluorid
(E) Iodid

151 Welche Aussage trifft zu?
Beim Nachweis von Chlorid nach dem Europäischen Arzneibuch dient der Zusatz von Kaliumdichromat und Schwefelsäure zur:

(A) Oxidation störender Quecksilber(I)-Verbindungen
(B) Bildung von flüchtigem Chromylchlorid
(C) Freisetzung von Chlorid aus schwer löslichem Silberchlorid
(D) als Indikator zur quantitativen Bestimmung
(E) Maskierung von Iodid

152

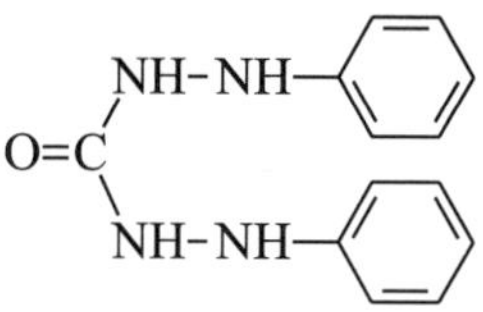

Welche der folgenden Ionen wird nach Arzneibuch unter Verwendung des oben dargestellten Reagenzes identifiziert?

(A) Bismut-Ionen
(B) Bromid-Ionen
(C) Calcium-Ionen
(D) Chlorid-Ionen
(E) Magnesium-Ionen

153 Welche der folgenden Ionen können beim Nachweis von Chlorid als Chromylhalogenid durch Nachweis des Chroms mit Diphenylcarbazid stören?

(1) F^-
(2) I^-
(3) NO_2^-
(4) NO_3^-

(A) nur 1 ist richtig
(B) nur 2 ist richtig
(C) nur 1 und 2 sind richtig
(D) nur 3 und 4 sind richtig
(E) 1–4 = alle sind richtig

154 Das Europäische Arzneibuch schreibt zum Nachweis von Chlorid-Ionen (Methode B) folgende Verfahrensweise vor:
Ca. 15 mg Chlorid werden in einem Reagenzglas mit 0,2 g Kaliumdichromat und 1 ml Schwefelsäure versetzt. Ein mit Diphenylcarbazid-Lösung getränktes Filterpapier über der Reagenzglasöffnung färbt sich ohne Berührung der Reaktionslösung violett.
Welche Aussagen zu diesem Nachweis treffen zu?

(1) Chlorid-Ionen bilden mit Dichromat-Ionen im schwefelsauren Milieu flüchtiges Chromylchlorid (CrO_2Cl_2).
(2) Chlorid-Ionen reagieren mit Dichromat-Ionen in einer Redoxreaktion.
(3) Chromylchlorid oxidiert Diphenylcarbazid zu Diphenylcarbazon unter Bildung von Cr(III).
(4) Die Violettfärbung resultiert aus der Bildung von Chrom(III)-chlorid.
(5) Die Violettfärbung wird durch Komplexierung von Cr(III) mit Diphenylcarbazon hervorgerufen.

(A) nur 1 und 2 sind richtig
(B) nur 1, 3 und 4 sind richtig
(C) nur 1, 3 und 5 sind richtig
(D) nur 2, 3 und 4 sind richtig
(E) nur 1, 2, 3 und 5 sind richtig

155 Welche Aussagen zum Chlorid-Nachweis mittels Kaliumdichromat und Diphenylcarbazid nach Arzneibuch treffen zu?

(1) Diphenylcarbazon bildet mit Chrom-Ionen einen violetten Komplex.
(2) Chromylchlorid bewirkt eine Oxidation von Diphenylcarbazid zu Diphenylcarbazon.
(3) Chlorid-Ionen bilden nach Zusatz von $K_2Cr_2O_7$ und konz. H_2SO_4 Chromylchlorid.
(4) Chromylchlorid zerfällt in der Wärme in Chrom(III)-chlorid und flüchtiges freies Chlor.
(5) Diphenylcarbazid und Chlor bilden eine rote Additionsverbindung.

(A) nur 1 und 2 sind richtig
(B) nur 3 und 4 sind richtig
(C) nur 1, 2 und 3 sind richtig
(D) nur 3, 4 und 5 sind richtig
(E) 1–5 = alle sind richtig

Bromid

siehe auch MC-Fragen Nr. 50, 76, 78, 80, 109, 110, 270, 535, 536, 540, 545, 554, 555, 557, 772, 773, 775, 795, 817, 840, 855, 861

156* Welche Aussage trifft **nicht** zu?
Zum qualitativen Nachweis können Bromide in 1 M-mineralsaurer Lösung durch Zugabe folgender Oxidationsmittel in elementares Brom übergeführt werden:

(A) Chlorwasser
(B) Fe^{3+}-Ionen
(C) MnO_2
(D) $Cr_2O_7^{2-}$-Ionen
(E) Chloramin T

157 Mit welchen der folgenden Reagenzien kann Bromid zum Zweck seines Nachweises zu elementarem Brom oxidiert werden?

(1) CuO/Weinsäure
(2) PbO_2/Essigsäure
(3) Chloramin T
(4) $AgNO_3/NH_3$
(5) $K_2Cr_2O_7/H_2SO_4$

(A) nur 1 und 5 sind richtig
(B) nur 2 und 5 sind richtig
(C) nur 3 und 4 sind richtig
(D) nur 1, 2 und 4 sind richtig
(E) nur 2, 3 und 5 sind richtig

158* Welche der folgenden Methoden können zum Nachweis von Bromid beitragen?
Die Bildung von:

(1) braunen Dämpfen beim Erhitzen mit konzentrierter **Schwefelsäure**
(2) Chromylbromid mit $K_2Cr_2O_7$ und konzentrierter **Schwefelsäure**
(3) braunen Dämpfen mit konzentrierter **Salzsäure**

(A) Keine der Aussagen bis trifft zu.
(B) nur 1 ist richtig
(C) nur 1 und 2 sind richtig
(D) nur 2 und 3 sind richtig
(E) 1–3 = alle sind richtig

159 Welche Aussage trifft zu?

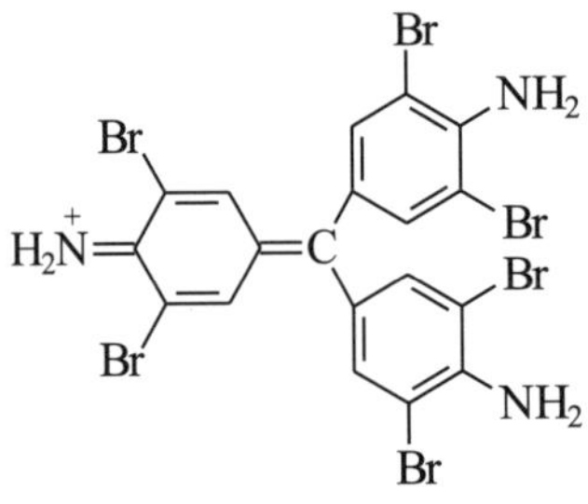

Das oben angegebene Reaktionsprodukt entsteht bei einer Identitätsreaktion auf:

(A) Methanol
(B) Phenol
(C) Anilin
(D) Formaldehyd
(E) Bromid

160 Was entsteht bei der Nachweisreaktion von Bromid, bei der durch Oxidation gebildetes Brom mit dem Natriumsalz des Fluoresceins (siehe Formel) umgesetzt wird?

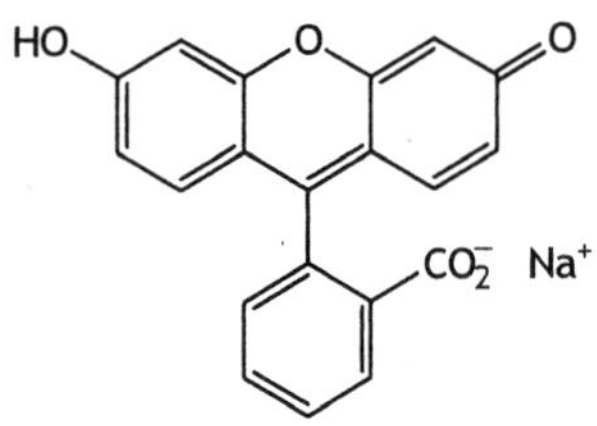

(A) Bromphenolblau
(B) Eosin
(C) Fuchsin
(D) Fuchsin-Schweflige Säure
(E) ein farbloser Niederschlag

161 Welche Aussage trifft zu?
Zum Nachweis von Bromid kann das Halogenid durch Bleidioxid zu Brom oxidiert werden, welches einem mit (farbloser) Fuchsin-Schwefliger Säure befeuchteten Papierstreifen langsam violett färbt. Diese Färbung beruht auf der:

(A) Bildung von Thionylbromid
(B) Oxidation von Sulfit
(C) Bildung mehrfach bromierter Fuchsine wie z. B. Hexabromrosanilin
(D) Freisetzung des farbigen Fuchsins
(E) Freisetzung der Leukobase von Fuchsin

162 Welche Aussage trifft zu?
Beim Nachweis von Bromid wird der Lösung zunächst Blei(IV)-oxid und Essigsäure zugegeben. Ein dicht über die Lösung gehaltener, mit Schiffs Reagenz imprägnierter Filterpapierstreifen färbt sich violett.
Die Zugabe von Blei(IV)-oxid dient zur:

(A) Einstellung des pH-Wertes
(B) Maskierung von Iodid als Bleitetraiodid
(C) Oxidation von Bromid zu Bromat
(D) Reduktion von Schiffs Reagenz
(E) Oxidation vom Bromid zu Brom

163 Welche der folgenden Methoden schreibt das Arzneibuch zur Identifizierung von Bromid vor?

(1) Oxidation mittels Blei(IV)-oxid/Essigsäure, Prüfung entstehender Dämpfe mit Schiffs Reagenz (Filterpapier)
(2) mit $AgNO_3$-Lösung Fällung von gelblichem Silberbromid, der abgetrennte Niederschlag löst sich in verdünnter Ammoniak-Lösung nur schwer.
(3) Entwicklung von HBr mit konz. H_2SO_4, im Dampf Prüfung auf HBr mit schwarzem, $AgNO_3$-getränktem Filterpapier
(4) Oxidation zu Br_2 mittels Iod-Lösung, der vorher Stärke-Lösung zugefügt wurde (Entfärbung)

(A) nur 2 ist richtig
(B) nur 1 und 2 sind richtig
(C) nur 3 und 4 sind richtig
(D) nur 1, 2 und 3 sind richtig
(E) 1–4 = alle sind richtig

164 Durch welches Verfahren kann das Anion aus Silberbromid zum Zweck seines anschließenden Nachweises **nicht** in Lösung gebracht werden?

(A) Kochen mit Natriumcarbonat-Lösung
(B) Kochen mit Kaliumhydroxid-Lösung
(C) Schmelzen mit einem Gemisch von Kalium- und Natriumcarbonat und Behandeln der Schmelze mit Wasser
(D) Behandeln mit Zink und verdünnter Schwefelsäure
(E) Kochen mit 2 M-HNO_3-Lösung

165 Sie setzen in saurer Lösung aus Bromid (im Überschuss) Brom mit jeweils **1 Mol** $KBrO_3$, MnO_2, K_2CrO_4 oder H_2O_2 frei.
Welche Relation trifft für die Stoffmengen an gebildetem Brom zu (> bedeutet hier: „bildet mehr Brom bei vorausgesetzter vollständiger Umsetzung"; = bedeutet: gleiche Mengen Brom)?

(A) $KBrO_3 > MnO_2 > K_2CrO_4 > H_2O_2$
(B) $H_2O_2 > K_2CrO_4 > KBrO_3 = MnO_2$
(C) $K_2CrO_4 = KBrO_3 > H_2O_2 > MnO_2$
(D) $KBrO_3 = K_2CrO_4 = H_2O_2 = MnO_2$
(E) $KBrO_3 > K_2CrO_4 > MnO_2 = H_2O_2$

Iodid

siehe auch MC-Fragen Nr. 50, 57, 98, 104, 106–108, 110, 112–121, 125–127, 433, 538, 882

166 Welche Aussagen treffen zu?
Zum Nachweis von Iodid-Ionen kann die Reaktion dienen mit:

(1) Kaliumiodat-Lösung
(2) Silbernitrat-Lösung
(3) Blei(II)-nitrat-Lösung
(4) Quecksilber(II)-chlorid-Lösung
(5) Ammoniumeisen(III)-sulfat-Lösung

(A) nur 1 und 2 sind richtig
(B) nur 3 und 4 sind richtig
(C) nur 1, 2 und 3 sind richtig
(D) nur 1, 2, 3 und 5 sind richtig
(E) 1–5 = alle sind richtig

167 Welche Aussage trifft **nicht** zu?
Folgende Ionen bzw. Stoffe können Iodid zu Iod oxidieren:

(A) NO_2^-
(B) Hg_2Cl_2
(C) Cu^{2+}
(D) Fe^{3+}
(E) H_2O_2

168 Welche Aussagen treffen zu?
Mit folgenden Gleichungen lassen sich Reaktionen und Folgereaktionen beschreiben, die beim Nachweis von I^--Ionen mit Cl_2 stattfinden:

(1) $2\,I^- + Cl_2 \rightleftharpoons 2\,Cl^- + I_2$
(2) $I_2 + 5\,Cl_2 + 18\,H_2O \rightleftharpoons 2\,IO_3^- + 10\,Cl^- + 12\,H_3O^+$
(3) $I_2 + 3\,Cl_2 \rightleftharpoons 2\,ICl_3$
(4) $I_2 + Cl_2 + 2\,H_2O \rightleftharpoons I^- + IO^- + ClO^- + 4\,H^+$

(A) nur 3 ist richtig
(B) nur 1 und 3 sind richtig
(C) nur 2 und 4 sind richtig
(D) nur 1, 2 und 3 sind richtig
(E) 1–4 = alle sind richtig

169 Welche Aussage trifft zu?
Eine Identitätsreaktion für Iodid-Ionen nach Arzneibuch geht von der Oxidation mit Kaliumdichromat in verdünnt saurer Lösung aus.

Diese Reaktion lässt sich schematisch wie folgt formulieren:

(A) $2\,I^- + 2\,Cr_2O_7^{2-} + 12\,H_3O^+ \rightleftharpoons 2\,IO_3^- + 2\,Cr^{3+} + 20\,H_2O$
(B) $6\,I^- + Cr_2O_7^{2-} + 14\,H_3O^+ \rightleftharpoons 3\,I_2 + 2\,Cr^{3+} + 21\,H_2O$
(C) $6\,I^- + Cr_2O_7^{2-} + 14\,H_3O^+ \rightleftharpoons 3\,I_2 + 2\,CrO_4^{2-} + 14\,H_2O$
(D) $4\,I^- + Cr_2O_7^{2-} + 10\,H_3O^+ \rightleftharpoons 2\,I_2 + 2\,Cr^{3+} + 15\,H_2O$
(E) $I^- + Cr_2O_7^{2-} + 4\,H_3O^+ \rightleftharpoons IO_3^- + 2\,Cr^{3+} + 8\,H_2O$

Halogenide nebeneinander

170 Welche Aussage trifft **nicht** zu?
Cl^--Ionen, die in etwa gleicher Konzentration neben Br^-- und I^--Ionen vorliegen, können auf Grund folgender Reaktionen nachgewiesen oder zum Nachweis abgetrennt werden:

(A) durch Bildung und Abdestillieren von flüchtigem Chromylchlorid mit anschließendem Nachweis von Chromat in der Vorlage
(B) Aus der gemeinsamen Fällung der Silberhalogenide wird durch $Na_2S_2O_3$ nur AgCl gelöst.
(C) In essigsaurer Lösung können die stärkeren Reduktionsmittel Br^- und I^- über eine Oxidation mit MnO_4^- vom schwächeren Reduktionsmittel Cl^- getrennt werden.
(D) Aus der gemeinsamen Fällung der Silberhalogenide löst kalte konzentrierte Ammoniumcarbonat-Lösung praktisch nur AgCl, das aus dieser Lösung beim Ansäuern mit HNO_3 wieder ausfällt.
(E) Beim Behandeln der Silberhalogenid-Fällung mit einer sehr verdünnten Ammoniak-Lösung und $K_3[Fe(CN)_6]$ entsteht nur mit AgCl braunes $Ag_3[Fe(CN)_6]$.

171* Eine wässrige Lösung enthalte die Anionen Cl^-, Br^- und I^-.
Welches der folgenden Oxidationsmittel oxidiert von diesen Anionen praktisch nur I^- (zu I_2)?

(A) Tosylchloramid-Natrium (Chloramin T)
(B) NO_2^- (essigsauer)
(C) PbO_2 (2 M-salpetersauer)
(D) $KMnO_4$ (1 M-schwefelsauer)
(E) $K_2Cr_2O_7$ (1 M-schwefelsauer)

172 Eine Lösung enthält die Ionen Cl^-, Br^- und I^-.
Welches der folgenden Oxidationsmittel oxidiert von diesen Anionen ausschließlich I^- (zu I_2)?

(A) MnO_2 (2 M-salpetersauer)
(B) $KMnO_4$ (1 M-schwefelsauer)
(C) H_2O_2 (essigsauer)
(D) konz. H_2SO_4
(E) $K_2Cr_2O_7$ (1 M-schwefelsauer)

173* Welche Aussagen treffen zu?
Der Nachweis von Bromid neben Iodid durch Oxidation mit Chlorwasser bzw. saurer Chloramin T-Lösung ist aus folgenden Gründen möglich:

(1) Das Normalpotential der Reaktion $2\,I^- \rightleftharpoons I_2 + 2e^-$ hat einen niedrigeren Zahlenwert als das Normalpotential von $2\,Br^- \rightleftharpoons Br_2 + 2e^-$.
(2) Das Normalpotential der Reaktion $2\,Cl^- \rightleftharpoons Cl_2 + 2e^-$ liegt zwischen den Normalpotentialen der Redoxpaare $2\,Br^-/Br_2$ und $2\,I^-/I_2$.
(3) Reagenzüberschuss überführt elementares Iod in farblose Verbindungen wie Iodate bzw. ICl_3.
(4) Bromid-Ionen werden durch ihre Oxidation mittels Cl_2 zu Bromat-Ionen erkannt.

(A) nur 1 ist richtig
(B) nur 1 und 3 sind richtig
(C) nur 2 und 4 sind richtig
(D) nur 1, 2 und 3 sind richtig
(E) 1–4 = alle sind richtig

174* Eine Mischung aus AgCl und AgI wird mit kalter Ammoniumcarbonat-Lösung geschüttelt. Das klare Filtrat wird mit Kaliumbromid-Lösung versetzt.
Was fällt aus?

(A) AgCl
(B) AgBr
(C) AgI
(D) Ag_2CO_3
(E) Keine der obigen Angaben trifft zu.

175 Welche Aussage trifft zu?
AgCl und AgI lassen sich voneinander trennen mit:

(A) Ammoniumchlorid-Lösung
(B) überschüssiger Natriumthiocyanat-Lösung
(C) Kaliumcyanid-Lösung
(D) Ammoniumcarbonat-Lösung
(E) Keine der obigen Aussagen trifft zu.

176 Welche der folgenden Methoden eignen sich zur Unterscheidung von gemeinsam ausgefälltem AgCl und AgBr?

(1) Schütteln mit kalter Ammoniumcarbonat-Lösung und Zusatz von Kaliumbromid-Lösung zum Filtrat
(2) mit Zink und verdünnter Schwefelsäure kann nur aus AgCl metallisches Silber gebildet werden
(3) Schütteln mit Kaliumcyanid-Lösung und Zusatz von Kaliumiodid-Lösung zum Filtrat

(A) nur 1 ist richtig
(B) nur 2 ist richtig
(C) nur 1 und 2 sind richtig
(D) nur 2 und 3 sind richtig
(E) 1–3 = alle sind richtig

177 Welche Aussagen treffen zu?
Mit folgenden Gleichungen lassen sich Reaktionen und Folgereaktionen beschreiben, die beim Nachweis von nebeneinander vorliegenden Br^-- und I^--Ionen mit Cl_2 stattfinden:

(1) $2\,I^- + Cl_2 \rightleftharpoons 2\,Cl^- + I_2$
(2) $I_2 + 5\,Cl_2 + 18\,H_2O \rightleftharpoons 2\,IO_3^- + 10\,Cl^- + 12\,H_3O^+$
(3) $I_2 + 3\,Cl_2 \rightleftharpoons 2\,ICl_3$
(4) $2\,Br^- + Cl_2 \rightleftharpoons 2\,Cl^- + Br_2$
(5) $Br_2 + Cl_2 \rightleftharpoons 2\,BrCl$

(A) nur 1 und 4 sind richtig
(B) nur 1, 2 und 5 sind richtig
(C) nur 1, 3 und 5 sind richtig
(D) nur 2, 4 und 5 sind richtig
(E) 1–5 = alle sind richtig

Chlorat

siehe auch MC-Frage Nr. 123

178 Welche der folgenden Reaktionen eignet sich **nicht** zum Nachweis von Chlorat?

(A) Mit $AgNO_3$-Lösung bildet sich ein in verdünnter Salpetersäure schwer löslicher Niederschlag.
(B) Mit Nitrit bildet sich in saurer Lösung Chlorid.
(C) Chlorat oxidiert in saurer Lösung Iodid zu Iod.
(D) Mit Zink bildet sich in saurer Lösung Chlorid.
(E) Mit konz. HCl bildet sich Cl_2.

Bromat

siehe auch MC-Fragen Nr. 117, 122, 125–127

179* Welche Aussage trifft **nicht** zu?
Bromat lässt sich mit folgenden Reagenzien reduzieren:

(A) H_2S
(B) H_2SO_3
(C) HCl
(D) HI
(E) Zn/H_2SO_4

180 Welche Aussagen treffen zu?
Bromat lässt sich mit folgenden Reagenzien reduzieren:

(1) H_2S
(2) $KHSO_4$
(3) $KHSO_3$
(4) HI

(A) nur 1 ist richtig
(B) nur 1 und 2 sind richtig
(C) nur 2 und 3 sind richtig
(D) nur 1, 3 und 4 sind richtig
(E) 1–4 = alle sind richtig

Iodat

siehe MC-Fragen Nr. 120, 123, 127, 128, 559, 560, 882

Cyanid

siehe auch MC-Fragen Nr. 51, 68, 124, 259, 532, 533, 535, 536, 889

181* Welche Aussagen treffen zu?
Cyanid-Ionen geben folgende Reaktionen, die zu ihrer Identifizierung beitragen können:

(1) In schwach saurer Lösung entsteht mit $AgNO_3$-Lösung (im Überschuss zugegeben) schwer lösliches, weißes AgCN.
(2) Ammoniumpolysulfid überführt Cyanid- in Thiocyanat-Ionen, die als $Fe(SCN)_3$ identifiziert werden.
(3) Mit Eisen(II)-Salzen (in nicht zu großer Menge) bilden sich in alkalischer Lösung Hexacyanoferrat(II)-Salze, die nach Ansäuern und Zugabe von Fe^{3+} eine blaue Fällung ergeben.
(4) Cyanid-Ionen katalysieren die Umsetzung zwischen I_2 und Natriumazid.

(A) nur 1 ist richtig
(B) nur 2 und 4 sind richtig
(C) nur 1, 2 und 3 sind richtig
(D) nur 2, 3 und 4 sind richtig
(E) 1–4 = alle sind richtig

182* Welche der folgenden Reaktionen eignen sich zum qualitativen Nachweis von Cyanid?

(1) Überführung in SCN^--Ionen mit Ammoniumpolysulfid, dann Nachweis durch Farbreaktion mit Fe^{3+}
(2) Bildung von Hexacyanoferrat(II)-Ionen mit Fe^{2+} in alkalischer Lösung, dann Nachweis durch Farbreaktion mit Fe^{3+} in saurer Lösung
(3) Fällung als weißes, schwer lösliches $Ca(CN)_2$
(4) Bildung von löslichem, blauem $Co(CN)_2$, das mit organischen Lösungsmitteln (z. B. Amylalkohol/Ether) ausschüttelbar ist

(A) nur 1 und 2 sind richtig
(B) nur 1 und 3 sind richtig
(C) nur 2 und 4 sind richtig
(D) nur 2, 3 und 4 sind richtig
(E) 1–4 = alle sind richtig

183 Welche der folgenden Reaktionen eignen sich zum qualitativen Nachweis von Cyanid?

(1) Überführung in SCN^--Ionen mit Ammoniumpolysulfid, dann Nachweis durch Farbreaktion mit Fe^{3+}
(2) Bildung von Hexacyanoferrat(II)-Ionen mit Fe^{2+} in alkalischer Lösung, dann Nachweis durch Farbreaktion mit Fe^{3+} in saurer Lösung
(3) Fällung als weißes AgCN
(4) Bildung von löslichem, blauem $Co(CN)_2$, das mit organischen Lösungsmitteln (z. B. Amylalkohol/Ether) ausschüttelbar ist

(A) nur 1 und 2 sind richtig
(B) nur 3 und 4 sind richtig
(C) nur 1, 2 und 3 sind richtig
(D) nur 2, 3 und 4 sind richtig
(E) 1–4 = alle sind richtig

184 Welche der folgenden Reaktionen eignen sich zum qualitativen Nachweis von Cyanid?

(1) Überführung in SCN^--Ionen mit Ammoniumpolysulfid, dann Nachweis durch Farbreaktion mit Fe^{3+}
(2) Bildung von Hexacyanoferrat(II)-Ionen mit Fe^{2+} in alkalischer Lösung, dann Nachweis durch Farbreaktion mit Fe^{3+} in saurer Lösung
(3) Fällung als weißes, schwer lösliches $Hg(CN)_2$
(4) Bildung von löslichem, blauem $Co(CN)_2$, das mit organischen Lösungsmitteln (z. B. Amylalkohol/Ether) ausschüttelbar ist

(A) nur 1 und 2 sind richtig
(B) nur 2 und 3 sind richtig
(C) nur 3 und 4 sind richtig
(D) nur 1, 3 und 4 sind richtig
(E) 1–4 = alle sind richtig

185 Welche der folgenden Reaktionen können zum Nachweis von Cyanid-Ionen herangezogen werden?

(1) Umsetzung von $AgNO_3$ in schwach salpetersaurer Lösung
(2) Bildung von Hexacyanoferrat(II)-Ionen in alkalischer Lösung und dann nach Ansäuern Zugabe von Fe(III)

(3) Reaktion mit Polysulfiden zu Thiocyanat und Zugabe von Fe(III)
(4) Fällung mit Zinkacetat

(A) nur 1 ist richtig
(B) nur 3 ist richtig
(C) nur 2 und 4 sind richtig
(D) nur 3 und 4 sind richtig
(E) nur 1, 2 und 3 sind richtig

186 Mit welcher der folgenden Reaktionen kann Cyanid **nicht** nachgewiesen werden (Störungen sollen außer Betracht bleiben)?

(A) Umsetzung mit $AgNO_3$ in schwach saurer Lösung
(B) Umsetzung mit $(NH_4)_2S_x$-Lösung, dann Nachweis mittels Fe^{3+} in saurer Lösung
(C) Bildung von Hexacyanoferrat(II)-Ionen in alkalischer Lösung, dann Nachweis mit Fe^{3+} in saurer Lösung
(D) Bildung des blauen $[Cu(CN)_4]^{2-}$-Komplexes bei der Umsetzung mit $CuCl_2$-Lösung
(E) charakteristischer Geruch nach Verreiben mit Kaliumhydrogensulfat

187 Welche Aussage trifft **nicht** zu?

(A) Cyanwasserstoff (Blausäure) ist, in Wasser gelöst, eine starke Säure ($pK_a < 0$).
(B) Silbernitrat bildet mit Cyanid einen weißen Niederschlag, der in Ammoniak und Cyanid-Überschuss löslich ist.
(C) Die Reaktionsprodukte der Reaktionen von Fe^{2+} mit Hexacyanoferrat(III) einerseits und von Fe^{3+} mit Hexacyanoferrat(II) andererseits sind identisch.
(D) Hexacyanoferrat(II) und Hexacyanoferrat(III) können mit Hilfe der Löslichkeit ihrer Silbersalze in Ammoniak-Lösung unterschieden werden.
(E) Cyanid kann mit Polysulfid-Lösung in Thiocyanat umgewandelt werden.

Hexacyanoferrat

siehe auch MC-Fragen Nr. 117, 122, 123, 125, 127, 187, 709

188* Welche Aussagen treffen zu?
Kaliumhexacyanoferrat(II) ist zum Einzelnachweis folgender Kationen geeignet:

(1) Cu^{2+}
(2) Zn^{2+}
(3) NH_4^+
(4) Fe^{3+}

(A) nur 4 ist richtig
(B) nur 1 und 2 sind richtig
(C) nur 2 und 4 sind richtig
(D) nur 1, 2 und 4 sind richtig
(E) nur 2, 3 und 4 sind richtig

Thiocyanat

siehe auch MC-Fragen Nr. 122, 124–126, 136, 137, 371–379, 533, 617–621, 891

189 Welche der folgenden Reaktionen eignen sich zur Identifizierung von Thiocyanat?

(1) mit Fe^{3+}-Ionen Bildung von rotem $Fe(SCN)_3$
(2) Bildung von löslichem, blauem $Co(SCN)_2$, das mit Amylalkohol/Ether ausschüttelbar ist
(3) Fällung von weißem AgSCN und thermische Zersetzung zu Ag_2S
(4) Katalyse der Iod-Azid-Reaktion

(A) nur 1 ist richtig
(B) nur 1 und 3 sind richtig
(C) nur 3 und 4 sind richtig
(D) nur 1, 2 und 3 sind richtig
(E) 1–4 = alle sind richtig

190* Welche der folgenden Ionen können den Nachweis von SCN^- mittels Fe^{3+} beeinträchtigen?

(1) $[Fe(CN)_6]^{4-}$
(2) F^-
(3) Co^{2+}
(4) Hg^{2+}

(A) nur 1 ist richtig
(B) nur 2 ist richtig
(C) nur 2 und 3 sind richtig
(D) nur 3 und 4 sind richtig
(E) 1–4 = alle sind richtig

191 Welche Aussagen treffen zu?
Der Thiocyanat-Nachweis mit Eisen(III)-chlorid-Lösung wird gestört oder beeinträchtigt durch:

(1) Co^{2+}
(2) F^-
(3) Hg^{2+}
(4) PO_4^{3-}

(A) nur 1 ist richtig
(B) nur 2 ist richtig
(C) nur 3 ist richtig
(D) nur 2 und 4 sind richtig
(E) 1–4 = alle sind richtig

Sulfat

siehe auch MC-Fragen Nr. 74, 76, 77, 82, 92, 95, 131, 133, 710, 895

192* Welche Aussage trifft zu?
Bei der Identitätsreaktion auf Sulfat mit Bariumchlorid-Lösung nach Arzneibuch wird eine weiße Suspension erhalten, die nach Zusatz von Iod-Lösung gelb bleiben muss.
Eine Entfärbung kann hindeuten auf Gegenwart von:

(A) Wolframat
(B) Selenat
(C) Iodat
(D) Sulfit
(E) Carbonat

193 Welche Aussage trifft zu?
Zur Erhöhung der Spezifität der Nachweisreaktion auf Sulfat wird nach der Fällung mit $BaCl_2$ mit wenig verdünnter Iod-Lösung versetzt.
Tritt Entfärbung ein, so kann das ein Hinweis sein auf:

(A) Sulfit
(B) Pyrosulfat
(C) Iodat
(D) Phosphat
(E) Nitrat

194* Welche Aussage trifft zu?
Bei der Identitätsprüfung auf Sulfat nach Arzneibuch werden nach der Fällung mit $BaCl_2$ 0,1 ml 0,05 M-Iod-Lösung zugesetzt. Tritt Entfärbung ein, so kann das ein Hinweis sein auf:

(A) Pyrosulfat
(B) Dithionit
(C) Iodat
(D) Selenat
(E) Keine der Aussagen (A) bis (D) trifft zu.

Zur Erhöhung der Spezifität der Identitätsreaktion auf Sulfat lässt das Arzneibuch die durch Zusatz von Bariumchlorid-Lösung zur Prüflösung erhaltene Suspension näher untersuchen.
Ordnen Sie bitte den Untersuchungen der Liste 1 die jeweils dadurch **ausgeschlossenen** Anionen aus Liste 2 zu!

Liste 1

195 1. Untersuchung:
Nach Zusatz von Iod-Lösung bleibt die Suspension gelb.

196 2. Untersuchung:
Wird zu der gelben Suspension von 1. Zinn(II)-chlorid-Lösung gegeben, so tritt Entfärbung ein.

197 3. Untersuchung:
Wird die Mischung von 2. zum Sieden erhitzt, entsteht **kein** gefärbter Niederschlag.

Liste 2

(A) nur Iodat
(B) nur Sulfit und Dithionit
(C) nur Selenat und Iodat
(D) nur Wolframat und Dithionit
(E) nur Selenat und Wolframat

198 Das Europäische Arzneibuch schreibt für die Grenzprüfung auf Sulfat-Ionen Folgendes vor:
1,5 ml Sulfat-Lösung (10 ppm Sulfat) werden mit 1 ml Bariumchlorid-Lösung (250 g/l) versetzt, geschüttelt und stehen gelassen. Diesem Ansatz werden 15 ml der zu prüfenden Lösung und 0,5 ml Essigsäure zugesetzt. Die Referenzlösung wird in gleicher Weise mit 15 ml Sulfat-Lösung (10 ppm Sulfat) anstelle der zu prüfenden Lösung hergestellt. Nach 5 min darf die zu prüfende Lösung nicht stärker getrübt sein als die Referenzlösung.

Welche Aussage zu dieser Prüfung trifft **nicht** zu?

(A) Sie beruht auf der Bildung von schwer löslichem Bariumsulfat.
(B) Der Trübungsgrad einer Lösung ist eine Funktion von Anzahl und Größe der entstehenden schwer löslichen Teilchen.
(C) Durch Übersättigungen von Lösungen können Fällungen schwer löslicher Verbindungen verzögert werden.
(D) Die Mischung von Sulfat- und Barium-Ionen vor Zugabe der Prüflösung darf als Blindwert der Prüfung keine sichtbare Trübung aufweisen.
(E) Die Mischung von Sulfat- und Barium-Ionen vor Zugabe der Prüflösung dient der Bildung von Impfkristallen für eine besser reproduzierbare Fällung.

Sulfit

siehe auch MC-Fragen Nr. 29, 49, 50, 53, 57, 68, 69, 107, 109–112, 119, 129, 130, 133, 261, 266, 880

199 Welche der im Folgenden genannten Reaktionen treffen für Sulfit-Ionen bzw. Schweflige Säure zu?

(1) Nach der Umsetzung mit H_2O_2-Lösung in salzsaurer Lösung entsteht mit $BaCl_2$-Lösung ein weißer, fein kristalliner Niederschlag.
(2) In schwach saurer bis neutraler Lösung wird Iod-Lösung unter Iodid-Bildung entfärbt.
(3) In schwach saurer bis neutraler Lösung werden Triphenylmethanfarbstoffe, z. B. Fuchsin, entfärbt.
(4) Mit $BaCl_2$-Lösung entsteht in verdünnt salzsaurer Lösung (2 M) ein weißer, feinkristalliner Niederschlag.

(A) nur 2 ist richtig
(B) nur 1 und 4 sind richtig
(C) nur 1, 2 und 3 sind richtig
(D) nur 1, 3 und 4 sind richtig
(E) nur 2, 3 und 4 sind richtig

200 Welche der folgenden Reaktionen eignen sich als Identitätsreaktionen für Sulfit-Ionen?

(1) Bei der Umsetzung einer SO_3^{2-}-Ionen enthaltenden Lösung mit Zink/Salzsäure entsteht H_2S.
(2) Bei der Umsetzung mit H_2O_2 in verdünnt salzsaurem Medium werden Sulfit- zu Sulfat-Ionen oxidiert.
(3) Durch Sulfit-Ionen wird I_2 zu Iodid reduziert (Entfärbung).
(4) Mit $Na_2[Fe(CN)_5NO]$-Lösung bilden Sulfit-Ionen ein rotes, komplexes Anion.
(5) Nach Ansäuern einer SO_3^{2-}-Ionen enthaltenden Lösung wird Bleiacetatpapier schwarzbraun gefärbt.

(A) nur 1 und 4 sind richtig
(B) nur 2, 3 und 5 sind richtig
(C) nur 3, 4 und 5 sind richtig
(D) nur 1, 2, 3 und 4 sind richtig
(E) 1–5 = alle sind richtig

201 Welche der folgenden Reaktionen trifft für Sulfit-Ionen bzw. Schweflige Säure **nicht** zu?

(A) In schwach saurer bis neutraler Lösung wird Iod-Lösung unter Iodid-Bildung entfärbt.
(B) Mit $BaCl_2$ entsteht in verdünnt salzsaurer ($2\ mol \cdot l^{-1}$) Lösung ein weißer, fein kristalliner Niederschlag.
(C) Bei Umsetzung mit Zink/Salzsäure entsteht H_2S.
(D) Mit $Na_2[Fe(CN)_5NO]$-Lösung bilden Sulfit-Ionen eine rot gefärbte Verbindung.
(E) In neutralen und in schwach sauren Lösungen entsteht mit $AgNO_3$-Lösung im Überschuss ein Niederschlag von Ag_2SO_3.

202 Welche der folgenden Reaktionen sind für Sulfit-Ionen bzw. Schweflige Säure typisch?

(1) In schwach saurer bis neutraler Lösung wird Iod-Lösung unter Iodid-Bildung entfärbt.
(2) In schwach alkalischem Milieu erfolgt mit Thiosulfat Reaktion zu Tetrathionat.
(3) Bei Umsetzung mit Zink/Salzsäure entsteht H_2S.
(4) Mit $Na_2[Fe(CN)_5NO]$-Lösung bilden Sulfit-Ionen eine rotgefärbte Verbindung.
(5) Mit konzentrierter Salzsäure entsteht SO_2.

(A) nur 1, 3 und 5 sind richtig
(B) nur 1, 4 und 5 sind richtig
(C) nur 2, 3 und 4 sind richtig
(D) nur 1, 3, 4 und 5 sind richtig
(E) 1–5 = alle sind richtig

Thiosulfat

siehe auch MC-Fragen Nr. 29, 49, 54, 66, 106–108, 112, 114, 115, 136, 137, 463, 880, 890

203* Welche Aussage über Reaktionen mit Natriumthiosulfat-Lösung trifft **nicht** zu?

(A) AgBr wird unter Komplexbildung gelöst.
(B) Chlor wird in saurer Lösung zu Chlorid reduziert.
(C) Durch Oxidation mit Iod in saurer Lösung entsteht Sulfat.
(D) Beim Erhitzen mit KCN entsteht unter anderem SCN^-.
(E) Beim Ansäuern mit Salzsäure bilden sich unter anderem Schwefel und Schwefeldioxid.

204 Welche Aussage über Reaktionen mit Natriumthiosulfat-Lösung trifft **nicht** zu?

(A) AgBr wird unter Komplexbildung gelöst.
(B) Chlor wird in saurer Lösung zu Chlorid reduziert.
(C) Beim Ansäuern mit Salzsäure bilden sich unter anderem Schwefel und Schwefeldioxid.
(D) Beim Erhitzen mit KCN entsteht unter anderem SCN^-.
(E) Iodid wird zu Iod oxidiert.

205 Welche Reaktion geben Thiosulfat-Ionen **nicht**?

(A) Iod wird zu Iodid reduziert.
(B) Durch Oxidation mit Iod entsteht in neutraler Lösung Sulfat.
(C) Mit Silber-Ionen entsteht zunächst ein weißer Niederschlag.
(D) Bei Einwirken von Salzsäure bilden sich Schwefel und Schwefeldioxid.
(E) Chlor wird zu Chlorid reduziert.

206* Welche Aussagen treffen zu?
Thiosulfat-Ionen geben folgende Reaktionen, die zu ihrer Identifizierung beitragen können:

(1) I_2 wird durch $S_2O_3^{2-}$-Ionen zu I^- reduziert.
(2) In Gegenwart von $S_2O_3^{2-}$-Ionen reagiert N_3^- mit I_2 (Iod-Azid-Reaktion).
(3) $S_2O_3^{2-}$-Ionen geben mit Ag^+ einen weißen Niederschlag, der sich unter Bildung von schwarzem Ag_2S zersetzt (beim Erwärmen).
(4) $Ag_2S_2O_3$ wird durch überschüssige $S_2O_3^{2-}$-Ionen in den löslichen Komplex $[Ag(S_2O_3)_2]^{3-}$ übergeführt.
(5) Cl_2 oxidiert $S_2O_3^{2-}$-Ionen zu SO_4^{2-}-Ionen.

(A) nur 1 ist richtig
(B) nur 2 und 3 sind richtig
(C) nur 3, 4 und 5 sind richtig
(D) nur 1, 2, 4 und 5 sind richtig
(E) 1–5 = alle sind richtig

207 Welche Aussage trifft zu?
Brom überführt in neutralem Medium Thiosulfat-Ionen in:

(A) $S_2O_4^{2-}$
(B) $S_2O_6^{2-}$
(C) $S_4O_6^{2-}$
(D) SO_3^{2-}
(E) SO_4^{2-}

Sulfid

siehe auch MC-Fragen Nr. 29, 49, 62, 64, 68, 69, 109–112, 122, 124, 135–137, 532, 534 sowie über „Schwefel" MC-Fragen Nr. 28, 49, 101, 103, 534–536, 541, 542, 554, 555

208* Welche Aussage trifft **nicht** zu?
Sulfid-Ionen geben folgende Reaktionen:

(A) Katalyse der Reaktion von NaN_3 mit I_2 (Iod-Azid-Reaktion)
(B) nach Überführung in H_2S Bildung von PbS auf Bleiacetatpapier
(C) mit $AgNO_3$ Fällung eines schwarzen Niederschlages von Ag_2S
(D) mit $Na_2[Fe(CN)_5NO]$ in Soda-alkalischer Lösung Violettfärbung
(E) mit $BaCl_2$ oder $SrCl_2$ Fällung eines weißen, in Säuren schwer löslichen Niederschlages

209* Welche der im Folgenden beschriebenen Reaktionen des Sulfid-Ions treffen zu?

(1) Gibt man H_2S-Wasser zu Iod-Lösung, so fällt Schwefel aus.
(2) Behandelt man einen HgS-Niederschlag mit Schwefelsäure, so entweicht H_2S.
(3) Behandelt man HgS mit Zink/Salzsäure, so entstehen Hg (elementar) und H_2S.
(4) In sodaalkalischer Lösung wird mit Natriumpentacyanonitrosylferrat(II) eine violette Lösung erhalten.

(A) nur 1 ist richtig
(B) nur 1 und 2 sind richtig
(C) nur 1 und 3 sind richtig
(D) nur 3 und 4 sind richtig
(E) nur 1, 3 und 4 sind richtig

210* In Gegenwart der Schwermetallionen Hg^{2+} oder Ag^{+} kann Sulfid in den Rückstand des Sodaauszuges gelangen.
Durch welche der folgenden Methoden kann es darin nachgewiesen werden?

(1) direkte Induzierung der Iod-Azid-Reaktion
(2) Behandeln des Niederschlages mit Zink/Salzsäure und Nachweis des H_2S mit Bleiacetatpapier
(3) Lösen mit Königswasser, Abrauchen und Nachweis des Sulfids nach Aufnehmen mit verd. HCl
(4) Freisetzen von H_2S mit HCl (1:1) und Nachweis mit Bleiacetatpapier

(A) nur 2 ist richtig
(B) nur 1 und 2 sind richtig
(C) nur 3 und 4 sind richtig
(D) nur 1, 2 und 3 sind richtig
(E) nur 2, 3 und 4 sind richtig

211 Durch welche Verbindungen wird der Sulfid-Nachweis in Schwermetallsulfiden mittels Iod-Azid-Reaktion gestört?

(1) $Na_2S_2O_3$
(2) Na_2SO_3
(3) Na_2SO_4
(4) NaSCN

(A) nur 2 ist richtig
(B) nur 3 ist richtig
(C) nur 1 und 4 sind richtig
(D) nur 2 und 4 sind richtig
(E) 1–4 = alle sind richtig

Nitrat

siehe auch MC-Fragen Nr. 58–60, 229, 230, 270, 368, 772, 773, 775, 823, 841, 853, 862, 883

212* Welche Aussagen treffen zu?
Zum Nachweis von Nitrat-Ionen können (ggf. nach Beseitigung störender Begleitsubstanzen) folgende Reaktionen beitragen:

(1) Reduktion in alkalischer Lösung mit Zink oder Devardasche Legierung und Nachweis als NH_3
(2) Reduktion zu NO durch Fe^{2+} in Gegenwart von konzentrierter Schwefelsäure als braunes bis amethystfarbenes $[Fe(H_2O)_5NO]\ SO_4$
(3) die mit Diphenylamin/Schwefelsäure auftretende Blaufärbung
(4) direkte Umsetzung mit Sulfanilsäure (Diazotierung) und nachfolgende Kupplung mit α-Naphthylamin zu einem roten Azofarbstoff

(A) nur 2 und 4 sind richtig
(B) nur 3 und 4 sind richtig
(C) nur 1, 2 und 3 sind richtig
(D) nur 2, 3 und 4 sind richtig
(E) 1–4 = alle sind richtig

213 Welche Aussagen treffen zu?
Der Nachweis des NO_3^--Ions als $[Fe(H_2O)_5NO]SO_4$ wird durch folgende Anionen gestört:

(1) $Cr_2O_7^{2-}$
(2) CO_3^{2-}
(3) Cl^-
(4) I^-
(5) NO_2^-

(A) nur 1 und 4 sind richtig
(B) nur 1, 4 und 5 sind richtig
(C) nur 2, 3 und 4 sind richtig
(D) nur 2, 3 und 5 sind richtig
(E) 1–5 = alle sind richtig

214 Welche Aussage trifft **nicht** zu?
Beim Nitrat-Nachweis nach Arzneibuch

(A) wird Nitrobenzen als Reagenz eingesetzt
(B) wird Pikrinsäure als Reagenz eingesetzt
(C) wird Aceton als Reagenz eingesetzt
(D) wird Natriumhydroxid als Reagenz benötigt
(E) entsteht ein Meisenheimer-Komplex

215 Nitrat kann durch Reaktion mit Nitrobenzen/H_2SO_4 und anschließende Umsetzung mit Aceton im alkalischen Milieu nachgewiesen werden.
Welche Aussage zu diesem Nachweis trifft **nicht** zu?

(A) Nitrobenzen wird durch Nitrat elektrophil angegriffen.
(B) 1,3-Dinitrobenzen tritt als Zwischenprodukt auf.
(C) Aceton fungiert als Nucleophil.
(D) Nitrit stört den Nachweis **nicht**.
(E) Das farbige Endprodukt kann durch folgende Struktur beschrieben werden:

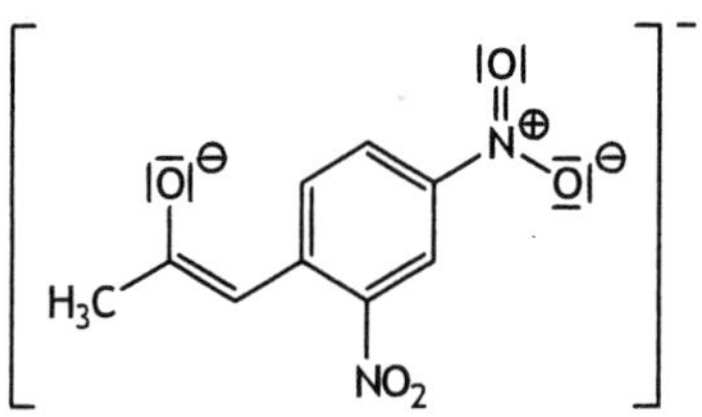

216 Welche Aussage trifft zu?
Zur Identifizierung von Nitrat nach Arzneibuch wird die Substanz mit Nitrobenzen und konzentrierter Schwefelsäure umgesetzt und anschließend Natriumhydroxid-Lösung und Aceton zugefügt, worauf eine violette Färbung eintritt. Die dabei ablaufenden chemischen Reaktionen zur Farbbildung sind ähnlich denen bei der Identifizierung von:

(A) aktivierten Methyl- und Methylengruppen mit Polynitroaromaten im Unterschuss
(B) Xanthinen
(C) Tartrat mit Resorcin und Schwefelsäure
(D) Aminen durch Pikrat-Bildung
(E) Nitrit durch eine Diazotierungs-Kupplungs-Reaktion

217* Zur Identifizierung von Nitrat wird die Substanz mit Nitrobenzen und konzentrierter Schwefelsäure umgesetzt und anschließend Natriumhydroxid-Lösung und Aceton zugefügt, worauf eine violette Färbung eintritt.
Welche der folgenden Reaktionen können bei dieser Prüfung ablaufen?

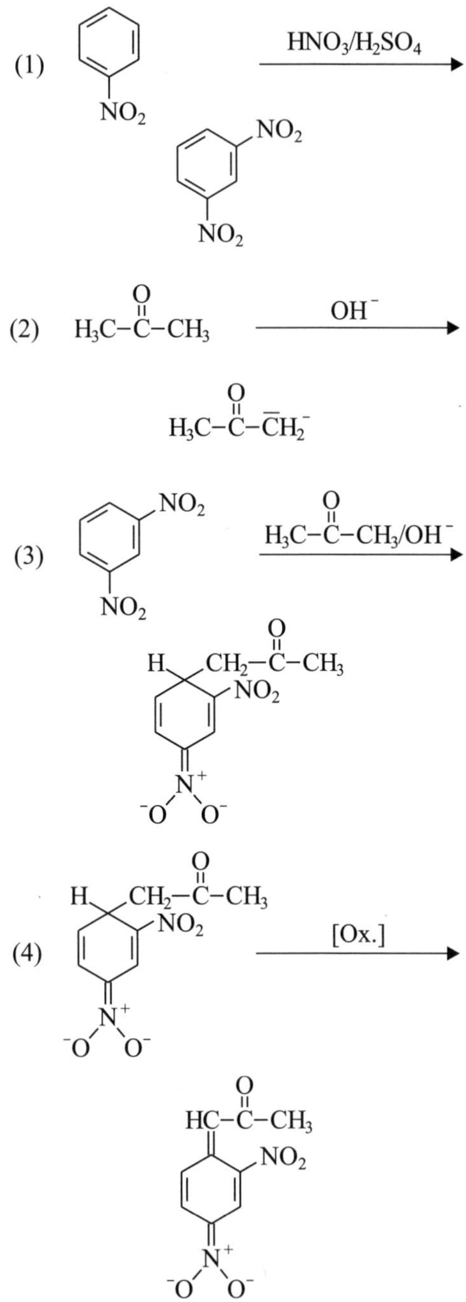

(A) nur 1 ist richtig
(B) nur 1 und 3 sind richtig
(C) nur 1, 2 und 4 sind richtig
(D) nur 2, 3 und 4 sind richtig
(E) 1–4 = alle sind richtig

218 Welche Aussagen treffen zu?
Bei der Identifizierung von Nitrat mit Nitrobenzen/Schwefelsäure, Aceton und Natriumhydroxid-Lösung sind folgende Reaktionen beteiligt:

(1)

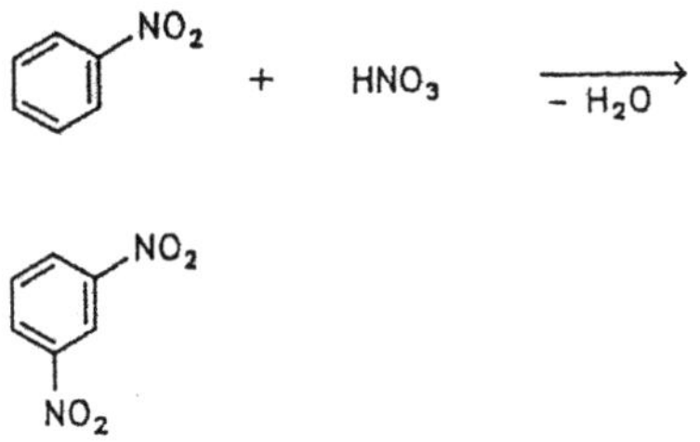

(2)

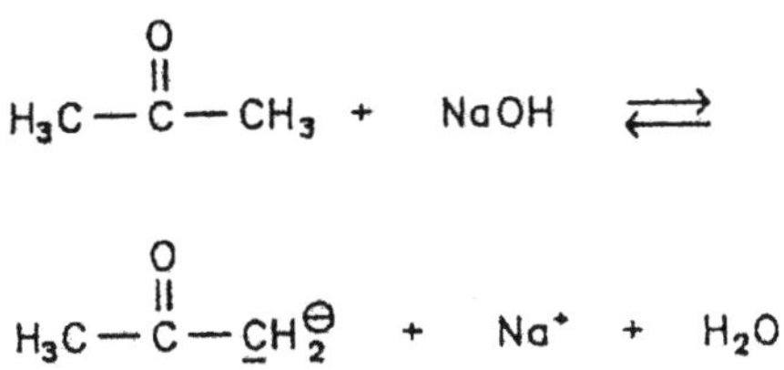

(3)

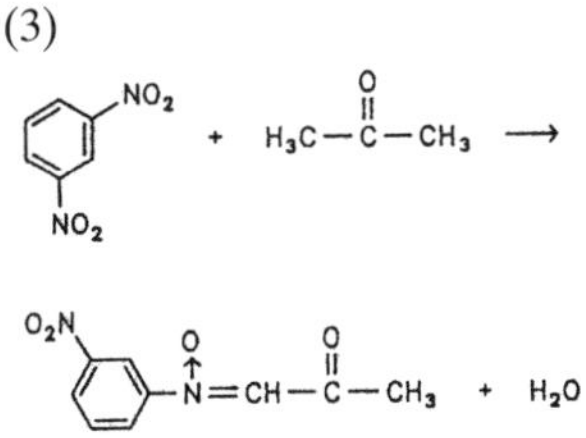

(4)

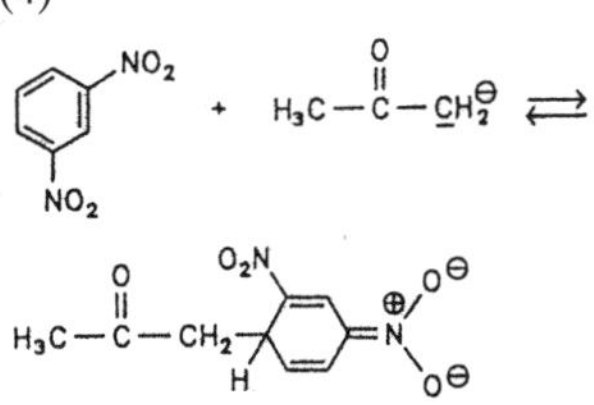

(A) nur 1 und 3 sind richtig
(B) nur 1 und 4 sind richtig
(C) nur 2 und 4 sind richtig
(D) nur 1, 2 und 4 sind richtig
(E) 1–4 = alle sind richtig

219 Zum Nachweis von Nitrat wird zuerst mit Nitrobenzen (im Überschuss) und Schwefelsäure und dann mit Aceton und Natriumhydroxid-Lösung versetzt.

Welche der folgenden Reaktionen tritt dabei **nicht** ein?

(A)

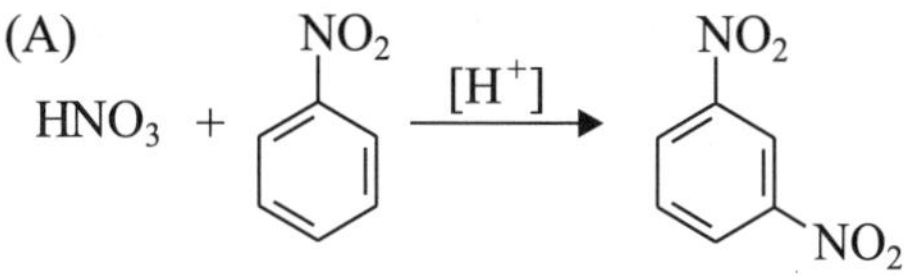

(B)

(C)

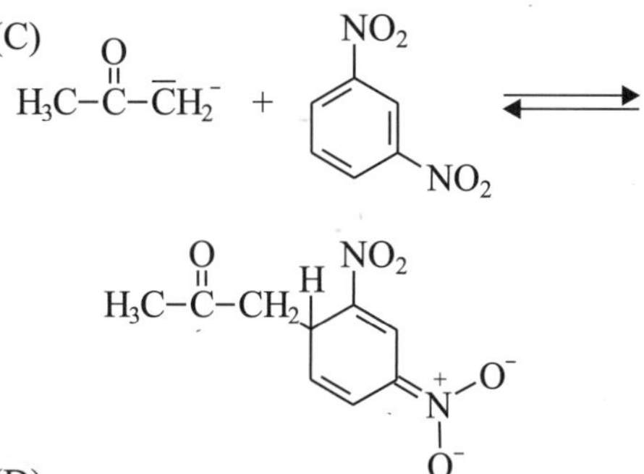

(D)

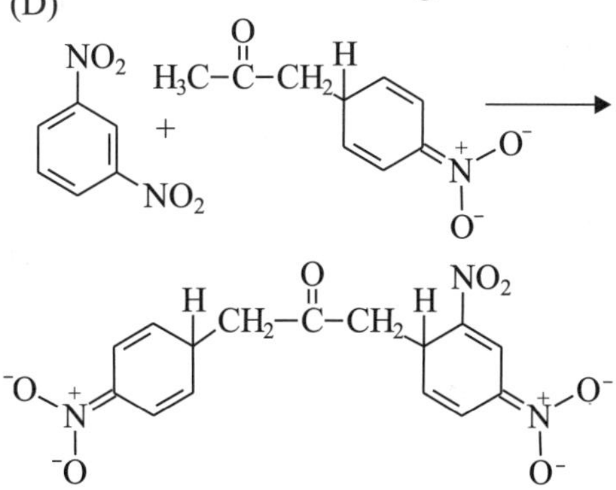

(E)

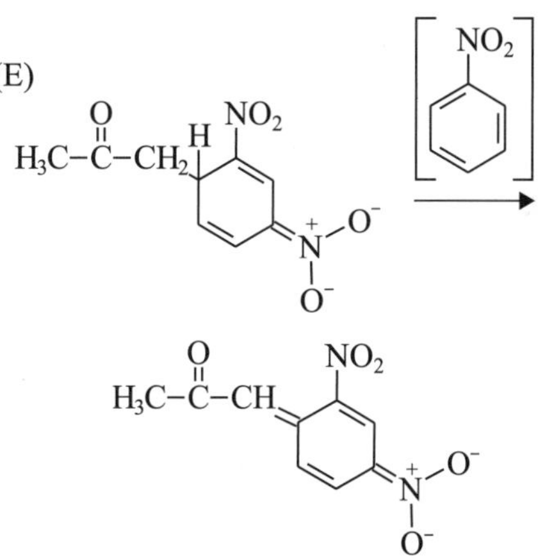

220 Eine Analysensubstanz wird nach Arzneibuch mit der Mischung aus Nitrobenzen und konzentrierter Schwefelsäure versetzt. Nach Verdünnen mit Wasser wird 40-prozentige Natriumhydroxid-Lösung bis zur stark alkalischen Reaktion sowie Aceton zugegeben. Nach Schütteln ist die obere Schicht tiefviolett gefärbt.
Welches der nachfolgend genannten Ionen ist damit nachgewiesen?

(A) Barbiturat
(B) Citrat
(C) Benzoat
(D) Bromid
(E) Nitrat

221 Welche Aussage trifft zu?
Beim Nitrat-Nachweis mit Cu und H_2SO_4 nach Arzneibuch entsteht hauptsächlich:

(A) Grünspan
(B) Schweinfurter Grün
(C) Rinmanns Grün
(D) Kupfer(I)-nitrat
(E) Keine der Aussagen (A) bis (D) trifft zu.

Nitrit

siehe auch MC-Fragen Nr. 48, 50, 54–56, 118, 120, 121, 229–234, 260, 267, 270, 688–690, 892

222* Welche der folgenden Aussagen über die Eigenschaften von Nitrit-Ionen trifft **nicht** zu?

(A) Sie reagieren in schwach saurem Medium mit Sulfaminsäure (Amidosulfonsäure) unter N_2-Bildung.
(B) Sie werden in verdünnt schwefelsaurer Lösung durch Fe^{2+}-Ionen reduziert unter nachfolgender Bildung des $[FeNO\,(H_2O)_5]^{2+}$-Ions.
(C) Sie oxidieren in saurer Lösung Iodid zu I_2.
(D) Sie reduzieren in verdünnt schwefelsaurer Lösung MnO_4^--Ionen zu Mn^{2+}-Ionen.
(E) Sie induzieren die Iod-Azid-Reaktion.

223* Welche der folgenden Aussagen über Nitrit-Ionen trifft **nicht** zu?

(A) Das Anhydrid der zugehörigen Säure ist Distickstoff(IV)-oxid.
(B) Nach Zusatz von Schwefelsäure entstehen an der Luft braune Dämpfe.
(C) In schwach saurer Lösung erfolgt nach Zusatz von Harnstoff Gasentwicklung.
(D) Bei Zugabe zu einer verdünnten schwefelsauren Kaliumpermanganat-Lösung wird diese entfärbt.
(E) Sie können als Oxidations- und als Reduktionsmittel wirken.

224 Welche der folgenden Aussagen trifft **nicht** zu?
Nitrit kann nachgewiesen werden durch

(A) Umsetzung mit Phenazon (Antipyrin) zum grün gefärbten 4-Nitrosophenazon
(B) Umsetzung mit Sulfanilsäure zum Diazoniumsalz und Kupplung mit α-Naphthylamin zum Azofarbstoff
(C) Reduktion von I_2 zu I^- in saurer Lösung (Entfärbung)
(D) Diazotierung primärer aliphatischer Amine mit nachfolgender N_2-Abspaltung
(E) Bildung der braunen Nitrosoeisen(II)-Verbindung nach Umsetzung mit $FeSO_4$ in schwach saurer Lösung

225* Welche Aussage trifft zu?
Die Reaktion von Nitrit-Ionen mit Permanganat-Ionen in saurer Lösung lässt sich durch folgende Gleichung beschreiben:

(A) $2\,MnO_4^- + NO_2^- + 18\,H^+ \rightarrow 2\,MnO_4^- + 5\,NO_2 + 9\,H_2O$
(B) $MnO_4^- + 5\,NO_2^- + 8\,H^+ \rightarrow Mn^{2+} + 5\,NO_2 + 4\,H_2O$
(C) $2\,MnO_4^- + 3\,NO_2^- + 2\,H^+ \rightarrow 2\,MnO_2 + 3\,NO_3^- + H_2O$
(D) $MnO_4^- + 3\,NO_2^- + 4\,H^+ \rightarrow MnO_2 + 3\,NO_2 + H_2O$
(E) $2\,MnO_4^- + 5\,NO_2^- + 6\,H^+ \rightarrow 2\,Mn^{2+} + 5\,NO_3^- + 3\,H_2O$

226 Welche Aussage trifft zu?
Lunges Reagenz enthält unter anderem:

(A) Sulfanilsäure/α-Naphthylamin
(B) Formaldehyd/Schwefelsäure
(C) 4-Dimethylaminobenzaldehyd
(D) Kaliumhexacyanoferrat(II)
(E) Kaliumtetraiodobismutat/Weinsäure

227 Welche der folgenden Reagenzien sind zum Nachweis von Nitrit durch Bildung eines Azofarbstoffes geeignet?

(1) Harnstoff
(2) 2-Naphthol
(3) Sulfanilsäure
(4) Zinkstaub

(A) nur 1 und 4 sind richtig
(B) nur 2 und 3 sind richtig
(C) nur 1, 2 und 3 sind richtig
(D) nur 1, 3 und 4 sind richtig
(E) nur 2, 3 und 4 sind richtig

228 Welche der folgenden Reagenzien sind als einer der Reaktionspartner zum Nachweis von Nitrit durch Bildung eines Azofarbstoffes geeignet?

(1) Harnstoff
(2) 2-Naphthol
(3) Sulfanilsäure
(4) Toluensulfonsäure

(A) nur 1 und 4 sind richtig
(B) nur 2 und 3 sind richtig
(C) nur 1, 2 und 3 sind richtig
(D) nur 1, 3 und 4 sind richtig
(E) nur 2, 3 und 4 sind richtig

Nitrat neben Nitrit

229 Nitrat soll in Gegenwart von Nitrit mit einem geeigneten Nachweis identifiziert werden.
Welche Aussage dazu trifft zu?

(A) Zu diesem Zweck kann das störende Nitrit durch Versetzen mit Harnstoff im schwach sauren Milieu sicher entfernt werden.
(B) Zu diesem Zweck kann das störende Nitrit durch Kochen mit Permanganat im saurem Milieu sicher entfernt werden.
(C) Zu diesem Zweck kann das störende Nitrit durch Kochen mit H_2O_2 sicher entfernt werden.
(D) Beim Nitrat-Nachweis nach *Lunge* stört die Anwesenheit von Nitrit **nicht**.
(E) Der Nitrat-Nachweis gelingt durch Kochen mit Al/NaOH, da hierdurch nur Nitrat, aber **nicht** Nitrit zum leicht nachweisbaren Ammoniak reduziert wird.

230 Welche Aussage trifft zu?
Zum selektiven Nachweis von Nitrit neben Nitrat eignet sich die Reaktion mit:

(A) 4-Aminobenzensulfonsäure (Sulfanilsäure)/α-Naphthylamin (Lunges Reagenz)
(B) Zink/Salzsäure (Reduktion)
(C) Nitrobenzen/konzentrierte Schwefelsäure/ konzentrierte Kaliumhydroxid-Lösung/ Aceton
(D) Diphenylamin/konzentrierte Schwefelsäure
(E) konzentrierte Schwefelsäure/KBr (Erhitzen unter Luftzutritt)

Entfernen von Nitrit

231 Durch welche Maßnahmen lässt sich die Störung des Nitrat-Nachweises mittels Ringprobe durch Nitrit-Ionen verhindern?
Kochen mit:

(1) Harnstoff
(2) Amidosulfonsäure
(3) Permanganat

(A) nur 1 ist richtig
(B) nur 2 ist richtig
(C) nur 1 und 2 sind richtig
(D) nur 2 und 3 sind richtig
(E) 1–3 = alle sind richtig

232 Welche Aussage trifft **nicht** zu?
Nitrit-Ionen lassen sich unter Bildung von elementarem Stickstoff aus einer Analysenlösung prinzipiell entfernen durch Reaktion mit:

(A) Harnstoff
(B) Amidosulfonsäure
(C) Ammoniak
(D) Stickstoffwasserstoffsäure
(E) Dimethylamin

233 Mit welchen der folgenden Verbindungen können Nitrit-Ionen aus der Analysenlösung entfernt werden?

(1) NaOH
(2) NaF
(3) $(NH_2)_2CO$
(4) $(NH_2)HSO_3$

(A) nur mit 1 und 2
(B) nur mit 2 und 3
(C) nur mit 3 und 4
(D) nur mit 1, 2 und 3
(E) mit 1–4 = mit allen

234* Welche Aussage trifft zu?
Zum Nachweis von Nitrat-Ionen mittels $FeSO_4$/H_2SO_4 müssen Nitrit-Ionen zuvor entfernt werden, z. B. durch Umsetzung mit Amidosulfonsäure (Sulfamidsäure).
Diese Reaktion lässt sich durch folgende Bruttogleichung ausdrücken:

(A) $H_2N\text{-}SO_2\text{-}OH + HNO_2 \rightarrow H_2SO_4 + NO + NH_3$
(B) $H_2N\text{-}SO_2\text{-}OH + HNO_2 + 6\,H_2O \rightarrow H_2SO_3 + 2\,NO + 2\,H_3O^+$
(C) $2\,H_2N\text{-}SO_2\text{-}OH + 2\,HNO_2 + 2\,H_2O \rightarrow 2\,HSO_3^- + N_2 + 2\,NO + 6\,H_3O^+$
(D) $2\,H_2N\text{-}SO_2\text{-}OH + 2\,HNO_2 \rightarrow 2\,H_2SO_4 + 2\,N_2O + H_2O$
(E) $H_2N\text{-}SO_2\text{-}OH + HNO_2 \rightarrow H_2SO_4 + N_2 + H_2O$

Phosphat (Orthophosphat)

siehe auch MC-Fragen Nr. 69, 129, 130, 134, 263, 265, 309, 310, 312, 466, 469, 544, 710, 824, 852, 863

235* Welche der folgenden Aussagen trifft **nicht** zu?
Analytisch auswertbare Reaktionen des Phosphat-Ions sind:

(A) aus schwach saurer Lösung Ausflockung von elementarem Phosphor bei Zugabe unedler Metalle wie Eisen oder Zink
(B) aus stark salzsaurer Lösung (5-molar) Fällung von weißem Zirkonphosphat
(C) in neutralem Medium Fällung von gelbem Silberphosphat
(D) aus ammoniakalischer, NH_4^+-Ionen enthaltender Lösung Fällung von kristallinem $MgNH_4PO_4 \cdot 6\,H_2O$
(E) Bildung von gelbem Ammoniummolybdatophosphat mit salpetersaurer Ammoniummolybdat-Lösung

236* Welche der folgenden Aussagen trifft **nicht** zu?
Analytisch auswertbare Reaktionen des Phosphat-Ions sind:

(A) aus ammoniakalischer, NH_4^+-Ionen enthaltender Lösung Fällung von kristallinem $MgNH_4PO_4 \cdot 6\,H_2O$
(B) aus stark salzsaurer Lösung (5-molar) Fällung von weißem Zirkonphosphat
(C) in neutralem Medium Fällung von gelbem Silberphosphat
(D) aus salzsaurer Lösung (etwa 2-molar) Ausfällen von (braunem) $Fe_3(PO_4)_2$
(E) Bildung von gelbem Ammoniummolybdatophosphat mit salpetersaurer Ammoniummolybdat-Lösung

237 Welche Aussagen treffen zu?
Zur Identitätsprüfung auf Phosphat sieht das Arzneibuch vor:

(1) mit Methoxyphenylessigsäure-Reagenz weißer Niederschlag, löslich in Ammoniak-Lösung
(2) in neutralem Milieu gelber Niederschlag auf Zugabe von Silbernitrat-Lösung, löslich bei Zusatz von Ammoniak-Lösung
(3) mit Molybdat-Vanadat-Reagenz gelbe Färbung
(4) nach Zusatz von Kaliumhexahydroxoantimonat(V)-Lösung weißer Niederschlag

(A) nur 2 ist richtig
(B) nur 4 ist richtig
(C) nur 1 und 2 sind richtig
(D) nur 2 und 3 sind richtig
(E) nur 3 und 4 sind richtig

Arsenat/Arsenit

siehe auch MC-Fragen Nr. 25, 26, 28, 34, 60, 68–71, 113, 116, 119, 121, 262, 264, 344–356, 446, 486, 492, 504, 827, 867, 879

238* Welche Aussagen treffen zu?
Zum Nachweis von Arsenat-Ionen können (ggf. nach Beseitigung störender Begleitsubstanzen) folgende Reaktionen beitragen:

(1) Fällung von $MgNH_4AsO_4 \cdot 6\,H_2O$ aus ammoniakalischer, ammoniumchloridhaltiger Lösung
(2) Entfärbung von Iod-Lösung in schwach saurem Medium
(3) Fällung von gelbem $(NH_4)_3\,[As\,(Mo_3O_{10})_4)] \cdot n\,H_2O$ aus stark salpetersaurer Lösung
(4) Fällung von braunem Ag_3AsO_4 aus neutraler Lösung

(A) nur 1 und 4 sind richtig
(B) nur 2 und 3 sind richtig
(C) nur 3 und 4 sind richtig
(D) nur 1, 2 und 3 sind richtig
(E) nur 1, 3 und 4 sind richtig

239 Welche Aussagen treffen zu?
In getrennten Lösungen vorliegende Arsenit- bzw. Arsenat-Ionen lassen sich durch folgende Reaktionen voneinander unterscheiden:

(1) Nur AsO_3^{3-}-, **nicht** aber AsO_4^{3-}-Ionen werden in konzentrierter salzsaurer Lösung durch $SnCl_2$ zum Element reduziert.
(2) AsO_3^{3-}-Ionen ergeben mit $AgNO_3$-Lösung in neutralem Medium eine Fällung von gelbem Ag_3AsO_3.
(3) AsO_4^{3-}-Ionen ergeben mit $AgNO_3$-Lösung in neutralem Medium eine Fällung von braunem Ag_3AsO_4.
(4) Mit $MgCl_2$-Lösung entsteht bei Vorliegen von AsO_4^{3-}-Ionen in Gegenwart von Ammoniak/Ammoniumchlorid kristallines $MgNH_4AsO_4 \cdot 6\,H_2O$.

(A) nur 1 und 2 sind richtig
(B) nur 2 und 3 sind richtig
(C) nur 3 und 4 sind richtig
(D) nur 1, 2 und 3 sind richtig
(E) nur 2, 3 und 4 sind richtig

240 Welche Aussagen treffen zu?
Arsenit- bzw. Arsenat-Ionen geben folgende Reaktionen:

(1) Nur AsO_3^{3-}- **nicht** aber AsO_4^{3-}-Ionen werden in konzentrierter salzsaurer Lösung durch $SnCl_2$ zum Element reduziert.
(2) AsO_4^{3-}-Ionen scheiden in stark saurer Lösung aus Kaliumiodid-Lösung freies Iod ab.
(3) AsO_4^{3-}-Ionen ergeben mit $AgNO_3$-Lösung in neutralem Medium eine Fällung von braunem Ag_3AsO_4.
(4) Mit $MgCl_2$-Lösung entsteht bei Vorliegen von AsO_4^{3-}-Ionen in Gegenwart von Ammoniak/Ammoniumchlorid kristallines $MgNH_4AsO_4 \cdot 6\,H_2O$.

(A) nur 4 ist richtig
(B) nur 1 und 2 sind richtig
(C) nur 1 und 3 sind richtig
(D) nur 1, 2 und 3 sind richtig
(E) nur 2, 3 und 4 sind richtig

241 Welche Aussagen treffen zu?
Zum Nachweis von AsO_3^{3-} durch dessen Reduktion zum **Metall** eignen sich:

(1) $SnCl_2$ in saurer Lösung
(2) H_2O_2 in ammoniakalischer Lösung
(3) Zn/HCl

(A) nur 1 ist richtig
(B) nur 2 ist richtig
(C) nur 3 ist richtig
(D) nur 1 und 2 sind richtig
(E) nur 2 und 3 sind richtig

Carbonat/Hydrogencarbonat

siehe auch MC-Fragen Nr. 50–53, 68–84, 129, 130, 134, 839

242 Carbonate können nachgewiesen werden durch Zersetzen der Analysensubstanz mit Mineralsäuren und Ausfällen von $BaCO_3$ in der Vorlage.
Welche der folgenden Anionen können diesen Nachweis stören?

(1) SO_3^{2-}
(2) AsO_3^{3-}
(3) PO_4^{3-}
(4) $S_2O_3^{2-}$
(5) F^-

(A) nur 1 und 5 sind richtig
(B) nur 1, 2 und 5 sind richtig
(C) nur 1, 4 und 5 sind richtig
(D) nur 2, 3 und 4 sind richtig
(E) nur 2, 3 und 5 sind richtig

243 Welche Aussage über die Identitätsreaktion auf Carbonat/Hydrocarbonat trifft **nicht** zu?

(A) Der Nachweis basiert auf der Freisetzung von Kohlendioxid aus Carbonaten und Hydrogencarbonaten im essigsauren Milieu.
(B) Die Einleitung von Kohlendioxid in eine Vorlage aus Bariumhydroxid-Lösung führt zur Bildung eines Niederschlags aus Bariumcarbonat.
(C) Bariumcarbonat ist in Salzsäure unlöslich.
(D) Wird die Anwesenheit von Sulfit-Ionen vermutet, ist die Vorlage von Calciumhydroxid-Lösung anstelle von Bariumhydroxid-Lösung zum Erkennen der Carbonate/Hydrogencarbonate besser geeignet.
(E) Oxalat-Ionen könnten in Gegenwart oxidierender Substanzen ebenfalls einen positiven Nachweis auf Carbonate ergeben.

244 Welche der nachfolgenden Aussagen über die Identitätsprüfung auf Carbonat und Hydrogencarbonat trifft **nicht** zu?

(A) Bei Anwesenheit von Sulfit ist $Ca(OH)_2$-Lösung zum CO_2-Nachweis geeigneter als $Ba(OH)_2$-Lösung.
(B) Die Fällung von Carbonat kann mit $Ba(OH)_2$-Lösung erfolgen.
(C) Die Fällung von Carbonat kann mit $Ca(OH)_2$-Lösung erfolgen.
(D) Wird ein Überschuss von CO_2 in die Calciumhydroxid-Lösung eingeleitet, so kann sich der Carbonat-Niederschlag wieder auflösen.
(E) Die Selektivität des Nachweises wird durch Einleiten von freigesetztem CO_2 in geeignete Reagenzlösungen erhöht.

245 Welche der folgenden Aussagen über die Identitätsprüfung auf Carbonat und Hydrogencarbonat nach Arzneibuch treffen zu?

(1) Essigsäure setzt aus Carbonaten CO_2 frei.
(2) Essigsäure setzt aus Hydrogencarbonaten CO_2 frei.
(3) Die Fällung von Carbonat erfolgt mit $Ba(OH)_2$-Lösung.
(4) Bariumcarbonat löst sich **nicht** in verdünnter Salzsäure.

(A) nur 2 ist richtig
(B) nur 1 und 3 sind richtig
(C) nur 2 und 4 sind richtig
(D) nur 1, 2 und 3 sind richtig
(E) 1–4 = alle sind richtig

246* Welche Aussage trifft zu?
Liegen Carbonat und Sulfit nebeneinander vor, so kann Carbonat auf folgende Weise nachgewiesen werden:

(A) Zugabe von Salzsäure und Einleiten des gebildeten Gases in $Ba(OH)_2$-Lösung
(B) Zugabe verdünnter Schwefelsäure (Gasentwicklung)
(C) Zusatz von H_2O_2, Aufkochen, anschließende Zugabe von Salzsäure und Einleiten des gebildeten Gases in $Ba(OH)_2$-Lösung
(D) Zugabe von $CaCl_2$-Lösung zur mineralsauren Lösung (Niederschlagsbildung)
(E) Zugabe von $BaCl_2$-Lösung zur mineralsauren Lösung (Niederschlagsbildung)

Silicat

siehe MC-Fragen Nr. 63, 67, 76, 78, 81, 84, 94, 96, 143, 842

247* Welche Aussage trifft **nicht** zu?
Für die Analytik von Siliciumverbindungen sind folgende Reaktionen von Bedeutung:

(A) Silicate können mit Alkalicarbonaten aufgeschlossen werden.
(B) Silicat kann als Kieselsäure durch Abrauchen mit Salzsäure bis zur Trockne und anschließendes Versetzen mit verdünnter Salzsäure von anderen Ionen abgetrennt werden.
(C) Silicat lässt sich von Phosphat durch Abscheidung als Molybdatokieselsäure trennen.
(D) Mit Flusssäure bildet sich flüchtiges SiF_4.
(E) Mit Ammoniumchlorid lässt sich aus Natriumsilicat-Lösungen gallertartige Kieselsäure abscheiden.

248 Welche Aussage trifft zu?
Beim Nachweis auf Silicat mit Natriumfluorid und konzentrierter Schwefelsäure entsteht:

(A) Siliciumdioxid
(B) Siliciumtetrafluorid
(C) Siliciumfluorosulfat
(D) Siliciumhexahydrat
(E) Natriumsilicat

249 Welche Aussagen treffen zu?
Für die Durchführung des Nachweises von Silicat durch Umsetzung mit Natriumfluorid/Schwefelsäure verwendet man üblicherweise einen Tiegel aus:

(1) Porzellan
(2) Quarz
(3) Blei

(A) nur 1 ist richtig
(B) nur 2 ist richtig
(C) nur 3 ist richtig
(D) nur 1 und 2 sind richtig
(E) nur 2 und 3 sind richtig

250 Das Europäische Arzneibuch schreibt zur Identifizierung von Silicat folgende Verfahrensweise vor:
Die vorgeschriebene Substanzmenge wird in einem Blei- oder Platintiegel mit etwa 10 mg Natriumfluorid und einigen Tropfen Schwefelsäure mit Hilfe eines Kupferdrahts zu einem dünnen Brei verrieben. Der Tiegel wird mit einer dünnen durchsichtigen Kunststoffplatte, an deren Unterseite ein Tropfen Wasser hängt, bedeckt. Bei schwachem Erwärmen bildet sich innerhalb kurzer Zeit um den Wassertropfen ein weißer Ring.
Welche Aussagen zu diesem Nachweis treffen zu?

(1) Nur in Gegenwart von Silicat kann aus Fluorid durch Reaktion mit Schwefelsäure flüchtige Flusssäure gebildet werden.
(2) Unter den Reaktionsbedingungen bildet sich flüchtiges Siliciumtetrafluorid.
(3) Ein großer Überschuss an Fluorid kann diese Reaktion durch Bildung der nicht flüchtigen Hexafluorokieselsäure stören.
(4) Der weiße Ring resultiert aus der Hydrolyse von Flusssäure.
(5) Der weiße Ring resultiert aus der Bildung eines gallertartigen Kieselsäuregels.

(A) nur 1 und 4 sind richtig
(B) nur 3 und 5 sind richtig
(C) nur 1, 2 und 4 sind richtig
(D) nur 2, 3 und 5 sind richtig
(E) nur 2, 4 und 5 sind richtig

Chromat/Dichromat

siehe auch MC-Fragen Nr. 21–23, 33, 39, 57, 62, 65, 90, 93, 97, 120, 127, 129, 130, 133, 151–155, 304, 452, 454, 458

251 Welche der folgenden Reaktionen von Chromat- bzw. Dichromat-Ionen trifft **nicht** zu?

(A) beim Ansäuern einer Dichromat-Lösung (orange) Farbumschlag nach grün durch Bildung von freier Chromsäure (H_2CrO_4)
(B) in schwefelsaurer Lösung bildet sich mit H_2O_2 blaues $CrO(O_2)_2$, das mit Ether extrahiert werden kann
(C) in essigsaurer, acetatgepufferter bzw. neutraler Lösung bei Zugabe von Ag^+ rotbrauner bis blutroter Niederschlag
(D) Bildung von Chromylchlorid bei der Umsetzung mit NaCl/konz. H_2SO_4
(E) bei der Umsetzung von festem $K_2Cr_2O_7$ mit konzentrierter Salzsäure entsteht Chlor

252 Welche Aussage trifft zu?
Überschichtet man eine schwach schwefel- oder salpetersaure Chrom(VI)-Lösung mit Ether und setzt danach H_2O_2 zu, so erscheint nach Schütteln der Lösung in der Etherphase vorübergehend eine Blaufärbung von:

(A) Chrom(III)-oxid
(B) Chrom(III)-dichromat
(C) Chromperoxid
(D) Chromat
(E) Dichromat

253* Welche Aussage trifft zu?
Dichromat-Ionen lassen sich in kalter, schwefelsaurer Lösung durch Entstehen einer Blaufärbung bei Reaktion mit Wasserstoffperoxid nachweisen.

Diese Umsetzung lässt sich schematisch wie folgt formulieren:

(A) $Cr_2O_7^{2-} + 4\,H_2O_2 + 2\,H_3O^+ \rightleftharpoons 2\,CrO(O_2)_2 + 7\,H_2O$
(B) $Cr_2O_7^{2-} + 4\,H_2O_2 + 14\,H_3O^+ \rightleftharpoons 2\,Cr^{2+} + 4\,O_2 + 28\,H_2O$
(C) $Cr_2O_7^{2-} + 6\,H_2O_2 + 2\,H_3O^+ \rightleftharpoons 2\,Cr(O_2)_2 + 9\,H_2O$
(D) $Cr_2O_7^{2-} + 4\,H_2O_2 + 2\,H_3O^+ \rightleftharpoons CrO_2(O_2)_2 + 10\,H_2O$
(E) $Cr_2O_7^{2-} + 5\,H_2O_2 \rightleftharpoons 2\,CrO(O_2)_2 + 5\,O_2 + 10\,H_2O$

254* Welche Aussage trifft zu?
Die Reduktion von Chrom(VI)-Salzen in saurem Medium mit Ethanol zu Chrom(III)-Salzen bis zur Stufe von Acetaldehyd lässt sich wie folgt formulieren:

(A) $CrO_4^{2-} + 2\,C_2H_5OH + 2\,H_3O^+ \rightarrow Cr^{3+} + 2\,CH_3CHO + 4\,H_2O$
(B) $Cr_2O_7^{2-} + 3\,C_2H_5OH + 8\,H_3O^+ \rightarrow 2\,Cr^{3+} + 3\,CH_3CHO + 15\,H_2O$
(C) $CrO_4^{2-} + 3\,C_2H_5OH + 2\,H_3O^+ \rightarrow Cr^{3+} + 3\,CH_3CHO + 5\,H_2O$
(D) $Cr_2O_7^{2-} + 6\,C_2H_5OH + H_3O^+ \rightarrow Cr_2O_3 + 6\,CH_3CHO + 7\,H_2O$
(E) $Cr_2O_7^{2-} + 2\,C_2H_5OH + 10\,H_3O^+ \rightarrow 2\,Cr^{3+} + 2\,CH_3CHO + 17\,H_2O$

255 Welche Aussagen treffen zu?
Eine mit Essigsäure/Natriumacetat-gepufferte Lösung wird mit einer Chromat-Lösung versetzt.
Bei dieser Probe wird ein Niederschlag erhalten bei Vorliegen von:

(1) Pb^{2+}
(2) Ba^{2+}
(3) Ag^+
(4) Hg_2^{2+}

(A) nur 1 ist richtig
(B) nur 2 und 3 sind richtig
(C) nur 1, 2 und 4 sind richtig
(D) nur 2, 3 und 4 sind richtig
(E) 1–4 = alle sind richtig

256 Welche der folgenden Eigenschaften ist charakteristisch für Diphenylcarbaz**on** im Verlauf des Nachweises von Chromat-Ionen?

(A) komplexierend
(B) CH-acid
(C) oxidierend
(D) reduzierend
(E) alkylierend

257* Welche der folgenden Eigenschaften ist typisch für das Reagenz Diphenylcarbazid beim Nachweis von Chromat-Ionen?

(A) reduzierend
(B) CH-acid
(C) oxidierend
(D) komplexierend
(E) alkylierend

Permanganat

siehe auch MC-Fragen Nr. 18–20, 32, 46, 104, 106–110, 270, 456, 502, 574

258* Welche Aussage über Reaktionen des Permanganat-Ions trifft **nicht** zu?

(A) In alkalischer Lösung erfolgt mit Mn^{2+} eine Synproportionierung.
(B) Bleidioxid reduziert MnO_4^- in stark salpetersaurer Lösung unter Entwicklung von Sauerstoff.
(C) Oxalat wird in saurer Lösung zu CO_2 oxidiert.
(D) Sulfit reduziert MnO_4^- in alkalischer Lösung zu MnO_2.
(E) Schwefelwasserstoff kann bis zum Sulfat oxidiert werden.

Borat

siehe MC-Fragen Nr. 5–8, 11, 143, 269

Themenübergreifende Fragen

Ordnen Sie bitte den in Liste 1 aufgeführten Anionen die jeweils zutreffende qualitativ-analytische Nachweisreaktion aus Liste 2 zu!

Liste 1

259* CN^-
260* NO_2^-
261* SO_3^{2-}
262* AsO_4^{3-}
263* PO_4^{3-}

Liste 2

(A) gelbe Fällung mit $BaCl_2$ aus salzsaurer Lösung
(B) Farbreaktion (Rotfärbung) mit $Na_2[Fe(CN)_5NO] + ZnSO_4 + K_4[Fe(CN)_6]$
(C) Bildung einer gelben Heteropolysäure mit Molybdänsäure
(D) Farbreaktion (Rotfärbung) mit Fe^{3+} in salzsaurer Lösung nach Umsetzung mit Ammoniumpolysulfid
(E) Farbreaktion (Rotfärbung) nach Umsetzung mit Sulfanilsäure und α-Naphthylamin

Ordnen Sie bitte den in Liste 1 aufgeführten Anionen die jeweils zutreffende Nachweisreaktion aus Liste 2 zu!

Liste 1

264 AsO_4^{3-}

265 PO_4^{3-}

Liste 2

(A) aus essigsaurer, acetatgepufferter Lösung gelbe Fällung mit Ba^{2+}
(B) in schwefelsaurem Medium Entfärbung von Iod-Lösung unter Iodid-Bildung
(C) in schwefelsaurer Lösung braunviolette Färbung mit Eisen(II)-sulfat
(D) aus ammoniakalischer, NH_4Cl enthaltender Lösung weißer, kristalliner Niederschlag bei Mg^{2+}-Zusatz
(E) Das genannte Anion reduziert in alkalischer Lösung Bismut(III)-Salze zum Metall.

Ordnen Sie bitte den in Liste 1 genannten Anionen die in Liste 2 aufgeführte jeweils zutreffende Reaktion in verdünnt salzsaurer Lösung (1 M) zu!

Liste 1

266* SO_3^{2-}

267* NO_2^-

Liste 2

(A) Cl^--Ionen werden zu Cl_2 oxidiert.
(B) Fe^{2+}-Ionen werden zum Metall reduziert.
(C) I^--Ionen werden zu I_2 oxidiert.
(D) I_2 wird zu I^- reduziert.
(E) MnO_4^--Ionen werden zu MnO_2 reduziert.

Ordnen Sie bitte den in Liste 1 aufgeführten Anionen die jeweils zutreffende Nachweisreaktion aus Liste 2 zu!

Liste 1

268* Acetat

269 Borat

Liste 2

(A) tiefblaue Färbung bei Erhitzen mit KBr, Resorcin und Schwefelsäure
(B) tiefblaue Färbung oder blauer Niederschlag bei Reaktion mit Lanthannitrat, I_2 und Ammoniak-Lösung
(C) Die schwefelsaure Lösung reduziert MnO_4^- zu Mn^{2+}.
(D) mit CH_3OH/H_2SO_4 Bildung eines mit grüner Flamme brennenden, flüchtigen Esters
(E) weißer Niederschlag bei Einleiten des nach Ansäuern gewonnenen Gases in $Ba(OH)_2$-Lösung

270* Eine wässrige Lösung enthalte die Kaliumsalze von Cl^-, Br^-, NO_2^-, NO_3^- und $(COO)_2^{2-}$. Welche der folgenden Nachweisreaktionen fällt jeweils nur für **eine** Ionenart positiv aus?

(1) Bildung eines Niederschlages nach Ansäuern mit HNO_3 und Zugabe von $AgNO_3$-Lösung
(2) Entfärbung nach Ansäuern mit H_2SO_4 und tropfenweiser Zugabe von $KMnO_4$-Lösung
(3) Bildung eines Niederschlages nach Ansäuern mit Essigsäure und Zugabe von $CaCl_2$-Lösung

(A) nur 1 ist richtig
(B) nur 2 ist richtig
(C) nur 3 ist richtig
(D) nur 1 und 2 sind richtig
(E) 1–3 = alle sind richtig

2.3 Analyse von Kationen

Trennungsgänge

Salzsäure-Gruppe

271* Im Folgenden ist die Fällung und Auftrennung der Ionen der Salzsäure-Gruppe im Kationentrennungsgang angegeben.
Welche der Angaben treffen zu?

(1) Die salpetersaure Lösung der Analysensubstanz wird mit Salzsäure versetzt: Fällung von AgCl, Hg_2Cl_2, $PbCl_2$

↓

(2) Durch Auskochen mit wenig Wasser wird $PbCl_2$ in Lösung gebracht.

↓

(3) Der Rückstand wird kalt mit verdünnter Ammoniak-Lösung versetzt.

↙ ↘

(4) Durch Disproportionierung entsteht metallisches Silber, erkennbar an der Schwarzfärbung

(5) Hg_2Cl_2 wird als Ammoniumkomplex in Lösung gebracht; bei Ansäuern des Filtrats fällt Hg_2Cl_2 wieder aus.

(A) nur 1, 2 und 3 sind richtig
(B) nur 1, 4 und 5 sind richtig
(C) nur 2, 3 und 4 sind richtig
(D) nur 1, 2, 4 und 5 sind richtig
(E) 1–5 = alle sind richtig

272 Welche Aussagen treffen zu?
Hg^{2+}- und Ag^{+}-Ionen lassen sich voneinander trennen mit:

(1) H_2S
(2) HNO_3
(3) HCl
(4) NaOH

(A) nur 1 ist richtig
(B) nur 3 ist richtig
(C) nur 1 und 2 sind richtig
(D) nur 2 und 4 sind richtig
(E) nur 3 und 4 sind richtig

Schwefelwasserstoff-Gruppe

273* Das folgende Schema zeigt einen Teil des Trennungsganges der H_2S-Gruppe.
Welches Trennergebnis trifft **nicht** zu?

Niederschlag: As_2S_3. CuS, Bi_2S_3, CdS, SnS

↓

digerieren mit gelber Ammoniumsulfid-Lösung

↓

Rückstand:

CuS	Bi_2S_3	CdS
(A)	(B)	(C)

Filtrat: AsS_4^{3-}, SnS_3^{2-}

↓

ansäuern mit HCl

↓

As_2S_3	SnS_2
(D)	(E)

274* Das folgende Schema zeigt einen Teil des Trennungsganges der H_2S-Gruppe.
Welches Trennergebnis trifft **nicht** zu?

Niederschlag: As_2S_3, As_2S_5, CuS, Bi_2S_3, CdS, SnS, SnS_2

↓

digerieren mit gelber Ammoniumsulfid-Lösung

↓

Rückstand:

CuS	Bi_2S_3	CdS
(A)	(B)	(C)

Filtrat: AsS_4^{3-}, SnS_3^{2-}

↓

ansäuern mit HCl

↓

Niederschlag:

As_2S_5	SnS
(D)	(E)

275* Das folgende Schema zeigt einen Teil des Trennungsganges der H_2S-Gruppe.
Welches Trennergebnis trifft **nicht** zu?

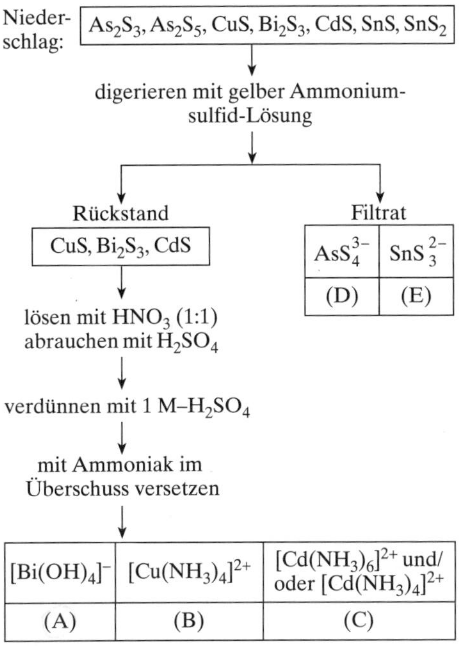

276* Bei der Aufarbeitung der H_2S-Gruppe sei – nach Abtrennung anderer Ionen – ein Gemisch von HgS und PbS angefallen.
Welche der folgenden Methoden eignen sich zu Trennung bzw. Einzelnachweisen?

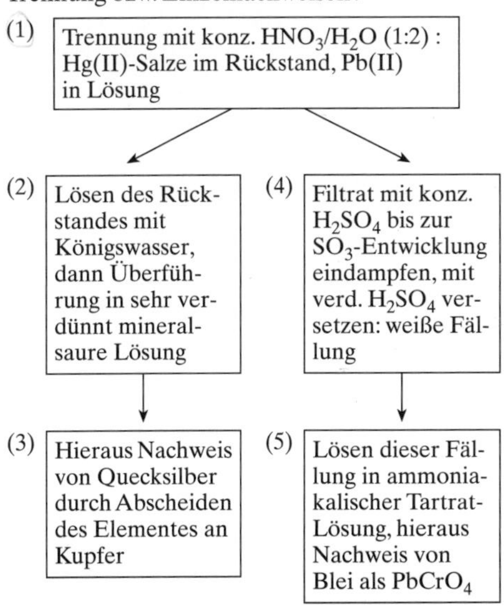

(A) nur 1 ist richtig
(B) nur 1 und 2 sind richtig
(C) nur 1 und 4 sind richtig
(D) nur 1, 2, 3 und 4 sind richtig
(E) 1–5 = alle sind richtig

277* Welche der folgenden Kationen werden aus 1 M-salzsaurer Lösung beim Einleiten von Schwefelwasserstoff als Sulfide gefällt?

(1) Pb^{2+}
(2) Fe^{3+}
(3) Cu^{2+}
(4) Mn^{2+}
(5) Hg^{2+}
(6) Zn^{2+}

(A) nur 1 und 3 sind richtig
(B) nur 2 und 5 sind richtig
(C) nur 1, 3 und 5 sind richtig
(D) nur 1, 3, 4 und 5 sind richtig
(E) nur 1, 3, 5 und 6 sind richtig

278* Welche der folgenden Kationen werden aus 1 M-salzsaurer Lösung beim Einleiten von Schwefelwasserstoff als Sulfide gefällt?

(1) Bi^{3+}
(2) Fe^{2+}
(3) Fe^{3+}
(4) Mn^{2+}
(5) Sn^{4+}
(6) Zn^{2+}

(A) nur 1 und 5 sind richtig
(B) nur 4 und 6 sind richtig
(C) nur 1, 3 und 5 sind richtig
(D) nur 1, 2, 4 und 5 sind richtig
(E) nur 1, 3, 5 und 6 sind richtig

279 Welche der folgenden Kationen bilden in ca. 1-molar salzsaurer Lösung mit H_2S ein schwer lösliches Sulfid?

(1) Pb^{2+}
(2) Zn^{2+}
(3) Sn^{2+}
(4) Cu^{2+}

(A) nur 1 und 2 sind richtig
(B) nur 2 und 3 sind richtig
(C) nur 2 und 4 sind richtig
(D) nur 1, 3 und 4 sind richtig
(E) 1–4 = alle sind richtig

280 In eine schwach saure, gepufferte Lösung (pH = 6,0) von Hg(II)-, Pb(II)-, Zn(II)- und Mn(II)-Ionen wird H_2S eingeleitet.
Woraus besteht der entstandene Niederschlag (abgesehen von Spuren)?

(A) nur aus PbS
(B) nur aus HgS und PbS
(C) nur aus PbS und ZnS
(D) nur aus HgS, PbS und ZnS
(E) aus den Sulfiden aller genannten Kationen

281* Welche der folgenden Sulfide einer Schwefelwasserstoff-Gruppenfällung werden beim Behandeln des Niederschlages mit Ammoniumpolysulfid-Lösung aufgelöst?

(1) As_2S_3
(2) As_2S_5
(3) Sb_2S_5
(4) SnS
(5) SnS_2

(A) nur 1 und 4 sind richtig
(B) nur 2 und 3 sind richtig
(C) nur 2, 3 und 5 sind richtig
(D) nur 1, 2, 3 und 5 sind richtig
(E) 1–5 = alle sind richtig

282 Welche Aussage trifft **nicht** zu?
Durch Behandlung des Niederschlages der Schwefelwasserstoff-Fällung mit Ammoniumpolysulfid-Lösung werden folgende Sulfide aufgelöst:

(A) SnS
(B) Sb_2S_3
(C) As_2S_5
(D) As_2S_3
(E) PbS

283 Welche Aussage trifft zu?
Ein Metallsulfid ist **nicht** in gelber Ammoniumpolysulfid-Lösung, aber in verdünnter Salzsäure löslich. Aus der mit überschüssiger NH_3-Lösung versetzten salzsauren Lösung entsteht mit H_2S ein gelber Niederschlag von:

(A) Antimon(III)-sulfid
(B) Arsen(III)-sulfid
(C) Bismutsulfid
(D) Cadmiumsulfid
(E) Cobaltsulfid

Kupfer-Cadmium-Trennung

284* Welche Aussage trifft zu?
Versetzt man eine ammoniakalische Lösung von Kupfer(II) und Cadmium(II) mit Cyanid-Ionen im Überschuss, so bildet sich beim Einleiten von H_2S ein Niederschlag von:

(A) CuS **und** CdS
(B) CuS
(C) Cu_2S
(D) CdS
(E) Es entsteht kein Niederschlag.

285* Zur Trennung von Cadmium- und Kupfer-Ionen wird im analytischen Trennungsgang die Reaktion mit KCN im Überschuss ausgenutzt.
Welche der folgenden Aussagen trifft hierfür zu?

(A) Cd^{2+}, **nicht** jedoch Cu^{2+}, bildet mit Cyanid-Ionen einen Komplex, sodass mit H_2S nur CuS ausfällt.
(B) Der Cu^{+}-Cyanokomplex ist im Gegensatz zum Cd^{2+}-Cyanokomplex so weit in Einzelionen dissoziiert, dass mit H_2S nur Cu_2S ausfällt.
(C) Cd^{2+} wird mit KCN ausgefällt und ist im KCN-Überschuss unlöslich.
(D) Der Cd^{2+}-Cyanokomplex ist im Gegensatz zum Cu^{+}-Cyanokomplex so weit in Einzelionen dissoziiert, dass mit H_2S nur CdS ausfällt.
(E) Cu^{2+}, **nicht** jedoch Cd^{2+}, bildet mit Cyanid-Ionen einen Komplex, sodass mit H_2S nur CdS ausfällt.

Ammoniumsulfid-Gruppe

286* Das folgende Schema zeigt einen Teil des Trennungsganges nach gemeinsamer Fällung mit $(NH_4)_2S$ + Ammoniak.
Welche der mit (A) bis (E) gekennzeichneten Verbindungen trifft als Trennergebnis **nicht** zu?

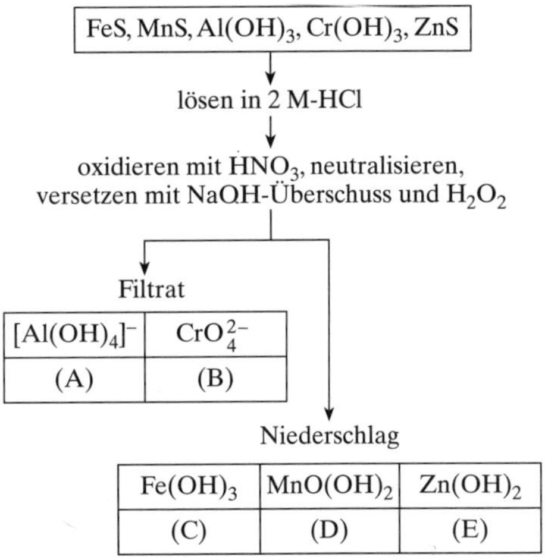

287* Im Kationentrennungsgang sei nach $NH_3/(NH_4)_2S$-Fällung ein Gemisch von $Cr(OH)_3$, $Al(OH)_3$, MnS und ZnS vorhanden, das weiter getrennt und identifiziert werden soll.
Welches Trennungsergebnis trifft **nicht** zu?

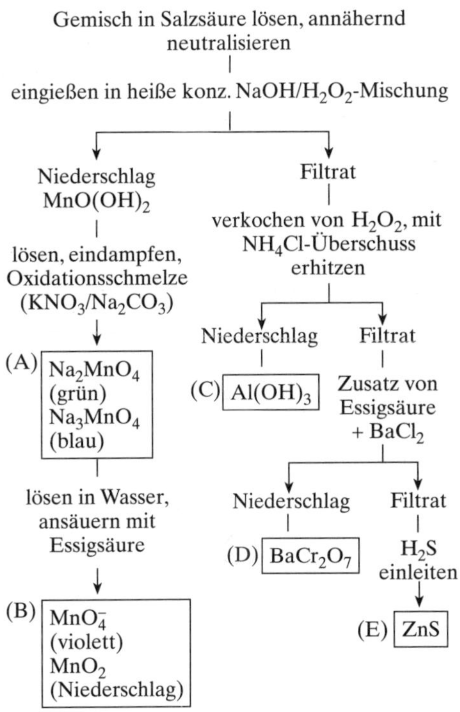

288* Im Kationentrennungsgang sei nach $NH_3/(NH_4)_2S$-Fällung ein Gemisch von $Cr(OH)_3$, $Al(OH)_3$, MnS und ZnS vorhanden, das weiter getrennt und identifiziert werden soll.
Welches Trennungsergebnis tritt bei den angewandten Operationen **nicht** auf?

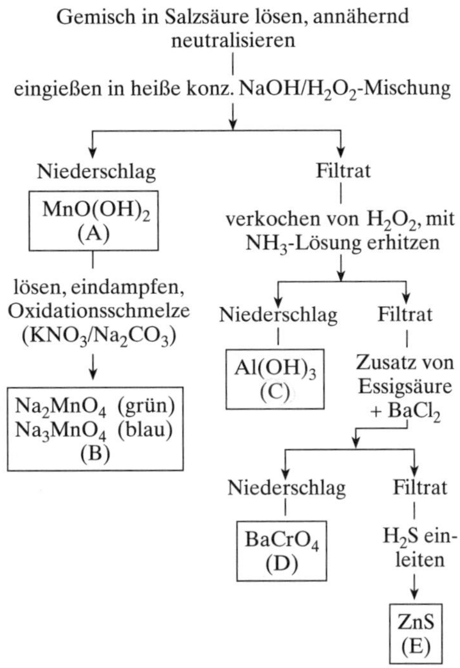

289 Im Kationentrennungsgang sei nach $NH_3/(NH_4)_2S$-Fällung ein Gemisch aus $Cr(OH)_3$, $Al(OH)_3$ und MnS vorhanden, das weiter getrennt werden soll.
Welcher Trennungs- bzw. Nachweisschritt trifft **nicht** zu?

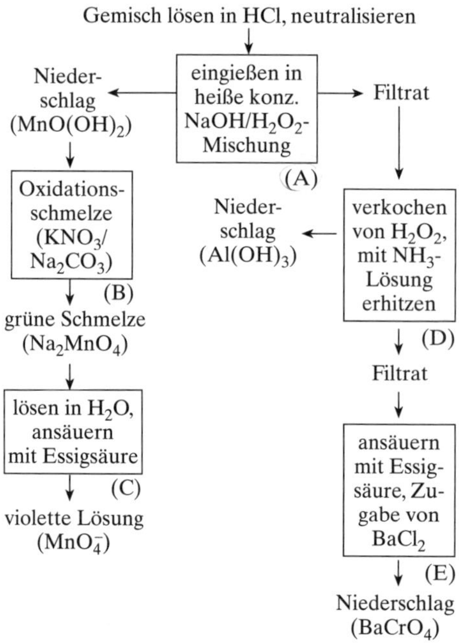

290 Die salzsaure Lösung eines Metallchlorids wird mit Ammoniumchlorid und Ammoniak versetzt, Ammoniumsulfid-Lösung hinzugefügt und erwärmt. Welcher der folgenden Stoffe kommt **nicht** als Niederschlag in Betracht?

(A) Aluminiumhydroxid
(B) Chromsulfid
(C) Eisen(II)-sulfid
(D) Nickelsulfid
(E) Zinksulfid

291* Welche Aussage trifft zu?
Unter den Bedingungen der Fällung der H_2S-Gruppe des analytischen Trennungsganges fallen Cobalt, Nickel, Eisen, Chrom und Zink aus folgendem Grund **nicht** als Sulfide aus:

(A) starke Vergrößerung des Löslichkeitsproduktes der Sulfide durch die hohe Sulfid-Ionenkonzentration
(B) zu geringe Sulfid-Ionenkonzentration, um das Löslichkeitsprodukt der Sulfide zu erreichen
(C) starke Vergrößerung des Löslichkeitsproduktes der Sulfide durch die hohe Wasserstoff-Ionenkonzentration
(D) Verhinderung der Fällung durch Bildung von Metallkomplexen mit den Sulfid-Ionen
(E) Keines dieser Elemente bildet ein Sulfid.

292* Welche Aussagen treffen zu?
Mit dem bei der Ammoniumsulfid-Fällung unter Luftzutritt anfallenden Niederschlag der Sulfide des Mangans, Zinks, Cobalts und Nickels können die folgenden Trennoperationen durchgeführt werden:

(1) MnS ist im Gegensatz zu Co_2S_3, Ni_2S_3 und ZnS in verdünnter Essigsäure löslich.
(2) ZnS ist im Gegensatz zu Co_2S_3 und Ni_2S_3 in 0,5 M-Salzsäure löslich.
(3) Nach geeignetem Auflösen des Niederschlages können Nickel(II)-Ionen durch Fällung mit Dimethylglyoxim (Diacetyldioxim) abgetrennt werden.
(4) Mangan und Zink können nach Auflösen ihrer Sulfide in 0,5 M-Salzsäure durch Umsetzung mit konz. NaOH getrennt werden.

(A) nur 1 und 2 sind richtig
(B) nur 1 und 3 sind richtig
(C) nur 2 und 4 sind richtig
(D) nur 2, 3 und 4 sind richtig
(E) 1–4 = alle sind richtig

293 Welche der folgenden Kationen können beim Einleiten von H_2S in ihre ammoniakalische Lösung (etwa pH = 8) in Form der jeweils angegebenen Sulfide gefällt werden (ohne Luftzutritt)?

(1) Ni^{2+} als NiS
(2) Co^{2+} als CoS
(3) Fe^{2+} als FeS
(4) Mn^{2+} als MnS
(5) Zn^{2+} als ZnS

(A) nur 1 und 2 sind richtig
(B) nur 2, 3 und 4 sind richtig
(C) nur 3, 4 und 5 sind richtig
(D) nur 1, 2, 4 und 5 sind richtig
(E) 1–5 = alle sind richtig

294 In welcher Reihenfolge lösen sich die Sulfide (Gemisch) der folgenden Elemente, wenn sie mit Salzsäure steigender Konzentration versetzt werden?

(A) Mn Zn Cd As
(B) Zn Mn As Cd
(C) Zn Cd Mn As
(D) As Zn Cd Mn
(E) Mn Cd Zn As

295 Welche Aussage zur Sulfid-Fällung von Schwermetallen trifft zu?

(A) Die Fällung von Eisensulfid erfolgt bereits in stark saurer Lösung (pH < 3).
(B) Thioacetamid eignet sich zur raschen und quantitativen Fällung aller Metallsulfide in stark saurer Lösung.
(C) Die Sulfid-Fällung von Metallionen der Nebengruppen erfolgt weitgehend unabhängig vom pH-Wert der Lösung.
(D) Bei der Grenzprüfung auf Schwermetalle nach dem Europäischen Arzneibuch werden nur die Metalle der Hauptgruppen erfasst.
(E) Durch Einleiten von H_2S in eine saure Lösung disproportionieren Quecksilber(I)-Ionen zu elementarem Quecksilber und Quecksilber(II)-sulfid.

296* Welche Aussage trifft zu?
Eine wässrige Lösung enthalte die Ionen Fe^{2+}, Cr^{3+}, Al^{3+} und Zn^{2+}. Sie liefert beim Versetzen mit einem Gemisch aus H_2O_2 und NaOH im Überschuss folgende Reaktionsprodukte:

(A) $Fe(OH)_2$, $Cr_2O_7^{2-}$, $[Al(OH)_4]^-$, $Zn(OH)_2$
(B) $Fe(OH)_2$, $Cr_2O_7^{2-}$, $Al(OH)_3$, $Zn(OH)_2$
(C) $Fe(OH)_3$, CrO_4^{2-}, $[Al(OH)_4]^-$, $[Zn(OH)_4]^{2-}$
(D) $Fe(OH)_3$, CrO_4^{2-}, $Al(OH)_3$, $[Zn(OH)_4]^{2-}$
(E) $Fe(OH)_3$, $Cr(OH)_3$, $Al(OH)_3$, $Zn(OH)_2$

297 Welche Aussagen treffen zu?
Beim Eingießen einer schwach sauren Lösung, die Fe^{3+}, Mn^{2+}, Cr^{3+}, Zn^{2+} enthält, in H_2O_2/konz. NaOH unter den Bedingungen des analytischen Trennungsganges (Trennungsschritt bei der kombinierten $NH_3/(NH_4)_2S$-Gruppe) laufen folgende Reaktionen ab:

(1) Ausfällung von rotbraunem Eisen(III)-hydroxid
(2) Ausfällung von braunschwarzem Mangandioxidhydrat
(3) Ausfällung von graugrünem Chrom(III)-hydroxid
(4) Zn^{2+} bleibt nach Übergang in farbloses Zincat in Lösung

(A) nur 1 und 3 sind richtig
(B) nur 3 und 4 sind richtig
(C) nur 1, 2 und 4 sind richtig
(D) nur 2, 3 und 4 sind richtig
(E) 1–4 = alle sind richtig

298 Welche der folgenden Aussagen sind für die Abtrennung der „Ammoniakgruppe“ (Al^{3+}, Cr^{3+}, Fe^{3+}) im analytischen Trennungsgang von Bedeutung?

(1) Zweiwertige Metallionen wie Mn^{2+}, Zn^{2+}, Ni^{2+}, Co^{2+}, Mg^{2+} sind mit Ammoniak-Lösung nur in Gegenwart von Ammoniumsalzen als Hydroxide fällbar.
(2) Die Löslichkeitsprodukte (Zahlenwerte) der Hydroxide sind bei dreiwertigen Metallionen in der Regel kleiner als bei zweiwertigen.
(3) Die Alkalimetallionen bleiben durch Bildung von Amminkomplexen in Lösung.
(4) Die zweiwertigen Metallionen Mn^{2+}, Zn^{2+}, Ni^{2+}, Co^{2+} bleiben als Amminkomplexe in Lösung.

(A) nur 1 ist richtig
(B) nur 1 und 3 sind richtig
(C) nur 2 und 4 sind richtig
(D) nur 3 und 4 sind richtig
(E) nur 2, 3 und 4 sind richtig

299* Welche Aussage trifft zu?
Aluminiumhydroxid und Zinkhydroxid lassen sich trennen auf Grund ihrer unterschiedlichen Löslichkeiten in:

(A) Natriumhydroxid-Lösung
(B) verdünnter Ammoniak-Lösung (etwa $2\ mol \cdot l^{-1}$)
(C) verdünnter Schwefelsäure (etwa $1\ mol \cdot l^{-1}$)
(D) Natriumsulfat-Lösung
(E) Keine der obigen Aussagen trifft zu.

Ammoniumcarbonat-Gruppe

300* Das nachfolgende Schema zeigt einen Teil des Trennungsganges der Erdalkali/Alkali-Gruppe.
Welche der mit (A) bis (E) gekennzeichneten Verbindungen oder Ionen trifft als Trennergebnis **nicht** zu?

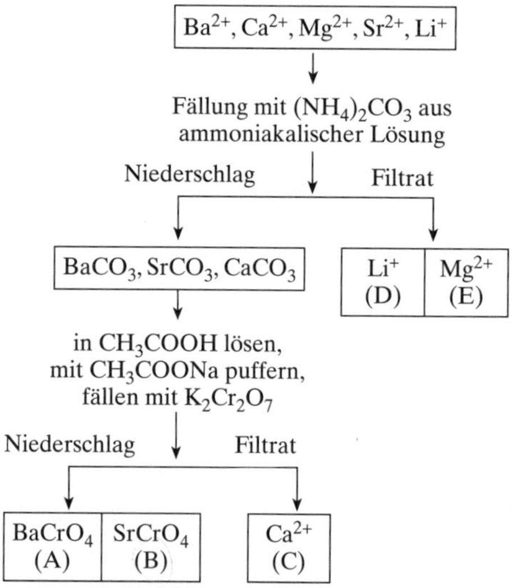

301* Welche Aussage über die Fällung der Ammoniumcarbonat-Gruppe im analytischen Trennungsgang trifft zu?

(A) Die Fällung von Ca^{2+} erfolgt am besten aus essigsaurer Lösung in der Kälte mit Ammoniumcarbonat-Lösung.
(B) Die Fällung von Ca^{2+}, Sr^{2+}, Ba^{2+} erfolgt aus heißer essigsaurer Lösung mit kalter Ammoniumcarbonat-Lösung.
(C) Der Zusatz von NH_4Cl zur ammoniakalischen, **nicht** ammoniumsalzhaltigen Lösung der Substanz verhindert die Mitfällung von $MgCO_3$.
(D) Bei gleichen Stoffmengenkonzentrationen von Ca^{2+}, Sr^{2+} und Ba^{2+} fällt bei langsamer Zugabe von $(NH_4)_2CO_3$-Lösung zuerst $CaCO_3$ aus.
(E) Saure, ohnehin ammoniumsalzhaltige Lösungen von Ca^{2+}, Sr^{2+} und Ba^{2+} sollen vor der Fällung mit NH_4Cl gesättigt werden.

302 Welche der folgenden Reagenzien sind zur Unterscheidung eines $MgNH_4PO_4$-Niederschlages von einem $ZnNH_4PO_4$-Niederschlag geeignet?

(1) verdünnte Salzsäure (2 M)
(2) konzentrierte Ammoniak-Lösung
(3) Wasserstoffperoxid-Lösung

(A) nur 1 ist richtig
(B) nur 2 ist richtig
(C) nur 3 ist richtig
(D) nur 1 und 2 sind richtig
(E) 1–3 = alle sind richtig

303* Welche Aussagen treffen zu?
Der Nachweis von Ba^{2+} als $BaCrO_4$ neben Sr^{2+} wird in essigsaurer, acetatgepufferter Lösung durchgeführt, **weil**

(1) in salzsaurer Lösung die CrO_4^{2-}-Konzentration so hoch ist, dass $BaCrO_4$ und $SrCrO_4$ nebeneinander ausfallen
(2) in alkalischer Lösung die CrO_4^{2-}-Konzentration zur Fällung von $BaCrO_4$ **nicht** ausreichend hoch ist
(3) in essigsaurer, acetatgepufferter Lösung die CrO_4^{2-}-Konzentration zur Fällung von $BaCrO_4$ ausreichend hoch, zur Fällung von $SrCrO_4$ zu gering ist
(4) in salzsaurer Lösung CrO_4^{2-}-Ionen so weitgehend in $Cr_2O_7^{2-}$-Ionen übergeführt worden sind, dass die CrO_4^{2-}-Konzentration zur Fällung von $BaCrO_4$ **nicht** ausreicht

(A) nur 1 und 2 sind richtig
(B) nur 2 und 3 sind richtig
(C) nur 2 und 4 sind richtig
(D) nur 3 und 4 sind richtig
(E) nur 1, 3 und 4 sind richtig

304* Mit welchem der folgenden Ionen kann bei jeweils optimalem pH-Wert die beste Trennung von Ba^{2+} und Sr^{2+} durch Ausfällung des Bariumsalzes aus der wässrigen Lösung erreicht werden?

(A) SO_4^{2-}
(B) $C_2O_4^{2-}$
(C) CrO_4^{2-}
(D) PO_4^{3-}
(E) CO_3^{2-}

305* Welche Aussage trifft zu?
Liegen $BaSO_4$ und $PbSO_4$ als Niederschlag vor, so lassen sich Pb^{2+} und Ba^{2+} voneinander trennen mit:

(A) verdünnter Ammoniak-Lösung
(B) Ammoniumtartrat-Lösung
(C) verdünnter Phosphorsäure
(D) verdünnter Salzsäure
(E) konzentrierter Salpetersäure

306* Welche Aussage trifft zu?
Zur Unterscheidung von Bariumsulfat und Bleisulfat eignet sich am besten die Prüfung der Löslichkeit in:

(A) Wasser
(B) verdünnter Salzsäure
(C) konzentrierter Natriumhydroxid-Lösung
(D) verdünnter Salpetersäure
(E) verdünnter Ammoniak-Lösung

307* Welche Aussage trifft zu?
Liegen $BaSO_4$ und $PbSO_4$ als Niederschlag vor, so lassen sich Pb^{2+} und Ba^{2+} voneinander trennen mit:

(A) verdünnter Ammoniak-Lösung
(B) Ammoniak-/Ammoniumtartrat-Lösung
(C) Ammoniumsulfat-Lösung
(D) Ammoniak-/Ammoniumchlorid-Lösung
(E) Ammoniumnitrat-Lösung

308 Welche Aussage trifft zu?
Zum analytischen Nachweis lassen sich Li^+ und Mg^{2+} in **wässriger** Lösung am zweckmäßigsten voneinander trennen auf Grund der unterschiedlichen Löslichkeit ihrer:

(A) Hydroxide
(B) Carbonate
(C) Phosphate
(D) Chloride
(E) Bromide

Störungen und deren Beseitigung

309 Welche Aussagen treffen zu?
Im Verlauf des Kationentrennungsganges müssen störende Phosphat-Ionen entfernt werden, **weil** sonst

(1) bei der Ammoniumsulfidfällung Magnesiumammoniumphosphat ausfallen kann
(2) Phosphat-Ionen in der H_2S-Gruppe durch gleichartige Fällungsreaktionen Arsenat-Ionen vortäuschen
(3) Cd^{2+}-Ionen bei der NH_3- bzw. $(NH_4)_2S$-Fällung als Cadmiumphosphat ausgefällt werden und so dem Nachweis entgehen
(4) Ca^{2+}-Ionen bei der NH_3- bzw. $(NH_4)_2S$-Fällung als Calciumphosphat ausgefällt werden und so dem Nachweis in der Erdalkali-Gruppe entgehen

(A) nur 1 und 4 sind richtig
(B) nur 2 und 3 sind richtig
(C) nur 1, 2 und 3 sind richtig
(D) nur 1, 2 und 4 sind richtig
(E) 1–4 = alle sind richtig

310 Welche Aussagen treffen zu?
Möglichkeiten zur Abtrennung von störenden Phosphat-Ionen im Kationentrennungsgang sind:

(1) Abrauchen mit konzentrierter Salpetersäure
(2) Fällung als Eisen(III)-phosphat
(3) Fällung als Zirkonphosphat
(4) Fällung als Bariumphosphat

(A) nur 1 ist richtig
(B) nur 2 und 3 sind richtig
(C) nur 3 und 4 sind richtig
(D) nur 2, 3 und 4 sind richtig
(E) 1–4 = alle sind richtig

Die in Liste 1 genannten Anionen stören den Kationentrennungsgang in unterschiedlicher Weise. Ordnen Sie bitte diesen Anionen die jeweils zutreffende Störung aus Liste 2 zu!

Liste 1

311 $C_2O_4^{2-}$

312 PO_4^{3-}

Liste 2

(A) Die Fällung der Ionen der Salzsäure-Gruppe wird durch Komplexbildung verhindert.
(B) Die Ausfällung von $Al(OH)_3$ und $Cr(OH)_3$ wird durch Bildung löslicher Komplexe verhindert.
(C) In der H_2S-Gruppe wird die Anwesenheit von Arsen(V) vorgetäuscht.
(D) Erdalkali-Ionen werden schon bei der NH_3- bzw. $(NH_4)_2S$-Fällung mitausgefällt und entgehen so ihrem Nachweis.
(E) Durch Bildung säureunlöslicher Mn(II)- und Zn(II)-Salze entgehen diese Ionen ihrem Nachweis.

313* Welche Aussage trifft zu?
Eine Störung des Kationentrennungsganges durch Oxalat kann eintreten durch:

(A) Bildung schwer löslicher Alkalioxalate vor der H_2S-Fällung
(B) Bildung schwer löslicher Erdalkalioxalate unter den Bedingungen der NH_3- bzw. $(NH_4)_2S$-Gruppenfällung
(C) Verhinderung der H_2S-Entwicklung aus Thioacetamid
(D) Verhinderung der Fällung von Elementen der HCl-Gruppe durch Komplexbildung
(E) Bildung von Eisenoxalat bei der Urotropin-Fällung

314 Welche der folgenden Aussagen trifft zu?
Tartrat-Ionen stören Trennung und Nachweis mancher Kationen, **weil** sie

(A) in salzsaurer Lösung die Farbreaktion zwischen Fe^{3+}- und SCN^--Ionen verhindern
(B) durch Bildung eines Kupfer(II)-Chelats die CuS-Fällung im Trennungsgang (H_2S-Gruppe) verhindern
(C) durch Bildung eines Cadmiumchelats die CdS-Fällung im Trennungsgang (H_2S-Gruppe) verhindern
(D) die Fällung von $Al(OH)_3$ und $Cr(OH)_3$ verhindern
(E) durch Bildung schwer löslicher Salze mit Erdalkali-Ionen diese bereits in salzsaurer Lösung (1-molar) zur Ausfällung bringen

Nachweis pharmazeutisch relevanter Kationen

Silber

siehe auch MC-Fragen Nr. 42, 45, 47, 57, 62, 65, 76, 78, 80, 90, 91, 98, 122–128, 147, 148, 163, 164, 170, 174–176, 178, 181, 183, 185–187, 189, 237–240, 255, 270, 272, 433, 463, 876

315 Welche Aussage trifft **nicht** zu?
Zur Identifizierung von AgCl können folgende Reaktionen beitragen:

(A) AgCl löst sich in Ammoniak-Lösung. Auf Zusatz von HNO_3 (Ansäuern) fällt AgCl wieder aus.
(B) Beim Versetzen mit einer $(NH_4)_2S_x$-Lösung bildet sich schwarzes Ag_2S.
(C) Bei Zugabe von schwefelsaurer Kaliumchromat-Lösung bildet sich rotes Ag_2CrO_4.
(D) Bei Zugabe von Formaldehyd/NaOH entsteht elementares Silber.
(E) Bei Zugabe von Zn/H_2SO_4 wird Ag^+ zu Ag reduziert. Im Filtrat kann Cl^- nachgewiesen werden.

316 Welche Aussagen treffen zu?
Ein frisch gefällter Niederschlag von Ag_2O ist löslich in einem Überschuss an:

(1) NaOH-Lösung
(2) Ammoniak-Lösung
(3) $(NH_4)_2CO_3$-Lösung
(4) KSCN-Lösung
(5) HNO_3-Lösung

(A) nur 1 ist richtig
(B) nur 5 ist richtig
(C) nur 2 und 3 sind richtig
(D) nur 1, 2 und 3 sind richtig
(E) nur 2, 3, 4 und 5 sind richtig

Quecksilber

siehe auch MC-Fragen Nr. 28, 37, 65, 255, 272, 434, 443, 464, 476

317* Welche Aussagen treffen zu?
Quecksilber(II)-Salze geben

(1) mit Natriumhydroxid einen schwarzen Niederschlag, der sich im Überschuss des Fällungsmittels auflöst
(2) mit Natriumhydroxid einen gelben Niederschlag
(3) mit Zinn(II)-chlorid einen weißen oder grauen Niederschlag
(4) mit Salzsäure einen weißen Niederschlag, der nach Zugabe von Ammoniak schwarz wird
(5) auf Kupferfolie einen grauen Beschlag

(A) nur 1, 3 und 4 sind richtig
(B) nur 1, 3 und 5 sind richtig
(C) nur 2, 3 und 4 sind richtig
(D) nur 2, 3 und 5 sind richtig
(E) nur 2, 4 und 5 sind richtig

318 Welche der genannten analytisch wichtigen Reaktionen von Hg(II)-Verbindungen treffen zu?

(1) Amalgambildung mit unedleren Metallen, z. B. Cu
(2) mit Sn(II)-chlorid-Lösung weißer, bei Reagenzüberschuss grau werdender Niederschlag
(3) mit Kaliumiodid rote Fällung von HgI_2, im Reagenzüberschuss löslich zu $[HgI_4]^{2-}$
(4) schwarze Fällung bei Zugabe von Alkalihydroxid-Lösung

(A) nur 1 und 4 sind richtig
(B) nur 2 und 3 sind richtig
(C) nur 3 und 4 sind richtig
(D) nur 1, 2 und 3 sind richtig
(E) nur 1–4 = alle sind richtig

319* Mit welcher der folgenden Reaktionen kann Quecksilber **nicht** nachgewiesen werden?

(A) aus Quecksilber(I)-Salzlösungen Fällung von Hg_2Cl_2 und anschließende Disproportionierung bei NH_3-Zusatz zu elementarem Hg und Hg^{2+}, das in Quecksilberpräzipitat übergeht
(B) Fällung von gelbem HgO aus Quecksilber(II)-Lösungen mit Alkalihydroxiden
(C) aus Quecksilber(II)-Salzlösungen mit verdünnter Schwefelsäure Ausfällung des Sulfats, das von ammoniakalischer Tartrat-Lösung wieder gelöst wird
(D) aus Quecksilber(II)-Salzlösungen mit Kaliumiodid-Lösung Fällung von rotem HgI_2, das sich im Reagenzüberschuss wieder löst
(E) Abscheidung von metallischem Hg auf Kupfer

320 Welche Aussagen treffen zu?
Geeignete Identitätsreaktionen auf Quecksilber sind:

(1) Fällung von gelbem HgO aus Quecksilber(II)-Salzlösungen mit Alkalihydroxiden
(2) Abscheidung von metallischem Hg auf Kupfer
(3) gelbe Färbung bei Zugabe von Thioharnstoff in salpetersaurem Milieu

(A) nur 1 ist richtig
(B) nur 3 ist richtig
(C) nur 1 und 2 sind richtig
(D) nur 2 und 3 sind richtig
(E) 1–3 = alle sind richtig

321* Welche der folgenden Aussagen über analytisch wesentliche Reaktionen bzw. über analytische Verwendungen von Quecksilberverbindungen trifft **nicht** zu?

(A) Quecksilber(II)-acetat wird als Reagenz bei der Gehaltsbestimmung von Alkaloidhydrochloriden mittels Perchlorsäuretitration in „wasserfreier Essigsäure" verwendet.
(B) Schwefelwasserstoff fällt aus der sauren Lösung eines Hg^{2+}-Salzes schwarzes Quecksilbersulfid aus.
(C) Beim Versetzen einer wässrigen Quecksilber(II)-chlorid-Lösung mit Ammoniak-Lösung fällt u. a. weißes Quecksilber(II)-amidochlorid aus.
(D) Ein Quecksilber(I)-chlorid-Niederschlag löst sich beim Übergießen mit Ammoniak-Lösung infolge Komplexbildung vollständig auf.
(E) Quecksilber(II)-iodid kann zusammen mit Kaliumiodid und Natriumhydroxid-Lösung zur Herstellung von Neßlers Reagenz verwendet werden.

322 Welche Aussage trifft zu?
Wird die Lösung eines Quecksilber(II)-Salzes mit einer Alkalihydroxid-Lösung versetzt, so entsteht:

(A) $Hg^o\downarrow + Hg(OH)_2$ (schwarz)
(B) $HgO\downarrow$ (gelb)
(C) $Hg_2O\downarrow + Hg^o\downarrow$ (schwarz)
(D) $Hg(OH)_2$ (rot)
(E) HO-Hg-O-Hg-OH (rot)

323 Welche der folgenden Reaktionen ist zum Nachweis von Quecksilber (II)-Ionen **am wenigsten** geeignet?

(A) Fällung von HgO mit Alkalihydroxiden, schwer löslich im Überschuss
(B) Fällung des Sulfats mit Schwefelsäure
(C) Amalgambildung mit Kupfer
(D) Fällung von rotem HgI_2 mit Kaliumiodid, löslich im Reagenzüberschuss
(E) Fällung des Chromats aus neutraler Lösung

324 Mit welchem der nachfolgenden Reagenzien können Sie **nicht** zwischen zwei (getrennten) Lösungen der Nitrate von Hg(I) und Hg(II) unterscheiden?

(A) metallisches Cu (Amalgambildung)
(B) NaOH-Lösung
(C) NH_3-Lösung
(D) K_2CrO_4-Lösung
(E) Salzsäure

325 Zwei getrennte Lösungen von $Hg_2(NO_3)_2$ (Lösung a) und $Hg(NO_3)_2$ (Lösung b) werden mit Natriumhydroxid-Lösung stark alkalisch gemacht.
Welche der nachfolgenden Aussagen trifft zu?

(A) (a) gibt einen schwarzen, (b) einen gelben Niederschlag.
(B) Beide Lösungen bleiben klar.
(C) Beide Lösungen geben einen schwarzen Niederschlag.
(D) Beide Lösungen geben einen gelben Niederschlag.
(E) (a) gibt einen gelben, (b) einen schwarzen Niederschlag.

326 Die Lösung eines Quecksilber(I)-Salzes wird mit Salzsäure und anschließend mit Ammoniak versetzt.
Welche der folgenden Produkte entstehen bei diesen Umsetzungen?

(1) $Hg(NH_3)_2Cl$
(2) $Hg^o\downarrow + Hg^{2+}$
(3) $[HgCl_4]^-$
(4) $HgNH_2Cl\downarrow$

(A) nur 1 ist richtig
(B) nur 1 und 3 sind richtig
(C) nur 2 und 4 sind richtig
(D) nur 1, 2 und 3 sind richtig
(E) nur 2, 3 und 4 sind richtig

Blei

siehe auch MC-Fragen Nr. 35, 38–43, 45, 64, 83, 90, 91, 255, 305–307, 429, 430, 435, 439, 444, 495, 501

327* Welche der folgenden Aussagen trifft **nicht** zu?
Zum Nachweis von Blei-Ionen sind geeignet:

(A) die Bildung von schwarzem PbS aus salzsaurer Lösung
(B) das in Wasser in der Kälte schwer lösliche und beim Erhitzen deutlich leichter lösliche kristalline $PbCl_2$
(C) die Fällung von $PbSO_4$ aus wässriger Lösung von Bleisalzen, löslich in konzentrierter Schwefelsäure
(D) die Reduktion von Pb(II)-Salzen zum Metall durch Hg(II)-Salze in verdünnt salzsaurer Lösung
(E) die Fällung von gelbem PbI_2, das bei Iodid-Überschuss in ein lösliches komplexes Anion übergeführt wird

328* Mit welchen Reagenzien bilden Blei(II)-Ionen einen Niederschlag, der in überschüssigem Reagenz wieder löslich ist?

(1) Natriumhydroxid-Lösung
(2) Kaliumiodid-Lösung
(3) konzentrierte Schwefelsäure
(4) Salzsäure
(5) verdünnte Ammoniak-Lösung

(A) nur 5 ist richtig
(B) nur 1 und 3 sind richtig
(C) nur 1, 2 und 3 sind richtig
(D) nur 2, 4 und 5 sind richtig
(E) nur 1, 2, 4 und 5 sind richtig

329* Welche der folgenden Reagenzien eignen sich zum Nachweis von Blei(II)-Ionen?

(1) verdünnte Schwefelsäure
(2) Kaliumchromat-Lösung
(3) Kaliumiodid-Lösung
(4) verdünnte Natronlauge

(A) nur 2 ist richtig
(B) nur 1 und 2 sind richtig
(C) nur 3 und 4 sind richtig
(D) nur 1, 2 und 3 sind richtig
(E) 1–4 = alle sind richtig

330 Welche Aussagen treffen zu?
Frisch gefälltes $PbSO_4$ kann sich beim Erwärmen mit folgenden konzentrierten Reagenzien bzw. Reagenzlösungen wieder auflösen:

(1) H_3PO_4
(2) H_2SO_4
(3) NaOH
(4) NH_4CH_3COO

(A) nur 3 ist richtig
(B) nur 4 ist richtig
(C) nur 1 und 2 sind richtig
(D) nur 3 und 4 sind richtig
(E) nur 2, 3 und 4 sind richtig

331* Welche Aussage trifft zu?
Bei der Identifizierung von Blei(II)-Ionen mit Kaliumchromat

(A) entsteht in essigsaurem Milieu Bleidichromat
(B) fällt Bleichromat aus
(C) erfolgt eine Oxidation zu Blei(IV)-Ionen
(D) bildet sich Chrom(III)-plumbat
(E) entsteht Blei(II)-plumbat (Mennige)

Bismut

siehe auch MC-Fragen Nr. 42–44, 438, 445, 487, 502, 508, 755–759

332* Welche der folgenden Aussagen treffen zu?
Bi^{3+}-Ionen lassen sich nachweisen mit:

(1) Thioharnstoff in salpetersaurer Lösung
(2) Diacetyldioxim in ammoniakalischer Lösung
(3) Reduktion zu Bi^0 mit Hydroxostannat(II)-Lösung
(4) KI in schwach schwefelsaurer Lösung

(A) nur 1 ist richtig
(B) nur 1 und 3 sind richtig
(C) nur 1, 2 und 4 sind richtig
(D) nur 2, 3 und 4 sind richtig
(E) 1–4 = alle sind richtig

333 Welche Aussagen treffen zu?
Zum Nachweis von Bismut eignen sich folgende Reagenzien:

(1) Kaliumtetraiodomercurat(II)
(2) Natriumsulfid
(3) alkalische Hydroxostannat(II)-Lösung
(4) Thioharnstoff

(A) nur 1 ist richtig
(B) nur 3 ist richtig
(C) nur 1 und 3 sind richtig
(D) nur 3 und 4 sind richtig
(E) nur 2, 3 und 4 sind richtig

334 Welches der folgenden Reagenzien eignet sich **nicht** zum Nachweis von Bismut(III)-Ionen?

(A) 8-Hydroxychinolin
(B) Harnstoff
(C) Kaliumiodid-Lösung
(D) verdünnte Natronlauge
(E) Hydroxostannat(II)-Lösung

335 Welche Aussagen treffen zu?
Zu Identitätsprüfungen von Bismut-Ionen sind folgende Reaktionen geeignet:

(1) Die salzsaure Lösung ergibt beim Verdünnen einen weißen oder schwach gelben Niederschlag.
(2) bei Zusatz von Natriumsulfid-Lösung zur Hydrolysefällung braune Färbung
(3) bei Zugabe von Thioharnstoff zur salpetersauren Lösung gelblich-orange Färbung oder orangefarbiger Niederschlag
(4) Der orangefarbige Thioharnstoff-Komplex entfärbt sich bei Zusatz von Natriumfluorid.

(A) nur 1 ist richtig
(B) nur 2 ist richtig
(C) nur 1 und 4 sind richtig
(D) nur 1, 2 und 3 sind richtig
(E) nur 2, 3 und 4 sind richtig

336 Welche Aussagen treffen zu?
Zur Identitätsprüfung von Bismut-Ionen sieht das Arzneibuch vor:

(1) mit Methoxyphenylessigsäure-Reagenz grüner Niederschlag, löslich in Ammoniak-Lösung
(2) beim stärkeren Verdünnen einer salzsauren, klaren Probelösung mit Wasser weißer bis schwach gelber Niederschlag
(3) mit Molybdat-Vanadat-Reagenz dunkelblaue Färbung
(4) bei Zusatz von Natriumsulfid-Lösung zur Hydrolysefällung braune Färbung
(5) bei Zugabe von Thioharnstoff-Lösung zur salpetersauren Lösung gelblich orange Färbung oder orangefarbiger Niederschlag.

(A) nur 2 ist richtig
(B) nur 1 und 4 sind richtig
(C) nur 2, 3 und 5 sind richtig
(D) nur 2, 4 und 5 sind richtig
(E) 1–5 = alle sind richtig

337* Welche der folgenden Aussagen über analytisch auswertbare Eigenschaften von Bi^{3+}-Ionen treffen zu?

(1) Bildung einer gelben Komplexverbindung mit Diacetyldioxim (in ammoniakalischer Lösung)
(2) Bildung einer gelben Komplexverbindung mit Thioharnstoff (in salpetersaurer Lösung)
(3) beim Verdünnen saurer, Bi^{3+}-Salze enthaltender Lösungen mit Wasser Ausfällung weißer bis gelblicher basischer Bismutsalze
(4) Alkalische Hydroxostannat(II)-Lösung reduziert Bi^{3+}-Salze zum schwarzen Metall
(5) mit H_2S braunschwarze Fällung von Bi_2S_3, löslich in heißer Salpetersäure

(A) nur 2 und 3 sind richtig
(B) nur 4 und 5 sind richtig
(C) nur 1, 2 und 4 sind richtig
(D) nur 1, 3 und 5 sind richtig
(E) 1–5 = alle sind richtig

Kupfer

siehe auch MC-Fragen Nr. 5–8, 11, 42, 44, 47, 57, 65, 285, 436, 440, 838, 851, 877

338* Welche der folgenden Nachweisreaktionen für Kupfer(II)-Ionen trifft **nicht** zu?

(A) Abscheidung von elementarem Kupfer beim Eintauchen eines Eisenstückes in eine Kupfer(II)-Salzlösung
(B) Mit überschüssigem Ammoniumchlorid in schwach saurer Lösung bildet sich das blaue, komplexe Kation $[Cu(NH_3)_4]^{2+}$.
(C) Mit überschüssigen Cyanid-Ionen bildet sich das lösliche komplexe Anion $[Cu(CN)_4]^{3-}$.
(D) Mit $K_4[Fe(CN)_6]$-Lösung entsteht eine braune, in verdünnten Säuren schwer lösliche Fällung von $Cu_2[Fe(CN)_6]$.
(E) In Gegenwart von Weinsäure erfolgt keine Fällung eines blauen Hydroxids.

339 Welche Aussagen über das analytische Verhalten von Kupfer-Ionen treffen zu?

(1) Beim Behandeln von Cu^{2+} mit Schwefliger Säure und Thiocyanat fällt CuSCN aus.
(2) CuS ist schwerer löslich als MnS.
(3) Beim Einleiten von H_2S in eine ammoniakalische Lösung von Cu^{2+} bleibt auf Grund der Komplexbildung die Fällung von CuS aus.
(4) Der Komplex $[Cu(CN)_4]^{2-}$ entsteht praktisch quantitativ bei Umsetzung von $[Cu(NH_3)_4]^+$ mit überschüssigem Cyanid im ammoniakalischen Milieu.

(A) nur 1 und 2 sind richtig
(B) nur 1 und 4 sind richtig
(C) nur 2 und 3 sind richtig
(D) nur 3 und 4 sind richtig
(E) nur 2, 3 und 4 sind richtig

340 Cu^{2+}-Ionen ergeben in kalter wässriger Lösung mit der äquivalenten Menge an verdünnter NaOH-Lösung einen bläulichen Niederschlag.
Welche der folgenden Verbindungen können, wenn sie im Überschuss vorliegen, diese Fällung verhindern?

(1) Tartrat
(2) Acetat
(3) Citrat

(A) nur 1 ist richtig
(B) nur 3 ist richtig
(C) nur 1 und 3 sind richtig
(D) nur 2 und 3 sind richtig
(E) 1–3 = alle sind richtig

341* Zum Nachweis von Kupfer-Ionen in Kupfer(II)-sulfat nach Arzneibuch wird der Prüflösung **tropfenweise** verdünnte Ammoniak-Lösung zugegeben.
Welche der folgenden Aussagen beschreibt das Geschehen zutreffend?

(A) Es bildet sich sofort eine dunkelblaue, klare Lösung.
(B) Es bildet sich ein blauer Niederschlag, der im überschüssigen Ammoniak unlöslich ist.
(C) Nach anfänglicher Fällung eines blauen Niederschlags löst sich dieser in überschüssigem Ammoniak mit dunkelblauer Farbe klar auf.
(D) Nach Fällung eines blauen Niederschlags löst sich dieser in überschüssigem Ammoniak zu einer klaren, farblosen Lösung auf.
(E) Es fällt primär ein blauer Niederschlag aus, der sich im Laufe der Zeit über grün nach rot verfärbt.

Cadmium

siehe auch MC-Fragen Nr. 42–45, 283–285, 437, 442

342* Welche Aussage trifft **nicht** zu?
Cd^{2+}-Ionen zeigen folgende analytisch auswertbare Reaktionen:

(A) Beim Einleiten von H_2S in eine schwach salzsaure wässrige Cd(II)-Salzlösung fällt ein gelber Niederschlag von CdS aus.
(B) Mit wässriger NaOH-Lösung fällt zunächst gelbes $Cd(OH)_2$ aus, das sich im Reagenzüberschuss unter Bildung eines Hydroxokomplexes auflöst.
(C) Mit KCN fällt zunächst weißes $Cd(CN)_2$ aus, das sich im Überschuss des Fällungsmittels unter Bildung eines Cyanokomplexes auflöst.
(D) Auch nach Zugabe von KCN im Überschuss zur ammoniakalischen Lösung lässt sich mit H_2S CdS ausfällen.
(E) Mit Ammoniak entsteht zunächst ein weißer Niederschlag, der sich im Ammoniak-Überschuss unter Bildung eines Amminkomplexes löst.

343* Welche der folgenden Reaktionen sind zur Identifizierung von Cadmium-Ionen geeignet?

(1) Bildung eines gelben CdS-Niederschlages aus schwach saurer Lösung beim Einleiten von H_2S
(2) Bildung eines weißen $Cd(OH)_2$-Niederschlages bei Zugabe von Alkalihydroxiden, der im Überschuss des Fällungsmittels schwer löslich ist
(3) Bildung eines weißen Niederschlages von $Cd(CN)_2$ bei Zugabe von Cyanid, löslich im Überschuss des Fällungsmittels; das Komplexsalz zerfällt bei H_2S-Einleitung unter CdS-Bildung
(4) grüne Flammenfärbung bei Anwesenheit von Halogenid-Ionen

(A) nur 1 und 3 sind richtig
(B) nur 2 und 4 sind richtig
(C) nur 1, 2 und 3 sind richtig
(D) nur 2, 3 und 4 sind richtig
(E) 1–4 = alle sind richtig

Arsen

siehe auch MC-Fragen Nr. 25, 26, 28, 34, 60, 68–71, 113, 116, 119, 121, 238–241, 262, 264, 446, 486, 492, 504, 827, 867, 879

344 Welche Aussagen treffen zu?
Geeignete Reaktionen zum Nachweis von Arsen(III)- und Arsen(V)-Verbindungen sind:

(1) Bildung eines braunen Niederschlages aus elementarem Arsen beim Erhitzen mit Hypophosphit-Reagenz
(2) Abscheidung eines schwarzen, flockigen Niederschlages von elementarem Arsen an Zinkmetall aus saurer (z. B. 2 M-H_2SO_4) Lösung
(3) gelbe bis braune Färbung von Quecksilber(II)-bromid-Papier durch das bei der Reduktion mit Zn/HCl erhaltene Gas

(4) Rotviolettfärbung einer Lösung von Silberdiethyldithiocarbamat in Pyridin beim Einleiten des durch Reduktion mit Zn/HCl erhaltenen Gases
(5) gelber Niederschlag bei Zusatz von Alkalihydroxid-Lösung

(A) nur 1 ist richtig
(B) nur 2 und 3 sind richtig
(C) nur 4 und 5 sind richtig
(D) nur 1, 3 und 4 sind richtig
(E) 1–5 = alle sind richtig

345 Mit welcher der folgenden Möglichkeiten können Arsen-Ionen **nicht** nachgewiesen werden?

(A) nach Reduktion zu AsH_3 durch dessen thermische Zersetzung unter Abscheidung des Elements
(B) durch Reduktion zum Element mit $SnCl_2$ unter geeigneten Bedingungen
(C) durch Reduktion zum Element mit salzsaurer Natriumsulfit-Lösung
(D) durch Bildung eines gelben Sulfids aus salzsaurer Lösung, das in Ammoniumsulfid-Lösung löslich ist
(E) durch Reduktion zum Element mit Na-phosphinat (-hypophosphit)-Lösung unter geeigneten Bedingungen

346 Welche Aussagen treffen zu?
Arsen-Ionen lassen sich nachweisen

(1) nach Reduktion zu AsH_3 durch dessen thermische Zersetzung unter Abscheidung des Elements
(2) durch Reduktion zum Element mit $SnCl_2$ in konzentrierter Salzsäure
(3) durch Fällung als Magnesiumammoniumarsenat
(4) durch Silbernitrat in neutraler Lösung (Entstehen eines Niederschlages)

(A) nur 1 und 2 sind richtig
(B) nur 2 und 3 sind richtig
(C) nur 3 und 4 sind richtig
(D) nur 1, 2 und 4 sind richtig
(E) 1–4 = alle sind richtig

347 Welche Aussagen treffen zu?
Arsen-Ionen lassen sich nachweisen

(1) nach Reduktion zu AsH_3 durch dessen thermische Zersetzung unter Abscheidung des Elements
(2) durch Reduktion zum Element mit $SnCl_2$ in konzentrierter Salzsäure
(3) durch Reduktion zum Element mit Phosphorsäure
(4) durch Bildung eines gelben Sulfids aus salzsaurer Lösung, das in Alkalihydroxiden oder Ammoniak löslich ist

(A) nur 1 und 2 sind richtig
(B) nur 2 und 3 sind richtig
(C) nur 3 und 4 sind richtig
(D) nur 1, 2 und 4 sind richtig
(E) 1–4 = alle sind richtig

348 Welche Aussagen treffen zu?
Arsen-Ionen lassen sich nachweisen

(1) nach Reduktion zu AsH_3 durch dessen thermische Zersetzung unter Abscheidung des Elements
(2) durch Reduktion zum Element mit $SnCl_2$ in konzentrierter Salzsäure
(3) durch Reduktion zum Element mit Unterphosphoriger Säure
(4) durch Bildung eines gelben Sulfids aus salzsaurer Lösung, das mit Alkalihydroxiden oder Ammoniak zu einem löslichen Salz umgesetzt wird

(A) nur 1 und 2 sind richtig
(B) nur 2 und 3 sind richtig
(C) nur 3 und 4 sind richtig
(D) nur 1, 2 und 3 sind richtig
(E) 1–4 = alle sind richtig

349* Welche Aussage trifft **nicht** zu?
Verunreinigungen durch Arsen lassen sich nachweisen

(A) mit $SnCl_2$ in konzentrierter salzsaurer Lösung
(B) als AsH_3 mit $HgBr_2$-durchtränktem Filterpapier
(C) als AsH_3 mit Silberdiethyldithiocarbamat
(D) mit salzsaurer Natriumhypophosphit-Lösung
(E) mit salzsaurer Natriumsulfit-Lösung

350 Welche der folgenden Aussagen über analytisch wesentliche Reaktionen von Arsenverbindungen trifft **nicht** zu?

(A) In heißer konzentrierter Salpetersäure ist Arsen(V)-sulfid unlöslich.
(B) Ein Niederschlag von Arsen(V)-sulfid ist in warmer $(NH_4)_2CO_3$-Lösung löslich.
(C) Arsen(III) wird in salzsaurer Lösung durch Hypophosphorige Säure zu elementarem Arsen reduziert.
(D) Lösliche Arsen(III)-Verbindungen reagieren mit Zink/konzentrierter Salzsäure zu flüchtigem, leicht identifizierbarem Arsenwasserstoff.
(E) Ein Niederschlag von Arsen(III)-sulfid geht beim Behandeln mit warmer Ammoniumcarbonat-Lösung in lösliches Ammonium-thioarsenit und -arsenit bzw. in -thiooxoarsenite über.

351 Welche Aussagen treffen zu?
Der Nachweis von Arsen erfolgt häufig über die Bildung von Arsenwasserstoff. Dieser lässt sich durch folgende Reaktionen charakterisieren:

(1) Auftreten einer Braunfärbung bei der Reaktion mit $HgBr_2$
(2) Reduktion von Ag^+ in Silberdiethyldithiocarbamat-Lösung zu metallischem Silber
(3) Bei der Thermolyse Bildung eines metallisch glänzenden Beschlags, der in alkalischer H_2O_2-Lösung unlöslich ist.

(A) nur 3 ist richtig
(B) nur 1 und 2 sind richtig
(C) nur 1 und 3 sind richtig
(D) nur 2 und 3 sind richtig
(E) 1–3 = alle sind richtig

352 Welche Aussagen zum Arsen-Nachweis nach Arzneibuch treffen zu?

(1) Das reduzierende Agens ist Phosphinsäure (Unterphosphorige Säure).
(2) Die anorganischen As^{3+}- und As^{5+}-Verbindungen werden zu elementarem Arsen reduziert.
(3) Bei positiver Reaktion entsteht Phosphonsäure (Phosphorige Säure).
(4) Die Reaktion erfolgt in stark salzsaurem Milieu.

(A) nur 1 und 3 sind richtig
(B) nur 2 und 4 sind richtig
(C) nur 1, 2 und 3 sind richtig
(D) nur 2, 3 und 4 sind richtig
(E) 1–4 = alle sind richtig

353* Welche Gleichung gilt für die Identitätsprüfung auf Arsen nach Arzneibuch?

(A) $As^{3+} + 3\,PO_2^{2-} + 3\,H_2O \rightarrow As + 3\,PO_3^{3-} + 6\,H^+$
(B) $2\,As^{3+} + 3\,HPO_3^{2-} + 3\,H_2O \rightarrow 2\,AsH_3 + PO_4^{3-} + 3\,H^+$
(C) $As^{3+} + 3\,HPO_2^{2-} + 3\,H_2O \rightarrow AsH_3 + 6\,PO_3^{3-} + 6\,H^+$
(D) $As^{3+} + 3\,H_3PO_3 + 3\,H_2O \rightarrow 2\,As + 3\,H_3PO_4 + 6\,H^+$
(E) $2\,As^{3+} + 3\,H_3PO_2 + 3\,H_2O \rightarrow 2\,As + 3\,H_3PO_3 + 6\,H^+$

354 Welche Aussage trifft zu?
Bei der Identitätsreaktion auf Arsen nach Arzneibuch mit Hypophosphit-Reagenz entsteht ein Niederschlag. Dieser besteht aus:

(A) elementarem Phosphor
(B) elementarem Arsen
(C) Arsenphosphit
(D) Arsenhypophosphit
(E) Arsenammoniumphosphat

355 Welche Aussage trifft zu?
Wird die Lösung eines Arsenits oder eines Arsenats mit Hypophosphit-Reagenz (nach Arzneibuch) im Wasserbad erhitzt, so entsteht:

(A) eine farblose Gallerte
(B) ein stechend riechendes Gas
(C) ein brauner Niederschlag
(D) eine rote kolloide Lösung
(E) ein gelber Niederschlag

356 Welche Aussage zur Grenzprüfung auf Arsen nach Arzneibuch, Methode A, trifft **nicht** zu?

(A) Aus Zink und Salzsäure wird Wasserstoff gebildet.
(B) Durch Iodwasserstoff wird eventuell vorhandenes As(V) zu As(III) reduziert.
(C) Entstehendes Arsin reagiert mit $HgBr_2$ zu Quecksilberarseniden.

(D) Störungen durch H_2S oder PH_3 werden durch Blei(II)-acetat-Watte verhindert.
(E) Entstehender Arsenwasserstoff wird in eine Vorlage mit 0,1 M-Natriumhydroxid-Lösung überdestilliert.

Antimon

siehe auch MC-Fragen Nr. 30, 60

357* Welche Aussage trifft **nicht** zu?
Antimonsalze zeigen folgende analytische Reaktionen:

(A) Aus nicht zu stark sauren Lösungen von Sb(III)- und Sb(V)-Salzen scheiden unedlere Metalle wie Fe, Zn, Sn elementares Antimon ab.
(B) Mit H_2S bilden sich in nicht zu stark saurer Lösung orangerote Niederschläge von Sb_2S_3 bzw. Sb_2S_5, löslich in Ammoniumpolysulfid.
(C) Sb_2S_3 und Sb_2S_5 sind in Ammoniumcarbonat-Lösung unter Bildung von Thiooxoantimonaten leicht löslich.
(D) Beim Verdünnen salzsaurer Sb(III)-Lösungen mit Wasser kann durch Hydrolyse ein weißer Niederschlag entstehen.
(E) Hexahydroxoantimonat(V)-Ionen ergeben mit Natrium-Ionen in schwach alkalischer Lösung einen weißen Niederschlag.

358 Welches der folgenden Reagenzien ist zur Identifizierung von Antimon-Ionen geeignet?

(A) Kaliumquecksilberiodid-Lösung
(B) Natriumsulfid-Lösung
(C) Natriumthioglycolat
(D) Zinn(II)-chlorid in konzentrierter Salzsäure
(E) Thioharnstoff

359 Welche Aussage trifft zu?
Beim Nachweis von Antimon nach Arzneibuch wird u.a. mit Kaliumnatriumtartrat-Lösung erhitzt. Dieser erste Schritt dient:

(A) der Lösung der Substanz
(B) zur Fällung schwer löslicher Antimonyltartrate
(C) zur Überführung von Sb^{5+} in Sb^{3+}
(D) der Differenzierung gegenüber Arsen
(E) zur Maskierung von Blei-Ionen

Zinn

siehe auch MC-Fragen Nr. 27, 31, 35–37, 40, 41, 44, 62–64, 71, 72, 89, 441, 447

360 Welche der folgenden Aussagen über die Eigenschaften von Zinn-Ionen treffen zu?

(1) Unter Bildung von Thiostannaten(IV) wird SnS mit gelber Ammoniumsulfid-Lösung in Lösung gebracht.
(2) Als Vorprobe auf Sn^{2+} und Sn^{4+} eignet sich die Leuchtprobe mit Zn/HCl.
(3) Als amphotere Verbindung ist $Sn(OH)_2$ im Überschuss von Alkalihydroxid-Lösung als Hydroxostannat(II), z.B. $[Sn(OH)_3]^-$ löslich.
(4) Durch Bildung von Tetramminzinn(II)-Salzen ist $Sn(OH)_2$ in Ammoniak-Lösung leicht löslich.
(5) Durch Hg^{2+}-Salze wird in saurer Lösung Sn^{2+} zu Sn^{4+} oxidiert.

(A) nur 1 und 3 sind richtig
(B) nur 1 und 4 sind richtig
(C) nur 2, 3 und 5 sind richtig
(D) nur 1, 2, 3 und 5 sind richtig
(E) nur 2, 3, 4 und 5 sind richtig

Nickel

siehe auch MC-Fragen Nr. 46, 449, 475, 508

361* Welche Aussage trifft **nicht** zu?
Die analytisch wichtige Nickel-Diacetyldioxim (Dimethylglyoxim)-Verbindung

(A) bildet sich in neutralem, essigsaurem und ammoniakalischem Medium
(B) eignet sich zur Trennung von Cobalt und Nickel
(C) ist ein Chelatkomplex
(D) kann als Zentralion Ni^{3+} enthalten
(E) ist zur gravimetrischen Bestimmung von Nickel geeignet

362* Welche Aussage trifft zu?
Beim Nachweis von Nickel(II) mit Diacetyldioxim bildet sich ein Nickel(II)-diacetyldioxim-Komplex im Verhältnis:

	Nickel		Diacetyldioxim
(A)	1	:	1
(B)	1	:	2
(C)	1	:	4
(D)	2	:	1
(E)	4	:	1

Cobalt

siehe auch MC-Fragen Nr. 24, 448, 761

363 Welche Aussage zur Analytik des Cobalts trifft **nicht** zu?

(A) Zum Nachweis von Co^{2+} neben Ni^{2+} eignet sich die bei Zugabe von KSCN auftretende Blaufärbung.
(B) Co^{2+} bildet in essigsaurer Lösung mit Hg^{2+}/SCN^- ein tiefblaues Tetrathiocyanatomercurat(II).
(C) In Gegenwart von NH_4^+ und KNO_2 kann aus essigsaurer Lösung ein gelber Niederschlag eines Kalium-/Ammoniumhexanitrocobaltats(III) erhalten werden.
(D) Zur Trennung von Nickel und Cobalt können Eigenschaften ihrer Cyanokomplexe herangezogen werden.
(E) Das durch Luftoxidation entstandene Co_2S_3 ist in konz. HNO_3 schwer löslich.

Mangan

siehe auch MC-Fragen Nr. 18–20, 32, 46, 104, 106–110, 270, 456, 502, 574, 866, 875

364 Welche Aussage über Mangan trifft **nicht** zu?

(A) Mangan(II)-Ionen bilden in NH_3/NH_4Cl-gepufferter Lösung mit $(NH_4)_2HPO_4$ weiße Kristalle von $Mn(NH_4)PO_4$.
(B) Nach alkalisch-oxidierender Schmelze von Mangansalzen zeigt sich eine grüne bis blaugrüne Färbung.
(C) Mangan(II) lässt sich mit PbO_2 in stark salpetersaurer Lösung zu MnO_4^- oxidieren.
(D) In Manganverbindungen kann Mangan in den Oxidationsstufen +2 bis +7 auftreten.
(E) Im alkalischen Medium werden MnO_4^--Ionen zu Mn^{3+}-Ionen reduziert.

365* Welche Aussagen treffen zu?
Der Nachweis von Mangan als Permanganat kann in saurer Lösung durch einen Überschuss an folgenden Verbindungen gestört werden:

(1) $H_2C_2O_4$
(2) H_2O_2
(3) $FeSO_4$
(4) $ZnSO_4$

(A) nur 4 ist richtig
(B) nur 1 und 4 sind richtig
(C) nur 1, 2 und 3 sind richtig
(D) nur 2, 3 und 4 sind richtig
(E) 1–4 = alle sind richtig

366 Welche der folgenden Aussagen treffen zu?
Zur Identifizierung von Mangan-Ionen in einem Niederschlag, der aus $MnNH_4PO_4$ und $MgNH_4PO_4$ besteht, eignen sich:

(1) NH_4Cl
(2) $NaOH/H_2O_2$
(3) konzentrierte Salzsäure

(A) nur 1 ist richtig
(B) nur 2 ist richtig
(C) nur 3 ist richtig
(D) nur 1 und 3 sind richtig
(E) 1–3 = alle sind richtig

Eisen

siehe auch MC-Fragen Nr. 35, 37, 38, 41, 43, 44, 46, 57, 70, 72, 73, 78, 85, 90, 91, 190, 191, 450, 453, 455, 472, 489, 494, 508

367 Welche der folgenden Reaktionen können zum Nachweis von Eisen(II)-Ionen beitragen?

(1) die Rotfärbung mit Ammoniumthiocyanat in schwach salzsaurer Lösung
(2) die tiefblaue Färbung oder Fällung mit Kaliumhexacyanoferrat(III)

(3) die Rotfärbung nach Zusatz von Weinsäure, Ammoniak und Diacetyldioxim-Lösung
(4) die Bildung von Iod nach Zusatz von Kaliumiodid in schwefelsaurer Lösung

(A) nur 1 und 3 sind richtig
(B) nur 1 und 4 sind richtig
(C) nur 2 und 3 sind richtig
(D) nur 2 und 4 sind richtig
(E) nur 1, 2 und 4 sind richtig

368 Welche Aussage trifft **nicht** zu?
Eine wässrige Lösung von Fe^{2+}-Ionen gibt unter vollständigem Ausschluss von Luftsauerstoff folgende Reaktionen:

(A) weißer Niederschlag mit Natriumhydroxid-Lösung
(B) weißer Niederschlag mit Natriumcarbonat-Lösung
(C) schwarzer Niederschlag mit Natriumsulfid-Lösung
(D) braune Färbung mit NO_3^-/konz. H_2SO_4
(E) rote Färbung mit CH_3COO^-

369 Welche Aussagen treffen zu?
Zum Nachweis von Eisen(III)-Ionen eignen sich:

(1) Ammoniumthiocyanat-Lösung
(2) Kaliumhydroxid-Lösung
(3) Ammoniumoxalat-Lösung
(4) Kaliumhexacyanoferrat(II)-Lösung

(A) nur 1 ist richtig
(B) nur 1 und 2 sind richtig
(C) nur 3 und 4 sind richtig
(D) nur 1, 2 und 3 sind richtig
(E) nur 1, 2 und 4 sind richtig

370 Welche der folgenden Reaktionen können zum Nachweis von Eisen(III)-Ionen beitragen?

(1) die Rotfärbung mit Ammoniumthiocyanat in schwach salzsaurer Lösung
(2) die tiefblaue Färbung oder Fällung mit Kaliumhexacyanoferrat(II)
(3) die Bildung von Iod nach Zusatz von Kaliumiodid in schwefelsaurer Lösung

(A) nur 3 ist richtig
(B) nur 1 und 2 sind richtig
(C) nur 1 und 3 sind richtig
(D) nur 2 und 3 sind richtig
(E) 1–3 = alle sind richtig

371 Welches Reagenz ergibt mit Eisen(III)-Ionen eine gefärbte Verbindung und ermöglicht damit deren kolorimetrische Bestimmung?

(A) NH_4SCN
(B) $KClO_3$
(C) NH_3
(D) KCN
(E) Dithizon

372 Eine unbekannte Substanz werde mit Thiocyanat auf Eisen geprüft.
Welche Aussagen treffen hierfür zu?

(1) Eisen(II)-Salze ergeben eine Rotfärbung der wässrigen Lösung.
(2) Beim Ausschütteln mit Isoamylalkohol färbt sich die organische Phase bei Vorliegen von Eisen(III) rosa.
(3) Hg(II)-Ionen bilden ebenfalls rot gefärbte Komplexe und stören dadurch die Reaktion.
(4) Nach Zusatz von Phosphorsäure verblasst beim Schütteln die Färbung der organischen Phase.

(A) nur 1 ist richtig
(B) nur 4 ist richtig
(C) nur 1 und 2 sind richtig
(D) nur 2 und 4 sind richtig
(E) nur 2, 3 und 4 sind richtig

373 Eine unbekannte Substanz werde mit Thiocyanat auf Eisen-Ionen geprüft.
Welche Aussagen treffen hierfür zu?

(1) Beim Ausschütteln mit Isoamylalkohol färbt sich die organische Phase bei Vorliegen von dreiwertigem Eisen rosa bis rot.
(2) Salze des zweiwertigen Eisens ergeben eine Rotfärbung der wässrigen Lösung.
(3) In Anwesenheit überschüssiger Fluorid-Ionen unterbleibt die Färbung.
(4) Nach Zusatz von Phosphorsäure verblasst beim Schütteln die Färbung der organischen Phase.

(A) nur 1 und 2 sind richtig
(B) nur 2 und 3 sind richtig
(C) nur 1, 3 und 4 sind richtig
(D) nur 2, 3 und 4 sind richtig
(E) 1–4 = alle sind richtig

374 Zum Nachweis von Eisen wird mit Thiocyanat versetzt und anschließend mit Ether ausgeschüttelt.
Welche Aussagen über diese Identitätsprüfung treffen zu?

(1) Bei Vorliegen von dreiwertigem Eisen wird in salzsaurer wässriger Lösung eine intensive Rotfärbung erhalten.
(2) In Gegenwart von Hg(II)-Ionen bilden sich in der wässrigen Lösung undissoziiertes $Hg(SCN)_2$ und/oder Komplexe wie $[Hg(SCN)_4]^{2-}$.
(3) Beim Ausschütteln der rot gefärbten wässrigen Lösung mit Ether bleibt dieser farblos.

(A) nur 1 ist richtig
(B) nur 1 und 2 sind richtig
(C) nur 1 und 3 sind richtig
(D) nur 2 und 3 sind richtig
(E) 1–3 = alle sind richtig

375 Zum Nachweis von Eisen-Ionen wird mit Thiocyanat versetzt und anschließend mit Ether oder Isoamylalkohol ausgeschüttelt.
Welche Aussagen über diese Prüfung treffen zu?

(1) Co(II)-Ionen stören den Nachweis durch Bildung blaugefärbter Komplexe.
(2) Gegenwart von Hg(II)-Ionen kann die Rotfärbung der wässrigen Phase verhindern.
(3) **Zwei**wertiges Eisen verursacht in salzsaurer wässriger Lösung eine intensive Rotfärbung.

(A) nur 1 ist richtig
(B) nur 3 ist richtig
(C) nur 1 und 2 sind richtig
(D) nur 2 und 3 sind richtig
(E) 1–3 = alle sind richtig

376 Welche Aussagen über die Identitätsprüfung auf Eisen mit Thiocyanat nach Arzneibuch treffen zu?

(1) Eine Rotfärbung der wässrigen Lösung ist spezifisch für Eisen(III)-Salze.
(2) Beim Ausschütteln mit Amylalkohol färbt sich die organische Phase nach Zusatz von Phosphorsäure im Überschuss intensiv rot.
(3) Hg(II)-Ionen stören die Reaktion durch Bildung blau gefärbter Komplexe.

(A) Keine der Aussagen bis trifft zu.
(B) nur 1 ist richtig
(C) nur 2 ist richtig
(D) nur 3 ist richtig
(E) nur 1 und 2 sind richtig

377* Zum Nachweis von Eisen-Ionen wird mit Thiocyanat versetzt und anschließend mit Ether oder Isoamylalkohol ausgeschüttelt.
Welche Aussagen über diese Prüfung treffen zu?

(1) **Zwei**wertiges Eisen verursacht in salzsaurer wässriger Lösung eine intensive Rotfärbung.
(2) Beim Ausschütteln der rot gefärbten wässrigen Lösung tritt weitgehende Entfärbung der wässrigen Phase ein.
(3) Gegenwart von Hg(II)-Ionen kann die Rotfärbung der wässrigen Phase verhindern.

(A) nur 1 ist richtig
(B) nur 2 ist richtig
(C) nur 1 und 2 sind richtig
(D) nur 1 und 3 sind richtig
(E) nur 2 und 3 sind richtig

378* Welche der folgenden Ionen können den Nachweis von Fe^{3+} als $Fe(SCN)_3$ stören?

(1) F^-
(2) Cl^-
(3) I^-
(4) Co^{2+}
(5) Fe^{2+}

(A) nur 1 ist richtig
(B) nur 1 und 5 sind richtig
(C) nur 3 und 4 sind richtig
(D) nur 1, 3 und 4 sind richtig
(E) 1–5 = alle sind richtig

379 Welche Aussage trifft **nicht** zu?
Der Nachweis von Fe^{3+} mittels Thiocyanat kann gestört werden durch:

(A) Mg^{2+}
(B) F^-
(C) PO_4^{3-}
(D) $C_2O_4^{2-}$
(E) Hg^{2+}

380 Welche der folgenden Reagenzien sind zur Unterscheidung von Fe(II)- und Fe(III)-Ionen geeignet?

(1) Ammoniumthiocyanat in salzsaurem Milieu
(2) Kaliumhexacyanoferrat(II) in schwach saurem Milieu
(3) Kaliumhexacyanoferrat(III) in schwach saurem Milieu
(4) Ammoniak-Lösung

(A) nur 1 und 2 sind richtig
(B) nur 1 und 3 sind richtig
(C) nur 2 und 3 sind richtig
(D) nur 2, 3 und 4 sind richtig
(E) 1–4 = alle sind richtig

381 Welche Aussagen treffen zu?
Zur Unterscheidung der Wertigkeitsstufen II und III des Eisens eignen sich folgende Reaktionen:

(1) Im Gegensatz zu Fe^{2+}-Ionen geben Fe^{3+}-Ionen mit Thiocyanat-Ionen in verdünnt saurer Lösung eine tiefrot gefärbte Verbindung.
(2) Fe^{2+}-Ionen geben mit $K_3[Fe(CN)_6]$-Lösungen, Fe^{3+}-Ionen mit $K_4[Fe(CN)_6]$-Lösungen sofort tiefblaue Fällungen.
(3) Mit 2,2'-Dipyridyl geben Fe^{2+}-Ionen, **nicht** dagegen Fe^{3+}-Ionen ein rotes Chelat.
(4) Fe^{2+}-Ionen entfärben in saurem Milieu $KMnO_4$-Lösungen.
(5) In einer sauren KI-Lösung wird durch Oxidation mit Fe^{3+} elementares Iod gebildet.

(A) nur 1 und 3 sind richtig
(B) nur 2 und 3 sind richtig
(C) nur 2 und 4 sind richtig
(D) nur 1, 2, 4 und 5 sind richtig
(E) 1–5 = alle sind richtig

382 Die Grenzprüfung auf Eisen des Arzneibuchs erfolgt mit dem Reagenz Thioglycolsäure.
Welche Aussagen zu dieser Grenzprüfung treffen zu?

(1) Thioglycolsäure bildet mit Fe(II) einen Chelatkomplex.
(2) Die Reaktion eignet sich zur Unterscheidung von zweiwertigen und dreiwertigen Eisen-Ionen.
(3) Thioglycolsäure ist oxidationsempfindlich.
(4) Die Reaktion beruht auf der Oxidation von Fe(II) zu Fe(III) durch Thioglycolsäure.

(A) nur 3 ist richtig
(B) nur 1 und 2 sind richtig
(C) nur 1 und 3 sind richtig
(D) nur 1 und 4 sind richtig
(E) nur 1, 3 und 4 sind richtig

Chrom

siehe MC-Fragen Nr. 21–23, 33, 39, 57, 62, 65, 90, 91, 93, 97, 120, 127, 129, 130, 133, 151–155, 304, 452, 454, 458

Aluminium

siehe auch MC-Fragen Nr. 36–41, 58, 59, 62, 71, 76, 78, 79, 81, 451, 457, 460, 462, 837

383 Welche der folgenden Reaktionen trifft für Aluminium **nicht** zu?

(A) Nachweis als $CoAl_2O_4$ (Thénards Blau)
(B) Bildung eines roten Farblacks mit Alizarin S
(C) in neutraler oder essigsaurer Lösung Bildung einer grünfluoreszierenden Komplexverbindung mit Morin
(D) eine in der Hitze gelbe bis rote, in der Kälte braune Boraxperle
(E) Bildung eines in Ammoniak-Lösung unlöslichen, in Natriumhydroxid-Lösung löslichen Hydroxids

384 Bei der Reaktion von Aluminiumhydroxid mit Schwefelsäure entstehen Aluminiumsulfat und Wasser.
Welche Koeffizienten treffen für diese Reaktion zu?

(A) $Al(OH)_3 + H_2SO_4$
(B) $2\,Al(OH)_3 + H_2SO_4$
(C) $Al(OH)_3 + 2\,H_2SO_4$
(D) $3\,Al(OH)_3 + 3\,H_2SO_4$
(E) $2\,Al(OH)_3 + 3\,H_2SO_4$

385 Welche Aussagen zur Durchführung der Identitätsprüfung auf Aluminium nach Arzneibuch treffen zu?

(1) Die Prüflösung wird mit Salzsäure und Thioacetamid-Reagenz versetzt.
(2) Auf tropfenweisen Zusatz von verdünnter Natriumhydroxid-Lösung zur Prüflösung entsteht ein Niederschlag.
(3) Auf Zusatz überschüssiger Natriumhydroxid-Lösung zur Prüflösung löst sich der Niederschlag auf.
(4) Die mit einem geringen Überschuss an Natriumhydroxid-Lösung versetzte Prüflösung bleibt auf Zusatz einer konzentrierten Ammoniumchlorid-Lösung klar.

(A) nur 1 ist richtig
(B) nur 2 und 3 sind richtig
(C) nur 1, 2 und 3 sind richtig
(D) nur 2, 3 und 4 sind richtig
(E) 1–4 = alle sind richtig

386 Welche Aussage trifft zu?
Beim Nachweis von Aluminium wird die Prüflösung zunächst mit HCl und H_2S versetzt. Auf tropfenweisen Zusatz verdünnter NaOH-Lösung entsteht ein Niederschlag, der sich im NaOH-Überschuss löst.
Die Zugabe von H_2S in salzsaurer Lösung dient zur:

(A) Vervollständigung der Aluminiumhydroxid-Fällung
(B) Einstellung eines geeigneten pH-Wertes
(C) Fällung des Aluminiums als Aluminiumsulfid
(D) Prüfung auf Kationen, die im sauren Milieu schwer lösliche Sulfide bilden
(E) Bildung alkalilöslicher Thioaluminate

387 Welche Aussage trifft zu?
Der Zusatz von Thioacetamid bei der Prüfung auf Aluminium nach Arzneibuch dient zur:

(A) Abtrennung störender Schwermetalle als Sulfide vor dem eigentlichen Nachweis
(B) Einstellung eines geeigneten pH-Wertes
(C) Fällung des Aluminiums als Aluminiumsulfid
(D) Prüfung auf Kationen, die im sauren Milieu schwer lösliche Sulfide bilden
(E) Vervollständigung der Aluminiumhydroxid-Fällung

388 Bei der Identifizierung von Aluminium nach Arzneibuch wird die salzsaure Prüflösung mit Thioacetamid-Reagenz versetzt; dabei darf sich kein Niederschlag bilden. Nach Zusatz von Natriumhydroxid-Lösung entsteht ein weißer gallertartiger Niederschlag, der sich durch weiteren Zusatz von Natriumhydroxid-Lösung löst. Durch Zugabe von Ammoniumchlorid bildet sich wieder ein weißer gallertartiger Niederschlag.
Welche Reaktion (schematisch) findet bei dieser Identitätsprüfung **nicht** statt?

(A) $CH_3\text{-}C(=S)\text{-}NH_2 \xrightarrow{H_2O} H_2S$ und Folgeprodukte
(B) $2\,Al^{3+} + 3\,S^{2-} \rightleftharpoons Al_2S_3$
(C) $Al^{3+} + 3\,OH^- \rightleftharpoons Al(OH)_3$
(D) $Al(OH)_3 + OH^- \rightleftharpoons [Al(OH)_4]^-$
(E) $NH_4^+ + OH^- \rightleftharpoons NH_3 + H_2O$

389 Der Nachweis von Aluminium-Ionen im Europäischen Arzneibuch ist wie folgt beschrieben:
Die wässrige Analyt-Lösung wird mit verdünnter salzsaurer Thioacetamid-Lösung versetzt, wobei sich kein Niederschlag bilden darf. Nach tropfenweisem Zusatz von verdünnter Natriumhydroxid-Lösung entsteht ein gallertartiger Niederschlag, der sich bei weiterem Zusatz von Natriumhydroxid-Lösung auflöst. Bei allmählichem Zusatz von Ammoniumchlorid-Lösung bildet sich wieder ein weißer, gallertartiger Niederschlag.
Welche Aussage zu diesem Nachweis trifft **nicht** zu?

(A) Mit der Zugabe von saurer Thioacetamid-Lösung soll auf das Vorhandensein von Schwermetallen getestet werden, deren Hydroxide ebenfalls amphoter sind.
(B) Die gallertartige Konsistenz der Aluminiumhydroxid-Niederschläge kann als Aspekt der analytischen Erkennung bewertet werden.
(C) Aluminiumhydroxid ist amphoter und löst sich im stark alkalischen Milieu unter Bildung eines Hydroxo-Komplexes.
(D) Ammoniumchlorid reagiert schwach sauer und senkt somit den pH-Wert.
(E) Die Zugabe von Ammoniumchlorid in das alkalische Reaktionssystem verursacht die Freisetzung von Ammoniak, der dann einen schwer löslichen Komplex mit Aluminium bildet.

390 Der Nachweis von Aluminium-Ionen im Europäischen Arzneibuch ist wie folgt beschrieben:
Die wässrige Analyt-Lösung wird mit verdünnter salzsaurer Thioacetamid-Lösung versetzt, wobei sich kein Niederschlag bilden darf. Nach tropfenweisem Zusatz von verdünnter Natriumhydroxid-Lösung entsteht ein gallertartiger Niederschlag, der sich bei weiterem Zusatz von Natriumhydroxid-Lösung auflöst. Bei allmählichem Zusatz von Ammoniumchlorid-Lösung bildet sich wieder ein weißer, gallertartiger Niederschlag.
Welche Aussage zu diesem Nachweis trifft **nicht** zu?

(A) Ein Aspekt bei der analytischen Erkennung eines Aluminiumhydroxid-Niederschlags ist dessen gallertartige Konsistenz.
(B) Aluminiumhydroxid ist amphoter und löst sich im stark alkalischen Milieu unter Bildung eines Hydroxo-Komplexes.
(C) Im sauren Milieu bildet sich nach Thioacetamid-Zugabe ein Niederschlag aus Aluminiumsulfid.
(D) Mit der Zugabe saurer Thioacetamid-Lösung soll auf das Vorhandensein von Schwermetallen getestet werden.
(E) Ammoniumchlorid reagiert schwach sauer und senkt somit den pH-Wert.

391 Zur Prüfung von Calciumchlorid-Hexahydrat auf Reinheit schreibt das Europäische Arzneibuch eine Grenzprüfung auf Aluminium-Ionen mit folgender Verfahrensweise vor:
Die vorgeschriebene Untersuchungslösung (6 g in 100 ml Acetatpuffer pH 6,0) wird in einem Scheidetrichter zweimal mit je 20 ml und anschließend einmal mit 10 ml einer Lösung von 8-Hydroxychinolin in Chloroform ausgeschüttelt. Die vereinigten Chloroformphasen werden auf 50,0 ml verdünnt.
Die Intensität der Fluoreszenz dieser Chloroform-Lösung wird bei 518 nm unter Verwendung einer Anregungsstrahlung von 392 nm gemessen. Eine Referenzlösung wird analog behandelt.
Welche Aussagen zu dieser Grenzprüfung treffen zu?

(1) 8-Hydroxychinolin bildet mit Aluminium-Ionen einen stark fluoreszierenden Komplex, der leicht in die Chloroformphase übergeht.
(2) Der pH-Wert von 6,0 ist einzuhalten, da im schwach Sauren nur Aluminium-Ionen, nicht aber Calcium- oder Magnesium-Ionen mit 8-Hydroxychinolin in Chloroform extrahierbare Komplexe bilden
(3) 8-Hydroxychinolin vermag diverse Kationen unter Bildung von Oxinaten zu komplexieren.

(A) nur 1 ist richtig
(B) nur 3 ist richtig
(C) nur 1 und 2 sind richtig
(D) nur 2 und 3 sind richtig
(E) 1–3 = alle sind richtig

Zink

siehe auch MC-Fragen Nr. 35–41, 43, 45–47, 302, 459, 465, 467, 488, 502, 828, 836

392* Die wässrige Prüflösung einer Substanz gibt mit Natriumhydroxid-Lösung einen weißen Niederschlag, der sich nach weiterem Zusatz von Natriumhydroxid-Lösung wieder auflöst. Diese Lösung bleibt nach Zusatz von Ammoniumchlorid-Lösung klar. Nach Zusatz von Natriumsulfid-Lösung entsteht ein weißer Niederschlag.

Welches Metallion wird durch diese Probe identifiziert?

(A) Al^{3+}
(B) Sb^{3+}
(C) Ca^{2+}
(D) Mg^{2+}
(E) Zn^{2+}

393 Welche Aussage zu Zinksalzen trifft **nicht** zu?

(A) Zink(II)-Salze sind Reduktionsmittel.
(B) Zinksalze können in schwach saurer Lösung gegen Xylenolorange komplexometrisch titiert werden.
(C) Zinksalze können in alkalischer Lösung gegen Eriochromschwarz T Mischindikator titriert werden.
(D) Durch Zugabe von Natronlauge zu einer Zink(II)-chlorid-Lösung fällt Zinkhydroxid aus, das sich in überschüssiger Lauge als Hydroxokomplex wieder auflöst.
(E) Bei starkem Erhitzen von Zinkoxid tritt Gelbfärbung auf, die beim Abkühlen verschwindet.

394 Welche Aussage trifft **nicht** zu?
Bei einer Identitätsprüfung auf Zink nach Arzneibuch laufen die folgenden Teilschritte ab:

(A) Durch Versetzen mit Alkalihydroxid-Lösung wird Zinkhydroxid ausgefällt.
(B) $Zn(OH)_2$ wird durch einen Überschuss an Alkalihydroxid-Lösung aufgelöst.
(C) Überführung des Hydroxokomplexes in den Tetramminkomplex durch NH_4Cl-Zusatz
(D) Mit Na_2S-Lösung werden Schwermetalle wie Pb^{2+} und Hg^{2+} vom komplex in Lösung bleibenden Zn^{2+} abgetrennt.
(E) Der NH_4Cl-Zusatz verkleinert den pH-Wert der Lösung

395 Das Europäische Arzneibuch schreibt zum Nachweis von Zink-Ionen folgende Verfahrensweise vor:
Wird die Analysenlösung mit 0,2 ml konzentrierter Natriumhydroxid-Lösung versetzt, entsteht ein weißer Niederschlag (I), der sich nach Zusatz von weiteren 2 ml konzentrierter Natriumhydroxid-Lösung wieder löst (II). Die Lösung bleibt nach Zusatz von 10 ml Ammoniumchlorid-Lösung klar. Nach Zusatz von Natriumsulfid-Lösung entsteht ein flockiger, weißer Niederschlag (III).
Welche Reaktionsprodukte werden dabei in der Reihenfolge (I), (II), (III) (von links nach rechts) gebildet?

(A)	ZnO	$[Zn(OH)_4]^{2-}$	ZnS
(B)	$Zn(OH)_2$	$[Zn(OH)_4]^{2-}$	ZnS
(C)	$Zn(OH)_2$	$[Zn(OH)_6]^{4-}$	$Zn(OH)_2$
(D)	ZnO	$Zn(OH)_2$	ZnS
(E)	$Zn(OH)_2$	$[Zn(NH_3)_4]^{2+}$	$ZnSO_4$

Magnesium

siehe auch MC-Fragen Nr. 36, 40, 302, 308, 366, 470, 500, 502, 850

396 Welche der folgenden Aussagen über analytisch wesentliche Reaktionen von Magnesiumverbindungen trifft **nicht** zu?

(A) Durch Zusatz von Natriummonohydrogenphosphat-Lösung zu einer mit Ammoniumchlorid gepufferten, ammoniakalischen Lösung eines Magnesiumsalzes kann kristallines Ammoniummagnesiumphosphat ausgefällt werden.
(B) Auf Zusatz von Natriumhydroxid-Lösung zur ungepufferten wässrigen Lösung eines Magnesiumsalzes fällt Magnesiumhydroxid aus, das im Überschuss des Fällungsmittels unlöslich ist.
(C) Mg^{2+} gibt mit alkalischen Lösungen von Titangelb einen roten Farblack.
(D) Mg^{2+} kann in Anwesenheit von Ammoniak/Ammoniumchlorid-Puffer direkt mit 0,1 M-Natrium-EDTA-Lösung komplexometrisch bestimmt werden.
(E) Mg^{2+} wird im analytischen Trennungsgang in ammoniakalischer Lösung in Gegenwart von Ammoniumchlorid in der Siedehitze durch Zusatz von Ammoniumcarbonat als Carbonat ausgefällt.

397 Welche der folgenden Methoden sind zur Identitätsprüfung von Mg^{2+}-Ionen geeignet?

(1) Bildung eines Farblacks mit NaOH/Titangelb
(2) Fällung mit $(NH_4)_2HPO_4$ nach Pufferung mit NH_3/NH_4Cl
(3) Fällung mit Ammoniumpersulfat
(4) Fällung mit $Ba(OH)_2$

(A) nur 1 und 2 sind richtig
(B) nur 1 und 3 sind richtig
(C) nur 2 und 3 sind richtig
(D) nur 3 und 4 sind richtig
(E) nur 1, 2 und 4 sind richtig

398* Zur wässrigen Lösung der zu prüfenden Substanz wird überschüssige Ammoniak-Lösung hinzugefügt, wodurch ein weißer Niederschlag entsteht, der sich nach Zusatz von Ammoniumchlorid-Lösung löst. Nach Zugabe von Natriummonohydrogenphosphat-Lösung entsteht ein weißer, kristalliner Niederschlag. Welches der folgenden Ionen lässt sich hierdurch nachweisen?

(A) Al^{3+}
(B) Mg^{2+}
(C) Hg^{2+}
(D) Bi^{3+}
(E) K^+

399* Welche der folgenden Aussagen erklären das Ausbleiben der Fällung von $Mg(OH)_2$ bei Zusatz von Ammoniak zu einer wässrigen Lösung von $MgCl_2$ und NH_4Cl?

(1) $Mg(OH)_2$ ist in Wasser sehr leicht löslich.
(2) Die OH^--Ionenkonzentration wird durch NH_4^+ so begrenzt, dass das Löslichkeitsprodukt von $Mg(OH)_2$ **nicht** erreicht wird.
(3) $Mg(OH)_2$ ist amphoter und bildet mit einem Überschuss von OH^--Ionen einen löslichen Hydroxokomplex.
(4) Verringerung der Mg^{2+}-Konzentration durch Komplexbildung mit NH_3.
(5) $MgCl_2$ bildet mit den Cl^--Ionen des NH_4Cl einen löslichen Tetrachlorokomplex.

(A) nur 1 ist richtig
(B) nur 3 ist richtig
(C) nur 1 und 5 sind richtig
(D) nur 2 und 3 sind richtig
(E) nur 2 und 4 sind richtig

400 Welche der folgenden Magnesiumverbindungen ist in Wasser am besten löslich?

(A) $Mg(OH)_2$
(B) $Mg_3(PO_4)_2$
(C) MgC_2O_4
(D) $MgCO_3$
(E) $MgSO_4$

Calcium

siehe auch MC-Fragen Nr. 12, 70, 76–78, 81, 134, 478, 490, 496, 709, 710, 734, 868

401* Welche der folgenden Aussagen über das analytische Verhalten von Calcium-Ionen trifft **nicht** zu?

(A) Mit Ammoniumcarbonat fällt aus neutraler Lösung weißes $CaCO_3$ aus.
(B) Der $CaSO_4$-Niederschlag lässt sich auf Grund seiner Kristallstruktur von $SrSO_4$ und $BaSO_4$ unterscheiden.
(C) $CaSO_4$ ist schwerer löslich als $SrSO_4$.
(D) $Ca(OH)_2$ hat verglichen mit $Ba(OH)_2$ das kleinere Löslichkeitsprodukt.
(E) Ca^{2+} kann von Mg^{2+} durch Fällen als CaC_2O_4 getrennt werden.

402 Welche der folgenden Aussagen über das analytische Verhalten von Calcium-Ionen trifft **nicht** zu?

(A) Mit Ammoniumcarbonat fällt aus neutraler Lösung weißes $CaCO_3$ aus.
(B) Der $CaSO_4$-Niederschlag lässt sich auf Grund seiner Kristallstruktur von $SrSO_4$ und $BaSO_4$ unterscheiden.
(C) $CaSO_4$ ist schwerer löslich als $SrSO_4$.
(D) $CaCl_2$ ist im Gegensatz zu $SrCl_2$ in Amylalkohol (Pentanol) löslich.
(E) Ca^{2+} kann von Mg^{2+} durch Fällen als CaC_2O_4 getrennt werden.

403 Welche Aussage trifft **nicht** zu?
Der Nachweis von Calcium-Ionen kann erfolgen durch Fällung als:

(A) $Ca(NH_4)_2[Fe(CN)_6]$
(B) $Ca_5[(PO_4)_3(OH)]$
(C) CaC_2O_4
(D) $CaSO_4 \cdot 2\,H_2O$
(E) CaS

404 Welches der folgenden Calciumsalze ist in Wasser am besten löslich?

(A) $Ca(NO_3)_2$
(B) $Ca_3(PO_4)_2$
(C) CaC_2O_4
(D) $CaCO_3$
(E) $CaCrO_4$

405 Welches der folgenden Calciumsalze ist in Wasser am besten löslich?

(A) $CaCl_2$
(B) $Ca_3(PO_4)_2$
(C) CaC_2O_4
(D) $CaCO_3$
(E) $CaSO_4$

406 Welche der folgenden Calciumverbindungen ist in Wasser am besten löslich?

(A) CaF_2
(B) $Ca_3(PO_4)_2$
(C) CaC_2O_4
(D) $CaCO_3$
(E) $Ca(OH)_2$

407 Bei der Identitätsprüfung auf Calcium (nach Arzneibuch) wird der ausgefällte Carbonat-Niederschlag (nach Aufkochen und Abkühlen) mit Ammoniumchlorid-Lösung behandelt. Was ist der Grund?

(A) Der Nachweis wird sicherer, weil Ca^{2+} Amminkomplexe bildet.
(B) $CaCO_3$ wird in $Ca(HCO_3)_2$ übergeführt und dadurch schwerer löslich.
(C) Weil sich $CaCO_3$ charakteristischerweise in NH_4Cl-Lösung auflöst.
(D) $CaCO_3$ entwickelt im Gegensatz zu $SrCO_3$ mit NH_4Cl Ammoniak.
(E) Die Auflösung des Niederschlages stellt ein Unterscheidungskriterium zwischen Ca^{2+} und Mg^{2+} dar.

408 Welche Aussage trifft zu?
Zum Nachweis von Calcium lässt das Arzneibuch (u. a.) folgendes Reagenz verwenden:

(A) Natriumhydroxid/Natriumsulfid
(B) Natriummonohydrogenphosphat
(C) Natriumhexanitrocobaltat(III)
(D) Kaliumhexacyanoferrat(II)
(E) Methoxyphenylessigsäure

409 Welche Aussage trifft zu?
Zum Nachweis von Calcium lässt das Arzneibuch verwenden:

(A) Natriumcitrat
(B) verdünnte Schwefelsäure
(C) Natriumcarbonat
(D) Glyoxalbishydroxyanil
(E) Diacetyldioxim

410 Welche Aussagen treffen zu?
Calciumoxalat ergibt eine klare Lösung mit jeweils ca. 2-molarer

(1) Salzsäure
(2) Salpetersäure
(3) Kaliumhydroxid-Lösung
(4) Essigsäure

(A) nur 1 ist richtig
(B) nur 1 und 2 sind richtig
(C) nur 2 und 4 sind richtig
(D) nur 1, 2 und 4 sind richtig
(E) nur 2, 3 und 4 sind richtig

411 Bei der Grenzprüfung auf Calcium nach Arzneibuch als Calciumoxalat wird die zu prüfende Lösung mit Kristallen von Calciumoxalat geimpft und dann mit einer Vergleichslösung, die in gleicher Weise hergestellt wird, verglichen.
Was ist der Grund für diese Verfahrensweise?

(A) Ohne Impfung fällt kein Calciumoxalat aus.
(B) Durch die Impfung wird die Teilchengröße stark verringert.
(C) Um den Trübungsgrad vergleichen zu können, dürfen sich die ausgefallenen Teilchen nur in ihrer Größe, nicht in ihrer Gesamtzahl unterscheiden.
(D) Die Impfkristalle sollen in Vergleichs- und Prüflösung etwa gleiche Größe der Calciumoxalat-Teilchen induzieren.
(E) Die Impfkristalle sollen in Vergleichs- und Prüflösung die gleiche Konzentration der Calciumoxalat-Teilchen induzieren.

Strontium

siehe auch MC-Fragen Nr. 9, 10, 95

412 Welche der folgenden Aussagen über das analytische Verhalten von Strontium-Ionen trifft **nicht** zu?

(A) $SrSO_4$ ist in Wasser schwerer löslich als $BaSO_4$.
(B) Sr^{2+} lässt sich von Ba^{2+} durch Fällen von $BaCrO_4$ aus essigsaurer, acetatgepufferter Lösung trennen.
(C) $Sr(NO_3)_2$ ist im Gegensatz zu $Ca(NO_3)_2$ in Ether/Ethanol schwer löslich.
(D) Durch Versetzen mit einer gesättigten Lösung von $CaSO_4$ lässt sich $SrSO_4$ aus einer Sr^{2+}-Lösung ausfällen.
(E) SrC_2O_4 ist in Wasser leichter löslich als CaC_2O_4.

Barium

siehe auch MC-Fragen Nr. 5–8, 11, 74, 76, 78, 92, 129–133, 242, 243, 255, 304–307, 865, 895

413 Welche Aussage zum analytischen Verhalten von Barium-Ionen trifft zu?

(A) Zur Prüfung der Flammenfärbung soll die Ba^{2+}-Lösung Nitrat enthalten.
(B) Aus verhältnismäßig konzentrierten Lösungen von $BaCl_2$ fällt in der Kälte bei Zusatz von konz. HCl $BaCl_2$ aus.
(C) Die gravimetrische Bestimmung des Ba^{2+} als $BaSO_4$ erfolgt am besten aus salpetersaurer Lösung.
(D) Gibt man eine gesättigte $BaSO_4$-Lösung zu einer Sr^{2+}-Lösung, so fällt $SrSO_4$ aus.
(E) Die Trennung von Ba^{2+} und Sr^{2+} kann in alkalischer Lösung durch Fällung des $SrCrO_4$ erfolgen.

414 Welche Aussagen treffen zu
Der Nachweis von Ba^{2+} als $BaCrO_4$ neben Sr^{2+} wird in essigsaurer, acetatgepufferter Lösung durchgeführt, **weil**

(1) in salzsaurer Lösung die CrO_4^{2-}-Konzentration so hoch ist, dass $BaCrO_4$ und $SrCrO_4$ nebeneinander ausfallen
(2) in alkalischer Lösung die CrO_4^{2-}-Konzentration zur Fällung von $BaCrO_4$ **nicht** ausreichend hoch ist
(3) in essigsaurer, acetatgepufferter Lösung die CrO_4^{2-}-Konzentration zur Fällung von $BaCrO_4$ ausreichend hoch, zur Fällung von $SrCrO_4$ zu gering ist
(4) in salzsaurer Lösung CrO_4^{2-}-Ionen so weitgehend in $Cr_2O_7^{2-}$-Ionen überführt worden sind, dass die CrO_4^{2-}-Konzentration zur Fällung von $BaCrO_4$ **nicht** ausreicht

(A) nur 1 und 2 sind richtig
(B) nur 2 und 3 sind richtig
(C) nur 2 und 4 sind richtig
(D) nur 3 und 4 sind richtig
(E) nur 1, 3 und 4 sind richtig

415 Welche der folgenden Bariumverbindungen ist in Wasser am besten löslich?

(A) $BaSO_4$
(B) $BaCrO_4$
(C) BaC_2O_4
(D) $BaCO_3$
(E) $Ba(OH)_2$

Lithium

siehe auch MC-Fragen Nr. 9, 10, 12–14, 308, 484, 825, 864, 888

416* Welche der folgenden Aussagen über die qualitative Analytik des Lithiums trifft **nicht** zu?

(A) Mit Carbonat kann weißes Li_2CO_3 ausgefällt werden.
(B) LiCl kann durch Extraktion mit Amylalkohol (Pentanol) von $MgCl_2$, KCl und NaCl getrennt werden.
(C) Mit Na_2HPO_4/NaOH kann weißes Li_3PO_4 ausgefällt werden.
(D) Mit einer alkalischen Lösung von $[FeIO_6]^{2-}$ gibt Li^+ einen schwer löslichen gelbweißen Niederschlag.
(E) Li^+ wird als $Li[Sb(OH)_6]$ durch Fällung mit einer wässrigen $Na[Sb(OH)_6]$-Lösung nachgewiesen.

Natrium

siehe auch MC-Fragen Nr. 12, 468, 473, 479, 493, 849

417* Welche der folgenden Aussagen über das analytische Verhalten von Natrium trifft **nicht** zu?

(A) Eine alkalische Lösung von $K[Sb(OH)_6]$ bildet, mit Na^+ versetzt, einen weißen Niederschlag.
(B) Natrium kann nachgewiesen werden als $NaMg(UO_2)_3(CH_3COO)_9 \cdot 9\,H_2O$.
(C) Die von Natriumverbindungen verursachte intensiv gelbe Flammenfärbung besteht aus Linien bei ca. 590 nm.
(D) Natriumperchlorat ist schwerer löslich als Kaliumperchlorat.
(E) Natriumchlorid ist in Amylalkohol (Pentanol) schwerer löslich als Lithiumchlorid.

Kalium

siehe auch MC-Fragen Nr. 12, 474, 477, 481, 483, 485, 491, 497, 498, 503

418 Welche der folgenden Aussagen über das analytische Verhalten von Kalium trifft **nicht** zu?

(A) Der Nachweis von K^+ neben Na^+ kann mittels Perchlorsäure erfolgen.
(B) Eine Abtrennung des Kaliums von Natrium kann als $K_3[Co(NO_2)_6]$ erfolgen.
(C) Aus schwach essigsaurer Lösung kann Kalium mit einer essigsauren Lösung von $Cu(CH_3COO)_2/Pb(CH_3COO)_2/NaNO_2$ als schwarzer bis dunkelbrauner Niederschlag gefällt werden.
(D) Natriumtetraphenylborat fällt aus neutraler Lösung einen weißen Niederschlag von $K[B(C_6H_5)_4]$.
(E) K^+ kann als Hexachloroplatinat(IV) nachgewiesen werden.

419 Welche Aussage trifft zu?
Die Lösung einer Analysensubstanz wird nach Arzneibuch mit einer Natriumcarbonat- sowie Natriumsulfid-Lösung versetzt, wobei sich kein Niederschlag bildet. Wird nach dem Abkühlen mit Weinsäure-Lösung versetzt, so entsteht ein weißer, kristalliner Niederschlag. Dieser besteht aus:

(A) Lithiumhydrogentartrat
(B) Magnesiumhydrogentartrat
(C) Bariumhydrogentartrat
(D) Kaliumhydrogentartrat
(E) Aluminiumtartrat

Ammonium

siehe auch MC-Fragen Nr. 471, 480, 482, 503, 826 sowie über „Stickstoff" MC-Fragen Nr. 532, 533, 535, 536, 539, 543

420 Welche der folgenden Aussagen trifft **nicht** zu?
Ammonium-Ionen können identifiziert werden:

(A) als schwer lösliches $(NH_4)_2Na[Co(NO_2)_6]$
(B) nach Freisetzung von NH_3 durch Farbumschlag eines Säure-Base-Indikators
(C) nach Freisetzung von NH_3 durch eine Disproportionierungsreaktion von Quecksilber(I)-Salzen
(D) mit Neßlers Reagenz als braunes $Hg_2NI \cdot H_2O$
(E) durch Entfärbung einer verdünnten, schwefelsauren (1-molar) $KMnO_4$-Lösung

421 Welche der folgenden Aussagen über das analytische Verhalten von NH_4^+ bzw. NH_3 trifft **nicht** zu?

(A) NH_4^+ kann von K^+ durch Fällen als Hexachloroplatinat(IV) getrennt werden.
(B) Eine konzentrierte NH_4NO_2-Lösung zersetzt sich beim Erwärmen unter Bildung von Stickstoff.
(C) Quecksilber(I)-Verbindungen disproportionieren unter der Einwirkung von NH_3.
(D) NH_4^+ gibt wie K^+ ein schwer lösliches Hexanitrocobaltat(III).
(E) NH_4^+ kann durch Freisetzung von NH_3 mittels Alkalihydroxiden nachgewiesen werden.

422 Welche Aussagen treffen zu?
Der Nachweis von NH_4^+ durch Versetzen der Substanz mit NaOH-Lösung und Blaufärbung von rotem Lackmuspapier durch die entstehenden Dämpfe kann gestört werden durch:

(1) primäre Amine
(2) sekundäre Amine
(3) tertiäre Amine

(A) nur 1 ist richtig
(B) nur 3 ist richtig
(C) nur 1 und 2 sind richtig
(D) nur 2 und 3 sind richtig
(E) 1–3 = alle sind richtig

423 Welche Aussagen treffen zu?
Der Nachweis von NH_4^+ durch Versetzen der Substanz mit NaOH-Lösung und Blaufärbung von rotem Lackmuspapier durch die entstehenden Dämpfe kann gestört werden durch:

(1) Methylammoniumchlorid
(2) Dimethylammoniumchlorid
(3) Trimethylammoniumchlorid
(4) Tetramethylammoniumchlorid

(A) nur 1 ist richtig
(B) nur 3 ist richtig
(C) nur 2 und 3 sind richtig
(D) nur 3 und 4 sind richtig
(E) nur 1, 2 und 3 sind richtig

424 Welche Aussage zur Identitätsprüfung auf Ammoniumsalze nach Arzneibuch trifft **nicht** zu?

(A) Die zu prüfende Lösung wird mit Magnesiumoxid versetzt.
(B) Entstehender Ammoniak wird durch Salzsäure gebunden.
(C) Eine durch Ammoniak bedingte pH-Änderung wird durch den Umschlag von Methylrot angezeigt.
(D) Ammonium-Ionen werden mit Natriumhexanitrocobaltat(III) nachgewiesen.
(E) K^+ stört die Identitätsreaktion auf Ammoniumsalze nach Arzneibuch durch Bildung eines gelben Niederschlages mit Natriumhexanitrocobaltat(III).

425* Zum Nachweis von Ammoniumsalzen wird die Prüflösung mit Magnesiumoxid versetzt. Ein Luftstrom wird durch diese Mischung und anschließend durch eine stark verdünnte Salzsäure geleitet. Gibt man zu der salzsauren Lösung Natriumhexanitrocobaltat(III)-Lösung, so entsteht ein gelber Niederschlag.
Welche Reaktionen (schematisch) finden bei dieser Prüfung statt?

(1) $MgO + H_2O \rightleftharpoons Mg(OH)_2$
(2) $OH^- + NH_4^+ \rightleftharpoons NH_3 + H_2O$
(3) $2\ NH_4^+ + [Co(NO_2)_6]^{3-} + Na^+ \rightleftharpoons (NH_4)_2Na[Co(NO_2)_6]$
(4) $NH_4^+ + Mg^{2+} + [Co(NO_2)_6]^{3-} \rightleftharpoons MgNH_4[Co(NO_2)_6]$

(A) nur 1 und 2 sind richtig
(B) nur 2 und 3 sind richtig
(C) nur 3 und 4 sind richtig
(D) nur 1, 2 und 3 sind richtig
(E) 1–4 = alle sind richtig

426 Zur Identifizierung von Ammoniumsalzen nach Arzneibuch wird die Prüflösung mit Magnesiumoxid versetzt. Ein durch dieses Gemisch in eine Mischung aus stark verdünnter Salzsäure und Methylrot geleiteter Luftstrom bewirkt einen Farbumschlag nach Gelb. Gibt man hierzu Natriumhexanitrocobaltat(III)-Lösung, so entsteht ein gelber Niederschlag.
Welche Reaktion (schematisch) findet dabei **nicht** statt?

(A) $MgO + H_2O \rightleftharpoons Mg(OH)_2$

(B) $Mg(OH)_2 + 2\ NH_4^+ \rightleftharpoons 2\ NH_3 + Mg^{2+} + 2\ H_2O$

(C)
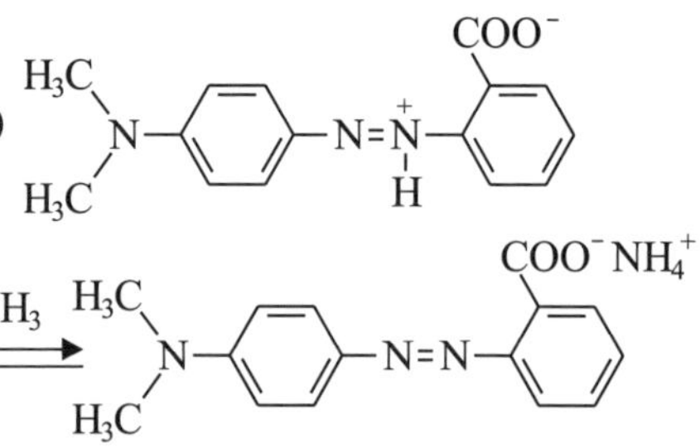

(D) $2\ NH_4^+ + [Co(NO_2)_6]^{3-} + Na^+ \rightleftharpoons (NH_4)_2Na[Co(NO_2)_6]$

(E) $Mg^{2+} + [Co(NO_2)_6]^{3-} + Na^+ \rightleftharpoons MgNa[Co(NO_2)_6]$

427 Das Europäische Arzneibuch schreibt für die Identitätsprüfung von Ammoniumsalzen folgende Verfahrensweise vor:
Die Prüflösung wird mit Magnesiumoxid versetzt. Ein durch dieses Gemisch und anschließend unter die Oberfläche einer Mischung aus Salzsäure und Methylrot-Lösung geleiteter Luftstrom bewirkt einen Farbumschlag nach Gelb. Nach Zusatz von Natriumhexanitro-

cobaltat(III)-Lösung entsteht ein gelber Niederschlag.
Welche Aussagen treffen zu?

(1) Durch die Zugabe von Magnesiumoxid wird die Prüflösung stark sauer.
(2) Die Ammonium-Ionen werden unter die Oberfläche der salzsauren Lösung geleitet.
(3) Methylrot reagiert als Säure-Base-Indikator.
(4) Kalium-Ionen in der Prüflösung stören unter diesen Bedingungen **nicht**.

(A) nur 4 ist richtig
(B) nur 1 und 2 sind richtig
(C) nur 1 und 3 sind richtig
(D) nur 2 und 3 sind richtig
(E) nur 3 und 4 sind richtig

428* Welche Aussage trifft zu?
Neßlers Reagenz enthält unter anderem:

(A) Formaldehyd/Schwefelsäure
(B) Kaliumiodobismutat/Weinsäure
(C) Kaliumhexacyanoferrat(II)
(D) Kaliumtetraiodomercurat(II)/Natriumhydroxid
(E) Dinatriumpentacyanonitrosylferrat(II)

Thallium

siehe MC-Fragen Nr. 8, 11

Prüfungen des Arzneibuches

Blei in Zuckern

siehe auch MC-Frage Nr. 495

429* Welche Aussage trifft zu?
Das Arzneibuch lässt bei Glucose eine Grenzprüfung auf Blei durchführen. Als Reagenz wird verwendet:

(A) Eriochromschwarz T-Mischindikator
(B) Kaliumiodid
(C) Dithizon
(D) Kaliumchromat
(E) Natriumhydrogensulfid

430* Bei welcher der aufgeführten Verbindungen handelt es sich um das Nachweisreagenz Dithizon?

(A)
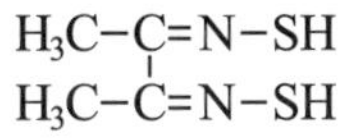

(B)
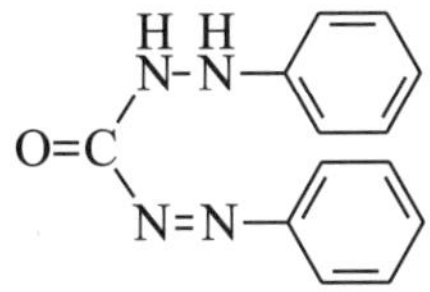

(C)
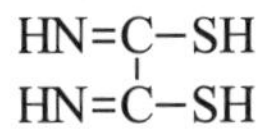

(D)
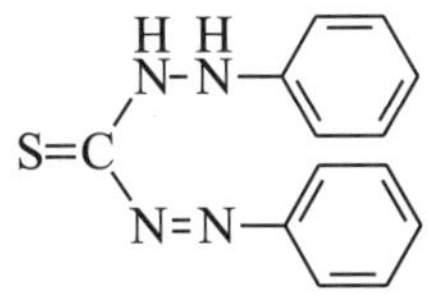

(E)
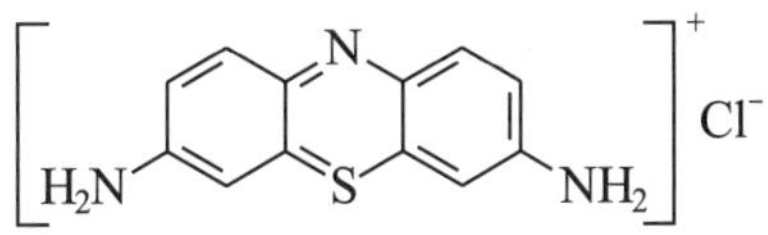

Prüfung auf Schwermetalle

siehe auch MC-Frage Nr. 295

431 Welche Aussagen treffen zu?
Vor der Grenzprüfung auf Schwermetalle ist bei zahlreichen organischen Substanzen eine Veraschung notwendig. Nach Arzneibuch ist hierzu je nach Substanz folgender Zusatz erforderlich:

(1) Kaliumnitrat/Schwefel
(2) Perchlorsäure
(3) Magnesiumsulfat/Schwefelsäure
(4) Magnesiumoxid

(A) nur 1 ist richtig
(B) nur 2 ist richtig
(C) nur 1 und 2 sind richtig
(D) nur 2 und 3 sind richtig
(E) nur 3 und 4 sind richtig

432 Welche Aussagen zur Grenzprüfung auf Schwermetall-Verunreinigungen (Methode A des Europäischen Arzneibuchs) treffen zu?

(1) Potentiell vorhandene Schwermetalle in der Untersuchungslösung sollen durch die Zugabe von Thioacetamid in ihre Sulfide übergeführt werden.
(2) Das Arzneibuch schreibt Blei als Leitsubstanz für Schwermetalle vor.
(3) Eine Blei(II)-Lösung bestimmter Konzentration wird als Referenz betrachtet und ebenfalls einer Behandlung mit Thioacetamid unterzogen.
(4) Ist die Untersuchungslösung nicht stärker gefärbt als die Referenzlösung, kann die Grenzprüfung als negativ auf Schwermetalle gewertet werden.

(A) nur 1 und 2 sind richtig
(B) nur 1 und 4 sind richtig
(C) nur 2 und 3 sind richtig
(D) nur 1, 2 und 3 sind richtig
(E) 1–4 = alle sind richtig

Themenübergreifende Fragen

Ordnen Sie bitte den in Liste 1 aufgeführten Kationen die jeweils zutreffende Eigenschaft aus Liste 2 zu!

Liste 1

433 Ag^{+}

434 Hg^{2+}

435 Pb^{2+}

Liste 2

(A) In heißem Wasser ist das Chlorid löslich und kristallisiert beim Abkühlen in für den Nachweis charakteristischen Nadeln oder Prismen aus.
(B) Der beim Versetzen einer salpetersauren Lösung mit Salzsäure erhaltene Niederschlag färbt sich beim Übergießen mit wässrigem Ammoniak schwarz.
(C) Das Sulfid löst sich in gelber Ammoniumsulfid-Lösung unter Bildung von Thiosalzen.
(D) Aus einer wässrigen Lösung des Chlorids wird durch Zusatz von NH_3 schwer lösliches Amidochlorid gefällt.
(E) Das Chlorid kann durch seine Löslichkeit in wässriger Ammoniak-Lösung vom Iodid unterschieden werden.

Ordnen Sie bitte jedem der in Liste 1 aufgeführten Kationen aus der H_2S-Gruppe die für seine Analytik innerhalb dieser Gruppe jeweils zutreffende bzw. zu beachtende Eigenschaft aus Liste 2 zu!

Liste 1

436* Cu^{2+}

437* Cd^{2+}

438* Bi^{3+}

Liste 2

(A) Das Sulfid fällt beim Einleiten von H_2S in eine ammoniakalische Lösung des Tetracyano-Komplexes aus.
(B) Das Sulfid ist in heißer verdünnter Salpetersäure (1+1) praktisch unlöslich.
(C) In ammoniakalischer Lösung bildet sich bei Zugabe eines Überschusses von KCN unter Reduktion des Kations ein Komplex mit einem Zentralatom der Oxidationsstufe +1.
(D) Das Sulfid ist in Ammoniumpolysulfid-Lösung vollständig löslich.
(E) Das Halogenid wird durch Wasser unter Bildung von Oxidhalogeniden hydrolytisch gespalten.

Ordnen Sie bitte jedem der in Liste 1 aufgeführten Kationen die für seine Analytik jeweils zutreffende bzw. zu beachtende Eigenschaft aus Liste 2 zu!

Liste 1

439 Pb^{2+}

440 Cu^{2+}

441 Sn^{4+}

Liste 2

(A) In wässriger Lösung fällt mit der äquivalenten Menge an verdünnter NaOH-Lösung ein bläulicher Niederschlag aus, der beim Erhitzen unter Wasserabspaltung in ein schwarzes Oxid übergeht.
(B) Beim Einleiten von H_2S in die verdünnte salzsaure Lösung des Kations fällt ein weißer Sulfid-Niederschlag aus.

(C) Mit HCl fällt in kalter wässriger Lösung ein weißer kristalliner Niederschlag aus, der sich durch Erhitzen umkristallisieren lässt und beim Abkühlen charakteristische Nadeln bildet.
(D) Das Sulfid löst sich unter den Bedingungen des Trennungsganges in gelbem Ammoniumsulfid unter Bildung von Thiosalzen auf.
(E) Bei Zugabe von NH_4SCN zur salzsauren, wässrigen Lösung des Kations fällt ein rotvioletter Niederschlag aus.

Ordnen Sie bitte den Kationen der Liste 1 die jeweils zutreffende Reaktion aus Liste 2 zu!

Liste 1

442* Cd^{2+}

443* Hg_2^{2+}

Liste 2

(A) mit Natriumhydroxid-Lösung gelber Niederschlag des Oxids des genannten Kations
(B) mit Salzsäure schwer löslicher Niederschlag des Chlorids des genannten Kations
(C) mit Natriumhydroxid-Lösung weißer Niederschlag des Hydroxids des genannten Kations, schwer löslich im Laugenüberschuss
(D) mit Kaliumiodid-Lösung roter Niederschlag des Iodids des genannten Kations, vollständig löslich im Kaliumiodid-Überschuss
(E) mit Natriumhydroxid-Lösung weißer Niederschlag des Hydroxids des genannten Kations, leicht löslich im Laugenüberschuss

Ordnen Sie bitte den in Liste 1 genannten Ionen die jeweils am besten geeignete Identitätsprüfung aus Liste 2 zu!

Liste 1

444* Pb^{2+}

445* Bi^{3+}

Liste 2

(A) nach Zusatz von Kaliumhexacyanoferrat(II) blauer Niederschlag, der sich in verdünnter Salzsäure **nicht** löst
(B) nach Zusatz von Thioharnstoff in salpetersaurer Lösung gelborange Färbung oder orangefarbener Niederschlag, welcher sich auf Zusatz von Natriumfluorid **nicht** entfärbt
(C) mit Kaliumiodid Niederschlag, welcher sich in der Hitze löst und beim Abkühlen in Form glitzernder gelber Plättchen wieder erscheint
(D) auf Zusatz von Natriumhexanitrocobaltat(III) Bildung eines gelben Niederschlages
(E) auf Zusatz von Natriumsulfat Bildung eines weißen Niederschlages, der in heißer konzentrierter Schwefelsäure **unlöslich** ist.

Ordnen Sie bitte den in Liste 1 aufgeführten Kationen die hinsichtlich ihrer Analytik jeweils zutreffende Eigenschaft aus Liste 2 zu!

Liste 1

446* As^{3+}

447* Sn^{2+}

Liste 2

(A) wird teilweise schon bei der Salzsäure-Gruppe als basisches Chlorid miterfasst
(B) ist als Sulfid in heißer konzentrierter Salzsäure schwer löslich
(C) wird in schwach salzsaurer Lösung durch metallisches Eisen zum Element (schwarze Flöckchen) reduziert
(D) bildet mit konzentrierten Alkalihydroxid-Lösungen **keine** löslichen Hydroxoverbindungen
(E) ist als Sulfid nur in Ammoniumpolysulfid-Lösung, **nicht** jedoch in Ammoniumsulfid-Lösung löslich

Ordnen Sie bitte den in Liste 1 aufgeführten Kationen die jeweils zutreffende Eigenschaft oder Reaktion aus Liste 2 zu!

Liste 1

448* Co^{2+}

449* Ni^{2+}

Liste 2

(A) Das Sulfid ist aus saurer Lösung (6 M-HCl) mit H_2S fällbar.
(B) Beim Versetzen der essigsauren, acetatgepufferten Lösung mit KNO_2 im Überschuss fällt ein gelber Niederschlag aus.
(C) Das in Wasser schwer lösliche Hydroxid bildet bei Luftzutritt mit überschüssiger wässriger Ammoniak-Lösung **keinen** löslichen, gefärbten Amminkomplex.
(D) Auf Zusatz von Alkalihydroxid-Lösung zur wässrigen Lösung fällt ein hellgrünes Hydroxid aus, welches im Überschuss des Fällungsmittels praktisch unlöslich ist.
(E) Das Sulfat kann aus saurer wässriger Lösung praktisch quantitativ gefällt und zur gravimetrischen Bestimmung herangezogen werden.

Ordnen Sie bitte den in Liste 1 aufgeführten Kationen die im Hinblick auf ihre Analytik jeweils zutreffende Eigenschaft aus Liste 2 zu!

Liste 1

450 Fe^{3+}

451 Al^{3+}

452 Cr^{3+}

Liste 2

(A) Sein Hydroxid löst sich leicht in wässriger Ammoniak-Lösung unter Komplexbildung.
(B) wird durch Erhitzen in Natriumhydroxid-Lösung bei Anwesenheit von H_2O_2 bis zur Oxidationsstufe +6 oxidiert
(C) Sein rotbraunes Hydroxid ist im Überschuss von Natriumhydroxid-Lösung sowie von Ammoniumsalzen schwer löslich.
(D) fällt beim Einleiten von H_2S in eine 6 M-salzsaure Lösung als schwarzes Sulfid aus
(E) fällt bei Zugabe von Ammoniak zu seiner wässrigen Lösung als weißes Hydroxid aus

Ordnen Sie bitte den in Liste 1 aufgeführten Kationen die im Hinblick auf ihre Analytik jeweils zutreffende Eigenschaft aus Liste 2 zu!

Liste 1

453* Fe^{3+}

454 Cr^{3+}

Liste 2

(A) Sein Hydroxid löst sich leicht in wässriger Ammoniak-Lösung unter Komplexbildung.
(B) wird in einer Schmelze mit wasserfreiem Na_2CO_3 und KNO_3 zur Oxidationsstufe +6 oxidiert
(C) Sein rotbraunes Hydroxid ist im Überschuss von Natriumhydroxid-Lösung sowie von Ammoniumsalzen schwer löslich.
(D) fällt beim Einleiten von H_2S in eine 6-molar salzsaure Lösung als schwarzes Sulfid aus
(E) fällt bei Zugabe von Ammoniak zu seiner wässrigen Lösung als weißes Hydroxid aus

Ordnen Sie bitte jedem der in Liste 1 aufgeführten Kationen die jeweils zutreffende, in Liste 2 genannte Eigenschaft bzw. Reaktion zu!

Liste 1

455 Fe^{2+}

456 Mn^{2+}

Liste 2

(A) wird in wässriger Lösung beim Erhitzen mit NaOH im Überschuss in ein farbloses Dioxidhydrat übergeführt
(B) fällt aus essigsaurer Lösung beim Einleiten von H_2S als weißes Sulfid aus
(C) kann mit verdünnter Salpetersäure in eine höhere Oxidationsstufe übergeführt werden
(D) kann auf Grund der Schwerlöslichkeit seines Sulfids teilweise schon unter den Bedingungen der H_2S-Gruppenfällung miterfasst werden
(E) bildet beim Erhitzen mit HNO_3/PbO_2 ein charakeristisch gefärbtes Oxokomplexanion

Ordnen Sie bitte jedem Kation aus Liste 1 die jeweils zutreffende, in Liste 2 genannte, analytisch wesentliche Eigenschaft bzw. Reaktion zu!

Liste 1

457 Al^{3+}

458 Cr^{3+}

459 Zn^{2+}

Liste 2

(A) kann durch Überführung in die Oxidationsstufe +6 zum Zentralion eines Oxokomplexanions werden
(B) bildet mit F^--Ionen einen Komplex der Koordinationszahl 6
(C) wird aus seiner wässrigen Lösung durch Zusatz von NaOH als weißes Hydroxid gefällt, welches sich im Überschuss des Fällungsmittels **nicht** auflöst
(D) ist von den beiden anderen in Liste 1 genannten Kationen aus essigsaurer, acetatgepufferter Lösung durch Einleiten von H_2S als Sulfid abtrennbar
(E) vermag **keine** komplexen Verbindungen zu bilden

Ordnen Sie bitte den Metallionen der Liste 1 jeweils das Reagenz der Liste 2 zu, mit dem in wässriger Lösung ein Niederschlag entsteht, der sich mit überschüssigem Reagenz wieder vollständig auflöst!

Liste 1

460 Al^{3+}

461 Ag^+

Liste 2

(A) KI
(B) NaOH
(C) CrO_4^{2-}
(D) Na_2CO_3
(E) NH_3

Ordnen Sie bitte den Metallionen der Liste 1 jeweils das Reagenz der Liste 2 zu, mit dem in wässriger Lösung ein Niederschlag entsteht, der sich mit überschüssigem Reagenz wieder vollständig auflöst!

Liste 1

462 Al^{3+}

463 Ag^+

Liste 2

(A) KI
(B) NaOH
(C) CrO_4^{2-}
(D) Na_2CO_3
(E) $S_2O_3^{2-}$

Ordnen Sie bitte den Ionen der Liste 1 den jeweils zutreffenden charakteristischen Nachweis der Liste 2 zu!

Liste 1

464 Hg^{2+}

465 Zn^{2+}

Liste 2

(A) Gutzeit-Probe
(B) Leuchtprobe
(C) Bildung von Rinmanns Grün
(D) Bildung von Estern
(E) mit metallischem Kupfer Bildung eines Amalgams

Ordnen Sie bitte den in Liste 1 angegebenen anorganischen Ionen die nach Arzneibuch jeweils vorgesehene Identitätsreaktion der Liste 2 zu!

Liste 1

466* Phosphat

467* Zink

Liste 2

(A) mit Silbernitrat-Lösung gelber Niederschlag, löslich in Ammoniak-Lösung
(B) mit NaOH-Lösung weißer Niederschlag, löslich im Überschuss. Nach Zusatz von NH_4Cl kein Niederschlag, bei nachfolgender Zugabe von Na_2S-Lösung weißer Niederschlag
(C) mit Kaliumhexahydroxoantimonat(V)-Lösung weißer, kristalliner Niederschlag
(D) mit Kaliumchromat-Lösung in essigsaurem Milieu gelber Niederschlag, löslich in Alkalihydroxid-Lösung oder heißer Salpetersäure
(E) mit Kaliumiodid blauer Niederschlag, löslich im Reagenzüberschuss

Ordnen Sie bitte den in Liste 1 angegebenen Ionen jeweils das zum Nachweis geeignete Reagenz der Liste 2 zu!

Liste 1

468 Natrium-Ionen

469 Phosphat-Ionen

Liste 2

(A) Kaliumhexahydroxoantimonat(V)
(B) Kaliumhexacyanoferrat(II)
(C) Ammoniummolybdat/HNO_3
(D) Kaliumchromat
(E) Kaliumiodid

Ordnen Sie bitte den in Liste angegebenen Ionen jeweils das am besten geeignete Nachweis-Reagenz der Liste 2 zu!

Liste 1

470 Magnesium-Ionen

471 Ammonium-Ionen

Liste 2

(A) Hexahydroxoantimonat(V)
(B) Neßlers Reagenz
(C) Hydrogenphosphat/NH_3
(D) Chromat
(E) Iodid

Ordnen Sie bitte möglichen Nachweisreaktionen auf die in Liste 1 genannten Ionen das jeweils zu ihrer Durchführung (u. a.) geeignete Reagenz aus Liste 2 zu!

Liste 1

472 Eisen(III)

473 Natrium(I)

Liste 2

(A) Kaliumhexacyanoferrat(II)
(B) H_2S/verd. HCl
(C) Dinatriumpentacyanonitrosylferrat(II)
(D) Kaliumhexahydroxoantimonat(V)
(E) Kaliumperchlorat

Ordnen Sie bitte den in Liste 1 aufgeführten Kationen die jeweils zutreffende Eigenschaft aus Liste 2 zu!

Liste 1

474* K^+

475* Ni^{2+}

Liste 2

(A) Das Sulfid ist aus saurer Lösung (1 M-HCl) mit H_2S fällbar.
(B) Beim Versetzen der essigsauren Lösung mit Natriumhexanitrocobaltat(III)-Lösung fällt ein organgegelber Niederschlag aus.
(C) Im braunen Sulfid wird bei Luftzutritt die Oxidationsstufe des Metallions **nicht** verändert.
(D) Mit Ammoniak-Lösung lässt sich (wenn keine Ammoniumsalze zugegen sind) ein hellgrüner Niederschlag fällen, der im Überschuss als blaues Komplexsalz löslich ist.
(E) Mit Diacetyldioxim entsteht ein im Reaktionsmedium leichtlöslicher Komplex.

Ordnen Sie bitte den Ionen der Liste 1 den jeweils zutreffenden Nachweis aus Liste 2 zu!

Liste 1

476* Hg^{2+}

477* K^+

Liste 2

(A) Bildung eines weißen Niederschlags nach Zugabe von Kaliumhexahydroxoantimonat(V)-Lösung
(B) mit NaOH-Lösung weißer Niederschlag, löslich im Überschuss; nach Zusatz von NH_4Cl kein Niederschlag, mit nachfolgender Zugabe von Na_2S-Lösung weißer Niederschlag
(C) mit metallischem Kupfer Bildung eines Amalgams
(D) mit Kaliumchromat-Lösung in essigsaurem Medium gelber Niederschlag, löslich in Alkalihydroxid-Lösung oder heißer Salpetersäure
(E) Zugabe einer essigsauren Natriumhexanitrocobaltat(III)-Lösung zur Bildung eines gelben oder orangegelben Niederschlags

Ordnen Sie bitte den Nachweisen gemäß Arzneibuch für die in Liste 1 genannten Kationen das jeweils zutreffende Reagenz aus Liste 2 zu!

Liste 1

478 Calcium

479* Natrium

480 Ammonium

481 Kalium

Liste 2

(A) Natriumhexanitrocobaltat(III)
(B) Dinatriumpentacyanonitrosylferrat(II)
(C) Glyoxalbishydroxyanil
(D) Methoxyphenylessigsäure
(E) Natriumcitrat

Ordnen Sie bitte den Kationen der Liste 1 das Reagenz aus Liste 2 zu, welches zur Fällung eines schwer löslichen Salzes des jeweiligen Kations geeignet ist!

Liste 1

482* NH_4^+

483* K^+

484* Li^+

Liste 2

(A) Na_2HPO_4/NaOH
(B) HgO
(C) $Na_3[Co(NO_2)_6]$/essigsauer
(D) $NaClO_3$
(E) gesättigte $CaSO_4$-Lösung

Ordnen Sie bitte den Reagenzien der Liste 1 jeweils das in Liste 2 genannte Ion zu, das mit diesem Reagenz am besten nachgewiesen werden kann!

Liste 1

485* Weinsäure/pH= 3,5

486 Zinn(II)-chlorid/konz. Salzsäure

Liste 2

(A) K^+
(B) Na^+
(C) Pb^{2+}
(D) Zn^{2+}
(E) As^{3+}

Ordnen Sie bitte den Reagenzien der Liste 1 jeweils das in Liste 2 genannte Ion zu, das mit diesem Reagenz am besten nachgewiesen werden kann!

Liste 1

487 Thioharnstoff

488 Hexacyanoferrat(III)

Liste 2

(A) K^+
(B) Fe^{3+}
(C) Mg^{2+}
(D) Bi^{3+}
(E) Zn^{2+}

Ordnen Sie bitte den Reagenzien der Liste 1 das jeweils damit nachweisbare Ion aus Liste 2 zu!

Liste 1

489 Natriumthiocyanat

490 Natriumoxalat

Liste 2

(A) K^+
(B) Fe^{3+}
(C) Mg^{2+}
(D) NH_4^+
(E) Ca^{2+}

Ordnen Sie bitte den Reagenzien der Liste 1 die damit gemäß Arzneibuch durchzuführende Prüfung aus Liste 2 zu!

Liste 1

491 Weinsäure

492 Hypophosphit-Reagenz

493 Magnesiumuranylacetat

Liste 2

(A) Kalium (Identität)
(B) Natrium (Identität)
(C) Eisen (Grenzprüfung)
(D) Quecksilber (Grenzprüfung)
(E) Arsen (Identität und Grenzprüfung)

Ordnen Sie bitte den in Liste 1 aufgeführten Reagenzien jeweils eine in Liste 2 genannte, nach Arzneibuch vorgesehene Verwendung zu!

Liste 1

494 Thioglycolsäure

495 Dithizon (Diphenylthiocarbazon)

Liste 2

(A) Grenzprüfung auf Arsen
(B) Grenzprüfung auf Eisen
(C) Grenzprüfung auf Kalium-Ionen
(D) Grenzprüfung auf Blei in Zuckern
(E) Grenzprüfung auf Bismut

Ordnen Sie bitte den in Liste 1 genannten Reagenzien jeweils eine in Liste 2 genannte Grenzprüfung zu!

Liste 1

496 Ammoniumoxalat

497* Natriumtetraphenylborat

498 Natriumhexanitrocobaltat(III)

Liste 2

(A) auf Arsen-Ionen
(B) auf Eisen-Ionen
(C) auf Kalium-Ionen
(D) auf Calcium-Ionen
(E) auf Magnesium-Ionen

Ordnen Sie bitte den in Liste 1 genannten Reagenzien jeweils eine in Liste 2 genannte, nach Arzneibuch vorgesehene Verwendung zu!

Liste 1

499 Aminomethylalizarindiessigsäure-Reagenz

500 8-Hydroxychinolin

Liste 2

(A) Grenzprüfung auf Fluorid
(B) Grenzprüfung auf Eisen
(C) Grenzprüfung auf Kalium
(D) Grenzprüfung auf Magnesium
(E) Grenzprüfung auf Bismut

501 Die wässrige Lösung eines Salzes gibt

- mit Kaliumdichromat in essigsaurer Lösung einen Niederschlag, der sich in konzentrierter Natriumhydroxid-Lösung löst.
- mit Lanthannitrat-Lösung, Iod-Lösung und verdünnter Ammoniak-Lösung eine Blaufärbung.

Um welches der folgenden Salze kann es sich dabei handeln?

(A) Bariumiodid
(B) Strontiumnitrat
(C) Bleiacetat
(D) Bleinitrat
(E) Bariumoxalat

502 Welche Aussagen treffen zu?
Bei der Reaktion mit $(NH_4)_2HPO_4$ in ammoniumsalzhaltiger schwach ammoniakalischer Lösung entsteht bei folgenden Kationen ein weißer kristalliner Niederschlag der Zusammensetzung $Me_xNH_4PO_4$ (x=1 oder x=2, Kristallwasser bleibe außer Betracht), der zum Nachweis der Kationen geeignet ist.

(1) Na^+
(2) K^+
(3) Mg^{2+}
(4) Mn^{2+}
(5) Zn^{2+}

(A) nur 1 und 2 sind richtig
(B) nur 2 und 3 sind richtig
(C) nur 4 und 5 sind richtig
(D) nur 3, 4 und 5 sind richtig
(E) 1–5 = alle sind richtig

503 Mit welchen der folgenden Ionen bildet Tetraphenylborat einen schwer löslichen Niederschlag?

(1) NH_4^+
(2) Li^+
(3) Na^+
(4) K^+

(A) nur 1 und 4 sind richtig
(B) nur 2 und 3 sind richtig
(C) nur 3 und 4 sind richtig
(D) nur 1, 3 und 4 sind richtig
(E) nur 2, 3 und 4 sind richtig

504* Welche Aussagen treffen zu?
Beim Erhitzen einer Analysenprobe tritt der Geruch von Kakodyloxid auf. Dies deutet hin auf das **gleichzeitige** Vorliegen von:

(1) Azid
(2) Acetat
(3) Diarsentrioxid
(4) Kaliumchlorat
(5) Cyanid

(A) nur 1 und 5 sind richtig
(B) nur 2 und 3 sind richtig
(C) nur 3 und 5 sind richtig
(D) nur 4 und 5 sind richtig
(E) nur 2, 3 und 5 sind richtig

Ordnen Sie bitte den Substanzen der Liste 1 jeweils die Eigenschaft aus Liste 2 zu, die für die betreffende Substanz analytisch bedeutsam ist!

Liste 1

505* Glyoxalbishydroxyanil

506* Oxin (8-Hydroxychinolin)

507 Acetylaceton

508 Diacetyldioxim

Liste 2

(A) reduzierend
(B) deprotonierend
(C) oxidierend
(D) komplexierend
(E) alkylierend

3 Organische Bestandteile

3.1 Siedetemperatur und Siedebereich

509* Welche Aussage trifft zu?

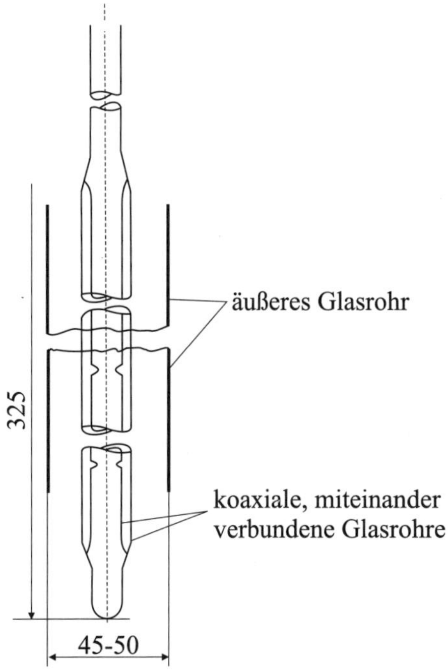

Die abgebildete Apparatur des Arzneibuches dient zur:

(A) Thermometereichung
(B) Bestimmung des Destillationsbereiches
(C) Bestimmung der Siedetemperatur
(D) Bestimmung des Dampfdruckes
(E) Bestimmung der Schmelztemperatur

Bestimmung von Wasser durch Destillation

510 Welche der folgenden Methoden werden zur Bestimmung von Wassergehalten durchgeführt?

(1) Veraschung
(2) Hydroxylzahl
(3) Karl-Fischer-Titration
(4) Destillation mit Toluen (nach Arzneibuch)

(A) nur 3 ist richtig
(B) nur 1 und 2 sind richtig
(C) nur 3 und 4 sind richtig
(D) nur 1, 3 und 4 sind richtig
(E) 1–4 = alle sind richtig

511 Welche der folgenden Methoden sind zur Bestimmung von Wassergehalten in Feststoffen prinzipiell möglich?

(1) Karl-Fischer-Titration
(2) Destillation mit Toluen und volumetrische Bestimmung des Wassers im Destillat
(3) Bestimmung des Masseverlustes bei geeigneter Temperatur

(A) nur 1 ist richtig
(B) nur 2 ist richtig
(C) nur 3 ist richtig
(D) nur 2 und 3 sind richtig
(E) 1–3 = alle sind richtig

512* Welches der in der folgenden Abbildung mit (A) bis (E) bezeichneten Teile ist in der „Apparatur zur Bestimmung von Wasser durch Destillation“ nach Arzneibuch **nicht** enthalten?

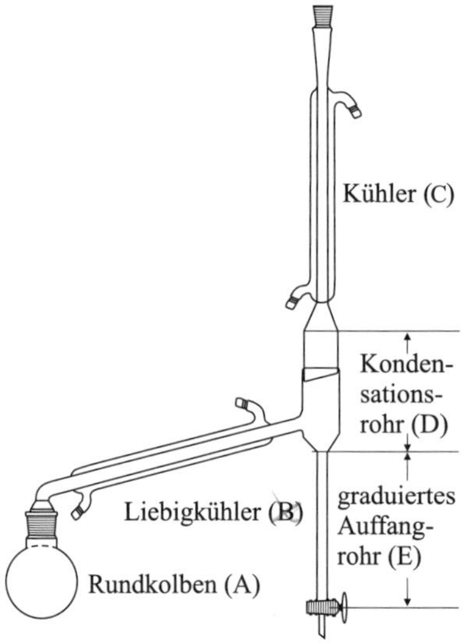

513 Welche Aussage trifft zu?
Die abgebildete Apparatur des Arzneibuches dient zur Bestimmung

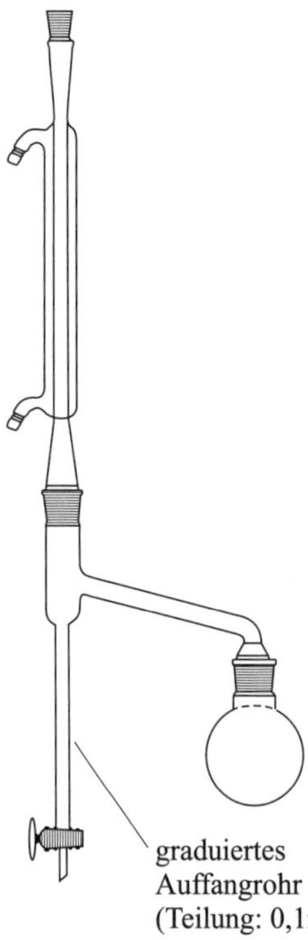

(A) des Ethanolgehaltes
(B) des ätherischen Ölgehaltes in Drogen
(C) von Wasser durch azeotrope Destillation
(D) des Alkaloidgehaltes in Tinkturen und Extrakten
(E) der Verseifungszahl

3.2 Schmelztemperatur

514 Welche Aussagen treffen zu?
Die Bestimmung des Schmelzpunktes nach Arzneibuch unter Verwendung eines Metallblocks eignet sich insbesondere für:

(1) hygroskopische Stoffe
(2) anorganische Stoffe
(3) Stoffe, die unter Zersetzung schmelzen

(A) nur 1 ist richtig
(B) nur 2 ist richtig
(C) nur 3 ist richtig
(D) nur 1 und 2 sind richtig
(E) nur 1 und 3 sind richtig

515 Welche Aussagen zur Sofortschmelzpunkt-Methode nach Arzneibuch treffen zu?

(1) Die Substanz wird auf einen Metallblock während des Aufheizens aufgestreut.
(2) Die Substanz wird auf einen Metallblock während des Abkühlens aufgestreut.
(3) Als Sofortschmelzpunkt wird die Temperatur angegeben, bei der das letzte Substanzteilchen geschmolzen ist.
(4) Der Sofortschmelzpunkt ist der Mittelwert von zwei gemessenen Temperaturen t_1 und t_2.

(A) nur 1 und 3 sind richtig
(B) nur 2 und 4 sind richtig
(C) nur 1, 2 und 3 sind richtig
(D) nur 1, 2 und 4 sind richtig
(E) nur 2, 3 und 4 sind richtig

516* Welche Aussage trifft zu?
Im Arzneibuch ist der Schmelzpunkt nach der „Kapillar-Methode“ definiert als

(A) der Temperaturbereich von der ersten Tröpfchenbildung bis zum völligen Durchschmelzen der Substanz im Schmelzpunktröhrchen
(B) der Temperaturbereich, in dem die Hälfte der Substanz (1 mm Höhe) im Schmelzpunktröhrchen geschmolzen ist

(C) die Temperatur, bei der die gesamte Substanz im Schmelzpunktröhrchen sofort schmilzt
(D) die Temperatur, bei der das letzte Teilchen einer kleinen Substanzsäule im Schmelzpunktröhrchen schmilzt
(E) die Temperatur, bei der die Substanz im Schmelzpunktröhrchen gerade zu schmelzen beginnt

517 Welche Aussage trifft zu?
Die abgebildete Apparatur des Arzneibuches dient zur Bestimmung des:

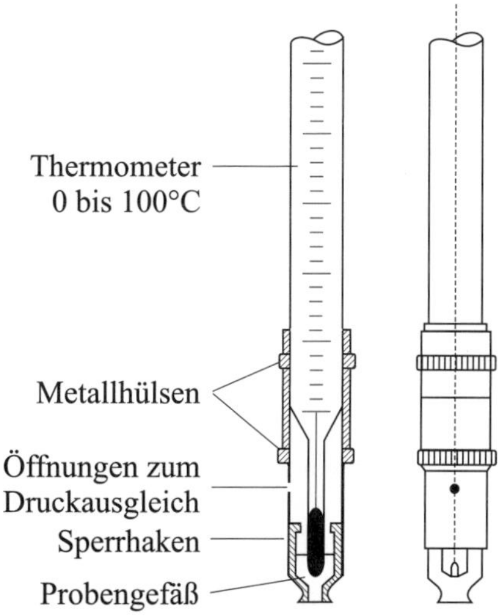

(A) Siedepunktes
(B) Siedebereiches
(C) Schmelzpunktes
(D) Tropfpunktes
(E) Erstarrungspunktes

Eutektische Gemische

siehe auch MC-Fragen Nr. 901–912

518* Welche Aussage über das eutektische Gemisch von zwei Substanzen trifft zu?

(A) Die eutektische Temperatur liegt zwischen den Schmelztemperaturen der beiden Einzelkomponenten.
(B) Bei isomorphen Substanzen kann die Schmelztemperatur des eutektischen Gemisches über den Schmelztemperaturen der Einzelkomponenten liegen.
(C) Je größer die Differenz der Schmelztemperaturen der Einzelkomponenten ist, umso größer ist das als eutektische Schmelztemperatur bezeichnete Temperaturintervall.
(D) Seine Schmelztemperatur ist die niedrigste, bei der ein Zweistoffgemisch in Abhängigkeit von seiner Zusammensetzung zu schmelzen beginnt.
(E) Nur Feststoffe mit unterschiedlichen Schmelztemperaturen bilden eutektische Gemische.

519* Welche Aussagen über das eutektische Gemisch von zwei Substanzen treffen zu?

(1) Die eutektische Temperatur liegt zwischen den Schmelztemperaturen der beiden Einzelkomponenten.
(2) Bei isomorphen Substanzen kann die Schmelztemperatur des eutektischen Gemisches über den Schmelztemperaturen der Einzelkomponenten liegen.
(3) Je größer die Differenz der Schmelztemperaturen der Einzelkomponenten ist, umso größer ist das als eutektische Schmelztemperatur bezeichnete Temperaturintervall.
(4) Haben die Einzelkomponenten gleiche Schmelztemperaturen, so schmilzt das Eutektikum bei der Schmelztemperatur der Einzelkomponenten.

(A) Keine der Aussagen (1) bis (4) trifft zu.
(B) nur 4 ist richtig
(C) nur 1 und 2 sind richtig
(D) nur 1 und 4 sind richtig
(E) nur 2 und 3 sind richtig

520* Welche Aussage über die eutektische Temperatur von zwei Stoffen trifft zu?

(A) Sie ist das arithmetische Mittel der Schmelztemperaturen der Einzelsubstanzen.
(B) Sie ist gleich der Schmelztemperatur des niedriger schmelzenden Stoffes.
(C) Sie ist, unabhängig von der Art der Stoffe, die Schmelztemperatur des 1:1 Gemisches.
(D) Sie ist die Temperatur, bei der das letzte Substanzteilchen in der Schmelze geschmolzen ist.
(E) Sie ist die niedrigste Temperatur, bei der ein Zweistoffgemisch zu schmelzen beginnt.

3.3 Relative Dichte

siehe auch MC-Fragen Nr. 913, 914

521 Welche Aussage über die Dichte ρ^{20} trifft **nicht** zu?

(A) Sie kann bei wässrigen Lösungen bestimmter Substanzen in Abhängigkeit von der Konzentration ein Maximum durchlaufen.
(B) Sie kann als Reinheitskriterium von Stoffen dienen.
(C) Ihre Maßeinheit (SI) ist $kg \cdot m^{-3}$.
(D) Aus ihr kann die Zusammensetzung von Ethanol-Wasser-Gemischen ermittelt werden.
(E) Sie hat die gleiche Dimension wie die relative Dichte.

522 Welche der folgenden Geräte werden bei der Bestimmung der Dichte benutzt?

(1) Aräometer
(2) Abbe-Refraktometer
(3) Massenspektrometer
(4) Mohrsche Waage
(5) Pyknometer

(A) nur 1 und 4 sind richtig
(B) nur 4 und 5 sind richtig
(C) nur 1, 3 und 5 sind richtig
(D) nur 1, 4 und 5 sind richtig
(E) nur 2, 4 und 5 sind richtig

523 Welche Aussage trifft zu?
Nach Arzneibuch wird ein Pyknometer verwendet zur Bestimmung:

(A) des Siedebereiches
(B) der optischen Drehung
(C) des ätherischen Ölgehaltes
(D) der relativen Dichte
(E) der Brechzahl (Brechungsindex)

524 Welchen Verwendungszweck hat ein Pyknometer?

(A) Druckmessung
(B) Temperaturmessung
(C) Dichtebestimmung
(D) Leitfähigkeitsmessung
(E) Volumenmessung

525* Welche Aussage über Aräometer trifft **nicht** zu?

(A) Die Skalenwerte für kleine Dichten finden sich am Skalenrohr oben, für große Dichten unten.
(B) Das eingetauchte Teilvolumen des Aräometers ist umgekehrt proportional zur Dichte der Flüssigkeit.
(C) Der Schwerpunkt des Aräometers muss unterhalb der Skala liegen.
(D) Mit einem Aräometer kann man die Dichte nur bei solchen Flüssigkeiten bestimmen, die die Wand (meistens Glas) benetzen.
(E) Bei sonst gleicher Bauweise ist die Empfindlichkeit umso größer, je dünner der Skalenrohrhals ist.

526* Welche Aussage trifft zu?
Die „Relative Dichte" nach Arzneibuch lässt sich mit folgender Einheitenkombination darstellen:

(A) $g \cdot mol^{-1}$
(B) $kg \cdot m^{-3}$
(C) $mol \cdot g^{-1}$
(D) $g \cdot cm^{-3} \cdot s^{-1}$
(E) Keine der Kombinationen (A) bis (D) trifft zu.

527 Welche Aussage trifft zu?
Die „Relative Dichte" ist mit folgender Einheitenkombination darstellbar:

(A) $g \cdot ml^{-1}$
(B) $g \cdot cm^{-3}$
(C) $Pa \cdot m^{-2}$
(D) $kg \cdot m^{-3}$
(E) Die „Relative Dichte" ist dimensionslos.

528* Welche Aussage trifft zu?
In einem Pyknometer wird die Masse von 50 ml Flüssigkeit zu 60 g bestimmt.
Die Dichte der Flüssigkeit beträgt dann etwa:

(A) $0{,}6\ g \cdot cm^{-3}$
(B) $0{,}8\ g \cdot cm^{-3}$
(C) $1{,}0\ g \cdot cm^{-3}$
(D) $1{,}2\ g \cdot cm^{-3}$
(E) $1{,}5\ g \cdot cm^{-3}$

529 Bei der abgebildeten Mohrschen Waage verhalten sich die Gewichte der Reitertypen wie 1 : 0,1 : 0,01. Der größte Reiter auf Marke 10 (Haken) kompensiert bei austarierter Waage gerade den Auftrieb einer Flüssigkeit mit der Dichte $1\ g \cdot cm^{-3}$.
Wie groß ist die Dichte der unbekannten Flüssigkeitsprobe in dem dargestellten Beispiel?

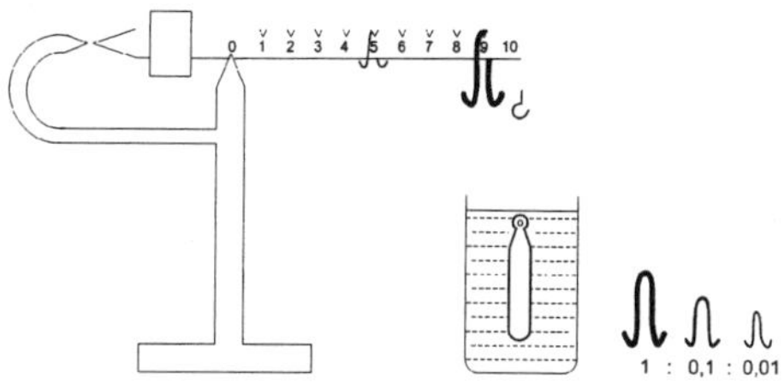

(A) $1{,}905\ g \cdot cm^{-3}$
(B) $0{,}950\ g \cdot cm^{-3}$
(C) $0{,}936\ g \cdot cm^{-3}$
(D) $0{,}905\ g \cdot cm^{-3}$
(E) $0{,}095\ g \cdot cm^{-3}$

Ethanolgehalt

530 Welche Aussage trifft zu?
Die abgebildete Apparatur des Arzneibuches dient zur Bestimmung des:

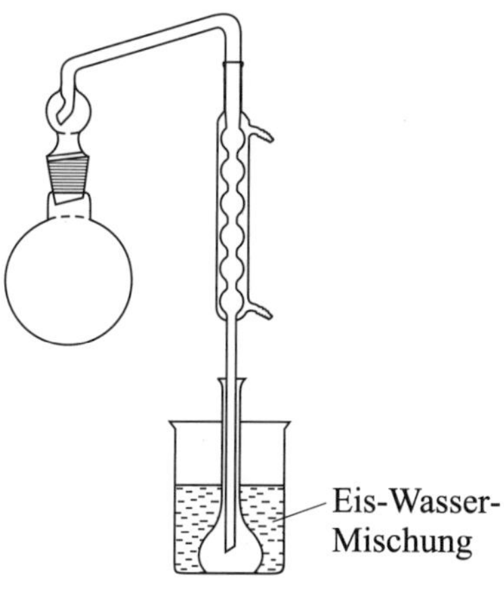

(A) Wassergehaltes in Salben
(B) Ethanolgehaltes in flüssigen Arzneizubereitungen
(C) ätherischen Ölgehaltes in Drogen
(D) Alkaloidgehaltes in Tinkturen und Extrakten
(E) Extraktgehaltes in Tinkturen

3.4 Analyse von Elementen

Nachweis von Elementen in organischen Verbindungen

531* Wasserstoff in organischen Verbindungen lässt sich nach Verbrennen der Substanz nachweisen.
Welches der folgenden Reagenzien eignet sich zur Identifizierung des hierbei entstehenden Wassers **nicht**?

(A) Karl-Fischer-Reagenz
(B) Grignard-Reagenz
(C) Lithiumaluminiumhydrid
(D) CO (Wassergasbildung)
(E) Calciumcarbid

532 Welche Aussagen treffen zu?
Bei organischen Substanzen, die C, H, N und S enthalten, können beim Lassaigne-Aufschluss (Na-Aufschluss) entstehen:

(1) NaCN
(2) Na_2S
(3) NaSCN

(A) nur 1 ist richtig
(B) nur 2 ist richtig
(C) nur 3 ist richtig
(D) nur 1 und 2 sind richtig
(E) 1–3 = alle sind richtig

533* Welche Aussage trifft zu?
Beim Aufschluss schwefelfreier organischer Verbindungen durch Schmelzen mit Natrium wird organisch gebundener Stickstoff übergeführt in analytisch auswertbares:

(A) NaCN
(B) $Na{-}O{-}C(=O){-}NH_2$
(C) $NaNO_3$
(D) $NaNO_2$
(E) NaN_3

534* Welche Aussage trifft zu?
Nach Aufschluss strickstofffreier organischer Verbindungen durch Schmelzen mit Natrium wird organisch gebundener Schwefel übergeführt in:

(A) $Na_2S_2O_3$
(B) Na_2SO_3
(C) Na_2SO_4
(D) Na_2S
(E) $Na_2S_4O_7$

535* Welche Aussage trifft **nicht** zu?
Beim Aufschluss einer organischen Verbindung, die außer Kohlenstoff, Wasserstoff und Sauerstoff auch Stickstoff, Schwefel und Brom enthält, können durch Glühen mit Natrium-Metall im Überschuss (Lassaigne-Probe) entstehen:

(A) Bromid
(B) Cyanid
(C) Sulfid
(D) Nitrosylbromid
(E) Thiocyanat

536 Welche Aussage trifft **nicht** zu?
Beim Aufschluss einer organischen Verbindung durch Glühen mit Natrium-Metall im Überschuss (Lassaigne-Probe), die außer Kohlenstoff, Wasserstoff und Sauerstoff auch Stickstoff, Schwefel und Brom enthält, können entstehen:

(A) Bromat
(B) Cyanid
(C) Sulfid
(D) Carbonat (Kohlendioxid)
(E) Thiocyanat

537 Welche Aussage trifft zu?
Beim Aufschluss organischer Verbindungen durch Schmelzen mit Natrium wird organisch gebundenes Chlor übergeführt in:

(A) $NaClO_3$
(B) $NaClO_3/NaOCl$
(C) $NaOCl$
(D) $NaCl$
(E) $NaOCl/NaCl$

538 Welche Aussage trifft zu?
Beim Aufschluss organischer Verbindungen durch Schmelzen mit Natrium wird organisch gebundenes Iod übergeführt in:

(A) NaI
(B) NaIO
(C) NaIO und $NaIO_3$
(D) $NaIO_3$
(E) $NaIO_4$

Ordnen Sie bitte den in Liste 1 aufgeführten Elementen in organischen Verbindungen das jeweils zutreffende in Liste 2 genannte Nachweisverfahren zu (Störungen seien ausgeschlossen)!

Liste 1

539* Stickstoff

540* Brom

541* Schwefel

Liste 2

(A) nach Erhitzen mit konzentrierter Schwefelsäure rote Fällung mit KI
(B) nach Aufschluss mit Natrium und Ansäuern Bildung von Berliner Blau bei aufeinander folgender Umsetzung mit Eisen(II)- und Eisen(III)-Salzen
(C) nach Erhitzen mit konzentrierter Salpetersäure gelbe Fällung mit Ammoniummolybdat
(D) nach Aufschluss mit Natrium Violettfärbung mit Natriumpentacyanonitrosylferrat(II)
(E) nach Aufschluss mit Natrium und Oxidation mit MnO_4^- Bildung von Eosin aus Fluorescein-Natrium/NH_3

Ordnen Sie bitte den in Liste 1 aufgeführten Elementen in organischen Verbindungen jeweils das zutreffende in Liste 2 genannte Nachweisverfahren zu (Störungen seien ausgeschlossen)!

Liste 1

542 Schwefel

543* Stickstoff

Liste 2

(A) nach Erhitzen mit konzentrierter Schwefelsäure rote Fällung mit KI
(B) nach Aufschluss mit Natrium Farbreaktion bei aufeinanderfolgender Umsetzung mit Eisen(II)- und Eisen(III)-Salzen (unter geeigneten Bedingungen)
(C) nach Erhitzen in konzentrierter Salpetersäure gelbe Fällung mit Ammoniummolybdat
(D) nach Aufschluss mit Natrium und Ansäuern Reaktion mit Bleiacetat
(E) nach Aufschluss mit Natrium und Oxidation mit MnO_4^- Bildung von Eosin aus Fluorescein-Natrium/NH_3

544 Welche Aussage trifft zu?
Beim Aufschluss organischer Verbindungen durch Natriumperoxid (Wurzschmitt-Bombe) wird organisch gebundener Phosphor übergeführt in:

(A) Na_3P
(B) P (roter)
(C) NaH_2PO_2
(D) $NaHPO_3$
(E) Na_3PO_4

545* Welche Aussage trifft **nicht** zu?
Organisch gebundenes Brom kann in Bromid übergeführt werden durch:

(A) Aufschluss durch Glühen mit Natrium
(B) Umsetzung mit überschüssigem $KMnO_4$/NaOH
(C) Hydrogenolyse mit Raney-Nickel/Alkali
(D) Reduktion mit Zink/Schwefelsäure
(E) Verbrennen der Substanz nach der Schöniger-Methode und Umsetzung der Verbrennungsprodukte mit konz. H_2O_2/H_2SO_4

546 Welche Aussagen treffen zu?
Der Nachweis des in Chloralhydrat gebundenen Chlors kann erfolgen:

(1) nach Hydrogenolyse in Gegenwart von Raney-Nickel
(2) nach Hydrolyse mit Alkalihydroxid-Lösungen
(3) nach Durchführung des Schöniger-Verfahrens
(4) mit der Beilstein-Probe

(A) nur 1 ist richtig
(B) nur 4 ist richtig
(C) nur 1 und 2 sind richtig
(D) nur 3 und 4 sind richtig
(E) 1–4 = alle sind richtig

547* Welche der folgenden Operationen kann **nicht** beim Nachweis von Chlor in Chloralhydrat eingesetzt werden?

(A) Hydrolyse mit Alkalihydroxid-Lösung
(B) Schöniger-Verfahren
(C) Beilstein-Probe
(D) Lassaigne-Aufschluss
(E) direkter Zusatz von Silbernitrat in salpetersaurer Lösung

548 Welche Aussagen treffen zu?
Der Nachweis des in Chlorkresol (siehe Formel) gebundenen Chlors kann erfolgen:

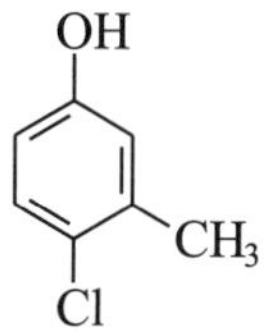

(1) nach Alkalicarbonatschmelze
(2) nach Hydrolyse mit verdünnter Natriumhydroxid-Lösung
(3) nach dem Schöniger-Aufschluss
(4) mit der Beilstein-Probe

(A) nur 1 ist richtig
(B) nur 4 ist richtig
(C) nur 1 und 2 sind richtig
(D) nur 1, 3 und 4 sind richtig
(E) 1–4 = alle sind richtig

549* Welche Aussagen treffen zu?

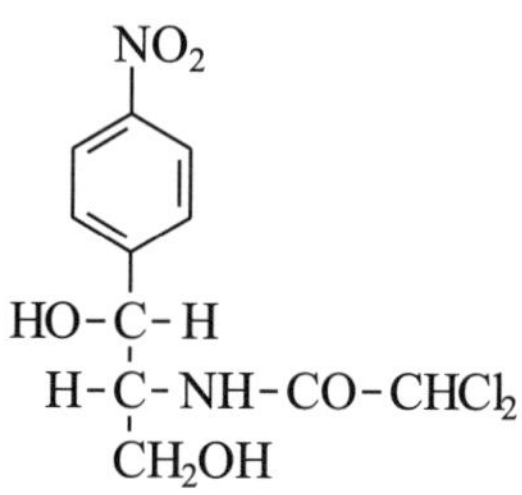

Der Nachweis des in Chloramphenicol (siehe obige Formel) gebundenen Chlors kann erfolgen:

(1) nach Hydrogenolyse in Gegenwart von Raney-Nickel
(2) nach Hydrolyse mit Alkalihydroxid-Lösung
(3) nach Schöniger-Aufschluss
(4) mit der Beilstein-Probe

(A) nur 1 ist richtig
(B) nur 4 ist richtig
(C) nur 1 und 2 sind richtig
(D) nur 3 und 4 sind richtig
(E) 1–4 = alle sind richtig

550 Nach welchen der folgenden Reaktionen kann der Nachweis des in Chloramphenicol (siehe Formel) gebundenen Chlors erfolgen?

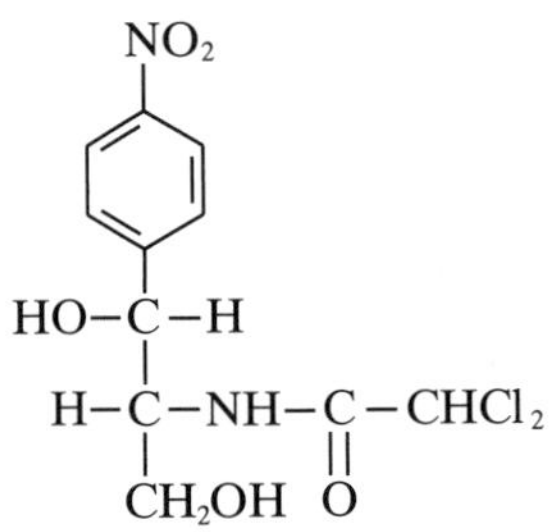

(1) Hydrogenolyse in Gegenwart von Raney-Nickel
(2) Hydrolyse mit konzentrierten Alkalihydroxid-Lösungen
(3) Schöniger-Aufschluss
(4) Lassaigne-Aufschluss

(A) nur nach 1
(B) nur nach 4
(C) nur nach 1 und 2
(D) nur nach 3 und 4
(E) nach 1 bis 4 = nach allen

551 Welche Aussagen treffen zu?

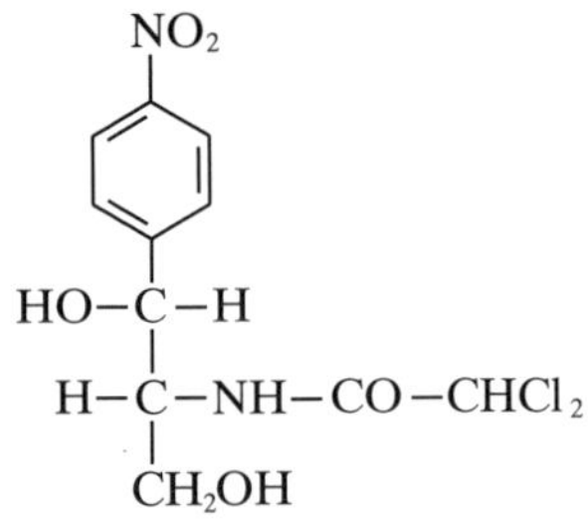

Der Nachweis des in Chloramphenicol (siehe obige Formel) gebundenen Chlors kann erfolgen:

(1) nach Hydrogenolyse in Gegenwart von Raney-Nickel
(2) nach Hydrolyse mit Alkalihydroxid-Lösungen
(3) nach Schöniger-Aufschluss
(4) durch Massenspektrometrie

(A) nur 1 ist richtig
(B) nur 4 ist richtig
(C) nur 1 und 2 sind richtig
(D) nur 3 und 4 sind richtig
(E) 1–4 = alle sind richtig

552*

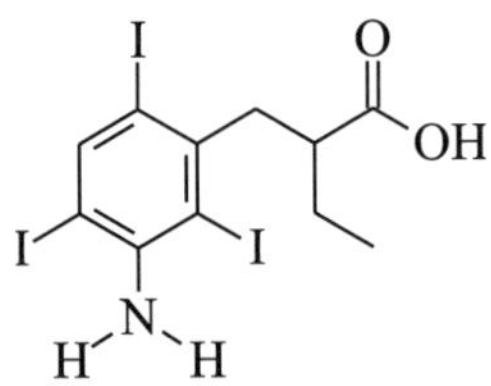

Nach Durchführung welches der folgenden Verfahren kann der Nachweis des in Iopansäure (siehe Formel) gebundenen Iods erfolgen?

(1) Hydrogenolyse in Gegenwart von Raney-Nickel
(2) Hydrolyse mit verdünnter Alkalihydroxid-Lösung
(3) Schöniger-Aufschluss
(4) Lassaigne-Aufschluss

(A) nur 1 ist richtig
(B) nur 4 ist richtig
(C) nur 1 und 2 sind richtig
(D) nur 3 und 4 sind richtig
(E) nur 1, 3 und 4 sind richtig

553

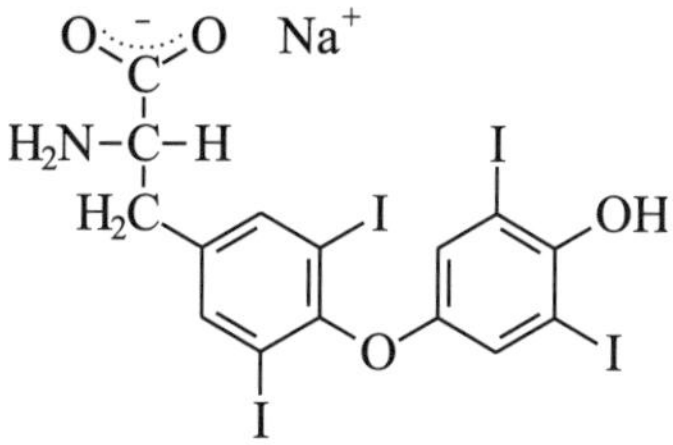

Welche der folgenden Verfahren eignen sich zur quantitativen Abspaltung des organisch gebundenen Iods in Levothyroxin-Natrium (siehe Formel)?

(1) die Verbrennung in Sauerstoff-Atmosphäre
(2) der Aufschluss mit metallischem Natrium
(3) die Behandlung mit Zink in stark alkalischer Lösung
(4) das Erwärmen mit verdünnter Natronlauge

(A) nur 1 ist richtig
(B) nur 2 ist richtig
(C) nur 3 und 4 sind richtig
(D) nur 1, 2 und 3 sind richtig
(E) 1–4 = alle sind richtig

Schöniger-Methoden

siehe auch MC-Fragen Nr. 886, 899

554* Welche Aussage trifft **nicht** zu?
Mit Hilfe der Schöniger-Methode können folgende Elemente aus organischen Verbindungen quantitativ bestimmt werden (Störungen seien ausgeschlossen):

(A) Brom
(B) Chlor
(C) Fluor
(D) Schwefel
(E) Stickstoff

555* Welche Aussagen treffen zu?
Mit Hilfe der Schöniger-Methode können folgende Elemente aus organischen Verbindungen quantitativ bestimmt werden (Störungen seien ausgeschlossen):

(1) Schwefel
(2) Chlor
(3) Brom
(4) Fluor
(5) Sauerstoff

(A) nur 1 und 4 sind richtig
(B) nur 2 und 3 sind richtig
(C) nur 1, 4 und 5 sind richtig
(D) nur 1, 2, 3 und 4 sind richtig
(E) nur 2, 3, 4 und 5 sind richtig

556 Welche der folgenden organisch gebundenen Halogene liegen nach Verbrennen der Substanz in einer Sauerstoff-Atmosphäre (Schöniger-Aufschluss) primär als Halogenide vor?

(1) Chlor
(2) Fluor
(3) Iod

(A) nur 2 ist richtig
(B) nur 3 ist richtig
(C) nur 1 und 2 sind richtig
(D) nur 2 und 3 sind richtig
(E) 1–3 = alle sind richtig

557 In welche Ionen werden organisch gebundene Halogene durch die Schöniger-Methode für die jeweilige Titration übergeführt?

(1) Brom in Bromid
(2) Chlor in Chlorid
(3) Fluor in Fluorid
(4) Iod in Iodid

(A) nur 3 ist richtig
(B) nur 1 und 2 sind richtig
(C) nur 2 und 4 sind richtig
(D) nur 1, 2 und 3 sind richtig
(E) 1–4 = alle sind richtig

558*

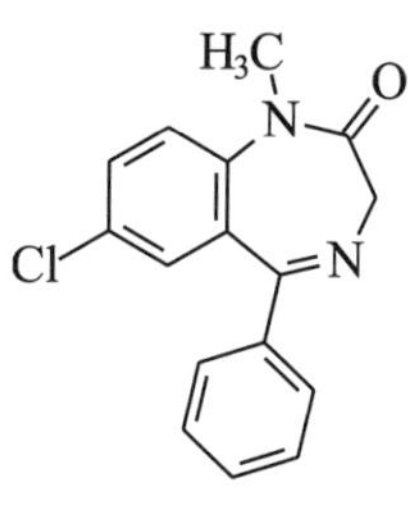

In Form welchen Ions liegt das in Diazepam (siehe obige Formel) gebundene Chlor nach einem Schöniger-Aufschluss vor, wenn der Kolben als Absorptionsflüssigkeit NaOH-Lösung enthält?

(A) Cl^-
(B) ClO^-
(C) ClO_2^-
(D) ClO_3^-
(E) ClO_4^-

559 Welche der nachfolgenden Reaktionen sind bei der quantitativen Bestimmung von Iod nach der Schöniger-Methode beteiligt?

(1) $I_2 + 2\,OH^- \rightleftharpoons IO^- + I^- + H_2O$
(2) $IO^- + I^- + 5\,BrO^- \rightleftharpoons 2\,IO_3^- + 5\,Br^-$
(3) $BrO^- + Br^- + 2\,H_3O^+ \rightleftharpoons Br_2 + 3\,H_2O$
(4) $IO_3^- + 5\,I^- + 6\,H_3O^+ \rightleftharpoons 3\,I_2 + 9\,H_2O$
(5) $I_2 + 2\,S_2O_3^{2-} \rightleftharpoons 2\,I^- + S_4O_6^{2-}$

(A) nur 5 ist richtig
(B) nur 2 und 3 sind richtig
(C) nur 1, 2 und 3 sind richtig
(D) nur 2, 4 und 5 sind richtig
(E) 1–5 = alle sind richtig

560

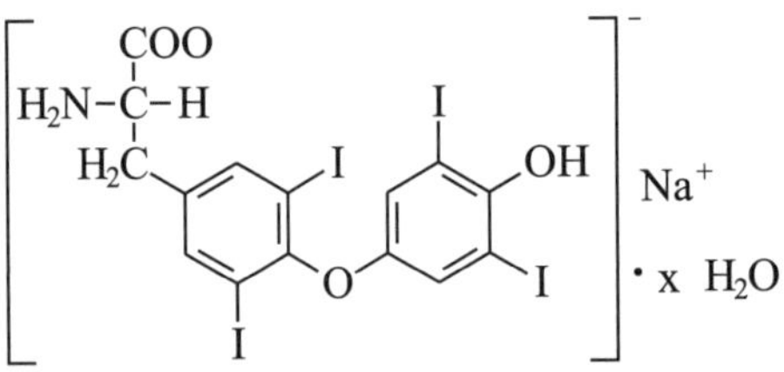

In welcher Form liegt das in Levothyroxin-Natrium (siehe obige Formel) gebundene Iod nach der Verbrennung in einer Sauerstoff-Atmosphäre (Schöniger-Methode) vor, wenn NaOH-Lösung als Absorptionsflüssigkeit verwendet, anschließend mit überschüssigem Hypobromit erhitzt und dann durch Kaliumhydrogenphthalat-Zusatz ein pH-Wert von 4 bis 5 eingestellt wurde?

(A) Iod
(B) Iodwasserstoff
(C) Unteriodige Säure
(D) Iodsäure
(E) Periodsäure

561 Welcher der folgenden Arzneistoffe kann **nicht** mittels Schöniger-Methode bestimmt werden?

(A) Promethazin ($C_{17}H_{20}N_2S$)
(B) Nitrazepam ($C_{15}H_{11}N_3O_3$)
(C) Haloperidol ($C_{21}H_{23}ClFNO_2$)
(D) Chloramphenicol ($C_{11}H_{12}Cl_2N_2O_5$)
(E) Sulfanilamid ($C_6H_8N_2O_2S$)

Elementaranalyse

562* Bei der Elementaranalyse einer organischen Verbindung erhält man 84 % (m_1/m) C und 16 % (m_2/m) H.
Welche der folgenden Summenformeln kommt dieser Zusammensetzung am nächsten?

(A) CH_4
(B) C_2H_6
(C) C_4H_8
(D) C_6H_6
(E) C_7H_{16}

563* Welche Aussage trifft zu?
Bei der Elementaranalyse einer organischen Verbindung erhält man 80 % (m_1/m) C und 20 % (m_2/m) H. Die Summenformel dieser Verbindung kann sein:

(A) CH_4
(B) C_2H_6
(C) C_4H_8
(D) C_6H_6
(E) C_7H_{16}

564* Welche Aussage trifft zu?
Bei der Elementaranalyse einer organischen Verbindung erhält man 75 % (m_1/m) C und 25 % (m_2/m) H. Die Summenformel dieser Verbindung kann sein:

(A) CH_4
(B) C_2H_6
(C) C_4H_8
(D) C_6H_6
(E) C_7H_{16}

565 Welche der Aussage trifft zu?
Eine Verbindung liefert bei der Elementaranalyse: 48,65 % Kohlenstoff, 43,24 % Sauerstoff, 8,11 % Wasserstoff (% : Massenprozent).

Es könnte sich um folgende Verbindung handeln:

(A) CH_2O_2
(B) $C_2H_4O_2$
(C) $C_2H_4O_3$
(D) C_3H_4O
(E) $C_3H_6O_2$

566* Welche Aussage trifft zu?
Acetylaceton (Pentan-2,4-dion) besitzt einen Kohlenstoffgehalt (Gew. %) von etwa:

(A) 40 %
(B) 45 %
(C) 60 %
(D) 65 %
(E) 70 %

567 Welche Aussage trifft zu?
Eine Substanz mit der Elementarzusammensetzung 50,05 % Schwefel und 49,95 % Sauerstoff hat als einfachste Formel:
(Atommassen: O = 16, S = 32)

(A) SO
(B) SO_2
(C) SO_3
(D) S_2O_3
(E) S_2O_7

568 Welche Aussage trifft zu?
Eine Verbindung enthält 25,6 % Cu (A_r = 64), 12,8 % Schwefel (A_r = 32), 4,0 % Wasserstoff und 57,6 % Sauerstoff.
Dies entspricht einer möglichen Verbindung:

(A) $CuS \cdot 3\,H_2O$
(B) $Cu_2S \cdot 5\,H_2O$
(C) $CuSO_4 \cdot 3\,H_2O$
(D) $CuSO_4 \cdot 5\,H_2O$
(E) $Cu(HSO_4)_2$

3.5 Chemische Analyse funktioneller Gruppen

Oxidierbare und hydrolysierbare Gruppen

569 Welche Aussagen treffen zu?
Folgende Verbindungen lassen sich durch die Charakterisierung ihrer Hydrolyseprodukte identifizieren:

(1) Lactone
(2) Nitrile
(3) Carbonsäureamide
(4) Lactame

(A) nur 1 und 2 sind richtig
(B) nur 3 und 4 sind richtig
(C) nur 1, 2 und 3 sind richtig
(D) nur 1, 3 und 4 sind richtig
(E) 1–4 = alle sind richtig

570 Welche Aussagen treffen zu?
Folgende Verbindungen lassen sich durch die Charakterisierung ihrer Hydrolyseprodukte identifizieren:

(1) Carbonsäureester
(2) Acetale
(3) Carbonsäureamide
(4) Azomethine

(A) nur 1 und 2 sind richtig
(B) nur 3 und 4 sind richtig
(C) nur 1, 2 und 3 sind richtig
(D) nur 1, 3 und 4 sind richtig
(E) 1–4 = alle sind richtig

571 Welche Aussagen treffen zu?
Folgende Verbindungen lassen sich durch die Charakterisierung ihrer Hydrolyseprodukte identifizieren:

(1) Carbonitrile
(2) Acetale
(3) Carbonsäureamide
(4) Azoverbindungen

(A) nur 1 ist richtig
(B) nur 3 und 4 sind richtig
(C) nur 1, 2 und 3 sind richtig
(D) nur 1, 3 und 4 sind richtig
(E) nur 2, 3 und 4 sind richtig

572 Welche der folgenden Verbindungsklassen lässt sich **nicht** durch Hydrolyse und Charakterisierung der dabei entstehenden Produkte identifizieren?

(A) Azomethine
(B) Nitrile
(C) Ketone
(D) Acetale
(E) Lactame

573 Welche Aussage trifft **nicht** zu?
Die folgenden Arzneistoffe spalten beim Erhitzen mit Natriumhydroxid-Lösung organisch gebundenes Chlor als Chlorid ab, das anschließend bestimmt werden kann:

(A) Chlorambucil

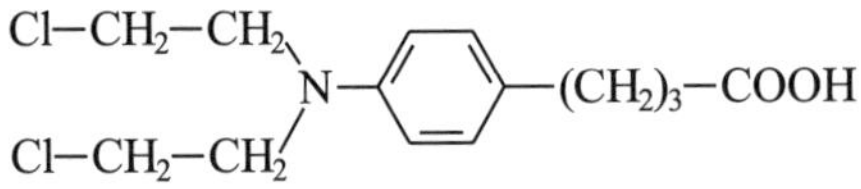

(B) Chloramphenicol

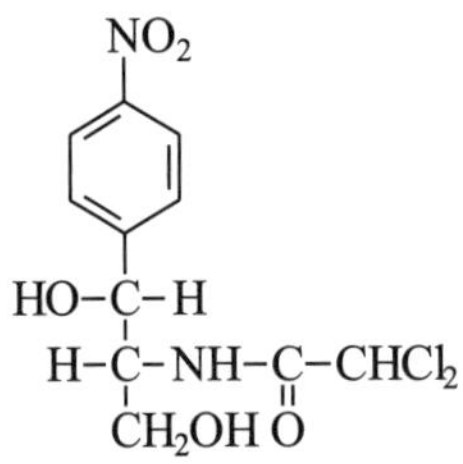

(C) Haloperidol

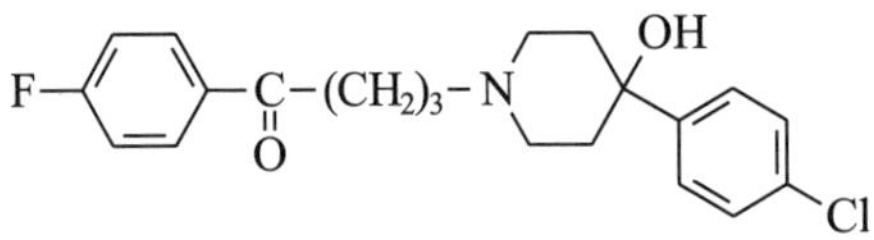

(D) Chlorobutanol 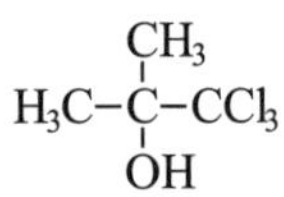

(E) Metrifonat 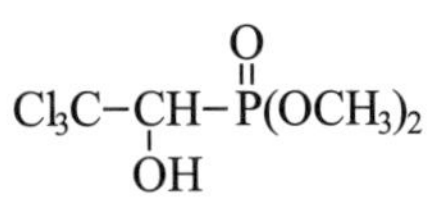

574* Welche Aussage trifft **nicht** zu?
Bei der Prüfung auf funktionelle Gruppen organischer Verbindungen kann die Entfärbung schwach alkalischer Kaliumpermanganat-Lösung verursacht werden durch:

(A) Mercaptane
(B) aliphatische Aldehyde
(C) Olefine
(D) Sulfonsäuren
(E) Endiole

575 Welche der folgenden Verbindungen ist am **wenigsten** oxidationsempfindlich?

(A) Ascorbinsäure

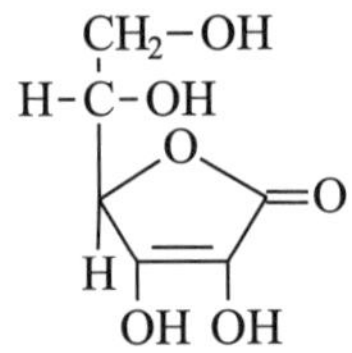

(B) Citronensäure

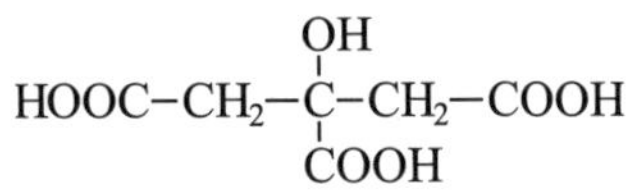

(C) Epinephrin

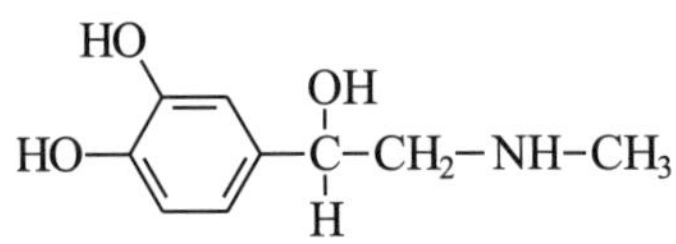

(D) Fructose

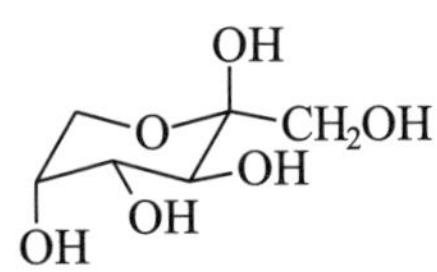

(E) 2-Methyl-naphthohydrochinon

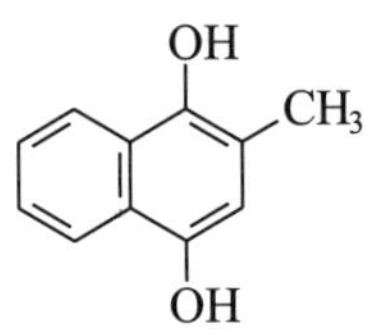

Alkane – Alkene – Alkine

576* Welche Aussage trifft **nicht** zu?
Eine olefinische Doppelbindung kann im Allgemeinen durch folgende Reaktionen charakterisiert werden:

(A) Ozonisierung und nachfolgende Ozonidspaltung
(B) Gelb- bzw. Braunfärbung mit Neßlers Reagenz infolge Abscheidens von metallischem Hg
(C) Epoxidbildung durch Umsetzung mit Peroxosäuren wie Peroxoessigsäure oder Peroxobenzoesäure
(D) Entfärbung einer wässrigen, sodaalkalischen Kaliumpermanganat-Lösung unter Abscheidung von Mangan(IV)-oxidhydrat
(E) Entfärbung einer wässrigen Brom-Lösung

577 Welches der folgenden Reagenzien kann zur analytischen Erfassung olefinischer Doppelbindungen in organischen Verbindungen **nicht** eingesetzt werden?

(A) Natriummetaperiodat
(B) Ozon
(C) Nitrosylchlorid
(D) Kaliumpermanganat
(E) Brom-Lösung

578 Welches der folgenden Reagenzien kann zur analytischen Erfassung olefinischer Doppelbindungen in organischen Verbindungen **nicht** eingesetzt werden?

(A) Brom-Lösung
(B) Peroxosäuren wie Peroxoessigsäure
(C) Nitrosylchlorid
(D) Kaliumpermanganat
(E) Natriummetaperiodat

579 Welche der folgenden Reagenzien sind zum Nachweis von C=C-Doppelbindungen geeignet?

(1) $KMnO_4$
(2) O_3
(3) KOH
(4) O_2
(5) ammoniakalische $CuSO_4$-Lösung

(A) nur 1 und 2 sind richtig
(B) nur 2 und 3 sind richtig
(C) nur 1, 2 und 3 sind richtig
(D) nur 2, 4 und 5 sind richtig
(E) nur 3, 4 und 5 sind richtig

580* Welche Aussage trifft **nicht** zu?
Zur analytischen Erfassung olefinischer Doppelbindungen in organischen Verbindungen werden folgende Reagenzien eingesetzt:

(A) Brom-Lösung
(B) Pt/H_2
(C) Ozon
(D) Kaliumpermanganat
(E) Alkalihydroxid-Lösung

581* Welche Aussage trifft **nicht** zu?
Alkene wie Hexen geben folgende Reaktionen:

(A) Anlagerung von Nitrosylchlorid
(B) Umsetzung mit organischen Peroxosäuren
(C) Umsetzung mit Ozon
(D) in alkoholisch-wässriger Lösung Farbreaktion mit $FeCl_3$
(E) Hydrierung mit Pt/H_2

582 Welche Aussage trifft zu?
Cyclohexan kann von Cyclohexen durch folgende Beobachtung **nicht** unterschieden werden:

(A) Löslichkeit in konz. H_2SO_4
(B) Niederschlag mit ammoniakalischer Silbersalz-Lösung
(C) Epoxidbildung durch Umsetzung mit Peroxosäuren wie Peroxoessigsäure oder Peroxobenzoesäure
(D) Entfärbung einer wässrigen, sodaalkalischen Kaliumpermanganat-Lösung unter Abscheidung von Mangan(IV)-oxidhydrat
(E) Entfärbung einer wässrigen Brom-Lösung

583 Welche Aussage trifft **nicht** zu?
Monosubstituierte Alkine (Acetylene) wie 1-Butin geben folgende Nachweisreaktionen:

(A) in Gegenwart von Hg^{2+}/H_2SO_4 Wasseranlagerung zu Carbonylverbindungen
(B) Ausfällung charakteristisch gefärbter Pikrate

(C) Entfärbung von wässriger, sodaalkalischer Permanganat-Lösung
(D) mit ammoniakalischer Silbersalz-Lösung Niederschlag von Silberacetylid
(E) Entfärbung von wässriger Brom-Lösung

584* Welche Aussage trifft **nicht** zu?
Monosubstituierte Acetylene wie 1-Butin geben folgende Nachweisreaktionen:

(A) in Gegenwart von Hg^{2+}/H_2SO_4 Wasseranlagerung zu Carbonylverbindungen
(B) Umsetzung mit Thioharnstoff und anschließende Fällung mit Pikrinsäure
(C) Entfärbung von wässriger, sodaalkalischer Permanganat-Lösung
(D) mit alkalischer Silbersalz-Lösung Niederschlag von substituiertem Silberacetylid
(E) Entfärbung von wässriger Brom-Lösung

585* Welche Aussagen treffen zu?
Monosubstituierte Acetylene wie 1-Butin können von entsprechenden Alkenen mithilfe folgender Reaktionen unterschieden werden:

(1) Niederschlagsbildung mit ammoniakalischer Silbersalz-Lösung
(2) Entfärbung von wässriger Brom-Lösung
(3) unter katalytischer Wirkung von Hg^{2+}/H_2SO_4 Anlagerung von Wasser zu Carbonylverbindungen
(4) Entfärbung von sodaalkalischer Permanganat-Lösung

(A) nur 1 ist richtig
(B) nur 2 ist richtig
(C) nur 1 und 3 sind richtig
(D) nur 2 und 4 sind richtig
(E) 1–4 = alle sind richtig

586* Welche Aussage trifft **nicht** zu?
Monosubstituierte Acetylene wie Ethinylestradiol (siehe Formel) können wie folgt nachgewiesen werden:

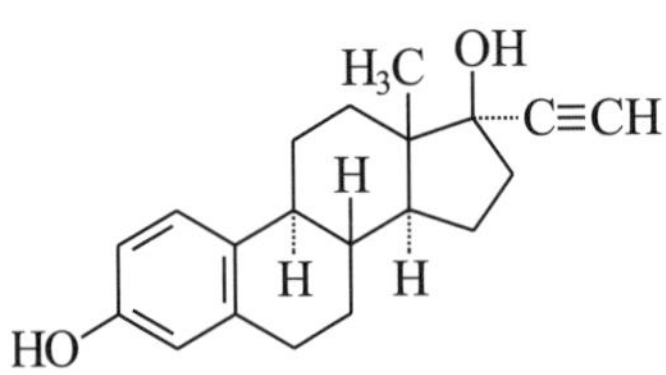

(A) in Gegenwart von Hg^{2+}/H_2SO_4 Wasseranlagerung zu Carbonylverbindungen
(B) Umsetzung mit Thioharnstoff und anschließende Fällung mit Pikrinsäure
(C) Entfärbung von wässriger, sodaalkalischer Permanganat-Lösung
(D) mit alkalischer Silbersalz-Lösung Niederschlag von substituiertem Silberacetylid
(E) Entfärbung von wässriger Brom-Lösung

Alkylhalogenide – Arylhalogenide

587* Welche der folgenden Reagenzien eignen sich zum Nachweis von Alkylhalogeniden als schwer lösliches Alkylisothiuroniumsalz?

(1) Harnstoff
(2) Thioharnstoff
(3) Ammoniumsulfid
(4) Pikrinsäure

(A) nur 1 ist richtig
(B) nur 2 ist richtig
(C) nur 1 und 2 sind richtig
(D) nur 2 und 4 sind richtig
(E) nur 2, 3 und 4 sind richtig

588 Welche der nachfolgend aufgeführten funktionellen Gruppen wird durch Umsetzung mit Thioharnstoff und nachfolgende Fällung des gebildeten **Derivates** mit Pikrinsäure nachgewiesen (R = Alkyl)?

(A) R-C≡C-H
(B) R-CH_2-Br
(C) R-CH_2-OH
(D) R-CH_2-NH_2
(E) R-CH_2-COOH

589* Welche der nachfolgend aufgeführten funktionellen Gruppen wird durch Umsetzung mit Thioharnstoff und nachfolgende Fällung des **Derivates** mit Pikrinsäure nachgewiesen?

(A) R-C≡C-H
(B) R-CH_2-OH
(C) R-CH_2-Cl
(D) R-CH_2-NH_2
(E) R-CH_2-COOH

590 Welche der nachfolgend aufgeführten funktionellen Gruppen wird durch Umsetzung mit Thioharnstoff und nachfolgende Fällung des **Derivates** mit Pikrinsäure nachgewiesen (R = Alkyl)?

(A) R-C≡C-H
(B) $R\text{-}CH_2\text{-}OH$
(C) 

(D) $R\text{-}CH_2\text{-}NH_2$
(E) Keine der obigen Gruppen wird so nachgewiesen.

Alkohole

591* Primäre, sekundäre und tertiäre Alkohole lassen sich an ihrem Verhalten bei Umsetzung mit konz. $HCl/ZnCl_2$ (Lucas-Test) unterscheiden.
Welche der folgenden chemischen Vorgänge laufen dabei ab?

(1) Alkylhalogenid-Bildung
(2) Bildung eines Zink-Chelates
(3) Dehydrierung

(A) nur 1 ist richtig
(B) nur 2 ist richtig
(C) nur 3 ist richtig
(D) nur 1 und 2 sind richtig
(E) 1–3 = alle sind richtig

592 Welche Aussage trifft **nicht** zu?
Primäre und sekundäre Alkohole können charakterisiert werden als:

(A) 4-Nitrobenzoesäureester
(B) Halbester der 3-Nitrophthalsäure
(C) Xanthogenate
(D) N-Phenylcarbaminsäureester (Phenylurethane)
(E) S-Alkylisothiuroniumpikrate

593* Welche Aussagen treffen zu?
Primäre und sekundäre Alkohole können charakterisiert werden als:

(1) 4-Nitrobenzoesäureester
(2) Halbester der 3-Nitrophthalsäure
(3) 2,4-Dinitrophenylether
(4) N-Phenylcarbaminsäureester (Phenylurethane)

(A) nur 1 und 3 sind richtig
(B) nur 2 und 4 sind richtig
(C) nur 1, 2 und 3 sind richtig
(D) nur 2, 3 und 4 sind richtig
(E) 1–4 = alle sind richtig

594* Welches der nachfolgend aufgeführten Reagenzien eignet sich **nicht** zur Identifizierung primärer Alkohole?

(A) 4-Nitrobenzoylchlorid
(B) Phenylisocyanat
(C) Phthalsäureanhydrid
(D) Kohlendisulfid/OH^-/Schwermetallsalze
(E) Thioharnstoff

595 Welche Aussagen treffen zu?
Alkoholische Gruppen sind durch Derivatbildung mit folgenden Reagenzien charakterisierbar:

(1) Phenylisocyanat
(2) Cyanessigester
(3) 3-Nitrophthalsäureanhydrid
(4) Thioacetamid
(5) Thioharnstoff

(A) nur 1 und 3 sind richtig
(B) nur 2 und 4 sind richtig
(C) nur 1, 2 und 5 sind richtig
(D) nur 1, 4 und 5 sind richtig
(E) 1–5 = alle sind richtig

596* Welche Aussagen treffen zu?
Alkoholische Gruppen sind durch Derivatbildung mit folgenden Reagenzien charakterisierbar:

(1) Phenylisocyanat
(2) Cyanessigester
(3) 3,5-Dinitrobenzoylchlorid
(4) Thioacetamid
(5) Thioharnstoff

(A) nur 1 und 3 sind richtig
(B) nur 2 und 4 sind richtig
(C) nur 1, 2 und 5 sind richtig
(D) nur 1, 4 und 5 sind richtig
(E) 1–5 = alle sind richtig

597* Welche Aussagen treffen zu?
Alkohole geben folgende analytisch verwertbare Umsetzungen:

(1) direkte Farbreaktionen mit Fuchsin-Schwefliger Säure
(2) Bildung von O-Acylderivaten bei der Umsetzung mit 3,5-Dinitrobenzoylchlorid
(3) bei primären und sekundären Alkoholen Bildung von Phenylurethanen bei der Umsetzung mit Phenylisocyanat
(4) direkte Farbreaktionen mit $Na_2[Fe(CN)_5NO]$

(A) nur 2 und 3 sind richtig
(B) nur 3 und 4 sind richtig
(C) nur 1, 2 und 4 sind richtig
(D) nur 2, 3 und 4 sind richtig
(E) 1–4 = alle sind richtig

598* Welches der folgenden Derivate wird bei der analytisch verwertbaren Reaktion primärer und sekundärer Alkohole mit Phenylisocyanat gebildet?

(A) Hydroxamsäureester
(B) Oxim
(C) Urethan
(D) Hydrazon
(E) Semicarbazon

599* Welche der folgenden funktionellen Gruppen reagieren in der Regel mit 3,5-Dinitrobenzoylchlorid in Gegenwart von Pyridin unter Bildung meistens kristalliner Produkte?

(1) Phenole
(2) primäre und sekundäre Alkohole
(3) Ketone
(4) primäre und sekundäre Amine

(A) nur 1 und 2 sind richtig
(B) nur 2 und 4 sind richtig
(C) nur 1, 2 und 4 sind richtig
(D) nur 1, 3 und 4 sind richtig
(E) 1–4 = alle sind richtig

600* Welche der folgenden funktionellen Gruppen reagieren in der Regel mit 3,5-Dinitrobenzoylchlorid unter Bildung eines meist kristallinen Produktes?

(A) Carbonsäureester
(B) tertiäre Amine
(C) Carbonsäureamide
(D) Aldehyde
(E) primäre und sekundäre Alkohole

601* Welche der folgenden funktionellen Gruppen reagieren in der Regel mit 3,5-Dinitrobenzoylchlorid in Gegenwart von Pyridin unter Bildung eines meist kristallinen Produktes?

(1) Phenole
(2) primäre und sekundäre Alkohole
(3) Carbonsäureamide
(4) Aldehyde
(5) tertiäre Amine

(A) nur 1 und 2 sind richtig
(B) nur 2 und 4 sind richtig
(C) nur 3 und 5 sind richtig
(D) nur 1, 2 und 5 sind richtig
(E) nur 2, 4 und 5 sind richtig

602 Welche der folgenden funktionellen Gruppen reagiert in der Regel mit 3,5-Dinitrobenzoylchlorid unter Bildung eines meist kristallinen Produktes?

(A) sekundärer Alkohol
(B) quartäre Ammoniumverbindung
(C) Carbonsäureester
(D) Carbonsäureamid
(E) Keton

603 Welche Aussagen treffen zu?
Nitrogruppen in Reagenzien, die zur Derivatisierung verwendet werden, z. B. 3,5-Dinitrobenzoylchlorid, bewirken im Allgemeinen im Vergleich zu den betreffenden Reagenzien ohne Nitrogruppen:

(1) erhöhtes Kristallisationsvermögen des Derivates
(2) geringere Löslichkeit des Derivates
(3) erhöhte Reaktivität des Reagenzes
(4) intensivere Färbung des Derivates

(A) nur 1 und 2 sind richtig
(B) nur 3 und 4 sind richtig
(C) nur 1, 2 und 4 sind richtig
(D) nur 2, 3 und 4 sind richtig
(E) 1–4 = alle sind richtig

Glycole – Aminoalkohole

604* Die unten abgebildete Verbindung wird nach Malaprade mit Natriummetaperiodat umgesetzt.

CH_2–CH–CH_2–CH–CH–CH–CH_3
| | | | |
OH OH   OH OH OH

Welche der folgenden Verbindungen ist **nicht** als Reaktionsprodukt zu erwarten?

(A) CH_2–CHO
|
CHO
(B) CH_2-CHO
|
OH
(C) HCHO
(D) HCOOH
(E) CH_3CHO

605* Welche funktionelle Gruppe unterliegt bei Umsetzung mit Natriummetaperiodat **nicht** einer C-C-Spaltung?

(A) H_2C-OH
|
H_2C-OH
(B) HC=O
|
H_2C-OH
(C) HC=O
|
HC=O
(D) H_2C-OH
|
H_2C-NH_2
(E) H_2C-O-CH_3
|
H_2C-OH

606 Welche der folgenden Reaktionen gestattet ohne weitere Identifizierung der Reaktionsprodukte eine Unterscheidung eines 1,2-Aminoalkohols mit primärer Aminogruppe vom entsprechenden 1,2-Diol (Glycol)?
Die Umsetzung mit:

(A) Natriummetaperiodat
(B) Bleitetraacetat
(C) Cu(II)-Salzen in alkalischer Lösung
(D) metallischem Natrium
(E) Keine der obigen Aussagen trifft zu.

607 Welcher der folgenden Arzneistoffe bildet im Alkalischen **keinen** farbigen Chelatkomplex mit Cu(II)-Ionen?

(A) Etilefrin
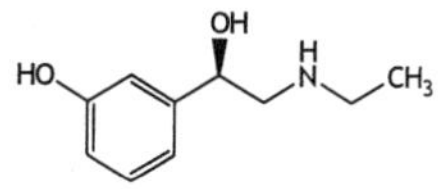

(B) Ephedrin
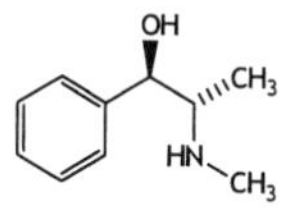

(C) Sorbitol
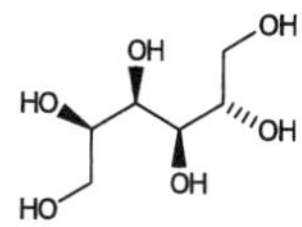

(D) L-Alanin
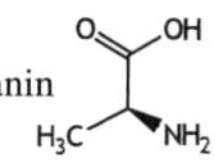

(E) Benzocain
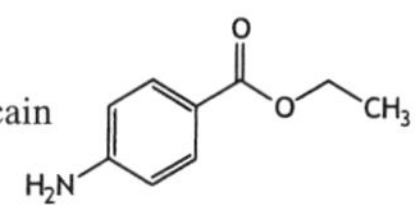

Phenole

siehe auch MC-Fragen Nr. 800, 818, 820

608* Welche der folgenden Reaktionen ist zum Nachweis von Phenolen **nicht** geeignet?

(A) Diazotierungs-Kupplungs-Reaktion
(B) Eisen(III)-chlorid-Reaktion
(C) Azomethin-Bildung
(D) Veresterung nach Schotten-Baumann (mit Benzoylchlorid in wässrig, schwach alkalischem Milieu)
(E) Umsetzung mit Isocyanaten

609 Welche der folgenden Reaktionen ist zum Nachweis von Phenol **nicht** geeignet?

(A) Azokupplung
(B) Azomethin-Bildung
(C) Eisen(III)-chlorid-Reaktion
(D) Umsetzung mit Gibbs Reagenz unter geeigneten Bedingungen
(E) Emerson-Reaktion

610 Welche der folgenden Verbindungen entsteht beim Nachweis von Phenol mit 2,6-Dichlorchinonchlorimid im Alkalischen?

(A)

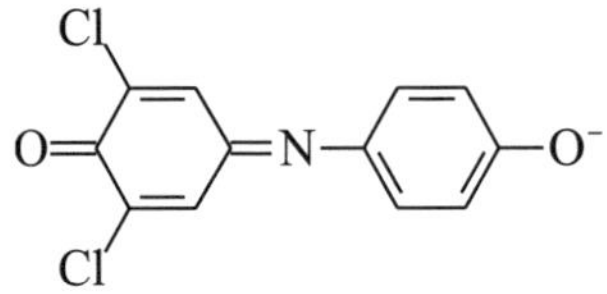

(B)

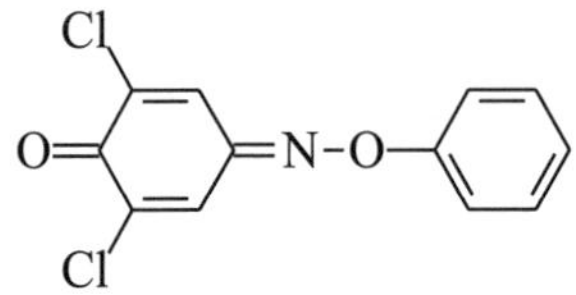

(C)

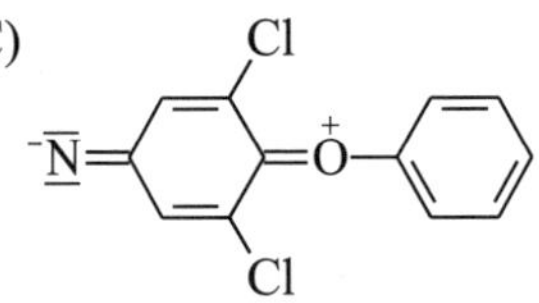

(D)

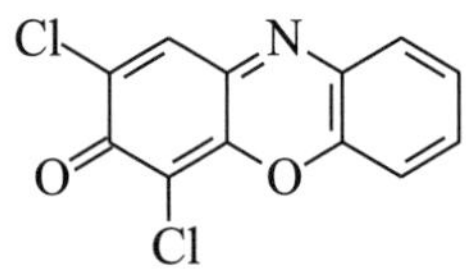

(E)

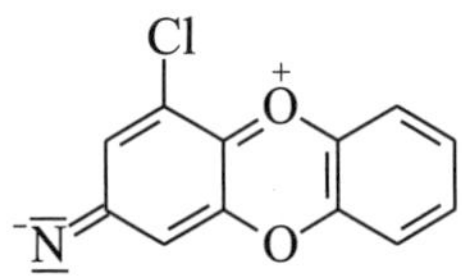

611 Welche Aussage trifft **nicht** zu?
Zum Nachweis von Phenol eignet sich unter entsprechenden Bedingungen:

(A) Dichlorchinonchlorimid
(B) Aminopyrazolon und Kaliumhexacyanoferrat(III)
(C) Diazobenzensulfonsäure-Lösung
(D) Eisen(III)-chlorid
(E) Chromotropsäure

612* Durch welche der folgenden Umsetzungen lassen sich Phenole von Phenolethern unterscheiden?

(1) Umsetzung mit 2,4-Dinitrochlorbenzen in ammoniakalischer Lösung
(2) Reaktion mit Fe^{3+} unter Bildung eines gefärbten Komplexes
(3) Salzbildung mit Natriumhydroxid-Lösung
(4) Reaktion mit 2,6-Dichlorchinonchlorimid und Natriumhydroxid

(A) nur 2 ist richtig
(B) nur 1 und 4 sind richtig
(C) nur 2 und 3 sind richtig
(D) nur 1, 2 und 3 sind richtig
(E) 1–4 = alle sind richtig

613* Welche Aussagen treffen zu?
Phenol lässt sich von Phenylmethylether unterscheiden durch:

(1) Umsetzung mit 2,4-Dinitrochlorbenzen in ammoniakalischer Lösung
(2) Reaktion mit Fe^{3+} unter Bildung eines gefärbten Komplexes
(3) Salzbildung mit Natriumhydroxid-Lösung
(4) Umsetzung mit 3,5-Dinitrobenzoylchlorid in Gegenwart von Pyridin

(A) nur 2 ist richtig
(B) nur 1 und 2 sind richtig
(C) nur 2 und 3 sind richtig
(D) nur 3 und 4 sind richtig
(E) 1–4 = alle sind richtig

Phenol in Sera und Impfstoffen

614 Welche Aussage trifft zu?
Phenol in Sera und Impfstoffen wird nach Arzneibuch ohne vorherige Abtrennung von Eiweiß bestimmt durch:

(A) oxidative Kondensation mit 4-Aminoantipyrin und Messung der Farbintensität
(B) Azokupplung mit diazotierter Sulfanilsäure und Messung der Farbintensität
(C) Absorptionsmessung der wässrigen Lösung im UV-Bereich
(D) vorsichtiges Abdunsten der Lösung und wasserfreie Titration des trockenen Rückstandes mit ethanolischer 0,1 M-NaOH
(E) bromometrische Titration der wässrigen Lösung nach Koppeschaar

615* Welche Aussage über die Bestimmung von Phenol in Sera und Impfstoffen gemäß Arzneibuch trifft **nicht** zu?

(A) Die Bestimmung erfolgt als Derivat photometrisch.
(B) Die Färbung der Lösung rührt von einem Phenol-Eisen(III)-Komplex her.
(C) Es erfolgt eine oxidative Kupplung mit Aminopyrazolon.
(D) Kaliumhexacyanoferrat(III) dient als Oxidationsmittel.
(E) Es liegt ein Spezialfall einer Indophenolreaktion vor.

616 Zur quantitativen Bestimmung von Phenol in Sera und Impfstoffen nach Arzneibuch wird die zu untersuchende Substanz mit Aminoantipyrin-Lösung und Kaliumhexacyanoferrat(III)-Lösung umgesetzt und anschließend die Farbintensität bei 546 nm gemessen.
Welche Struktur hat der entstehende Farbstoff?

(A)

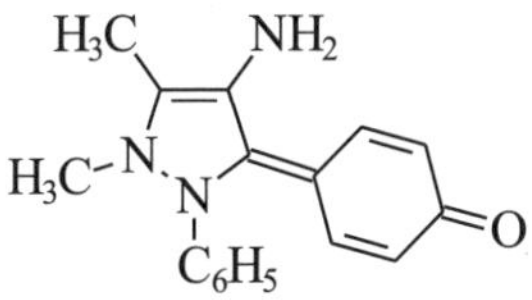

(B)

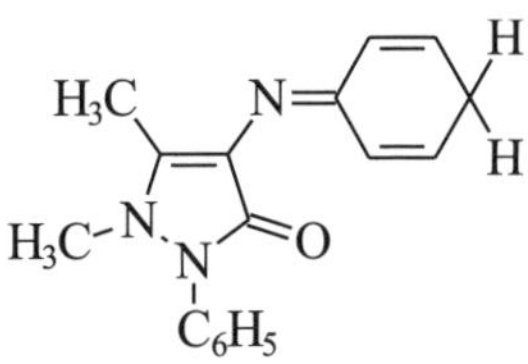

(C)

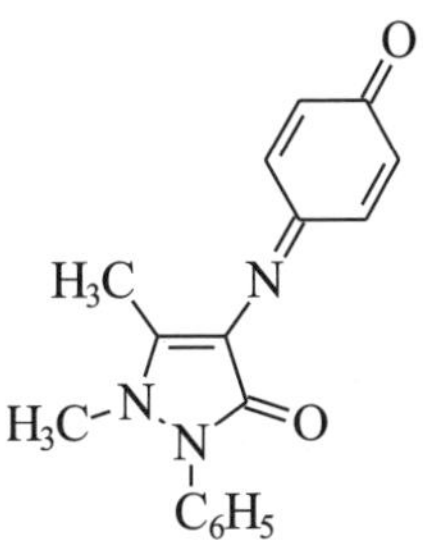

(D)

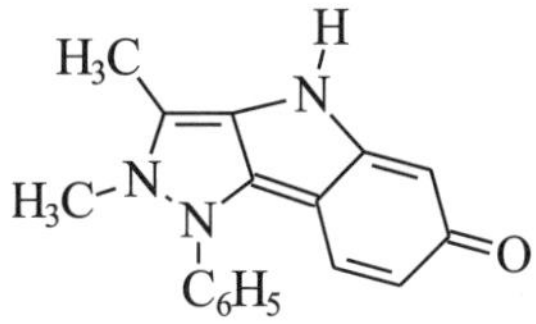

(E)

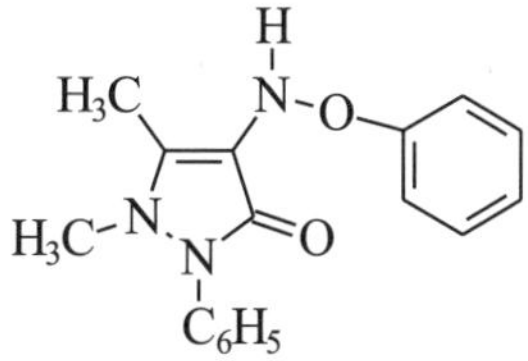

Eisen(III)-chlorid-Reaktion

siehe auch MC-Fragen Nr. 856, 784

617* Die Lösung einer Substanz färbt sich auf Zusatz von Eisen(III)-chlorid-Lösung rot oder violett.
Durch welche der folgenden Stoffe/Stoffgruppen kann die Färbung **nicht** verursacht sein?

(A) ein Phenol
(B) ein Thiocyanat
(C) Acetylaceton
(D) ein Salicylat
(E) ein Sulfonsäureamid

618 Die Lösung einer Substanz färbt sich auf Zusatz von Eisen(III)-chlorid-Lösung rot oder violett.
Durch welchen der folgenden Stoffe kann die Färbung **nicht** verursacht sein?

(A) ein Phenol
(B) ein Thiocyanat
(C) Acetessigsäureethylester
(D) ein Salicylat
(E) ein Tartrat

619 Welche Aussage trifft **nicht** zu?
Die Lösung einer Substanz färbt sich auf Zusatz von Eisen(III)-chlorid-Lösung rot oder violett.
Die Färbung kann verursacht sein durch ein:

(A) Phenol
(B) Thiocyanat
(C) Oxalat
(D) Salicylat
(E) Methylsalicylat

620 Welche Aussage trifft **nicht** zu?
Die Lösung einer Substanz färbt sich auf Zusatz von Eisen(III)-chlorid-Lösung rot oder violett. Die Färbung kann verursacht sein durch:

(A) Phenol
(B) Natriumthiocyanat
(C) Phenolether
(D) Salicylsäure
(E) Acetylaceton

621 Welche der folgenden Stoffe bzw. Ionen ergeben bei Zusatz von Eisen(III)-chlorid-Lösung eine Farbreaktion?

(1) Phenol
(2) Thiocyanat
(3) Salicylat
(4) Sulfosalicylat (2-Hydroxy-5-sulfobenzoat)

(A) nur 1 ist richtig
(B) nur 2 ist richtig
(C) nur 3 ist richtig
(D) nur 1 und 2 sind richtig
(E) 1–4 = alle sind richtig

622 Welche Aussagen treffen zu?
Mit $FeCl_3$-Lösung entsteht eine Färbung mit:

(1) Methylsalicylat
(2) Vanillin
(3) Menthol
(4) Acetylsalicylsäure

(A) nur 1 und 2 sind richtig
(B) nur 1 und 4 sind richtig
(C) nur 2 und 3 sind richtig
(D) nur 2, 3 und 4 sind richtig
(E) 1–4 = alle sind richtig

623 Welche Aussagen treffen zu?
Eine positive Eisen(III)-chlorid-Reaktion (Blau- bis Blauviolett-Färbung) geben:

(1) Acetylsalicylsäure
(2) Methylsalicylat
(3) Acetylsalicylsäureanhydrid
(4) Salicylsäure

(A) nur 1 ist richtig
(B) nur 3 ist richtig
(C) nur 1 und 3 sind richtig
(D) nur 2 und 4 sind richtig
(E) nur 1, 3 und 4 sind richtig

624 Welche Aussagen treffen zu?
Unter geeigneten Bedingungen ergibt Eisen(III)-chlorid eine Färbung mit:

(1) 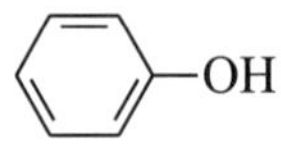

(2) 

(3) 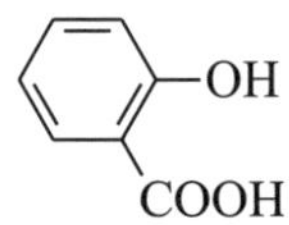

(4) $CH_3-C(=O)-CH_2-C(=O)OC_2H_5$

(A) nur 1 ist richtig
(B) nur 1 und 3 sind richtig
(C) nur 2 und 4 sind richtig
(D) nur 1, 3 und 4 sind richtig
(E) 1–4 = alle sind richtig

625 Welche Aussagen treffen zu?
Unter geeigneten Bedingungen ergibt Eisen(III)-chlorid eine Rot- bis Violettfärbung mit:

(1) 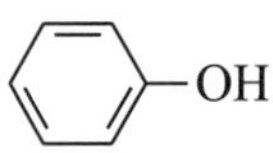

(3) 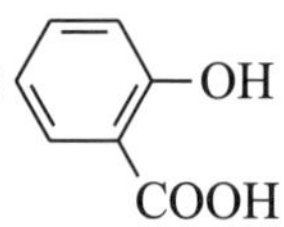

(2) 

(4) $CH_3-C(=O)-NH-OH$

(A) nur 3 ist richtig
(B) nur 1 und 2 sind richtig
(C) nur 1, 2 und 3 sind richtig
(D) nur 1, 3 und 4 sind richtig
(E) 1–4 = alle sind richtig

626 Welche Aussagen treffen zu?
Unter geeigneten Bedingungen ergibt Eisen(III)-chlorid eine Rot- bis Violettfärbung mit:

(1) 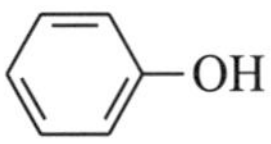

(2) 

(3) 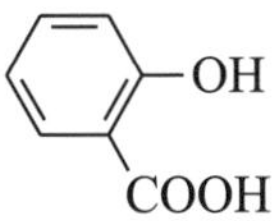

(4) $CH_3-C(OH)=CH-C(=O)OC_2H_5$

(A) nur 1 ist richtig
(B) nur 1 und 2 sind richtig
(C) nur 2 und 4 sind richtig
(D) nur 1, 3 und 4 sind richtig
(E) 1–4 = alle sind richtig

627 Welche der nachfolgend aufgeführten Verbindungen lassen sich mittels Eisen(III)-chlorid-Lösung durch Entstehung eines farbigen Reaktionsprodukts nachweisen?

(1) 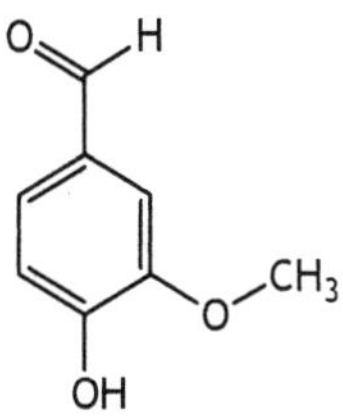

(2) 

(3) 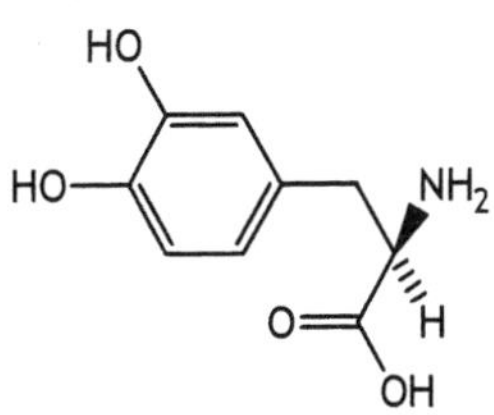

(4) 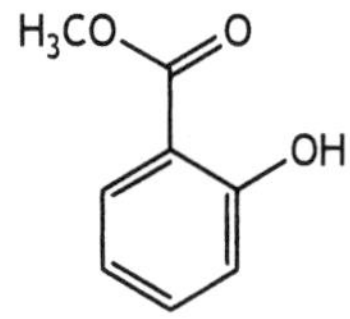

(5) 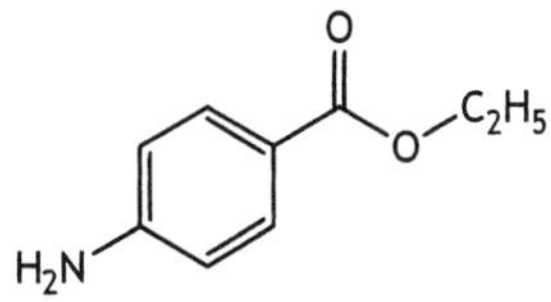

(A) nur 1 und 3 sind richtig
(B) nur 2 und 4 sind richtig
(C) nur 1, 3 und 4 sind richtig
(D) nur 3, 4 und 5 sind richtig
(E) 1–5 = alle sind richtig

Mercaptane (Thiole) – Disulfide

628* Welche der folgenden Reaktionen ist **nicht** zur Identifizierung von Thiolen geeignet?

(A) Bildung von Xanthogenaten bei der Umsetzung mit sekundären Alkoholen/Alkalihydroxid mit Molybdänsalzen als Katalysator
(B) Bildung von Dialkyldisulfiden bei der Reaktion mit Iod-Lösung (Entfärbung)
(C) Bildung von Sulfonsäuren bei der Umsetzung mit Kaliumpermanganat-Lösung (Entfärbung)
(D) Umsetzung mit 3-Nitrophthalsäureanhydrid
(E) gelbe Fällung bei der Umsetzung mit Bleiacetat-Lösung

629* Welche Aussage trifft zu?

$H_2N-CH(COOH)-H_2C-SH$

Die Aminosäure Cystein (siehe obige Formel) reagiert mit Iod in salzsaurer wässriger Lösung zu (ionische Formeln bleiben unberücksichtigt):

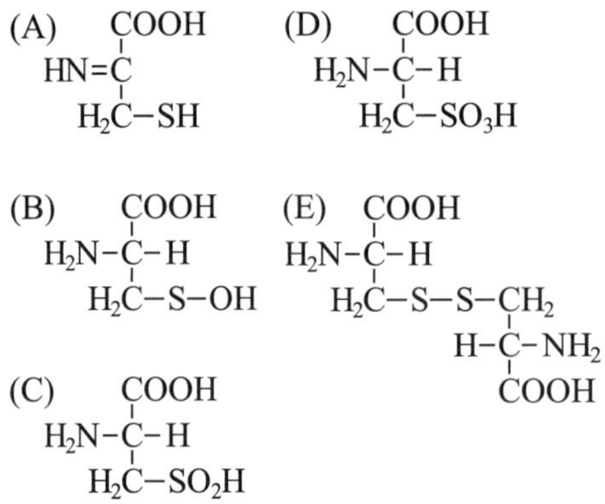

630* Welche der folgenden Reaktionen eignet sich **nicht** für den Nachweis des abgebildeten Antidots Dimercaprol?

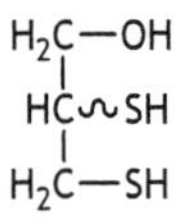

(A) Bei Zugabe einer Iod-Lösung zu einem Überschuss der wässrigen Lösung der Substanz verschwindet die Farbe des Iods sofort.
(B) Mit Pb(II)-Lösung entsteht ein schwer löslicher Niederschlag.
(C) Kaliumiodid-Stärke-Lösung färbt sich bei Zugabe der Substanz blau.
(D) Mit Dinatriumpentacyanonitrosylferrat(II)-Lösung im Alkalischen entsteht ein farbiger Komplex.
(E) Tillmans-Reagenz (2,6-Dichlorphenolindophenol-Natrium) wird bei Zugabe einer wässrigen Lösung der Substanz entfärbt.

Aldehyde – Ketone

631 Welche Aussage trifft zu?
Der positive Ausfall bei der Umsetzung einer organischen Verbindung mit dem Reagenz nach Tollens (= ammoniakalische Silbersalz-Lösung) ist ein Hinweis auf:

(A) Benzaldehyd
(B) Nitrobenzen
(C) Anisol
(D) Propionsäure
(E) Naphthalen

632* Welche Aussage trifft zu?
Der positive Ausfall bei der Umsetzung einer organischen Verbindung mit dem Reagenz nach Tollens (= ammoniakalische Silbersalz-Lösung) ist ein Hinweis auf:

(A) Ascorbinsäure
(B) Nitrobenzen
(C) Anisol
(D) Ethylacetat
(E) Chlorbenzen

633 Welcher der folgenden Stoffe ist prinzipiell zum Nachweis von Carbonylgruppen **nicht** geeignet?

(A) Hydroxylaminhydrochlorid
(B) Diphenylamin
(C) Isonicotinsäurehydrazid
(D) Phenylhydrazin
(E) Semicarbazid

634* Welcher der folgenden Stoffe ist prinzipiell zum Nachweis von Carbonylgruppen **nicht** geeignet?

(A) Hydroxylaminhydrochlorid
(B) Isonicotinsäurehydrazid
(C) Nitrobenzoylchlorid
(D) Phenylhydrazin
(E) Hydrazinsulfat

635 Welcher der folgenden Stoffe ist prinzipiell zum Nachweis von Carbonylgruppen **nicht** geeignet?

(A) Hydrazobenzen
(B) Isonicotinsäurehydrazid
(C) Phenylhydrazin
(D) Hydroxylaminhydrochlorid
(E) Hydrazinsulfat

636 Welche Aussage trifft **nicht** zu?
Zum Nachweis von aliphatischen Aldehyden eignet sich die Reaktion mit:

(A) Hydroxylamin
(B) Phenylisocyanat
(C) Phenylhydrazin
(D) Semicarbazid
(E) Schiffs Reagenz (Fuchsin-Schweflige Säure)

637 Welche Aussage trifft **nicht** zu?
Aliphatische Aldehyde geben eine positive Reaktion mit folgenden Reagenzien:

(A) Ammoniak/Silbernitrat
(B) Phenylhydrazin
(C) Dichlorchinonchlorimid
(D) Thiosemicarbazid
(E) Hydroxylaminhydrochlorid

638 Welche der folgenden Reagenzien eignen sich zur Derivatbildung bzw. Charakterisierung von Aldehyden?

(1) Semicarbazid
(2) Hydroxylamin
(3) 2,4-Dinitrophenylhydrazin
(4) Diphenylcarbazon

(A) nur 1 ist richtig
(B) nur 1 und 4 sind richtig
(C) nur 2 und 4 sind richtig
(D) nur 1, 2 und 3 sind richtig
(E) 1–4 = alle sind richtig

639* Welche Aussagen treffen zu?
Aldehyde sind durch Derivatbildung mit folgenden Reagenzien charakterisierbar:

(1) Semicarbazid
(2) Hydroxylamin
(3) 2,4-Dinitrophenylhydrazin
(4) 3,5-Dinitrobenzoylchlorid
(5) Phenylisocyanat

(A) nur 1, 2 und 3 sind richtig
(B) nur 1, 3 und 4 sind richtig
(C) nur 2, 3 und 5 sind richtig
(D) nur 1, 2, 4 und 5 sind richtig
(E) 1–5 = alle sind richtig

640* Welche Aussage trifft **nicht** zu?
Zur Identifizierung von aliphatischen Aldehyden können beitragen:

(A) die Bildung von Semicarbazonen
(B) die Bildung eines rötlich gefärbten Niederschlages bei Umsetzung mit Fehlingscher Lösung
(C) die Bildung von 2,4-Dinitrophenylhydrazonen
(D) die Banden der C=O-Valenzschwingung im IR-Spektrum um 1700 cm^{-1}
(E) die Bande des $\pi \rightarrow \pi^*$-Überganges der C=O-Gruppe im VIS-Spektrum

641* Eine Verbindung kann

(1) mit Hydroxylamin in ein Oxim sowie
(2) mit Pyrrolidin in ein Enamin übergeführt werden.

Um welche der folgenden Verbindungen kann es sich hierbei handeln?

(A) 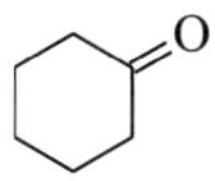

(B) 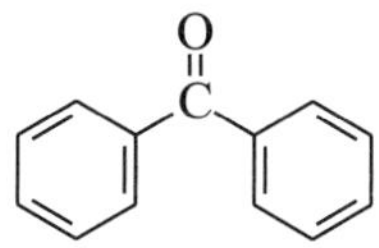

(C) 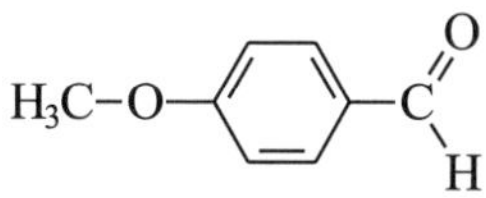

(D) 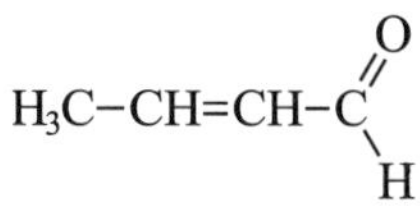

(E) 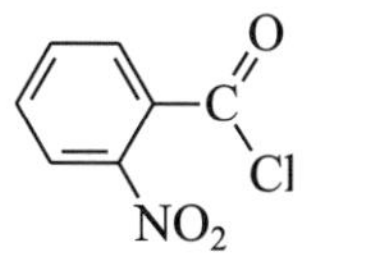

642* Welche Aussage trifft **nicht** zu?
Auf Grund ihrer Fähigkeit zur Bildung folgender Produkte kann in der Regel eine analytische Unterscheidung einer Aldehyd- oder Ketogruppe von anderen Carbonylgruppen wie Ester- oder Amidcarbonylgruppen erreicht werden:

(A) 2,4-Dinitrophenylhydrazon
(B) Semicarbazon
(C) Oxim
(D) Pikrat
(E) Hydrazid

643 Welche Aussage trifft **nicht** zu?
Auf Grund ihrer Fähigkeit zur Bildung folgender Produkte kann in der Regel eine analytische Unterscheidung einer Aldehyd- oder Ketogruppe von anderen Carbonylgruppen wie Ester- oder Amidcarbonylgruppen erreicht werden:

(A) 2,4-Dinitrophenylhydrazon
(B) Thiosemicarbazon
(C) Oxim
(D) 3,5-Dinitrobenzoat
(E) Hydrazid

644 Welche Aussage trifft **nicht** zu?
Durch die Bildung des folgenden Derivats kann ein Keton in der Regel von einem Carbonsäureester unterschieden werden:

(A) Phenylhydrazon
(B) 2,4-Dinitrophenylhydrazon
(C) Oxim
(D) Pikrat
(E) Semicarbazon

645 Welche Aussage trifft **nicht** zu?
Durch die Bildung des folgenden Derivats kann ein Aldehyd in der Regel von einem Carbonsäureester unterschieden werden:

(A) 2,4-Dinitrophenylhydrazon
(B) Semicarbazon
(C) Oxim
(D) Pikrat
(E) Hydrazid

646 Welche Aussage trifft **nicht** zu?
Durch die Bildung des folgenden Derivats kann ein Keton in der Regel von einem Carbonsäureamid unterschieden werden:

(A) 2,4-Dinitrophenylhydrazon
(B) Semicarbazon
(C) Oxim
(D) Pikrat
(E) Ketal

Ordnen Sie bitte den Verbindungen der Liste 1 jeweils ein zu ihrem Nachweis einsetzbares Reagenz aus Liste 2 zu!

Liste 1

647* HCHO

648* $CH_3-CO-CH_3$

Liste 2

(A) $CH_3-CO-CH_2-CO-CH_3/NH_3$
(B) CS_2
(C) 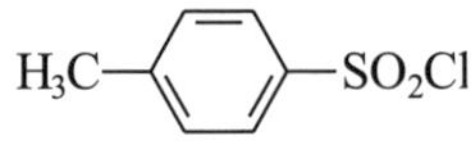

(D) $Na_2[Fe(CN)_5NO]/OH^-$
(E) $(NH_4)_2[Ce(NO_3)_6]$

649 Welche Aussage trifft zu?
Aceton, Formaldehyd, p-Nitrobenzaldehyd und Vanillin

(A) geben mit Diazobenzensulfonsäure eine gefärbte Verbindung
(B) reagieren mit 2,4-Dinitrophenylhydrazin
(C) reduzieren ammoniakalische Silbernitrat-Lösung
(D) bilden mit Eisen(III)-chlorid einen gefärbten Komplex
(E) geben eine positive TTC-Reaktion

Nachweis und Prüfung auf Formaldehyd

siehe auch MC-Fragen Nr. 647, 812, 846

650 Welche der folgenden Reagenzien bzw. Reaktionen ist zum Nachweis von Formaldehyd **nicht** geeignet?

(A) Bildung eines Dihydropyridin-Derivates durch Reaktion mit Acetylaceton in Gegenwart von Ammonium-Ionen
(B) Schiffs Reagenz
(C) Chromotropsäure-Reaktion
(D) ammoniakalische Silbernitrat-Lösung
(E) Indophenol-Reaktion

651 Welche Aussage trifft **nicht** zu?
Zum Nachweis von Formaldehyd eignet sich unter entsprechenden Bedingungen:

(A) Dimedon (5,5-Dimethyl-cyclohexan-1,3-dion)
(B) Diazobenzensulfonsäure-Lösung
(C) Acetylaceton und Ammoniak
(D) Chromotropsäure
(E) Fuchsin-Schweflige Säure

652 Welche der folgenden Aussagen treffen zu?
Formaldehyd lässt sich qualitativ erfassen durch Umsetzung mit:

(1) Chromotropsäure/H_2SO_4 zu einem violett gefärbten Kondensationsprodukt
(2) Schiffs Reagenz (Fuchsin-Schweflige Säure) in mineralsaurer Lösung zu einem rotvioletten Farbstoff
(3) Acetylaceton in Ammoniumacetat-haltiger Lösung zu einer gelb gefärbten Verbindung
(4) Dimedon (5,5-Dimethyl-cyclohexan-1,3-dion) zu einem Kondensationsprodukt (Schmelzpunktbestimmung des Dimedon-Derivates)

(A) nur 2 ist richtig
(B) nur 1 und 2 sind richtig
(C) nur 2 und 3 sind richtig
(D) nur 3 und 4 sind richtig
(E) 1–4 = alle sind richtig

653 Welche Aussagen über den Nachweis von Formaldehyd treffen zu?

(1) Formaldehyd kann durch Umsetzung mit Schiffs Reagenz nachgewiesen werden.
(2) Formaldehyd scheidet aus ammoniakalischer Silbersalz-Lösung elementares Silber ab.
(3) Formaldehyd kann durch Umsetzung mit Chromotropsäure/konz. H_2SO_4 nachgewiesen werden.
(4) Formaldehyd kann durch Umsetzung mit Nitroprussid-Natrium/Ammoniak nachgewiesen werden.

(A) nur 2 ist richtig
(B) nur 4 ist richtig
(C) nur 1 und 3 sind richtig
(D) nur 2 und 4 sind richtig
(E) nur 1, 2 und 3 sind richtig

654 Welche Aussagen treffen zu?
Formaldehyd

(1) gibt mit Chromotropsäure/Schwefelsäure eine Färbung
(2) gibt mit Schiffs Reagenz eine Rotfärbung
(3) wird in alkalischer Lösung bei Zugabe von Iod zu Formiat oxidiert

(A) nur 1 ist richtig
(B) nur 1 und 2 sind richtig
(C) nur 1 und 3 sind richtig
(D) nur 2 und 3 sind richtig
(E) 1–3 = alle sind richtig

655 Welche Aussagen treffen zu?
Acetylaceton wird verwendet zum Nachweis von:

(1) Formaldehyd
(2) tertiären aliphatischen Aminen
(3) Dihydropyridinen

(A) nur 1 ist richtig
(B) nur 2 ist richtig
(C) nur 3 ist richtig
(D) nur 1 und 2 sind richtig
(E) 1–3 = alle sind richtig

656* Formaldehyd lässt sich durch Reaktion mit Acetylaceton und Ammoniak unter Bildung eines gelben Reaktionsproduktes (Hantzsch-Reaktion) nachweisen.
Welches der nachfolgenden Formelbilder gibt die Struktur dieses Reaktionsproduktes wieder?

(A)
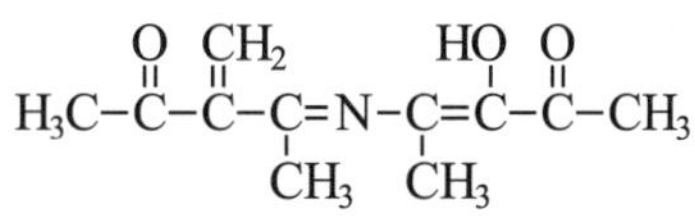

(B)
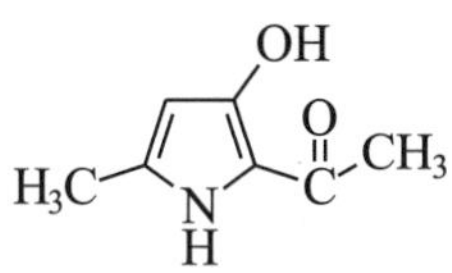

(C)
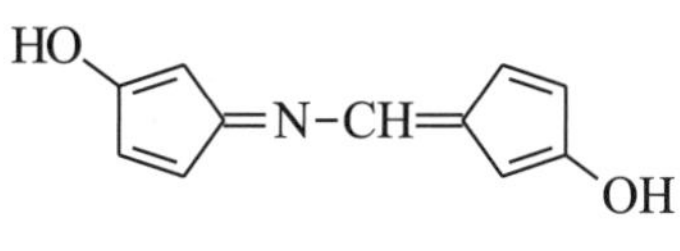

(D)
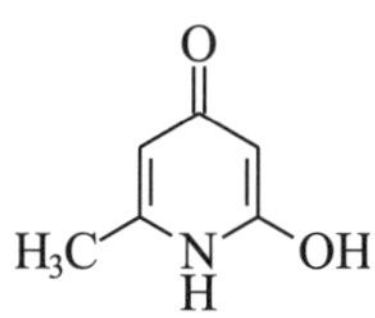

(E)
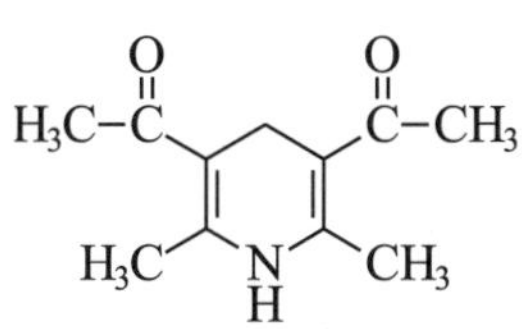

657 Welche Aussagen treffen zu?
Wird Formaldehyd in verdünnter Lösung mit Acetylaceton (Pentan-2,4-dion) und Ammoniumacetat versetzt, so entsteht eine gelbe Lösung.
Für den gebildeten Farbstoff gilt:

(1) Die Bildung erfolgt nach dem Prinzip der Hantzsch-Reaktion.
(2) Er liegt als Dihydropyridin-Derivat vor.
(3) Er gehört zur Gruppe der Azofarbstoffe.
(4) Er liegt als kurzkettiges Merocyanin (vinyloges Amid) vor.

(A) nur 1 ist richtig
(B) nur 1 und 3 sind richtig
(C) nur 1, 2 und 4 sind richtig
(D) nur 2, 3 und 4 sind richtig
(E) 1–4 = alle sind richtig

658

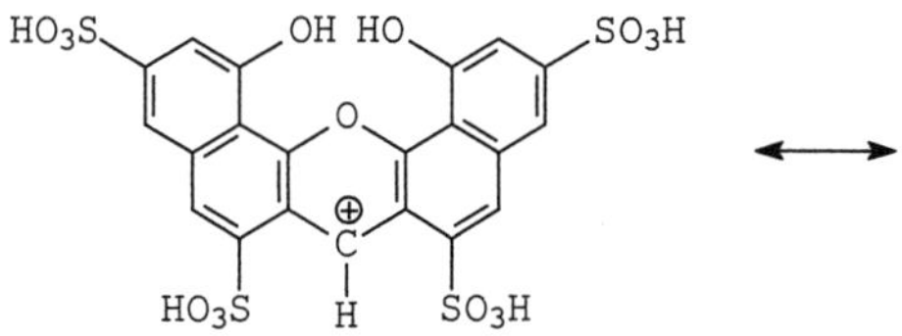

und andere mesomere Grenzformen

Welcher der folgenden Stoffe wird in Form des oben dargestellten Reaktionsprodukts einer Farbreaktion direkt nachgewiesen?

(A) Formaldehyd
(B) Acetaldehyd
(C) Methanol
(D) 1-Naphthol
(E) Brenzcatechin

659 Welche Aussage trifft zu?

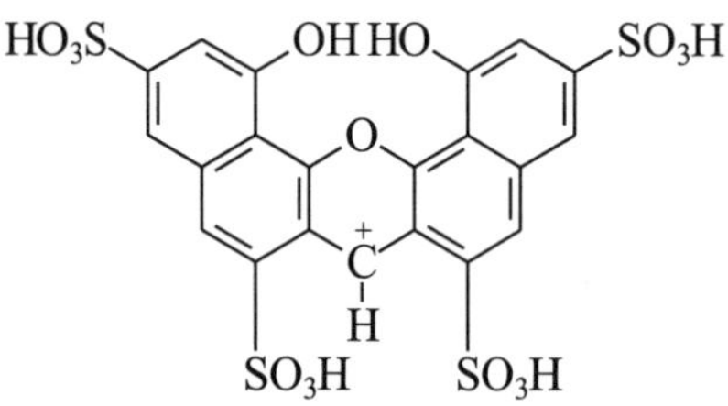

und andere mesomere Grenzformen

Die oben abgebildete Verbindung entsteht aus Chromotropsäure bei einem Nachweis von:

(A) Paraldehyd
(B) Formaldehyd
(C) Acetaldehyd
(D) Vanillin
(E) Aceton

660 Eine Identitätsprüfung von Hexetidin kann durch die Umsetzung mit Schwefelsäure und Chromotropsäure bei 60 °C im Wasserbad erfolgen. Es entwickelt sich eine violette Färbung.

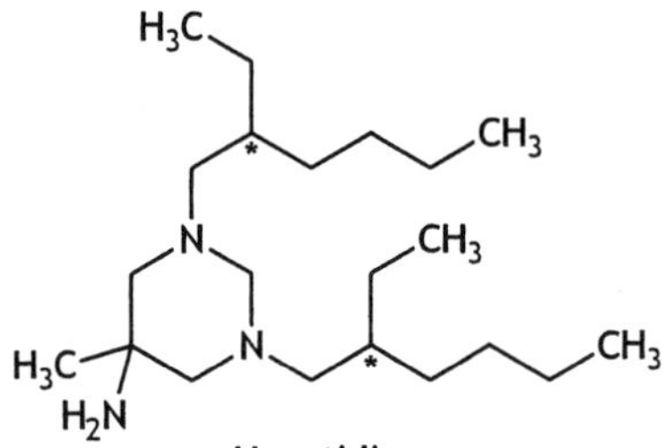

Hexetidin

Welches Spaltprodukt aus dem Hexetidin wird durch diese Reaktion nachgewiesen?

(A) Piperidin
(B) Formaldehyd
(C) Acetaldehyd
(D) 2-Ethylhexylamin
(E) Aceton

Haloform-Reaktion (Iodoform-Probe)

661* Welche Aussage trifft **nicht** zu?
Die Iodoform-Probe verläuft positiv bei:

(A) Aceton
(B) Methylethylketon
(C) Butan-2-on
(D) Milchsäure
(E) Pentan-3-on

662 Welche Aussage trifft **nicht** zu?
Eine positive Iodoform-Reaktion wird erhalten mit:

(A) Aceton
(B) Ethanol
(C) Propan-2-ol
(D) Milchsäure
(E) Weinsäure

663 Welche der folgenden chemischen Gruppierungen geben unter geeigneten Bedingungen eine positive Haloform-Reaktion?

(1) $CH_3-\underset{\underset{O}{\|}}{C}-Alk$

(2) $CH_3-\underset{\underset{OH}{|}}{CH}-Alk$

(3) $CH_3-CH_2-\underset{\underset{O}{\|}}{C}-Ar$

(4) $CH_3-O-C_6H_4-Alk$

(5) $Hal_3C-C(CH_3)_2-OH$

(A) nur 2 ist richtig
(B) nur 1 und 2 sind richtig
(C) nur 4 und 5 sind richtig
(D) nur 1, 2 und 3 sind richtig
(E) nur 2, 4 und 5 sind richtig

664 Welche Aussage über die Haloform-Reaktion trifft **nicht** zu?

(A) Stoffe mit $CH_3-\overset{\overset{OH}{|}}{CH}$- und $CH_3-\overset{\overset{O}{\|}}{C}$-Gruppen ergeben eine positive Reaktion.
(B) Als Nebenprodukt entsteht stets Formiat.
(C) Als Oxidationsmittel wird Hypohalogenit eingesetzt.
(D) Sie ist zur Darstellung von Carbonsäuren verwendbar.
(E) Sie wird in alkalischem Milieu durchgeführt.

Ketoalkohole (TTC-Reaktion)

665*

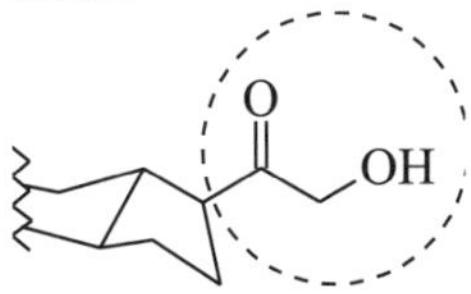

Welches der folgenden Reagenzien ist zum Nachweis der in obiger Strukturformel gekennzeichneten funktionellen Gruppe am besten geeignet?

(A) α-Naphthol
(B) Triphenyltetrazoliumchlorid
(C) 4-Dimethylaminobenzaldehyd (Ehrlichs Reagenz)
(D) Naphthylethylendiamin-dihydrochlorid (Bratton-Marshall-Reagenz)
(E) Chromotropsäure

666*

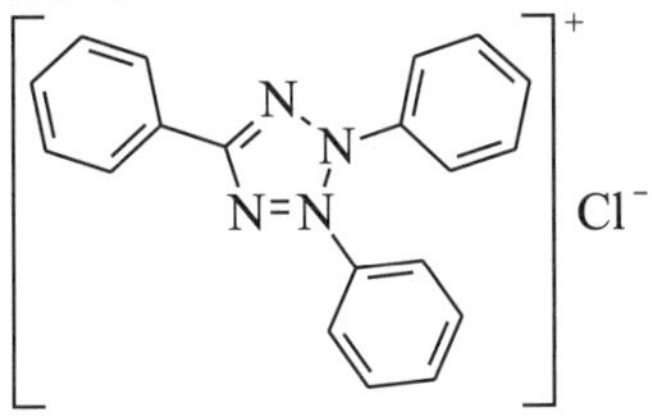

Welche der folgenden chemischen Gruppierungen geben unter geeigneten Bedingungen eine positive Reaktion mit Triphenyltetrazoliumchlorid (siehe obige Formel)?

(1) $-\underset{\underset{O}{\|}}{C}-\underset{\underset{O}{\|}}{C}-$

(2) $-\underset{\underset{HO}{|}}{C}=\underset{\underset{OH}{|}}{C}-$

(3) $-\underset{\underset{O}{\|}}{C}-\underset{\underset{OH}{|}}{CH}-$

(4) $-CH=CH-\underset{\underset{O}{\|}}{C}-$

(5) $-\underset{\underset{OH}{|}}{CH}-\underset{\underset{OH}{|}}{CH}-$

(A) nur 1 ist richtig
(B) nur 3 ist richtig
(C) nur 5 ist richtig
(D) nur 2 und 3 sind richtig
(E) nur 4 und 5 sind richtig

667 Welche Aussagen treffen zu?
Beim Nachweis von α-Ketolstrukturen (α-Hydroxyketone) z. B. in Glucocorticoiden mithilfe der sog. TTC-Reaktion laufen schematisch folgende Vorgänge ab:

(1) 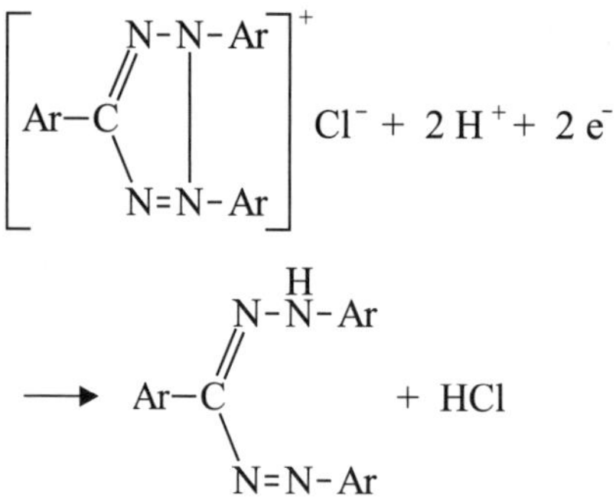

(2) 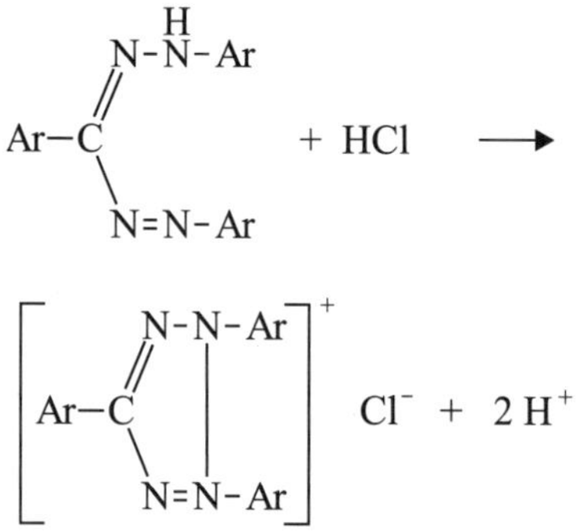

(3) R–CO–CH_2OH

⟶ R–CO–CHO + 2 H^+ + 2 e^-

(4) R–CO–CHO + OH^-

⟶ R–CHOH–COO^-

(5) R–CO–CH_2OH + 2 H^+ + 2 e^-

⟶ R–CHOH–CH_2OH

(A) nur 3 ist richtig
(B) nur 5 ist richtig
(C) nur 1 und 3 sind richtig
(D) nur 2 und 5 sind richtig
(E) nur 1, 3 und 4 sind richtig

Prüfung auf Verdorbenheit (Kreis-Reaktion)

668* Welche Aussage trifft zu?
Bei der Prüfung auf Verdorbenheit nach Arzneibuch (Kreis-Reaktion) wird nachgewiesen:

(A) Aceton
(B) Glyoxal
(C) Formaldehyd
(D) Malondialdehyd
(E) Methylethylketon

669 Welche Aussage trifft zu?
Der folgende Farbstoff (bzw. dessen Stellungsisomere) entsteht

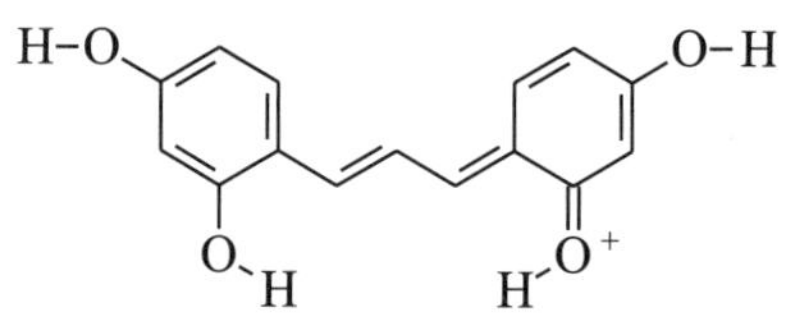

(A) beim Citrat-Nachweis
(B) beim Lactat-Nachweis
(C) beim Tartrat-Nachweis
(D) bei der Prüfung auf Verdorbenheit fetter Öle nach Arzneibuch (Reaktion nach Kreis)
(E) beim Nachweis höherer Alkohole in Tinkturen

Aktive Methyl- und Methylengruppen

670 Welche der folgenden chemischen Gruppierungen geben in alkalischem Milieu mit geeigneten Polynitroaromaten ein gefärbtes Reaktionsprodukt?

(1)

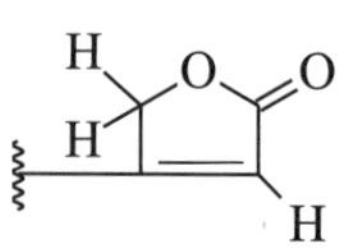

(2)

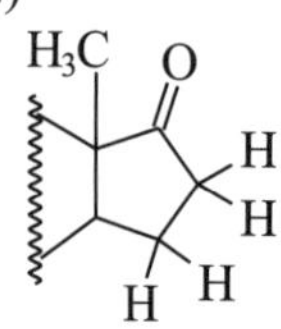

(3)

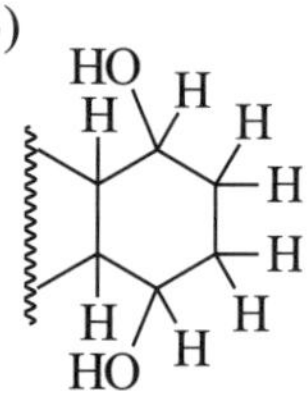

(A) nur 3 ist richtig
(B) nur 1 und 2 sind richtig
(C) nur 1 und 3 sind richtig
(D) nur 2 und 3 sind richtig
(E) 1–3 = alle sind richtig

Amine

671* Welche Aussagen treffen zu?
Bei der Isonitril-Reaktion von Anilin laufen schematisch folgende Reaktionsschritte ab:

(1)

$$CHCl_3 \xrightarrow[-H_2O]{OH^-} C\overline{C}l_3 \xrightarrow[-\frac{1}{2}Hg_2Cl_2]{+Hg^{2+}} \overline{\overline{C}}Cl_2$$

(2)

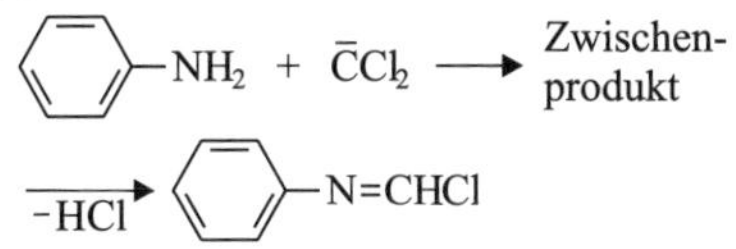

(3)

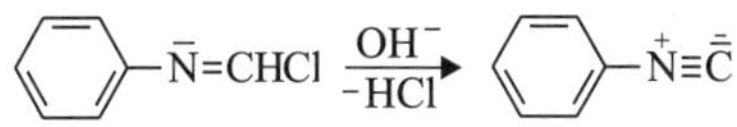

(4)

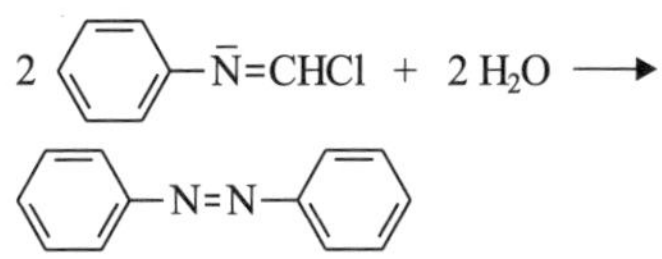

$+ CO_2 + HCl + 4\,H^+$

(5)

$$CHCl_3 \xrightarrow[-H_2O,\ -Cl^-]{OH^-} \overline{C}Cl_2$$

(A) nur 5 ist richtig
(B) nur 1 und 2 sind richtig
(C) nur 1, 2 und 3 sind richtig
(D) nur 2, 3 und 5 sind richtig
(E) nur 2, 4 und 5 sind richtig

672 Welche Gleichungen (schematisch) treffen für Nachweisreaktionen von primären Aminen zu?

(1) $R{-}NH_2 + HNO_3 + Cl^- \longrightarrow$

$[R{-}\overline{N}{=}N|]^+NO_2^- + H_2O + HCl$

(2) $R{-}NH_2 + Cl{-}CO{-}Ar \longrightarrow$

$R{-}NH{-}CO{-}Ar + HCl$

(3) $R{-}NH_2 + O{=}C{=}N{-}Ar \longrightarrow$

$R{-}NH{-}CO{-}NH{-}Ar$

(4) $R{-}NH_2 + CHCl_3 + 3\,KOH \longrightarrow$

$R{-}\overset{+}{N}{\equiv}\overset{-}{C}| + 3\,KCl + 3\,H_2O$

(5)

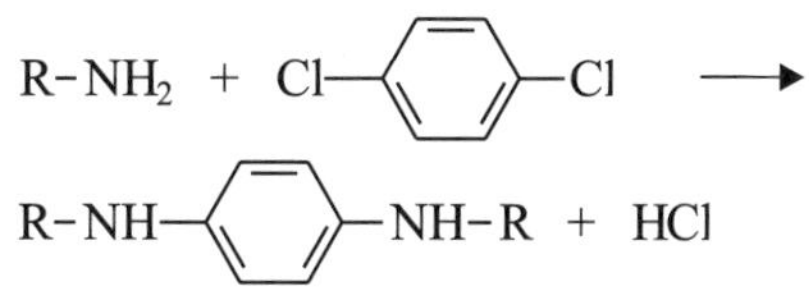

(A) nur 1, 2 und 3 sind richtig
(B) nur 2, 3 und 4 sind richtig
(C) nur 3, 4 und 5 sind richtig
(D) nur 1, 2, 4 und 5 sind richtig
(E) nur 2, 3, 4 und 5 sind richtig

673* Welche Aussagen treffen zu?
Primäre Amine können nachgewiesen werden durch:

(1) die Senföl-Reaktion bei der Umsetzung mit CS_2 und anschließend mit $HgCl_2$-Lösung
(2) Bildung alkalilöslicher Sulfonamide bei der Umsetzung mit 4-Toluensulfochlorid
(3) Bildung von Hydroxamsäuren bei der Umsetzung mit $SOCl_2$/Hydroxylamin
(4) die Isonitril-Reaktion mit Chloroform/NaOH-Lösung

(A) nur 1 und 4 sind richtig
(B) nur 2 und 3 sind richtig
(C) nur 1, 2 und 4 sind richtig
(D) nur 2, 3 und 4 sind richtig
(E) 1–4 = alle sind richtig

674* Welche Aussagen treffen zu?
Primäre Amine lassen sich charakterisieren durch:

(1) Bildung von Senfölen nach der Umsetzung mit CS_2 und danach mit $HgCl_2$-Lösung
(2) Bildung von Isonitrilen mit $CHCl_3/NaOH$
(3) Bildung von gefärbten Verbindungen bei der Reaktion mit dem Natriumsalz der 1,2-Naphthochinon-4-sulfonsäure
(4) Diazotierung und anschließende Kupplung zu Azofarbstoffen, sofern aromatische Amine vorliegen
(5) Bildung farbiger Azomethine mit 4-Dimethylaminobenzaldehyd, sofern aromatische Amine vorliegen

(A) nur 1 und 2 sind richtig
(B) nur 2 und 4 sind richtig
(C) nur 1, 4 und 5 sind richtig
(D) nur 3, 4 und 5 sind richtig
(E) 1–5 = alle sind richtig

675* Welche der folgenden, schematisch dargestellten Teilschritte führen zu einem Senföl (R = Alkyl)?

(1) $$2\ R{-}NH{-}R + CS_2 \longrightarrow \left[R_2N{-}\underset{\Vert\atop S}{C}{-}S\right]^- \left[R_2NH_2\right]^+$$

(2) $$2\ R{-}NH_2 + CS_2 \longrightarrow \left[RNH{-}\underset{\Vert\atop S}{C}{-}S\right]^- \left[RNH_3\right]^+$$

(3) $$\left[R_2N{-}\underset{\Vert\atop S}{C}{-}S\right]^- \left[R_2NH_2\right]^+ \xrightarrow[-HgS,\ -HCl,\ -\frac{1}{2}Cl_2]{+HgCl_2} R_2\overset{+}{N}{=}C{=}S + R_2NH$$

(4) $$\left[RNH{-}\underset{\Vert\atop S}{C}{-}S\right]^- \left[RNH_3\right]^+ \xrightarrow[-HgS,\ -2\ HCl]{+HgCl_2} R{-}N{=}C{=}S + RNH_2$$

(A) nur 1 und 2 sind richtig
(B) nur 1 und 3 sind richtig
(C) nur 2 und 4 sind richtig
(D) nur 1, 2 und 4 sind richtig
(E) 1–4 = alle sind richtig

676 Welche der folgenden, schematisch dargestellten Reaktionsschritte erfolgen bei der Umsetzung von Aminen mit CS_2 und anschließender Einwirkung von $HgCl_2$?

(1) $$2\ R{-}NH{-}R + CS_2 \longrightarrow \left[R_2N{-}\underset{\Vert\atop S}{C}{-}S\right]^- \left[R_2NH_2\right]^+$$

(2) $$2\ R{-}NH_2 + CS_2 \longrightarrow \left[RNH{-}\underset{\Vert\atop S}{C}{-}S\right]^- \left[RNH_3\right]^+$$

(3) $$\left[R_2N{-}\underset{\Vert\atop S}{C}{-}S\right]^- \left[R_2NH_2\right]^+ \xrightarrow[-HgS,\ -HCl,\ -\frac{1}{2}Cl_2]{+HgCl_2} R_2\overset{+}{N}{=}C{=}S + R_2NH$$

(4) $$\left[RNH{-}\underset{\Vert\atop S}{C}{-}S\right]^- \left[RNH_3\right]^+ \xrightarrow[-HgS,\ -2\ HCl]{+HgCl_2} R{-}N{=}C{=}S + RNH_2$$

(A) nur 1 und 2 sind richtig
(B) nur 1 und 3 sind richtig
(C) nur 2 und 4 sind richtig
(D) nur 1, 2 und 4 sind richtig
(E) 1–4 = alle sind richtig

677 Welche der folgenden chemischen Gleichungen gilt schematisch für den Nachweis von primären Aminen mit 1,2-Naphthochinon-4-natriumsulfonat?

(A) 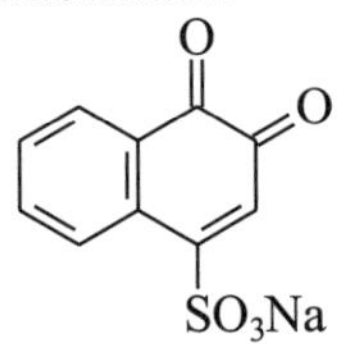

$+ 2\ R{-}NH_2 \longrightarrow$

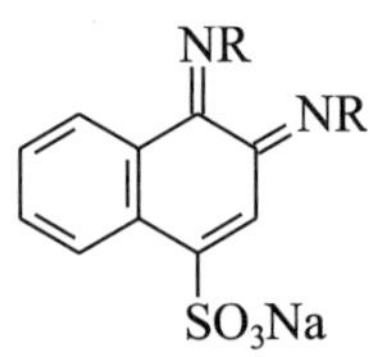

$+ 2\ H_2O$

(B)

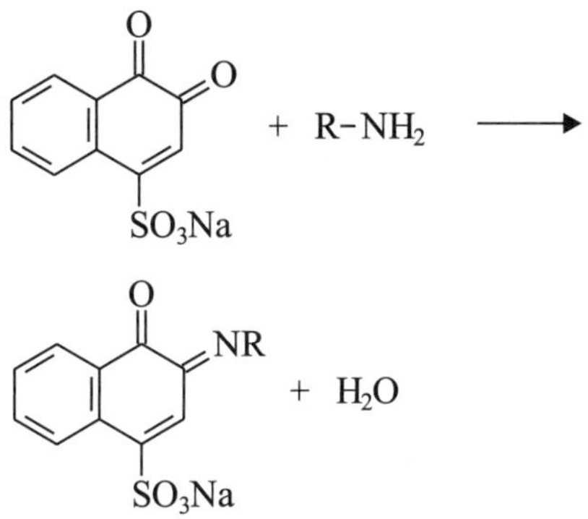

(C)

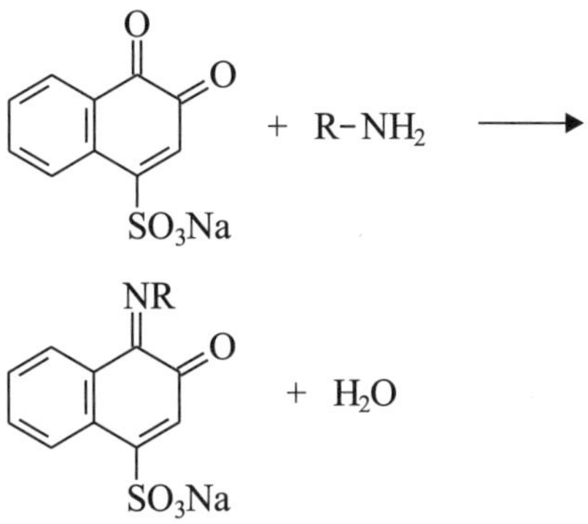

(D)

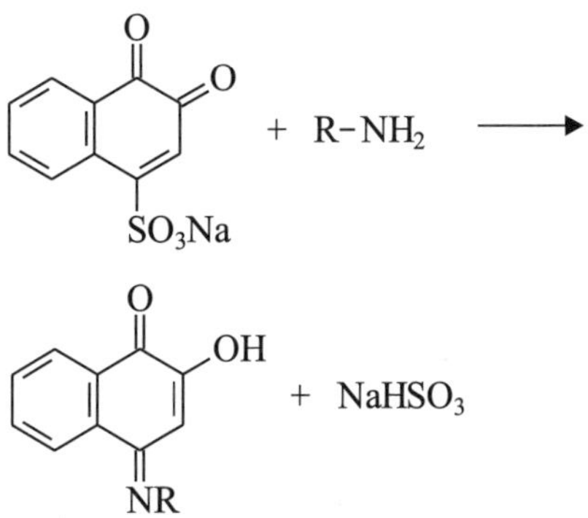

(E)

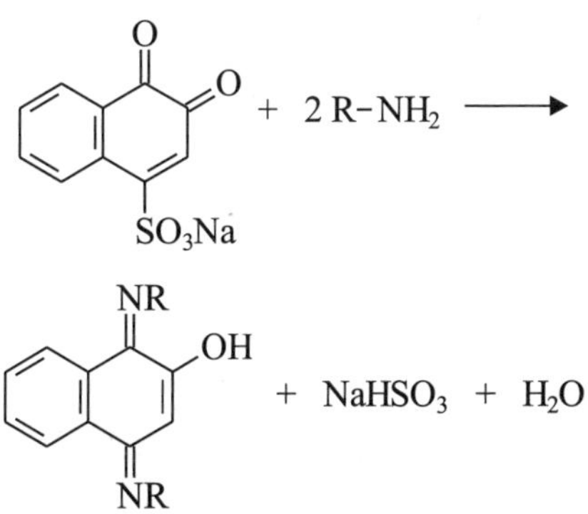

678* Welche Aussage trifft zu?
1,2-Naphthochinon-4-natriumsulfonat, ein Reagenz des Arzneibuches, wird u.a. verwendet

(A) zum Nachweis von Cobalt(II)-Salzen
(B) zum Nachweis primärer Amine
(C) zum Nachweis von Vitamin C
(D) als Metallindikator
(E) als Redoxindikator

679 Welche Aussage trifft zu?
2-Naphthol-Lösung findet als Reagenz Verwendung bei der allgemeinen Identitätsreaktion:

(A) primärer aromatischer Amine
(B) sekundärer aromatischer Amine
(C) tertiärer aromatischer Amine
(D) primärer aliphatischer Amine
(E) sekundärer aliphatischer Amine

680 Welche der nachfolgend aufgeführten Reagenzien sind an typischen Nachweisreaktionen für primäre aromatische Amine beteiligt?

(1) Hydroxylaminhydrochlorid-Lösung
(2) Eisen(III)-chlorid-Lösung
(3) Natriumnitrit-Lösung
(4) Cobalt(II)-nitrat-Lösung
(5) 2-Naphthol-Lösung

(A) nur 1 und 2 sind richtig
(B) nur 1 und 4 sind richtig
(C) nur 2 und 5 sind richtig
(D) nur 3 und 5 sind richtig
(E) nur 2, 3 und 5 sind richtig

681 Welche Reaktionen sind zur Identifizierung von primären aromatischen Aminen geeignet?

(1) Diazotierung und nachfolgende Kupplung mit 2-Naphthol
(2) Kondensation mit 4-Dimethylaminobenzaldehyd
(3) Isonitril-Reaktion
(4) Blaufärbung mit Diphenylamin/Schwefelsäure

(A) nur 1 ist richtig
(B) nur 2 ist richtig
(C) nur 1 und 4 sind richtig
(D) nur 1, 2 und 3 sind richtig
(E) 1–4 = alle sind richtig

682 Das Arzneibuch schreibt als Identitätsprüfung auf primäre aromatische Amine folgende Verfahrensweise vor:
Die vorgeschriebene Lösung wird mit verdünnter Salzsäure angesäuert und mit 0,2 ml Natriumnitrit-Lösung versetzt. Wird 1 ml 2-Naphthol-Lösung nach 1–2 Minuten zugesetzt, so treten eine intensive Orange- bis Rotfärbung und meist ein gleichfarbiger Niederschlag auf.

Welche der folgenden Verbindungen ist als Reaktionsprodukt für den Nachweis von *p*-Aminosalicylsäure zu erwarten?

(A)
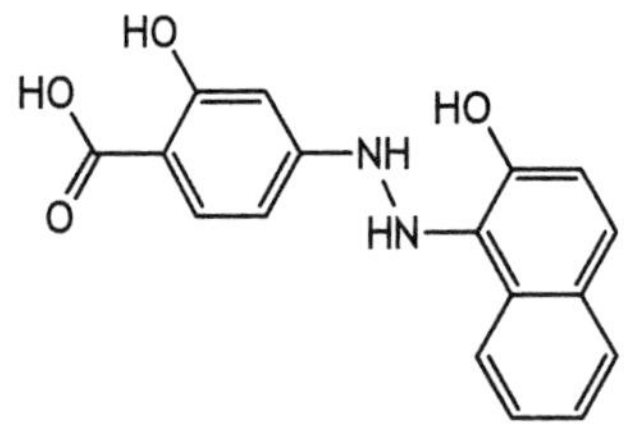

(B)
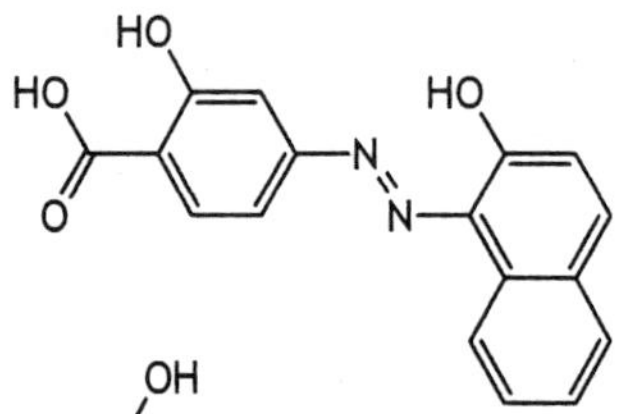

(C)
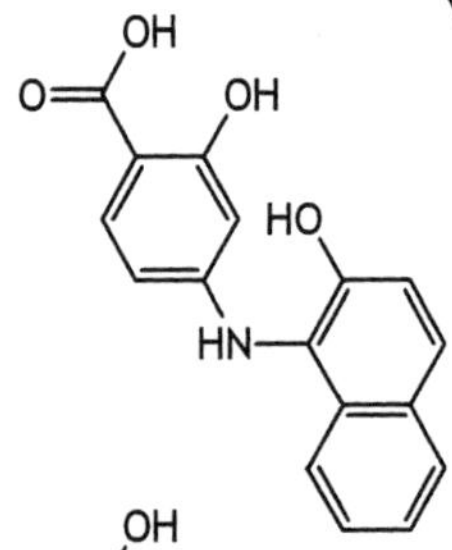

(D)
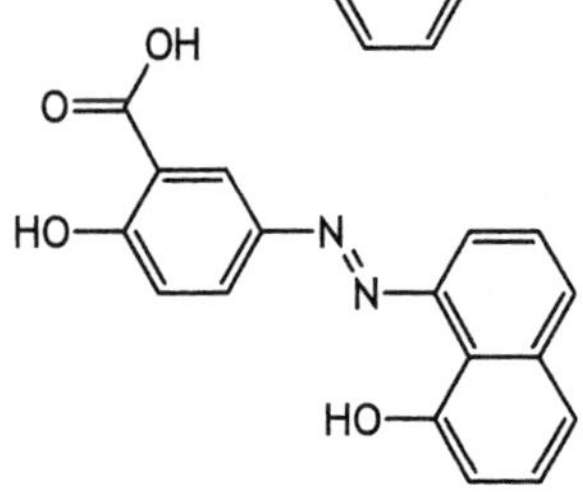

(E)
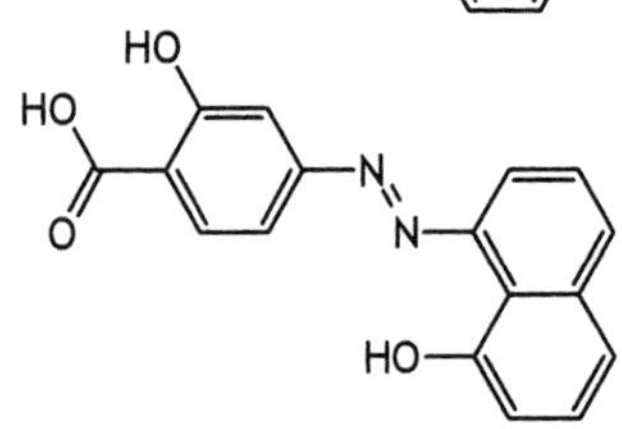

683* Die Identitätsreaktion nach Arzneibuch für primäre aromatische Amine der Struktur

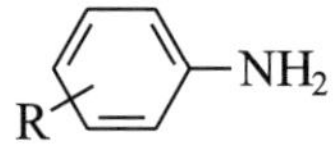

führt zu einem gefärbten Reaktionsprodukt. Welche der folgenden Strukturen entspricht dem Endprodukt dieser Identitätsreaktion?

(A)
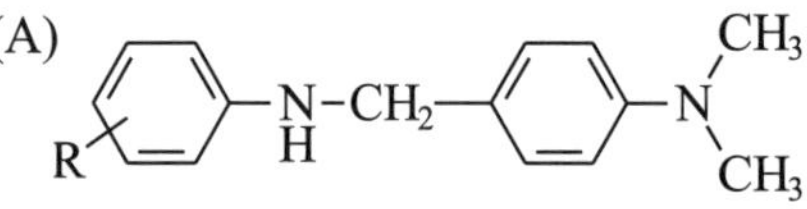

(B)
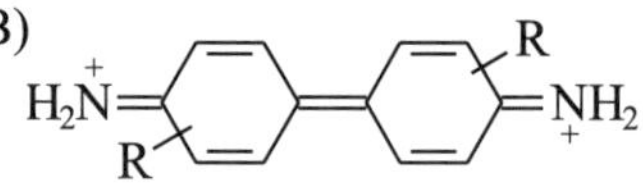

(C)
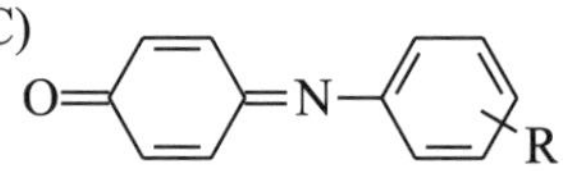

(D)
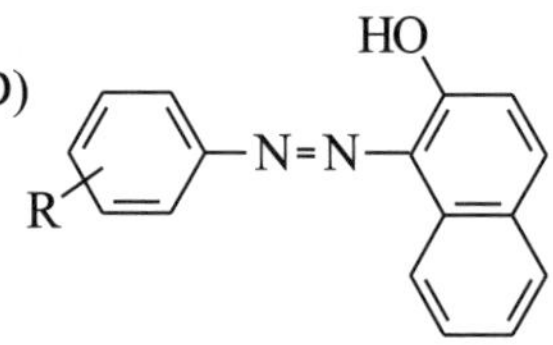

(E)
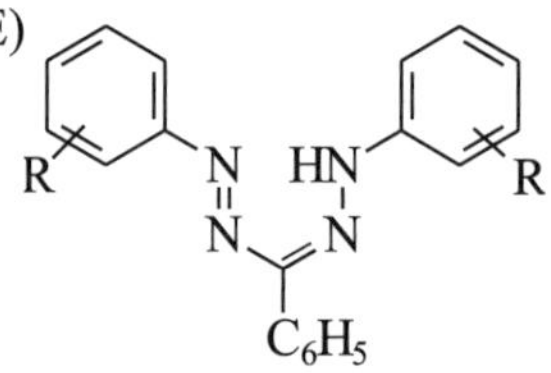

684* Welche Aussage trifft **nicht** zu?
Ein primäres aliphatisches Amin kann analytisch von einem sekundären aliphatischen Amin durch folgende Reaktionen unterschieden werden:

(A) Mit Benzaldehyd bildet sich unter Wasseraustritt ein Azomethin.
(B) Das bei der Umsetzung mit Benzensulfochlorid erhaltene Reaktionsprodukt löst sich unter Salzbildung in wässriger Alkalihydroxid-Lösung.
(C) Mit Chloroform/Kaliumhydroxid-Lösung entsteht ein Isonitril.
(D) Bei der Umsetzung mit Carbonsäurehalogeniden entsteht ein Carbonsäureamid.

(E) Bei der Umsetzung mit Natriumnitrit/Essigsäure entsteht freier Stickstoff.

685 Welche Aussagen treffen zu?
Primäre und sekundäre Amine lassen sich unterscheiden durch die Reaktion mit:

(1) Chloroform und Alkali (Isonitril-Reaktion)
(2) Carbonsäurehalogeniden zu Carbonsäureamiden
(3) 1,2-Naphthochinon-4-sulfonsäure
(4) 4-Toluensulfonylchlorid und dem Löslichkeitsverhalten der Reaktionsprodukte in Alkalihydroxid-Lösung

(A) nur 1 und 2 sind richtig
(B) nur 2 und 3 sind richtig
(C) nur 2 und 4 sind richtig
(D) nur 1, 3 und 4 sind richtig
(E) nur 2, 3 und 4 sind richtig

686 Welches Reagenz eignet sich **nur** zum Nachweis von primären, **nicht** aber von sekundären Aminen?

(A) Phenylisocyanat
(B) Benzoylchlorid
(C) 2,4-Dinitrochlorbenzen
(D) Schwefelkohlenstoff
(E) Chloroform/Alkalihydroxid-Lösung

Diazotierungs-Kupplungs-Reaktion

siehe auch MC-Fragen Nr. 808, 858

687* Welche Aussagen treffen zu?
Beim Nachweis von aromatischen Aminen durch Diazotierung und Kupplung kann der Reaktionsablauf wie folgt beschrieben werden:

(1) $NO_2^- + 2\,H_3O^+ + Cl^- \rightleftarrows NOCl + 3\,H_2O$

(2)
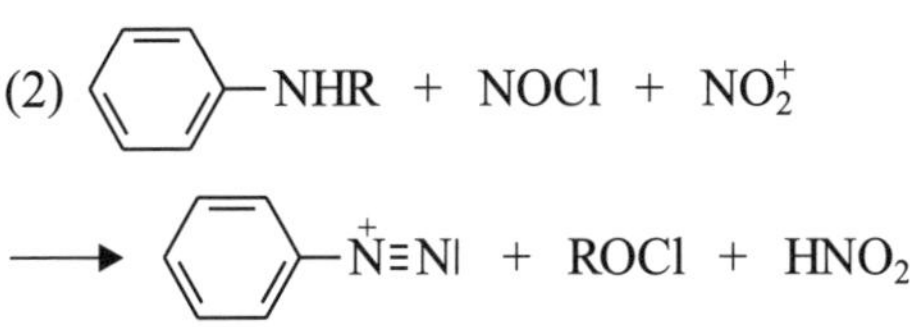

(3)
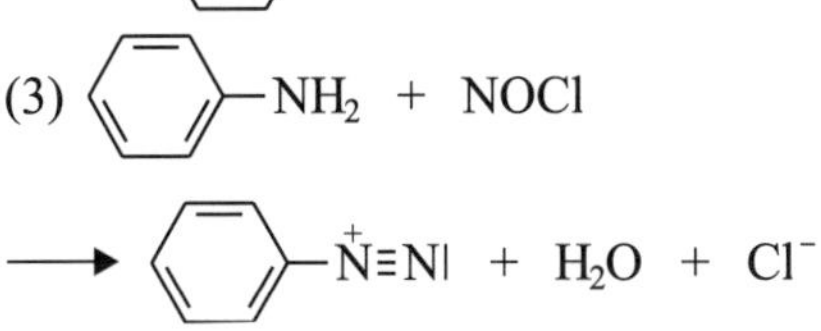

(4)
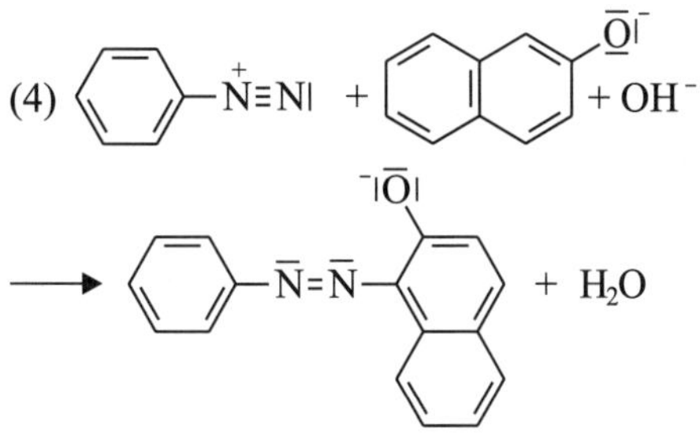

(A) nur 4 ist richtig
(B) nur 1 und 3 sind richtig
(C) nur 2 und 4 sind richtig
(D) nur 1, 3 und 4 sind richtig
(E) nur 2, 3 und 4 sind richtig

688* Welche Aussagen treffen zu?
Die „Diazotierungs-Kupplungs-Reaktion" ist geeignet zum Nachweis von:

(1) aromatischen Aldehyden
(2) tertiären Aminen als Diazokomponente
(3) primären aromatischen Aminen
(4) Nitrit-Ionen
(5) Phenolen mit substituierten 2,4,6-Positionen

(A) nur 4 ist richtig
(B) nur 1 und 4 sind richtig
(C) nur 3 und 4 sind richtig
(D) nur 1, 2 und 3 sind richtig
(E) nur 3, 4 und 5 sind richtig

689* Welche Aussagen treffen zu?
Die „Diazotierungs-Kupplungs-Reaktion" ist geeignet zum Nachweis von:

(1) Nitrit-Ionen
(2) Phenolen mit freier o- oder p-Position
(3) primären aromatischen Aminen
(4) primären aliphatischen Aminen
(5) sekundären aliphatischen Aminen

(A) nur 2 ist richtig
(B) nur 3 ist richtig
(C) nur 1 und 3 sind richtig
(D) nur 1, 2 und 3 sind richtig
(E) nur 3, 4 und 5 sind richtig

690* Welche Aussagen treffen zu?
Die „Diazotierungs-Kupplungs-Reaktion ist geeignet zum Nachweis von:

(1) primären aromatischen Aminen als Diazokomponente
(2) primären aromatischen Aminen als Kupplungskomponente
(3) Nitrit-Ionen
(4) Phenolen mit freier o- oder p-Position als Diazokomponente
(5) Phenolen mit freier o- oder p-Position als Kupplungskomponente

(A) nur 1 ist richtig
(B) nur 1 und 2 sind richtig
(C) nur 1, 3 und 5 sind richtig
(D) nur 2, 3 und 4 sind richtig
(E) nur 1, 2, 3 und 5 sind richtig

691* Welche Aussage trifft **nicht** zu?
In einer Diazotierungs-Kupplungs-Reaktion ist als Kupplungskomponente geeignet:

(A) 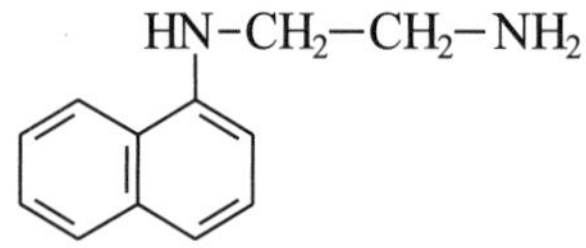

(B) 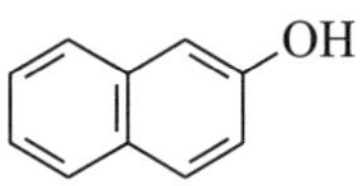

(C) 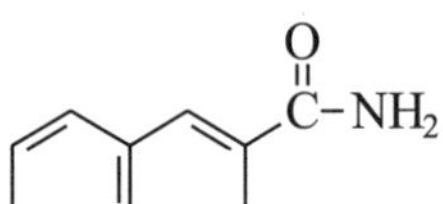

(D) 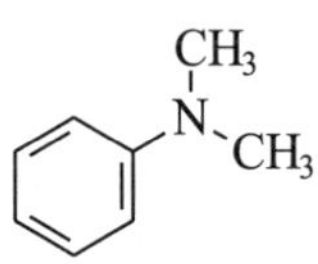

(E) 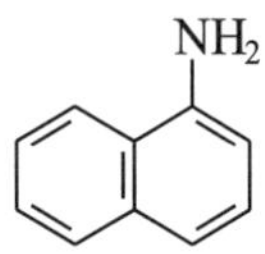

Reaktionen mit Dimethylaminobenzaldehyd (Ehrlichs Reagenz)

siehe auch MC-Fragen Nr. 804, 834

692 Welche Aussagen treffen zu?
Folgende Stoffe können durch Umsetzung mit p-Dimethylaminobenzaldehyd identifiziert oder nachgewiesen werden:

(1) p-Aminosalicylsäure

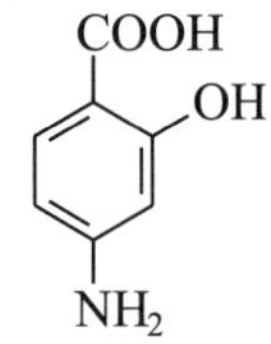

(2) Coffein 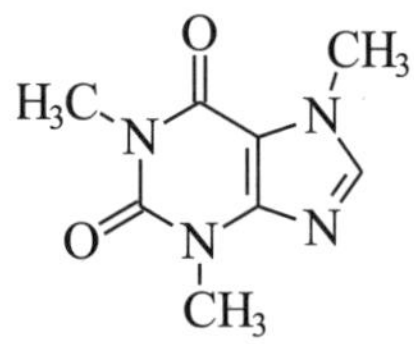

(3) Sulfanilamid 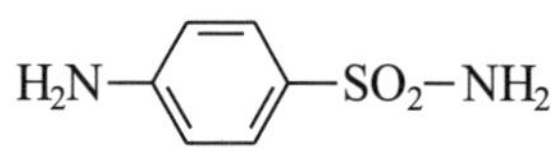

(A) nur 1 ist richtig
(B) nur 1 und 2 sind richtig
(C) nur 1 und 3 sind richtig
(D) nur 2 und 3 sind richtig
(E) 1–3 = alle sind richtig

693 Welche Aussagen treffen zu?
Folgende Stoffe können durch Umsetzung mit p-Dimethylaminobenzaldehyd identifiziert oder nachgewiesen werden:

(1) p-Aminosalicylsäure

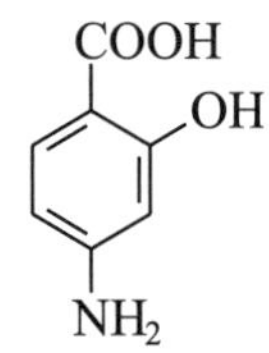

(2) Hydrazin

(3) Sulfanilamid 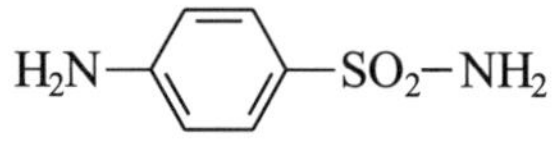

(A) nur 1 ist richtig
(B) nur 1 und 2 sind richtig
(C) nur 1 und 3 sind richtig
(D) nur 2 und 3 sind richtig
(E) 1–3 = alle sind richtig

694 Welche Aussagen treffen zu?
Folgende Stoffe können durch **direkte** Umsetzung mit p-Dimethylaminobenzaldehyd identifiziert oder nachgewiesen werden:

(1) p-Aminosalicylsäure

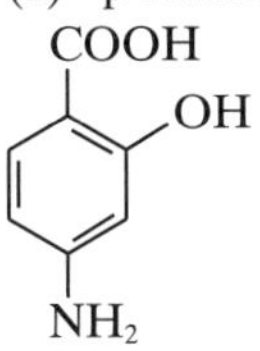

(2) 4-Hydroxyacetanilid

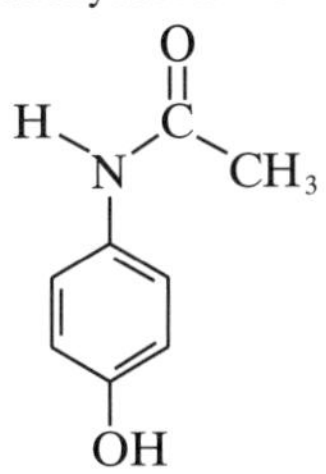

(3) Sulfanilamid

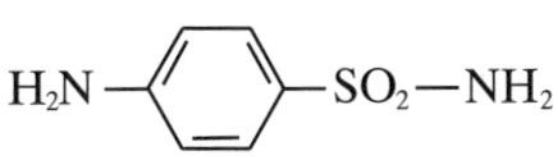

(A) nur 1 ist richtig
(B) nur 1 und 2 sind richtig
(C) nur 1 und 3 sind richtig
(D) nur 2 und 3 sind richtig
(E) 1–3 = alle sind richtig

695 Welche Aussagen treffen zu?
p-Dimethylaminobenzaldehyd kann zum Nachweis folgender Verbindungen verwendet werden:

(1)

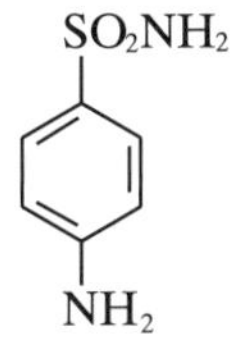

(2) CH_3OH

(3)

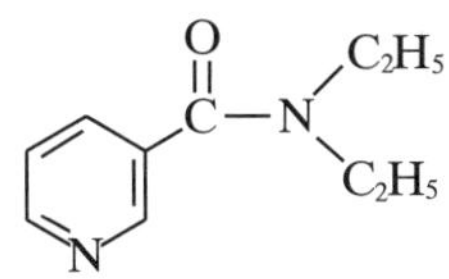

(4)

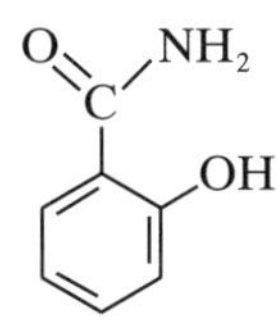

(A) nur 1 ist richtig
(B) nur 2 ist richtig
(C) nur 1 und 3 sind richtig
(D) nur 1 und 4 sind richtig
(E) 1–4 = alle sind richtig

696 Welche Aussagen treffen zu?
p-Dimethylaminobenzaldehyd kann zum Nachweis folgender Verbindungen verwendet werden:

(1)

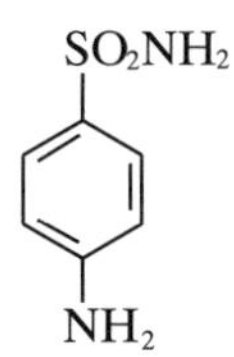

(2) CH_3OH

(3)

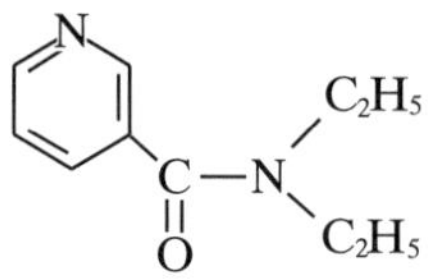

(4)

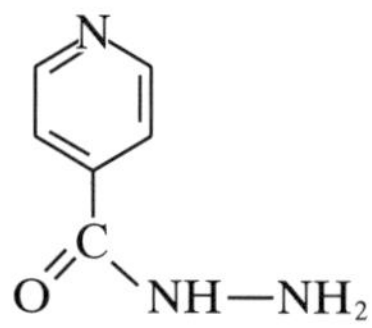

(A) nur 1 ist richtig
(B) nur 2 ist richtig
(C) nur 1 und 3 sind richtig
(D) nur 1 und 4 sind richtig
(E) 1–4 = alle sind richtig

697 Welche Aussagen treffen zu?
p-Dimethylaminobenzaldehyd kann zum Nachweis folgender Verbindungen verwendet werden:

(1) Sulfanilamid (p-Aminobenzensulfonamid)
(2) Methanol
(3) Nicotinsäurediethylamid (Pyridin-3-carbonsäurediethylamid)
(4) Aminophenazon (4-Dimethylamino-2,3-dimethyl-1-phenyl-pyrazolin-5-on)

(A) nur 1 ist richtig
(B) nur 2 ist richtig
(C) nur 1 und 3 sind richtig
(D) nur 1 und 4 sind richtig
(E) 1–4 = alle sind richtig

698* Zur Identifizierung einer N-Nitrosoverbindung wird mit Zink/Eisessig behandelt und das Reaktionsprodukt mit p-Dimethylaminobenzaldehyd umgesetzt.
Was liegt danach vor?

(A) ein Hydrazin
(B) ein Hydrazon
(C) ein Oxim
(D) eine Hydrazoverbindung
(E) eine Azoxyverbindung

699* Der nachstehend abgebildete Arzneistoff Benzocain kann durch Umsetzung mit *p*-Dimethylaminobenzaldehyd im schwach sauren Milieu zu einem farbigen Produkt nachgewiesen werden.

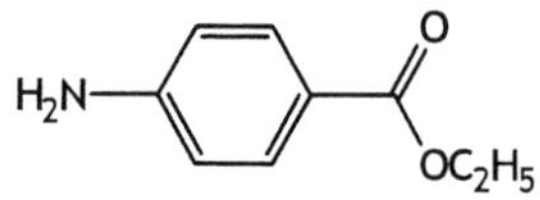

Welche Konstitution besitzt das entstehende Reaktionsprodukt?

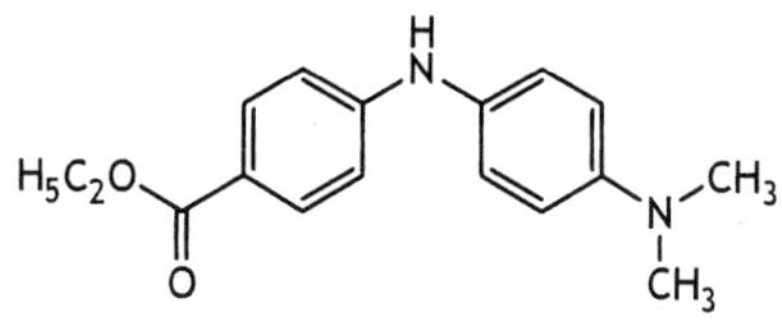

(A)

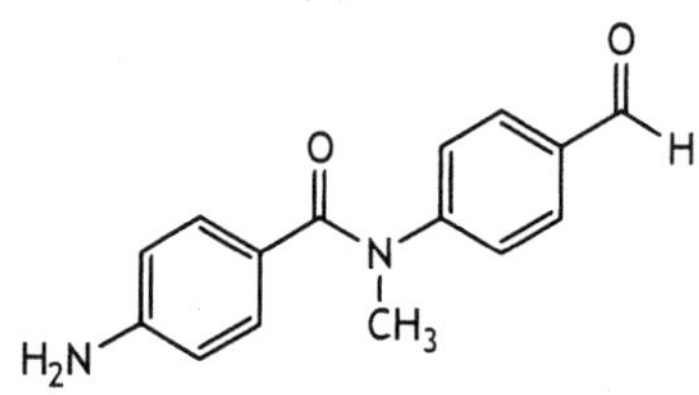

(B)

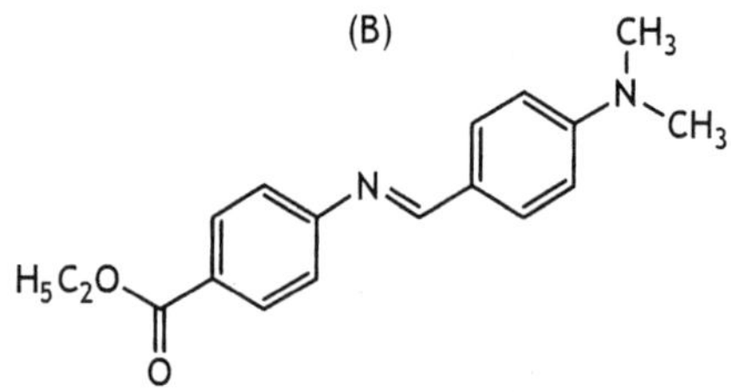

(C)

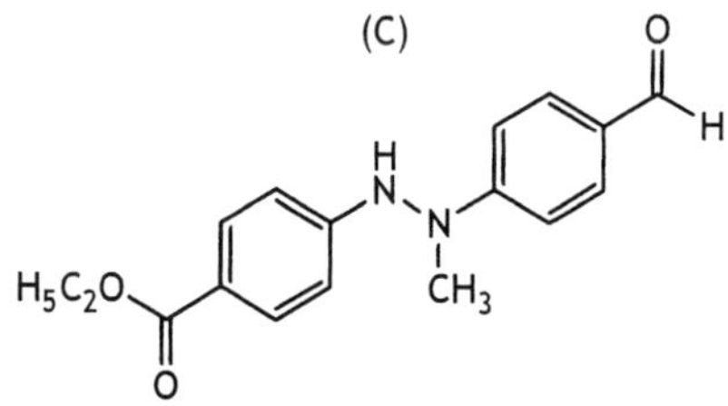

(D)

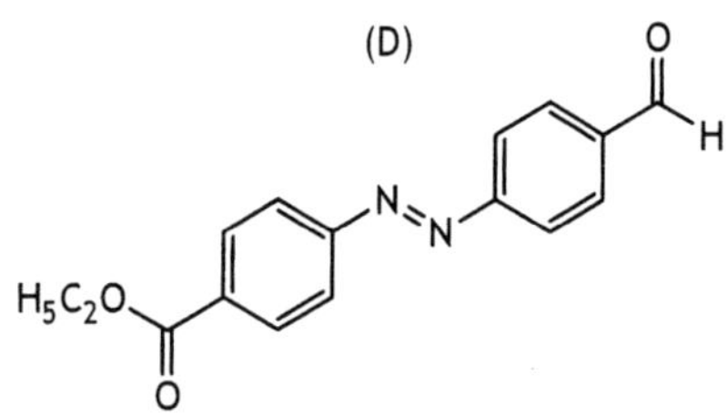

(E)

700 Welche der folgenden Substanzen kann mit *p*-Dimethylaminobenzaldehyd zu gefärbten Verbindungen umgesetzt werden?

(1) 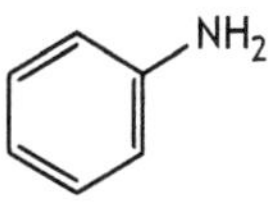

(2) 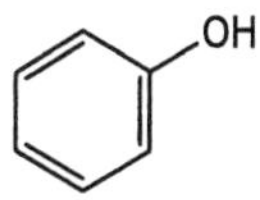

(3) 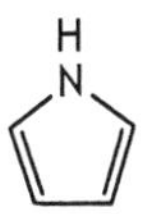

(4) 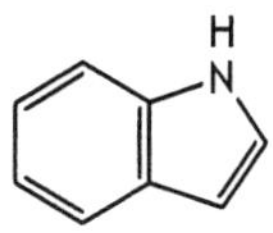

(A) nur 1 ist richtig
(B) nur 1 und 2 sind richtig
(C) nur 3 und 4 sind richtig
(D) nur 2, 3 und 4 sind richtig
(E) 1–4 = alle sind richtig

Carbonsäuren

701 Welche Aussage trifft **nicht** zu?
Zur Erkennung von aliphatischen Carbonsäuren können beitragen:

(A) ihre Löslichkeit in wässrigen Laugen
(B) Überführung mittels Dicyclohexylcarbodiimid/NH_2OH in Hydroxamsäuren und deren Nachweis
(C) Überführung in feste Carbonsäureamide und Bestimmung von deren Schmelztemperatur
(D) gaschromatographische Identifizierung der Methylester
(E) Addition an Isocyanate zu Carbonsäure-Carbamidsäure-Anhydriden

Nachweis organischer Anionen (Salze von Carbonsäuren)

siehe auch MC-Fragen Nr. 51, 52, 106–108, 133, 134, 268, 311, 313, 314, 410, 411, 419, 501, 504, 575, 661, 662, 754, 766, 799, 815, 816, 830, 833, 843, 847, 857, 860, 870, 872, 873

702* Welche Aussage trifft zu?
Acetat lässt sich nachweisen durch:

(A) Bildung eines blauen Niederschlages bei Umsetzung mit Kaliumiodid-Lösung
(B) in mineralsaurer Lösung Bildung eines beigefarbenen, in Ether löslichen Niederschlages bei Umsetzung mit $FeCl_3$-Lösung
(C) Entwicklung sauer reagierender Dämpfe bei Umsetzung mit konzentrierter NaOH-Lösung
(D) Entwicklung saurer Dämpfe mit charakteristischem Geruch beim Erwärmen mit Phosphorsäure
(E) Bildung eines gelben Niederschlages beim Versetzen mit Silbernitrat-Lösung

703 Mit welchem der folgenden Reagenzien kann der Nachweis von Acetat **nicht** erfolgen?

(A) $KHSO_4$
(B) Oxalsäure
(C) $FeCl_3$/neutrales Milieu
(D) C_2H_5OH/H_2SO_4
(E) $I_2/NaOH/H_2O$

704* Das Europäische Arzneibuch schreibt zur Identifizierung von Acetat folgende Verfahrensweise vor:
Wird die Substanz mit der gleichen Menge Oxalsäure-Dihydrat erhitzt, so werden sauer reagierende Dämpfe mit charakteristischem Geruch nach Essigsäure freigesetzt.

Welche Aussagen zu diesem Nachweis treffen zu?

(1) Grundlage dieser Nachweisreaktion ist die Protonierung des Acetats unter Bildung von Essigsäure.
(2) Essigsäure ist mit einem pK_s von 4,76 eine schwache Säure.
(3) Essigsäure ist aufgrund ihres relativ hohen Dampfdrucks am Geruch zu erkennen.
(4) Oxalsäure besitzt eine annähernd gleiche Säurestärke wie Essigsäure.
(5) Oxalsäure könnte in dieser Nachweisreaktion durch andere, nicht flüchtige Säuren gleicher oder stärkerer Acidität ersetzt werden.

(A) nur 1 und 2 sind richtig
(B) nur 1, 4 und 5 sind richtig
(C) nur 2, 3 und 4 sind richtig
(D) nur 1, 2, 3 und 5 sind richtig
(E) nur 2, 3, 4 und 5 sind richtig

705 Welche Aussagen treffen zu?
Acetat kann durch Protonieren und Erkennen des Essigsäuregeruchs nachgewiesen werden. Hierfür eignen sich:

(1) Natriumhydrogensulfat
(2) Dinatriumhydrogenphosphat
(3) Phosphorsäure
(4) Oxalsäure

(A) nur 1 ist richtig
(B) nur 1 und 4 sind richtig
(C) nur 2 und 3 sind richtig
(D) nur 1, 3 und 4 sind richtig
(E) 1–4 = alle sind richtig

706 Welche Aussage trifft zu?
Durch die Umsetzung mit Lanthannitrat und die nachfolgende Reaktion mit 0,05 M-Iod-Lösung unter Zugabe von verdünnter NH_3-Lösung ist folgendes Anion zu identifizieren:

(A) Tartrat
(B) Benzoat
(C) Lactat
(D) Acetat
(E) Citrat

707 Das Europäische Arzneibuch schreibt für die Identitätsprüfung von Acetat-Ionen folgende Verfahrensweise vor:
Die Prüflösung wird nacheinander mit Lanthan(III)-nitrat-Lösung, Iod-Lösung und verdünnter Ammoniak-Lösung versetzt und vorsichtig zum Sieden erhitzt. Es entsteht ein blauer Niederschlag oder eine tiefblaue Färbung.
Welche der folgenden Ionen stören diesen Nachweis?

(1) Tartrat
(2) Oxalat
(3) Na^+
(4) Cl^-

(A) nur 4 ist richtig
(B) nur 1 und 2 sind richtig
(C) nur 1 und 3 sind richtig
(D) nur 2 und 3 sind richtig
(E) nur 3 und 4 sind richtig

708* Welche der folgenden Reaktionen kann zur Identifizierung von Oxalat-Ionen beitragen?

(A) die Bildung einer blauen Iod-Einschlussverbindung durch basisches Lanthanoxalat
(B) die Blaufärbung schwach saurer Iodid-Lösungen in Gegenwart von Stärke durch I_2-Bildung
(C) die Entfärbung verdünnter schwefelsaurer $KMnO_4$-Lösungen unter CO_2-Bildung
(D) die Bildung eines tief blau gefärbten Kupfer(II)-oxalato-Chelates in alkalischer Lösung
(E) die Bildung von Iodoform bei I_2-Zugabe in alkalischem Medium

709 Der Nachweis von Oxalat-Ionen aus dem Sodaauszug kann nach Ansäuern mit Essigsäure als CaC_2O_4 erfolgen.
Welche der folgenden Anionen ergeben unter diesen Bedingungen ebenfalls schwer lösliche Calciumsalze?

(1) SCN^-
(2) CN^-
(3) F^-
(4) $[Fe(CN)_6]^{4-}$
(5) AsO_3^{3-}

(A) nur 1 und 2 sind richtig
(B) nur 2 und 5 sind richtig
(C) nur 3 und 4 sind richtig
(D) nur 1, 2, 4 und 5 sind richtig
(E) 1–5 = alle sind richtig

710 Welche Aussagen treffen zu?
Der Nachweis von Oxalat mit Calcium-Ionen wird gestört durch:

(1) Sulfat
(2) Phosphat
(3) Fluorid
(4) Acetat

(A) nur 1 ist richtig
(B) nur 2 ist richtig
(C) nur 3 ist richtig
(D) nur 1, 2 und 3 sind richtig
(E) nur 1, 3 und 4 sind richtig

711 Welche der nachfolgenden Aussagen zu Identitätsprüfungen auf Lactat treffen zu?

(1) Aus der Lösung eines Lactats fällt nach Ansäuern mit Salzsäure ein weißer, kristalliner Niederschlag aus.
(2) Wird ein Lactat mit Iod-Lösung und einem geringen Überschuss von verdünnter Natriumhydroxid-Lösung versetzt, so entsteht ein gelber Niederschlag.
(3) Wird Lactat mit einigen Tropfen Wasser, konzentrierter Schwefelsäure und Guajacol-Lösung geschüttelt, so tritt allmählich eine Rotfärbung auf.
(4) Wird die Lösung eines Lactats mit verdünnter Schwefelsäure und Kaliumpermanganat-Lösung versetzt und erhitzt, so entsteht Acetaldehyd, der am Geruch erkennbar ist.

(A) nur 1 und 3 sind richtig
(B) nur 2 und 4 sind richtig
(C) nur 1, 2 und 4 sind richtig
(D) nur 2, 3 und 4 sind richtig
(E) 1–4 = alle sind richtig

712 Welche der nachfolgenden Aussagen zur Identitätsprüfung auf Citrat nach Arzneibuch trifft zu?

(A) nach der Oxidation mit $KMnO_4/H_2SO_4$ Farbreaktion mit Natriumpentacyanonitrosylferrat(II) in Gegenwart von Sulfaminsäure/NH_3
(B) Eine Citrat-Lösung, mit Fe^{2+}/H_2O_2 und dann tropfenweise mit Natriumhydroxid-Lösung versetzt, ergibt eine intensiv blau gefärbte Lösung.
(C) Citrat-Ionen geben mit Hg^{2+}-Ionen einen schwer löslichen Niederschlag.
(D) Beim Erhitzen einer Citrat-Lösung in Gegenwart verdünnter Schwefelsäure und Kaliumpermanganat-Lösung entsteht Acetaldehyd, der am Geruch erkennbar ist.
(E) Wird ein Citrat mit Schwefelsäure im Reagenzglas erhitzt, so entsteht ein weißes Sublimat, das sich an der Wand des Reagenzglases niederschlägt.

713* Welche Aussage trifft **nicht** zu?
Tartrat-Ionen geben folgende analytisch auswertbare Reaktionen:

(A) mit Resorcin-Lösung/konzentrierter Schwefelsäure/ KBr-Lösung Blaufärbung, nach Eingießen dieser Lösung in Wasser Rotfärbung
(B) Bildung eines blauen Kupfer(II)-tartrat-Komplexes in wässriger Alkalihydroxid-Lösung
(C) Bildung eines schwarzen Bismut(III)-tartrat-Komplexes in natronalkalischer Lösung
(D) bei trockenem Erhitzen in Abwesenheit von Oxidationsmitteln Verkohlung und Brenzreaktion (charakteristischer Geruch)
(E) nach Zugabe von $FeSO_4$ und H_2O_2 zur wässrigen Lösung Gelbfärbung, bei anschließender Zugabe von verdünnter NaOH-Lösung Blaufärbung (Fenton-Reaktion)

714 Welche Aussage trifft **nicht** zu?
Tartrat-Ionen geben folgende analytisch auswertbare Reaktionen:

(A) Blaufärbung mit Resorcin-Lösung/konzentrierter Schwefelsäure/KBr-Lösung, Rotfärbung nach Eingießen dieser Lösung in Wasser
(B) Bildung eines blauen Kupfer(II)-tartrat-Komplexes in wässriger Alkalihydroxid-Lösung
(C) vorübergehende Gelbfärbung nach Zusatz von Eisen(II)-sulfat-Lösung und Wasserstoffperoxid-Lösung, intensive Blaufärbung nach anschließender Zugabe von Natriumhydroxid-Lösung
(D) Bildung eines schwarzen Bismut(III)-tartrat-Komplexes in natronalkalischer Lösung
(E) Bildung eines weißen Niederschlages bei Zugabe von Kaliumchlorid-Lösung zur essigsauren Lösung

715 Welche Aussagen treffen zu?
Zum Nachweis von Tartrat eignen sich folgende Reaktionen:

(1) Beim Verreiben der Analysensubstanz mit $KHSO_4$ wird Weinsäure freigesetzt, die an ihrem stechenden Geruch erkannt werden kann.
(2) Beim Verreiben der Analysensubstanz mit $KHSO_4$ wird Essigsäure freigesetzt, die an ihrem stechenden Geruch erkannt werden kann.
(3) Beim Versetzen des Sodaauszugs mit Lanthannitrat-Lösung, Iod-Lösung und verdünnter Ammoniak-Lösung entsteht eine blaue Färbung.
(4) Beim Versetzen des Sodaauszugs mit $CuSO_4$-Lösung und anschließendem Alkalisieren mit Natriumhydroxid-Lösung entsteht eine tiefblaue Färbung.

(A) nur 1 ist richtig
(B) nur 4 ist richtig
(C) nur 2 und 4 sind richtig
(D) nur 3 und 4 sind richtig
(E) nur 1, 3 und 4 sind richtig

716 Welche Aussage trifft zu?
Zum Tartrat-Nachweis eignet sich:

(A) $FeSO_4/H_2O_2/NaOH$
(B) Rosanilinhydrochlorid/Natriumsulfit
(C) Cobalt(II)-nitrat/NaOH
(D) Bismutnitrat/Kaliumiodid
(E) Hydroxylaminhydrochlorid/Eisen(III)-chlorid

717 Welche Aussage trifft zu?
Beim Nachweis von Tartrat mit Eisen(II)-Salz/H_2O_2 (Reagenz nach Fenton) wird die folgende Verbindung gebildet:

(A) Acetondicarbonsäure
(B) Dihydroxyfumarsäure
(C) Glycolaldehyd
(D) Glyoxylsäure
(E) Maleinsäure

718 Welche Aussage trifft zu?
Bei der Identitätsreaktion auf Tartrat durch Reaktion mit Resorcin, H_2SO_4 und KBr unter Erhitzen wird eine positive Reaktion erhalten mit:

(A) Oxalat
(B) Glyoxylat
(C) Citrat
(D) Benzoat
(E) Keine der obigen Aussagen trifft zu.

719* Welche Aussagen treffen zu?
Beim Nachweis von Tartrat mit Fentons Reagenz sind folgende Reaktionsschritte (schematisch!) beteiligt:

(1) $H_2O_2 + Fe^{2+} \longrightarrow Fe^{3+} + OH^- + \cdot OH$

(2)
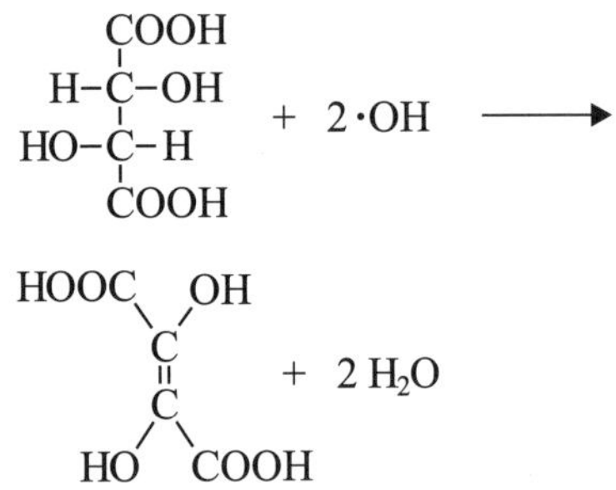

(3)
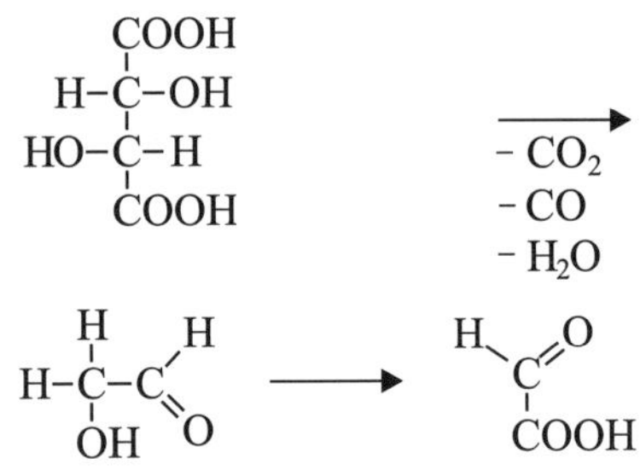

(A) nur 1 ist richtig
(B) nur 1 und 2 sind richtig
(C) nur 1 und 3 sind richtig
(D) nur 2 und 3 sind richtig
(E) 1–3 = alle sind richtig

720 Welche der folgenden Reaktionen können für die Identitätsprüfung auf Benzoat herangezogen werden?

(1) Beim Erhitzen mit Schwefelsäure im Reagenzglas sublimiert Benzoesäure.
(2) Beim Versetzen einer Benzoat-Lösung mit verdünnter Salzsäure entsteht ein weißer Niederschlag.
(3) Mit $FeCl_3$-Lösung entsteht ein Niederschlag.

(A) nur 1 ist richtig
(B) nur 2 ist richtig
(C) nur 1 und 3 sind richtig
(D) nur 2 und 3 sind richtig
(E) 1–3 = alle sind richtig

721 Bei der Identitätsreaktion auf Benzoat nach Arzneibuch wird die Substanz in einem Reagenzglas mit 0,2 bis 0,3 ml Schwefelsäure angefeuchtet. Beim schwachen Erhitzen des Reagenzglasbodens entsteht ein weißes Sublimat, das sich an der Innenwand des Glases niederschlägt.
Um welche Substanz handelt es sich bei dem Sublimat?

(A) Benzolsulfonsäure
(B) Benzoesäure
(C) Phenol
(D) Toluol
(E) 4-Sulfobenzoesäure

722 Welche Aussagen treffen zu?
Salicylat-Ionen können identifiziert werden:

(1) durch die Bildung von Kakodyloxid bei trockenem Erhitzen mit Arsen(III)-oxid
(2) nach dem Ansäuern von Salicylat-Lösungen mit Salzsäure durch die Bildung eines kristallinen Niederschlages, der nach Umkristallisation einen charakteristischen Schmelzpunkt zeigt
(3) durch eine Rotfärbung bei der Umsetzung mit Guajacol-Lösung in Schwefelsäure
(4) nach der Umsetzung mit Eisen(III)-chlorid in neutraler Lösung durch eine Violettfärbung, die in verdünnt essigsaurer Lösung beständig ist

(A) nur 1 und 4 sind richtig
(B) nur 2 und 4 sind richtig
(C) nur 1, 2 und 3 sind richtig
(D) nur 2, 3 und 4 sind richtig
(E) 1–4 = alle sind richtig

723 Welche Aussage trifft zu?
Der violette Eisen-Salicylat-Komplex zum Nachweis von Salicylat kann durch folgende Formel wiedergegeben werden:

(A)
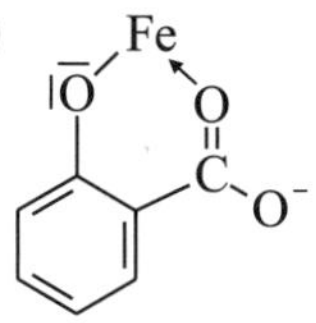

(B)
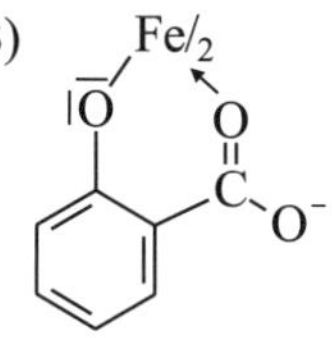

(C)
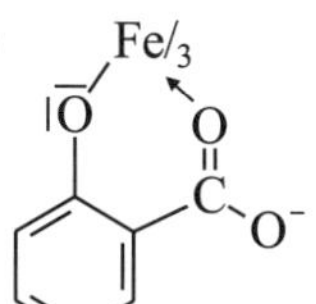

(D)
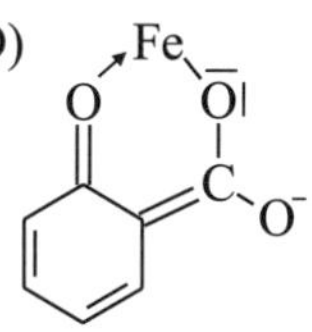

(E)
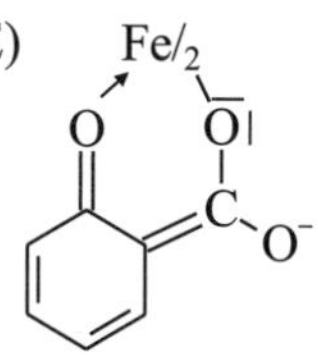

724 Welche Aussagen treffen zu?
Zur Identifizierung von Salicylaten können prinzipiell beitragen die:

(1) Reaktion mit Eisen(III)-chlorid
(2) Umsetzung mit diazotierter Sulfanilsäure in alkalischer Lösung
(3) Reaktion mit 2,6-Dichlor-1,4-chinon-4-chlorimid in alkalischer Lösung
(4) Umsetzung mit 4-Amino-2,3-dimethyl-1-phenyl-3-pyrazolin-5-on, Kaliumhexacyanoferrat(III) und Ammoniak
(5) Reaktion mit Formaldehyd und konzentrierter Schwefelsäure

(A) Keine der Aussagen trifft zu.
(B) nur 1 ist richtig
(C) nur 5 ist richtig
(D) nur 2, 3 und 4 sind richtig
(E) 1–5 = alle sind richtig

Ordnen Sie bitte jedem Anion (Liste 1) die jeweils zutreffende Identitätsreaktion oder Nachweismethode aus Liste 2 zu!

Liste 1

725 Acetat

726 Oxalat

Liste 2

(A) Reaktion mit 0,05 M-Iod-Lösung in absolutem Methanol
(B) Reaktion mit Lanthannitrat-Lösung und 0,05 M-Iod-Lösung unter Zugabe von NH_3-Lösung
(C) Reaktion mit Fe^{2+} und H_2O_2 und Zugabe von Alkalihydroxid-Lösung (Fenton-Reaktion)
(D) Reaktion mit Fuchsin-Schweflige Säure
(E) Fällung mittels $CaCl_2$ und Nachweis des Anions aus dem Niederschlag mit $KMnO_4$-Lösung

Ordnen Sie bitte den Stoffen der Liste 1 die jeweils zutreffene Identitätsreaktion aus Liste 2 zu!

Liste 1

727 Salicylsäure

728 Acetat

Liste 2

(A) Natriumnitrit + verd. HCl/2-Naphthol + verd. NaOH
(B) Verreiben mit $KHSO_4$
(C) Wasserstoffperoxid + verdünnte Salzsäure/verdünnte Ammoniak-Lösung
(D) Fuchsin-Schweflige Säure
(E) Keine der obigen Identitätsreaktionen ist zutreffend.

Ordnen Sie bitte den in Liste 1 aufgeführten Anionen die jeweils zutreffende Nachweisreaktion aus Liste 2 zu!

Liste 1

729* Tartrat

730* Acetat

731* Citrat

Liste 2

(A) tiefblaue Färbung beim Erhitzen mit KBr, Resorcin und Schwefelsäure
(B) tiefblaue Färbung oder blauer Niederschlag beim Erhitzen mit Lanthannitrat, I_2 und Ammoniak-Lösung
(C) Die schwefelsaure Lösung oxidiert Mn^{2+} zu MnO_4^-.
(D) mit CH_3OH/H_2SO_4 Bildung eines mit grüner Flamme brennenden, flüchtigen Esters
(E) nach der Oxidation mit MnO_4^- weiße Fällung mit einer $HgSO_4$-Lösung

Ordnen Sie bitte den in Liste 1 aufgeführten Anionen die nach Arzneibuch jeweils vorgeschriebene Identitätsreaktion aus Liste 2 zu!

Liste 1

732 Citrat

733 Lactat

Liste 2

(A) positive Iodoform-Reaktion
(B) Blaufärbung mit Lanthannitrat/Iod/Ammoniak
(C) bei trockenem Erhitzen mit Arsen(III)-oxid Bildung eines charakteristisch riechenden Gases
(D) weißer Niederschlag beim Erhitzen in wässriger Lösung mit $KMnO_4$ in Gegenwart von überschüssigem $HgSO_4$
(E) mit Eisen(III)-chlorid Violettfärbung in neutraler bis schwach essigsaurer Lösung

Ordnen Sie bitte den in Liste 1 aufgeführten Anionen die jeweils entsprechende Nachweisreaktion aus Liste 2 zu!

Liste 1

734 Oxalat

735 Tartrat

Liste 2

(A) tiefblaue Färbung beim Erhitzen mit Lanthannitrat, Iod und Ammoniak-Lösung
(B) weißer Niederschlag beim Erhitzen in wässriger Lösung mit $KMnO_4$ und $HgSO_4$
(C) Fällung mit $CaCl_2$ in essigsaurem Medium
(D) blaue Färbung beim Erhitzen mit KBr, Resorcin und Schwefelsäure
(E) Oxidation von Mn^{2+} zu MnO_4^- in saurer Lösung

Carbonsäure-Derivate (Hydroxamsäure-Reaktion)

siehe auch MC-Fragen Nr. 807, 829, 859, 884

736* Welche der folgenden Substanzen lassen sich mit Hydroxylamin zu Hydroxamsäuren umsetzen, die sich mit Eisen(III)-Ionen nachweisen lassen?

(1) 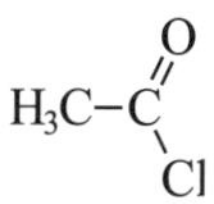

(2) 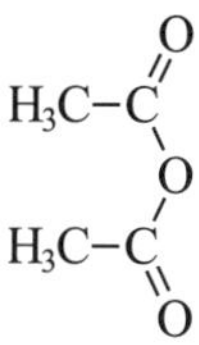

(3) 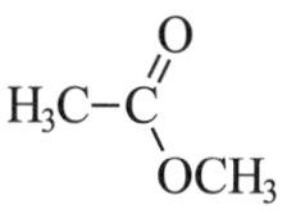

(4) 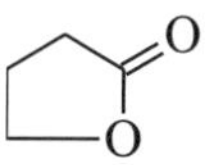

(5) 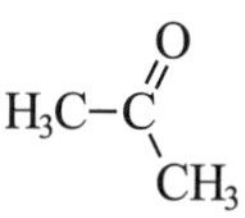

(A) nur 5 ist richtig
(B) nur 1 und 2 sind richtig
(C) nur 3 und 4 sind richtig
(D) nur 1, 2, 3 und 4 sind richtig
(E) 1–5 = alle sind richtig

737 Welche der folgenden Substanzen lässt sich **nicht** mit Hydroxylamin zu einer Hydroxamsäure umsetzen, die sich mit Eisen(III)-Ionen nachweisen lässt?

(A) 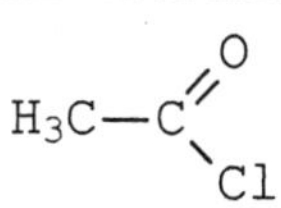

(B) 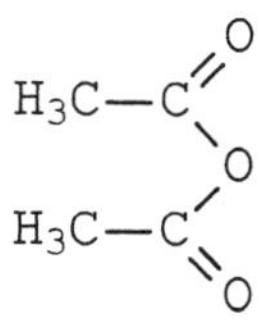

(C) 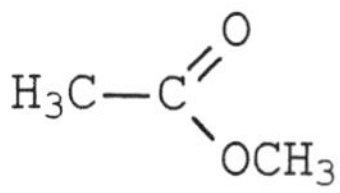

(D) 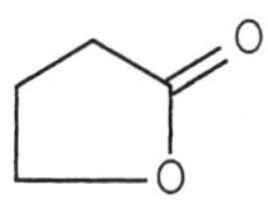

(E) 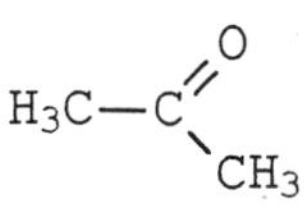

738* Welche Aussage trifft **nicht** zu?
Folgende funktionelle Gruppen bzw. Verbindungen können mit Hydroxylamin zu Hydroxamsäuren umgesetzt werden, die über ihre Eisen(III)-Komplexe nachweisbar sind:

(A) Carbonsäureester
(B) Carbonsäurechloride
(C) quartäre Ammoniumverbindungen
(D) β-Lactame
(E) Carbonsäureanhydride

739* Welche Aussage trifft **nicht** zu?
Folgende funktionelle Gruppen bzw. Verbindungen können mit Hydroxylamin zu Produkten umgesetzt werden, die über ihre Eisen(III)-Komplexe nachweisbar sind:

(A) Carbonsäureester
(B) Carbonsäurechloride
(C) Ether
(D) β-Lactame
(E) Carbonsäureanhydride

740 Welche der folgenden funktionellen Gruppen bzw. Verbindungen kann **nicht** mit Hydroxylamin zu einem Produkt umgesetzt werden, das über Eisen(III)-Komplexe nachweisbar ist?

(A) Carbonsäureester
(B) Carbonsäurechloride
(C) Nitrile
(D) β-Lactame
(E) Carbonsäureanhydride

741 Welche Aussage trifft **nicht** zu?
Folgende funktionelle Gruppen bzw. Verbindungen können mit Hydroxylamin zu Produkten umgesetzt werden, die über ihre Eisen(III)-Komplexe nachweisbar sind:

(A) Carbonsäureester
(B) Carbonsäurechloride
(C) Alkohole
(D) Lactone
(E) Carbonsäureanhydride

742 Welche Aussage trifft **nicht** zu?
Das Reagenz Hydroxylaminhydrochlorid kann beim Nachweis von Arzneistoffen mit folgenden funktionellen Gruppen verwendet werden:

(A) β-Lactame
(B) Aldehyde
(C) Ketone
(D) Carbonsäureethylester
(E) sekundäre Alkohole

743 Welche der folgenden funktionellen Gruppen bzw. Verbindungen kann mit Hydroxylamin zu einem Produkt umgesetzt werden, das über Eisen(III)-Komplexe nachweisbar ist?

(A) Ether
(B) Acetal
(C) β-Lactam
(D) Hydrazon
(E) Ketal

744* Welche Aussagen treffen zu?
Das Reagenz Hydroxylaminhydrochlorid kann beim qualitativen Nachweis bzw. bei der Charakterisierung von Arzneistoffen mit folgenden funktionellen Gruppen verwendet werden:

(1) β-Lactame
(2) Aldehyde
(3) Ketone
(4) Carbonsäureethylester
(5) Carbonsäureanhydride

(A) nur 1 ist richtig
(B) nur 1 und 2 sind richtig
(C) nur 3 und 4 sind richtig
(D) nur 3, 4 und 5 sind richtig
(E) 1–5 = alle sind richtig

745 Welche Aussage trifft zu?
Aus Carbonsäureestern

$R^1{-}C(=O){-}OR^2$

entstehen mit Hydroxylamin im alkalischen Milieu Hydroxamate, deren gefärbte Verbindungen mit Eisen(III) durch folgende schematisierte Formel wiedergegeben werden können:

(A) $R^1{-}C(OR^2){=}\overline{N}{-}O{\rightarrow}Fe/3$

(B) 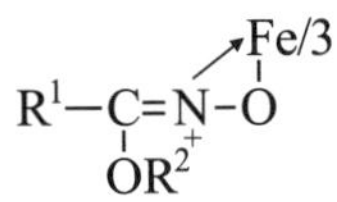

(C) 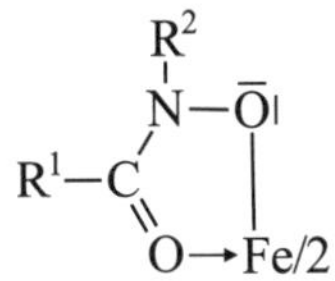

(D) 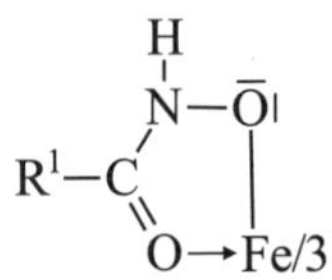

(E) 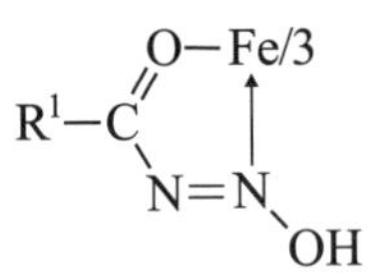

746 Das Europäische Arzneibuch schreibt als Identitätsprüfung auf Ester folgende Verfahrensweise vor:
Etwa 30 mg Substanz oder die vorgeschriebene Menge werden mit 0,5 ml einer Lösung von Hydroxylaminhydrochlorid in Methanol sowie mit 0,5 ml einer Lösung von Kaliumhydroxid in Ethanol zum Sieden erhitzt und nach dem Abkühlen mit verdünnter Salzsäure angesäu-

ert. Nach Zusatz von 0,2 ml Eisen(III)-chlorid-Lösung tritt eine bläulichrote bis rote Färbung auf.
Welche Aussage zu diesem Nachweis trifft **nicht** zu?

(A) Grundlage der Reaktion ist die Bildung einer Hydroxamsäure.
(B) Die Umsetzung muss im alkalischen Milieu vorgenommen werden, um aus Hydroxylaminhydrochlorid die freie Base entstehen zu lassen.
(C) Die Carbonsäureester müssen zunächst verseift werden, da nur die freien Carbonsäuren die Umsetzung mit Hydroxylamin eingehen.
(D) Für die Nachweisreaktion können auch *N*-monosubstituierte Hydroxylamine verwendet werden.
(E) Grundlage der Farbbildung ist ein Komplexsalz der Hydroxamsäure mit Fe(III)-Ionen.

747* Säureamide reagieren mit Hydroxylamin und Eisen(III)-chlorid zu einer farbigen Verbindung.
Welche der folgenden Reaktionsgleichungen beschreiben Schritte bei diesem Nachweis (R^1, R^2 = Alkyl)?

(1) $R^1-CO-NH-R^2 + H_2NOH \longrightarrow R^1-C(=NOH)-NH-R^2 + H_2O$

(2) 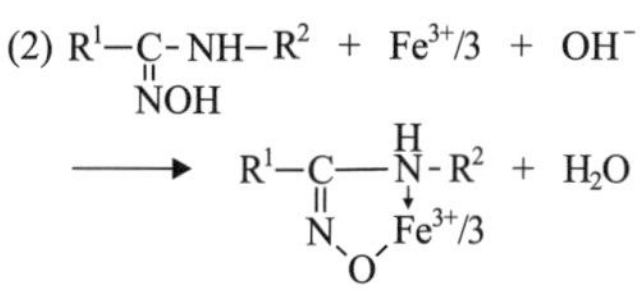

(3) $R^1-CO-NH-R^2 + H_2NOH + FeCl_3 + 3\,OH^- \longrightarrow [R^1-C(=O)-N(R^2)=N-OH]^+Cl^- + Fe(OH)_2 + 2\,HCl + H_2O$

(4) $R^1-CO-NH-R^2 + H_2NOH \longrightarrow R^1-CO-NHOH + R^2-NH_2$

(5) 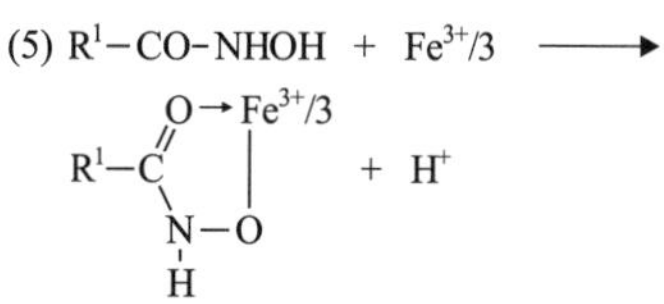

(A) nur 1 ist richtig
(B) nur 3 ist richtig
(C) nur 1 und 2 sind richtig
(D) nur 2 und 4 sind richtig
(E) nur 4 und 5 sind richtig

748 Bei welchem der abgebildeten Wirkstoffe kann nach kurzem Erhitzen in wässriger Natronlauge (ca. 10 %ig) zum Sieden der charakteristische Ammoniak-Geruch wahrgenommen werden?

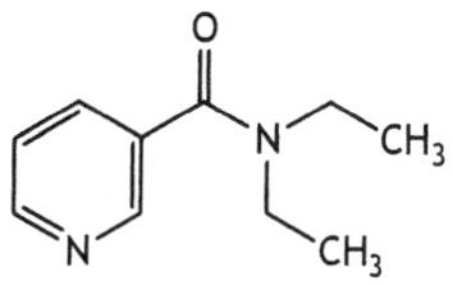

(A)

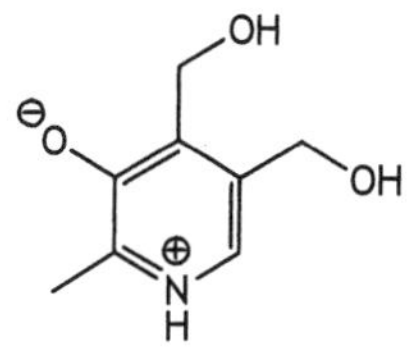

(B)

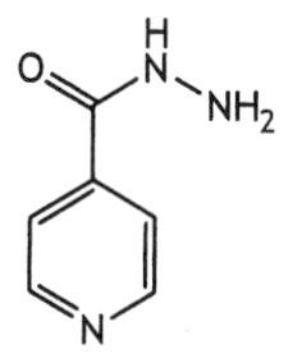

(C)

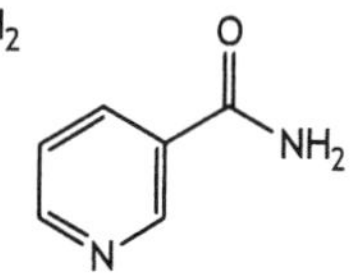

(D)

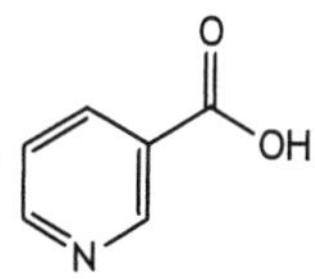

(E)

Xanthydrol-Reaktion

749* Welche Aussagen treffen zu?
9-Hydroxyxanthen (Xanthydrol) ist durch die Möglichkeit zur Bildung kristalliner Derivate ein Reagenz auf:

(1) $-C\equiv N$ - Gruppen

(2) $-C(=O)-NH_2$ - Gruppen

(3) $-C(=O)-N(C_2H_5)_2$ - Gruppen

(4) $-S(=O)_2-NH_2$ - Gruppen

(5) $-CH=N-$Alkyl - Gruppen

(A) nur 5 ist richtig
(B) nur 1 und 3 sind richtig
(C) nur 1 und 4 sind richtig
(D) nur 2 und 4 sind richtig
(E) 1–5 = alle sind richtig

Aminosäuren

Ordnen Sie bitte jeder der in Liste 1 zur Analytik von α-Aminosäuren genannten Bestimmungs- bzw. Nachweismethode das jeweils hierfür wesentliche Reagenz aus Liste 2 zu!

Liste 1

750 Titration von α-Aminosäuren nach Sörensen

751 Ninhydrin-Methode zum Nachweis von α-Aminosäuren

Liste 2

(A) Sulfanilsäure
(B) 1,2,3-Indantrion-Monohydrat
(C) Formaldehyd
(D) Diphenylamin/Schwefelsäure
(E) Salpetrige Säure

752* Welche Aussage trifft zu?
Ninhydrin wird verwendet zum Nachweis:

(A) vicinaler Glycole
(B) tertiärer Amine
(C) von β-Hydroxyketonen
(D) von Aminosäuren mit freier NH_2-Gruppe
(E) von Fettsäuren

753 Welche Aussage trifft zu?
Ninhydrin wird verwendet zum Nachweis:

(A) vicinaler Glycole
(B) tertiärer Amine
(C) von β-Hydroxyketonen
(D) von Aminosäuren wie Glycin oder Alanin
(E) von Fettsäuren

Prüfungen des Arzneibuches

Prüfung auf Acetyl

754* Welche Aussagen über die Identitätsreaktion für „Acetyl“ gemäß Arzneibuch treffen zu?

(1) Die Substanz wird mit Natriumoxalat erhitzt.
(2) Der Nachweis der gebildeten Oxalessigsäure erfolgt als Hydrazon.
(3) Das Acetylderivat wird mit einer schwer flüchtigen Säure versetzt.
(4) Der Nachweis der Essigsäure erfolgt mit Lanthannitrat/Iod/verdünnte Ammoniak-Lösung auf einer Tüpfelplatte.

(A) nur 1 ist richtig
(B) nur 3 ist richtig
(C) nur 1 und 2 sind richtig
(D) nur 2 und 3 sind richtig
(E) nur 3 und 4 sind richtig

Prüfung auf Alkaloide

siehe auch MC-Fragen Nr. 805, 814, 845, 871

755* Welche Aussage trifft zu?
Dragendorffs Reagenz ist eine Lösung von:

(A) Kaliumtetraiodomercurat(II)
(B) Formaldehyd/Schwefelsäure
(C) Kaliumtetraiodobismutat
(D) Cobalt(II)-acetat/Piperidin
(E) Kaliumhexacyanoferrat(III)

756 Welche Aussage trifft zu?
Alkaloide können mit Dragendorffs Reagenz nachgewiesen werden. Dabei bilden sich orange bis orangerote Niederschläge. Reagierender Bestandteil dieses Reagenzes ist:

(A) Tetrabromomercurat(II)
(B) Tetraiodobismutat(III)
(C) Hexacyanoferrat(II)
(D) Hexahydroxoantimonat(III)
(E) Trihydroxoplumbat(II)

757* Welche Aussagen treffen zu?
Dragendorffs Reagenz

(1) enthält u. a. Tetraiodobismutat-Ionen
(2) eignet sich als Sprüh- (Anfärb-) Reagenz in der Dünnschichtchromatographie
(3) dient zum Nachweis von Steroidhormonen

(A) nur 1 ist richtig
(B) nur 2 ist richtig
(C) nur 1 und 2 sind richtig
(D) nur 2 und 3 sind richtig
(E) 1–3 = alle sind richtig

758 Welche Aussagen treffen zu?
Zum allgemeinen Nachweis von Alkaloiden eignen sich:

(1) Dragendorffs Reagenz (aus basischem Bismutnitrat, Kaliumiodid und Essigsäure)
(2) Fehlingsche Lösung (aus Kupfersulfat, Kaliumnatriumtartrat und Natriumhydroxid)
(3) Schiffs Reagenz (aus Fuchsin, Natriumsulfit und Salzsäure)

(A) nur 1 ist richtig
(B) nur 2 ist richtig
(C) nur 3 ist richtig
(D) nur 2 und 3 sind richtig
(E) 1–3 = alle sind richtig

759 Das Europäische Arzneibuch schreibt zur Identitätsprüfung von Alkaloiden folgende Verfahrensweise vor:
Die Substanz wird nach Lösen in Wasser bis zur sauren Reaktion mit verdünnter Salzsäure versetzt. Nach Zusatz von Kaliumtetraiodobismutat(III) (Dragendorffs Reagenz) entsteht ein orangeroter Niederschlag.
Welche funktionelle Gruppe eines Alkaloids ergibt die beschriebene Reaktion?

(A) Aromat
(B) sekundäres Amin
(C) Phenol
(D) Nitril
(E) Carbonsäureamid

760 Welche Aussagen treffen zu?
Die Identitätsreaktion auf Alkaloide nach Arzneibuch **und** die Reaktion nach Vitali-Morin fallen positiv aus bei:

(1) Atropinsulfat
(2) Methylscopolaminnitrat
(3) Scopolaminhydrobromid

(A) nur 1 ist richtig
(B) nur 3 ist richtig
(C) nur 1 und 3 sind richtig
(D) nur 2 und 3 sind richtig
(E) 1–3 = alle sind richtig

Prüfung auf Barbiturate

siehe auch MC-Fragen Nr. 806, 809

761 Welche Aussagen über die Identitätsreaktion auf am Stickstoff nicht-substituierte Barbiturate nach Arzneibuch treffen zu?

(1) Das Reagenz enthält ein Cobalt(II)-Salz.
(2) Durch die Verwendung von Calciumchlorid/Natriumhydroxid wird die Reaktion spezifisch für Barbiturate.
(3) Seitenketten-halogenierte Barbiturate ergeben keine positive Reaktion.
(4) Hydantoine wie Phenytoin stören die Reaktion **nicht**.

(A) nur 1 ist richtig
(B) nur 3 ist richtig
(C) nur 2 und 4 sind richtig
(D) nur 1, 2 und 3 sind richtig
(E) nur 1, 3 und 4 sind richtig

Prüfung auf Xanthine (Purine) (Murexid-Reaktion)

siehe auch MC-Fragen Nr. 803, 810, 811

762 Welche Aussagen treffen zu?
Bei der Murexid-Reaktion zum Nachweis von Xanthinen entstehen folgende Zwischen- und Endprodukte (siehe Formeln):

(1)

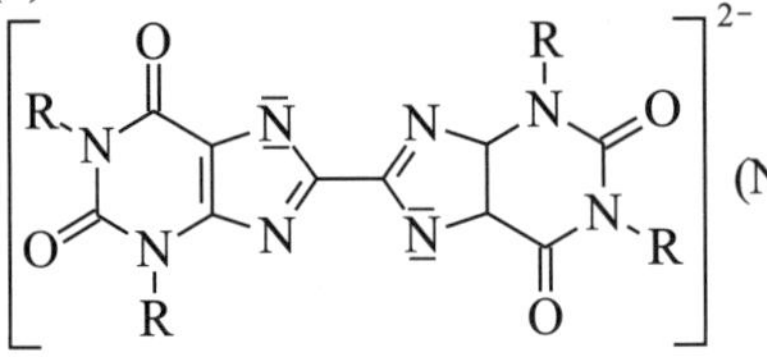

(2)

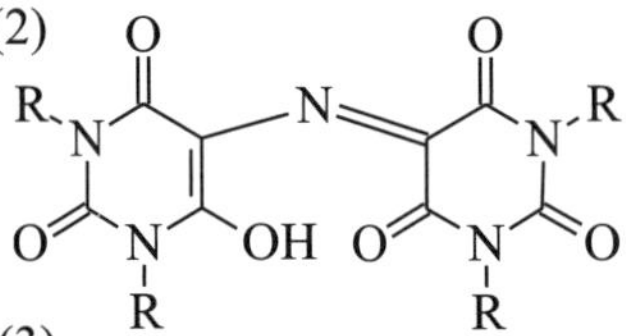

(3)

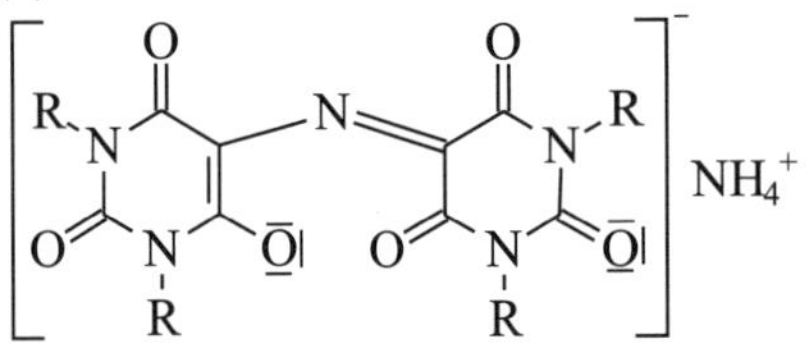

und andere mesomere Grenzformeln

(4)

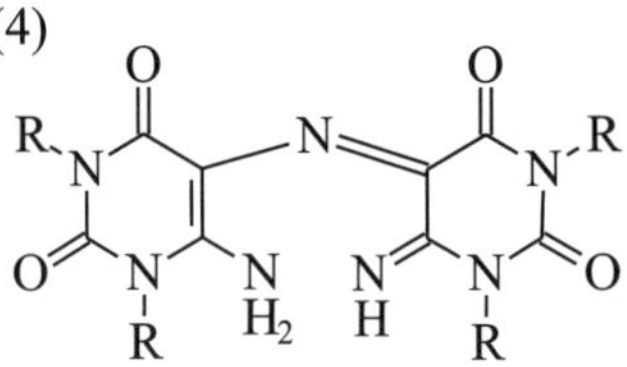

(5)

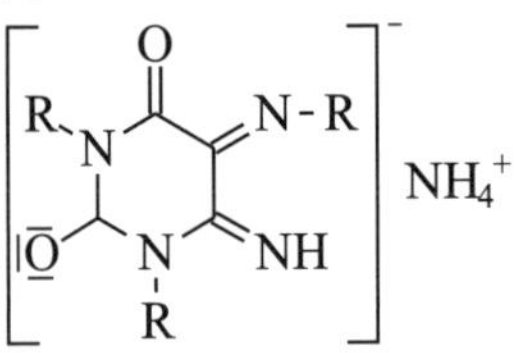

(A) nur 1 und 4 sind richtig
(B) nur 2 und 3 sind richtig
(C) nur 4 und 5 sind richtig
(D) nur 1, 4 und 5 sind richtig
(E) nur 3, 4 und 5 sind richtig

763 Einige Milligramm eines Stoffes werden mit etwas konzentrierter Wasserstoffperoxid-Lösung und 5 Tropfen verdünnter Salzsäure auf dem Wasserbad zur Trockne eingedampft. Der gelblich rote Rückstand färbt sich nach Zusatz von 1 Tropfen verdünnter Ammoniak-Lösung rotviolett.

Um welchen der folgenden Stoffe kann es sich dabei handeln?

(A) Atropinsulfat
(B) Codein
(C) Coffein
(D) Digitoxin
(E) Hydrocortison

Analytik ausgewählter Arzneistoffe

764 Welche der folgenden Aussagen über Methenamin treffen zu?

(1) Es kann zum Puffern saurer Lösungen verwendet werden.
(2) In saurer Lösung wird es unter Verbrauch von Protonen zu Formaldehyd und Ammonium-Ionen gespalten.
(3) Es besitzt eine dem NH_3 vergleichbare Basizität.

(A) nur 1 ist richtig
(B) nur 1 und 2 sind richtig
(C) nur 1 und 3 sind richtig
(D) nur 2 und 3 sind richtig
(E) 1–3 = alle sind richtig

765 Welche Aussagen treffen zu?

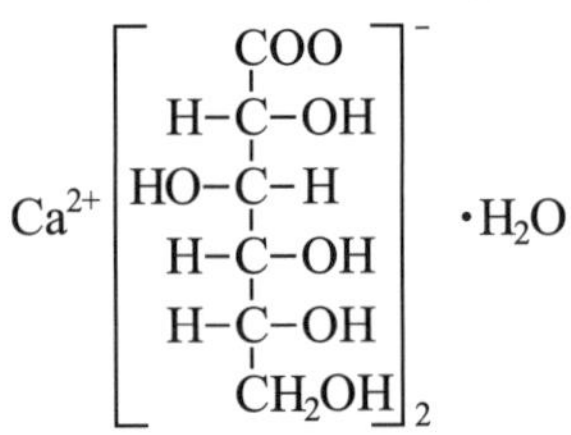

Zur Identifizierung des Calciumgluconats eignet sich die:

(1) Reaktion mit Phenylhydrazin zum entsprechenden Phenylhydrazid
(2) Umsetzung mit Hydroxylamin in alkalischer Lösung; nach Ansäuern Rotfärbung mit Eisen(III)-chlorid-Lösung
(3) Reaktion mit Phenylhydrazin im Überschuss zum Osazon

(A) nur 1 ist richtig
(B) nur 2 ist richtig
(C) nur 3 ist richtig
(D) nur 1 und 2 sind richtig
(E) nur 2 und 3 sind richtig

766 Welche Aussage zur Analytik von Citronensäure trifft **nicht** zu?

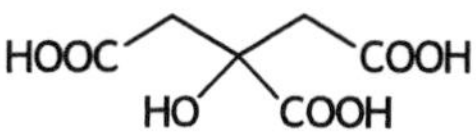

(A) Citronensäure wird durch Kaliumpermanganat zur Acetondicarbonsäure oxidiert.
(B) Nach Versetzen einer neutralisierten Lösung der Substanz mit Calciumchlorid-Lösung entsteht beim Erhitzen zum Sieden ein weißer Niederschlag.
(C) Citronensäure bildet **nur** mit einwertigen Metallionen Chelatkomplexe.
(D) Bei der Titration mit wässriger Natronlauge gegen Phenolphthalein werden alle drei Carboxylprotonen erfasst.
(E) Durch thermische Abspaltung von Wasser und Kohlendioxid unter oxidativen Bedingungen entsteht 3-Oxoglutarsäure.

767 Welche der folgenden Methoden können zur Identifizierung oder Bestimmung von Ascorbinsäure herangezogen werden?

(1) Titration mit 0,1 M-Natriumhydroxid-Lösung
(2) Titration in saurer Lösung mit 0,05 M-Iod-Lösung
(3) Reduktion von Silber-Ionen
(4) Entfärbung von Tillmans Reagenz (2,6-Dichlorphenol-indophenol-Natrium)

(A) nur 1 und 4 sind richtig
(B) nur 2 und 3 sind richtig
(C) nur 1, 2 und 3 sind richtig
(D) nur 1, 3 und 4 sind richtig
(E) 1–4 = alle sind richtig

768 Welche Aussage trifft zu?
2,6-Dichlorphenol-indophenol-Natrium (Tillmans Reagenz) findet analytische Verwendung

(A) zur Identitätsprüfung von Salicylsäure
(B) zur Identitätsprüfung von Reduktonen wie Ascorbinsäure
(C) bei der Gehaltsbestimmung von Campher
(D) als Farbreagenz auf Phenole
(E) Keine der Aussagen (A) bis (D) trifft zu.

769 Welche gemeinsamen Eigenschaften besitzen Ascorbinsäure (Formel a) und Cortison (Formel b)?

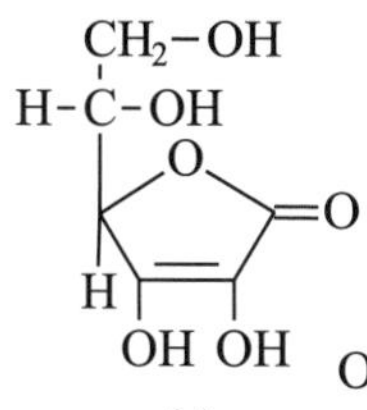

(a)

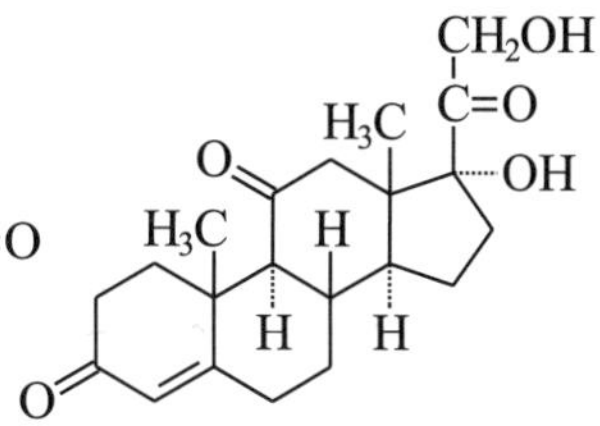

(b)

(1) Absorptionsmaximum bei 240 nm
(2) reduzierend gegenüber Tollens-Reagenz
(3) positive Farbreaktion mit $FeCl_3$-Lösung
(4) mit NaOH titrierbar

(A) nur 1 ist richtig
(B) nur 2 ist richtig
(C) nur 1 und 2 sind richtig
(D) nur 1 und 4 sind richtig
(E) nur 2 und 3 sind richtig

770 Welche gemeinsame Eigenschaft besitzen Ascorbinsäure (a), Fructose (b) und Prednison (c)?

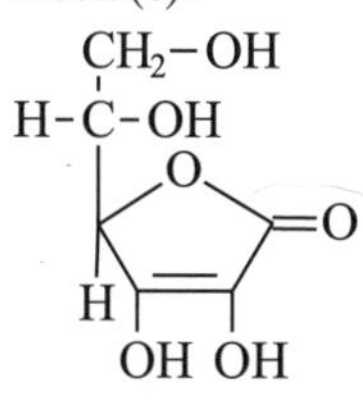

(a)

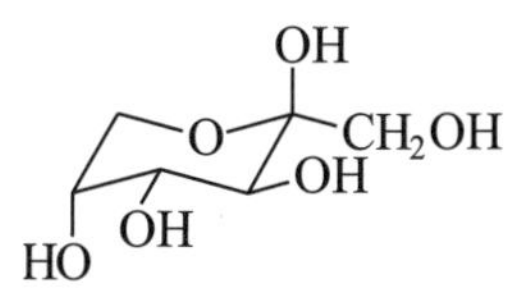

(b)

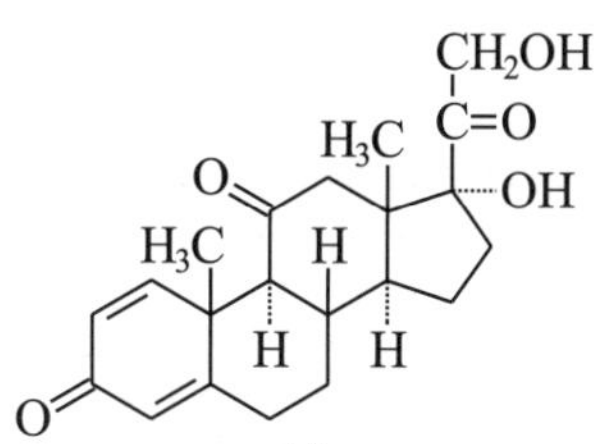

(c)

(A) Absorptionsmaximum bei etwa 240 nm
(B) reduzierend
(C) positive Reaktion mit $FeCl_3$-Lösung
(D) mit NaOH titrierbar
(E) leicht wasserlöslich

771 Welche gemeinsame Eigenschaft besitzen Theophyllin (I), Sulfadiazin (II) und Saccharin (III) (siehe Formeln)?

I 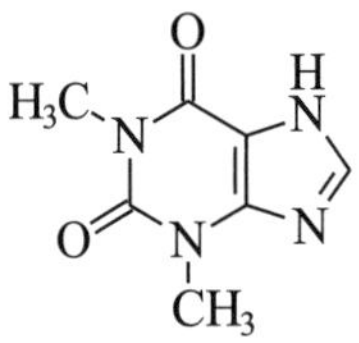

II 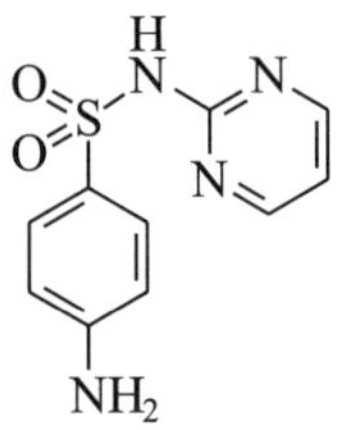

III 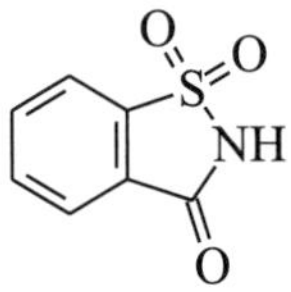

Sie sind

(A) durch „Diazo"-Titration bestimmbar
(B) NH-acide Verbindungen
(C) zur Imin-Enamin-Tautomerie befähigt
(D) in Säuren und Basen unter Salzbildung löslich
(E) wasserfrei mit $HClO_4$ in Eisessig titrierbar

772 Welche Aussage trifft zu?

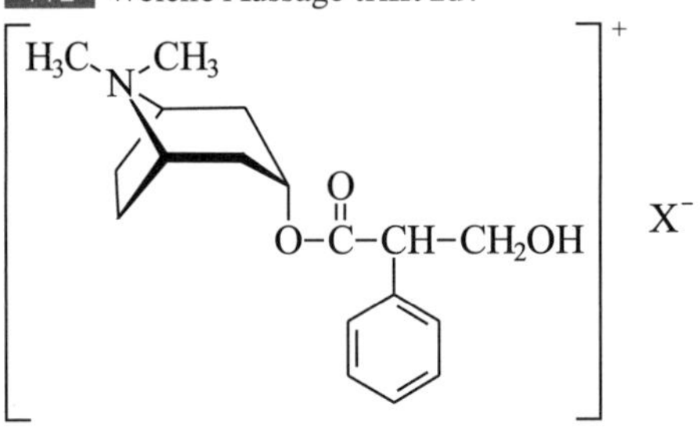

Methylatropiniumnitrat (siehe Abbildung, $X^- = NO_3^-$) kann durch folgende Reaktion von Methylatropiniumbromid ($X^- = Br^-$) unterschieden werden:

(A) Identitätsreaktion auf Alkaloide
(B) Blaufärbung der verdünnten Prüflösung mit Diphenylamin-Lösung
(C) Ausbleiben eines Niederschlages nach Zusatz verdünnter Natriumhydroxid-Lösung zur Prüflösung
(D) Reaktion nach Vitali
(E) Bestimmung des pH-Wertes der Prüflösung

773 Welche Aussage trifft zu?
Methylatropiniumbromid (siehe Abbildung Nr. 772, $X^- = Br^-$) kann durch folgende Reaktion von Methylatropiniumnitrat ($X^- = NO_3^-$) unterschieden werden:

(A) Identitätsreaktion auf Alkaloide
(B) beim Versetzen mit einer $AgNO_3$-Lösung Bildung eines gelblichen Niederschlages, der in Ammoniak-Lösung schwer löslich ist
(C) Ausbleiben eines Niederschlages nach Zusatz verdünnter Natriumhydroxid-Lösung zur Prüflösung
(D) Reaktion nach Vitali
(E) Bestimmung des pH-Wertes der Prüflösung

774 Welche Aussage trifft zu?
Zur Unterscheidung von Methyl-p-hydroxybenzoat und Propyl-p-hydroxybenzoat eignet sich:

(A) die Bestimmung der Lage des Absorptionsmaximums zwischen 240 und 300 nm
(B) die Reaktion mit Millons Reagenz
(C) das Erhitzen mit Natriumhydroxid-Lösung, anschließendes Ansäuern und Bestimmung des Schmelzpunktes der ausgefallenen Kristalle
(D) die Reaktion mit $FeCl_3$-Lösung
(E) Keine der angegebenen Reaktionen gestattet eine eindeutige Unterscheidung der beiden Verbindungen.

775 Mit welchen der folgenden Reaktionen kann Trimethylbutylammoniumnitrat von Trimethylbutylammoniumbromid unterschieden werden?

(1) Blaufärbung der verdünnten Prüflösung mit Diphenylamin und Schwefelsäure
(2) Ausbleiben eines Niederschlages nach Zusatz verdünnter Natriumhydroxid-Lösung zur Prüflösung
(3) Bestimmung des pH-Wertes der Prüflösung

(A) nur mit 1
(B) nur mit 2
(C) nur mit 3
(D) sowohl mit 1 als auch mit 2
(E) sowohl mit 2 als auch mit 3

776 Welche Verbindung ist in Wasser schwer löslich, gibt mit Salpetriger Säure und 2-Naphthol eine positive Farbreaktion, lässt sich bromometrisch unter Verbrauch von 4 Äquivalenten Brom titrieren, gibt beim Erhitzen Dämpfe, die Bleiacetat-Papier schwärzen und Lackmus-Papier blau färben und ist leicht löslich in verdünnter Alkalihydroxid-Lösung und verdünnten Mineralsäuren?

(A)

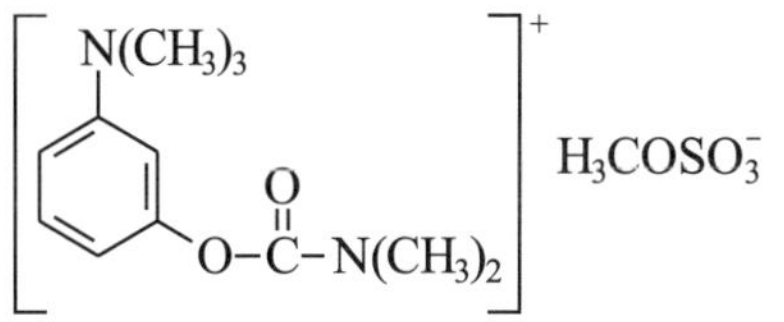

(B) $HOOC{-}CH(NH_2){-}CH_2{-}CH_2{-}S{-}CH_3$

(C)

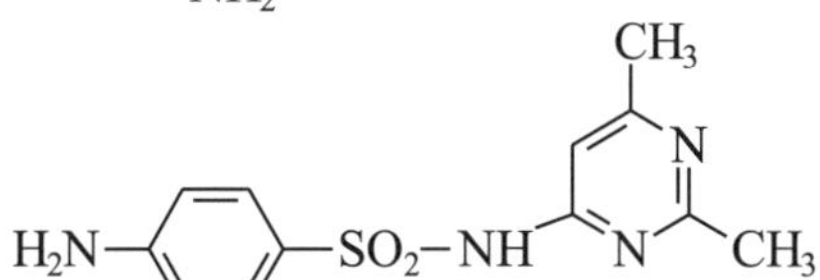

(D)

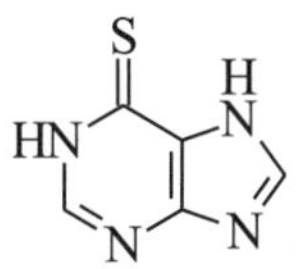

(E)

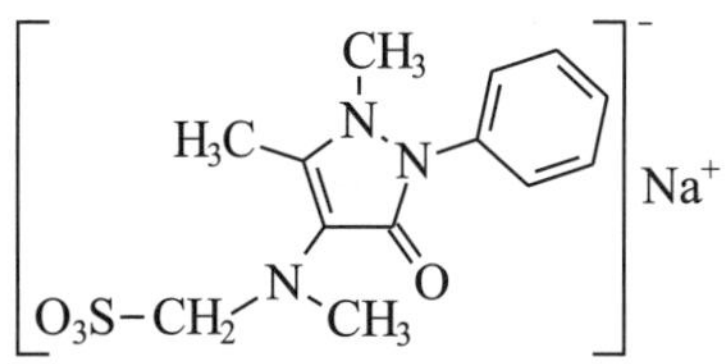

777 Welche Aussagen treffen zu?
Procainhydrochlorid

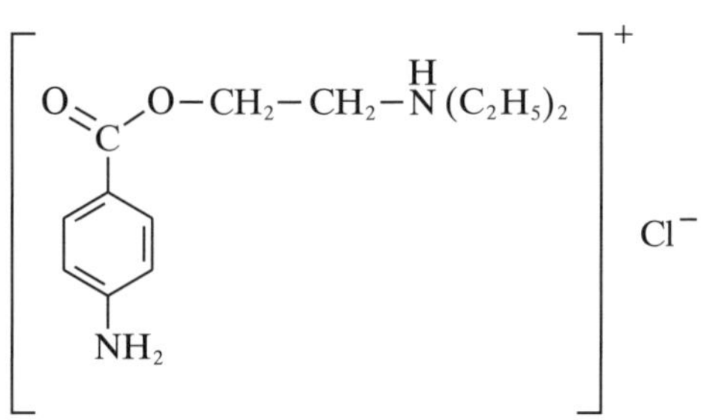

(1) reagiert in saurer Lösung mit 4-Dimethylaminobenzaldehyd zu einem farbigen Produkt
(2) verbraucht bei der bromometrischen Bestimmung (nach Koppeschaar) 4 Äquivalente Brom
(3) verbraucht bei der Titration in Eisessig in Gegenwart von Quecksilberacetat höchstens ein Äquivalent Perchlorsäure pro Mol
(4) bildet in wässriger Lösung nach Zusatz von Natriumhydroxid-Lösung eine Trübung oder einen Niederschlag

(A) nur 1 und 4 sind richtig
(B) nur 2 und 3 sind richtig
(C) nur 1, 2 und 4 sind richtig
(D) nur 2, 3 und 4 sind richtig
(E) 1–4 = alle sind richtig

778* Welche Aussagen treffen zu?
Procainhydrochlorid

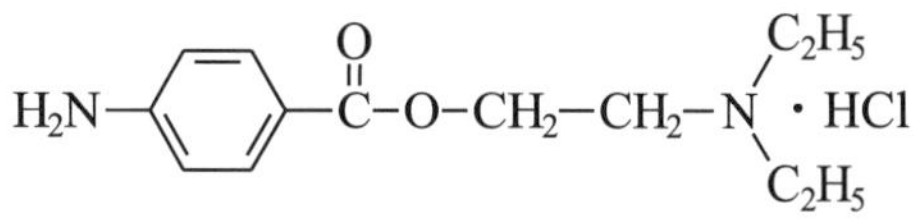

(1) gibt ein farbiges Azomethin mit 4-Dimethylaminobenzaldehyd
(2) In Procainhydrochlorid ist fast ausschließlich die primäre Aminogruppe protoniert.
(3) verbraucht bei der Titration in Eisessig in Gegenwart von Quecksilberacetat ein Äquivalent Perchlorsäure pro Mol
(4) bildet in wässriger Lösung nach Zusatz von Natriumhydroxid-Lösung eine Trübung oder einen Niederschlag

(A) nur 1 und 4 sind richtig
(B) nur 2 und 3 sind richtig
(C) nur 1, 3 und 4 sind richtig
(D) nur 2, 3 und 4 sind richtig
(E) 1–4 = alle sind richtig

779* Welche Aussage trifft **nicht** zu?
Die Substanz

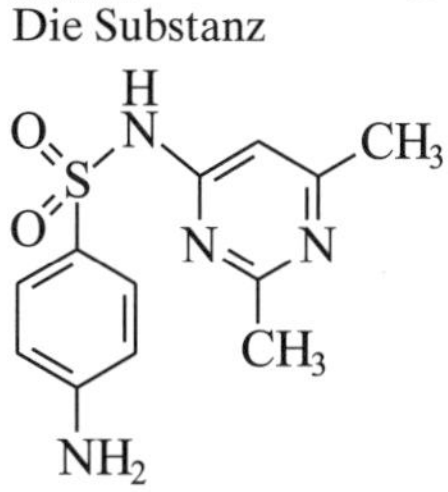

(A) löst sich in Salzsäure
(B) bildet ein Salz bei Umsetzung mit Natriumhydroxid-Lösung
(C) reagiert in saurer Lösung mit Nitrit-Ionen zu einem Diazoniumsalz
(D) reduziert Fehlingsche Lösung
(E) zeigt im IR-Spektrum u. a. Banden zwischen 2800 cm^{-1} und 3500 cm^{-1}

780* Welcher der folgenden Arzneistoffe erfüllt (unter geeigneten Umständen) die genannten drei Bedingungen?

- gibt mit Natriumnitrit/Salzsäure und nachfolgendem Zusatz von 2-Naphthol ein farbiges Produkt,
- lässt sich als schwache Säure in wasserfreiem Milieu titrieren und
- löst sich in Mineralsäuren unter Salzbildung auf

(A)
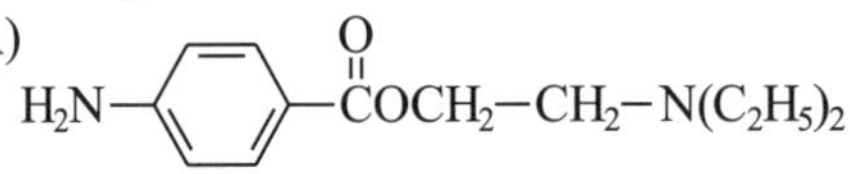

(B)
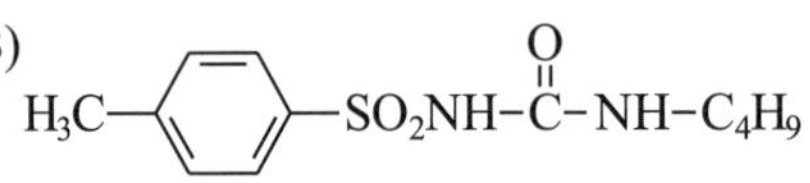

(C)
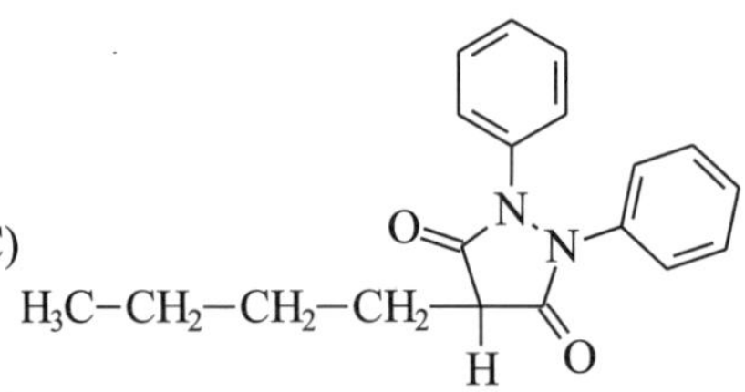

(D)
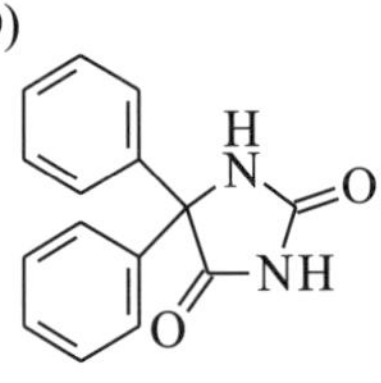

(E)
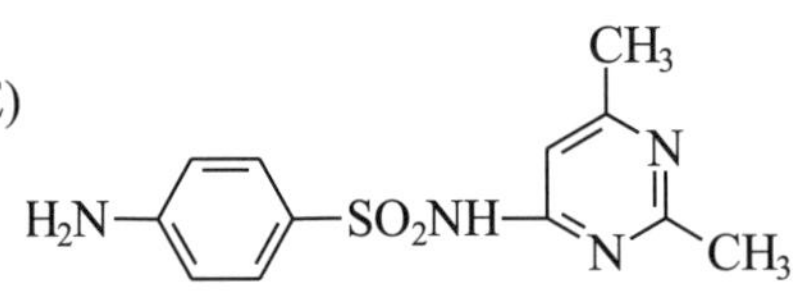

781* Welche Aussage zur Analytik von Paracetamol trifft **nicht** zu?

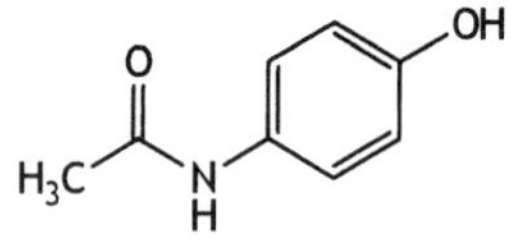

(A) Bei saurer Hydrolyse entsteht Hydrochinon.
(B) Nach Hydrolyse lässt sich gebildetes Acetat mittels Lanthannitrat/Iod über eine Blaufärbung identifizieren.
(C) Die azaloge Hydrochinonstruktur des Paracetamols kann für eine oxidimetrische Bestimmung genutzt werden.
(D) Nach saurer Hydrolyse kann mit einer Cer(IV)-Maßlösung titriert werden.
(E) 4-Chloracetanilid kann als Verunreinigung auftreten, wenn Paracetamol ausgehend von 4-Chlornitrobenzen dargestellt wurde.

782 Welche Aussagen zur qualitativen Analytik des abgebildeten Arzneistoffs Benzocain treffen zu?

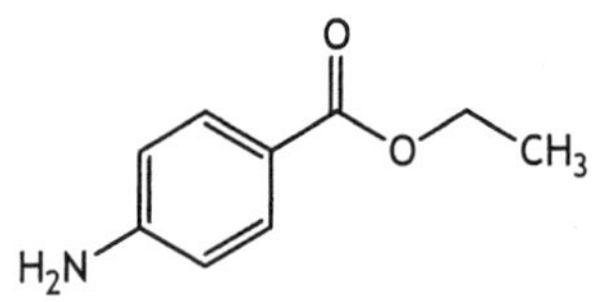

(1) Die primäre aromatische Aminogruppe kann durch Reaktion mit Nitrit, HCl und β-Naphthol nachgewiesen werden.
(2) Die primäre aromatische Aminogruppe kann durch Reaktion mit *p*-Dimethylaminobenzaldehyd (Ehrlichs Reagenz) nachgewiesen werden.
(3) Beim Erwärmen der Substanz mit Essigsäure und konzentrierter Schwefelsäure tritt Geruch nach Essigsäureethylester auf.
(4) Durch Reaktion mit CrO_3-Lösung in der Wärme entsteht Acetaldehyd.

(A) nur 1 und 2 sind richtig
(B) nur 1 und 3 sind richtig
(C) nur 2 und 3 sind richtig
(D) nur 1, 2 und 4 sind richtig
(E) 1–4 = alle sind richtig

783* Welche Aussagen zur Analytik des abgebildeten Arzneistoffs Ephedrin treffen zu?

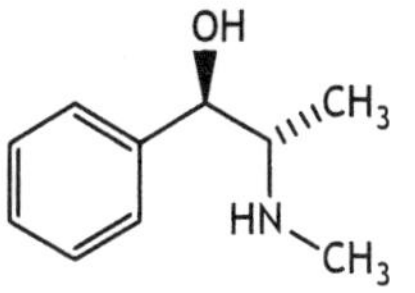

Beim Versetzen der in Wasser gelösten Substanz mit

(1) konzentrierter Natriumhydroxid-Lösung und Kupfer(II)-sulfat-Lösung entsteht eine Violettfärbung
(2) salzsaurer 2,4-Dinitrophenylhydrazin-Lösung entsteht ein farbloser Niederschlag
(3) Kaliumiodid-Stärke-Lösung entsteht eine blaue Färbung

(A) nur 1 ist richtig
(B) nur 2 ist richtig
(C) nur 3 ist richtig
(D) nur 1 und 2 sind richtig
(E) nur 1 und 3 sind richtig

784 Welche Aussagen zur Analytik des abgebildeten Arzneistoffs Epinephrin treffen zu?

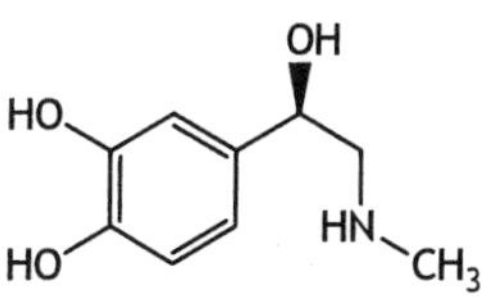

Beim Versetzen der in Wasser gelösten Substanz

(1) tritt nach Zugabe von $FeCl_3$-Lösung eine Farbreaktion ein
(2) mit salzsaurer 2,4-Dinitrophenylhydrazin-Lösung entsteht ein farbloser Niederschlag
(3) mit Kaliumiodid-Stärke-Lösung entsteht eine blaue Färbung

(A) nur 1 ist richtig
(B) nur 2 ist richtig
(C) nur 3 ist richtig
(D) nur 1 und 2 sind richtig
(E) 1–3 = alle sind richtig

785 Welche Aussagen zur Analytik von Nicotinamid (Pyridin-3-carboxamid) treffen zu?

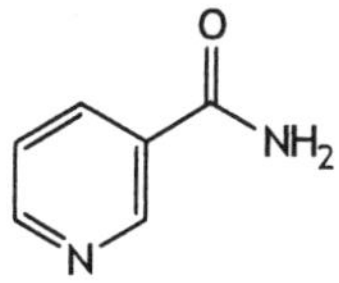

(1) Nicotinamid ist aufgrund der Amidfunktion eine sehr starke Base.
(2) Nicotinamid lässt sich zur Charakterisierung in ein Pikrat überführen.
(3) Beim Erhitzen mit Natronlauge entsteht Ammoniak.
(4) Bei der wasserfreien Titration mit Perchlorsäure-Maßlösung in Eisessig werden pro Molekül zwei Äquivalente der Maßlösung verbraucht.

(A) nur 4 ist richtig
(B) nur 1 und 2 sind richtig
(C) nur 2 und 3 sind richtig
(D) nur 3 und 4 sind richtig
(E) 1–4 = alle sind richtig

786* Welche Aussage trifft zu?

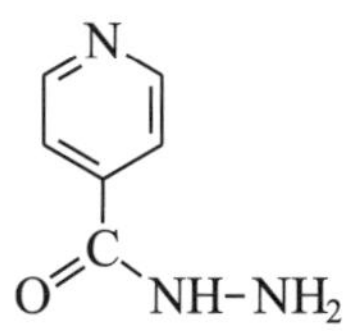

Isonicotinsäurehydrazid (siehe Formel) reagiert mit Vanillin zu einer farbigen Verbindung folgender Struktur:

(A)

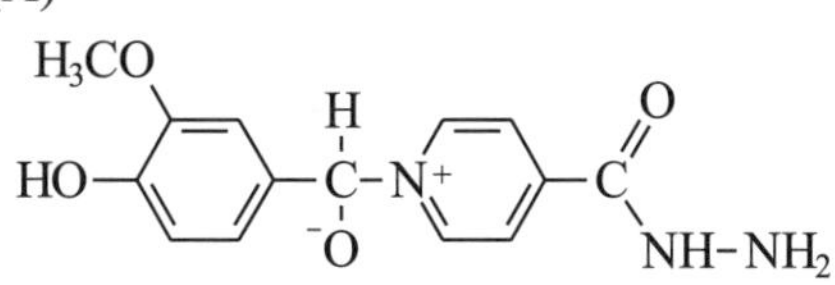

(B)

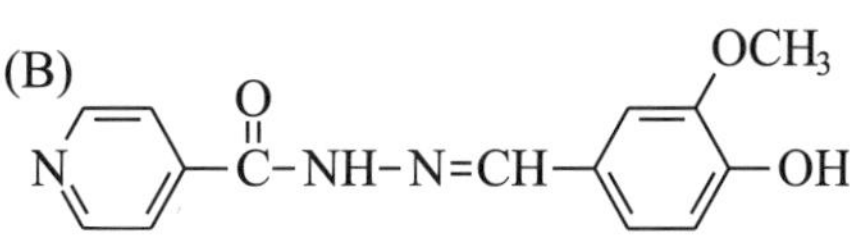

(C)

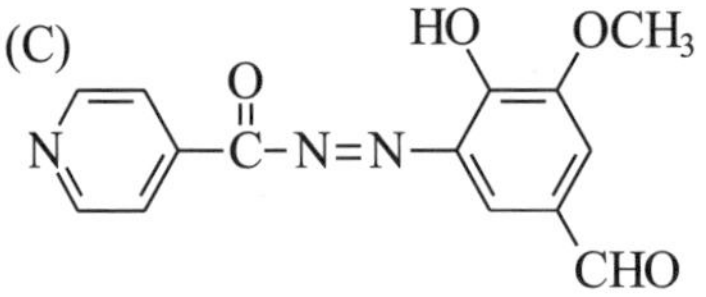

(D)

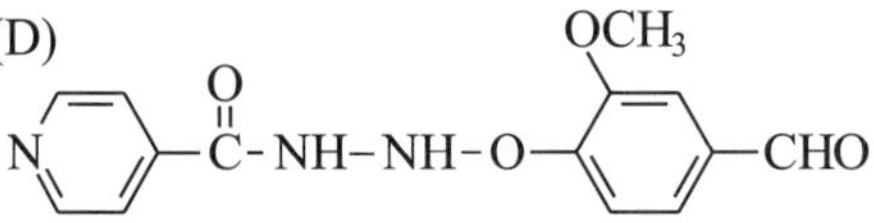

(E)

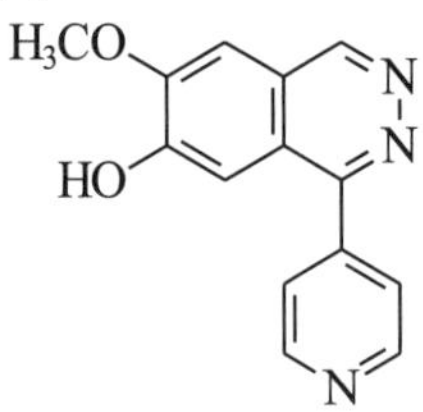

787 Welche Aussage zum abgebildeten Arzneistoff Bisacodyl trifft **nicht** zu?

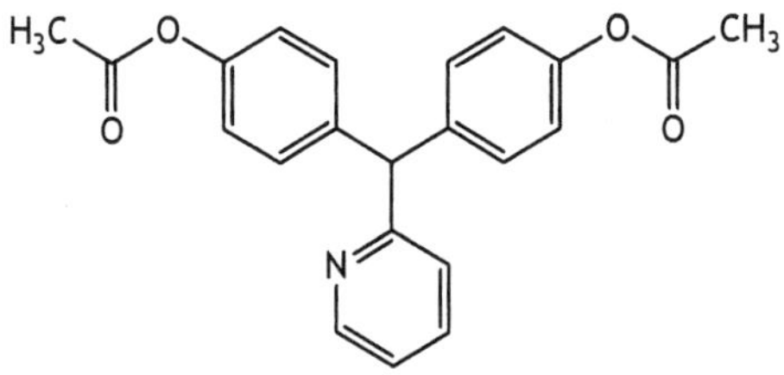

(A) Als schwache Base kann Bisacodyl in wasserfreiem Milieu durch Titration mit Perchlorsäure-Maßlösung quantitativ bestimmt werden.
(B) Durch Erhitzen mit Ethanol und konzentrierter Schwefelsäure entsteht Essigsäureethylester, der an seinem Geruch erkannt werden kann.
(C) Bisacodyl enthält als Strukturelement die Leukoform eines Triarylmethanfarbstoffs.
(D) Vom Bisacodyl gibt es zwei Enantiomere.
(E) Bisacodyl ist in verdünnten Mineralsäuren besser löslich als in verdünnten Alkalilaugen.

Themenübergreifende Fragen

Ordnen Sie bitte den Reagenzien der Liste 1 die jeweils damit üblicherweise nachgewiesenen Stoffe aus Liste 2 zu!

Liste 1

788* verdünnte sodaalkalische Permanganat-Lösung

789* Pentacyanonitrosylferrat-Lösung/NaOH-Lösung

790 Iod/NaOH-Lösung

Liste 2

(A) Olefine
(B) Methylketone
(C) Carbonsäuren
(D) sekundäre aliphatische Amine
(E) Chinone

Ordnen Sie bitte den in Liste 1 aufgeführten analytischen Verfahren die jeweils damit nachweisbare Verbindung(sklasse) oder funktionelle Gruppe aus Liste 2 zu!

Liste 1

791 Baeyersche Probe (Kaliumpermanganat-Lösung/essigsaures Milieu)

792 Legalsche Probe (Dinatriumpentacyanonitrosylferrat (II)/alkalisches Milieu)

Liste 2

(A) halogenhaltige organische Verbindungen
(B) Aceton
(C) C=C-Doppelbindung
(D) Sulfonsäuren
(E) aromatische Nitroverbindungen

Ordnen Sie bitte den in Liste 1 aufgeführten Stoffen jeweils das analytische Verfahren aus Liste 2 zu, das zu ihrem Nachweis beitragen kann!

Liste 1

793 Olefine

794 Sulfone

Liste 2

(A) Baeyersche Probe
(B) Legalsche Probe
(C) Beilstein-Probe
(D) Lassaigne-Probe
(E) Deniges-Probe

795 Welche Aussagen treffen zu?
Schiffs Reagenz (Fuchsin-Schweflige Säure) wird im Arzneibuch verwendet bei der:

(1) Identifizierung von Bromid
(2) Identifizierung primärer aromatischer Amine
(3) Prüfung auf Antioxidantien in Fetten Ölen
(4) Prüfung auf Methanol in Ethanol

(A) nur 3 ist richtig
(B) nur 1 und 3 sind richtig
(C) nur 1 und 4 sind richtig
(D) nur 2 und 4 sind richtig
(E) nur 1, 2 und 4 sind richtig

Ordnen Sie bitte den Substanzen der Liste 1 jeweils die Eigenschaft aus Liste 2 zu, die ihrer Verwendung als Reagenz nach Arzneibuch entspricht!

Liste 1

796 Triphenyltetrazoliumchlorid

797 1,10-Phenanthrolin

Liste 2
(A) reduzierend
(B) CH-acid
(C) oxidierend
(D) komplexierend
(E) alkylierend

Ordnen Sie bitte den Strukturen der Liste 1 den jeweils zutreffenden Nachweis des Europäischen Arzneibuchs aus Liste 2 zu!

Liste 1

798

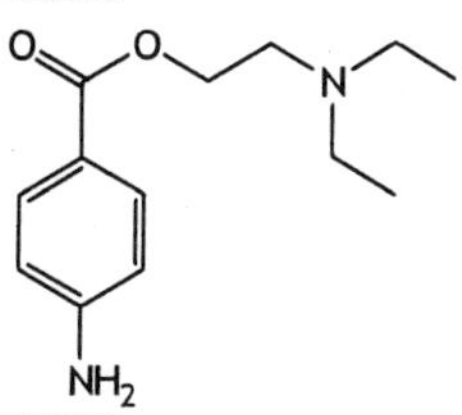

799

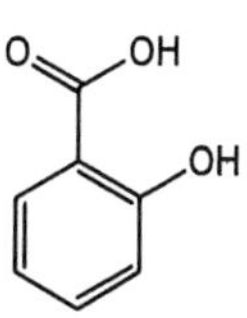

Liste 2
(A) Nach Zugabe von Eisen(II)-sulfat-Lösung und Wasserstoffperoxid vorübergehende Gelbfärbung, die durch Natriumhydroxid-Zugabe zu intensivem Blau umschlägt.
(B) Violettfärbung durch Zugabe von Eisen(III)-chlorid-Lösung, beständig auch nach Zusatz von Essigsäure.
(C) Violettblaue Färbung nach Mischung mit Cobalt(II)-nitrat und Calciumchlorid sowie verdünnter Natriumhydroxid-Lösung.
(D) Nach Zusatz salzsaurer Natriumnitrit-Lösung, Orange- bis Rotfärbung durch Zugabe von 2-Naphthol-Lösung.
(E) Blaufärbung nach Zusatz von Kaliumiodid-Stärke-Lösung.

Ordnen Sie bitte den in Liste 1 genannten funktionellen Gruppen das jeweils zu ihrem Nachweis geeignete Reagenz aus Liste 2 zu!

Liste 1 **Liste 2**

800*

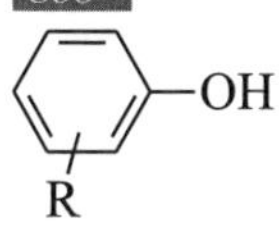

(A) $TiSO_4/H_2SO_4$
(B) $S{=}C(NH{-}NH{-}C_6H_5)(N{=}N{-}C_6H_5)$
(C) $HS{-}CH_2COOH$
(D)

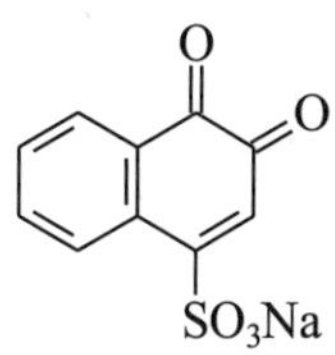

(E)

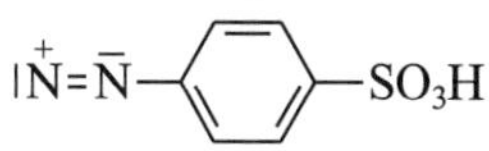

801* $R{-}CH_2{-}NH_2$

802* R-O-O-H

Ordnen Sie bitte den Verbindungen der Liste 1 das jeweils zu ihrer Charakterisierung nach Arzneibuch einzusetzende Reagenz (bzw. Reagenzienkombination in der angegebenen Reihenfolge) aus Liste 2 zu!

Liste 1

803* Xanthine

804* primäre aromatische Amine

805* Alkaloide

806* Barbiturate

Liste 2

(A) H_2O_2/HCl, nach Eindampfen Zugabe verdünnter NH_3-Lösung
(B) Dragendorffs Reagenz
(C) methanolische $NH_2OH \cdot HCl$/ethanolische KOH, Ansäuern mit HCl, dann Zugabe von $FeCl_3$
(D) 4-Dimethylaminobenzaldehyd
(E) methanolische Cobalt(II)-acetat-Lösung/$Na_2B_4O_7$

Ordnen Sie bitte den Verbindungen der Liste 1 das jeweils zu ihrem Nachweis am besten geeignete Reagenz (bzw. Reagenzienkombination in der angegebenen Reihenfolge) aus Liste 2 zu!

Liste 1

807* Carbonsäureester

808 primäre aromatische Amine

Liste 2

(A) H_2O_2/HCl, nach Eindampfen Zugabe verdünnter NH_3-Lösung
(B) Dragendorffs Reagenz ($KBiI_4$-Lösung)
(C) methanolische $NH_2OH \cdot HCl$/ethanolische KOH, Ansäuern mit HCl, dann Zugabe von $FeCl_3$
(D) HCl/$NaNO_2$, dann Zugabe von 2-Naphthol/NaOH
(E) Zugabe von $Co(NO_3)_2/CaCl_2$/NaOH in Methanol

Ordnen Sie bitte den Stoffgruppen der Liste 1 die jeweils zutreffende Identitätsreaktion des Arzneibuches aus Liste 2 zu!

Liste 1

809* Barbiturate, nicht am Stickstoff substituierte

810* Xanthine

Liste 2

(A) Natriumnitrit + verdünnte HCl/2-Naphthol + verdünnte NaOH
(B) Hydroxylaminhydrochlorid + KOH/HCl + Eisen(III)-chlorid
(C) Wasserstoffperoxid + verdünnte Salzsäure/verdünnte Ammoniak-Lösung
(D) in Methanol: Cobalt(II)-nitrat/$CaCl_2$/NaOH
(E) Fuchsin-Schweflige Säure

Ordnen Sie bitte den in Liste 1 aufgeführten Reaktionsprodukten von Farbreaktionen jeweils den gemäß Arzneibuch nachgewiesenen Arzneistoff aus Liste 2 zu!

Liste 1

811

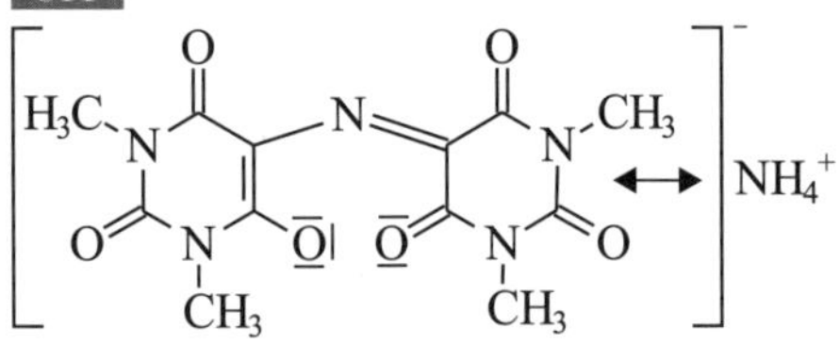

und andere mesomere Grenzformen

812*

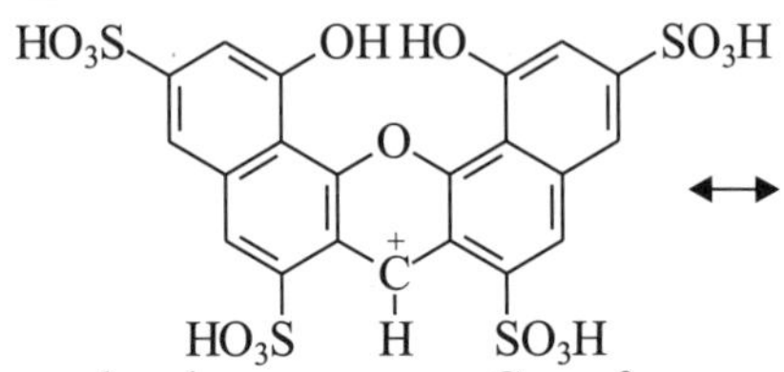

und andere mesomere Grenzformen

813

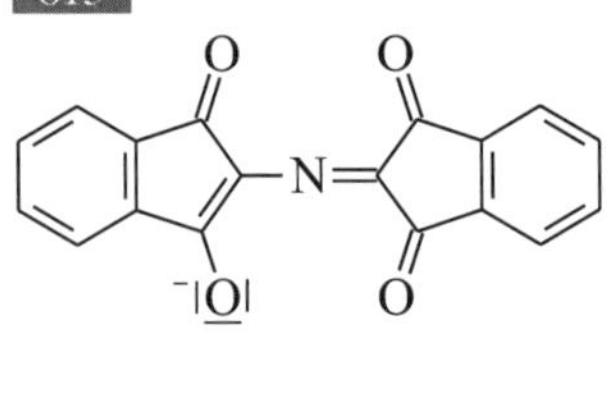

Liste 2

(A) Formaldehyd
(B) Coffein
(C) Hexobarbital
(D) Procain-HCl
(E) Methionin

Ordnen Sie bitte den Reagenzien bzw. der Reagenzienkombination der Liste 1 die jeweils zutreffende Stoffgruppe aus Liste 2 zu, die nach Arzneibuch mit diesen Reagenzien identifiziert wird!

Liste 1

814 Dragendorffs Reagenz

815 $FeSO_4/H_2O_2$

Liste 2

(A) primäre aromatische Amine
(B) Xanthine
(C) Tartrat
(D) Alkaloide
(E) Barbiturate, nicht am Stickstoff substituierte

Ordnen Sie bitte den in Liste 1 aufgeführten gefärbten Reaktionsprodukten die jeweils zutreffende Identitätsreaktion des Arzneibuches zu, bei der sie entstehen aus Liste 2!

Liste 1

816

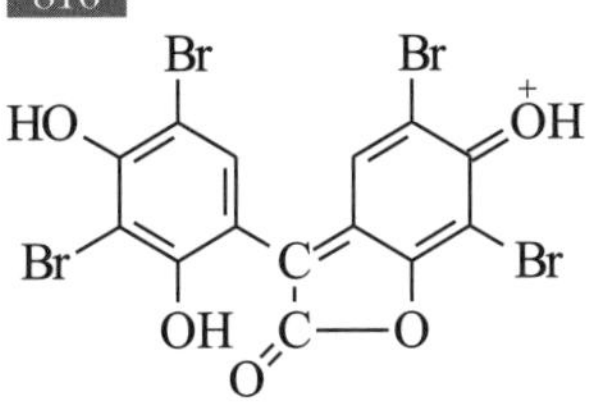

817

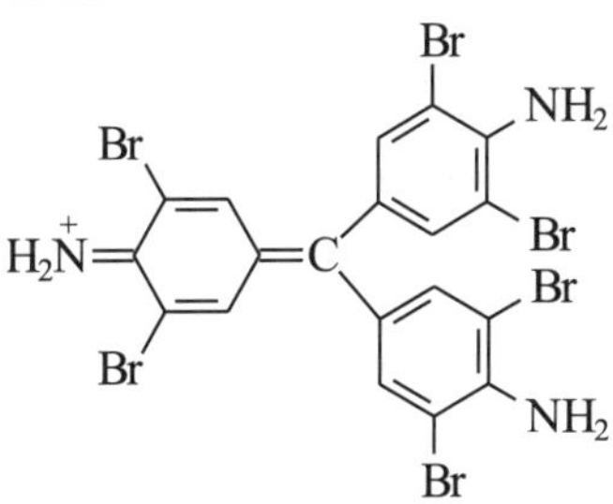

Liste 2

(A) auf Bromid
(B) auf Citrat
(C) auf Lactat
(D) auf Nitrat
(E) auf Tartrat

Ordnen Sie bitte den Reagenzien der Liste 1 die jeweils am besten damit nachweisbare Stoffgruppe aus Liste 2 zu!

Liste 1

818 2,6-Dichlorchinonchlorimid

819 Triphenyltetrazoliumchlorid

Liste 2

(A) Enamine
(B) α-Ketole
(C) Azomethine
(D) para-unsubstituierte Phenole
(E) α-Hydroxycarbonsäuren

Ordnen Sie bitte den Stoffen in Liste 1 jeweils das zu ihrem Nachweis geeignete Reagenz aus Liste 2 zu!

Liste 1

820 p-unsubstituierte Phenole

821 Aldehyde

Liste 2

(A) Triphenyltetrazoliumchlorid
(B) Dimedon (5,5-Dimethylcyclohexan-1,3-dion)
(C) Benzylchlorid
(D) 2,6-Dichlorchinonchlorimid/NaOH-Lösung
(E) Chloramin T

4 Prüfung Frühjahr 2009

822 Welche Aussage trifft?
Das Europäische Arzneibuch schreibt zum Nachweis von Chlorid-Ionen (Methode B) eine Umsetzung des Chlorids im schwefelsauren Milieu mit Kaliumdichromat vor. Ein dabei intermediär gebildetes Produkt färbt ein mit Diphenylcarbazid-Lösung getränktes Filterpapier über der Reaktionslösung violett.
Diese Reaktion wird nach dem Namen des Intermediärprodukts bezeichnet als:

(A) Chromat-Reaktion
(B) Chromoxid-Reaktion
(C) Chromchlorid-Reaktion
(D) Chromylchlorid-Reaktion
(E) Chrompentoxid-Reaktion

823 Teststäbchen zum Nachweis von Nitrat über die Bildung eines Azofarbstoffs können eine Nitrit-Warnzone enthalten.
Wodurch unterscheidet sich diese Zone des Teststäbchens hauptsächlich von der Nitrat-Nachweiszone?

(A) durch Imprägnierung mit $CaCl_2$
(B) durch Imprägnierung mit NaCl
(C) durch Imprägnierung mit $BaSO_4$
(D) durch das Fehlen eines Reduktionsmittels
(E) durch Pufferung auf pH 7,0

824 Welche Aussagen treffen zu?
Phosphat-Ionen lassen sich nachweisen durch Reaktion mit Ag^+-Ionen in:

(1) salpetersaurer Lösung bei pH = 1
(2) ammoniakalischer Lösung
(3) wässriger Lösung bei pH = 12
(4) wässriger Lösung bei pH = 7

(A) nur 1 ist richtig
(B) nur 4 ist richtig
(C) nur 2 und 3 sind richtig
(D) nur 2 und 4 sind richtig
(E) 1–4 = alle sind richtig

825 Welche Aussage zur Analytik von Lithium-Ionen trifft zu?

(A) Wird in eine schwach salzsaure Lösung von Lithiumchlorid Schwefelwasserstoff eingeleitet, so fällt farbloses Li_2S aus.
(B) Wird eine Lösung von Lithiumchlorid in Pentan-1-ol mit Dinatriumhydrogenphosphat-Lösung und einigen Tropfen Natronlauge versetzt, erwärmt und kräftig geschüttelt, so trübt sich die untere (wässrige) Phase.
(C) Versetzt man eine neutrale wässrige Lithiumchlorid-Lösung mit Natriumtetraphenylborat-Lösung, so bildet sich ein weißer Niederschlag.
(D) Wird eine wässrige Lösung von Lithiumchlorid mit Ammoniumoxalat-Lösung versetzt, so fällt ein weißer Niederschlag von Lithiumoxalat aus.
(E) Versetzt man eine ammoniakalische Lithiumchlorid-Lösung mit einer Oxin-Lösung, so fällt ein hellgelber Niederschlag aus.

826 Das Europäische Arzneibuch schreibt für die Identitätsprüfung von Ammoniumsalzen folgende Verfahrensweise vor:
Die Prüflösung wird mit Magnesiumoxid versetzt. Ein Luftstrom, der durch dieses Gemisch und anschließend unter die Oberfläche einer Mischung aus Salzsäure und Methylrot-Lösung geleitet wird, bewirkt dort einen Farbumschlag nach Gelb. Nach Zusatz von Natriumhexanitrocobaltat(III)-Lösung entsteht ein gelber Niederschlag.
Welche Aussagen treffen zu?

(1) Durch die Zugabe von Magnesiumoxid wird die Prüflösung alkalisiert.
(2) Die Ammonium-Ionen werden unter die Oberfläche der salzsauren Lösung geleitet.
(3) Methylrot reagiert als Säure-Base-Indikator.
(4) Kalium-Ionen stören unter diesen Bedingungen den Nachweis mit Natriumhexanitrocobaltat(III).

(A) nur 1 und 2 sind richtig
(B) nur 1 und 3 sind richtig
(C) nur 1 und 4 sind richtig
(D) nur 2 und 3 sind richtig
(E) nur 3 und 4 sind richtig

827 Bei einer Grenzprüfung auf Arsen nach Ph. Eur. wird die Substanz in ein Reagenzglas gegeben, das Salzsäure und Kaliumiodid enthält. Nach Zugabe von Natriumhypophosphit wird erhitzt.
Welche Aussagen zu dieser Bestimmung treffen zu?

(1) Es lässt sich nur As(III), nicht aber As(V) bestimmen.
(2) As(III) wird zu elementarem Arsen reduziert.
(3) Phosphinsäure wird zu Phosphonsäure oxidiert.

(A) nur 1 ist richtig
(B) nur 2 ist richtig
(C) nur 3 ist richtig
(D) nur 2 und 3 sind richtig
(E) 1–3 = alle sind richtig

828 Das Europäische Arzneibuch schreibt zum Nachweis von Zink-Ionen folgende Verfahrensweise vor:
Wird die Analysenlösung mit 0,2 ml konzentrierter Natriumhydroxid-Lösung versetzt, entsteht ein weißer Niederschlag, der sich nach Zusatz von weiteren 2 ml konzentrierter Natriumhydroxid-Lösung wieder löst. Die Lösung bleibt nach Zusatz von 10 ml Ammoniumchlorid-Lösung klar. Nach Zusatz von Natriumsulfid-Lösung entsteht ein flockiger, weißer Niederschlag.
Welche Aussagen treffen zu?

(1) Der Nachweis nutzt die amphiphilen Eigenschaften von Zinkhydroxid aus.
(2) Zinkhydroxid löst sich im stark Alkalischen unter Bildung eines Hydroxo-Komplexes.
(3) Die Zugabe von Ammoniumchlorid-Lösung führt zu einer Absenkung des pH-Werts.

(A) nur 1 ist richtig
(B) nur 2 ist richtig
(C) nur 1 und 2 sind richtig
(D) nur 2 und 3 sind richtig
(E) 1–3 = alle sind richtig

829 Carbonsäureester reagieren mit Hydroxylamin zu Hydroxamsäuren, die mit Eisen(III)-Ionen eine farbige Komplexverbindung bilden.
Welche der folgenden Verbindungsklassen stört diese Nachweisreaktion?

(A) Carbonsäureanhydride
(B) Dialkylether
(C) Acetale
(D) tertiäre Alkohole
(E) primäre aliphatische Amine

830 Zur Identitätsprüfung auf (S)-Milchsäure nach Arzneibuch wird eine wässrige Lösung der Substanz mit Bromwasser und verdünnter Schwefelsäure versetzt und bis zur Entfärbung erwärmt. Hierbei wird Acetaldehyd gebildet.

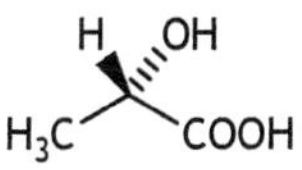

Welche der folgenden Prozesse führen zur Bildung des Acetaldehyds?

(1) Reduktion
(2) Dehalogenierung
(3) Oxidation
(4) Decarboxylierung

(A) nur 1 ist richtig
(B) nur 4 ist richtig
(C) nur 1 und 2 sind richtig
(D) nur 3 und 4 sind richtig
(E) 1–4 = alle sind richtig

831 Welche Aussagen zur Analytik des abgebildeten Arzneistoffs Ephedrin treffen zu?

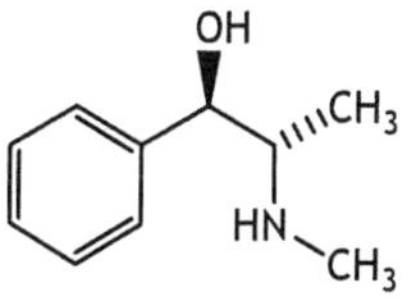

(1) Beim Erhitzen der in Wasser gelösten Substanz mit in Ethanol 96 % gelöstem Diphenylamin entsteht eine intensive Blaufärbung.
(2) Beim Versetzen der in Wasser gelösten Substanz mit konzentrierter Natriumhydroxid-Lösung und Kupfer(II)-sulfat-Lösung entsteht ein farbiger Chelatkomplex.
(3) Beim Versetzen der in Wasser gelösten Substanz mit Kaliumiodid-Stärke-Lösung entsteht eine blaue Färbung.

(A) nur 1 ist richtig
(B) nur 2 ist richtig
(C) nur 1 und 2 sind richtig
(D) nur 2 und 3 sind richtig
(E) 1–3 = alle sind richtig

832

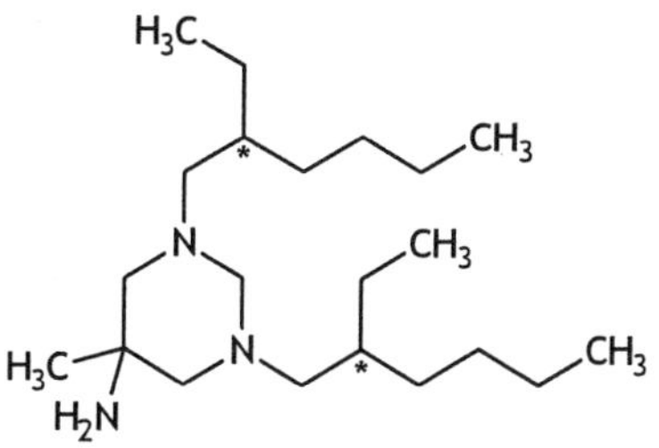

Hexetidin

Eine Identitätsprüfung von Hexetidin kann durch die Umsetzung mit Kupfer(II)-sulfat und ethanolischer Schwefelsäure nach Lösen in Dichlormethan erfolgen. Es resultiert eine intensive Blaufärbung der Dichlormethan-Phase.
Welches Spaltprodukt oder Strukturelement des Hexetidins wird durch diese Reaktion nachgewiesen?

(A) Formaldehyd
(B) Acetaldehyd
(C) Aceton
(D) 2-Ethylhexylamin
(E) die vicinale Aminfunktion

833 Das Europäische Arzneibuch schreibt zur Identifizierung von Salicylat folgende Verfahrensweise vor:
Wird 1 ml der vorgeschriebenen Lösung mit 0,5 ml Eisen(III)-chlorid-Lösung versetzt, entsteht eine Violettfärbung, die nach Zusatz von 0,1 ml Essigsäure bestehen bleibt.
Welche Aussage zu diesem Nachweis trifft **nicht** zu?

(A) Die Farbbildung nach Zusatz von Eisen(III)-chlorid ist eine generelle Nachweisreaktion auf wasserlösliche Phenole.
(B) Es bilden sich Komplexe der stöchiometrischen Zusammensetzung 1:3 von Fe(III) zu Salicylat.
(C) Der Ligand Salicylat chelatisiert das Metallkation.
(D) Alle Phenolate ergeben mit Eisen(III)-chlorid eine gleich intensive Färbung wie Salicylat.
(E) Die Farbbeständigkeit im essigsauren Milieu ist auf die Stabilisierung des Reaktionsprodukts durch die ortho-ständige Carboxylgruppe zurückzuführen.

834* Benzocain (siehe Formel) kann durch Umsetzung mit p-Dimethylaminobenzaldehyd im schwach sauren Milieu (pH ca. 5,5) zu einem gefärbten Produkt umgesetzt werden.

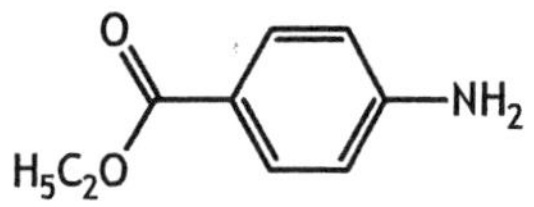

Welche Konstitution besitzt das entstehende Reaktionsprodukt?

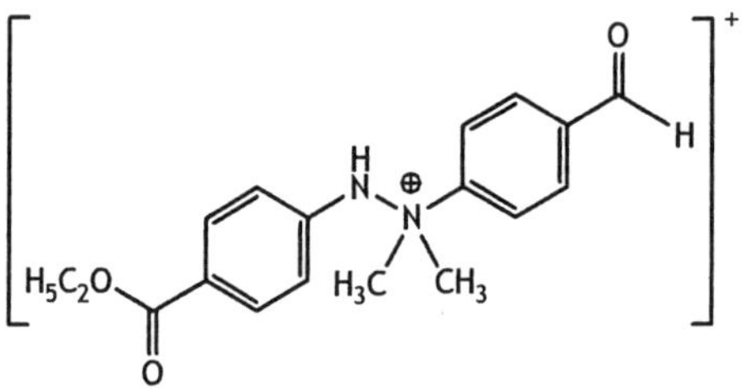

(A)

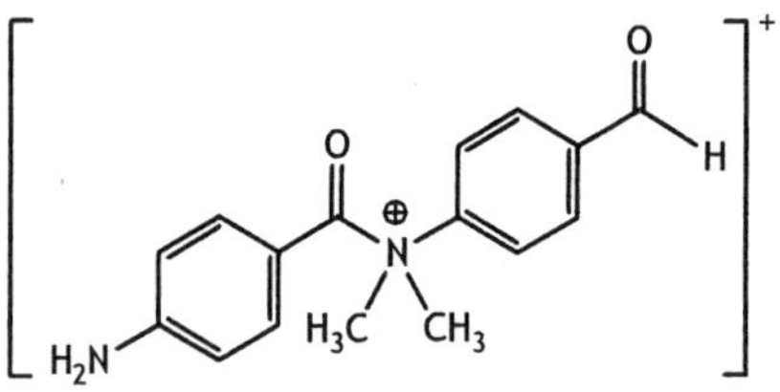

(B)

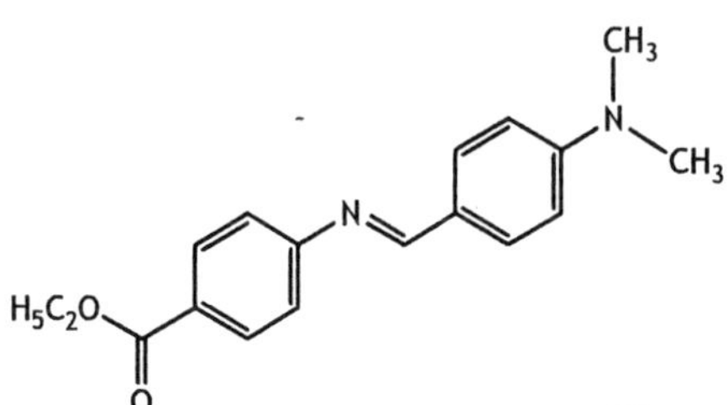

(C)

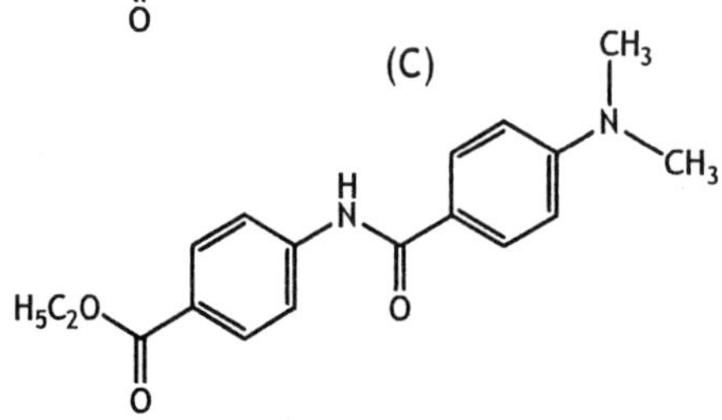

(D)

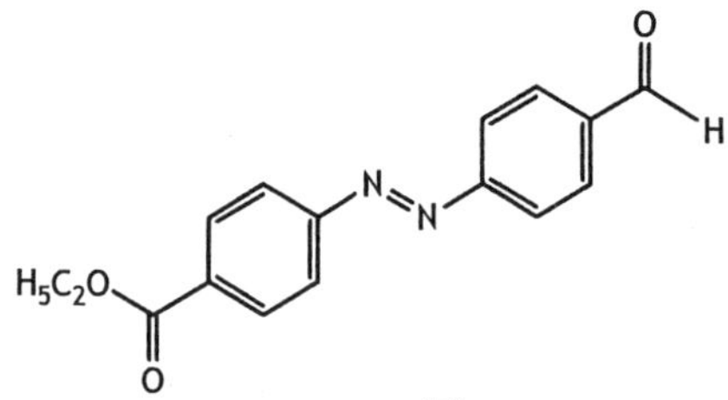

(E)

835 Welche Aussagen zur Analytik von Nicotinamid (Pyridin-3-carboxamid) treffen zu?

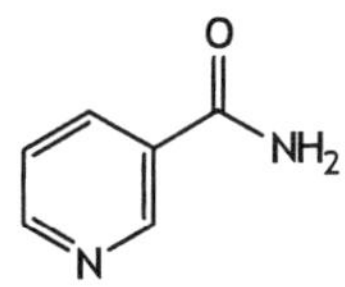

(1) Nicotinamid ist eine schwache Base.
(2) Nicotinamid lässt sich zur Charakterisierung in ein Pikrat überführen.
(3) Beim Erhitzen mit Natronlauge entsteht Ammoniak.
(4) Bei der wasserfreien Titration mit Perchlorsäure-Maßlösung in Eisessig wird pro Mol ein Äquivalent der Maßlösung verbraucht.

(A) nur 4 ist richtig
(B) nur 1 und 2 sind richtig
(C) nur 2 und 3 sind richtig
(D) nur 3 und 4 sind richtig
(E) 1–4 = alle sind richtig

5 Prüfung Herbst 2009

836 Zink-Ionen können als so genanntes Rinmans Grün nach Zugabe verdünnter Cobalt(II)-nitrat-Lösung zur Analysensubstanz und Erhitzen in der Oxidationsflamme eines Bunsenbrenners auf einer Magnesiarinne nachgewiesen werden.
Welche der folgenden Reaktionsgleichungen stellt diese Umsetzung, ausgehend von Zinkoxid, zutreffend dar?

(A) $ZnO_2 + Co(NO_3)_2 \rightarrow Zn(NO_2)_2 + CoO_2 + O_2$
(B) $ZnO + 2\,Co(NO_3)_2 \rightarrow ZnCo(NO_3)_4 + \frac{1}{2}O_2$
(C) $ZnO + 2\,Co(NO_3)_2 \rightarrow ZnCo_2O_4 + 4\,NO_2 + \frac{1}{2}\,O_2$
(D) $2\,ZnO + Co(NO_3)_2 \rightarrow Zn_2CoO_3 + 2\,NO_2 + \frac{1}{2}O_2$
(E) $ZnO + 2\,Co(NO_3)_2 \rightarrow Co[Zn(NO_3)_4] + CoO$

837 Welche Aussage zur Analytik von Aluminiumkaliumsulfat trifft **nicht** zu?

(A) Die Substanz ist in Wasser schwer löslich.
(B) Eine wässrige Lösung der Substanz reagiert sauer.
(C) Der Gehalt kann durch komplexometrische Titration mit Natriumedetat-Maßlösung bestimmt werden.
(D) Mit Alizarin-S-Lösung bildet sich bei geeignetem pH ein Farblack.
(E) Aus einer wässrigen Lösung fällt bei Zugabe von Bariumchlorid-Lösung ein weißer Niederschlag aus.

838 Welche der folgenden Reaktionen von Cu(II)-Ionen führen zur Bildung von Cu(I)-Verbindungen?
Die Reaktion mit:

(1) I^-
(2) OH^-
(3) Fe

(A) nur 1 ist richtig
(B) nur 2 ist richtig
(C) nur 3 ist richtig
(D) nur 1 und 3 sind richtig
(E) 1–3 = alle sind richtig

839 Das Europäische Arzneibuch schreibt zur Identifizierung von Carbonat/Hydrogencarbonat folgende Verfahrensweise vor:
Die vorgeschriebene Lösung wird mit 3 ml verdünnter Essigsäure versetzt und das Reagenzglas rasch mit einem durchbohrten Stopfen, der ein 2-mal im rechten Winkel gebogenes Glasrohr trägt, verschlossen. Die Mischung braust auf und liefert ein farb- und geruchloses Gas. Wird schwach erhitzt und das Gas in eine Bariumhydroxid-Lösung geleitet, so entsteht ein weißer Niederschlag, der sich in überschüssiger Salzsäure löst.
Welche Aussagen zu diesem Nachweis treffen zu?

(1) Die durch Säurezugabe entstehende Kohlensäure ist in der vorliegenden Lösung instabil.
(2) Die räumliche Trennung der Analysenlösung vom Gefäß der Niederschlagsbildung erhöht die Selektivität des Nachweises.

(3) Die Freisetzung der Kohlensäure könnte auch in schwach alkalischem Milieu erfolgen.
(4) Der weiße Niederschlag besteht aus schwer löslichem Bariumcarbonat.

(A) nur 1 und 2 sind richtig
(B) nur 1 und 3 sind richtig
(C) nur 3 und 4 sind richtig
(D) nur 1, 2 und 4 sind richtig
(E) nur 2, 3 und 4 sind richtig

840 Welche Aussagen treffen zu?
Bromid-Ionen

(1) lassen sich durch Blei(IV)-oxid zu Brom oxidieren
(2) bilden ein schwer lösliches Silbersalz
(3) bilden ein schwer lösliches Blei(II)-Salz
(4) werden dem Reaktionsgemisch für den Nachweis von Weinsäure mit Resorcin/Schwefelsäure zugesetzt

(A) nur 1 ist richtig
(B) nur 1 und 2 richtig
(C) nur 2 und 3 sind richtig
(D) nur 2 und 4 sind richtig
(E) 1–4 = alle sind richtig

841 Nitrat kann durch Reaktion mit Nitrobenzol/Schwefelsäure und anschließende Umsetzung mit Aceton in alkalischem Milieu nachgewiesen werden.
Welche Aussagen zu diesem Nachweis treffen zu?

(1) 1,3-Dinitrobenzol (1,3-Dinitrobenzen) tritt als Zwischenprodukt auf.
(2) Aceton fungiert als Elektrophil.
(3) Nitrit stört den Nachweis **nicht**.
(4) Das farbige Endprodukt kann durch die folgende Struktur beschrieben werden:

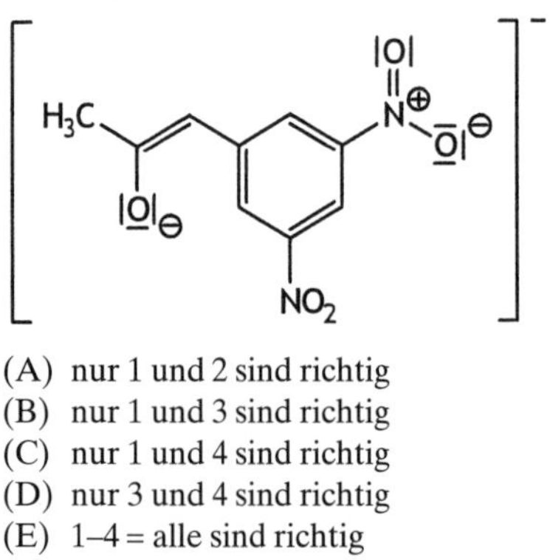

(A) nur 1 und 2 sind richtig
(B) nur 1 und 3 sind richtig
(C) nur 1 und 4 sind richtig
(D) nur 3 und 4 sind richtig
(E) 1–4 = alle sind richtig

842 Das Europäische Arzneibuch schreibt zur Identifizierung von Silicat folgende Verfahrensweise vor:
Die vorgeschriebene Substanzmenge wird in einem Blei- oder Platintiegel mit etwa 10 mg Natriumfluorid und einigen Tropfen Schwefelsäure mit Hilfe eines Kupferdrahts zu einem dünnen Brei verrieben. Der Tiegel wird mit einer durchsichtigen Kunststoffplatte, an deren Unterseite ein Tropfen Wasser hängt, bedeckt. Bei schwachem Erwärmen bildet sich innerhalb kurzer Zeit um den Wassertropfen ein weißer Ring.
Welche Aussage zu diesem Nachweis trifft **nicht** zu?

(A) Der Nachweis basiert auf der Bildung von flüchtigem Siliciumtetrafluorid.
(B) Ein großer Überschuss an Fluorid kann den Nachweis durch Bildung der nicht flüchtigen Hexafluorokieselsäure stören.
(C) Kupfer fungiert als Katalysator.
(D) Die Verwendung von Glas- oder Porzellantiegeln würde zu falsch-positiven Reaktionsergebnissen führen.
(E) Der weiße Ring resultiert aus der Bildung von Kieselsäuregel.

843 Zur Identitätsprüfung der nachstehend abgebildeten (S)-Milchsäure nach Arzneibuch wird eine wässrige Lösung der Substanz mit Bromwasser und verdünnter Schwefelsäure versetzt und bis zur Entfärbung erwärmt.

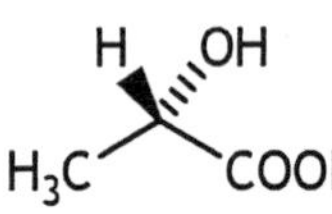

Nach Zusatz von Ammoniumsulfat, gefolgt von Dinatriumpentacyanonitrosylferrat(II)-Lösung und konzentrierter Ammoniak-Lösung, erscheint eine dunkelgrüne Färbung.
Welche funktionelle Gruppe wird über diese Reaktion nachgewiesen?

(A) Imin
(B) Carboxylgruppe
(C) Hydroxylgruppe
(D) Acetal
(E) C-H-acide Carbonylfunktion

844 Welche Aussagen zur qualitativen Analytik des abgebildeten Arzneistoffs Paracetamol treffen zu?

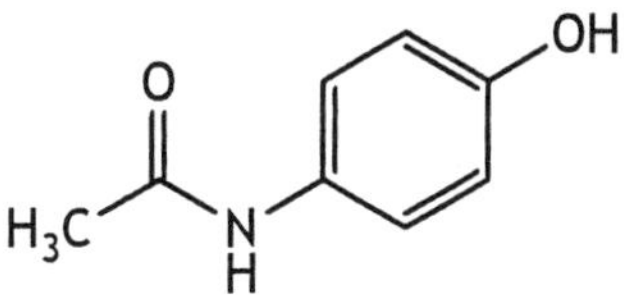

(1) Die OH-Gruppe kann durch eine farbgebende Reaktion mit Eisen(III)-chlorid nachgewiesen werden.
(2) Durch Hydrolyse entstehende Essigsäure kann durch Reaktion mit Lanthannitrat-Lösung, Iod-Lösung und Ammoniak-Lösung nachgewiesen werden.
(3) Durch Reaktion mit *p*-Nitrobenzoylchlorid entsteht eine kristalline Substanz, die über ihren Schmelzpunkt identifiziert werden kann.
(4) Durch Hydrolyse entstehendes *p*-Aminophenol kann in alkalischer Lösung mit Phenol unter Einwirkung von Sauerstoff zu einem Indophenol-Farbstoff reagieren.

(A) nur 1 ist richtig
(B) nur 2 ist richtig
(C) nur 1 und 3 sind richtig
(D) nur 1, 2 und 4 sind richtig
(E) 1–4 = alle sind richtig

845 Das Europäische Arzneibuch schreibt zur Identitätsprüfung von Alkaloiden folgende Verfahrensweise vor:
Die Substanz wird nach Lösen in Wasser bis zur sauren Reaktion mit verdünnter Salzsäure versetzt. Nach Zusatz von Kaliumtetraiodobismutat(III) (Dragendorffs Reagenz) entsteht ein orangeroter Niederschlag.
Welche funktionelle Gruppe eines Alkaloids ergibt die beschriebene Reaktion?

(A) Phenol
(B) Carbonsäure
(C) Carbonsäureamid
(D) Aromat
(E) tertiäres Amin

846 Formaldehyd kann nachgewiesen werden, indem eine verdünnte Prüflösung mit einer Lösung von Acetylaceton (Pentan-2,4-dion), die Ammoniumacetat enthält, versetzt und 40 min lang bei 40 °C erwärmt wird. Hierbei wird ein gelb gefärbtes Reaktionsprodukt gebildet.
Welche Aussagen zu diesem Nachweis treffen zu?

(1) Anstelle von Acetylaceton kann auch Aceton verwendet werden.
(2) Anstelle von Ammoniumacetat als Zusatz zur Acetylaceton-Lösung kann auch ein Essigsäure/Acetat-Puffer verwendet werden.
(3) Bei der Reaktion entsteht ein 1,4-Dihydropyridin-Derivat.
(4) Bei der Reaktion entsteht Murexid.

(A) nur 2 ist richtig
(B) nur 3 ist richtig
(C) nur 4 ist richtig
(D) nur 1 und 2 sind richtig
(E) nur 2 und 3 sind richtig

847 Welche Aussage zur Analytik von Citronensäure trifft **nicht** zu?

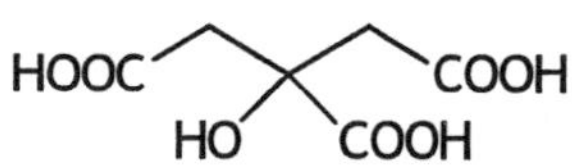

(A) Eine wässrige Lösung der Substanz reagiert stärker sauer als eine gleich konzentrierte Essigsäure-Lösung.
(B) Bei der Titration mit Natriumhydroxid-Maßlösung wird nur eines der drei Carboxyl-Protonen erfasst.
(C) Nach Versetzen einer neutralisierten Lösung der Substanz mit Calciumchlorid-Lösung und Erhitzen zum Sieden entsteht ein weißer Niederschlag.
(D) Beim Erwärmen einer Citronensäure-Lösung mit Kaliumpermanganat-Lösung entsteht Aceton.
(E) Citrate können mit zweiwertigen Metallionen Chelatkomplexe bilden.

848 Welche Aussagen zu Analytik und Eigenschaften der abgebildeten Nicotinsäure treffen zu?

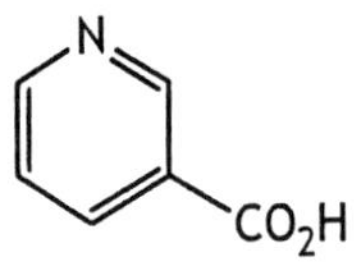

(1) Die Substanz löst sich in verdünnter Alkalicarbonat-Lösung.
(2) Zur Gehaltsbestimmung kann Nicotinsäure mit Natriumhydroxid-Maßlösung gegen Phenolphthalein titriert werden.
(3) Nicotinsäure ist amphoter.
(4) Das Absorptionsmaximum einer alkalischen Lösung von Nicotinsäure im UV/VIS-Bereich liegt bei 530 nm.

(A) nur 1 und 2 sind richtig
(B) nur 1 und 4 sind richtig
(C) nur 2 und 3 sind richtig
(D) nur 1, 2 und 3 sind richtig
(E) 1–4 = alle sind richtig

6 Prüfung Frühjahr 2010

849 Die Auswertung der Flammenfärbung kann zum Nachweis von Na^+ in Natriumsalzen herangezogen werden.
Welcher Vorgang ist die Grundlage für die Gelbfärbung der Bunsenbrennerflamme?

(A) Übergang gasförmiger Natrium-Ionen $Na^+_{(g)}$ in einen angeregten Zustand $Na^{+*}_{(g)}$
(B) Rückkehr gasförmiger angeregter Natriumatome $Na^*_{(g)}$ in den Grundzustand $Na_{(g)}$
(C) Bildung von Natriumoxid
(D) Rotglut von Natriumoxid
(E) β-Zerfall von Natrium-Ionen

850 Welche Aussagen treffen zu?
Magnesium-Ionen können nachgewiesen werden durch:

(1) rote Flammenfärbung sowie spektroskopische Detektion mehrerer Linien zwischen 670 und 675 nm
(2) Fällung als schwer lösliches Hydroxid im stark alkalischen Milieu
(3) Fällung als schwer lösliches Sulfat im schwach sauren Milieu
(4) Bildung eines farbigen Niederschlags bei Zugabe von 8-Hydroxychinolin
(5) Bildung eines kristallinen Niederschlags nach Zugabe von Diammoniumhydrogenphosphat

(A) nur 5 ist richtig
(B) nur 1 und 4 sind richtig
(C) nur 1, 2 und 5 sind richtig
(D) nur 2, 4 und 5 sind richtig
(E) nur 2, 3, 4 und 5 sind richtig

851 Welche Aussage zur Analytik und den Eigenschaften von wasserfreiem Kupfer(II)-sulfat trifft **nicht** zu?

(A) Wird eine wässrige Lösung mit einigen Tropfen verdünnter Ammoniak-Lösung versetzt, entsteht ein blauer Niederschlag, der sich auf weiteren Zusatz von Ammoniak-Lösung mit dunkelblauer Farbe löst.
(B) Wird eine wässrige Lösung mit einigen Tropfen Fehlingscher Lösung versetzt, entsteht ein roter Niederschlag.
(C) Der Gehalt kann nach Zugabe von Kaliumiodid durch Titration mit Natriumthiosulfat-Maßlösung unter Zusatz von Stärke-Lösung bestimmt werden.
(D) Wasserfreies Kupfer(II)-sulfat ist hygroskopisch.
(E) Wird eine salzsaure wässrige Lösung der Substanz mit Bariumchlorid-Lösung versetzt, entsteht ein weißer Niederschlag.

852 Welche der folgenden analytischen Operationen eignen sich zur Unterscheidung zwischen Natriumdihydrogenphosphat und Dinatriumhydrogenphosphat?

(1) Fällung mit Silbernitrat aus essigsaurer Lösung
(2) Fällung mit Kaliumhexahydroxoantimonat aus schwach alkalischer Lösung
(3) Bestimmung des pH-Werts der wässrigen Lösung
(4) Fällung mit Magnesiumchlorid aus ammoniakalischer Lösung
(5) Bestimmung der Zeitdauer der gelben Flammenfärbung

(A) nur 3 ist richtig
(B) nur 1 und 3 sind richtig
(C) nur 2 und 3 sind richtig
(D) nur 1, 3 und 5 sind richtig
(E) nur 2, 4 und 5 sind richtig

853 Welche Aussagen treffen zu?
Nitrat-Ionen können nachgewiesen werden durch:

(1) Bildung von NH_3 bei der Reaktion mit Aluminium und NaOH-Lösung
(2) direkte Umsetzung mit Sulfanilamid und 2-Naphthol
(3) Fällung als $Tl(NO_3)_2$
(4) Nitrierung von Nitrobenzol und Reaktion des Produkts mit Aceton/NaOH

(A) nur 1 ist richtig
(B) nur 2 ist richtig
(C) nur 4 ist richtig
(D) nur 1 und 4 sind richtig
(E) nur 2 und 3 sind richtig

Ordnen Sie bitte den Halogeniden aus Liste 1 das jeweils für ihren Nachweis zutreffende Reaktionsverhalten aus Liste 2 zu!

Liste 1

854 Fluorid

855 Bromid

Liste 2

(A) Der aus Alizarin-S-Lösung und Zirkoniumoxidchlorid-Lösung gebildete Farblack wird durch Zugabe des Anions zerstört.
(B) Zugabe von Phenolrot-Lösung und Chloramin-T-Lösung zur salzsauren Probelösung sowie anschließende Zugabe von Natriumacetat-Lösung führt zu einem Farbumschlag nach blauviolett.
(C) Versetzt man eine angesäuerte Probelösung tropfenweise mit Chlorwasser und schüttelt die Reaktionsmischung mit Dichlormethan, so färbt sich die Dichlormethanphase violett.
(D) Versetzt man eine Probelösung mit Kaliumiodid-Lösung und säuert mit verdünnter Schwefelsäure an, so entsteht Iod.
(E) Versetzt man eine Probelösung mit konzentrierter Salzsäure, so färbt sich die Lösung durch gebildetes Chlor hellgrün.

856 Welche der folgenden funktionellen Gruppen lassen sich mit Eisen(III)-Ionen durch eine Farbreaktion nachweisen? (R: Alkyl)

(1)
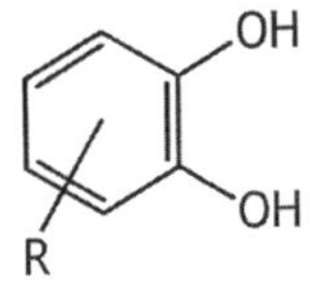

(2)
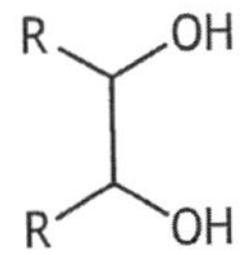

(3)
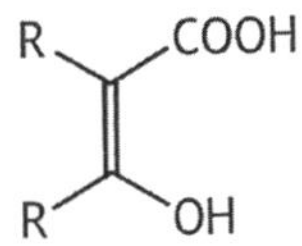

(4)
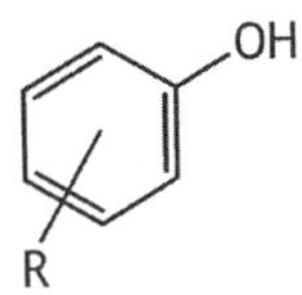

(5)
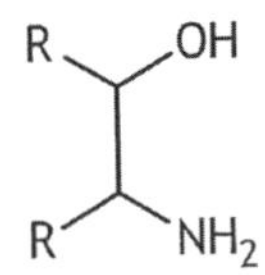

(A) nur 1 ist richtig
(B) nur 3 ist richtig
(C) nur 2 und 4 sind richtig
(D) nur 1, 3 und 4 sind richtig
(E) 1–5 = alle sind richtig

857 Das Europäische Arzneibuch schreibt zur Identifizierung von Salicylat folgende Verfahrensweise vor:
Wird 1 ml der vorgeschriebenen Lösung mit 0,5 ml Eisen(III)-chlorid-Lösung versetzt, entsteht eine Violettfärbung, die nach Zusatz von 0,1 ml Essigsäure bestehen bleibt.

Welche Aussage zu diesem Nachweis trifft **nicht** zu?

(A) Eisen(III)-Ionen bilden mit Phenolen farbige Komplexe.
(B) Die Komplexbildung ist unabhängig von Lösungsmittel und pH-Wert.
(C) Die zur OH-Gruppe ortho-ständige Carboxylgruppe erhöht – im Vergleich zu Phenol – die Stabilität und Farbintensität des Fe(III)-Komplexes.
(D) Der von Salicylsäure mit Fe(III)-Ionen gebildete Komplex kann als Chelat bezeichnet werden.
(E) Acetylsalicylsäure reagiert mit Eisen(III)-Ionen erst nach Hydrolyse zur Salicylsäure positiv.

858 Das Europäische Arzneibuch schreibt in einer Identitätsprüfung die Umsetzung der salzsauren Probelösung mit Natriumnitrit-Lösung vor, wobei nach Zugabe von 2-Naphthol-Lösung eine intensive Orange- bis Rotfärbung und meist ein gleichfarbiger Niederschlag auftritt.
Welche der nachfolgend aufgelisteten funktionellen Gruppen kann mit dieser Reaktion nachgewiesen werden? (R^1, R^2: Alkyl)

(A)
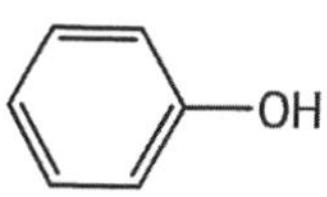

(B)
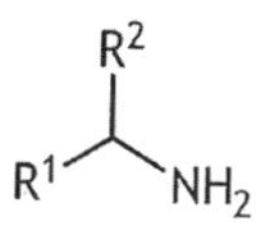

(C)
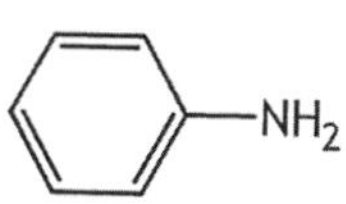

(D)
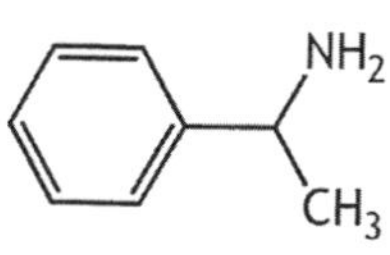

(E)
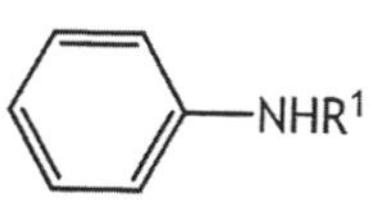

859 Das Europäische Arzneibuch schreibt in einer Identitätsprüfung eine Umsetzung der Substanz mit Hydroxylaminhydrochlorid im alkalischen Milieu vor, wobei das entstehende Reaktionsprodukt nach Zusatz von Eisen(III)-chlorid-Lösung eine bläulich rote oder rote Färbung ergibt.
Welche der nachfolgend aufgelisteten funktionellen Gruppen können mit dieser Prüfung erfasst werden? (R^1, R^2: Alkyl)

(1)

(2)
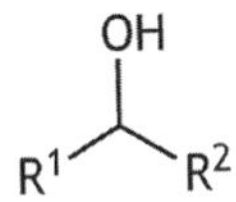

(3)
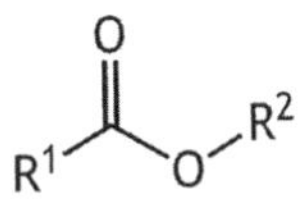

(4)
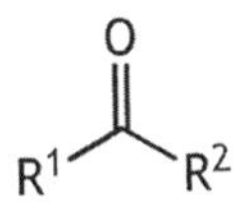

(5)
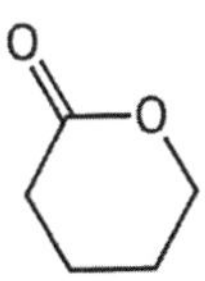

(A) nur 2 ist richtig
(B) nur 1 und 2 sind richtig
(C) nur 3 und 4 sind richtig
(D) nur 3 und 5 sind richtig
(E) nur 3, 4 und 5 sind richtig

860* Citronensäure wird durch Reaktion mit MnO_4^- im sauren Milieu in ein Produkt übergeführt, das nach Verkochen überschüssigen Permanganats durch eine Farbreaktion mit Natriumpentacyanonitrosylferrat(II) (Nitroprussidnatrium) nachgewiesen wird.
Welche Gleichungen beschreiben diese Vorgänge zutreffend?

(1)
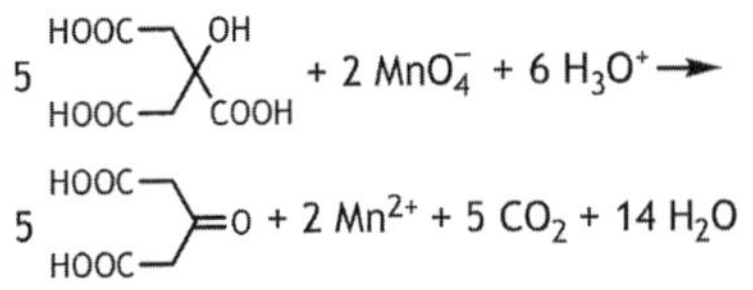

(2)
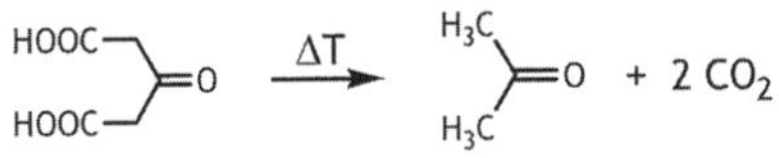

(3) $4\ MnO_4^- + 12\ H_3O^+ \xrightarrow{\Delta T} 4\ Mn^{2+} + 5\ O_2 + 18\ H_2O$

(4) $[Fe(CN)_5NO]^{2-} + O{=}C(CH_3)_2 + 2\ NH_3 \longrightarrow [Fe(CN)_5NOCHCOCH_3]^{4-} + 2\ NH_4^+$

(A) nur 1 ist richtig
(B) nur 2 ist richtig
(C) nur 1 und 2 sind richtig
(D) nur 1, 2 und 3 sind richtig
(E) 1–4 = alle sind richtig

7 Prüfung Herbst 2010

861 Wird ein durch Auftropfen einer wässrigen Lösung von Fluorescein-Natrium (siehe Abbildung) gelb gefärbtes Filterpapier zunächst Brom- und dann Ammoniakgas ausgesetzt, so bildet sich eine rote Färbung aus.

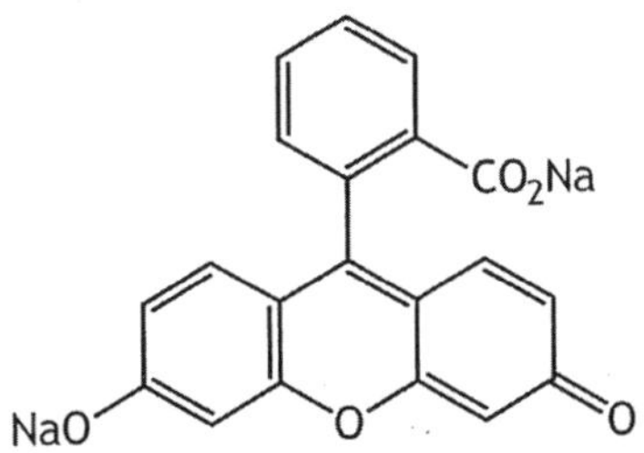

Welche Aussage zu dieser Farbreaktion trifft zu?

(A) In Fluorescein-Natrium als Verunreinigung enthaltenes Phthalsäureanhydrid wird in einen Polymethinfarbstoff umgewandelt.
(B) In Fluorescein-Natrium als Verunreinigung enthaltenes Resorcin kondensiert mit Dibromcarben zu einem Oxonolfarbstoff (Guareschi-Lustgarten-Reaktion).
(C) Fluorescein wird durch reduktive Ringöffnung zu Phenolphthalein abgebaut.
(D) Fluorescein wird durch oxidative Ringöffnung zu Phenolphthalein abgebaut.
(E) Es bilden sich bromierte Fluorescein-Derivate (z. B. das Dianion des 2',4',5',7'-Tetrabromfluoresceins).

862* Teststäbchen zum Nachweis von Nitrat über die Bildung eines Azofarbstoffs können zusätzlich zur Nitrat-Nachweiszone eine Nitrit-Warnzone enthalten.
Wodurch unterscheidet sich diese Zone des Teststäbchens hauptsächlich von der Nitrat-Nachweiszone?

(A) durch Imprägnierung mit Natriumedetat
(B) durch Imprägnierung mit Octan-1-ol
(C) durch Imprägnierung mit Polyethylenglycol
(D) durch das Fehlen eines Oxidationsmittels
(E) durch das Fehlen eines Reduktionsmittels

863 Welche der folgenden Reaktionen können zur Identitätsprüfung von Phosphat (Orthophosphat) dienen?

(1) Bildung eines weißen Niederschlags mit Methoxyphenylessigsäure-Reagenz, löslich in Ammoniak-Lösung
(2) Bildung eines gelben Niederschlags in neutralem Milieu nach Zugabe von Silbernitrat-Lösung, löslich nach Zusatz von Ammoniak-Lösung
(3) Auftreten einer gelben Färbung mit Molybdat-Vanadat-Reagenz
(4) Entstehen eines weißen Niederschlags nach Zusatz von Kaliumhexahydroxoantimonat(V)-Lösung

(A) nur 2 ist richtig
(B) nur 4 ist richtig
(C) nur 1 und 2 sind richtig
(D) nur 2 und 3 sind richtig
(E) nur 3 und 4 sind richtig

864 Welche Aussagen treffen zu?
Lithiumcarbonat

(1) färbt eine nichtleuchtende Flamme rot
(2) reagiert nach Auflösen in Salzsäure mit Kaliumsulfat zu dem schwer löslichen Sulfat der Zusammensetzung $LiKSO_4$
(3) bildet nach Auflösen in Salzsäure und Eindampfen ein in Ethanol schwer lösliches Salz
(4) ist in Wasser schwer löslich

(A) nur 1 ist richtig
(B) nur 4 ist richtig
(C) nur 1 und 3 sind richtig
(D) nur 1 und 4 sind richtig
(E) 1–4 = alle sind richtig

865 Welche Aussage trifft **nicht** zu?
Barium-Ionen lassen sich nachweisen durch:

(A) grüne Flammenfärbung
(B) Fällung mit Na_2SO_4-Lösung
(C) Fällung mit H_2SO_4-Lösung (pH = 1)
(D) Fällung mit K_2CrO_4-Lösung
(E) Fällung mit $K_2Cr_2O_7$-Lösung in Salzsäure der Konzentration $c = 6\ mol \cdot l^{-1}$

866 Welche Aussage zum Reaktionsverhalten von $MnSO_4$ trifft **nicht** zu?

(A) Mit überschüssiger Ammoniak-Lösung entsteht $[Mn(NH_3)_6]^{2+}$.
(B) Mit überschüssiger Natronlauge bildet sich $[Mn(OH)_4]^{2-}$.
(C) In der Schmelze mit $NaNO_3/K_2CO_3$ bildet sich MnO_4^{2-}.
(D) Beim Kochen mit PbO_2 in schwefelsaurer Lösung bildet sich MnO_4^-.
(E) Mit ammoniakalischer Hydrogensulfid-Lösung (HS^-/NH_3) fällt MnS aus.

867 Bei einer Grenzprüfung auf Arsen wird die zu prüfende Substanz in ein Reagenzglas gegeben, das Salzsäure und Kaliumiodid enthält. Nach Zugabe von Natriumhypophosphit wird erhitzt
Welche Aussagen zu dieser Bestimmung treffen zu?

(1) Es werden sowohl As(III) als auch As(V) erfasst.
(2) As(III) wird zu elementarem Arsen reduziert.
(3) Aus der Phosphinsäure wird Diphosphorsäure gebildet.

(A) nur 1 ist richtig
(B) nur 2 ist richtig
(C) nur 1 und 2 sind richtig
(D) nur 2 und 3 sind richtig
(E) 1–3 = alle sind richtig

868 Zu einer wässrigen Lösung des Arzneistoffs Carbasalat-Calcium (siehe Abbildung) werden Glyoxalbishydroxyanil [2,2'-(Ethandiylidendinitrilo)diphenol] in Ethanol und Natriumhydroxid- sowie Natriumcarbonat-Lösung gegeben. Wird mit Chloroform geschüttelt und 1 bis 2 ml Wasser hinzugefügt, so färbt sich die untere Schicht rot.

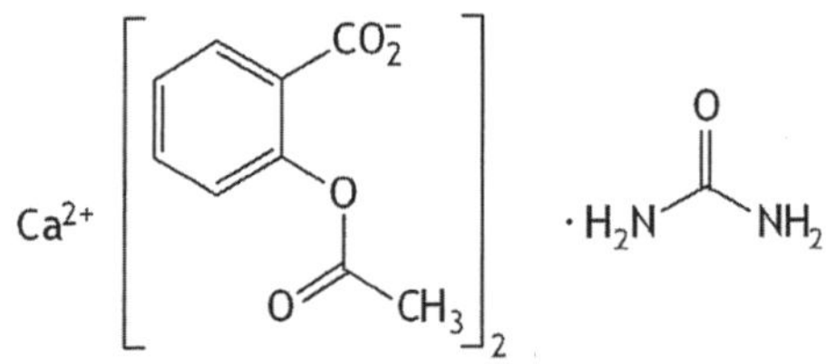

Welche Aussage zu diesem Nachweis trifft zu?

(A) Es handelt sich um die Emerson-Reaktion auf freie Salicylsäure.
(B) Harnstoff bildet mit aus Chloroform und NaOH gebildetem Dichlorcarben den roten wasserlöslichen Polymethinfarbstoff Murexid.
(C) Im alkalischen Milieu polymerisiert Carbasalat zu einem mesomeriestabilisierten Polymethinfarbstoff.
(D) Glyoxalbishydroxyanil und *in situ* gebildeter Bisacetylharnstoff bilden einen Polymethinfarbstoff.
(E) Es bilden sich rote Chelatkomplexe.

869 Welche Aussagen zur Analytik des Arzneistoffs Metronidazolbenzoat treffen zu?

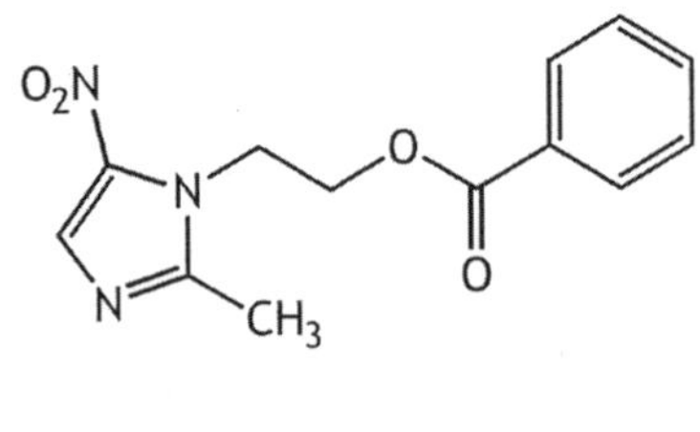

(1) Nach Umsetzen mit Hydroxylamin und Zugabe von Eisen(III)-chlorid-Lösung bilden sich bläulich rote oder rote Komplexe.
(2) Nach Behandlung mit Zinkpulver in verdünnter Salzsäure (Erhitzen auf dem Wasserbad und Abkühlen) zeigt die erhaltene Lösung eine positive Reaktion auf primäre aromatische Amine.
(3) Der Betrag der optischen Drehung einer 20 %igen Lösung ist stark temperaturabhängig.

(A) nur 3 ist richtig
(B) nur 1 und 2 sind richtig
(C) nur 1 und 3 sind richtig
(D) nur 2 und 3 sind richtig
(E) 1 - 3 = alle sind richtig

Ordnen Sie bitte den Arzneistoffen der Liste 1 den jeweils geeigneten Nachweis aus Liste 2 zu!

Liste 1

870
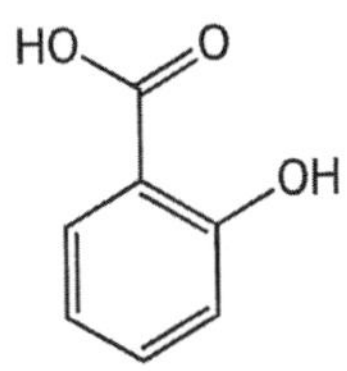

871
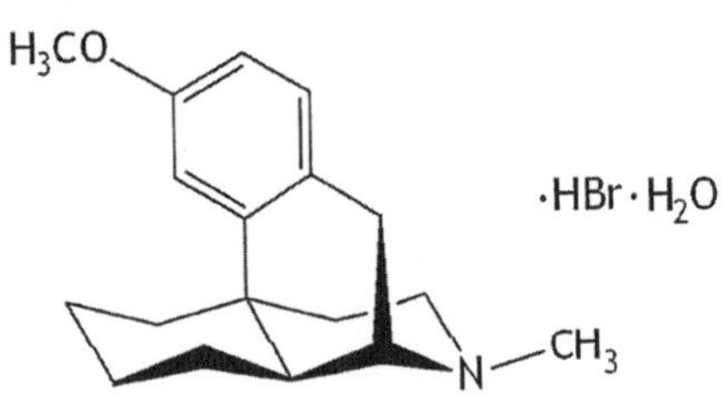

Liste 2

(A) Zugabe essigsaurer Tetraiodobismutat(III)-Lösung führt zur Bildung eines orangefarbenen oder orangeroten Niederschlags
(B) Zusatz salzsaurer Natriumnitrit-Lösung; nach Zugabe von 2-Naphthol-Lösung Auftreten einer Orange- bis Rotfärbung
(C) Zugabe von Eisen(III)-chlorid-Lösung führt zu einer Violettfärbung, die auch nach Zusatz von Essigsäure beständig ist
(D) Zugabe von Cobalt(II)-nitrat-Lösung, die Calciumchlorid enthält; Auftreten einer violettblauen Färbung auf Zugabe verdünnter Natriumhydroxid-Lösung
(E) Zugabe von Eisen(II)-sulfat-Lösung und Wasserstoffperoxid führt zu einer vorübergehenden Gelbfärbung, die auf Zugabe von Natriumhydroxid-Lösung zu Violett oder Purpurrot umschlägt

872 Eine Probe Natriumbenzoat wird in einem Reagenzglas mit konzentrierter Schwefelsäure angefeuchtet und vorsichtig erwärmt. Oberhalb des Gemischs wird ein weißer Belag an der Innenwand des Gefäßes sichtbar.
Welche Aussagen zu dieser Identitätsreaktion treffen zu?

(1) Benzoesäure wird aus ihrem Salz freigesetzt.
(2) Benzoesäure sublimiert.
(3) Aus der Decarboxylierung von Benzoesäure stammendes Kohlendioxid bildet mit dem vorhandenen Natrium weißes, aufschäumendes Natriumcarbonat.
(4) In Gegenwart von Natriumbenzoat ätzt Schwefelsäure Glas unter Bildung eines milchigtrüben Belags.
(5) Natriumbenzoat wird quantitativ decarboxyliert.

(A) nur 1 ist richtig
(B) nur 3 ist richtig
(C) nur 5 ist richtig
(D) nur 1 und 2 sind richtig
(E) nur 1 und 4 sind richtig

873 Das Europäische Arzneibuch schreibt zur Identifizierung von Acetat folgende Verfahrensweise vor:
Wird die Substanz mit der gleichen Menge Oxalsäuredihydrat erhitzt, so werden sauer reagierende Dämpfe mit charakteristischem Geruch nach Essigsäure freigesetzt.
Welche Aussage zu diesem Nachweis trifft **nicht** zu?

(A) Grundlage dieser Nachweisreaktion ist die Protonierung des Acetats unter Bildung von Essigsäure.
(B) Essigsäure ist mit einem pK_a von 4,76 eine schwache Säure.
(C) Der Dampfdruck von Essigsäure ist hinreichend hoch, um sie am Geruch erkennen zu können.
(D) Oxalsäure besitzt eine annähernd gleiche Säurestärke wie Essigsäure.
(E) Oxalsäure könnte in dieser Nachweisreaktion durch andere, nicht flüchtige Säuren gleicher oder höherer Acidität ersetzt werden.

874 Welche Aussagen zur Analytik des abge- …pam treffen zu?

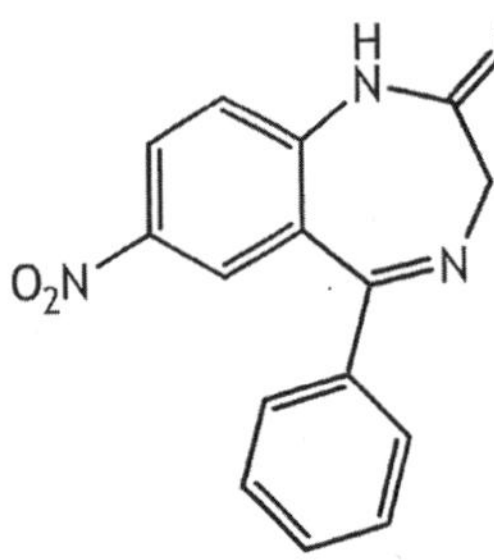

(1) Das UV-Spektrum in alkalischer Lösung zeigt im Vergleich zum UV-Spektrum in neutraler Lösung ein Absorptionsmaximum bei höherer Wellenlänge.
(2) Die Nachweisreaktion auf primäre aromatische Amine verläuft positiv, nachdem die Substanz mit Salzsäure zum Sieden erhitzt wurde.
(3) Die Nachweisreaktion auf primäre aromatische Amine verläuft positiv, nachdem die Substanz mit HCl/Zn-Staub zum Sieden erhitzt wurde.
(4) Die Gehaltsbestimmung kann in wasserfreiem Milieu durch Titration mit Perchlorsäure-Maßlösung durchgeführt werden.
(5) Die Gehaltsbestimmung kann in wasserfreiem Milieu durch Titration mit Tetrabutylammoniumhydroxid-Maßlösung durchgeführt werden.

(A) nur 1, 2 und 4 sind richtig
(B) nur 1, 3 und 5 sind richtig
(C) nur 2, 3 und 5 sind richtig
(D) nur 1, 2, 3 und 4 sind richtig
(E) 1–5 = alle sind richtig

8 Prüfung Frühjahr 2011

875 Welches der folgenden Salze reagiert, in Wasser gelöst, am stärksten sauer?

(A) $H_2N-NH_3^+\ Cl^-$
(B) $NaClO_4$
(C) Na_2SO_4
(D) $Al_2(SO_4)_3$
(E) NH_4Cl

876 Welche Aussage trifft zu?
Die Löslichkeit von AgCl ist am größten in:

(A) H_2O
(B) $AlCl_3$-Lösung ($c = 0{,}1\ mol \cdot l^{-1}$)
(C) $Al(NO_3)_3$-Lösung ($c = 0{,}1\ mol \cdot l^{-1}$)
(D) $NaNO_3$-Lösung ($c = 0{,}1\ mol \cdot l^{-1}$)
(E) NaCl-Lösung ($c = 0{,}1\ mol \cdot l^{-1}$)

877 Welches der folgenden Reagenzien eignet sich **nicht** zum Nachweis von Cu(II)?

(A) I^-
(B) OH^-
(C) H_2S
(D) Fe(0)
(E) Fe(III)

878 Welche Aussagen zur Analytik von Mn(II) treffen zu?

(1) Mit überschüssiger Ammoniak-Lösung entsteht $[Mn(NH_3)_6]^{2+}$.
(2) Mit überschüssiger Natronlauge entsteht $[Mn(OH)_4]^{2-}$.
(3) In der Schmelze mit $NaNO_3/K_2CO_3$ entsteht MnO_4^{2-}.
(4) Beim Kochen mit PbO_2 in schwefelsaurer Lösung entsteht MnO_4^-.

(A) nur 1 ist richtig
(B) nur 2 ist richtig
(C) nur 2 und 4 sind richtig
(D) nur 1, 3 und 4 sind richtig
(E) 1–4 = alle sind richtig

879 Mit welcher der folgenden Reagenzien-Kombinationen wird eine Grenzprüfung auf Arsen nach Arzneibuch durchgeführt?

(A) Thioglycolsäure/Ammoniak
(B) Salzsäure/Kaliumiodid/Natriumhypophosphit
(C) Mangan(II)-sulfat/Silbernitrat
(D) 8-Hydroxychinolin/*n*-Butylamin/Triethanolamin
(E) Ammoniumoxalat/Essigsäure

880 Bei welchen der folgenden Umsetzungen kann der Geruch von Schwefeldioxid wahrgenommen werden?

(1) Ansäuern einer Natriumsulfit-Lösung mit verdünnter Schwefelsäure
(2) Übergießen von FeS mit verdünnter Salzsäure
(3) Ansäuern einer Natriumthiosulfat-Lösung mit verdünnter Salzsäure
(4) Verbrennen von Schwefel

(A) nur bei 1 und 2
(B) nur bei 1 und 3
(C) nur bei 3 und 4
(D) nur bei 1, 3 und 4
(E) bei 1 bis 4 (bei allen)

881 In der Monographie Natriumfluorid des Europäischen Arzneibuchs wird folgende Prüfung beschrieben:
Eine wässrige Lösung der Substanz wird mit Calciumchlorid-Lösung versetzt. Es entsteht ein gelatinöser Niederschlag, der sich auf Zugabe von Eisen(III)-chlorid-Lösung wieder auflöst.
Welche Aussagen zu dieser Prüfung treffen zu?

(1) Sie dient dem Nachweis von Natrium-Ionen.
(2) Sie dient dem Nachweis von Fluorid-Ionen.
(3) Statt Calciumchlorid-Lösung kann auch Kaliumchlorid-Lösung verwendet werden.
(4) Bei der Auflösung des gelatinösen Niederschlags bilden sich Fluoro-Komplexe des Eisen(III).

(A) nur 1 ist richtig
(B) nur 2 ist richtig
(C) nur 2 und 3 sind richtig
(D) nur 2 und 4 sind richtig
(E) nur 1, 3 und 4 sind richtig

882 In der Monographie Kaliumiodid des Europäischen Arzneibuchs wird folgende Prüfung beschrieben:
Eine wässrige, frisch hergestellte Lösung der Substanz wird mit iodidfreier Stärke-Lösung und verdünnter Schwefelsäure versetzt und 2 min im Dunkeln stehen gelassen. Es darf *keine* Blaufärbung auftreten.
Welche Aussagen treffen zu?

(1) Das Verfahren dient dem Nachweis von Iodid.
(2) Eine auftretende Blaufärbung kann durch Iodat als Verunreinigung verursacht werden.
(3) Eine auftretende Blaufärbung zeigt die Anwesenheit von Thiosulfat als Verunreinigung an.

(A) nur 1 ist richtig
(B) nur 2 ist richtig
(C) nur 3 ist richtig
(D) nur 2 und 3 sind richtig
(E) Keine der Aussagen (1) bis (3) trifft zu.

883 Nitrat kann durch Reaktion mit Nitrobenzol/Schwefelsäure und anschließende Umsetzung mit Aceton im alkalischen Milieu nachgewiesen werden.
Welche Aussagen zu diesem Nachweis treffen zu?

(1) 1,3-Dinitrobenzol tritt als Zwischenprodukt auf.
(2) Aceton fungiert als Elektrophil.
(3) Nitrit stört den Nachweis.
(4) Das farbige Endprodukt kann durch die folgende Struktur beschrieben werden:

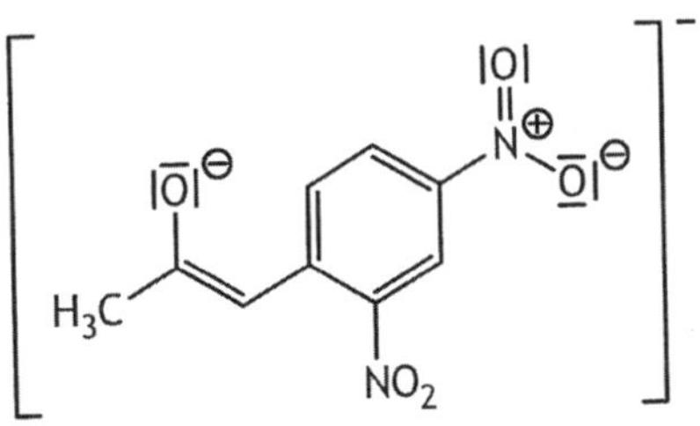

(A) nur 1 und 2 sind richtig
(B) nur 1 und 4 sind richtig
(C) nur 2 und 3 sind richtig
(D) nur 3 und 4 sind richtig
(E) 1–4 = alle sind richtig

884 Carbonsäureester reagieren mit Hydroxylamin zu Hydroxamsäuren, die mit Eisen(III) farbige Komplexverbindungen bilden.
Welche der folgenden Verbindungsklassen stört diese Nachweisreaktion?

(A) sekundäre Alkohole
(B) Dialkylether
(C) Acetale
(D) tertiäre Alkohole
(E) β-Lactame

885 Bei welchem der abgebildeten Wirkstoffe kann nach kurzem Erhitzen zum Sieden in wässriger Natronlauge (10 %) der charakteristische Ammoniak-Geruch wahrgenommen werden?

(A)

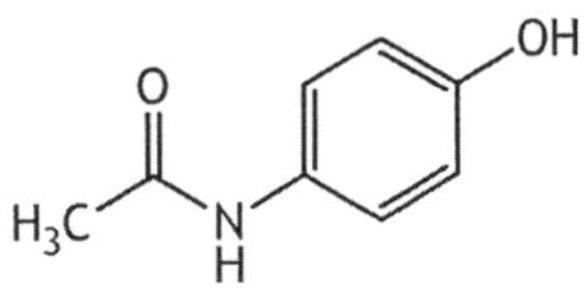

(B)

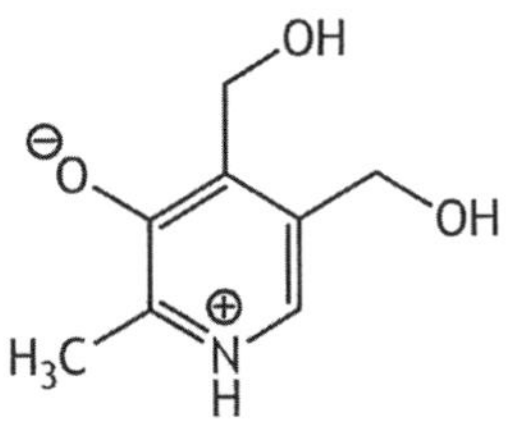

(C)

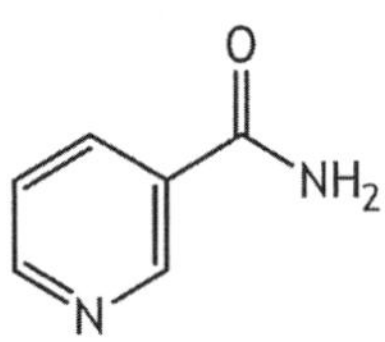

(D)

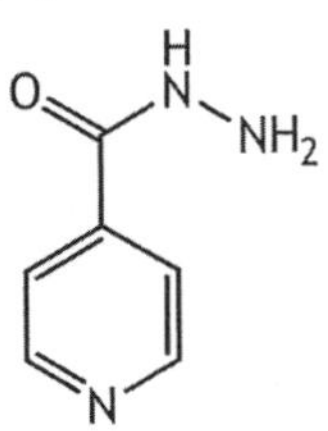

(E)

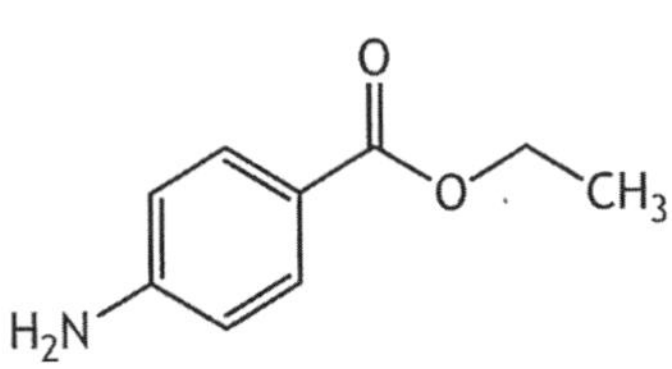

886 Die Gehaltsbestimmung von Schwefel (A_r 32,07) zum äußerlichen Gebrauch wird nach dem Europäischen Arzneibuch folgendermaßen durchgeführt:
Die Produkte der Verbrennung von 60,0 mg Schwefel in einer Sauerstoffatmosphäre nach der Schöniger-Methode werden in einer verdünnten wässrigen Wasserstoffperoxid-Lösung absorbiert. Die so erhaltene Lösung wird zum Sieden erhitzt, abgekühlt und anschließend mit Natriumhydroxid-Maßlösung (c = 0,1 $mol \cdot l^{-1}$) gegen Phenolphthalein titriert.
Welche Aussagen treffen zu?

(1) Die wässrige Lösung der Produkte der Verbrennung reagiert sauer.
(2) Der Farbumschlag am Äquivalenzpunkt der Titration erfolgt von farblos nach rot.
(3) 1 ml Natriumhydroxid-Maßlösung entspricht 32,07 mg Schwefel.
(4) Die zu titrierende Lösung enthält Schwefelsäure.

(A) nur 1 ist richtig
(B) nur 2 und 3 sind richtig
(C) nur 2 und 4 sind richtig
(D) nur 1, 2 und 4 sind richtig
(E) 1–4 = alle sind richtig

Außer den Fragen Nr. 875–886 waren noch folgende Aufgaben aus voran stehenden Abschnitten Bestandteil der **Prüfung vom Frühjahr 2011**: Nr. 630–691–699–781–860.

9 Prüfung Herbst 2011

887 Welcher der nachfolgend aufgeführten schwer löslichen Rückstände eines zu analysierenden Substanzgemischs kann mit dem Soda-Pottasche-Aufschluss **nicht** in eine lösliche Verbindung übergeführt werden?

(A) $BaSO_4$
(B) SnO_2
(C) AgBr
(D) Al_2O_3
(E) $Ca_3Al_2[SiO_4]_3$

888 Welche Aussagen treffen zu?
Lithium-Ionen lassen sich nachweisen durch:

(1) rote Flammenfärbung, die spektralanalytisch durch eine Linie bei etwa 670 nm erkennbar ist
(2) Ausfällen schwer löslichen Lithiumhydroxids nach Zugabe von Natronlauge
(3) Bildung eines schwer löslichen Niederschlags nach Zugabe von Tartrat in essigsaurem Milieu
(4) Bildung eines schwer löslichen Komplexes nach Zugabe von Natriumhexanitrocobaltat(III) in schwach saurem Milieu
(5) Bildung eines im Alkalischen schwer löslichen Phosphats nach Zugabe von Dinatriumhydrogenphosphat

(A) nur 1 und 3 sind richtig
(B) nur 1 und 5 sind richtig
(C) nur 3 und 4 sind richtig
(D) nur 2, 3 und 4 sind richtig
(E) nur 1, 3, 4 und 5 sind richtig

Ordnen Sie bitte den Anionen der Liste 1 die jeweils zugehörige Nachweisreaktion aus Liste 2 zu!

Liste 1

889 Cyanid

890 Thiosulfat

Liste 2

(A) Bildung eines gelben Niederschlags nach Zugabe von $AgNO_3$-Lösung in neutralem Milieu
(B) Verfärbung der Analysenlösung von Weiß über Gelb nach Braun/Schwarz nach Zugabe von salpetersaurer $AgNO_3$-Lösung
(C) Bildung eines weißen, in Ammoniak-Lösung löslichen Niederschlags nach Zugabe überschüssiger $AgNO_3$-Lösung in neutralem Milieu
(D) Bildung eines rötlichen, in Säuren löslichen Niederschlags nach Zugabe von $BaCl_2$-Lösung in neutralem Milieu
(E) Bildung einer tiefroten Verbindung nach Zugabe von $FeCl_3$-Lösung

891 Welches Reaktionsverhalten zeigt Thiocyanat **nicht**?

(A) Bildung eines weißen Niederschlags von AgSCN nach Zugabe von überschüssiger Silbernitrat-Lösung in salpetersaurem Milieu
(B) Bildung eines grünen, kristallinen Niederschlags von $Cr(SCN)_3$ nach Zugabe von Chrom(III)-chlorid-Lösung in neutralem Milieu

(C) Bildung eines roten, in Ether extrahierbaren Reaktionsprodukts nach Zugabe von Eisen(III)-chlorid-Lösung in schwach saurem Milieu
(D) Bildung eines blauen, in Amylalkohol/Ether löslichen Reaktionsprodukts nach Zugabe von Cobalt(II)-chlorid-Lösung in neutralem Milieu
(E) Bildung eines weißen Niederschlags von CuSCN nach Zugabe von Kupfer(II)-sulfat-Lösung in Gegenwart von Schwefliger Säure

892 Welche Aussage trifft zu?
Zum selektiven Nachweis von Nitrat neben Nitrit eignet sich die Reaktion mit:

(A) Zn/H_3O^+, anschließend Sulfanilsäure/2-Naphthol
(B) Aluminium/NaOH-Lösung und Nachweis des gebildeten NH_3
(C) Nitrobenzol, anschließend Aceton/NaOH
(D) $FeSO_4$-Lösung und Unterschichten mit konzentrierter H_2SO_4
(E) Amidosulfonsäure

893 Welche Aussage trifft zu?
Die Fettsäuren Ölsäure ((Z)-Octadec-9-ensäure) und Elaidinsäure ((E)-Octadec-9-ensäure) können eindeutig unterschieden werden durch:

(A) das visuell wahrnehmbare Verhalten bei tropfenweiser Zugabe von Brom-Lösung zu ethanolischen Lösungen der jeweiligen Fettsäure
(B) ihre jeweilige spezifische Drehung
(C) ihren jeweiligen Schmelzpunkt
(D) die Lage der jeweiligen Signale (*m/z*) für die Molekülionen ihrer Methylester in EI-Massenspektren
(E) den jeweiligen Verbrauch an NaOH-Maßlösung ($c = 0{,}1$ mol/l) bei der Titration von je 10 ml der Lösung der jeweiligen Fettsäure in Methanol ($c = 0{,}1$ mol/l)

894 Der nachstehend abgebildete Arzneistoff Penicillamin zeigt nach Auflösen von 0,500 g Substanz in 10,0 ml Natronlauge ($c = 1\ mol \cdot l^{-1}$) eine spezifische Drehung, die im Bereich von - 61,0 bis - 65,0 liegt.

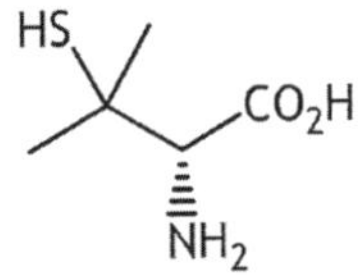

In der Monographie Penicillamin des Arzneibuchs findet sich folgende Prüfvorschrift:
Eine salzsaure Lösung der Substanz wird mit Aceton versetzt. Es entsteht ein weißer Niederschlag, der abfiltriert, mit Aceton gewaschen und getrocknet wird. Seine wässrige Lösung ist rechtsdrehend.
Welches Endprodukt hat sich bei der Reaktion mit Aceton gebildet?

(A)
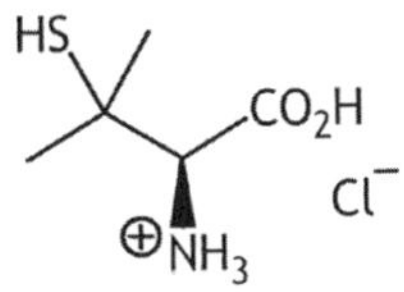

(B)
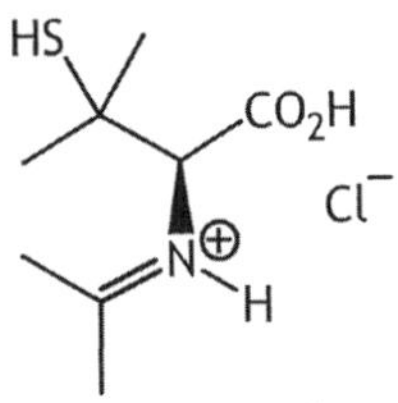

(C)
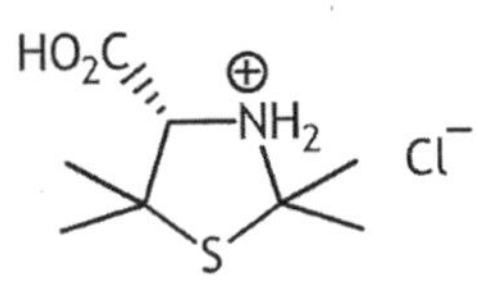

(D)
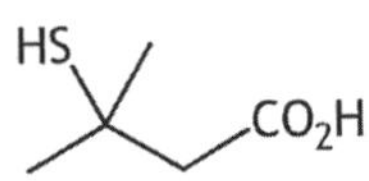

(E)
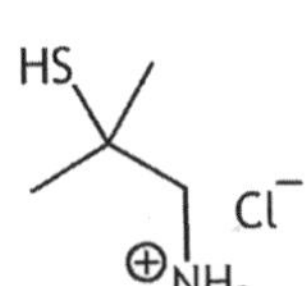

895 Zur Reinheitsuntersuchung wasserfreier D-Glucose werden 10 g Substanz in 100 ml destilliertem Wasser gelöst. Werden zwei Proben von je 10 ml dieser Lösung mit 1 ml verdünnter Schwefelsäure bzw. mit 1 ml destilliertem Wasser versetzt, so darf in der schwefelsauren Probe keine stärkere Opaleszenz auftreten als in der mit destilliertem Wasser versetzten Probe.
Welche Aussage trifft zu?

(A) Die Prüfung dient der Erkennung der Anwesenheit von L-Glucose.
(B) Die Prüfung stellt eine Grenzprüfung auf Acetat dar.
(C) Die Prüfung vermag einen überhöhten Barium-Gehalt anzuzeigen.
(D) Die Prüfung stellt eine Grenzprüfung auf Formaldehyd dar.
(E) Das Verfahren erlaubt die Quantifizierung eines mikrobiellen Befalls.

896 Bestimmte Arzneistoffe können mit N,N-Dimethylanilin verunreinigt sein. Zur kolorimetrischen Bestimmung dieser Verunreinigung wird die saure wässrige Lösung mit Natriumnitrit versetzt.

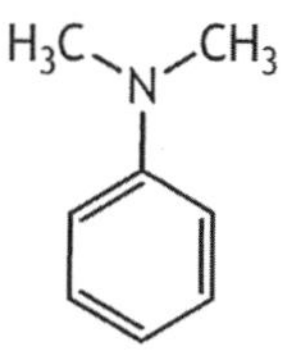

Welche Aussage trifft zu?

(A) Es bildet sich ein orange-roter Azofarbstoff.
(B) Es bildet sich ein violetter Azofarbstoff.
(C) Es wird gelbes *N,N*-Dimethyl-4-nitrosoanilin gebildet.
(D) Es entsteht ein grüner Chelatkomplex.
(E) Es resultiert ein blaues Meisenheimer-Salz.

Ordnen Sie bitte den Arzneistoffen der Liste 1 die zu ihrer Identitätsprüfung jeweils geeignete Verfahrensweise aus Liste 2 zu!

Liste 1

897

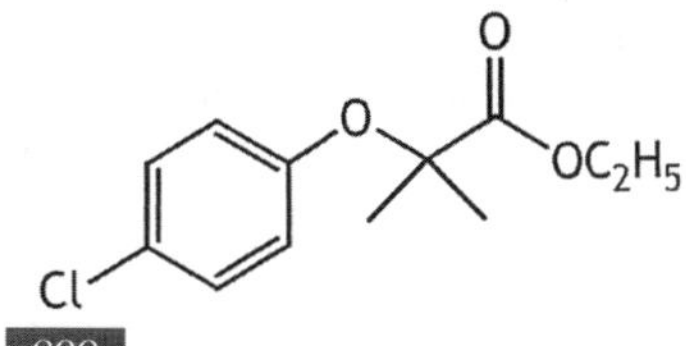

898

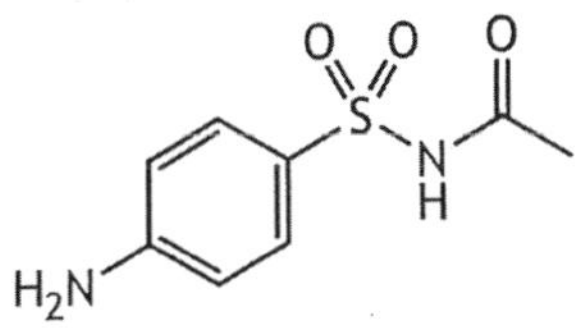

Liste 2

(A) Eindampfen der Probelösung mit Wasserstoffperoxid und Salzsäure; Rotfärbung nach Zugabe von Ammoniak-Lösung
(B) Violettfärbung der Probelösung nach Zugabe von Eisen(III)-chlorid-Lösung
(C) Orange- bis Rotfärbung nach Versetzen der Probelösung mit salzsaurer Natriumnitrit-Lösung und Zugabe von 2-Naphthol-Lösung
(D) Umsetzen der Probelösung in alkalischem Milieu mit Hydroxylaminhydrochlorid; Ausbildung einer bläulich roten bis roten Färbung nach Ansäuern und Zugabe von Eisen(III)-chlorid-Lösung
(E) Anfeuchten der Probe mit Schwefelsäure; Bildung eines Sublimats bei leichtem Erwärmen

899 Die Gehaltsbestimmung von Schwefel (A_r 32,07) zum äußerlichen Gebrauch wird nach dem Europäischen Arzneibuch folgendermaßen durchgeführt:
Die Produkte der Verbrennung von 60,0 mg Schwefel in einer Sauerstoffatmosphäre nach der Schöniger-Methode werden in einer verdünnten wässrigen Wasserstoffperoxid-Lösung absorbiert. Die so erhaltene Lösung wird zum Sieden erhitzt, abgekühlt und anschließend mit Natriumhydroxid-Maßlösung (c = 0,1 mol/1) gegen Phenolphthalein titriert.
Welche Aussage trifft zu?

(A) Die wässrige Lösung der Produkte der Verbrennung reagiert schwach alkalisch.
(B) Der Farbumschlag am Äquivalenzpunkt der Titration erfolgt von rot nach farblos.
(C) 1 ml Natriumhydroxid-Maßlösung entspricht 32,07 mg Schwefel.
(D) 1 ml Natriumhydroxid-Maßlösung entspricht 60,0 mg Schwefel.
(E) Die zu titrierende Lösung enthält Schwefelsäure.

900 Welche Aussagen zur Analytik des abgebildeten Arzneistoffs Pentoxyverinhydrogencitrat (M_r 525,6) treffen zu?

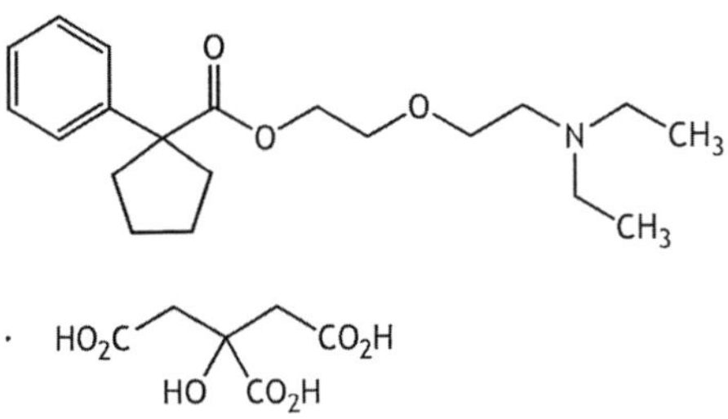

(1) Bei der Gehaltsbestimmung durch Titration mit Perchlorsäure-Maßlösung ($c = 0{,}1$ $mol \cdot l^{-1}$) in wasserfreier Essigsäure entspricht 1 ml Perchlorsäure-Maßlösung 17,52 mg Pentoxyverinhydrogencitrat.
(2) Eine 10 %ige wässrige Lösung der Substanz reagiert neutral.
(3) Wird die Substanz mit Schwefelsäure und Kaliumpermanganat versetzt und erwärmt, so verschwindet die Färbung des Permanganats.

(A) Keine der Aussagen trifft zu.
(B) nur 1 ist richtig
(C) nur 3 ist richtig
(D) nur 2 und 3 sind richtig
(E) 1–3 = alle sind richtig

Außer den Fragen Nr. 887-900 waren noch folgende Aufgaben aus voran stehenden Abschnitten Bestandteil der **Prüfung vom Herbst 2011**: Nr. 329 und Nr. 341.

10 Prüfungsfragen aus Grundlagen der Physik, der physikalischen Chemie und der Arzneiformenlehre

Zu den Kapiteln 3.2 „Schmelztemperatur" und 3.3 „Relative Dichte" der Analytik I liegen auch einige Fragen aus der Prüfung vom 3. Prüfungstag vor. Sie sollen deshalb an dieser Stelle mit aufgelistet werden.

901 Das Bild zeigt das Schmelzdiagramm eines binären Systems mit völliger Mischbarkeit im flüssigen und festen Zustand.

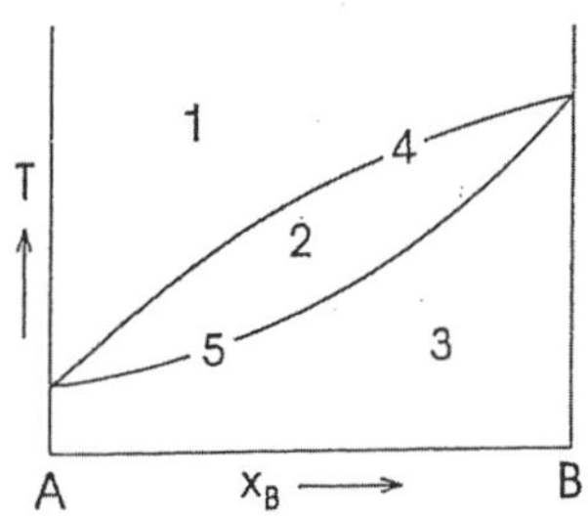

Welche Aussage trifft **nicht** zu?

(A) Im Bereich 1 liegt nur Schmelze vor.
(B) Im Bereich 2 liegt Schmelze und feste Phase vor.
(C) Im Bereich 3 liegt ein festes Eutektikum vor.
(D) Kurve 4 ist die Erstarrungskurve (Liquiduskurve).
(E) Kurve 5 heißt Schmelzkurve (Soliduskurve).

902 Die Zeichnung zeigt das Schmelzdiagramm eines binären Mischsystems.

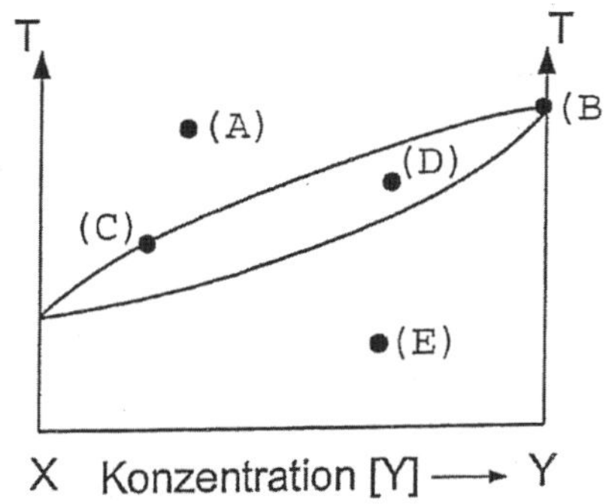

Welche der folgenden Zuordnungen der Lage der Punkte A bis E trifft **nicht** zu?

(A) liegt im Bereich der fluiden Phase.
(B) gibt die Schmelztemperatur des Stoffes Y an.
(C) liegt auf der Soliduskurve.
(D) liegt im Bereich fester und fluider Phase.
(E) liegt im Bereich der festen Phase.

903 Das Bild zeigt das Schmelzdiagramm eines binären Systems mit vollständiger Mischbarkeit im festen und flüssigen Zustand.

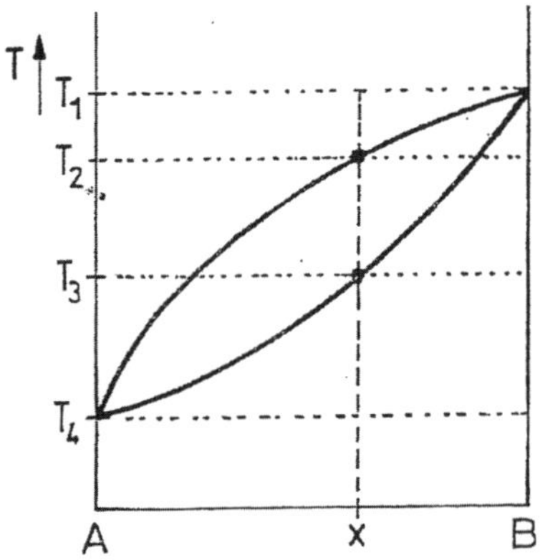

Welche Aussagen treffen für eine Probe der Zusammensetzung x (gestrichelt eingezeichnet) zu, vorausgesetzt, Schmelze und feste Phase sind ständig im Gleichgewicht?

(1) T_1 wäre die Erstarrungstemperatur der reinen Komponente B.
(2) Oberhalb T_2 ist die gesamte Probe geschmolzen.
(3) Im Intervall T_2 bis T_3 sind Schmelze und Festkörper vorhanden.
(4) Oberhalb T_1 kann Unterkühlung der Schmelze auftreten.

(A) nur 1 ist richtig
(B) nur 2 ist richtig
(C) nur 4 ist richtig
(D) nur 1 und 2 sind richtig
(E) nur 1, 2 und 3 sind richtig

904 Das Bild zeigt das Schmelzdiagramm eines binären Systems mit vollständiger Mischbarkeit der beiden Komponenten A und B, sowohl im festen wie im flüssigen Zustand.

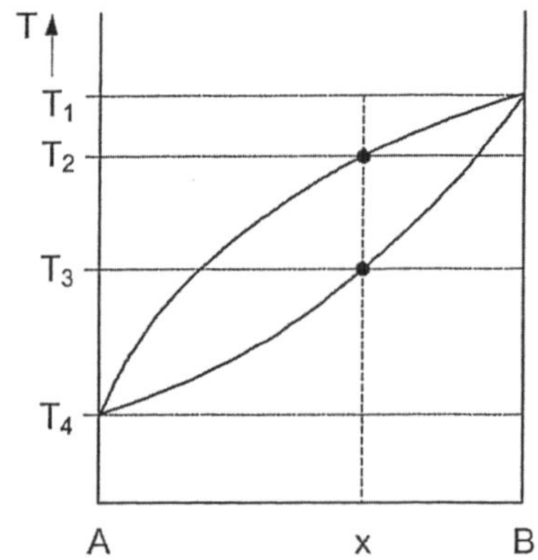

Welche Aussagen treffen für eine Probe der Zusammensetzung x (gestrichelt eingezeichnet) zu, vorausgesetzt, Schmelze und feste Phase sind ständig im Gleichgewicht?

(1) Im Temperaturbereich T_1 bis T_4 bildet sich feste Phase.
(2) Unterhalb T_3 ist die gesamte Probe fest.
(3) Im Intervall T_1 bis T_3 liegt eine homogene feste Lösung vor.
(4) T_4 wäre der Erstarrungspunkt der reinen Komponente A.

(A) nur 2 ist richtig
(B) nur 1 und 2 sind richtig
(C) nur 2 und 4 sind richtig
(D) nur 3 und 4 sind richtig
(E) 1–4 = alle sind richtig

905 Eine binäre Schmelze mit dem untenstehenden Schmelzdiagramm stehe unter ihrem **Gleichgewichtsdampfdruck**.
Welche Varianz sagt die Gibbssche Phasenregel für das System im Punkt X dann voraus?

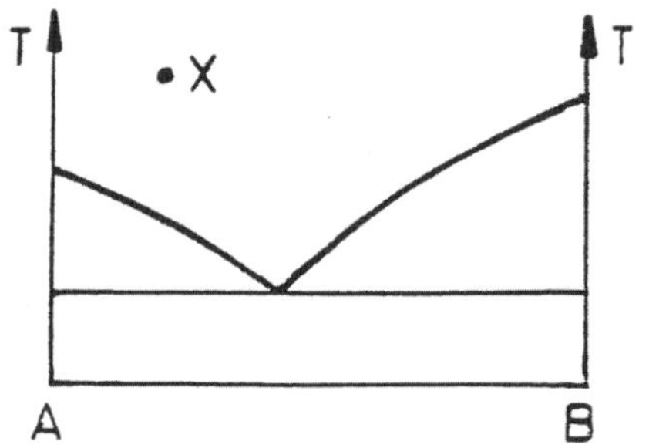

(A) nonvariant
(B) univariant
(C) bivariant
(D) trivariant
(E) unbestimmt

906 Wie groß ist die Zahl der Freiheitsgrade F für einen konstanten Druck (gemäß der Gibbsschen Phasenregel F = K – P + 2) im Bereich des eingezeichneten Punkts des angegebenen binären Systems? (K: Zahl der stofflichen Komponenten, P: Zahl der Phasen.

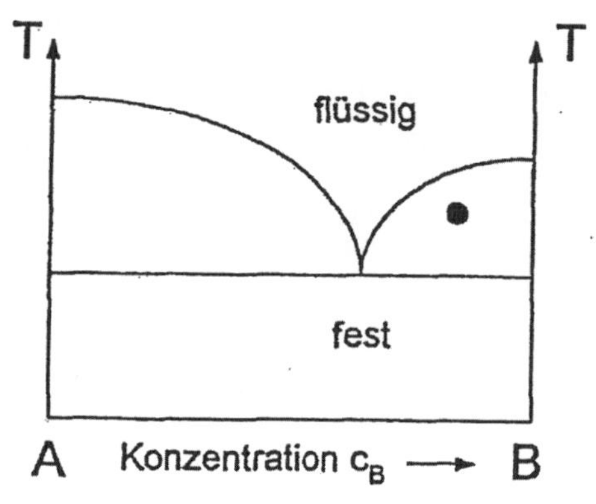

(A) 3
(B) 2
(C) 1
(D) 0
(E) -1

907 Wie groß ist die Zahl der Freiheitsgrade für einen konstanten Druck (gemäß der Gibbssehen Phasenregel F = K – P + 2) am eutektischen Punkt des angegebenen binären Systems?

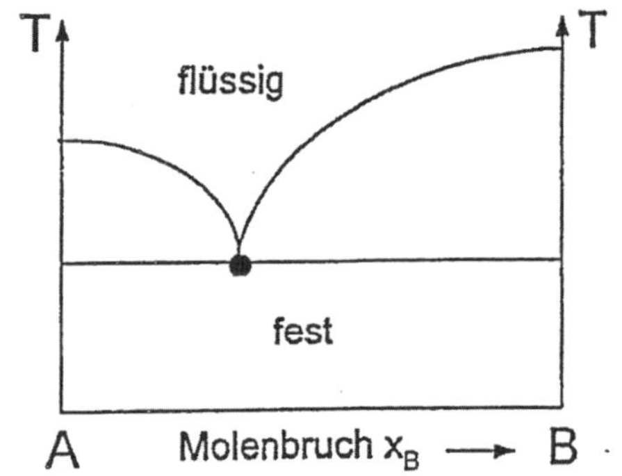

(A) -1
(B) 0
(C) 1
(D) 2
(E) 3

908

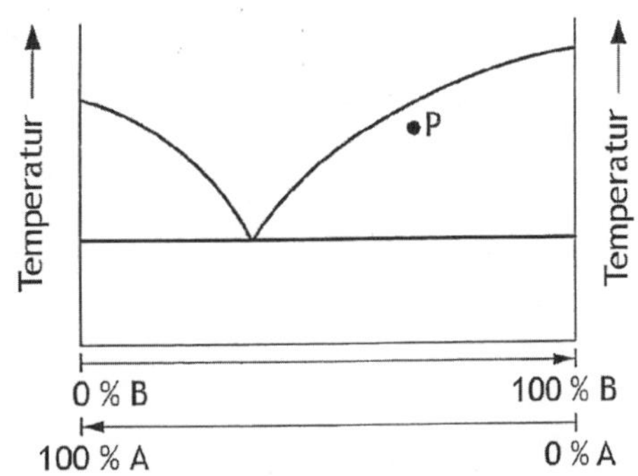

Die Abbildung stellt schematisch das Schmelzdiagramm für zwei im festen Zustand unmischbare und im flüssigen Zustand vollständig mischbare Stoffe A und B dar.
Welche Aussage trifft zu?
Im Punkt P liegt das System vor:

(A) ausschließlich als Dampf
(B) ausschließlich als homogene Mischkristalle
(C) ausschließlich als homogene Schmelze
(D) ausschließlich in Form reiner Kristalle B
(E) Es koexistieren homogene Schmelze und reine Kristalle B.

909 Die Abbildung stellt schematisch das Schmelzdiagramm für zwei im festen Zustand unmischbare und im flüssigen Zustand vollständig mischbare Stoffe A und B dar.

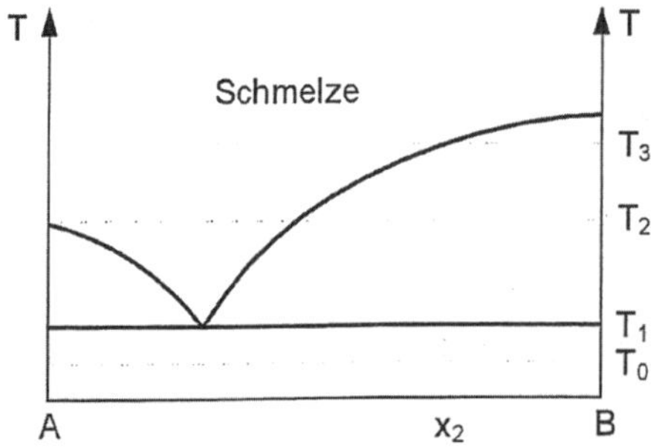

Welche Aussage trifft zu?
Erhöht man die Temperatur T, ausgehend von T_0, einer festen Mischung mit der Zusammensetzung x_2, bestehend aus reinen Kristalliten A und B, so liegt nur dann eine homogene Schmelze der Zusammensetzung x_2 vor, wenn:

(A) $T < T_1$
(B) $T = T_1$
(C) $T_1 < T < T_2$
(D) $T_2 < T < T_3$
(E) $T > T_3$

910 Die Abbildung stellt schematisch das Schmelzdiagramm für zwei im festen Zustand unmischbare Stoffe A und B dar.

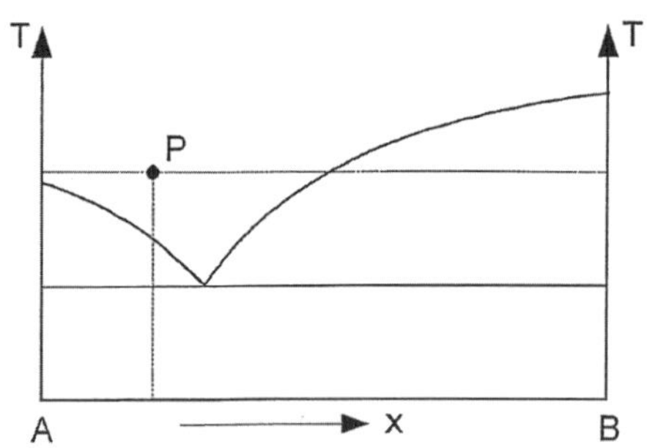

Welche Aussage trifft zu?
Im Punkt P (x = Molenbruch, T = Temperatur) liegt das System vor

(A) als homogene Schmelze
(B) in Form zweier entmischter Schmelzen A und B
(C) in Form getrennter reiner Kristalle A und B
(D) in Form homogener Mischkristalle
(E) in Form koexistenter Phasen aus homogener Schmelze und reinen Kristallen B

911 Das Bild zeigt das Schmelzdiagramm eines binären Systems der Komponenten A und B. Das flüssige Gemisch verhält sich wie eine ideale Lösung; die Festkörper sind nicht miteinander mischbar.

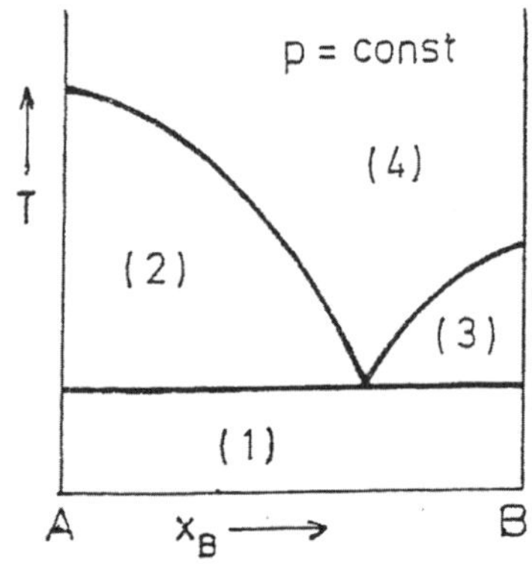

Welche Aussagen zu den verschiedenen Bereichen treffen zu?

(1) enthält: festes A und festes B
(2) enthält: festes A und Schmelze
(3) enthält: festes B und Schmelze
(4) enthält: nur Schmelze

(A) nur 4 ist richtig
(B) nur 1 und 2 sind richtig
(C) nur 2 und 3 sind richtig
(D) nur 3 und 4 sind richtig
(E) 1–4 = alle sind richtig

912 Das Bild zeigt das Schmelzdiagramm eines binären Systems der Komponenten A und B. Das flüssige Gemisch verhält sich ideal; die festen Phasen A und B sind gegenseitig praktisch unlöslich (x = Molenbruch im Gesamtsystem).

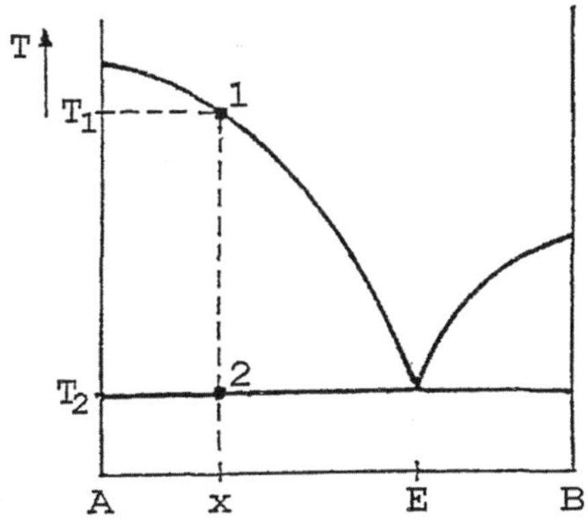

Welche Aussage trifft **nicht** zu, wenn eine Schmelze der gestrichelt eingezeichneten Zusammensetzung x sehr langsam abkühlt?

(A) Wenn die Temperatur T_1 erreicht ist, beginnt sich feste Phase A abzuscheiden,
(B) Zwischen T_1 und T_2 liegt ein Einphasenbereich vor.
(C) Unmittelbar bevor T_2 erreicht wird, hat die restliche Schmelze die Zusammensetzung des Eutektikums E.
(D) Unterhalb T_2 ist die gesamte Probe fest.
(E) Zwischen T_1 und T_2 bildet sich feste Phase.

913 Wie groß ist das Eintauchvolumen V eines Aräometers mit der Masse $m = 24\,g$ in einer Flüssigkeit der Dichte $\rho = 1{,}2\,g/cm^3$?

(A) $5\,cm^3$
(B) $12\,cm^3$
(C) $20\,cm^3$
(D) $24\,cm^3$
(E) $28{,}8\,cm^3$

914 Bei der abgebildeten Mohrschen Waage werden vier Reiter verwendet. Sie gehören zu drei Typen, deren Gewichte im Verhältnis 1 : 0,1 : 0,01 stehen. Der Reiter auf Marke 10 (Haken) kompensiert bei austarierter Waage gerade den Auftrieb einer Flüssigkeit der Dichte $1{,}00\,g \cdot cm^{-3}$.
Wie groß ist die Dichte der unbekannten Flüssigkeitsprobe in dem dargestellten Beispiel?

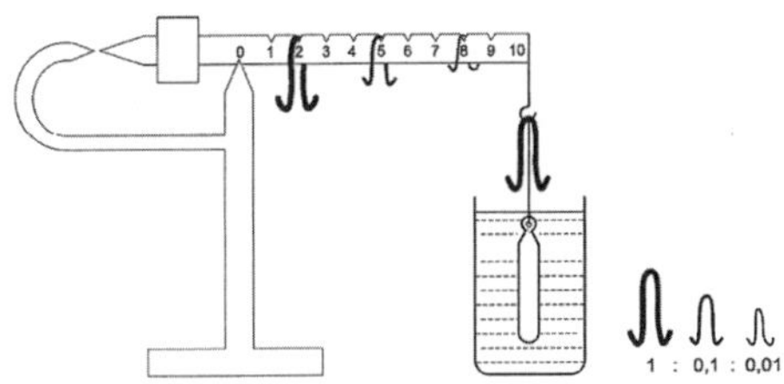

(A) $0{,}1258\,g \cdot cm^{-3}$
(B) $0{,}258\,g \cdot cm^{-3}$
(C) $1{,}0258\,g \cdot cm^{-3}$
(D) $1{,}258\,g \cdot cm^{-3}$
(E) $3{,}58\,g \cdot cm^{-3}$

Kommentare

1 Grundlagen und allgemeine Arbeitsweisen der qualitativen anorganischen Analyse

Nutzerhinweis: Die Fragen werden fortlaufend kommentiert, wobei ähnliche Fragen zusammenfassend beantwortet werden. Weitere Fragen mit analogem oder identischem Inhalt, die in späteren Abschnitten aufgelistet sind, sind heller unterlegt.

1.1 Grundbegriffe, Validierung

1 D

Unter **Grenzkonzentration** versteht man die Minimalkonzentration an nachzuweisender Substanz, die noch einen positiven Nachweis ergibt, der Stoff also gerade noch zuverlässig zu identifizieren ist. Die Grenzkonzentration wird auf 1 Gramm (g) des Stoffes bezogen und das Lösungsvolumen in Milliliter (ml) angegeben.

2 C

Eine Grenzkonzentration von 10^{-4} g/ml (entsprechend 100 ppm) bedeutet, dass:
- mindestens 10^{-4} g Substanz in 1 ml gelöst sind,
- mindestens 1 g Substanz in 10^{4} ml gelöst ist.

3 E

Eine Analysenmethode ist *selektiv*, wenn verschiedene, nebeneinander zu bestimmende Komponenten ohne gegenseitige Störung erfasst werden können. Die **Selektivität** eines Analysenverfahrens kann sich beziehen auf:
- Elemente (Atome) oder Moleküle (Stoffe),
- Elementspezies (z. B. Ionen) in unterschiedlichen Oxidationsstufen,
- funktionelle Gruppen in einem Molekül.

4 D **839** D

Wichtige Strategien des Arzneibuches zur **Erhöhung der Selektivität** sind:

die Kombination verschiedener Reaktionen

Beispielsweise kann man Nachweisreagenzien und Maskierungsmittel gemeinsam verwenden. Hierbei bilden z. B. die störenden Bestandteile mit dem Maskierungsmittel so stabile Komplexe, dass eine Anzeige durch das Nachweisreagenz ausbleibt. Die zu bestimmende Substanz reagiert dagegen nicht mit dem Maskierungsmittel und kann mit dem eingesetzten Reagenz nachgewiesen werden.

die Trennung der Reaktionsräume zweier aufeinander folgender Reaktionen

der Ausschluss ähnlich reagierender Stoffe durch zusätzliche Reaktionen

Die beiden letztgenannten Strategien sollen am *Nachweis von Carbonaten* näher erläutert werden: Hierzu werden Carbonate ($MeCO_3$) in einem Reagenzglas [*Reaktionsraum 1*] mit starken Säuren behandelt. Es bildet sich gasförmiges Kohlendioxid (CO_2), das in einem Gärröhrchen [*Reaktionsraum 2*] in Bariumhydroxid-Lösung (*Barytwasser*) [$Ba(OH)_2$] aufgefangen und als schwer lösliches Bariumcarbonat ($BaCO_3$) gefällt wird.
Der Nachweis wird durch Sulfite ($MeSO_3$) gestört, die mit starken Säuren gasförmiges Schwefeldioxid (SO_2) entwickeln, was im Gärrohrchen zur Fällung von Bariumsulfit ($BaSO_3$) führen würde. Dies kann man verhindern, in dem man zuvor die Sulfite mit Wasserstoffperoxid (H_2O_2) zu Sulfaten oxidiert, aus denen unten den Analysenbedingungen kein Gas freigesetzt wird.

Die **Empfindlichkeit** einer Analysenmethode beschreibt, wie stark ein Messergebnis auf Konzentrationsänderungen des zu bestimmenden Stoffes anspricht.

In der Analytik ist die **Robustheit** (Störanfälligkeit, Belastbarkeit) einer Methode ein Maß für den Mengenbereich, in dem das Ergebnis von Veränderungen in der Probe und/oder von der Änderung äußerer Parameter unabhängig ist, also trotz solcher Veränderungen reproduzierbare Ergebnisse liefert.

Beide Parameter haben *keinen* Einfluss auf die Selektivität einer Nachweismethode.

1.2 Vorproben

5 C 6 E 7 E 8 D 9 C 10 C 11 A
12 E 14 A 864 D 865 E

Viele Elemente – insbesondere Alkali- und Erdalkalielemente – senden im *atomaren* und gasförmigen Zustand bei höherer Temperatur (Bunsenflamme) oder nach elektrischer Anregung ihres Valenzelektronensystems Licht bestimmter *Farbe* aus.

Die Zahl der emittierten Spektrallinien, das Linienmuster sowie die Wellenlängen der Spektrallinien (Lage der Linien) erlauben, dass die **Flammenfärbung** zur Identifizierung des betreffenden Elements herangezogen werden kann.
Folgende charakteristische Flammenfärbungen werden in der nichtleuchtenden Bunsenflamme beobachtet:

- **Lithium**: ***karminrot*** [z.B. im LiCl – geringe Menge an Natrium überdecken die Farbe der Lithiumflamme – Beobachtung durch ein Kobaltglas]
- **Kalium**: ***rot*** und ***violett*** [z.B. in KCl, K_2SO_4 – geringe Mengen an Natrium überdecken die Farbe der Kaliumflamme – Beobachtung durch ein Kobaltglas]
- **Natrium**: ***gelb*** [z.B. im NaCl]
- **Rubidium/Caesium**: ***violettrosa*** [z.B. in Cs_2SO_4]
- **Calcium**: ***ziegelrot*** [z.B. im $CaCl_2$]
- **Strontium**: ***rot*** [z.B. im $SrCl_2$]
- **Barium**: ***fahlgrün*** [z.B. im $BaCl_2$ – *Bariumsulfat* muss vorher aufgeschlossen werden]
- ***Thallium: grün*** [z.B. im Tl_2SO_4]
- **Kupfer**: ***grün*** [z.B. im $CuCl_2$, $Cu(NO_3)_2$]

Beilstein-Probe: Organische Halogenverbindungen zersetzen sich pyrolytisch z.B. zu HCl oder HBr, die mit Cu (Kupferdraht) ein Halogenid ($CuCl_2$, $CuBr_2$) bilden, das die Bunsenflamme *grün* färbt.

Borsäuretrimethylester [$B(OCH_3)_3$] - hergestellt aus Borsäure bzw. Boraten und Methanol in Gegenwart von H_2SO_4 – färbt die Bunsenflamme ***grün***.

13 B **14** A **849** B **864** D **888** B

Bei einer **Spektralanalyse** laufen folgende Vorgänge ab: Im Allgemeinen liegen in der Analysenprobe *Salze* vor. Daher findet in der Flamme nach der Verdampfung zunächst eine ***Atomisierung*** (*thermische Dissoziation*) des Salzes zu *Atomen* statt, deren Valenzelektronen thermisch angeregt werden. Angeregte Atome werden häufig mit einem Stern * gekennzeichnet.

Angeregte Elektronenzustände besitzen als Zustände höherer Energie nur eine begrenzte Lebensdauer. Nach kurzer Zeit kehrt das angeregte Atom unter ***Lichtemission*** in einen energetisch günstigeren Zustand zurück. Dabei entspricht jeder Elektronenübergang einer charakteristischen Spektrallinie. Liegen die Wellenlängen des emittierten Lichts im sichtbaren Bereich [VIS-Bereich] ($\lambda = 400\text{-}800$ nm), dann ist das emittierte Licht farbig und kann mit dem Auge erkannt werden.

$$Li^+Cl^- \xrightarrow{\text{Atomisierung}} Li + Cl \xrightarrow{\text{Absorption}} \mathbf{Li^*} + Cl \xrightarrow{\text{Emission}} \mathbf{Li} + Cl$$

Merke: Obwohl in der Analysenprobe im Allgemeinen Salze vorliegen, werden nur die *freien Metallatome* (z.B. Lithiumatome) thermisch angeregt. Die *rote* Flammenfärbung angeregter Lithiumatome bei etwa 670 nm ist auf einen Elektronenübergang 2 p→2 s zurückzuführen.

15 D **16** A **17** C

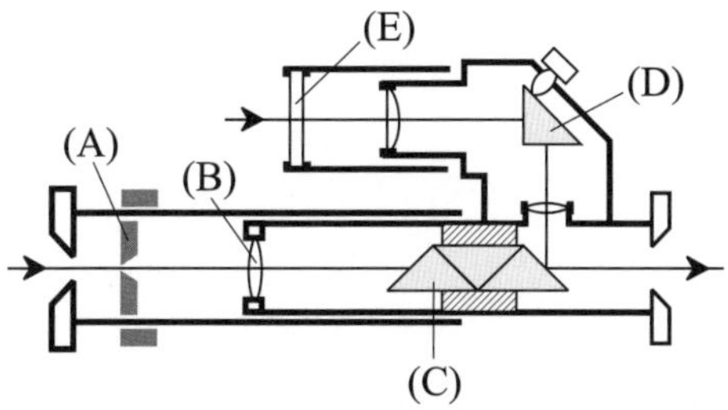

Zur Spektralanalyse verwendet man vielfach ein **Handspektroskop**. Dabei wird zur Erzeugung eines Emissionsspektrums das von angeregten Atomen einer Probe emittierte Licht durch einen *Spalt* (**A**) auf eine *Abbildungslinse* (Sammellinse) (**B**) geleitet. Besteht das durchtretende Licht aus Strahlen unterschiedlicher Wellenlängen, so entstehen durch ein in den Strahlengang gebrachtes dreiteiliges *Geradsichtprisma* (Amici-Prisma) (**C**) aufgrund unterschiedlicher Brechung zahlreiche verschiedenartiger Spaltbilder (Spektrallinien). Über ein *Umlenkprisma* (**D**) werden die Spaltbilder auf ein parallel angebrachtes *Okular* mit einer *Wellenlängenskala* (**E**) geleitet. Die Kalibrierung der Skala mit Strahlen bekannter Wellenlänge erlaubt es, den einzelnen Spektrallinien exakte Wellenlängen zuzuordnen.

Ein *Nicolsches Prisma* ist Bestandteil eines Polarimeters.

18 B **19** A **20** D **21** E **22** A **23** A **32** C
33 C **90** D **91** A **93** A **97** B **454** B

Die **Oxidationsschmelze** dient zum Nachweis von **Mangan**- und **Chromsalzen**. Hierzu wird die pulverisierte Analysenprobe mit gleichen Teilen Natriumcarbonat (*Soda*, Na_2CO_3) und Natrium- ($NaNO_3$) bzw. Kaliumnitrat (KNO_3) als Oxidationsmittel verschmolzen.

Aus Mangan(II)-Salzen entsteht bei der Oxidationsschmelze eine *grüne* Färbung von **Manganat(VI)** [Na_2MnO_4]. Als Oxidationsmittel wirken sowohl die eingesetzten Nitrat-Ionen (NO_3^-) als auch das daraus gebildete Nitrit (NO_2^-). Löst man die erkaltete grüne Schmelze in Wasser auf und säuert mit Essigsäure an, so disproportioniert Manganat(VI) zu *rotviolettem* Permanganat

Kommentare

(MnO_4^-) [Manganat(VII)] und Braunstein [Mangan(IV)-oxid] (MnO_2). Insgesamt laufen bei der Oxidationsschmelze von Mangansalzen folgende Teilprozesse ab:

$$Mn^{2+} + 2\,NO_3^- + 2\,CO_3^{2-} \rightarrow MnO_4^{2-}\,(\textit{grün}) + 2\,NO_2^- + 2\,CO_2\uparrow$$
$$Mn^{2+} + 4\,NO_2^- \rightarrow MnO_4^{2-}\,(\textit{grün}) + 4\,NO\uparrow$$
$$3\,MnO_4^{2-} + 4\,H_3O^+ \rightarrow 2\,MnO_4^-\,(\textit{rotviolett}) + MnO_2\downarrow\,(\textit{braun}) + 6\,H_2O$$

- Bei der Oxidation von Chrom(III)-Salzen entsteht *gelbes* **Chromat** (CrO_4^{2-}):

$$Cr_2O_3 + 3\,NO_3^- + 2\,CO_3^{2-} \rightarrow 2\,CrO_4^{2-}\,(\textit{gelb}) + 3\,NO_2^- + 2\,CO_2\uparrow$$

- **Chromeisenstein** ($FeCr_2O_4$), ein Mischoxid aus FeO und Cr_2O_3, kann ebenfalls mittels Oxidationsschmelze aufgeschlossen werden, wobei neben der Oxidation [Cr(III)→Cr(VI)] auch eine Umwandlung [Fe(II)→Fe(III)] stattfindet:

$$2\,FeCr_2O_4 + 7\,NO_3^- + 4\,CO_3^{2-} \rightarrow Fe_2O_3 + 4\,CrO_4^{2-} + 7\,NO_2^- + 4\,CO_2\uparrow$$

24 B

- Die in der "**Boraxperle**" bei der Prüfung von *Cobalt*(II)-*sulfat* ($CoSO_4$) mit Natriumtetraborat [*Borax*] ($Na_2B_4O_7 \cdot 10\,H_2O$) unter Bildung von *Cobaltmetaborat* [$Co(BO_2)_2$] ablaufende Reaktion wird durch folgende Gleichung beschrieben:

$$Na_2B_4O_7 + CoSO_4 \rightarrow 2\,NaBO_2 + Co(BO_2)_2 + SO_3\uparrow$$

25 D **26** D **30** B **34** B **60** D **351** B

- Die **Marshsche Probe** dient zum Nachweis von **Arsen**- und **Antimonverbindungen**. Diese Verbindungen werden mittels nascierendem Wasserstoff (hergestellt aus Zn/HCl) zu Arsenwasserstoff [*Arsin*] (AsH_3) bzw. Antimonwasserstoff [*Stibin*] (SbH_3) reduziert. Beide Wasserstoffverbindungen zersetzen sich in der Hitze und schlagen sich als Metallspiegel nieder. Für Arsen(III)-Verbindungen ergeben sich folgende Bruttoreaktionsgleichungen:

$$As_2O_3 + 6\,Zn + 12\,H_3O^+ \rightarrow 2\,AsH_3\uparrow + 6\,Zn^{2+} + 15\,H_2O$$
$$2\,AsH_3 \rightarrow 2\,As\downarrow + 3\,H_2\uparrow$$

Zur Unterscheidung von As und Sb behandelt man den Metallspiegel z. B. mit ammoniakalischer Wasserstoffperoxid-Lösung (H_2O_2). Arsen löst sich spontan auf unter Oxidation zu *farblosem Arsenat* (AsO_4^{3-}), während die Auflösung von Antimon erst nach längerem Einwirken des Oxidationsmittel erfolgt.

$$2\,As + 5\,H_2O_2 + 6\,NH_3 \rightarrow 2\,AsO_4^{3-} + 6\,NH_4^+ + 2\,H_2O$$

27 D **31** A

- Die **Leuchtprobe** dient zum Nachweis von **Zinn(II)-Verbindungen**. Taucht man ein mit kaltem Wasser gefülltes Reagenzglas in eine Zinn(II)-Salzlösung und hält das Glas in die nichtleuchtende Bunsenflamme, so zeigt sich an der benetzten Stelle des Glases vom *Zinn*(II)-*chlorid* ($SnCl_2$) herrührend eine *blaue* Fluoreszenz. Zinn(IV)-Verbindungen wie *Zinnstein* (SnO_2) müssen zuvor (mit Zn/HCl) reduziert werden.

28 C **29** C **49** E

- Beim Erhitzen einer trockenen Substanz im Glührohr kann ein *gelber Beschlag* (Sublimat) an der Glaswand hindeuten auf: *Arsen*(III)-*sulfid* (As_2S_3), *Quecksilber*(II)-*iodid* (HgI_2) oder elementaren *Schwefel* (S).
- *Blei*(II)-*chlorid* ($PbCl_2$) ist eine farblose Substanz.

Beim Erhitzen einer trockenen Substanz im **Glührohr** kann eine Entwicklung von *Schwefeldioxid* (SO_2) auftreten bei Vorliegen von:

- *Sulfiden* ($Me^{II}S$) unter gleichzeitigem Luftzutritt
- *Sulfiten* ($Me^{II}SO_3$) oder *Thiosulfaten* ($Me^{II}S_2O_3$)
- *Sulfaten* ($Me^{II}SO_4$) in Anwesenheit von Reduktionsmitteln

$$MeSO_3 \rightarrow MeO + SO_2\uparrow$$
$$MeS_2O_3 \rightarrow MeO + S + SO_2\uparrow$$
$$MeS + 1\,\tfrac{1}{2}\,O_2 \rightarrow MeO + SO_2\uparrow$$
$$MeSO_4 + 2\,e^- + 4\,H^+ \rightarrow Me^{2+} + 2\,H_2O + SO_2\uparrow$$

30 B **60** D

Die *Marshsche Probe* dient zum Nachweis von Antimon(III)-Verbindungen (**Sb^{3+}**).

31 A

Die *Leuchtprobe* ist eine Nachweisreaktion auf Zinn(II)-Verbindungen (**Sn^{2+}**).

32 C **33** C

Mittels *Oxidationsschmelze* lassen sich Mangan(II)- (**Mn^{2+}**) und Chrom(III)-Salze (**Cr^{3+}**) nachweisen.

34 B **60** D

Die *Marshsche Probe* dient zum Nachweis von Arsen(III)-Verbindungen (**As^{3+}**).

35 E **36** B **37** B **38** D **39** E **40** C **41** C
71 D **72** A **73** B

Nach Zugabe von überschüssiger Natriumhydroxid-Lösung liegen folgende Hydroxide gefällt vor (**nichtamphotere Hydroxide**):

- *Eisen*(II)*-hydroxid* [$Fe(OH)_2$], *Eisen*(III)*-hydroxid* [$Fe(OH)_3$], *Magnesium*(II)*-hydroxid* [$Mg(OH)_2$]

Nach Zugabe von überschüssiger Natriumhydroxid-Lösung bleiben folgende Hydroxide als Hydroxokomplexe in Lösung (**amphotere Hydroxide**):

- *Aluminium*(III)*-hydroxid* [$Al(OH)_3 \rightarrow Al(OH)_4^-$]
- *Blei*(II)*-hydroxid* [$Pb(OH)_2 \rightarrow Pb(OH)_4^{2-}$]
- *Chrom*(III)*-hydroxid* [$Cr(OH)_3 \rightarrow Cr(OH)_6^{3-}$]
- *Zink*(II)*-hydroxid* [$Zn(OH)_2 \rightarrow Zn(OH)_4^{2-}$]
- *Zinn*(II)*-hydroxid* [$Sn(OH)_2 \rightarrow Sn(OH)_3^-$]

Quecksilber(I)*-Salze* (Hg_2^{2+}) disproportionieren beim Behandeln mit Lauge in Quecksilber(II)-oxid (HgO) und metallischem Hg.

42 D **43** B **44** B

Folgende Metallhydroxide werden von verdünntem Ammoniak (NH_3) unter Bildung von **Amminkomplexen** gelöst:

- *Cadmium*(II)*-hydroxid* [$Cd(OH)_2 \rightarrow Cd(NH_3)_6^{2+}$] - *Kupfer*(II)*-hydroxid* [$Cu(OH)_2 \rightarrow Cu(NH_3)_4^{2+}$] – *Silber*(I)*-hydroxid* [$AgOH \rightarrow Ag(NH_3)_2^+$] - *Zink*(II)*-hydroxid* [$Zn(OH)_2 \rightarrow Zn(NH_3)_6^{2+}$]

Folgende Metallhydroxide bilden beim Behandeln mit verdünntem Ammoniak *keine* Amminkomplexe:
- *Bismut*(III)-*hydroxid* [$Bi(OH)_3$] – *Blei*(II)-*hydroxid* [$Pb(OH)_2$] – *Eisen*(III)-*hydroxid* [$Fe(OH)_3$] – *Zinn*(II)-*hydroxid* [$Sn(OH)_2$]

45 E

Die Komplexe $[Ag(CN)_2]^-$ - $[Cd(NH_3)_6]^{2+}$ - $[Pb(OH)_4]^{2-}$ - $[Zn(NH_3)_6]^{2+}$ sind *farblos*, sodass bei ihrer Bildung aus den betreffenden farblosen Metallionen *keine* Farbänderung oder Farbvertiefung eintritt.

46 A **475** D

Bei Ausschluss von Sauerstoff bildet in Gegenwart von Ammoniumsalzen keines der Ionen (Fe^{2+} - Mn^{2+} - Ni^{2+} - Zn^{2+}) einen Niederschlag mit Ammoniak. Sie liegen als **Amminkomplexe** vor: $[Fe(NH_3)_6]^{2+}$ - $[Mn(NH_3)_6]^{2+}$ - $[Ni(NH_3)_6]^{2+}$ - $[Zn(NH_3)_4]^{2+}$

Bei Anwesenheit von Sauerstoff könnte Fe(II) partiell zu Fe(III) oxidiert werden und es würde ein Niederschlag von *Eisen*(III)-*hydroxid* [$Fe(OH)_3$] auftreten.

47 D

Silber- (Ag^+), Kupfer(II)- (Cu^{2+}) und Zink-Ionen (Zn^{2+}) liegen in ammoniakalischer Lösung als **Amminkomplexe** vor: $[Ag(NH_3)_2]^+$ - $[Cu(NH_3)_4]^{2+}$ - $[Zn(NH_3)_4]^{2+}$

48 A

Schwefelsäure setzt die schwächere, in freier Form instabile Salpetrige Säure (HNO_2) aus ihren Salzen frei:

$$2\,\mathbf{NO_2^-} + H_2SO_4 \rightarrow SO_4^{2-} + 2\,[HNO_2] \rightarrow H_2O + NO\uparrow + NO_2\uparrow$$

Dihydrogenphosphat ($H_2PO_4^-$), Perchlorat (ClO_4^-) und Nitrat (NO_3^-) bzw. die zugrunde liegende Säuren sind in Schwefelsäure stabil und führen nicht zu einer Gasentwicklung.

49 E **29** C **880** D

Schwefelsäure setzt die schwächeren instabilen Säuren Schwefelige Säure (H_2SO_3) und Thioschwefelsäure ($H_2S_2O_3$) aus ihren Salzen [*Sulfite* ($MeSO_3$), *Thiosulfate* (MeS_2O_3)] frei. Beide Säuren zerfallen in **Schwefeldioxid** (SO_2), das entweicht und an seinem typischen stechenden Geruch erkannt wird:

$$SO_3^{2-} + H_2SO_4 \rightarrow SO_4^{2-} + (H_2SO_3) \rightarrow H_2O + \mathbf{SO_2}\uparrow$$
$$S_2O_3^{2-} + H_2SO_4 \rightarrow SO_4^{2-} + (H_2S_2O_3) \rightarrow H_2O + S + \mathbf{SO_2}\uparrow$$

Unedle Metalle wie Zink reduzieren heiße konzentrierte Schwefelsäure zu Schwefeldioxid oder scheiden elementaren Schwefel ab. In verdünnter Schwefelsäure bilden diese Metalle Wasserstoff (H_2):

$$Zn + 2\,H_2SO_4 \rightarrow ZnSO_4 + H_2O + \mathbf{SO_2}\uparrow$$

Konzentrierte Schwefelsäure oxidiert gleichfalls *Sulfide* (MeS) oder elementaren *Schwefel* zu Schwefeldioxid. Dies ist auch ein Grund dafür, warum man Schwefelwasserstoff nicht mit konzentrierter Schwefelsäure trocknen kann. Der dabei mit gebildete Schwefel kann weiter zu SO_2 oxidiert werden:

$$MeS + 2\,H_2SO_4 \rightarrow MeSO_4 + 2\,H_2O + S + \mathbf{SO_2}\uparrow$$
$$2\,H_2SO_4 + S \rightarrow 2\,H_2O + 3\,\mathbf{SO_2}\uparrow$$

50 D

Nitrite ($NaNO_2$), Bromide (KBr) und Iodide (NaI) bilden beim Erhitzen mit konzentrierter Schwefelsäure *gefärbte* Dämpfe [aus NO_2 (braunrot), Br_2 (braun) oder I_2 (violett)] bzw. es entsteht mit *Sulfiten* (Na_2SO_3) ein *typisch riechendes* Gas (aus SO_2):

$$2\,NO_2^- + H_2SO_4 \rightarrow SO_4^{2-} + H_2O + \mathbf{NO}\uparrow + \mathbf{NO_2}\uparrow$$
$$2\,X^- + H_2SO_4 \rightarrow SO_3^{2-} + H_2O + \mathbf{X_2}\uparrow\ (X = Br, I)$$
$$SO_3^{2-} + H_2SO_4 \rightarrow SO_4^{2-} + H_2O + \mathbf{SO_2}\uparrow$$

Carbonate (K_2CO_3) bilden hingegen mit konzentrierter Schwefelsäure *farbloses* und *geruchloses* Kohlendioxid (CO_2):

$$CO_3^{2-} + H_2SO_4 \rightarrow SO_4^{2-} + H_2O + \mathbf{CO_2}\uparrow$$

51 E **52** E

Beim Erhitzen von *Carbonaten* (Na_2CO_3, $BiCO_3$), *Cyaniden* (NaCN, KCN), *Tartraten* (NaOOC-CHOH-CHOH-COONa) oder *Oxalaten* (NaOOC-COONa) mit konzentrierter Schwefelsäure können **Kohlenmonoxid** (CO) bzw. **Kohlendioxid** (CO_2) oder beide Gase als Reaktionsprodukte nachgewiesen werden. Bei Tartraten wird in Abwesenheit von Oxidationsmitteln neben der CO_2-Entwicklung (*Decarboxylierung*) auch eine Verkohlung beobachtet:

$$CO_3^{2-} + H_2SO_4 \rightarrow SO_4^{2-} + H_2O + \mathbf{CO_2}\uparrow$$
$$2\,CN^- + 2\,H_2SO_4 + 2\,H_2O \rightarrow 2\,NH_4^+ + 2\,SO_4^{2-} + 2\,\mathbf{CO}\uparrow$$
$$C_2O_4^{2-} + H_2SO_4 \rightarrow SO_4^{2-} + H_2O + \mathbf{CO}\uparrow + \mathbf{CO_2}\uparrow$$

53 C

Eine mit Natriumcarbonat [*Soda*] (Na_2CO_3) gegen Phenolphthalein gerade alkalisch gestellte und somit *rot* gefärbte Lösung wird durch Einleiten *saurer Gase* [Schwefeldioxid (SO_2), Kohlendioxid (CO_2)] entfärbt. Diese sauren Gase entstehen z. B. beim Behandeln von *Sulfiten* (Na_2SO_3), *Carbonaten* (Na_2CO_3) oder *Hydrogencarbonaten* ($NaHCO_3$) mit *verdünnter* (1 molar) Schwefelsäure.

$$SO_3^{2-} + H_2SO_4 \rightarrow SO_4^{2-} + H_2O + \mathbf{SO_2}\uparrow$$
$$2\,HCO_3^- + H_2SO_4 \rightarrow SO_4^{2-} + 2\,H_2O + 2\,\mathbf{CO_2}\uparrow$$

Die anderen genannten Salze [Ammoniumnitrat (NH_4NO_3), Kaliumfluorid (KF), Natriumtetraborat ($Na_2B_4O_7$)] ergeben mit verdünnter Schwefelsäure *keine flüchtigen* Verbindungen.

54 C **55** A **56** A

Nitrite ($MeNO_2$) reagieren mit *verdünnter Schwefelsäure* unter Bildung von Salpetriger Säure (HNO_2), die in freier Form instabil ist, in nitrose Gase (NO, NO_2) zerfällt und somit dem Nachweis entzogen werden kann.

$$2\,NO_2^- + H_2SO_4 \rightarrow SO_4^{2-} + 2\,[HNO_2] \rightarrow H_2O + \mathbf{NO}\uparrow + \mathbf{NO_2}\uparrow$$

Thiosulfate ($Me_2S_2O_3$) reagieren mit verdünnter Schwefelsäure zu Thioschwefelsäure ($H_2S_2O_3$), die in saurer Lösung zu elementarem Schwefel und Schwefeldioxid (SO_2) zerfällt.

$$S_2O_3^{2-} + H_2SO_4 \rightarrow SO_4^{2-} + [H_2S_2O_3] \rightarrow H_2O + S + \mathbf{SO_2}\uparrow$$

Die anderen genanten Ionen (F^-, Br^-, I^-, $^-OOC\text{-}COO^-$, NO_3^-, $H_2PO_4^-$, ClO_4^-) bilden beim Ansäuern mit verdünnter Schwefelsäure *keine* instabilen (zersetzlichen) Stoffe.

57 D

Das Normalpotential (E°) charakterisiert die Oxidationskraft bzw. das Reduktionsvermögen eines korrespondierenden Redoxpaares. Ein Reduktionsmittel kann nur von einem Oxidationsmittel oxidiert werden, dessen Normalpotential positiver (größer) ist als das Normalpotential des Reduktionsmittels.

Schweflige Säure („H_2SO_3“) ist ein starkes Reduktionsmittel [$E°(H_2SO_3/SO_4^{2-}) = +0{,}14$ V], die von Chromat [$E°(CrO_4^{2-}/Cr^{3+}) = +1{,}34$ V], Eisen(III)-Ionen [$E°(Fe^{3+}/Fe^{2+}) = +0{,}75$ V], Iod [$E°(I_2/I^-) = +0{,}54$ V] oder Kupfer(II)-Ionen [$E°(Cu^{2+}/Cu) = +0{,}35$ V] zu Sulfat oxidiert werden kann.

In neutralen bis schwach sauren Lösungen entsteht aus Sulfit-Ionen (SO_3^{2-}) und Silber-Ionen (Ag^+) [$E°(Ag^+/Ag) = +0{,}81$ V], ein *weißer* Niederschlag von **Silbersulfit** (Ag_2SO_3), der im Überschuss des Fällungsreagenzes löslich ist.

$$2\,Ag^+ + SO_3^{2-} \rightarrow Ag_2SO_3\downarrow + SO_3^{2-} \rightarrow [Ag(SO_3)_2]^{3-}$$

58 B **59** D **60** D

Nitrat (NO_3^-) wird in alkalischer Lösung von Aluminium zu *Ammoniak* (NH_3) reduziert und Al zu Al(III) oxidiert, das in alkalischer Lösung als Tetrahydroxoaluminat $[Al(OH)_4]^-$ vorliegt:

$$3\,NO_3^- + 8\,Al + 5\,HO^- + 18\,H_2O \rightarrow 3\,\mathbf{NH_3}\uparrow + 8\,[Al(OH)_4]^-$$

60 D

Nitrat (NO_3-) wird von unedlen Metallen wie Aluminium oder Zink in alkalischer Lösung zu *Ammoniak* (NH_3) reduziert. Reduzierendes Agens ist nascierender Wasserstoff:

$$NO_3^- + 4\,Zn + 7\,HO^- + 6\,H_2O \rightarrow NH_3\uparrow + 4\,[Zn(OH)_4]^{2-}$$

Arsen- (As^{3+}) und **Antimonverbindungen** (Sb^{3+}) werden mittels nascierendem Wasserstoff (aus Zn/HCl) zu Arsenwasserstoff (AsH_3) bzw. Antimonwasserstoff (SbH_3) reduziert [*Marsh-Probe*]:

$$X_2O_3 + 6\,Zn + 12\,H_3O^+ \rightarrow 2\,\mathbf{XH_3}\uparrow + 6\,Zn^{2+} + 15\,H_2O\ (X = As, Sb)$$

Fluoride (F^-) können nur auf elektrochemischem Wege zu elementarem Fluor (F_2) oxidiert werden.

61 C

Die Reduktion von *violettem* Permanganat (MnO_4^-) in saurer Lösung zu schwach *rosa* gefärbten Mangan(II)-Salzen (Mn^{2+}) weist auf das *Vorhandensein oxidierbarer Substanzen* hin.

1.3 Lösen

62 E **63** B **64** C

Salpetersäure (HNO_3) ist sowohl eine starke Säure als auch ein starkes Oxidationsmittel. Beispielsweise können *Sulfide* [wie Bleisulfid (PbS)] zu Sulfaten oxidiert werden, sodass *Bleisulfat* ($PbSO_4$) ausfallen kann. Andere Sulfide [wie Zinksulfid (ZnS)] können unter Schwefelwasserstoff-Entwicklung (H_2S) gelöst werden.

$$PbS + 8\,HNO_3 \rightarrow PbSO_4\downarrow + 4\,H_2O + 8\,\mathbf{NO_2}\uparrow$$
$$ZnS + 2\,HNO_3 \rightarrow Zn(NO_3)_2 + \mathbf{H_2S}\uparrow$$

Metallisches *Aluminium* (Al) und metallisches *Chrom* (Cr) sind infolge Ausbildung oxidischer Schutzschichten (Passivierung) praktisch unlöslich in kalter konzentrierter Salpetersäure.

Je nach Temperatur und Säurekonzentration unterschiedlich verhält sich elementares *Zinn* (Sn). In der Kälte entsteht mit verdünnter HNO_3 *Zinn*(II)-*nitrat* [$Sn(NO_3)_2$]. Konzentrierte Salpetersäure oxidiert hingegen Zinn oder Zinn(II)-Verbindungen wie *Zinn*(II)-*chlorid* ($SnCl_2$) zu Zinndioxidhydrat [$SnO_2 \cdot H_2O = SnO(OH)_2$]. Somit können Zinnverbindungen in der Analyse beim Behandeln mit konz. HNO_3 in den unlöslichen Rückstand gelangen.

$$Sn + 4\,HNO_3 \rightarrow \mathbf{SnO_2}\downarrow + 4\,NO_2\uparrow + 2\,H_2O$$
$$SnCl_2 + 2\,HNO_3 \rightarrow \mathbf{SnO_2}\downarrow + 2\,NO_2\uparrow + 2\,HCl$$

Edelmetalle wie *Silber* (Ag) oder *Kupfer*(Cu) lösen sich in konz. HNO_3, aber nicht unter Wasserstoffentwicklung, sondern unter Freisetzung von Stickstoffmonoxid (NO).

$$3\,Ag + NO_3^- + 4\,H_3O^+ \rightarrow 3\,Ag^+ + 6\,H_2O + \mathbf{NO}\uparrow$$
$$3\,Cu + 2\,NO_3^- + 8\,H_3O^+ \rightarrow 3\,Cu^{2+} + 12\,H_2O + 2\,\mathbf{NO}\uparrow$$

„Natriummetasilicat“ [$Na_2H_2SiO_4 \cdot (H_2O)_x$] bildet bereits in schwach saurer Lösung höher kondensierte Kieselsäuren, die mit steigendem Kondensationsgrad immer schwerer löslich werden; aus den kolloidalen Lösungen scheidet sich schließlich amorphe Kieselsäure ab:

$$n\,(H_2SiO_4)^{2-} + 2n\,H_3O^+ \rightarrow \mathbf{(H_2SiO_3)_n}\downarrow + 2n\,H_2O$$

Salze wie Aluminiumsulfat [$Al_2(SO_4)_3$], Calciumcarbonat ($CaCO_3$) oder Zinksulfid (ZnS) sind in konz. HNO_3 löslich.

65 B

Kupfer(II)-Salze lösen sich in 2 M-HCl mit *bläulicher* Farbe.

Quecksilber(II)-chlorid [*Sublimat*] ($HgCl_2$) löst sich in verd. HCl zu *farblosen*, hydratisierten $\mathbf{Hg^{2+}}$-Ionen.

Silber-Ionen (Ag^+) bilden in 2 M-HCl einen käsig weißen *Niederschlag* von Silberchlorid (AgCl).

Gelbes Chromat (CrO_4^{2-}) kondensiert in 2 M-HCl zu *orangefarbenem* Dichromat ($Cr_2O_7^{2-}$).

Quecksilber(I)-chlorid [*Kalomel*] (Hg_2Cl_2) bildet in 2 M-HCl einen farblosen *Niederschlag*.

66 A **67** B

Thiosulfat-Ionen ($S_2O_3^{2-}$) zerfallen in *salzsaurer* Lösung – unter Bildung von Thioschwefelsäure ($H_2S_2O_3$) – in elementaren Schwefel, der eine Trübung verursacht, und in Schwefeldioxid (SO_2), das entweicht:

$$S_2O_3^{2-} + 2\,HCl \rightarrow 2\,Cl^- + [H_2S_2O_3] \rightarrow H_2O + \mathbf{S}\downarrow + SO_2\uparrow$$

Versetzt man eine konzentrierte **Silicat-Lösung** (SiO_3^{2-}) mit einer anorganischen Säure wie HCl, so bildet sich wasserhaltige, gallertartige Kieselsäure [$(SiO_2)(H_2O)_n$]. Ein Teil der Kieselsäure bleibt jedoch kolloidal gelöst. Bei längerem Kochen mit konz. HCl wird auch noch die kolloidal gelöste Kieselsäure ausgefällt. Die Kondensation schreitet fort bis zum in Wasser und Säuren *unlöslichen Siliciumdioxid* ($\mathbf{SiO_2}$).

Bromid- (Br^-), Chlorat- (ClO_3^-), Perchlorat- (ClO_4^-) bzw. Sulfat-Ionen (SO_4^{2-}) sind in konzentrierter salzsaurer Lösung stabil und verursachen *keine* Trübung der Lösung.

68 E **69** E

Auch einige Anionen schwacher, in freiem Zustand instabiler bzw. flüchtiger Säuren [*Carbonate* (CO_3^{2-}), *Cyanide* (CN^-), *Sulfide* (S^{2-}), *Sulfite* (SO_3^{2-})] können beim Behandeln mit konzentrierter Salzsäure aufgrund der Flüchtigkeit der Reaktionsprodukte dem weiteren Nachweis entzogen werden:

$$CO_3^{2-} + 2\,HCl \rightarrow 2\,Cl^- + [H_2CO_3] \rightarrow H_2O + \mathbf{CO_2}\uparrow$$
$$CN^- + HCl \rightarrow Cl^- + \mathbf{HCN}\uparrow$$
$$S^{2-} + 2\,HCl \rightarrow 2\,Cl^- + \mathbf{H_2S}\uparrow$$
$$SO_3^{2-} + 2\,HCl \rightarrow 2\,Cl^- + [H_2SO_3] \rightarrow H_2O + \mathbf{SO_2}\uparrow$$

In salzsaurer Lösung bildet sich aus Arsen(III)-Verbindungen *Arsentrichlorid* (**$AsCl_3$**), das in heißer HCl *flüchtig* ist.

Phosphorsäure (H_3PO_4) sowie ihre Salze [MeH_2PO_4, Me_2HPO_4, Me_3PO_4] sind in salzsaurer Lösung *nichtflüchtige* Verbindungen.

1.4 Alkalicarbonatauszug (Soda-Auszug)

70 E

Eine konzentrierte **Natriumcarbonat-Lösung** [Soda-Lösung] (Na_2CO_3) reagiert stark alkalisch, so dass neben schwer löslichen *Carbonaten* auch schwer lösliche *Hydroxide* in den Rückstand des Soda-Auszuges gelangen können. Dagegen können amphotere Substanzen als *Oxo-Anionen* gelöst vorliegen.

$$\mathbf{CO_3^{2-}} + H_2O \rightarrow HCO_3^- + \mathbf{HO^-}$$

$$Fe^{3+} + 3\,HO^- \rightarrow \mathbf{Fe(OH)_3}\downarrow \text{ [Eisen(III)-hydroxid]}$$

$$Ca^{2+} + CO_3^{2-} \rightarrow \mathbf{CaCO_3}\downarrow \text{ [Calciumcarbonat]}$$

$$As^{3+} + 6\,HO^- \rightarrow 3\,H_2O + \mathbf{AsO_3^{3-}} \text{ [Natriumarsenit]}$$

71 D

Aluminium (Al), Arsen (As) und Zinn (Sn) liegen im Soda-Auszug als Oxo-Anionen bzw. als Hydroxo-Komplexe gelöst vor:

$$Al^{3+} + 4\,HO^- \rightarrow [Al(OH)_4]^- \rightarrow 2\,H_2O + AlO_2^-$$

$$Sn^{2+} + 3\,HO^- \rightarrow [Sn(OH)_3]^-$$

$$As^{3+} + 6\,HO^- \rightarrow AsO_3^{3-} + 3\,H_2O$$

Bariumhydroxid [$Ba(OH)_2$] ist ein nichtamphoteres, wasserlösliches Hydroxid.

72 A

Zinn gelangt als Hydroxo-Komplex [$Sn(OH)_3$]$^-$ in das Filtrat des Soda-Auszuges. Bei schwachem Ansäuern des Filtrats fällt *Zinn*(II)-*hydroxid* [**$Sn(OH)_2$**] aus, das sich bei weiterem Ansäuern unter Bildung des hydratisierten Sn^{2+}-Ions wieder auflöst.

Eisen(II)-*hydroxid* [$Fe(OH)_2$] und *Schwefel* (S) sind in wässriger, alkalischer Lösung unlöslich und finden sich im Rückstand des Soda-Auszuges.

Silicate (SiO_3^{2-}) befinden sich im Filtrat des Soda-Auszuges. Bei starkem Ansäuern fällt wasserhaltige, gallertartige *Kieselsäure* [$SiO_2(H_2O)_n$] aus, die zu einer bleibenden Trübung der Lösung führt.

73 B **35** E **36** B **37** B **38** D **39** E **40** C **41** C

Eisen(III)-*hydroxid* [**$Fe(OH)_3$**] ist nicht amphoter, so dass es sich im Rückstand des Soda-Auszuges befindet.

Aluminiumhydroxid [$Al(OH)_3$], *Blei*(II)-*hydroxid* [$Pb(OH)_2$], *Zinkhydroxid* [$Zn(OH)_2$] und *Zinn*(II)-*hydroxid* [$Sn(OH)_2$] sind amphotere Hydroxide, die als Hydroxo-Komplexe oder Oxidhydrate (Oxo-Anionen) im Filtrat des Soda-Auszuges gelöst vorliegen.

74 E

Durch Erhitzen von **Bariumsulfat** ($BaSO_4$) mit konzentrierter Natriumcarbonat-Lösung erfolgt eine teilweise Umwandlung in Bariumcarbonat ($BaCO_3$) und Sulfat-Ionen (SO_4^{2-}) liegen gelöst vor. Beim Versetzen des Filtrats mit verdünnter Schwefelsäure fällt dann erneut Bariumsulfat aus.

$$BaSO_4 + Na_2CO_3 \rightleftharpoons BaCO_3 + Na_2SO_4$$

1.5 Aufschlüsse

75 B **518** D **519** A **520** E

Man kann einen *basischen Aufschluss* sowohl mit Natriumcarbonat [*Soda*] (Na_2CO_3) [Schmp. 854 °C] oder mit Kaliumcarbonat [*Pottasche*] (K_2CO_3) [Schmp. 897 °C] durchführen. Vorteilhafter ist jedoch ein Gemisch aus Soda und Pottasche im Verhältnis 45 % : 55 %. Ein solches **eutektisches Gemisch** besitzt einen tieferen Schmelzpunkt [712 °C] als die beiden reinen Komponenten.

76 E **77** B **78** E **79** A **80** B **81** B **90** D
91 A **92** B **94** B **95** A **96** A **887** B

Mit einem **Soda-Potasche-Aufschluss** können aufgeschlossen werden:

- *Aluminiumoxid* (Al_2O_3), das beim Behandeln der Schmelze mit Wasser als Aluminat (AlO_2^- bzw. $[Al(OH)_4]^-$) im Filtrat verbleibt.

$$Al_2O_3 + Na_2CO_3 \rightleftharpoons 2\,NaAlO_2 + CO_2\uparrow$$

- *Bariumsulfat* ($BaSO_4$) und andere *Erdalkalisulfate* [$MeSO_4$], die in Carbonate übergeführt werden, sodass der Schmelzkuchen zweckmäßiger Weise in Säure (CH_3COOH, HCl) aufgelöst wird.

$$BaSO_4 + Na_2CO_3 \rightleftharpoons BaCO_3 + Na_2SO_4$$

- Calciumaluminiumsilicat ($CaAl_2Si_2O_8$)

$$CaAl_2Si_2O_8 + 3\,Na_2CO_3 \rightarrow 2\,Na_2SiO_3 + CaCO_3 + 2\,NaAlO_2 + 2\,CO_2\uparrow$$

- *Silberbromid* (AgBr) und andere *Silberhalogenide* (AgX), wobei sich das intermediär gebildete Silbercarbonat (Ag_2CO_3) in metallisches Silber (Ag) umwandelt.

$$2\,AgBr + Na_2CO_3 \rightleftharpoons Ag_2CO_3 + 2\,NaBr$$
$$Ag_2CO_3 \rightarrow 2\,Ag\downarrow + CO_2\uparrow + \tfrac{1}{2}\,O_2\uparrow$$

Hochgeglühte Oxide wie *Eisen*(III)-oxid (Fe_2O_3) werden am Besten mittels Disulfatschmelze aufgeschlossen.

82 A **83** A **84** E

Laugt man den Schmelzkuchen des Soda-Pottasche-Aufschlusses mit Wasser aus, so liegen *Erdalkalisulfate* ($MeSO_4$) [Me: Ca, Sr, Ba] und *Bleisulfat* [$PbSO_4$) als schwer lösliche *Erdalkalicarbonate* ($MeCO_3$) [Me: Ca, Sr, Ba] bzw. *Blei*(II)*-carbonat* ($PbCO_3$) im Rückstand vor.

Siliciumdioxid (SiO_2) liegt nach basischem Aufschluss und Auslagen des Schmelzkuchens mit Wasser als *Oxo-Anion* (SiO_3^{2-}) im Filtrat vor.

85 A **86** A **90** D **91** A

Bei der **Disulfatschmelze** (Pyrosulfat-Aufschluss) werden schwer lösliche Oxide (Al_2O_3, Fe_2O_3, TiO_2) mit Kaliumhydrogensulfat ($KHSO_4$) in wasserlösliche Sulfate übergeführt. Aufgrund der oxidierenden Eigenschaften der Schmelze wird dabei Fe(II) in Fe(III) umgewandelt. Jedoch reicht die Oxidationskraft der Schmelze nicht aus, um Cr(III), Mn(IV) oder Metalle wie Pt(0) zu oxidieren.

87 A **88** D

Porzellantiegel werden von der sauren **Disulfatschmelze** angegriffen, wobei teilweise Aluminium herausgelöst wird. Auch Bleitiegel sind für den Aufschluss *nicht* geeignet.

Geignet als *Tiegelmaterial* für die Disulfatschmelze sind Platin, Nickel oder Quarz.

89 B **90** D **887** B

Der **Freiberger-Aufschluss** wird mit *Soda* (Na_2CO_3) [oder Pottasche] und *Schwefel* (S) durchgeführt. Der Aufschluss ist für schwer lösliche Oxide von Elementen geeignet, die lösliche *Thiosalze* bilden. Für *Zinn*(IV)*-oxid* [*Zinnstein*] (SnO_2) kann der Aufschluss durch folgende Bruttogleichung beschrieben werden:

$$2\,SnO_2 + 2\,Na_2CO_3 + 9\,S \rightarrow 2\,Na_2SnS_3 + 3\,SO_2\uparrow + 2\,CO_2\uparrow$$

90 D **91** A

Der *Soda-Pottasche-Aufschluss* wird zum Aufschluss von Erdalkalisulfaten, Silicaten, Silberhalogeniden und hochgeglühten Oxiden angewandt.

Oxidierbare, schwer lösliche Verbindungen wie *Chromeisenstein* {$FeCr_2O_4 = FeO \cdot Cr_2O_3$) werden mit einem Gemisch von $Na_2CO_3/NaNO_3$ mittels *Oxidationsschmelze* aufgeschlossen.

$$2\,FeCr_2O_4 + 4\,CO_3^{2-} + 7\,NO_3^- \rightarrow Fe_2O_3 + 4\,CrO_4^{2-} + 7\,NO_2^- + 4\,CO_2\uparrow$$

Mit der *Disulfatschmelze* ($KHSO_4$-Aufschluss) wird *Eisen*(III)*-oxid* (Fe_2O_3) in wasserlösliches *Eisen*(III)*-sulfat* [$Fe_2(SO_4)_3$] übergeführt.

$$Fe_2O_3 + 6\,KHSO_4 \rightarrow Fe_2(SO_4)_3 + 3\,K_2SO_4 + 3\,H_2O$$

Blei(II)*-sulfat* ($PbSO_4$) wird mit ammoniakalischer Ammoniumtartrat-Lösung in einen löslichen Tartrat-Komplex umgewandelt.

Der *Freiberger-Aufschluss* ist für schwer lösliche Oxide (z.B. *Zinnstein*, SnO_2) von Elementen geeignet, die lösliche Thiosalze bilden.

Beim *Kjeldahl-Aufschluss* wird organisch gebundener Stickstoff in *Ammoniak* (NH_3) übergeführt.

92 B **93** A **94** B **95** A **96** A **97** B

Mit Soda (Na_2CO_3) [und/oder Pottasche] werden schwer lösliche Substanzen aufgeschlossen wie: *Silicate* (Me_2SiO_3), *Siliciumdioxid* (SiO_2), *Bariumsulfat* ($BaSO_4$) und *Strontiumsulfat* ($SrSO_4$).

Chrom(III)*-oxid* (Cr_2O_3) kann mit einem Gemisch aus Natriumcarbonat (Na_2CO_3) und Natriumnitrat ($NaNO_3$) [oder Kaliumnitrat] mittels *Oxidationsschmelze* in lösliches *Chromat* (CrO_4^{2-}) umgewandelt werden.

98 B

Silberhalogenide wie *Silberiodid* (AgI) können mit Zink (Zn) in schwefelsaurer Lösung zu elementarem Silber (Ag) reduziert werden. Als weiteres Reaktionsprodukt entsteht Wasserstoff (H_2):

$$2\,Ag^+ + Zn \rightarrow Zn^{2+} + 2\,\mathbf{Ag}\downarrow$$
$$Zn + 2\,H_3O^+ \rightarrow Zn^{2+} + 2\,H_2O + \mathbf{H_2}\uparrow$$

2 Anorganische Bestandteile

2.1 Analyse nichtionischer Stoffe

99 D

Kohlenstoff verbrennt an der Luft zu einem geruchlosen und farblosen Gemisch aus *Kohlenmonoxid* (CO) und *Kohlendioxid* (CO_2), das aufgrund seines CO_2-Anteils durch Einleiten in eine Bariumhydroxid-Lösung [$Ba(OH)_2$] nachgewiesen werden kann. Es entsteht eine *weiße* Trübung von schwer löslichem *Bariumcarbonat* ($BaCO_3$). Bariumcarbonat löst sich in Essigsäure unter Aufbrausen (CO_2-Freisetzung).

$$Ba(OH)_2 + CO_2 \rightarrow H_2O + BaCO_3\downarrow$$

100 A

Beim Schütteln einer alkalischen *Pyrogallol-Lösung* mit **Sauerstoff** tritt eine *dunkelbraune* Färbung auf. Die dabei entstehenden Oxidationsprodukte des Pyrogallols (1,2,3-Trihydroxybenzol) wie z. B. *Purpurogallin* sind bisher nur zum Teil in ihrer Struktur aufgeklärt worden.

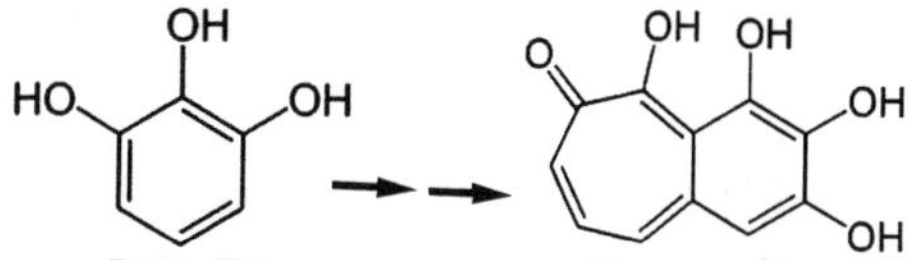

101 C **102** E **103** E **532** E **534** D **541** D **542** D

Elementarer **Schwefel** kann auf verschiedenen Wegen nachgewiesen werden:

- überschüssiges *Bromwasser* (Br_2) oxidiert Schwefel zu *Sulfat* (SO_4^{2-}), das nach Zugabe von Bariumchlorid-Lösung ($BaCl_2$) als schwer lösliches, *weißes Bariumsulfat* ($BaSO_4$) nachgewiesen werden kann.

$$S + 3\,Br_2 + 12\,H_2O \rightarrow 6\,Br^- + 8\,H_3O^+ + SO_4^{2-} \rightarrow \mathbf{BaSO_4}\downarrow$$

- Schwefel verbrennt an der Luft mit schwach blauer Flamme zu *Schwefeldioxid* (SO_2), das als Anhydrid der instabilen Schwefligen Säure [„H_2SO_3"] angefeuchtetes blaues Lackmus-Papier *rot* färbt.

$$S + O_2 \rightarrow \mathbf{SO_2}\uparrow + H_2O \rightarrow [H_2SO_3] \text{ (saure Reaktion)}$$

- ***Lassaigne-Probe***: Schwefel oder organisch gebundener Schwefel wird beim Zusammenschmelzen mit metallischem Natrium (Na) in *Natriumsulfid* (Na_2S) umgewandelt, das z. B. mit Blei(II)-acetat-Lösung [$Pb(OOCCH_3)_2$] als schwer lösliches, *schwarzes Bleisulfid* (PbS) gefällt werden kann.
- gelber Schwefel löst sich in Schwefelkohlenstoff (CS_2) und kann durch Verdunsten des Lösungsmittels wieder zurück gewonnen werden.

104 E

Wasserstoffperoxid (H_2O_2) [$E°(H_2O_2/O_2) = +0{,}68$ V] wird von starken Oxidationsmitteln wie *Braunstein* (MnO_2) [$E°(MnO_2/Mn^{2+}) = +1{,}35$ V] oder *Permanganat* (MnO_4^-) [$E°(MnO_4^-/Mn^{2+}) = +1{,}52$ V) in schwefelsaurer Lösung unter *Gasentwicklung zu Sauerstoff* (O_2) oxidiert. Die violette Permanganat-Lösung wird dabei entfärbt bzw. die Lösung bekommt einen schwach rosa Farbton.

$$2\,MnO_4^- + 5\,H_2O_2 + 6\,H_3O^+ \rightarrow 2\,Mn^{2+} + 14\,H_2O + 5\,\mathbf{O_2}\uparrow$$
$$MnO_2 + H_2O_2 + 2\,H_3O^+ \rightarrow Mn^{2+} + 4\,H_2O + \mathbf{O_2}\uparrow$$

Wasserstoffperoxid [$E°(H_2O_2/H_2O) = +1{,}77$ V] oxidiert in schwach salzsaurer Lösung *Iodid* (I^-) zu elementarem *Iod* (I_2) [$E°(I_2/I^-) = +0{,}54$ V], was zu einer *Gelb-* bis *Braunfärbung* der Prüflösung führt.

$$H_2O_2 + 2\,HI \rightarrow I_2 + 2\,H_2O$$

Wasserstoffperoxid bildet mit *Dichromat* ($Cr_2O_7^{2-}$) in schwefelsaurer Lösung ein instabiles *Chromperoxid* [$CrO(O_2)_2$], das sich in Diethylether („Ether") mit *blauer* Farbe löst.

$$Cr_2O_7^{2-} + 4\,H_2O_2 + 2\,H_3O^+ \rightarrow 2\,CrO(O_2)_2 + 7\,H_2O$$

2.2 Analyse von Anionen

105 D

Mit verdünnter *Salzsäure* (HCl) können die Kationen der HCl-Gruppe gefällt und nachgewiesen werden. *Schwefelwasserstoff* (H_2S) dient zur Fällung der Kationen der H_2S-Gruppe bzw. der Ammoniumsulfid-Gruppe.

Die Entfärbung von *Iod-Lösung* (I_2) dient zum Nachweis von Reduktionsmitteln.

Eine *Silbernitrat-Lösung* ($AgNO_3$) dient zum Gruppennachweis zahlreicher Anionen, die schwer lösliche Silbersalze bilden.

106 C **107** A **108** B **109** B **270** C

Ein oxidierbares Teilchen (Reduktionsmittel) kann von einem reduzierbaren Teilchen (Oxidationsmittel) nur dann oxidiert werden, wenn das Normalpotential (Eo) des Oxidationsmittels positiver ist als das Normalpotential des Reduktionsmittels.

Die Entfärbung einer violetten Kaliumpermanganat-Lösung ist ein Gruppennachweis zur Prüfung auf Reduktionsmittel.

Bei **Permanganat** als Oxidationsmittel ist aber zu beachten, dass das *Redoxpotential* (E) auch *pH-abhängig* ist. So beträgt das Potential für das korrespondierende Redoxpaar (MnO_4^-/Mn^{2+}) bei pH = 0 E = 1,524 V, bei pH = 3 jedoch nur noch E = 1,236 V.

Aufgrund der Normalpotentiale (E°) tritt in einer schwefelsauren Probe des Soda-Auszuges bei Zugabe von Permanganat-Lösung Entfärbung ein bei Vorliegen von: *Iodid* (I^-) [$E°(I_2/I^-) = +0{,}54$ V], *Oxalat* ($C_2O_4^{2-}$) [$E°(C_2O_4^{2-}/CO_2) = -0{,}47$ V], Thiosulfat ($S_2O_3^{2-}$) [$E°(S_2O_3^{2-}/S_4O_6^{2-}) = +0{,}08$ V], Sulfit (SO_3^{2-}) [$E°(H_2SO_3/SO_4^{2-}) = +0{,}14$ V] und Tartrat ($C_4H_4O_6^{2-}$). Die diesen Oxidationen mit Permanganat zugrunde liegenden Redoxgleichungen lauten:

$$2\,MnO_4^- + 10\,I^- + 16\,H_3O^+ \rightarrow 2\,Mn^{2+} + 5\,I_2 + 24\,H_2O$$
$$2\,MnO_4^- + 5\,C_2O_4^{2-} + 16\,H_3O^+ \rightarrow 2\,Mn^{2+} + 10\,CO_2\uparrow + 24\,H_2O$$
$$8\,MnO_4^- + 5\,S_2O_3^{2-} + 14\,H_3O^+ \rightarrow 8\,Mn^{2+} + 10\,SO_4^{2-} + 21\,H_2O$$
$$2\,MnO_4^- + 5\,HSO_3^- + H_3O^+ \rightarrow 2\,Mn^{2+} + 5\,SO_4^{2-} + 4\,H_2O$$
$$2\,MnO_4^- + C_4H_4O_6^{2-} + 8\,H_3O^+ \rightarrow 2\,Mn^{2+} + 4\,CO_2\uparrow + 14\,H_2O$$

Permanganat kann in stark saurer Lösung (pH = 0, E = 1,524 V) *Chlorid* (Cl^-) zu *Chlor* (Cl_2) oxidieren [E°(Cl_2/Cl^-) = +1,358 V], bei pH 3 ist diese Oxidation *nicht* mehr möglich. Daher wird eine schwach saure Permanganat-Lösung von Chlorid-Ionen nicht entfärbt.

Im *Diphosphat* [Pyrophosphat] ($P_2O_7^{4-}$) besitzt der Phosphor (als Element der 5.Hauptgruppe) die maximal mögliche positive Oxidationszahl (+5); auch das N-Atom im *Nitrat-Ion* (NO_3^-) hat die maximal mögliche positive Oxidationszahl (+5). Beide Teilchen können daher von Permanganat *nicht* weiter oxidiert werden.

110 A **111** A

Das Reduktionsvermögen der Stoffe *Bromid* (Br^-) [E°(Br^-/Br_2) = +1,07 V], *Wasserstoffperoxid* (H_2O_2) [E°(H_2O_2/O_2) = +0,68 V], *Sulfid* (S^{2-}) bzw. *Hydrogensulfid* (HS^-) [E°(S^{2-}/S) = -0,51 V], *Sulfit* (SO_3^{2-}) bzw. *Hydrogensulfit* (HSO_3^-) [E°(SO_3^{2-}/SO_4^{2-}) = +0,14 V] und *Thiosulfat* ($S_2O_3^{2-}$) [E°($S_2O_3^{2-}$/$S_4O_6^{2-}$) = +0,08 V] ist durch das jeweilige Normalpotential (E°) charakterisierbar.

Vergleicht man diese E°-Werte mit den Normalpotentialen der Oxidationsmittel **Permanganat** (MnO_4^-) [E°(MnO_4^-/Mn^{2+}) +1,52 V] und **Iod** (I_2) [E°(I_2/I^-) = +0,54 V], so kann Permanganat alle genannten Stoffe oxidieren. Die Oxidationskraft von Iod reicht aber nur noch aus, um Sulfide, Sulfite und Thiosulfat zu oxidieren. Br^--Ionen und H_2O_2 werden von Iod *nicht* angegriffen.

112 E **113** E **114** E **115** B **116** A

Zur **Prüfung auf Reduktionsmittel** dient auch die *Entfärbung einer Iod/Stärke-Lösung.*

Entfärbung einer Iod/Stärke-Lösung tritt ein bei Anwesenheit von: *Sulfid* (S^{2-}), *Sulfit* (SO_3^{2-}), *Thiosulfat* ($S_2O_3^{2-}$), *Arsenit* (AsO_3^{3-}) [E°(H_3AsO_3/H_3AsO_4) = +0,56 V], *Hydrazin* (H_2N-NH_2) [E°(N_2H_4/N_2) = -1,16 V] und *Hydroxylamin* (H_2N-OH) [E°(H_2NOH/NO_3^-) = -0,30 V]. Die diesen Redoxvorgängen zugrunde liegenden Reaktionsgleichungen lauten:

$$I_2 + AsO_3^{3-} + 3\,H_2O \rightarrow 2\,I^- + AsO_4^{3-} + 2\,H_3O^+$$
$$I_2 + 2\,S_2O_3^{2-} \rightarrow 2\,I^- + S_4O_6^{2-}$$
$$I_2 + SO_3^{2-} + 3\,H_2O \rightarrow 2\,I^- + SO_4^{2-} + 2\,H_3O^+$$
$$I_2 + H_2S \rightarrow 2\,HI + S\downarrow$$
$$2\,I_2 + H_2N\text{-}NH_2 \rightarrow 4\,HI + N_2\uparrow$$
$$3\,I_2 + 2\,NH_2OH \rightarrow 6\,HI + 2\,NO\uparrow$$

Anionen wie Fluorid (F^-), Bromid (Br^-), Perchlorat (ClO_4^-), Iodat (IO_3^-), Periodat (IO_4^-), Oxalat ($C_2O_4^{2-}$), Sulfat (SO_4^{2-}), Phosphat (PO_4^{3-}), Metasilicat (SiO_3^{2-}), Tetrathionat ($S_4O_6^{2-}$), Nitrat (NO_3^-), Nitrit (NO_2^-), Arsenat (AsO_4^{3-}) und Tetraborat ($B_4O_7^{2-}$) werden von Iod-Lösung *nicht* angegriffen.

Anmerkung: Zur Abschätzung der Oxidationsmöglichkeiten ist die Kenntnis der Normalpotentiale erforderlich; für die genannten Anionen sind diese zum Teil in vorhergehenden Fragen aufgelistet.

117 C **118** A **119** C **120** D **121** B **267** C

Eine **Prüfung auf Oxidationsmittel** kann durch Zugabe von Kaliumiodid/Stärke-Lösung erfolgen.

Eine *Blaufärbung durch die Iod-Stärke-Reaktion* infolge Oxidation des zugesetzten Iodids zu elementarem *Iod* kann u.a. hervorgerufen werden durch: *Hexacyanoferrat*(III) $[Fe(CN)_6]^{3-}$ (E°$[Fe(CN)_6]^{3-}$/$[Fe(CN)_6]^{4-}$ = +0,36 V), *Chromat* (CrO_4^{2-}) [E°(Cr^{3+}/CrO_4^{2-}) = +1,34 V], *Dichromat*

($Cr_2O_7^{2-}$) [E°($Cr^{3+}/Cr_2O_7^{2-}$) = +1,36 V], Bromat (BrO_3^-) [E°(Br^-/BrO_3^-) = +1,42 V], *Iodat* (IO_3^-) [E°(I^-/IO_3^-) = +1,09 V], *Nitrit* (NO_2^-) [E°(NO/NO_2^-) +0,99 V] und *Arsenat* (AsO_4^{3-}). Die diesen Redoxvorgängen zugrunde liegenden Reaktionsgleichungen lauten:

$$2\,[Fe(CN)_6]^{3-} + 2\,I^- \rightarrow I_2 + 2\,[Fe(CN)_6]^{4-}$$
$$2\,CrO_4^{2-} + 6\,I^- + 16\,H_3O^+ \rightarrow 3\,I_2 + 2\,Cr^{3+} + 24\,H_2O$$
$$Cr_2O_7^{2-} + 6\,I^- + 14\,H_3O^+ \rightarrow 3\,I_2 + 2\,Cr^{3+} + 21\,H_2O$$
$$AsO_4^{3-} + 2\,I^- + 2\,H_3O^+ \rightarrow I_2 + AsO_3^{3-} + 3\,H_2O$$
$$2\,NO_2^- + 2\,I^- + 4\,H_3O^+ \rightarrow I_2 + 2\,NO\uparrow + 6\,H_2O$$
$$BrO_3^- + 6\,I^- + 6\,H_3O^+ \rightarrow 3\,I_2 + Br^- + 9\,H_2O$$
$$IO_3^- + 5\,I^- + 6\,H_3O^+ \rightarrow 3\,I_2 + 9\,H_2O$$

Anionen wie Thiosulfat ($S_2O_3^{2-}$), Tetrathionat ($S_4O_6^{2-}$), Sulfit (SO_3^{2-}), Sulfid (S^{2-}), Arsenit (AsO_3^{3-}), Metasilicat (SiO_3^{2-}), Orthoborat (BO_3^{3-}), Phosphat (PO_4^{3-}) und Bromid (Br^-) reagieren *nicht* mit Iodid-Ionen.

Anmerkung: Zur Abschätzung des Reduktionsvermögens ist die Kenntnis der Normalpotentiale der korrespondierenden Redoxpaare erforderlich; für die genannten Anionen sind diese zum Teil in vorhergehenden Fragen bereits aufgelistet.

122 E **123** A **124** E **125** C **126** E **127** D **128** C
148 E **270** C

In einer salpetersauren Probe des Soda-Auszuges fallen nach Zugabe von Silbernitrat-Lösung folgende *schwer löslichen* **Silbersalze** aus:

- ***weißer Niederschlag:*** Silberchlorid (AgCl), Silberbromat ($AgBrO_3$), Silberiodat ($AgIO_3$), Silbercyanid (AgCN), Silberthiocyanat (AgSCN) und Silberhexacyanoferrat(II) ($Ag_4[Fe(CN)_6]$)
- ***schwach gelblicher Niederschlag:*** Silberbromid (AgBr)
- ***gelblicher Niederschlag:*** Silberiodid (AgI)
- ***orangeroter Niederschlag:*** Silberhexacyanoferrat(III) ($Ag_3[Fe(CN)_6]$)

Hat man nicht stark genug angesäuert, so können auch Niederschläge auftreten von *schwarzem Silbersulfid* (Ag_2S), *rotem Silberchromat* (Ag_2CrO_4) oder *weißem Silbersulfit* (Ag_2SO_3). Diese Niederschläge sind jedoch in konz. HNO_3 löslich.

Von den genannten Salzen können *Silberchlorid* (AgCl), *Silberbromat* ($AgBrO_3$) und *Silberiodat* ($AgIO_3$) beim Digerieren mit kalter, gesättigter Ammoniumcarbonat-Lösung [$(NH_4)_2CO_3$] als Diamminsilber-Komplexe $[Ag(NH_3)_2]^+$ in Lösung gebracht werden.

Silberfluorid (AgF) und *Silberchlorat* ($AgClO_3$) sind in Wasser lösliche Salze.

129 E **130** E **131** A **132** A **133** E

In neutraler bis essigsaurer, acetatgepufferter Lösung fallen als *schwer lösliche* **Bariumsalze** aus: *Bariumphosphat* [$Ba_3(PO_4)_2$], *Bariumcarbonat* ($BaCO_3$), *Bariumoxalat* (BaC_2O_4), *Bariumchromat* ($BaCrO_4$) und *Bariumsulfit* ($BaSO_3$). Diese Salze sind jedoch in 2 M-Salzsäure-Lösung löslich.

In 2 M-Salzsäure fällt ein weißer Niederschlag aus von: *Bariumsulfat* [Schwerspat] ($BaSO_4$), *Bariumhexafluorosilicat* ($BaSiF_6$) und *Bariumfluorid* (BaF_2). Von diesen Salzen ist BaF_2 löslich in konz. HCl, die beiden anderen Salze sind darin unlöslich.

Bariumcyanid [$Ba(CN)_2$] und *Bariumacetat* [$Ba(OOCCH_3)_2$] sind hingegen in Wasser löslich.

134 C **270** C **709** C **710** D

In einer essigsauren Probe des Soda-Auszuges fällt beim Versetzen mit $CaCl_2$-Lösung ein *weißer* Niederschlag an *schwer löslichen* **Calciumsalzen** aus von: *Calciumoxalat* (CaC_2O_4), *Calciumfluorid* [Flussspat] (CaF_2) und *Calciumphosphat* [$Ca_3(PO_4)_2$].

In schwach alkalischer Lösung kann auch *Calciumcarbonat* ($CaCO_3$) als schwer lösliches Calciumsalz ausfallen. Es ist in Essigsäure unter Aufbrausen (CO_2-Entwicklung) löslich.

Calciumnitrat [$Ca(NO_3)_2$] ist ein wasserlösliches Salz.

135 B **136** D **137** D

Die **Iod-Azid-Reaktion** nutzt die Eigenschaft von *Aziden* (MeN_3) aus, *Iod* (I_2) nur in Gegenwart von *Sulfhydryl-Verbindungen* (R-SH) zu reduzieren. Solche Sulfhydryl-Verbindungen enthalten *Schwefel* in der *Oxidationszahl* **-2**.

$$2\,HN_3 + I_2 \xrightarrow{(+\,R\text{-}SH)} 3\,N_2\uparrow + 2\,HI$$

Hydrogensulfide (HS^-), *Sulfide* (S^{2-}), *Thiosulfate* ($S_2O_3^{2-}$) und *Thiocyanate* (SCN^-) enthalten Schwefel in der Oxidationsstufe -2; sie katalysieren daher die Iod-Azid-Reaktion.

Sulfit (SO_3^{2-}) und Sulfat (SO_4^{2-}) enthalten Schwefel in höheren Oxidationsstufen (+4 bzw. +6); diese Anionen katalysieren daher *nicht* die Iod-Azid-Reaktion.

138 C **139** C **140** C **141** C **142** D **130** E **131** A
134 C **499** A **709** C **710** D **854** A **881** D

Fluorid-Ionen bilden mit Fe(III)-Ionen den farblosen, stabilen $[FeF_6]^{3-}$-Komplex und führen so zur Entfärbung einer roten Eisen(III)-thiocyanat-Lösung [$Fe(SCN)_3$].

Fluorid-Ionen bilden mit Ti(IV) einen farblosen stabilen Komplex $[TiF_6]^{2-}$ und verhindern dadurch die Nachweisreaktion mit Wasserstoffperoxid (H_2O_2) unter Bildung des gelb bis orangefarbenen Peroxotitanyl-Kations:

$$[Ti(OH)_2]^{2+} + H_2O_2 \not\longrightarrow [Ti(O_2)]^{2+} + 2\,H_2O$$

Fluorid-Ionen besitzen nahezu keine reduzierenden Eigenschaften, so dass sie eine Methylenblau-Lösung *nicht* zur Leukobase reduzieren und damit die Lösung entfärben.

Wassertropfenprobe: Fluorid-Ionen wie im Calciumfluorid (CaF_2) bilden mit *Siliciumdioxid* (SiO_2) und konz. H_2SO_4 flüchtiges *Siliciumtetrafluorid* (SiF_4), das entweicht und mit Wasser zu farbloser, gallertartiger *Kieselsäure* hydrolysiert.

$$CaF_2 + H_2SO_4 \rightarrow CaSO_4 + 2\,HF$$
$$SiO_2 + 4\,HF \rightarrow \mathbf{SiF_4}\uparrow + 2\,H_2O$$
$$SiF_4 + (n+2)\,H_2O \rightarrow [SiO_2 \cdot n\,H_2O]\downarrow + 4\,HF$$

Mit Ca^{2+}- und Ba^{2+}-Ionen bilden Fluorid-Ionen in verdünnten Mineralsäuren *weiße* Niederschläge von *Calciumfluorid* (CaF_2) bzw. *Bariumfluorid* (BaF_2).

Alkalifluoride wie z. B. *Caesiumfluorid* (CsF) sind wasserlöslich.

Durch Bildung des komplexen Ions $[ZrF_6]^{2-}$ entfärben Fluorid-Ionen in salzsaurer Lösung den violetten Zirkonium-Alizarin-Farblack unter Freisetzung von gelbem Alizarin S:

Kommentare

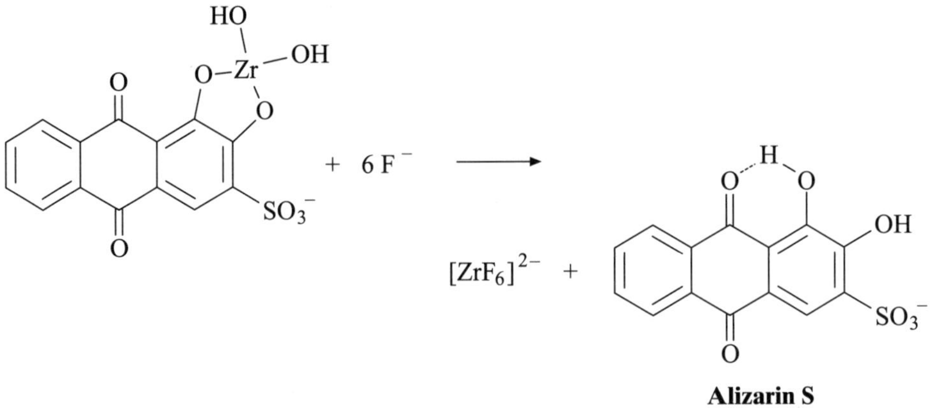

Elementares Brom (Br_2) wandelt gelbes *Fluorescein* in rotes *Eosin* (Tetrabromfluorescein) um.

Beilstein-Probe: Erhitzt man einen Kupferdraht zusammen mit einigen Körnchen der Substanzprobe in der nichtleuchtenden Bunsenflamme, so zeigt die Flamme bei Anwesenheit von Halogeniden die charakteristische *grüne* Farbe der verdampfenden *Kupferhalogenide*.

143 C

Bei der **Ätzprobe** wird aus Fluoriden mit konz. H_2SO_4 *Fluorwasserstoff* (HF) freigesetzt, der *Glas ätzt*. In Anwesenheit von überschüssiger Kieselsäure oder Borsäure (bzw. Silicaten und Boraten) bildet sich flüchtiges *Siliciumtetrafluorid* (SiF_4) und *Bortrifluorid* (BF_3), die beide Glas *nicht* ätzen und somit den Fluorid-Nachweis stören.

144 E **145** E **146** D

Bei der **Grenzprüfung auf Fluorid-Ionen** werden Fluoride mit Sand (SiO_2) und konz. H_2SO_4 in *Hexafluorokieselsäure* (H_2SiF_6) übergeführt, die mit Wasserdampf als Gemisch von *Fluorwasserstoff* (HF) und *Siliciumtetrafluorid* (SiF_4) in eine Vorlage destilliert wird. Hier erfolgt die Hydrolyse des SiF_4 zu *Siliciumdioxid* (SiO_2) und Fluorid. Die dabei ablaufenden Prozesse können durch folgende Bruttogleichungen beschrieben werden:

$$SiO_2 + 6\,HF \rightarrow H_2[SiF_6]\uparrow + 2\,H_2O$$
$$H_2[SiF_6] \rightarrow SiF_4\uparrow + 2\,HF\uparrow$$
$$3\,SiF_4 + 4\,HO^- \rightarrow SiO_2 + 2\,[SiF_6]^{2-} + 2\,H_2O$$
$$2\,HF + 2\,NaOH \rightarrow 2\,NaF + 2\,H_2O$$

Gemäß Ph.Eur. 7 erfolgt die anschließende Bestimmung des Fluorids im Destillat *kolorimetrisch* durch Umsetzung des weinroten Aminomethylalizarindiessigsäure-Cer(III)-Komplexes mit Fluorid-Ionen. Es bildet sich durch Ligandensubstitutuion ein blaugefärbter Fluorid-Komplex, dessen Absorptionsmaximum bei $\lambda = 620$ nm liegt.

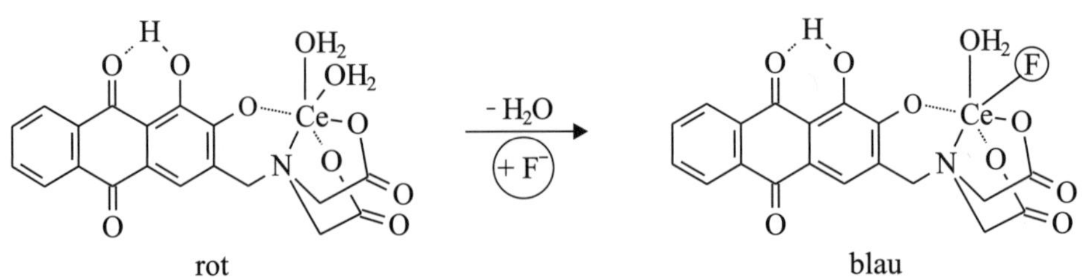

Eine alternative Fluorid-Bestimmung ist die Titration von Fluorid in der Vorlage mit Thoriumtetranitrat-Lösung [$Th(NO_3)_4$] gegen Alizarin S oder potentiometrisch gegen eine Fluor-sensitive Elektrode.

147 E **79** A **315** C

Chlorid-Ionen (Cl^-) können als „käsig“ *weißes* **Silberchlorid** (AgCl) gefällt werden, das in 2 M-Salpetersäure (HNO_3) unlöslich ist.

Aus Silberchlorid (AgCl) entsteht beim *Soda-Pottasche-Aufschluss Silbercarbonat* (Ag_2CO_3), das sich thermisch zu metallischem Silber (Ag) und Chlorid zersetzt. Chlorid geht anschließend beim Behandeln des Schmelzkuchens mit Wasser in Lösung und kann im Filtrat nachgewiesen werden.

$$2\,AgCl + Na_2CO_3 \rightarrow \mathbf{Ag_2CO_3} + 2\,NaCl$$
$$Ag_2CO_3 \rightarrow 2\,Ag\downarrow + CO_2\uparrow + \tfrac{1}{2}\,O_2\uparrow$$

Auch durch Kochen von AgCl in konzentrierter Natriumcarbonat-Lösung (Soda-Auszug) unter Bildung von schwer löslichem, weißem Silbercarbonat (Ag_2CO_3) oder durch Kochen mit konzentrierter Alkalihydroxid-Lösung unter Bildung von braunem Silberoxid (Ag_2O) kann Chlorid (partiell) in Lösung gebracht und darin nachgewiesen werden.

Silberchlorid (AgCl) wird mit metallischem *Zink* zu elementarem Silber reduziert; Chlorid geht in Lösung.

$$2\,AgCl + Zn \rightarrow 2\,Ag + Zn^{2+} + 2\,Cl^-$$

148 E **123** A **125** C **126** E **128** C

Der *Nachweis von Chlorid* durch Fällung von **Silberchlorid** (AgCl) kann *gestört werden* durch Ionen, die gleichfalls im neutralen bis schwachen saurer Lösung schwer lösliche Silbersalze bzw. stabile Silberkomplexe ergeben. Hierzu zählen u.a.: *Bromid* (Br^-), *Cyanid* (CN^-), *Thiocyanat* (SCN^-) oder *Hexacyanoferrat*(II) $[Fe(CN)_6]^{4-}$

Fluorid (F^-) stört die AgCl-Fällung *nicht*, weil *Silberfluorid* (AgF)) wasserlöslich ist.

149 C

Chlorid-Ionen (Cl^-) werden in saurer Lösung von Mangan(IV)-oxid [*Braunstein*] (MnO_2) zu elementarem *Chlor* (Cl_2) oxidiert:

$$2\,Cl^- + MnO_2 + 4\,H_3O^+ \rightarrow Cl_2\uparrow + Mn^{2+} + 6\,H_2O$$

150 C **151** B **152** D **153** E **154** C **155** C **638** D **822** D

Chromylchlorid-Reaktion: Chlorid-Ionen (Cl^-) reagieren in schwefelsaurer Lösung mit *Kaliumdichromat* ($K_2Cr_2O_7$) zu flüchtigem, *rotbraunem Chromylchlorid* (CrO_2Cl_2), dem Säurechlorid der Chrom(VI)-säure [$H_2CrO_4 \equiv CrO_2(OH)_2$].

$$4\,Cl^- + Cr_2O_7^{2-} + 6\,H_3O^+ \rightarrow 2\,CrO_2Cl_2\uparrow + 9\,H_2O$$

Chromylchlorid oxidiert *Diphenylcarbazid* zu *Diphenylcarbazon* unter Bildung von Cr(III)-Ionen. Cr^{3+}-Ionen bilden anschließend mit Diphenylcarbazon einen *violetten* Komplex.

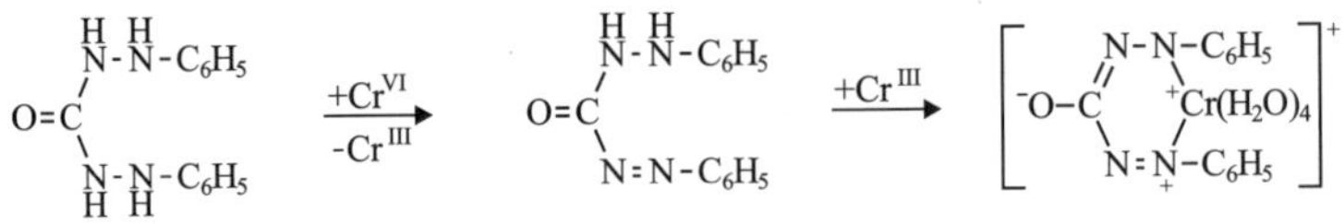

Diphenylcarbazid Diphenylcarbazon

Störung: Der Nachweis wird gestört von *Fluorid* (F^-) [Bildung von flüchtigem Chromylfluorid (CrO_2F_2)], Reduktionsmittel wie *Iodid* (I^-) und *Nitrit* (NO_2^-) sowie durch *Nitrat* (NO_3^-) [Bildung von Nitrosylchlorid (NOCl)].

156 B **157** E **162** E **163** B **165** E

Ein Reduktionsmittel (oxidierbares Teilchen) kann nur von einem Oxidationsmittel (reduzierbares Teilchen) oxidiert, wenn das Normalpotential (E°) des Oxidationsmittels positiver ist als das des Reduktionsmittels.

Bromid (Br^-) [$E°(Br_2/Br^-)$ = +1,07 V] wird zu elementarem *Brom* (Br_2) oxidiert von: *Chlor* (Cl_2) (Chlorwasser)[$E°(Cl_2/Cl^-)$ = 1,36 V], *Dichromat* ($Cr_2O_7^{2-}$) [$E°(Cr_2O_7^{2-}/Cr^{3+})$ = +1,23 V], *Mangan*(IV)-*oxid* (MnO_2) (Braunstein) [$E°(MnO_2/Mn^{2+})$ = +1,22 V] und *Blei*(IV)-*oxid* (PbO_2) [$E°(PbO_2/Pb^{2+})$ = +1,45 V]. Die diesen Redoxprozessen zugrunde liegenden Gleichungen lauten:

$$2\,Br^- + Cl_2 \rightarrow Br_2 + 2\,Cl^-$$
$$6\,Br^- + Cr_2O_7^{2-} + 14\,H_3O^+ \rightarrow 3\,Br_2 + 2\,Cr^{3+} + 21\,H_2O$$
$$2\,Br^- + MnO_2 + 4\,H_3O^+ \rightarrow Br_2 + Mn^{2+} + 6\,H_2O$$
$$2\,Br^- + PbO_2 + 4\,H_3O^+ \rightarrow Br_2 + Pb^{2+} + 6\,H_2O$$

Chloramin T, eine N-Chlorverbindung (R_2N-Cl), bildet in salzsaurer Lösung elementares *Chlor* (Cl_2), das Bromid zu Brom oxidiert.

Eisen(III)-Ionen (Fe^{3+}) [$E°(Fe^{3+}/Fe^{2+})$ = +0,77 V] können Bromid *nicht* zu Brom oxidieren, da Fe(III) schwächer oxidierend wirkt als Brom. Ebenso reicht das Reduktionsvermögen von Bromiden [$E°(Br_2/Br^-)$ = +1,07 V] *nicht* aus, um Silber- [$E°(Ag^+/Ag)$ = +0,81 V] und Kupfer(II)-Ionen [$E°(Cu^{2+}/Cu)$ = +0,85 V] zum jeweiligen Metall zu reduzieren

158 B **50** D **109** B **110** A **111** A

Beim Erhitzen von **Bromiden** mit konzentrierter *Schwefelsäure* (H_2SO_4) entstehen *braune Dämpfe* von elementarem *Brom* (Br_2).

$$2\,Br^- + H_2SO_4 + 2\,H_3O^+ \rightarrow Br_2\uparrow + SO_2\uparrow + 4\,H_2O$$

Kaliumdichromat ($K_2Cr_2O_7$) oxidiert Bromide zu elementarem *Brom*. Chromylbromid (CrO_2Br_2) wird dabei *nicht* gebildet.

$$6\,Br^- + Cr_2O_7^{2-} + 14\,H_3O^+ \rightarrow 3\,Br_2\uparrow + 2\,Cr^{3+} + 21\,H_2O$$

Chlorid-Ionen sind Reduktionsmittel und können daher Bromide *nicht* oxidieren.

159 E **161** C **162** E **163** B **795** C **817** A

Bromide (Br^-) werden mit *Bleidioxid* (PbO_2) zu elementarem *Brom* (Br_2) oxidiert. Die entweichenden braunen Dämpfe (Br_2) färben ein mit farbloser *Fuchsin-Schwefliger Säure* (**Schiffs Reagenz**) getränktes Papier allmählich *violett.* Dabei werden die aromatischen Teilstrukturen des Triphenylmethanfarbstoffs Fuchsin (*Rosanilin*) elektrophil substituiert und in mehrfach bromierte Fuchsin-Derivate umgewandelt, wie zum Beispiel in *Pentabromrosanilinium-* (R = CH_3) und *Hexabromrosanilinium-Salze* (R = Br).

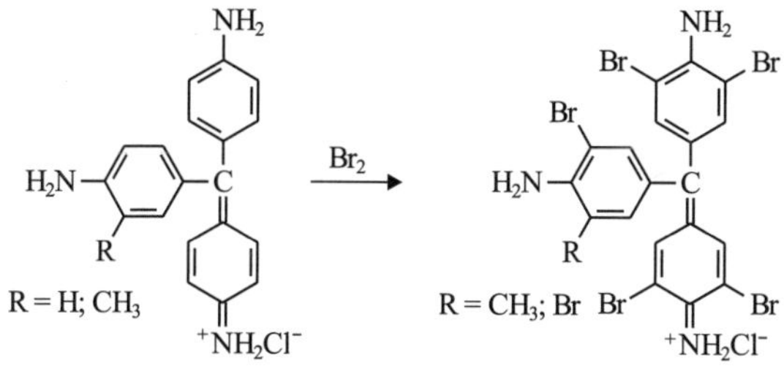

Rosanilin-HCl

160 B **134** C **540** E **855** B **861** E

Eosin-Probe: Bei der Oxidation von Bromiden (Br^-) entsteht elementares *Brom* (Br_2), das *gelbes Fluorescein* in *rotes Eosin* (*Tetrabromfluorescein*) umwandelt.

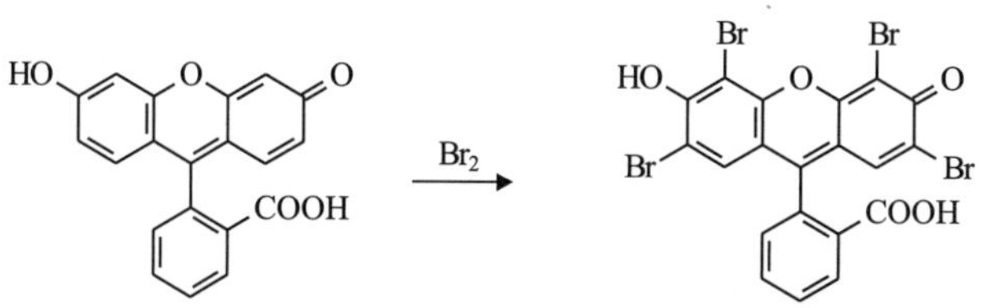

Fluorescein **Eosin**

161 C **162** E **159** E **163** B

Bromide (Br^-) werden mit Bleidioxid zu elementarem Brom oxidiert, welches den aus **Schiff-Reagenz** (Fuchsin-Schweflige Säure) freigesetzten Triphenylmethanfarbstoff *Fuchsin* (Rosanilin) in ortho-Stellung zu den aromatischen Aminogruppen elektrophil substituiert. Dabei entstehen *violette* mehrfach bromierte Fuchsin-Derivate. Fuchsin ist ein Gemisch homologer Rosanilinium-Salze.

163 B **840** E

Nach Ph.Eur. 7 werden für **Bromide** folgende **Identitätsprüfungen** vorgeschlagen:

- Beim Versetzen einer salpetersauren Bromid-Lösung mit Silbernitrat-Lösung fällt *blassgelbes Silberbromid* (AgBr) aus, das sich nur schwer in verdünnter Ammoniak-Lösung auflöst.
- Die bei der Oxidation von Bromid-Lösungen mit *Bleidioxid* (PbO_2) entstehenden Brom-Dämpfe (Br_2) färben ein mit Schiffs *Reagenz* (Fuchsin-Schweflige Säure) getränktes Filterpapier *violett.* Es entstehende mehrfach bromierte Fuchsin-Derivate.

Bromwasserstoff (HBr) wird von konz. H_2SO_4 zu elementarem *Brom* (Br_2) oxidiert, das mit $AgNO_3$-Lösung *nicht* reagiert.

$$2\,Br^- + H_2SO_4 + 2\,H_3O^+ \rightarrow Br_2\uparrow + SO_2\uparrow + 4\,H_2O$$

Iod [$E°(I_2/I^-) = +0{,}54$ V] ist ein schwächeres Oxidationsmittel als Brom [$E°(Br_2/Br^-) = +1{,}07$ V], sodass Bromide von Iod *nicht* zu Brom oxidiert werden.

164 E **76** E **78** E **80** B **147** E **773** B

Aus einer bromidhaltigen Lösung fällt beim Versetzen mit einer $AgNO_3$-Lösung *blassgelbes* **Silberbromid** (AgBr) aus, das in verdünnter Salpetersäure unlöslich und in verdünntem Ammoniak nur schwer löslich ist.

Dagegen kann das Bromid-Ion (Br^-) aus Silberbromid durch Kochen mit einer konzentrierten Natriumcarbonat- bzw. konzentrierten Alkalihydroxid-Lösung in Lösung gebracht und nachgewiesen werden.

Beim basischen Aufschluss (Soda-Pottasche-Aufschluss) entsteht aus Silberbromid (AgBr) *Silbercarbonat* (Ag_2CO_3), das thermisch in *elementares Silber* (Ag) zerfällt:

$$2\,AgBr + Na_2CO_3 \rightarrow Ag_2CO_3 + 2\,NaBr$$
$$Ag_2CO_3 \rightarrow 2\,\mathbf{Ag}\downarrow + CO_2\uparrow + \tfrac{1}{2}\,O_2\uparrow$$

Silberbromid (AgBr) kann auch mit Zink (Zn) in schwefelsaurer Lösung zu metallischem Silber (Ag) reduziert werden und Bromid so in Lösung gebracht werden:

$$2\,AgBr + Zn \rightarrow 2\,Ag\downarrow + Zn^{2+} + 2\,Br^-$$

165 E **156** B **157** E

Bromid (Br^-) wird durch **1 Mol** der nachfolgend genannten Oxidationsmittel gemäß den u. a. Bruttoreaktionsgleichungen zu elementarem *Brom* (Br_2) oxidiert: *Kaliumbromat* ($KBrO_3$), *Kaliumchromat* (K_2CrO_4), *Mangandioxid* (MnO_2) und *Wasserstoffperoxid* (H_2O_2)

$$5\,Br^- + \mathbf{1}\,BrO_3^- + 6\,H_3O^+ \rightarrow \mathbf{3}\,Br_2 + 9\,H_2O$$
$$3\,Br^- + \mathbf{1}\,CrO_4^{2-} + 8\,H_3O^+ \rightarrow \mathbf{1{,}5}\,Br_2 + Cr^{3+} + 12\,H_2O$$
$$2\,Br^- + \mathbf{1}\,MnO_2 + 4\,H_3O^+ \rightarrow \mathbf{1}\,Br_2 + Mn^{2+} + 6\,H_2O$$
$$2\,Br^- + \mathbf{1}\,H_2O_2 + 2\,H_3O^+ \rightarrow \mathbf{1}\,Br_2 + 4\,H_2O$$

Somit werden in folgender Reihe fallende Stoffmengen an Brom freigesetzt: $\mathbf{KBrO_3 > K_2CrO_4 > MnO_2 = H_2O_2}$

166 E **50** D **98** B **125** C **126** E **127** D **882** B

Zum **Nachweis von Iodid-Ionen** (I^-) sind folgende Lösungen geeignet:

- Kaliumiodat-Lösung (KIO_3) durch Komproportionierung von Iodid und Iodat zu elementarem *Iod* (I_2), das mithilfe der *Iod-Stärke-Reaktion* durch *Blaufärbung* der Lösung nachgewiesen werden kann.

$$5\,I^- + IO_3^- + 6\,H_3O^+ \rightarrow 3\,I_2 + 9\,H_2O$$

- Silbernitrat-Lösung durch Fällung von *gelbem Silberiodid* (AgI), das schwer löslich in verdünntem Ammoniak und verdünnter Salpetersäure ist.
- Blei(II)-nitrat-Lösung durch Fällung von *gelbem Blei*(II)-*iodid* (PbI_2), das sich bei Iodid-Überschuss in Tetraiodoplumbat(II) $[PbI_4]^{2-}$ umwandelt.
- Quecksilber(II)-chlorid-Lösung durch Fällung von *rotem Quecksilber*(II)-*iodid* (HgI_2), das sich bei Iodid-Überschuss unter Bildung des *hellgelben* Tetraiodomercurat $[HgI_4]^{2-}$ wieder löst.

– Ammoniumeisen(III)-sulfat-Lösung durch *Oxidation von Iodid* zu elementarem Iod, das mit Stärke eine blaue Einschlussverbindung ergibt. Aufgrund dieser Oxidation stören auch Iodid-Ionen den Fe(III)-Nachweis mit Thiocyanat:

$$2\,Fe^{3+} + 2\,I^- \rightleftharpoons I_2 + 2\,Fe^{2+}$$

167 B **104** E **106** C **107** A **108** B **117** C **118** A
119 C **120** D **121** B

Aufgrund des positiveren Normalpotentials (E°) wird **Iodid** [$E°(I_2/I^-)$ = +0,54 V] durch folgende Stoffe zu elementarem *Iod* (I_2) oxidiert: *Eisen*(III)-*Ionen* (Fe^{3+}) [$E°(Fe^{3+}/Fe^{2+})$ = +0,77 V] – *Nitrit* (NO_2^-) [$E°(NO_2^-/NO)$ = +0,99 V] – *Wasserstoffperoxid* (H_2O_2) [$E°(H_2O_2/H_2O)$ = +1,77 V]

$$2\,Fe^{3+} + 2\,I^- \rightleftharpoons \mathbf{I_2} + 2\,Fe^{2+}$$
$$2\,I^- + 2\,NO_2^- + 4\,H_3O^+ \rightarrow \mathbf{I_2} + 2\,NO\uparrow + 6\,H_2O$$
$$2\,I^- + H_2O_2 + 2\,H_3O^+ \rightarrow \mathbf{I_2} + 4\,H_2O$$

Bei der Reduktion von Kupfer(II)- zu Kupfer(I)-Verbindungen [$E°(Cu^{2+}/Cu^+)$ = +0,17 V] mit Iodid-Ionen erkennt man den *Einfluss der Löslichkeit auf das Redoxpotential* (E). Die sehr geringe Löslichkeit von *Kupfer*(I)-*iodid* (CuI), d. h. die extrem kleine Konzentration an freien Cu^+-Ionen in der Lösung, bewirkt, dass das Redoxpotential von Cu(II)/Cu(I) positiver wird als E = +0,54 V, so dass Iodid (I^-) durch Cu(II) zu Iod (I_2) oxidiert wird.

$$2\,Cu^{2+} + 4\,I^- \rightarrow 2\,\mathbf{CuI}\downarrow + I_2$$

Quecksilber(I)-*chlorid* [*Kalomel*] (Hg_2Cl_2) ist schwer löslich in verdünnten Säuren. Darüber hinaus reagieren lösliche Hg(I)-Verbindungen mit Iodiden in saurer Lösung zum *grünlichgelben Quecksilber*(I)-*iodid* (Hg_2I_2), das beim Erwärmen disprotioniert und unter Bildung von metallischem Hg und *Quecksilber*(II)-*iodid* (HgI_2) schwarz wird:

$$Hg_2^{2+} + 2\,I^- \rightarrow Hg_2I_2 \rightarrow Hg + HgI_2$$

168 D

Chlor (Cl_2) oxidiert **Iodid** (I^-) in salpetersaurer Lösung zu elementarem Iod (I_2). Unterschichtet man die wässrige Phase mit Chloroform oder Tetrachlorkohlenstoff, so färbt sich die organische Phase violett. Bei weiterer Reagenzzugabe (Cl_2) tritt Entfärbung ein unter Bildung von farblosem Iodat (IO_3^-) bzw. farblosem Iodtrichlorid (ICl_3). Die Reaktionen lassen sich durch folgende Formelgleichungen beschreiben:

$$2\,I^- + Cl_2 \rightarrow I_2 + 2\,Cl^-$$
$$I_2 + 5\,Cl_2 + 18\,H_2O \rightarrow 2\,IO_3^- + 10\,Cl^- + 12\,H_3O^+$$
$$I_2 + 3\,Cl_2 \rightarrow 2\,ICl_3$$

169 B **120** D

Die *Identitätsprüfung* auf **Iodid** nach Arzneibuch mit Kaliumdichromat ($K_2Cr_2O_7$) kann beschrieben werden durch:

$$6\,I^- + Cr_2O_7^{2-} + 14\,H_3O^+ \rightarrow 3\,I_2 + 2\,Cr^{3+} + 21\,H_2O$$

Die Reaktionslösung wird mit Chloroform ($CHCl_3$) unterschichtet; die organische Phase färbt sich durch das gebildete Iod (I_2) *violett* bis *rotviolett*.

170 B **270** C **433** E

Aus der *gemeinsamen Fällung* der **Silberhalogenide** (AgCl, AgBr, AgI)

– gelingt der *spezifische Nachweis von Chlorid*, indem man die Fällung mit kalter konzentrierter Ammoniak-Lösung behandelt. Es löst sich nur *Silberchlorid* (AgCl) und im Filtrat

Kommentare

befindet sich Diamminsilberchlorid $[Ag(NH_3)_2]Cl$, während AgBr und AgI im Rückstand verbleiben. Im Filtrat können dann die Ag^+-Ionen mit Kaliumhexacyanoferrat(III) $K_3[Fe(CN)_6]$ als *braunes Silberhexacyanoferrat*(III) $Ag_3[Fe(CN)_6]$ nachgewiesen werden. Alternativ dazu kann man das Filtrat mit Salpetersäure ansäuern und Chlorid erneut als AgCl fällen.

$$AgCl + 2\,NH_3 \rightarrow [Ag(NH_3)_2]Cl$$
$$AgBr, AgI + NH_3 \not\rightarrow \text{keine Komplexbildung}$$
$$3\,[Ag(NH_3)_2]Cl + K_3[Fe(CN)_6] \rightarrow Ag_3[Fe(CN)_6]\downarrow + 3\,KCl + 6\,NH_3$$
$$[Ag(NH_3)_2]Cl + 2\,H_3O^+ \rightarrow AgCl\downarrow + 2\,NH_4^+ + 2\,H_2O$$

- gelingt der *spezifische Nachweis von Chlorid nicht* durch Behandeln mit konzentrierter Natriumthiosulfat-Lösung ($Na_2S_2O_3$), da sich darin *alle* drei Silberhalogenide unter Komplexbildung lösen.

$$AgX + 2\,S_2O_3^{2-} \rightarrow [Ag(S_2O_3)_2]^{3-} + X^-\ (X = Cl, Br, I)$$

In essigsaurer Lösung (pH ca. 3) können die stärkeren Reduktionsmittel *Iodid* [$E^\circ(I_2/I^-)$ = +0,54 V] und *Bromid* [$E^\circ(Br_2/Br^-)$ = +1,07 V] selektiv vom schwächeren Reduktionsmittel Chlorid [$E^\circ(Cl_2/Cl^-)$ = +1,36 V] durch *Oxidation mit Permanganat* [E(pH 3) = +1,24 V] abgetrennt werden. Unter den schwach sauren Bedingungen werden Bromid und Iodid zu den elementaren Halogenen oxidiert, Chlorid wird *nicht* oxidiert.

$$10\,X^- + 2\,MnO_4^- + 16\,H_3O^+ \rightarrow 5\,X_2 + 2\,Mn^{2+} + 24\,H_2O\ (X = Br, I)$$
$$Cl^- + MnO_4^- \not\rightarrow \text{keine Reaktion bei pH 3 (ca. 0,1 M-Essigsäure)}$$

Mit Kaliumdichromat ($K_2Cr_2O_7$) werden *Bromid* und *Iod* zu den elementaren Halogenen *Brom* (Br_2) und *Iod* (I_2) oxidiert, die teilweise aufgrund ihres hohen Dampfdruckes flüchtig sind. *Chlorid* wird unter diesen Bedingungen in flüchtiges *rotbraunes Chromylchlorid* (CrO_2Cl_2) umgewandelt. Fängt man die flüchtigen Produkte in einer Alkalihydroxid-Lösung auf, so disproportionieren die Halogene zu farblosen Produkten, während Chromylchlorid zu *gelbem Chromat* (CrO_4^{2-}) hydrolysiert. Die Gelbfärbung zeigt ist somit indirekt Chlorid an.

$$6\,X^- + Cr_2O_7^{2-} + 14\,H_3O^+ \rightarrow 3\,X_2\uparrow + 2\,Cr^{3+} + 21\,H_2O\ (X = Br, I)$$
$$X_2 + 2\,HO^- \rightarrow X^- + XO^- + H_2O$$
$$4\,Cl^- + Cr_2O_7^{2-} + 6\,H_3O^+ \rightarrow 2\,CrO_2Cl_2\uparrow + 9\,H_2O$$
$$CrO_2Cl_2 + 4\,HO^- \rightarrow 2\,Cl^- + CrO_4^{2-} + 2\,H_2O$$

171 B **172** C **173** B **50** D **177** E

Die **korrespondierenden Redoxpaare Halogen/Halogenid** sind durch folgende *Normalpotentiale* (E°) charakterisierbar: $E^\circ(Cl_2/Cl^-)$ = +1,36 V – $E^\circ(Br_2/Br^-)$ = +1,07 V – $E^\circ(I_2/I^-)$ = +0,54 V Somit ist Chlor das stärkste und Iod das schwächste Oxidationsmittel der genannten Halogene; umgekehrt ist Iodid das stärkste und Chlorid das schwächste Reduktionsmittel der genannten Halogenide.

In 1 M-schwefelsaurer (!) oder 2 M-salpetersaurer Lösung (!) oxidieren Kaliumpermanganat [$E^\circ(MnO_4^-/Mn^{2+})$ = +1,52 V], Bleidioxid [$E^\circ(PbO_2/Pb^{2+})$ = +1,47 V] und Mangandioxid [$E^\circ(MnO_2/Mn^{2+})$ = +1,35 V] alle drei Halogenide (X = Cl, Br, I) zu den elementaren Halogenen:

$$10\,X^- + 2\,MnO_4^- + 16\,H_3O^+ \rightarrow 5\,X_2 + 2\,Mn^{2+} + 24\,H_2O$$
$$2\,X^- + MnO_2 + 4\,H_3O^+ \rightarrow X_2 + Mn^{2+} + 6\,H_2O$$
$$2\,X^- + PbO_2 + 4\,H_3O^+ \rightarrow X_2 + Pb^{2+} + 6\,H_2O$$

In schwefelsaurer Lösung oxidiert Kaliumdichromat [$E^\circ(Cr_2O_7^{2-}/Cr^{3+})$ = +1,36 V] Bromid und Iodid zu den elementaren Halogenen, während Chlorid in Chromylchlorid (CrO_2Cl_2) umgewandelt wird.

$$6\,X^- + Cr_2O_7^{2-} + 14\,H_3O^+ \rightarrow 3\,X_2\uparrow + 2\,Cr^{3+} + 21\,H_2O\ (X = Br, I)$$
$$4\,Cl^- + Cr_2O_7^{2-} + 6\,H_3O^+ \rightarrow 2\,CrO_2Cl_2\uparrow + 9\,H_2O$$

Konzentrierte Schwefelsäure (H_2SO_4) überführt Bromide und Iodide in die elementaren Halogene. Das Erhitzen mit konz. H_2SO_4 dient als Vorprobe (violette Iod- und braune Brom-Dämpfe) auf diese Halogenide. Chloride werden unter diesen Bedingungen *nicht* angegriffen.

Tosylchloramid-Natrium (Chloramin T) entwickelt in salzsaurer Lösung Chlor (Cl_2), das Bromide und Iodide zu den elementaren Halogenen oxidiert. Augrund seines niedrigeren Redoxpotentials wird zuerst Iodid zu Iod und danach Bromid zu Brom oxidiert. Bei Reagenzüberschuss wird Iod zu farblosen und Brom zu weingelben Produkten weiter oxidiert (siehe auch Frage Nr. 177!).

$$2\,X^- + Cl_2 \rightarrow X_2 + 2\,Cl^-\ (X = Br, I)$$

Nitrit (NO_2^-) [$E°(HNO_2/NO) = +0{,}99\,V$] kann aufgrund seines Normalpotentials in essigsaurer Lösung von den genannten Halogeniden nur noch Iodid zu Iod oxidieren.

$$2\,I^- + 2\,NO_2^- + 4\,H_3O^+ \rightarrow I_2 + 2\,NO\uparrow + 6\,H_2O$$

Das Redoxpotential von Wasserstoffperoxid (H_2O_2) [$E°(H_2O_2/H_2O) = +1{,}77\,V$] ist stark pH-abhängig, sodass H_2O_2 in stark sauren Lösungen Bromid zu Brom, in schwach sauren (essigsauren) Lösungen jedoch nur noch Iodid zu Iod zu oxidieren vermag.

$$2\,X^- + H_2O_2 + 2\,H_3O^+ \rightarrow X_2 + 4\,H_2O\ (X = Br, I)$$

174 B **175** D **176** A

Zur Abtrennung von **Silberchlorid** (AgCl) von den beiden anderen schwer löslichen Silberhalogeniden [Silberbromid (AgBr), Silberiodid (AgI)] behandelt man die gemeinsame Fällung der Silberhalogenide mit kalter Ammoniumcarbonat-Lösung [$(NH_4)_2CO_3$]. Es geht nur AgCl als löslicher Diamminsilber-Komplex ins Filtrat über, während AgBr und AgI ungelöst im Rückstand verbleiben.

- Säuert man das Filtrat mit Salpetersäure an, so fällt erneut AgCl aus.
- Setzt man dem Filtrat Kaliumiodid-Lösung hinzu, so fällt Silberiodid (AgI) aus.
- Gibt man zum Filtrat Kaliumbromid-Lösung, so fällt Silberbromid (AgBr) aus.

$$AgCl + (NH_4)_2CO_3 \rightarrow [Ag(NH_3)_2]Cl + (H_2CO_3)$$
$$[Ag(NH_3)_2]Cl + KBr \rightarrow AgBr\downarrow + 2\,NH_3 + KCl$$

177 E

Eine Prüflösung, die *Bromid* (Br^-) und *Iodid* (I^-) enthält, wird mit Chloroform unterschichtet und mit Chlorwasser versetzt. Chlor (Cl_2) kann in situ in einer salzsauren Lösung aus Chlorkalk CaCl(OCl) oder aus Chloramin T hergestellt werden. Die nacheinander ablaufenden Reaktionen können wie folgt beschrieben werden:

- Chlor oxidiert aufgrund dessen niedrigeren Normalpotentials zunächst Iodid zu *Iod* (I_2); die Chloroform-Phase färbt sich *violett.*

$$2\,I^- + Cl_2 \rightarrow I_2 + 2\,Cl^-$$

- Durch einen Überschuss als Cl_2-Reagenz wird das gebildete Iod zu farblosem *Iodat* (IO_3^-) oxidiert bzw. es bildet sich farbloses *Iodtrichlorid* (ICl_3); die Chloroform-Phase entfärbt sich.

$$I_2 + 5\,Cl_2 + 18\,H_2O \rightarrow 2\,IO_3^- + 10\,Cl^- + 12\,H_3O^+$$
$$I_2 + 3\,Cl_2 \rightarrow 2\,ICl_3$$

- Bei weiterer Reagenzienzugabe wird Bromid zu *Brom* (Br_2) oxidiert; die Chloroform-Phase färbt sich *braun.*

$$2\,Br^- + Cl_2 \rightarrow Br_2 + 2\,Cl^-$$

- Bei weiterer Zugabe von Chlor wird schließlich Brom in *weingelbes Bromchlorid* (BrCl) umgewandelt.

$$Br_2 + Cl_2 \rightarrow 2\,BrCl$$

178 A **123** A

Chlorate (ClO_3^-) [$E°(ClO_3^-/Cl^-) = +1,45$ V] sind starke Oxidationsmittel, die durch Reduktionsmittel wie Iodid [$E°(I_2/I^-) = +0,54$ V], Nitrit [$E°(NO_3^-/HNO_2) = +0,94$ V] oder metallisches Zink [$E°(Zn^{2+}/Zn) = -0,76$ V] zu Chlorid reduziert werden.

$$ClO_3^- + 3\,NO_2^- \rightarrow Cl^- + 3\,NO_3^-$$
$$ClO_3^- + 6\,I^- + 6\,H_3O^+ \rightarrow Cl^- + 3\,I_2 + 9\,H_2O$$
$$ClO_3^- + 3\,Zn + 6\,H_3O^+ \rightarrow Cl^- + 3\,Zn^{2+} + 9\,H_2O$$

In konzentrierter Salzsäure (HCl) komproportionieren Chlorate mit Chloriden zu elementarem Chlor:

$$\overset{+5}{ClO_3^-} + 5\,\overset{-1}{Cl^-} + 6\,H_3O^+ \rightarrow 3\,\overset{0}{Cl_2} + 9\,H_2O$$

Silberchlorat ($AgClO_3$) ist ein wasserlösliches Salz.

179 C **180** D **117** C **122** E **125** C **126** E **127** D

Bromate (BrO_3^-) [$E°(BrO_3^-/Br^-) = +1,42$ V] sind starke Oxidationsmittel, die sich mit folgenden Reagenzien zu Bromiden reduzieren lassen: Schwefelwasserstoff (H_2S) [$E°(S/H_2S)$ +0,17 V], Iodide oder Iodwasserstoff (HI) [$E°(I_2/I^-) = +0,54$ V], Schweflige Säure (H_2SO_3) oder Kaliumhydrogensulfit ($KHSO_3$) [$E°(SO_4^{2-}/H_2SO_3) = +0,14$ V] bzw. metallisches Zink (Zn) [$E°(Zn^{2+}/Zn) = -0,76$ V] in schwefelsauer Lösung

$$BrO_3^- + 3\,H_2S \rightarrow Br^- + S + 3\,H_2O$$
$$BrO_3^- + 3\,SO_3^{2-} \rightarrow Br^- + 3\,SO_4^{2-}$$
$$BrO_3^- + 6\,I^- + 6\,H_3O^+ \rightarrow Br^- + 3\,I_2 + 9\,H_2O$$
$$BrO_3^- + 3\,Zn + 6\,H_3O^+ \rightarrow Br^- + 3\,Zn^{2+} + 9\,H_2O$$

Kaliumhydrogensulfat ($KHSO_4$) enthält den Schwefel in der höchst möglichen Oxidationsstufe (+6) und kann nicht weiter oxidiert werden.

Die Oxidationskraft von Bromaten reicht *nicht* aus, Chloride bzw. Chlorwasserstoff (HCl) zu elementarem Chlor zu oxidieren.

181 C **182** A **183** C **184** A **185** E **186** D **51** E
68 E **124** E **259** D **889** C

Cyanide (CN^-) reagieren in schwach saurer Lösung mit überschüssiger Silbernitrat-Lösung unter Bildung von schwer löslichem, *weißem Silbercyanid* (AgCN). Im Überschuss von Cyanid-Ionen ist die Fällung als komplexes Dicyanosilber-Salz löslich;

$$Ag^+ + CN^- \rightarrow AgCN\downarrow + CN^- \rightarrow [Ag(CN)_2]^-$$

Calciumcyanid [$Ca(CN)_2$], *Quecksilber*(II)*-cyanid* [$Hg(CN)_2$] und *Zinkcyanid* [$Zn(CN)_2$] sind wasserlösliche Salze.

Cyanid-Ionen ergeben mit Co(II) in neutraler Lösung eine Fällung von *rotbraunem Cobalt*(II)*-cyanid* [$Co(CN)_2$], das sich mit überschüssigen CN^--Ionen zum löslichen gelben bis olivgrünen Pentacyanocobaltat(II)-Komplex umsetzt.

$$Co^{2+} + 2\,CN^- \rightarrow Co(CN)_2\downarrow + 3\,CN^- \rightarrow [Co(CN)_5]^{3-}$$

Kupfer(II)-Ionen (Cu^{2+}) fällen aus cyanidhaltigen Lösungen zunächst *gelbes Kupfer*(II)*-cyanid* [$Cu(CN)_2$] aus, das leicht in *Dicyan* [$(CN)_2$] und *weißem Kupfer*(I)*-cyanid* (CuCN) zerfällt. Letzteres reagiert mit überschüssigen CN^--Ionen zum farblosen [$Cu(CN)_4]^{3-}$-Komplex:

$$2\,Cu^{2+} + 4\,CN^- \rightarrow 2\,Cu(CN)_2\downarrow \rightarrow 2\,CuCN\downarrow + (CN)_2$$
$$CuCN + 3\,CN^- \rightarrow [Cu(CN)_4]^{3-}$$

Ammoniumpolysulfid [$(NH_4)_2S_x$] wandelt Cyanide (CN^-) in *Thiocyanate* [*Rhodanide*] (SCN^-) um, die mit Fe(III)-Ionen als rotes *Eisen*(III)-*thiocyanat* [$Fe(SCN)_3$] identifiziert werden können.

$$CN^- + (NH_4)_2S_x \rightarrow (NH_4)_2S_{x-1} + SCN^- \rightarrow Fe(SCN)_3 \text{ (rot)}$$

Cyanid-Ionen reagieren in alkalischer Lösung mit Eisen(II)-Salzen unter Bildung von *Hexacyanoferrat*(II) [$Fe(CN)_6]^{4-}$. Diese ergeben nach Ansäuern und Zusatz von Fe(III) eine *blaue* Fällung von *Berliner Blau* (*Turnbulls Blau*) [$Fe^{III}Fe^{II}(CN)_6]^-$.

$$6\,CN^- + Fe(OH)_2 \rightarrow [Fe(CN)_6]^{4-} + 2\,HO^-$$
$$[Fe(CN)_6]^{4-} + K^+ + Fe^{3+} \rightarrow K[Fe^{III}Fe^{II}(CN)_6] \text{ (blau)}$$

Beim Verreiben cyanidhaltiger Proben mit Kaliumhydrogensulfat ($KHSO_4$) bildet sich **Cyanwasserstoff** [*Blausäure*] (HCN), der einen charakteristischen Geruch nach bitteren Mandeln besitzt.

Cyanide katalysieren die Iod-Azid-Reaktion *nicht*. Diese wird katalysiert durch Stoffe wie Sulfid (S^{2-}), Thiosulfat ($S_2O_3^{2-}$) oder Thiocyanat (SCN^-), die Schwefel in der Oxidationsstufe -2 enthalten.

187 A **188** D

Cyanwasserstoff [Blausäure] (H-C≡N) ist in wässriger Lösung eine schwache Säure ($pK_s = 9{,}4$).

Silbernitrat ($AgNO_3$) bildet mit Cyaniden (MeCN) einen *weißen* Niederschlag von *Silbercyanid* (AgCN), der sich in Ammoniak, in Thiosulfat-Lösung und mit überschüssigen Cyanid-Ionen unter Komplexbildung wieder auflöst.

$$Ag^+ + CN^- \rightarrow AgCN\downarrow + CN^- \rightarrow [Ag(CN)_2]^-$$
$$[Ag(NH_3)_2]^+ \leftarrow AgCN \rightarrow [Ag(S_2O_3)_2]^{3-}$$

Die Reaktionsprodukte von Fe(II) mit *Hexacyanoferrat*(III) und von Fe(III) mit Hexacyanoferrat(II) sind identisch und werden als *Berliner Blau* (*Turnbulls Blau*) $K[Fe^{III}Fe^{II}(CN)_6]$ bezeichnet:

$$Fe^{2+} + K^+ + [Fe(CN)_6]^{3-} \rightarrow K[Fe^{III}Fe^{II}(CN)_6] \leftarrow [Fe(CN)_6]^{4-} + K^+ + Fe^{3+}$$

Hexacyanoferrate(II) und Hexacyanoferrate(III) können aufgrund der unterschiedlichen Löslichkeit ihrer Silbersalze getrennt werden. Das *orangerote Silberhexacyanoferrat*(III) $Ag_3[Fe(CN)_6]$ ist in Ammoniak löslich, während das *weiße Silberhexacyanoferrat*(II) $Ag_4[Fe(CN)_6]$ darin unlöslich ist.

Cyanid-Ionen (CN^-) ergeben mit Polysulfid-Lösung (S_x^{2-}) *Thiocyanat* (SCN^-), das mit Fe(III) als *rotes* Eisen(III)-thiocyanat [$Fe(SCN)_3$] nachgewiesen werden kann.

188 D **117** C **122** E **123** A **125** C **127** D **187** A **709** C

Kupfer(II)- (Cu^{2+}), Zink(II)- (Zn^{2+}) und Eisen(III)-Ionen (Fe^{3+}) bilden mit **Hexacyanoferrat(II)** in Wasser schwer lösliche Salze, die zum Teil charakteristisch gefärbt sind. Ammoniumhexacyanoferrat(II) $(NH_4)_4[Fe(CN)_6]$ ist hingegen wasserlöslich.

189 E **122** E **124** E **125** C **126** E **136** D **137** D **617** E **618** E **619** C **620** C **621** E **891** B

Fe(III)-Ionen bilden mit **Thiocyanat** (SCN^-) *rotes Eisen*(III)-*thiocyanat* [$Fe(SCN)_3$].

Cobal(II)-Ionen bilden in neutraler Lösung mit Thiocyanat lösliches, *blaues Cobalt*(II)-*thiocyanat* [$Co(SCN)_2$], das mit Amylalkohol und Diethylether extrahierbar ist.

Mit überschüssigem Silbernitrat ($AgNO_3$) wird aus einer thiocyanathaltigen Lösung *weißes Silberthiocyanat* (AgSCN) gefällt, das sich bei Überschuss von SCN^--Ionen aber unter Komplexbildung wieder auflöst:

$$Ag^+ + SCN^- \rightarrow AgSCN\downarrow + SCN^- \rightarrow [Ag(SCN)_2]^-$$

Thiocyanat-Ionen (SCN^-) enthalten Schwefel in der Oxidationsstufe (-2); sie katalysieren daher die *Iod-Azid-Reaktion.*

190 E **191** E

Der Nachweis von **Thiocyanat** (SCN^-) mit Fe(III)-Ionen unter Bildung von *rotem Eisen*(III)-*thiocyanat* $[Fe(SCN)_3]$ wird gestört durch:

- Hexacyanoferrate(II) $[Fe(CN)_6]^{4-}$, die mit Fe^{3+}-Ionen Berliner Blau $Fe_4[Fe(CN)_6]_3$ ergeben.
- Fluorid-Ionen (F^-), die mit Fe(III) den sehr stabilen Hexafluoroferrat(III)-Komplex $[FeF_6]^{3-}$ bilden
- Phosphat-Ionen (PO_4^{3-}), die mit Fe^{3+}-Ionen einen stabilen Komplex der Zusammensetzung $[Fe(PO_4)_2]^{3-}$ ergeben
- Cobalt-Ionen (Co^{2+}) infolge Bildung von blauem Cobalt(II)-thiocyanat $[Co(SCN)_2]$
- Quecksilber(II)-Ionen (Hg^{2+}), die mit Thiocyanat undissoziiertes Quecksilber(II)-thiocyanat $[Hg(SCN)_2]$ bzw. das komplexe $[Hg(SCN)_4]^{2-}$ -Ion ergeben

192 D **193** A **194** B **195** B **196** A **197** E **131** A **133** E

Beim Versetzen einer 2 M-salzsauren **Sulfat-Lösung** mit Bariumchlorid ($BaCl_2$) fällt *weißes Bariumsulfat* ($BaSO_4$) aus. Um den erhaltenen $BaSO_4$-Niederschlag näher zu charakterisieren, lässt das Arzneibuch zusätzlich noch folgende Prüfungen durchführen:

- Die $BaSO_4$-Suspension muss auf Zusatz von Iod-Lösung gelb bleiben. Sulfit [als *Bariumsulfit* ($BaSO_3$)] und Dithionit [als *Bariumdithionit* (BaS_2O_4)] würden durch Reduktion von Iod zu Iodid zu einer Entfärbung führen.
- Durch nachfolgende Zugabe von Zinn(II)-chlorid-Lösung ($SnCl_2$) muss sich die Suspension entfärben. Andernfalls liegt *Bariumiodat* $[Ba(IO_3)_2]$ vor, das Iodid erneut zu Iod oxidieren würde
- Beim anschließenden Erhitzen zum Sieden darf kein gefärbter Niederschlag auftreten. *Bariumselenat* ($BaSeO_4$) würde zu rotem Selen (Se) und *Bariumwolframat* ($BaWO_4$) zu Wolframblau reduziert werden.

198 D **895** C

Die **Grenzprüfung auf Sulfat** beruht auf der Bildung von schwer löslichem Bariumsulfat ($BaSO_4$). Eine Lösung mit 10 ppm Sulfat wird mit Bariumchlorid-Lösung versetzt. Zu einem Aliquot dieses Ansatzes gibt man die Prüflösung und Essigsäure hinzu. Einem weiteren Aliquot (Referenzlösung) fügt man anstelle der Prüflösung eine Lösung mit 10 ppm Sulfat hinzu. Nach 5 min darf die Prüflösung nicht stärker getrübt sein als die Referenzlösung.

Die Mischung von Sulfat- und Barium-Ionen vor Zugabe der Prüflösung dient der Bildung von Impfkristallen aus Bariumsulfat für eine besser reproduzierbare Fällung, weil:

- der Trübungsgrad einer Lösung eine Funktion von Anzahl und Größe der entstehenden schwer löslichen Teilchen ist.
- Übersättigungen von Lösungen die Fällung schwer löslicher Verbindungen verzögern können.

Beide Faktoren beeinflussen die Reproduzierbarkeit des Trübungsvergleichs.

199 C **129** E **130** E **133** E **266** D

Sulfit-Ionen (SO_3^{2-}) werden in salzsaurer Lösung durch Wasserstoffperoxid (H_2O_2) zu *Sulfat* (SO_4^{2-}) oxidiert, das mit Bariumchlorid-Lösung ($BaCl_2$) einen feinkristallinen weißen Niederschlag von *Bariumsulfat* ($BaSO_4$) ergibt.

$$SO_3^{2-} + H_2O_2 \rightarrow H_2O + SO_4^{2-} \rightarrow BaSO_4\downarrow$$

In schwach saurer bis neutraler Lösung kann Sulfit auch durch Iod (I_2) zu Sulfat oxidiert werden; es tritt Entfärbung der I_2-Lösung durch Reduktion zu Iodid (I^-) ein.

$$SO_3^{2-} + I_2 + 3\,H_2O \rightarrow SO_4^{2-} + 2\,I^- + 2\,H_3O^+$$

In neutralen Prüflösungen fällt mit $BaCl_2$-Lösung *weißes Bariumsulfit* ($BaSO_3$) aus, das sich aber in saurer Lösung, z. B. 2 M-Salzsäure, wieder auflöst.

Neutrale bis schwach saure Sulfit-Lösungen entfärben – infolge Zerstörung der chinoiden Molekülstruktur – Lösungen von Triphenylmethanfarbstoffen wie Fuchsin. Aus *Fuchsin* wird dabei Fuchsin-Schweflige Säure (*Schiffs Reagenz*) gebildet.

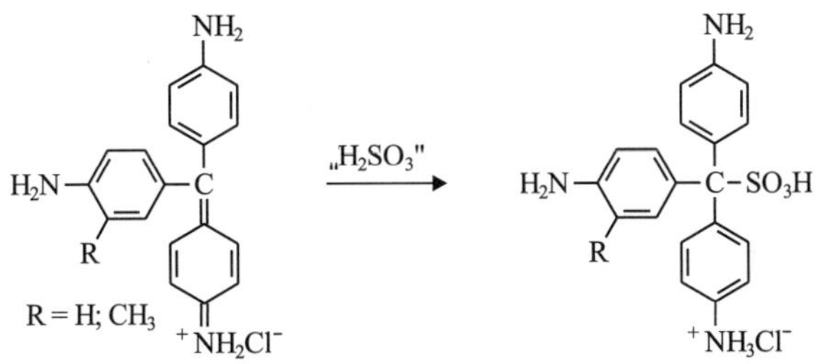

Fuchsin **Fuchsin-Schweflige Säure**

200 D **201** B **202** D **29** C **49** E **50** D **53** C
57 D **68** E **69** E **107** A **109** B **110** A **111** A
112 E **261** B

Sulfit-Ionen (SO_3^{2-}) können mit naszierendem Wasserstoff – hergestellt aus Zink/Salzsäure – bis zum Schwefelwasserstoff (H_2S) reduziert werden.

$$SO_3^{2-} + 3\,Zn + 8\,H_3O^+ \rightarrow H_2S\uparrow + 3\,Zn^{2+} + 11\,H_2O$$

Sulfit-Ionen wirken umgekehrt auch reduzierend und werden von Wasserstoffperoxid (H_2O_2) oder Iod (I_2) in saurem Medium bis zur Stufe des Sulfats oxidiert. Das *Entfärben von Iod-Lösung* unter Bildung von Iodid ist jedoch eine unspezifische Prüfung, da andere Oxidationsmittel in gleicher Weise reagieren.

$$SO_3^{2-} + H_2O_2 \rightarrow SO_4^{2-} + H_2O$$
$$SO_3^{2-} + I_2 + 3\,H_2O \rightarrow SO_4^{2-} + 2\,I^- + 2\,H_3O^+$$

Mit Natriumpentacyanonitrosylferrat(II)-Lösung $Na_2[Fe(CN)_5NO]$ reagieren Sulfit-Ionen zu einem rot gefärbten Komplexanion:

$$[Fe(CN)_5NO]^{2-} + SO_3^{2-} \rightarrow [Fe(CN)_5NO(\mathbf{SO_3})]^{4-}\ \text{(rot)}$$

Schweflige Säure („H_2SO_3“) ist in freier Form eine schwache, instabile Säure, so dass beim Ansäuern von Sulfit-Lösungen – zum Beispiel mit konzentrierter Salzsäure - *Schwefeldioxid* (SO_2) entweicht, das an seinem charakteristischen, stechenden Geruch erkannt werden kann.

$$SO_3^{2-} + 2\,H_3O^+ \rightarrow 2\,H_2O + „H_2SO_3“ \rightarrow \mathbf{SO_2}\uparrow + H_2O$$

Mit $BaCl_2$-Lösung ergeben Sulfit-Ionen in neutraler Lösung einen *weißen* Niederschlag von *Bariumsulfit* ($BaSO_3$), der jedoch in 2-molarer Salzsäure löslich ist.

Kommentare

In neutralem bis schwach saurem Milieu bildet sich mit $AgNO_3$-Lösung eine *weiße* Fällung von *Silbersulfit* (Ag_2SO_3), die in Ammoniak und im Überschuss von Sulfit-Ionen wieder löslich ist:

$$2\,Ag^+ + SO_3^{2-} \rightarrow Ag_2SO_3\downarrow + 3\,SO_3^{2-} \rightarrow 2\,[Ag(SO_3)_2]^{3-}$$

Thiosulfat ($S_2O_3^{2-}$) wird durch Iod (I_2) in neutraler bis schwach saurer Lösung zu *Tetrathionat* ($S_4O_6^{2-}$) oxidiert. Diese Reaktion bildet die Grundlage der „*Iodometrie*".

$$2\,S_2O_3^{2-} + I_2 \rightarrow S_4O_6^{2-} + 2\,I^-$$

203 C	204 E	205 B	206 E	29 C	49 E	54 C
66 A	106 C	107 A	108 B	112 E	114 E	115 B
136 D	137 D	463 E	890 B			

Thiosulfat-Ionen ($S_2O_3^{2-}$) ergeben mit Silbernitrat-Lösung ($AgNO_3$) im neutralen oder essigsauren Milieu einen *weißen* Niederschlag von *Silberthiosulfat* ($Ag_2S_2O_3$), der sich im Überschuss von Thiosulfat als komplexes Anion wieder löst.

$$2\,Ag^+ + S_2O_3^{2-} \rightarrow Ag_2S_2O_3\downarrow + 3\,S_2O_3^{2-} \rightarrow 2\,[Ag(S_2O_3)_2]^{3-}$$

Der Dithiosulfatargentat(I)-Komplex entsteht auch beim Behandeln der schwer löslichen Silberhalogeniden (AgCl, AgBr, AgI) mit konzentrierten Thiosulfat-Lösungen sowie beim Behandeln photographischer Schichten zum Herauslösen von unbelichtetem Silberbromid (AgBr):

$$AgX + 2\,S_2O_3^{2-} \rightarrow [Ag(S_2O_3)_2]^{3-} + X^- \;(X = Cl, Br, I)$$

Silberthiosulfat ist thermisch unbeständig und zerfällt beim Erwärmen zu *schwarzem Silbersulfid* (Ag_2S).

$$Ag_2S_2O_3 + H_2O \rightarrow Ag_2S\downarrow + H_2SO_4$$

Thioschwefelsäure ($H_2S_2O_3$) ist eine in freier Form unbeständige Säure. Daher bilden sich beim Ansäuern von Thiosulfat-Ionen mit Salzsäure unter Zerfall der Thiosulfat elementarer *Schwefel* (S) und *Schwefeldioxid* (SO_2).

$$S_2O_3^{2-} + 2\,H_3O^+ \rightarrow 2\,H_2O + \text{„}H_2S_2O_3\text{“} \rightarrow SO_2\uparrow + S\downarrow + H_2O$$

Beim Erhitzen einer Thiosulfat-Lösung mit Alkalicyaniden wie Kaliumcyanid (KCN) entstehen Sulfit- (SO_3^{2-}) und Thiocyanat-Ionen (SCN^-). Letztere ergeben mit Fe(III) *rotes Eisen*(III)-*thiocyanat* [$Fe(SCN)_3$].

$$S_2O_3^{2-} + CN^- \rightarrow SO_3^{2-} + SCN^-$$

Iod-Lösung (I_2) wird durch Thiosulfat-Ionen ($S_2O_3^{2-}$) in neutralem bis schwach saurem Milieu entfärbt. Dabei bilden sich Iodid- (I^-) und Tetrathionat-Ionen ($S_4O_6^{2-}$).

$$2\,S_2O_3^{2-} + I_2 \rightarrow S_4O_6^{2-} + 2\,I^-$$

In alkalischer Lösung hingegen erfolgt mit Iod-Lösung [$E^\circ(I_2/I^-) = +0{,}54$ V] eine Oxidation von Thiosulfat [$E^\circ(S_2O_3^{2-}/S_4O_6^{2-}) = +0{,}08$ V] bis zur Stufe des Sulfats (SO_4^{2-}). Das eigentliche oxidierende Agens ist dabei Hypoiodit (IO^-) [$E^\circ(HOI/I^-) = +0{,}99$ V], das ein höheres Normalpotential als Iod besitzt.

$$8\,HO^- + 4\,I_2 \rightarrow 4\,IO^- + 4\,I^- + 4\,H_2O$$
$$S_2O_3^{2-} + 4\,IO^- + 2\,HO^- \rightarrow 2\,SO_4^{2-} + 4\,I^- + H_2O$$
$$S_2O_3^{2-} + 4\,I_2 + 10\,HO^- \rightarrow 2\,SO_4^{2-} + 8\,I^- + 5\,H_2O$$

Chlor (Cl_2) [$E^\circ(Cl_2/Cl^-) = +1{,}36$ V] oxidiert Thiosulfat aufgrund seines höheres Normalpotentials bereits im neutralen bis sauren Milieu zu Sulfat:

$$S_2O_3^{2-} + 4\,Cl_2 + 15\,H_2O \rightarrow 2\,SO_4^{2-} + 8\,Cl^- + 10\,H_3O^+$$

Thiosulfat-Ionen ($S_2O_3^{2-}$) enthalten Schwefel in der Oxidationszahl (-2). Daher katalysieren Thiosulfat-Ionen die Reaktionen von Aziden (MeN_3) mit Iod (I_2) [**Iod-Azid-Reaktion**].

207 E

Brom (Br_2) [$E^\circ(Br_2/Br^-) = +1{,}07$ V] oxidiert *Thiosulfat-Ionen* ($S_2O_3^{2-}$) aufgrund seiner größeren Oxidationskraft bereits im neutralen Medium bis zur Stufe des Sulfats:

$$S_2O_3^{2-} + 4\,Br_2 + 15\,H_2O \rightarrow 2\,SO_4^{2-} + 8\,Br^- + 10\,H_3O^+$$

208 E	**209** E	**29** C	**49** E	**62** E	**64** C	**68** E
69 E	**109** B	**110** A	**111** A	**112** E	**122** E	**124** E
135 B	**136** D	**137** D				

Aus vielen **Sulfiden** (Me_2S) wird beim Behandeln mit Mineralsäuren (HCl, H_2SO_4) die schwache, gasförmige Säure *Schwefelwasserstoff* (H_2S) frei gesetzt, die mit Blei(II)-acetat getränktem Filterpapier als *schwarzes Bleisulfid* (PbS) oder als *schwarzer* Niederschlag von *Silbersulfid* (Ag_2S) beim Einleiten in eine Silbernitrat-Lösung nachgewiesen werden kann.

$$S^{2-} + „2\,H^{+}“ \rightarrow H_2S\uparrow + Pb^{2+}\ (2\,Ag^+) \rightarrow PbS\downarrow\ (Ag_2S\downarrow)$$

Andere Sulfide wie *Quecksilber*(II)-*sulfid* (HgS) sind in den vorstehend genannten Säuren unlöslich. Sie entwickeln erst dann H_2S, wenn man gleichzeitig metallisches Zink hinzufügt. Dabei wird auch Hg(II) zu elementarem Quecksilber (Hg) reduziert.

$$HgS + Zn + 2\,H_3O^+ \rightarrow H_2S\uparrow + Hg\downarrow + Zn^{2+} + 2\,H_2O$$

Erdalkalisulfide wie *Bariumsulfid* (BaS) oder *Strontiumsulfid* (SrS) sind wasserlösliche Salze.

Lösliche Sulfide reagieren in sodaalkalischer Lösung mit Natriumpentacyanonitrosylferrat (II) $Na_2[Fe(CN)_5NO]$ zu einem blauvioletten, relativ unbeständigen Komplex:

$$S^{2-} + [Fe(CN)_5NO]^{2-} \rightarrow [Fe(CN)_5NOS]^{4-}\ \text{(violett)}$$

Die *Entfärbung von Iod-Lösung* (I_2) unter Abscheidung von elementarem Schwefel (S) ist ein Hinweis auf die reduzierenden Eigenschaften von Sulfiden.

$$H_2S + I_2 \rightarrow S\downarrow + 2\,HI$$

Sulfide enthalten den Schwefel in der Oxidationsstufe (-2); Sulfide katalysieren daher die Reaktion von Natriumazid (NaN_3) mit Iod (I_2) [**Iod-Azid-Reaktion**]:

$$2\,HN_3 + I_2 \rightarrow 3\,N_2\uparrow + 2\,HI\ (S^{2-}\text{-Katalyse})$$

210 B

In Gegenwart von Schwermetallionen (Hg^{2+}, Ag^+) kann **Sulfid** (S^{2-}) in den Rückstand des Soda-Auszuges gelangen und kann darin nachgewiesen werden durch:

- die direkte Induzierung der Iod-Azid-Reaktion
- Behandeln des Rückstandes mit Zink/Salzsäure, wodurch gasförmiger Schwefelwasserstoff (H_2S) gebildet wird, der sich mit Blei(II)-acetat getränktem Filterpapier als *schwarzes Blei*(II)-*sulfid* (PbS) nachweisen lässt.

$$S^{2-} + Zn + 2\,H_3O^+ \rightarrow Zn^{2+} + 2\,H_2O + H_2S\uparrow \rightarrow PbS\downarrow$$

211 C

Natriumthiosulfat ($Na_2S_2O_3$), Natriumthiocyanat (NaSCN) und Natriumsulfid (Na_2S) enthalten Schwefel in der Oxidationsstufe (**-2**). Diese Verbindungen katalysieren deshalb die **Iod-Azid-Reaktion**.

212 C **58** B **59** D **60** D **368** E **772** B **773** B
775 A **823** D **853** D **862** E

Für die Reduktion von **Nitraten** (NO_3^-) in alkalischer Lösung bis zur Stufe von *Ammoniak* (NH_3) eignen sich besonders Metalle oder Legierungen, die im Alkalischen Wasserstoff entwickeln. Dazu zählen Devardasche Legierung (50 % Cu – 45 % Al – 5 % Zn) bzw. Aluminium oder Zink:

$$3\,NO_3^- + 8\,Al + 5\,HO^- + 18\,H_2O \rightarrow 3\,NH_3\uparrow + 8\,[Al(OH)_4]^-$$
$$NO_3^- + 4\,Zn + 7\,HO^- + 6\,H_2O \rightarrow NH_3\uparrow + 4\,[Zn(OH)_4]^{2-}$$

Ringprobe: Nitrat (NO_3^-) wird in schwefelsaurer Lösung mit Eisen(II)-sulfat ($FeSO_4$) versetzt und mit konz. H_2SO_4 unterschichtet. Fe(II) reduziert Nitrat zu Stickstoffmonoxid (NO), das an der Grenzfläche Wasser/Säure mit überschüssigem $FeSO_4$ durch Ligandensubstitution braunes bis amethystfarbenes *Pentaaquonitrosylferrat*(II)-*sulfat* $[Fe(H_2O)_5NO]SO_4$ bildet.

$$NO_3^- + 3\,Fe^{2+} + 4\,H_3O^+ \rightarrow 3\,Fe^{3+} + 6\,H_2O + NO$$
$$[Fe(H_2O]_6]^{2+} + NO \rightarrow H_2O + [Fe(H_2O)_5NO]^{2+}\ (\textit{braun})$$

Nitrat-Ionen sind starke Oxidationsmittel, die in schwefelsaurer Lösung das farblose *Diphenylamin* zu Tetraphenylhydrazin oxidieren. Letzteres lagert sich in saurer Lösung zu Diphenylbenzidin um, das durch überschüssiges Nitrat zum Diphenylbenzidinviolett (Diphenylaminblau) oxidiert wird. Die Reaktion ist wenig spezifisch, da andere Oxidationsmittel auch zu einer *tiefblauen* Lösung führen.

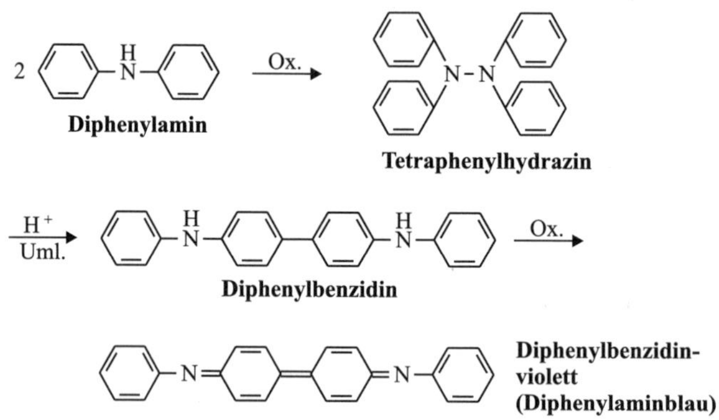

Nitrat-Ionen (NO_3^-) können *nicht* direkt zur Diazotierung von Sulfanilsäure (p-Aminobenzolsulfonsäure) mit nachfolgender Azokupplung an α-Naphthylamin eingesetzt werden. Sie müssen zuvor in essigsaurer Lösung mit Zink zu Nitrit (NO_2^-) reduziert werden.

213 B

Der Nachweis von **Nitrat-Ionen** (NO_3^-) als Eisenpentaaquonitrosyl-ferrat(II)-Komplex $[Fe(H_2O)_5NO]^{2+}$ (*Ringprobe*) wird gestört durch:

- Nitrit-Ionen (NO_2^-), die die gleiche Nachweisreaktion ergeben und deshalb vorher mit Amidosulfonsäure ($H_2N\text{-}SO_3H$) als Stickstoff aus der Analysenprobe entfernt werden müssen.
- Dichromat-Ionen ($Cr_2O_7^{2-}$), die als Oxidationsmittel Fe(II) zu Fe(III) oxidieren.
- Iodid-Ionen (I^-), die Nitrat reduzieren.

Chlorid- (Cl^-) und Carbonat-Ionen (CO_3^{2-}) stören *nicht*.

214 B **215** A **216** A **217** E **218** D **219** D **220** E
841 B **883** B

Reaktion nach Pesez: Beim **Nitrat-Nachweis** nach Arzneibuch versetzt man die nitrathaltige Lösung mit konzentrierter Schwefelsäure, wodurch Nitrat in Salpetersäure (HNO_3) übergeführt wird, die im Gemisch mit H_2SO_4 als Nitriersäure Nitrobenzol („**a**") in meta-Dinitrobenzol („**b**") umwandelt. Dabei wird der Aromat von einem Nitronium-Ion [Nitryl-Kation] (NO_2^+) elektrophil angegriffen.
Danach wird in stark alkalischer Lösung (NaOH) Aceton (CH_3COCH_3) als CH-acide, Carbanion-bildendes Reagenz (CH_3-CO-CH_2^-) zugesetzt. Dieses greift m-Dinitrobenzol nucleophil an unter Bildung des tiefvioletten Janovsky-Produktes („**c**"), einem Meisenheimer Komplex.
Von überschüssigem Nitrobenzol kann das Janovsky-Produkt anschließend noch zum Zimmermann-Produkt („**d**") oxidiert werden. Für das Zimmermann-Produkt können mehrere mesomere Strukturen formuliert werden.
Vom Ablauf her entspricht die Reaktion nach Pesez der Janovsky-Zimmermann-Reaktion zum Nachweis aktiver Methyl- bzw. Methylgruppen-Gruppen.

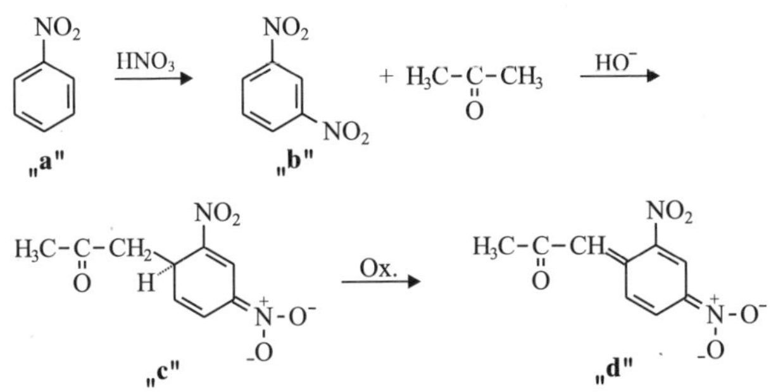

221 E

Beim Erhitzen von **Nitraten** (NO_3^-) in schwefelsaurer Lösung mit metallischem Kupfer entwickeln sich *braune* Dämpfe von Stickstoffdioxid (NO_2). Kupfer wird dabei zu Kupfer(II) oxidiert:

$$2\,NO_3^- + Cu + 4\,H_3O^+ \rightarrow 2\,NO_2\uparrow + Cu^{2+} + 6\,H_2O$$

Grünspan ist der Trivialname für Kupfer(II)-acetat [$Cu(CH_3COO)_2$].
Schweinfurter Grün (*Pariser Grün*) ist ein Kupfer(II)-arsenitacetat der allgemeinen Zusammensetzung [$Cu(CH_3COO)_2 \cdot 3\,Cu(AsO_2)_2$]
Rinmans-Grün ist ein Zink-Cobalt-Mischoxid (*Spinell*) der Zusammensetzung $ZnCo_2O_4$ ($ZnO \cdot Co_2O_3$).

222 E **118** A **120** D **121** B **267** C **270** C

Nitrit-Ionen (NO_2^-) reagieren im sauren Medium mit Sulfaminsäure [Amidosulfonsäure] (H_2N-SO_3H) zu elementarem Stickstoff (N_2). Die Reaktion dient der Entfernung von Nitrit aus einer Analysenprobe.

$$HNO_2 + H_2N\text{-}SO_3H \rightarrow N_2\uparrow + H_2SO_4 + H_2O$$

Ringprobe: Nitrit-Ionen (NO_2^-) werden durch Fe(II) zu Stickstoffmonoxid (NO) reduziert, das mit überschüssigem Eisen(II)-sulfat ($FeSO_4$) *braunes* bis *amethystfarbenes Pentaaquonitrosylferrat*(II) [$Fe(H_2O)_5NO]^{2+}$ bildet. Unterschichtet man in einem Reagenzglas eine wässrige Nitrit-Lösung vor der $FeSO_4$-Zugabe mit konzentrierter Schwefelsäure, so reichert sich der Nitroso-Komplex als brauner Ring an der Grenzfläche Wasser/Schwefelsäure an:

$$NO_2^- + Fe^{2+} + 2\,H_3O^+ \rightarrow NO + Fe^{3+} + 3\,H_2O$$
$$[Fe(H_2O)_6]^{2+} + NO \rightarrow H_2O + [Fe(H_2O)_5NO]^{2+}\ \textit{(braun)}$$

Nitrite (NO_2^-) [E°(NO/HNO_2) = +0,99 V] wirken oxidierend und wandeln in saurer Lösung Iodid (I^-) in Iod (I_2) [E°(I_2/I^-) = +0,54 V] um, das sich mithilfe der Iod-Stärke-Reaktion nachweisen lässt:

$$2\,HNO_2 + 2\,HI \rightarrow 2\,H_2O + 2\,NO\uparrow + I_2 \rightarrow \text{Iod-Stärke-Reaktion (blau)}$$

Nitrite [E°(HNO_2/NO_3^-) = +0,94 V] können aber auch reduzierend wirken und entfärben beispielsweise eine violette Kaliumpermanganat-Lösung ($KMnO_4$) [E°(MnO_4^-/Mn^{2+}) = + 1,52 V] unter Bildung von Mn(II)-Ionen:

$$2\,MnO_4^- + 5\,NO_2^- + 6\,H_3O^+ \rightarrow 2\,Mn^{2+} + 5\,NO_3^- + 9\,H_2O$$

Schwefelverbindungen, die das S-Atom in der Oxidationsstufe (-2) enthalten, katalysieren die Iod-Azid-Reaktion. Nitrit-Ionen (NO_2^-) katalysieren diese Reaktion *nicht*.

223 A **48** A **50** D **54** C **55** A **56** A **225** E
229 A **231** C **232** E **233** C **234** E

Nitrite sind die Salze der Salpetrigen Säure (HNO_2). Die Säure geht unter Wasserabspaltung leicht in ihr Anhydrid *Distickstofftrioxid* [Distickstoff(III)-oxid] (N_2O_3) über, das weiter in *Stickstoffmonoxid* (NO) und *Stickstoffdioxid* (NO_2) zerfällt.

Beim Erhitzen mit Schwefelsäure ergeben Nitrite (NO_2^-) in Gegenwart von Luftsauerstoff braune Dämpfe von Stickstoffdioxid (NO_2).

In schwach saurer Lösung reagieren Nitrit-Ionen (NO_2^-) bzw. Salpetrige Säure (HNO_2) mit Harnstoff ($H_2N\text{-}CO\text{-}NH_2$) zu elementarem Stickstoff (N_2), der zusammen mit Kohlendioxid (CO_2) als Gas entweicht.

$$2\,HNO_2 + H_2N\text{-}CO\text{-}NH_2 \rightarrow CO_2\uparrow + 2\,N_2\uparrow + 3\,H_2O$$

Nitrit-Ionen [E°(HNO_2/NO_3^-) = +0,94 V] können als Oxidationsmittel oder als Reduktionsmittel wirken. Beispielsweise entfärben Nitrit-Ionen eine Permanganat-Lösung [E°(MnO_4^-/Mn^{2+}) = +1,52 V] und werden von Permanganat zu Nitrat (NO_3^-) oxidiert.

$$2\,MnO_4^- + 5\,NO_2^- + 6\,H_3O^+ \rightarrow 2\,Mn^{2+} + 5\,NO_3^- + 9\,H_2O$$

224 C **118** A **120** D **121** B **260** E **688** C **689** D
690 E

Bei der Umsetzung von *Phenazon* (Antipyrin, 1-Phenyl-2,3-dimethyl-pyrazolin-5-on) bildet sich mit Nitrit in saurer Lösung das *grün* gefärbte 4-Nitrosophenazon:

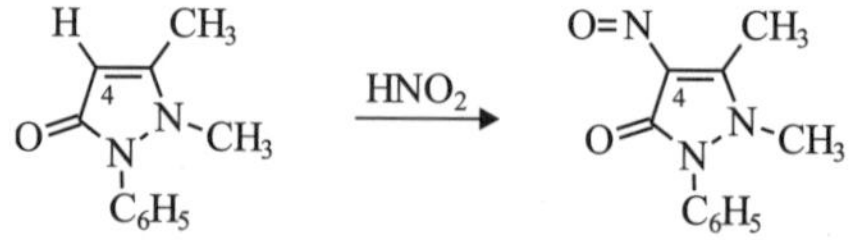

Phenazon **4-Nitrosophenazon**

Reaktion nach Lunge: Nitrit-Ionen (NO_2^-) setzen sich in saurer Lösung mit primären aromatischen Aminen wie *Sulfanilsäure* (4-Aminobenzolsulfonsäure) zu einem Diazoniumsalz um, das anschließend als Elektrophil mit α-*Naphthylamin* (1-Naphthylamin) zu einem roten Azofarbstoff kuppelt:

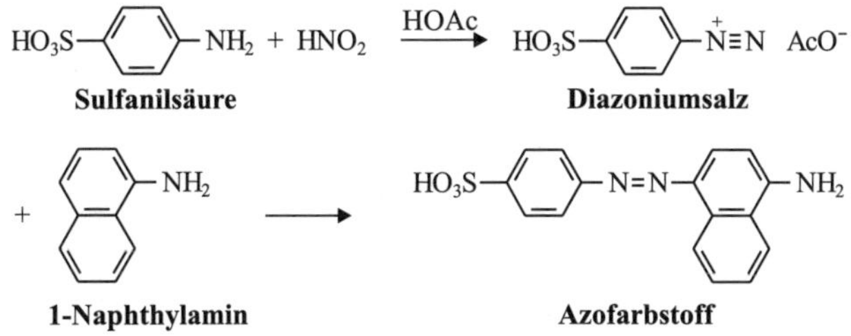

Nitrit-Ionen [E°(HNO_2/NO] = +0,99 V] oxidieren in saurer Lösung aufgrund ihres höheren Normalpotentials Iodid-Ionen zu Iod [E°(I_2/I^-) = + 0,54 V], das mit Stärke als blaue Einschlussverbindungen nachgewiesen werden kann.

$$2\,HNO_2 + 2\,HI \rightarrow 2\,NO\uparrow + I_2 + 2\,H_2O$$

Nitrit-Ionen reagieren in saurer Lösung mit *primären aliphatischen Aminen* zu Diazonium-Ionen, die spontan Stickstoff eliminieren und in Alkohole oder Alkene übergehen

$$HNO_2 + RNH_2 + H_3O^+ \rightarrow 2\,H_2O + R\text{-}N_2^+ \rightarrow N_2\uparrow + R^+ \rightarrow \text{Folgereaktionen}$$

Nitrite ergeben in saurer Lösung mit überschüssigem Eisen(II)-sulfat ($FeSO_4$) *braun* gefärbtes *Pentaaquonitrosylferrat*(II) $[Fe(H_2O)_5NO]^{2+}$ (*Ringprobe*).

225 E

Permanganat (MnO_4^-) oxidiert in saurer Lösung Nitrit (NO_2^-) zu Nitrat (NO_3^-). Der Redoxprozess ist durch folgende Formelgleichung zu beschreiben:

$$2\,MnO_4^- + 5\,NO_2^- + 6\,H_3O^+ \rightarrow 2\,Mn^{2+} + 5\,NO_3^- + 9\,H_2O$$

226 A **230** A

Lunges Reagenz zum Nachweis von Nitrit-Ionen besteht aus *Sulfanilsäure* (4-Aminobenzolsulfonsäure) und aus α-*Naphthylamin* (1-Naphthylamin) als Kupplungskomponente.

227 B **228** B

Zum **Nachweis von Nitrit** durch *Diazotierung* und nachfolgender *Azokupplung* kann man zusammen mit Sulfanilsäure als Diazokomponente auch 2-Naphthol (β-Naphthol) als Kupplungskomponente einsetzen.

229 A **231** C **232** E **233** C **234** E **270** C **892** C

*Viele **Nitrat-Nachweisreaktionen** werden durch Nitrit gestört*! Nitrit muss deshalb vor der Identifizierung von Nitrat aus der Analysenprobe entfernt werden. Dies kann durch Zugabe von Harnstoff (H_2NCONH_2) geschehen, der in schwach saurer Lösung mit Salpetriger Säure zu gasförmigem Stickstoff (N_2) reagiert.

$$2\,NO_2^- + „2\,H^+“ \rightarrow 2\,HNO_2 + H_2NCONH_2 \rightarrow CO_2\uparrow + 2\,N_2\uparrow + 3\,H_2O$$

Nitrit stört in Anwesenheit von Oxidationsmitteln wie Permanganat (MnO_4^-) oder Wasserstoffperoxid (H_2O_2) den Nitrat-Nachweis, weil diese Reagenzien Nitrit zu Nitrat oxidieren.

Nitrit stört auch den Nitrat-Nachweis durch Reduktionsmittel. Devardasche Legierung oder Zink bzw. Aluminium reduzieren in natronalkalischer Lösung sowohl Nitrit als auch Nitrat bis zur Stufe von Ammoniak (NH_3).

Nitrat stört aber *nicht* den Nitrit-Nachweis mit Lunge Reagenz, da nur Nitrit in saurer Lösung mit Sulfanilsäure zu einem Diazonium-Ion reagiert. Nitrat muss zuvor zu Nitrit reduziert werden.

230 A **260** E **892** C

Zum *selektiven Nachweis von Nitrit neben Nitrat* kann die Diazotierung von 4-Aminobenzolsulfonsäure (Sulfanilsäure) und nachfolgende Kupplung des gebildeten Diazonium-Ions an α-Naphthylamin dienen. Diese Reagenzienkombination (Sulfanilsäure/1-Naphthylamin) wird auch als *Lunges Reagenz* bezeichnet.

Das Gemisch Zink/Salzsäure reduziert Nitrat zu Nitrit, sodass es *nicht* zum selektiven Nachweis von Nitrit dienen kann:

$$NO_3^- + Zn + 2\,H_3O^+ \rightarrow NO_2^- + Zn^{2+} + 3\,H_2O$$

Die **Reaktion nach Pesez** kann zum selektiven Nachweis von Nitrat neben Nitrit genutzt werden (nicht umgekehrt), da nur Nitriersäure (HNO_3/H_2SO_4) imstande ist, Nitrobenzol in 1,3-Dinitrobenzol zu überführen. Erst 1,3-Dinitrobenzol reagiert dann in alkalischer Lösung mit Aceton als CH-acider Komponente zu einem blauvioletten Meisenheimer Komplex.

Sowohl Nitrite als auch Nitrate ergeben – wie andere Oxidationsmittel auch – eine tiefblaue Färbung von *Diphenylaminblau* bei Zugabe von Diphenylamin/konzentrierter Schwefelsäure.

Nitrite und Nitrate führen beide beim Behandeln mit konzentrierter Schwefelsäure (unter Luftzutritt) zur Bildung von gasförmigem, *braunem Stickstoffdioxid* (NO_2); bei Nitriten tritt diese Gasentwicklung bereits in der Kälte ein. Die Bildung eines braunen Gases ist jedoch auch durch das zugesetzte Reagenz [konzentrierte Schwefelsäure/Kaliumbromid (KBr)] möglich, da Bromide beim Behandeln mit konz. H_2SO_4 elementares Brom (Br_2) freisetzen.

231 C **232** E **233** C **234** E

Nitrit-Ionen (NO_2^-) lassen sich unter Bildung von elementarem Stickstoff (N_2) aus einer Analysenlösung prinzipiell *entfernen* durch Reaktion mit:

- *Harnstoff* ($H_2N\text{-}CO\text{-}NH_2$) in schwach saurer bis neutraler Lösung

$$2\,HNO_2 + (H_2N)_2C{=}O \rightarrow CO_2\uparrow + 2\,N_2\uparrow + 3\,H_2O$$

- *Amidosulfonsäure* [Sulfaminsäure] ($H_2N\text{-}SO_3H$), dem Halbamid der Schwefelsäure

$$HNO_2 + H_2N\text{-}SO_3H \rightarrow N_2\uparrow + H_2SO_4 + H_2O$$

- *Ammoniak*, wobei sich Ammoniumnitrit (NH_4NO_2) bildet, das beim Erwärmen in Stickstoff und Wasser zerfällt

$$HNO_2 + NH_3 \rightarrow NH_4NO_2 \rightarrow N_2\uparrow + 2\,H_2O$$

- *Stickstoffwasserstoffsäure* (HN_3), wobei neben Stickstoff noch *Distickstoffmonoxid* [*Lachgas*] (N_2O) gebildet wird

$$HN_3 + HNO_2 \rightarrow N_2\uparrow + N_2O\uparrow$$

Dimethylamin ($H_3C\text{-}NH\text{-}CH_3$) wird als sekundäres aliphatisches Amin durch Salpetrige Säure (durch Nitrit in saurer Lösung) in N-Nitroso-dimethylamin [$(H_3C)_2N\text{-}N{=}O$} umgewandelt.

235 A **236** D **69** E **129** E **130** E **134** C **263** C
265 D **309** A **310** B **312** D **710** D **824** B **852** A

Phosphat-Ionen (PO_4^{3-}) können nachgewiesen werden durch:
- Fällung von weißem *Zirkonphosphat* [$Zr_3(PO_4)_4$] beim Versetzen einer stark salzsauren (ca. 5-molar) Phosphat-Lösung mit Zirkoniumoxidchlorid ($ZrOCl_2$).
- Bildung von *weißem Eisen*(III)*-phosphat* ($FePO_4$). Der Niederschlag ist durch Mitfällung basischer Fe(III)-Salze oft gelblich bis rostfarben gefärbt. Eisen(III)-phosphat ist löslich in Essigsäure und Mineralsäuren, aber unlöslich in Wasser und Ethanol. Mit einem Eisen(II)-Salz erfolgt Fällung von *farblosem*, wasserhaltigem *Eisen*(II)*-phosphat* [$Fe_3(PO_4)_2 \cdot 8\,H_2O$], das in Wasser und Ethanol gleichfalls unlöslich ist. Eisen(II)-phosphat zählt in der Alternativmedizin zu den Schüßler-Salzen.
- Fällung von *gelbem Silberphosphat* (Ag_3PO_4) in neutralem Medium. Der Niederschlag ist löslich in Ammoniak-Lösung unter Bildung des Diamminsilber-Komplexes $[Ag(NH_3)_2]^+$.
- Fällung von *weißem*, wasserhaltigem *Magnesiumammoniumphosphat* ($MgNH_4PO_4 \cdot 6\,H_2O$) beim Versetzen mit einer ammoniakalischen, ammoniumchloridhaltigen Magnesium(II)-Salzlösung.
- Bildung von *gelbem Ammoniumdodekamolybdatophosphat* $(NH_4)_3[P(Mo_3O_{10})_4]$ mit einer salpetersauren Ammoniummolybdat-Lösung.

Phosphate besitzen nur geringe oxidierende Eigenschaften und werden z. B. von Koks (C) bei 1300–1450 °C zu elementarem Phosphor reduziert. Unedle Metalle wie Eisen oder Zink setzen hingegen aus sauren Phosphat-Lösungen Wasserstoff (H_2) frei.

$$Zn + 2\,CH_3COOH \rightarrow Zn(OOCCH_3)_2 + H_2\uparrow$$
$$Fe + 2\,HCl \rightarrow FeCl_2 + H_2\uparrow$$

237 D **466** A **469** C **863** D

Ph. Eur. lässt **Phosphat** wie folgt nachweisen:
- Fällung aus neutraler Lösung von *gelbem Silberphosphat* (Ag_3PO_4). Der Niederschlag ist löslich in Salpetersäure, Essigsäure und Ammoniak-Lösung.

$$3\,Ag^+ + PO_4^{3-} \rightarrow Ag_3PO_4\downarrow \rightarrow [Ag(NH_3)_2]^+$$

- Fällung von *gelbem Divanadatodekamolybdatophosphat* $[PV_2Mo_{10}O_{40}]^{5-}$ beim Versetzen einer neutralen bis schwach salpetersauren Phosphat-Lösung mit Ammoniummolybdat/Ammoniumvanadat-Lösung [$(NH_4)_2MoO_4/(NH_4)_3VO_4$].

Natrium-Ionen ergeben in kalter Lösung mit α-*Methoxyphenylessigsäure* einen voluminösen *weißen* Niederschlag und lassen sich in alkalischer Lösung mit Kaliumhexahydroxoantimonat(V)-Lösung als farbloses, schwer lösliches *Natriumhexahydroxoantimonat*(V) ($Na[Sb(OH)_6]$) fällen.

238 E **70** E **71** D **113** E **116** A **119** C **121** B
262 C **264** D **346** E

Zur Identifizierung von **Arsenat-Ionen** (AsO_4^{3-}) können beitragen die:
- Fällung von *weißen Ammoniummagnesiumarsenat* (NH_4MgAsO_4) aus ammoniakalischer, ammoniumchloridhaltiger Lösung.
- Fällung von *gelbem Ammoniumdodekamolybdatoarsenat* $(NH_4)_3[As(Mo_3O_{10})_4]$ aus salpetersaurer Lösung.
- Fällung von *braunem Silberarsenat* (Ag_3AsO_4) aus neutraler Lösung.

In stark saurer Lösung oxidiert Arsenat (AsO_4^{3-}) Iodid-Ionen zu elementarem Iod (I_2) und wird dabei selbst zu Arsenit (AsO_3^{3-}) reduziert. Das gebildete Iod kann anschließend mit Stärke-Lösung nachgewiesen werden.

$$AsO_4^{3-} + 2\,I^- + 2\,H_3O^+ \rightarrow AsO_3^{3-} + I_2 + 3\,H_2O$$

239 E **240** E **264** D **345** C **346** E **347** D **348** E
349 E **486** E

Bei der **Bettendorfschen Probe** werden Arsenverbindungen in salzsaurer Lösung unabhängig von ihrer Oxidationsstufe durch Zinn(II)-chlorid ($SnCl_2$) bis zur Stufe des metallischen Arsens reduziert. $SnCl_2$ reduziert somit Arsenit (AsO_3^{3-}) und Arsenat (AsO_4^{3-}) zu Arsen (As):

$$2\,As^{3+} + 3\,Sn^{2+} + 18\,Cl^- \rightarrow 2\,As\downarrow + 3\,[SnCl_6]^{2-}$$

Arsenit-Ionen (AsO_3^{3-}) ergeben mit $AgNO_3$-Lösung in neutralem Medium eine Fällung von *gelbem Silberarsenit* (Ag_3AsO_3), während Arsenat-Ionen (AsO_4^{3-}) zur Bildung eines Niederschlags von *braunem Silberarsenat* (Ag_3AsO_4) führen:

$$3\,Ag^+ + AsO_3^{3-} \rightarrow Ag_3AsO_3\downarrow \text{ (gelb)}$$
$$3\,Ag^+ + AsO_4^{3-} \rightarrow Ag_3AsO_4\downarrow \text{ (braun)}$$

Arsenat-Ionen (AsO_4^{3-}) oxidieren in stark salzsaurer Lösung Iodid-Ionen (I^-) zu elementarem Iod (I_2) und werden dabei selbst zu Arsenit (AsO_3^{3-}) reduziert:

$$AsO_4^{3-} + 2\,I^- + 2\,H_3O^+ \rightarrow AsO_3^{3-} + I_2 + 3\,H_2O$$

In ammoniakalischer, Ammoniumchlorid-haltiger Lösung wird Arsenat (AsO_4^{3-}) mit $MgCl_2$-Lösung als *weißes Magnesiumammoniumarsenat* ($MgNH_4AsO_4$) gefällt.

$$Mg^{2+} + NH_4^+ + HAsO_4^{2-} + HO^- \rightarrow MgNH_4AsO_4\downarrow + H_2O$$

241 A **25** D **26** D **34** B **60** D **351** B

Arsenit-Ionen (AsO_3^{3-}) werden mit Zinn(II)-chlorid ($SnCl_2$) in saurer Lösung zu metallischem Arsen (As) reduziert (**Bettendorfsche Probe**).

$$2\,AsO_3^{3-} + 3\,Sn^{2+} + 18\,Cl^- + 12\,H_3O^+ \rightarrow 2\,As + 3\,[SnCl_6]^{2-} + 18\,H_2O$$

Arsenit-Ionen (AsO_3^{3-}) werden durch Zink in salzsaurer Lösung (Zn/HCl) bis zur Stufe des Arsenwasserstoffs [*Arsin*] (AsH_3) reduziert (**Marshsche Probe**).

$$AsO_3^{3-} + 3\,Zn + 9\,H_3O^+ \rightarrow AsH_3\uparrow + 3\,Zn^{2+} + 12\,H_2O$$

Eine ammoniakalische (alkalische) Wasserstoffperoxid-Lösung (H_2O_2) oxidiert Arsenit (AsO_3^{3-}) zu Arsenat (AsO_4^{3-}):

$$AsO_3^{3-} + H_2O_2 \rightarrow AsO_4^{3-} + H_2O$$

242 C

Carbonate ($MeCO_3$) können nachgewiesen werden, indem man die Analysensubstanz mit Mineralsäuren behandelt und das aus den Carbonaten freigesetzte *Kohlendioxid* (CO_2) in eine z.B. mit Bariumhydroxid-Lösung (Barytwasser) [$Ba(OH)_2$] gefüllte Vorlage (Gärröhrchen) überleitet und als *Bariumcarbonat* ($BaCO_3$) fällt. Es *stören* alle Verbindungen, die mit Mineralsäuren flüchtige Produkte bilden und in der Vorlage ein schwer lösliches Bariumsalz ergeben.

$$CO_3^{2-} + 2\,H_3O^+ \rightarrow 3\,H_2O + CO_2\uparrow \rightarrow \mathbf{BaCO_3}\downarrow$$

Der Carbonat-Nachweis wird gestört durch *Sulfite* (SO_3^{2-}) und *Thiosulfate* ($S_2O_3^{2-}$), die beim Behandeln mit Säuren *Schwefeldioxid* (SO_2) bilden und in Barytwasser schwer lösliches *Bariumsulfit* ($BaSO_3$) ergeben.

$$SO_3^{2-} + 2\,H_3O^+ \rightarrow 3\,H_2O + SO_2\uparrow \rightarrow BaSO_3\downarrow$$
$$S_2O_3^{2-} + 2\,H_3O^+ \rightarrow 3\,H_2O + S\downarrow + SO_2\uparrow \rightarrow BaSO_3\downarrow$$

Fluorid-Ionen (F^-) stören den Carbonat-Nachweis infolge Bildung von flüchtigem *Fluorwasserstoff* (HF), der in der Vorlage zu schwer löslichem *Bariumfluorid* (BaF_2) führt.

$$F^- + H_3O^+ \rightarrow H_2O + HF\uparrow \rightarrow BaF_2\downarrow$$

243 C **244** A **245** D **246** C **50** D **51** E **52** E
53 C **68** E **69** E **129** E **130** E **134** C **839** D

Essigsäure oder Mineralsäuren setzen aus **Carbonaten** ($MeCO_3$) oder **Hydrogencarbonaten** ($MeHCO_3$) *Kohlendioxid* (CO_2) frei (Aufbrausen). Das Einleiten des gebildeten CO_2 in eine Vorlage mit Bariumhydroxid-Lösung (*Barytwasser*) [$Ba(OH)_2$] führt zur Fällung von *weißem Bariumcarbonat* ($BaCO_3$). Bariumcarbonat löst sich in verdünnter Salzsäure oder anderen Mineralsäuren.

Der Carbonat-Nachweis kann selektiver (empfindlicher) gestaltet werden, wenn man das freigesetzte CO_2 in geeignete Reagenzlösungen einleitet, zum Beispiel in eine Phenolphthalein-Lösung, die durch einen geringen Gehalt an Carbonat gerade rot gefärbt ist. Durch die Bildung von Hydrogencarbonat (HCO_3^-) wird der pH-Wert der Lösung erniedrigt und der Indikator schlägt nach farblos um.

$$\text{Carbonate} \rightarrow \mathbf{CO_2} + CO_3^{2-} + H_2O \rightleftharpoons 2\,HCO_3^- \;(\text{pH}\downarrow)$$

Der Nachweis von Kohlendioxid kann auch durch Einleiten in eine wässrige Calciumhydroxid-Lösung (*Kalkwasser*) [$Ca(OH)_2$] erfolgen, wobei *weißes Calciumcarbonat* ($CaCO_3$) ausfällt. Leitet man überschüssiges CO_2 in diese Calciumcarbonat-Suspension ein, so löst sich der Carbonat-Niederschlag wieder auf unter Bildung von *Calciumhydrogencarbonat* [$Ca(HCO_3)_2$]:

$$CO_3^{2-} + Ca^{2+} \rightarrow CaCO_3\downarrow + CO_2 + H_2O \rightarrow Ca(HCO_3)_2$$

Oxalate ($C_2O_4^{2-}$) stören in Gegenwart von oxidierenden Substanzen ($KMnO_4$, konz. H_2SO_4) den Carbonat-Nachweis, da Oxalate durch diese Substanzen zu CO_2 oxidiert werden:

$$2\,MnO_4^- + 5\,C_2O_4^{2-} + 16\,H_3O^+ \rightarrow 2\,Mn^{2+} + 10\,CO_2\uparrow + 24\,H_2O$$

Sulfit-Ionen (SO_3^{2-}) stören, da Essigsäure oder Mineralsäuren aus Sulfiten gasförmiges *Schwefeldioxid* (SO_2) freisetzen, das in der Vorlage mit der Reagenzlösung zu weißem, in Wasser schwer löslichem *Bariumsulfit* ($BaSO_3$) bzw. *Calciumsulfit* ($CaSO_3$) reagiert. Zur Beseitigung dieser Störung oxidiert man die Sulfite zuvor (z. B. mit Wasserstoffperoxid) zu nichtflüchtigen Sulfaten.

$$SO_3^{2-} + H_2O_2 \rightarrow SO_4^{2-} + H_2O$$

Anmerkung: Antwort (**D**) in Frage Nr. **243** und Antwortalternative (**A**) in Frage Nr. **244** widersprechen sich. Einige Lehrbücher empfehlen, für den Carbonat-Nachweis die Vorlage mit Kalkwasser anstatt mit Barytwasser zu beschicken; eine einsichtige Begründung hierfür wird aber nicht gegeben.

247 C **248** B **249** C **63** B **67** B **76** E **81** B
84 E **94** B **96** A **143** C **842** C

Silicate können mit Alkalicarbonaten (Soda-Pottasche-Schmelze) aufgeschlossen werden. In der Schmelze bildet sich ein wasserlösliches *Alkalisilicat*. Löst man den Schmelzkuchen in Wasser auf, so fällt auf Säurezusatz gallertartige *Kieselsäure* [$SiO_2(H_2O)_x$] aus.

$$SiO_2 + 2\,Na_2CO_3 \rightarrow Na_4SiO_4 + 2\,CO_2\uparrow$$

Versetzt man eine konzentrierte Silicat-Lösung mit einer Mineralsäure, so bildet sich *gallertartige, wasserhaltige Kieselsäure* [$SiO_2(H_2O)_x$]. Eine gewisse Menge an Kieselsäure bleibt aber kolloidal gelöst. Durch zweimaliges Eindampfen zur Trockne (Abrauchen) mit konz. HCl wird auch noch die kolloidal gelöste Kieselsäure ausgefällt. Durch fortschreitende Kondensation bildet sich letztlich das in Wasser und Säuren unlösliche *Siliciumdioxid* (SiO_2). Silicate können auf diese Weise von anderen Ionen abgetrennt werden.

Auch Ammoniumsalze wie Ammoniumchlorid (NH_4Cl) fällen aus Alkalisilicat-Lösungen gallertartige Kieselsäure aus, weil durch die Zugabe der Kationsäure (NH_4^+) die Hydroxid-Ionenkonzentration und somit der pH-Wert stark verringert werden.

Lösliche Silicate bilden mit Molybdänsäure eine *gelb* gefärbte *Heteropolysäure*. Phosphat (PO_4^{3-}) und Arsenat (AsO_4^{3-}) stören, da sie ebenfalls mit Molybdänsäure zu gelb gefärbten Heteropolyanionen reagieren.

$$H_4SiO_4 + 12\ MoO_2^{2+} + 36\ H_2O \rightarrow H_4[\mathbf{Si}(Mo_3O_{10})_4] + 24\ H_3O^+$$

Flusssäure (HF), in einem Blei- oder Porzellantiegel aus Natriumfluorid (NaF) und konzentrierter Schwefelsäure (H_2SO_4) hergestellt, reagiert mit Silicaten oder Siliciumdioxid zu gasförmigem (flüchtigem) *Siliciumtetrafluorid* (SiF_4). SiF_4 hydrolysiert in Wasser (schwarzes, befeuchtetes Filterpapier) zu gallertartiger, *weißer Kieselsäure* (**Wassertropfenprobe**). Porzellan und Quarz sind als silicathaltige Materialien für die Wassertropfenprobe als Tiegelmaterial ungeeignet.

$$2\ NaF + H_2SO_4 \rightarrow Na_2SO_4 + 2\ HF$$
$$4\ HF + SiO_2 \rightarrow SiF_4\uparrow + 2\ H_2O$$
$$SiF_4 + (x{+}2)\ H_2O \rightarrow [SiO_2(H_2O)_x]\downarrow + 4\ HF$$

250 D

Zum **Silicat-Nachweis** *nach Arzneibuch erwärmt man die Analysensubstanz mit Natriumfluorid und Schwefelsäure in einem Blei- oder Platintiegel. Der Tiegel ist mit einer Kunststoffplatte bedeckt, an deren Unterseite ein Wassertropfen hängt. Die Bildung eines weißen Rings zeigt Silicat an.*

Der aus Natriumfluorid (NaF) und Schwefelsäure gebildete Fluorwasserstoff (HF) wandelt Silicate in flüchtiges *Siliciumtetrafluorid* (SiF_4) um, das mit Wasser zu gallertartiger Kieselsäure (Bildung eines weißen Rings) hydrolysiert (*Wassertropfenprob*e).

$$4\ HF + SiO_2 \rightarrow 2\ H_2O + SiF_4\uparrow$$
$$3\ SiF_4 + (x{+}2)\ H_2O \rightarrow 4\ HF + [SiO_2(H_2O)_x]\ \text{(weißer Ring)}$$

Ein Überschuss an Natriumfluorid ist zu vermeiden, da sich mit überschüssigem Fluorwasserstoff anstelle von SiF_4 die nichtflüchtige *Hexafluorokieselsäure* [H_2SiF_6] bildet.

$$2\ HF + SiF_4 \rightarrow H_2SiF_6$$

251 A **252** C **253** A **57** D **65** B **120** D **127** D
151 B **154** C **155** C

In konzentrierten und stark sauren **Dichromat-Lösungen** ($Cr_2O_7^{2-}$) tritt Kondensation ein unter Bildung von *Trichromat* ($Cr_3O_{10}^{2-}$), *Tetrachromat* ($Cr_4O_{13}^{2-}$) und höheren *Polychromaten* ($Cr_nO_{3n+1}^{2-}$). Dabei verändert sich die Farbe der Lösung von *Orange* nach *Hochrot*.

Dichromate bilden in schwefelsaurer Lösung mit Wasserstoffperoxid (H_2O_2) *blaues* **Chromperoxid** [$CrO_5 \equiv CrO(O_2)_2$], das sich mit Ether oder Amylalkohol extrahieren lässt.

$$Cr_2O_7^{2-} + 4\ H_2O_2 + 2\ H_3O^+ \rightarrow 2\ CrO(O_2)_2 + 7\ H_2O$$

In essigsaurer, acetatgepufferter Lösung bilden Silber-Ionen mit Chromat einen schwer löslichen *rotbraunen* Niederschlag von *Silberchromat* (Ag_2CrO_4).

Chromsäure reagiert mit Salzsäure zu **Chromylchlorid** (CrO_2Cl_2).

$$H_2CrO_4 + 2\ HCl \rightleftharpoons CrO_2Cl_2 + 2\ H_2O$$

Die Reaktion ist umkehrbar und Chromylchlorid wird wieder leicht durch Wasser zu den Edukten gespalten. Daher muss man das Wasser durch konzentrierte Schwefelsäure binden.
In der Praxis erhitzt man deshalb zur Herstellung von Chromylchlorid ein Gemisch von Kaliumchromat (oder Kaliumdichromat) mit Natriumchlorid (oder Kaliumchlorid) und konzentrierter Schwefelsäure.

Beim Auftropfen von konzentrierter Salzsäure auf festes Kaliumdichromat ($K_2Cr_2O_7$) oder beim Erhitzen von $K_2Cr_2O_7$ in konz. HCl entwickelt sich *Chlor* (Cl_2).

$$Cr_2O_7^{2-} + 6\ Cl^- + 14\ H_3O^+ \rightarrow 2\ Cr^{3+} + 3\ Cl_2\uparrow + 21\ H_2O$$

254 B

Chromate oder Dichromate müssen vor der Schwefelwasserstoff-Gruppe aus dem Kationentrennungsgang entfernt werden, da sie sonst zur Abscheidung von Schwefel führen. Dies geschieht durch Verkochen mit *Ethanol* (CH_3CH_2OH). Ethanol wird dabei in saurer Lösung nach folgender Bruttogleichung zu *Acetaldehyd* (CH_3CHO) oxidiert:

$$Cr_2O_7^{2-} + 3\,CH_3CH_2OH + 8\,H_3O^+ \rightarrow 2\,Cr^{3+} + 3\,CH_3CHO + 15\,H_2O$$

255 E **127** D **129** E **130** E **133** E **304** C

Während im Allgemeinen Dichromate in Wasser löslich sind, bildet das **Chromat-Ion** (CrO_4^{2-}) in essigsaurer, acetatgepufferter Lösung folgende *schwer lösliche Salze*:
Bleichromat ($PbCrO_4$) – *Bariumchromat* ($BaCrO_4$) – *Silberchromat* (Ag_2CrO_4) – *Quecksilber*(I)-*chromat* (Hg_2CrO_4)

256 A **152** D **638** D

Diphenylcarbazon (C_6H_5-N=N-CO-NH-NH-C_6H_5) wirkt *komplexierend* und bildet z. B. mit Chrom(III)-Ionen (Cr^{3+}) sehr stabile, rotviolette Chelatkomplexe.

257 A

Diphenylcarbazid (C_6H_5-NH-NH-CO-NH-NH-C_6H_5) wirkt *reduzierend* und wird z. B. durch Chrom(VI)-Salze leicht zu *Diphenylcarbazon* (C_6H_5-N=N-CO-NH-NH-C_6H_5) oxidiert.

258 B **104** E **106** C **107** A **108** B **109** B **110** A
270 C **456** E

In neutraler bis schwach alkalischer Lösung komproportioniert (synproportioniert) **Permanganat** (MnO_4^-) mit Mn(II) zu Mn(IV):

$$2\,MnO_4^- + 3\,Mn^{2+} + 4\,HO^- + 3\,H_2O \rightarrow 5\,MnO(OH)_2$$

In saurer Lösung oxidiert *Bleidioxid* (PbO_2) Mangan(II)-Salze zu Permanganat:

$$2\,Mn^{2+} + 5\,PbO_2 + 4\,H_3O^+ \rightarrow 2\,MnO_4^- + 5\,Pb^{2+} + 6\,H_2O$$

Oxalsäure ($H_2C_2O_4$) und *Oxalate* ($C_2O_4^{2-}$) werden von Permanganat zu *Kohlendioxid* (CO_2) oxidiert. Die Reaktion kann auch zur Einstellung einer $KMnO_4$-Maßlösung genutzt werden.

$$2\,MnO_4^- + 5\,C_2O_4^{2-} + 16\,H_3O^+ \rightarrow 2\,Mn^{2+} + 10\,CO_2\uparrow + 24\,H_2O$$

Sulfite (SO_3^{2-}) reduzieren Permanganat in alkalischer Lösung zu *Braunstein* (MnO_2):

$$2\,MnO_4^- + 3\,SO_3^{2-} + H_2O \rightarrow 2\,MnO_2\downarrow + 3\,SO_4^{2-} + 2\,HO^-$$

Schwefelwasserstoff (H_2S) kann in saurer Lösung durch Permanganat bis zur Stufe des Sulfats (SO_4^{2-}) oxidiert werden:

$$8\,MnO_4^- + 5\,H_2S + 14\,H_3O^+ \rightarrow 8\,Mn^{2+} + 5\,SO_4^{2-} + 26\,H_2O$$

259 D **181** C **182** A **183** C **184** A **185** E

Cyanid-Ionen (CN^-) reagieren mit Ammoniumpolysulfid [$(NH_4)_2S_x$] zu *Thiocyanat* (SCN^-), das sich mit Eisen(III)-Salzen als *rotes Eisen*(III)-*thiocyanat* [$Fe(SCN)_3$] identifizieren lässt.

260 E **224** C **226** A **227** B **228** B **230** A

Nitrit-Ionen** (NO_2^-) reagieren in saurer Lösung mit *Sulfanilsäure* (p-Aminobenzolsulfonsäure) zu diazotierter Sulfanilsäure, die mit *α-Naphthylamin* (1-Naphthylamin) zu einem *roten* Azofarbstoff kuppelt (**Lunge-Reaktion**).

261 B **200** D **201** B **202** D

Sulfit-Ionen (SO_3^{2-}) bilden mit *Natriumpentacyanonitrosylferrat*(II), $Na_2[Fe(CN)_5NO]$, eine blassrot gefärbte Verbindung. In Gegenwart von frisch gefälltem Zinkhexacyanoferrat(II), $Zn_2[Fe(CN)_6]$, das aus Zinksulfat ($ZnSO_4$) und Kaliumhexacyanoferrat(II) ($K_4[Fe(CN)_6]$) herstellbar ist, verläuft die Nachweisreaktion wesentlich empfindlicher, weil sich der Niederschlag von blassrot nach *rot* verfärbt:

$$2\,Zn^{2+} + SO_3^{2-} + [Fe(CN)_5NO]^{2-} \rightarrow Zn_2[Fe(CN)_5NO(\mathbf{SO_3})]$$

262 C **238** E

Arsenat-Ionen (AsO_4^{3-}) bilden in salpetersaurer Lösung mit Molybdänsäure eine *gelb* gefärbte *Heteropolysäure* $H_3[\mathbf{As}(Mo_3O_{10})_4]$.

263 C **235** A **236** D

Phosphat-Ionen (PO_4^{3-}) bilden in salpetersaurer Lösung mit Molybdänsäure eine *gelb* gefärbte *Heteropolysäure* $H_3[\mathbf{P}(Mo_3O_{10})_4]$.

264 D **238** E **239** E

Arsenat-Ionen (AsO_4^{3-}) fällen aus ammoniakalischer, Ammoniumchlorid-haltiger Lösung mit Magnesium-Ionen *weißes*, schwer lösliches *Magnesiumammoniumarsenat* ($MgNH_4AsO_4$) aus.

$$Mg^{2+} + NH_4^+ + HAsO_4^{2-} + HO^- \rightarrow MgNH_4AsO_4\downarrow + H_2O$$

265 D **235** A **236** D **240** E

In einer ammoniakalischen, NH_4Cl-haltigen Lösung eines Mg(II)-Salzes fällt mit **Phosphat** (PO_4^{3-}) *weißes Magnesiumammoniumphosphat* ($MgNH_4PO_4$) aus.

$$HPO_4^{2-} + NH_4^+ + Mg^{2+} + HO^- \rightarrow MgNH_4PO_4\downarrow + H_2O$$

266 D **199** C

Sulfit-Ionen (SO_3^{2-}) reduzieren *Iod* (I_2) zu Iodid (I^-) und werden dabei selbst zu Sulfat-Ionen (SO_4^{2-}) oxidiert.

$$SO_3^{2-} + I_2 + 3\,H_2O \rightarrow SO_4^{2-} + 2\,I^- + 2\,H_3O^+$$

267 C **118** A **120** D **121** B **222** E **223** A **224** C

Nitrit-Ionen (NO_2^-) oxidieren in saurer Lösung *Iodid-Ionen* (I^-) zu elementarem Iod (I_2) und werden dabei selbst zu *Stickstoffmonoxid* (NO) reduziert.

$$2\,NO_2^- + 2\,I^- + 4\,H_3O^+ \rightarrow 6\,H_2O + I_2 + 2\,NO\uparrow$$

268 B **706** D **726** E

Acetat-Ionen (CH_3COO^-) ergeben in ammoniakalischer Lösung mit Iod und Lanthan(III)-nitrat [$La(NO_3)_3$] eine *tiefblaue* Färbung bzw. einen tiefblauen Niederschlag an basischem Lanthanacetat.

269 D **5** C **6** E **7** E **8** D **11** A **143** C

Borat-Ionen (BO_3^{3-}) bilden in schwefelsaurer Lösung mit *Methanol* (CH_3OH) den flüchtigen, mit *grüner Flamme* brennenden *Borsäuretrimethylester* [$B(OCH_3)_3$].

$$H_3BO_3 + 3\,CH_3OH \rightarrow B(OCH_3)_3\uparrow + 3\,H_2O$$

270 C **170** B **222** C **223** A **225** E

Von den genannten Ionen fallen aus salpetersaurer Lösung bei Zugabe von $AgNO_3$-Lösung *Silberchlorid* ($AgCl$) *und Silberbromid* ($AgBr$) als schwer lösliche Silbersalze aus. In neutraler Lösung bildet sich auch noch weißes *Silberoxalat* [$Ag_2C_2O_4$].

In schwefelsaurer Lösung werden *Bromid* (Br^-), *Nitrit* (NO_2^-) und *Oxalat* ($C_2O_4^{2-}$) von Kaliumpermanganat oxidiert (*Entfärbung einer* $KMnO_4$-*Lösung*):

$$2\,MnO_4^- + 10\,Br^- + 16\,H_3O^+ \rightarrow 2\,Mn^{2+} + 5\,Br_2 + 24\,H_2O$$
$$2\,MnO_4^- + 5\,NO_2^- + 6\,H_3O^+ \rightarrow 2\,Mn^{2+} + 5\,NO_3^- + 9\,H_2O$$
$$2\,MnO_4^- + 5\,^-OOC\text{-}COO^- + 16\,H_3O^+ \rightarrow 2\,Mn^{2+} + 10\,CO_2\uparrow + 24\,H_2O$$

Aus essigsaurer Lösung fällt von den genannten Ionen *nur Calciumoxalat* (CaC_2O_4) als schwer lösliches Calciumsalz aus.

2.3 Analyse von Kationen

271 A

Versetzt man die salpetersaure Lösung einer Analysensubstanz mit Salzsäure, so können ausfallen: *Blei*(II)-*chlorid* (**$PbCl_2$**), *Quecksilber*(I)-*chlorid* [Kalomel] (**Hg_2Cl_2**) und *Silberchlorid* (**AgCl**).

Von diesen Salzen kann Bleichlorid ($PbCl_2$) durch Auskochen mit wenig Wasser in Lösung gebracht werden, während Hg_2Cl_2 und AgCl ungelöst im Rückstand verbleiben.

Übergießt man ein Gemisch aus Quecksilber(I)-chlorid (Hg_2Cl_2) und Silberchlorid (AgCl) mit *Ammoniak*, so disproportioniert **Hg(I)** in Quecksilber(II)-amidochlorid ($HgNH_2Cl$) und metallischem Quecksilber, erkennbar an der Schwarzfärbung durch die Bildung von Hg.

Übergießt man ein Gemisch aus Quecksilber(I)-chlorid (Hg_2Cl_2) und Silberchlorid (AgCl) mit *Ammoniak*, so löst sich **AgCl** als komplexes Diamminsilber(I)-chlorid [$Ag(NH_3)_2$]Cl auf. Säuert man das Filtrat an, so fällt erneut AgCl aus.

272 B

Quecksilber(II)- (Hg^{2+}) und Silber-Ionen (Ag^+) können am besten getrennt werden durch Behandeln mit *Salzsäure* (HCl). Es fällt käsig weißes *Silberchlorid* (AgCl) aus, während *Quecksilber*(II)-*chlorid* [Sublimat] ($HgCl_2$) in Lösung verbleibt.

Beim Versetzen einer Lösung, die Hg^{2+}- und Ag^+-Ionen enthält, mit *Natriumhydroxid-Lösung* (NaOH) bildet sich ein *brauner* Niederschlag aus *Silberoxid* (Ag_2O) **und** *gelbem Quecksilber*(II)-*oxid* (HgO).

Beim Versetzen einer Lösung, die Hg^{2+}- und Ag^{+}-Ionen enthält, mit *Schwefelwasserstoff* (H_2S) fallen *schwarzes Silbersulfid* (Ag_2S) **und** *schwarzes Quecksilber*(II)*-sulfid* (HgS) aus.
Silbernitrat ($AgNO_3$) und *Quecksilber*(II)*-nitrat* [$Hg(NO_3)_2$] sind in Wasser lösliche Salze.

273 D

Ein Niederschlag – bestehend aus *Arsen*(III)*-sulfid* (As_2S_3), *Kupfer*(II)*-sulfid* (CuS), *Bismut*(III)*-sulfid* (Bi_2S_3), *Cadmiumsulfid* (CdS) und *Zinn*(II)*-sulfid* (SnS) - wird mit *gelber* Ammoniumpolysulfid-Lösung digeriert. **CuS**, $\mathbf{Bi_2S_3}$ und **CdS** verbleiben ungelöst im Rückstand, während As_2S_3 und SnS unter gleichzeitiger *Oxidation* als Thioarsenat(V) ($\mathbf{AsS_4^{3-}}$) bzw. Thiostannat(IV) ($\mathbf{SnS_3^{2-}}$) in Lösung gehen.
Säuert man eine Lösung, die Thioarsenat(V)- (AsS_4^{3-}) und Thiostannat(IV)-Ionen (SnS_3^{2-}) enthalten, mit Salzsäure (HCl) an, so fallen *Arsen*(V)*-sulfid* ($\mathbf{As_2S_5}$) und *Zinn*(IV)*-sulfid* ($\mathbf{SnS_2}$) aus.

274 E **275** A

Ein Niederschlag – bestehend aus *Arsen*(III)*-sulfid* (As_2S_3), *Arsen*(V)*-sulfid* (As_2S_5), *Kupfer*(II)*-sulfid* (CuS), *Bismut*(III)*-sulfid* (Bi_2S_3), *Cadmiumsulfid* (CdS), *Zinn*(II)*-sulfid* (SnS) und *Zinn*(IV)*-sulfid* (SnS_2) – wird mit gelber Ammoniumsulfid-Lösung behandelt. Dabei gehen die beiden Arsensulfide (As_2S_3, As_2S_5) als *Thioarsenat*(V) ($\mathbf{AsS_4^{3-}}$) und die beiden Zinnsulfide (SnS, SnS_2) als *Thiostannat*(IV) ($\mathbf{SnS_3^{2-}}$) in Lösung, während die anderen genannten Sulfide im Rückstand verbleiben.

$$As_2S_3 + 2\,S_2^{2-} + S^{2-} \rightarrow 2\,\mathbf{AsS_4^{3-}} \leftarrow As_2S_5 + 3\,S^{2-}$$
$$SnS + S_2^{2-} \rightarrow \mathbf{SnS_3^{2-}} \leftarrow SnS_2 + S^{2-}$$

Säuert man das Filtrat mit Salzsäure (HCl) an, so fallen *Arsen*(V)*-sulfid* ($\mathbf{As_2S_5}$) und *Zinn*(IV)*-sulfid* ($\mathbf{SnS_2}$) als schwer lösliche Niederschläge aus.
Löst man den *Rückstand* – bestehend aus Kupfer(II)-sulfid (CuS), Bismut(III)-sulfid (Bi_2S_3) und Cadmiumsulfid (CdS) – in Salpetersäure, raucht mit Schwefelsäure ab und fügt nach dem Verdünnen mit Wasser überschüssigen Ammoniak hinzu, so fällt *Bismut*(III)*-hydroxid* [$\mathbf{Bi(OH)_3}$] aus, während die beiden übrigen Elemente als *Amminkomplexe* $[Cu(NH_3)_4]^{2+}$, $[Cd(NH_3)_4]^{2+}$ bzw. $[Cd(NH_3)_6]^{2+}$ in Lösung verbleiben.

276 E

Eine Analysensubstanz – bestehend aus *Quecksilber*(II)*-sulfid* (**HgS**) und *Blei*(II)*-sulfid* (**PbS**) – wird mit 20 %iger Salpetersäure [konz.HNO_3/H_2O(1:2)] behandelt. PbS geht in Lösung, während HgS als Rückstand verbleibt und zusammen mit ausgefallenem Schwefel abfiltriert wird.
Der Rückstand von Quecksilber(II)-sulfid (**HgS**) wird mit Königswasser gelöst, und nach starkem Verdünnen mit Wasser kann in der Lösung Quecksilber beispielsweise durch Abscheiden des Elements an Kupfer nachgewiesen werden (Bildung von silberglänzendem *Kupferamalgam*).
Das Filtrat wird mit konzentrierter Schwefelsäure versetzt und die Lösung bis zur SO_3-Entwicklung eingedampft. Versetzt man den Eindampfrückstand mit verdünnter H_2SO_4, so verbleibt ein *weißer* Niederschlag von *Bleisulfat* ($\mathbf{PbSO_4}$).
Bleisulfat ist löslich in ammoniakalischer Tartrat-Lösung und kann in dieser Lösung z. B. als schwer lösliches *Bleichromat* ($\mathbf{PbCrO_4}$) nachgewiesen werden.

277 C **278** A **279** D

Leitet man in eine **1 M**-salzsaure Analysenlösung, die Bi^{3+}, Cu^{2+}, Fe^{2+}, Fe^{3+}, Hg^{2+}, Mn^{2+}, Pb^{2+}, Sn^{2+}, Sn^{4+}und Zn^{2+} als Ionen enthält, Schwefelwasserstoff ein, so fallen als schwer lösliche Sulfide aus: *Bismut*(III)*-sulfid* ($\mathbf{Bi_2S_3}$), *Kupfer*(II)*-sulfid* (**CuS**), *Quecksilber*(II)*-sulfid* (**HgS**), *Blei*(II)*-sul-*

fid (**PbS**), *Zinn*(II)-*sulfid* (**SnS**), *Zinn*(IV)-*sulfid* (**SnS_2**). Diese Elemente gehören somit zu den Elementen der *Schwefelwasserstoff-Gruppe*.

Fe^{2+}, Fe^{3+}, Mn^{2+} und Zn^{2+} werden als schwer lösliche Hydroxide bzw. Sulfide erst in der Ammoniumsulfid-Gruppe gefällt.

280 D

Eine Analysenlösung, die Hg(II)-, Mn(II)-, Pb(II)- und Zn(II)-Ionen enthält, wird bei **pH = 6,0** mit Schwefelwasserstoff versetzt. Es fallen bei diesem pH-Wert als schwer lösliche Sulfide aus: *Blei*(II)-*sulfid* (**PbS**), *Quecksilber*(II)-*sulfid* (**HgS**) und *Zink*(II)-*sulfid* (**ZnS**).

Mangan(II)-*sulfid* (MnS) fällt hingegen erst in alkalischer Lösung als schwer löslicher Niederschlag aus.

281 E **282** E

Ein Analysengemisch besteht aus *Arsen*(III)-*sulfid* (As_2S_3), *Arsen*(V)-*sulfid* (As_2S_5), *Antimon*(III)-*sulfid* (Sb_2S_3), *Antimon*(V)-*sulfid* (Sb_2S_5), *Zinn*(II)-*sulfid* (SnS), *Zinn*(IV)-*sulfid* (SnS_2) und *Blei*(II)-*sulfid* (PbS). Behandelt man dieses Gemisch mit Ammoniumpolysulfid-Lösung, so lösen sich alle genannten Sulfide als *Thiosalze* auf mit Ausnahme von **Bleisulfid** (**PbS**), das in Ammoniumpolysulfid-Lösung unlöslich ist.

In *gelber* Ammoniumpolysulfid-Lösung bilden sich dabei Thioarsenat(V) [AsS_4^{3-}], Thioantimonat(V) [SbS_4^{3-}] und Thiostannat(IV) [SnS_3^{2-}]:

$$As_2S_3 + 2\,S_2^{2-} + S^{2-} \rightarrow 2\,\mathbf{AsS_4^{3-}} \leftarrow As_2S_5 + 3\,S^{2-}$$
$$Sb_2S_3 + 2\,S_2^{2-} + S^{2-} \rightarrow 2\,\mathbf{SbS_4^{3-}} \leftarrow Sb_2S_5 + 3\,S^{2-}$$
$$SnS + S_2^{2-} \rightarrow \mathbf{SnS_3^{2-}} \leftarrow SnS_2 + S^{2-}$$

283 D **437** A

Cadmiumsulfid (CdS) ist in *gelber* Ammoniumsulfid-Lösung unlöslich, lost sich aber in verdünnter Salzsäure. Versetzt man die Lösung mit überschüssigem Ammoniak, so bilden sich Cadmiumamminkomplexe ($[Cd(NH_3)_4]^{2+}$, $[Cd(NH_3)_6]^{2+}$), aus denen sich mit Schwefelwasserstoff (H_2S) wieder *gelbes* CdS abscheiden lässt.

Arsen(III)-*sulfid* (As_2S_3) ist zwar auch *gelb* gefärbt, löst sich jedoch in *gelber* Ammoniumpolysulfid-Lösung unter Bildung von Thioarsenat(V)-Ionen (AsS_4^{3-}) auf.

Antimon(III)-sulfid ist orange, Bismut(III)-sulfid (Bi_2S_3) schwarz und Cobalt(II)-sulfid (CoS) schwarz gefärbt.

284 D **285** D **436** C

Versetzt man eine ammoniakalische Lösung, die die Amminkomplexe $[Cu(NH_3)_4]^{2+}$ und $[Cd(NH_3)_4]^{2+}$ bzw. $[Cd(NH_3)_6]^{2+}$ enthält, mit einem Überschuss an *Cyanid-Ionen* (CN^-), so erfolgt eine Ligandensubstitution unter Bildung von Cyanokomplexen. Bei der Bildung des Kupfertetracyanokomplexes erfolgt gleichzeitig eine Reduktion des zweiwertigen Zentralions zum einwertigen. Parallel dazu wird Cyanid zu *Dicyan* $(CN)_2$ oxidiert.

$$2\,[Cu(NH_3)_4]^{2+} + 10\,CN^- \rightarrow 2\,[Cu(CN)_4]^{3-} + (CN)_2\uparrow + 8\,NH_3$$
$$[Cd(NH_3)_4]^{2+} + 4\,CN^- \rightarrow [Cd(CN)_4]^{2-} + 4\,NH_3$$

Der Cd^{2+}-Cyanokomplex ist weniger stabil als der Cu^+-Tetracyanokomplex und stärker in die Einzelionen (Cd^{2+}, CN^-) dissoziert als der sehr stabile Cu(I)-Cyanokomplex, sodass mit Schwefelwasserstoff (H_2S) **nur Cadmiumsulfid** (**CdS**) und *kein* Kupfer(I)-sulfid (Cu_2S) ausfällt:

$$[Cd(CN)_4]^{2-} + H_2S \rightarrow \mathbf{CdS}\downarrow + 2\,HCN\uparrow + 2\,CN^-$$
$$[Cu(CN)_4]^{3-} + H_2S \not\rightarrow \text{keine Fällung von } Cu_2S$$

286 E

Eine Analysenlösung, die Al(III)-, Cr(III)-, Fe(II)-, Mn(II)- und Zn(II)-Ionen enthält, wird mit Ammoniumsulfid [$(NH_4)_2S$] und Ammoniak (NH_3) versetzt. Es fallen als Niederschläge aus: *Aluminium*(III)-*hydroxid* [$Al(OH)_3$], *Chrom*(III)-*hydroxid* [$Cr(OH)_3$], *Eisen*(II)-*sulfid* (FeS), *Mangan*(II)-*sulfid* (MnS) und Zinksulfid (ZnS).

Löst man die gemeinsame Fällung in 2 M-Salzsäure, fügt Salpetersäure (HNO_3) als Oxidationsmittel hinzu, neutralisiert die Lösung und behandelt abschließend mit natronalkalischer Wasserstoffperoxid-Lösung (H_2O_2), so liegen danach in gelöster Form vor: *Tetrahydroxoaluminat* **[$Al(OH)_4]^-$**, *Tetrahydroxozinkat* **[$Zn(OH)_4]^{2-}$** und *Chromat* (**CrO_4^{2-}**).

Durch die zugefügten Oxidationsmittel (HNO_3, H_2O_2) wurden Fe(II) zu Fe(III) und Mn(II) zu Mn(IV) oxidiert, die als *Eisen*(III)-*hydroxid* **[$Fe(OH)_3$]** und *Mangan*(IV)-*oxidhydrat* **[$MnO(OH)_2$]** ungelöst als Rückstand verbleiben.

287 D **288** C **289** D

Im Kationentrennungsgang liegt in ammoniakalischer Lösung nach Zugabe von Ammoniumsulfid [$(NH_4)_2S$] folgendes Analysengemisch als Niederschlag vor: *Aluminium*(III)-*hydroxid* [$Al(OH)_3$], *Chrom*(III)-*hydroxid* [$Cr(OH)_3$], *Mangan*(II)-*sulfid* (MnS) und *Zink*(II)-*sulfid* (ZnS)

Löst man das Gemisch in Salzsäure auf, neutralisiert und gießt die Lösung in eine heiße, konzentrierte Natriumhydroxid/Wasserstoffperoxid-Lösung ($NaOH/H_2O_2$), so werden Mn(II) zu Mn(IV) und Cr(III) zu Cr(VI) oxidiert, während Al(III) und Zn(II) unverändert bleiben. Aus der Lösung fällt daher ein Niederschlag von *Mangan*(IV)-*oxidhydrat* **[$MnO(OH)_2$]** aus, während die anderen Bestandteile als *Chromat* (CrO_4^{2-}), *Tetrahydroxoaluminat* [$Al(OH)_4]^-$ und *Tetrahydroxozinkat* [$Zn(OH)_4]^{2-}$ gelöst im Filtrat verbleiben.

Führt man mit dem Niederschlag aus *Mangan*(IV)-*oxidhydrat* **[$MnO(OH)_2$]** eine Oxidationsschmelze (KNO_3/Na_2CO_3) durch, so ist der Schmelzkuchen *grün* gefärbt durch Bildung von *Natriummanganat*(VI) (**Na_2MnO_4**). Der gelegentlich auftretende *blaue* Farbton der Schmelze ist auf die Bildung von *Natriummanganat*(V) (**Na_3MnO_4**) zurückzuführen. Löst man die erkaltete Schmelze in wenig Wasser und säuert mit Essigsäure an, so disproportioniert Manganat(VI) zu *violettem Permanganat* [Manganat(VII)] (**MnO_4^-**) und *Braunstein* [Manganat(IV)] (**MnO_2**), der sich nach einiger Zeit abscheidet.

$$3\,MnO_4^{2-} + 4\,H_3O^+ \rightarrow 2\,MnO_4^- + MnO_2\downarrow + 6\,H_2O$$

Im *gelben* Filtrat, das CrO_4^{2-}-, [$Al(OH)_4]^-$- und [$Zn(OH)_4]^{2-}$-Ionen enthält, wird das überschüssige H_2O_2 verkocht und ein Überschuss an *Ammoniumchlorid* (NH_4Cl) zugesetzt. Durch den Zusatz von Ammonium-Ionen und den dadurch bedingten Verbrauch an Hydroxid-Ionen wird der pH-Wert der Lösung abgesenkt und *Aluminium*(III)-*hydroxid* **[$Al(OH)_3$]** fällt aus, während Chromat (CrO_4^{2-}) und Zink als Amminkomplex [$Zn(NH_3)_4]^{2+}$ in Lösung verbleiben.

Nach Abtrennung von $Al(OH)_3$ säuert man das Filtrat mit Essigsäure an und kann Chromat mit $BaCl_2$-Lösung als schwer lösliches *Bariumchromat* (**$BaCrO_4$**) nachweisen. Zn^{2+}-Ionen bleiben gelöst.

Nach Abtrennen von $BaCrO_4$ leitet man in das Filtrat Schwefelwasserstoff (H_2S) ein; es fällt *farbloses Zink*(II)-*sulfid* (**ZnS**) aus.

290 B

Eine salzsaure Lösung, die $AlCl_3$, $CrCl_3$, $FeCl_2$, $NiCl_2$ und $ZnCl_2$ enthält, wird mit Ammoniumchlorid (NH_4Cl) und Ammoniak (NH_3) versetzt. Nach Zugabe von Ammoniumsulfid-Lösung [$(NH_4)_2S$] und leichtem Erwärmen fallen als schwer lösliche Niederschlage aus: *Aluminium*(III)-*hydroxid* **[$Al(OH)_3$]**, *Chrom*(III)-*hydroxid* **[$Cr(OH)_3$]**, *Eisen*(II)-*sulfid* (**FeS**), *Nickel*(II)-*sulfid* (**NiS**) und *Zink*(II)-*sulfid* (**ZnS**)

291 B

Cobalt(II)-*sulfid* (CoS), *Chrom*(III)-*sulfid* (Cr_2S_3), *Eisen*(II)-*sulfid* (FeS), *Nickel*(II)-*sulfid* (NiS) und *Zink*(II)-*sulfid* können **nicht** in der Schwefelwasserstoff-Gruppe als Sulfide gefällt werden, weil in der salzsauren Lösung die *Sulfid-Ionenkonzentration* zu gering ist, um das *Löslichkeitsprodukt* der oben genannten Sulfide zu überschreiten.

292 E

Mangan(II)-*sulfid* (**MnS**) ist im Gegensatz zu Cobalt(III)-sulfid (Co_2S_3), Nickel(III)-sulfid (Ni_2S_3) oder Zink(II)-sulfid (ZnS) bereits in verdünnter Essigsäure löslich.

Cobalt(III)-*sulfid* ($\mathbf{Co_2S_3}$) und *Nickel*(III)-*sulfid* ($\mathbf{Ni_2S_3}$) sind im Gegensatz zu den anderen Sulfiden der Ammoniumsulfid-Gruppe wie z. B. *Zink*(II)-*sulfid* (ZnS) in 0,5 M (verdünnter) Salzsäure *nicht* oder nur in geringem Maße löslich. Die beiden Sulfide lösen sich jedoch in konzentrierter Salpetersäure oder essigsaurer Wasserstoffperoxid-Lösung.

Nickel(II)-Ionen bilden im neutralen, essigsauren und ammoniakalischen Medium mit *Diacetyldioxim* (*Dimethylglyoxim*) einen schwer löslichen, *roten Chelatkomplex*. Der Bis(diacetyldioxim) nickel(II)-Komplex ist quadratisch eben gebaut und für die gravimetrische Bestimmung von Ni(II)-Salzen geeignet.

Die Trennung von *Mangan*(II)-*sulfid* (**MnS**) und *Zink*(II)-*sulfid* (**ZnS**) gelingt – nach Auflösen der Sulfide in 0,5 M-Salzsäure – durch nachfolgende Zugabe von konzentrierter Natriumhydroxid-Lösung, wobei *Mangan*(II)-*hydroxid* [$\mathbf{Mn(OH)_2}$] ausfällt und Zink(II) als Tetrahydroxozinkat $[Zn(OH)_4]^{2-}$ in Lösung verbleibt.

293 E

Bei *Ausschluss von Luftsauerstoff* fallen aus einer *ammoniakalischen* Lösung (pH~8), die Co(II)-, Fe(II)-, Mn(II), Ni(II)- und Zn(II)-Ionen enthält, folgende Sulfide als schwer löslicher Niederschlag aus: *Cobalt*(II)-*sulfid* (**CoS**), *Eisen*(II)-*sulfid* (**FeS**), *Mangan*(II)-*sulfid* (**MnS**), *Nickel*(II)-*sulfid* (**NiS**) und *Zink*(II)-*sulfid* (**ZnS**)

294 A

Aus der **Gesamtdissoziation von Schwefelwasserstoff** (H_2S)

$$H_2S + 2\,H_2O \rightleftharpoons 2\,H_3O^+ + S^{2-}$$

und der daraus abgeleiteten Gesamtdissoziationskonstanten

$$K_s = [H_3O^+]^2 \cdot [S^{2-}]/[H_2S] \Rightarrow \mathbf{[S^{2-}]} = K_s \cdot [H_2S]/\mathbf{[H_3O^+]^2}$$

erkennt man, dass die Sulfid-Ionenkonzentration $[S^{2-}]$ mit steigender Hydroxonium-Ionenkonzentration $[H_3O^+]$ (kleiner werdendem pH-Wert) abnimmt.

Für die Fällung eines zweiwertigen Metallsulfids (MeS) ergibt sich dessen **Löslichkeitsprodukt** (K_L) zu:

$$Me^{2+} + S^{2-} \rightarrow MeS\downarrow \Rightarrow K_L = [Me^{2+}] \cdot \mathbf{[S^{2-}]} \Rightarrow -\log K_L = \mathbf{pK_L}$$

Je kleiner das Löslichkeitsprodukt (je größer der pK_L-Wert) ist, desto schwerer löslich ist das Sulfid, und desto früher setzt seine Fällung (bzw. desto später setzt sein Auflösen) ein.

In *saurer* Lösung (pH < 7) ist die Konzentration an Sulfid-Ionen $[S^{2-}]$ so gering, dass nur die Sulfide der Elemente der Schwefelwasserstoff-Gruppe ausfallen. In ammoniakalischer Lösung (pH = 8-10) – mit größerer S^{2-}-Konzentration – fallen die Elemente der Ammoniumsulfid-Gruppe aus. Die Elemente der Ammoniumcarbonat-Gruppe und der löslichen Gruppe bilden in wässriger Lösung *keine* schwer löslichen Sulfide.

Entsprechend ihren pK_L-Werten lösen sich die Sulfide der genannten Elemente mit steigender Salzsäurekonzentration (fallendem pH-Wert) in folgender Reihenfolge auf:

Mangan(II)*-sulfid* (**MnS**) [$pK_L \sim 15$] < *Zink*(II)*-sulfid* (**ZnS**) [$pK_L \sim 24$] <
Cadmium(II)*-sulfid* (**CdS**) [$pK_L \sim 27$] < *Arsen*(III)*-sulfid* [**As_2S_3**) [$pK_L \sim 29$]

295 E **431** E **432** E

Die Fällung von *Eisen*(II)*-sulfid* (**FeS**) erfolgt in ammoniakalischer Lösung (pH = 8-10).

Thioacetamid eignet sich in *saurer* Lösung *nur* zur Fällung der Metallsulfide der Elemente der Schwefelwasserstoff-Gruppe. Selbst in stark saurer Lösung (pH ~ 1; 80 °C) erfolgt die Hydrolyse von Thioacetamid (CH_3CSNH_2) zu Acetamid (CH_3CONH_2) und Schwefelwasserstoff (H_2S) nur äußerst langsam.

Die Fällung der Sulfide von Metallionen von Nebengruppenelementen hängt stark vom pH-Wert der Analysenlösung ab. In saurem Milieu fallen die Sulfide von Nebengruppenelementen wie Ag(I), Cu(I), Cu(II), Cd(II) und Hg(II) aus; in ammoniakalischer Lösung werden die Sulfide von Nebengruppenelementen wie Co(II), Cr(III), Fe(II), Mn(II), Ni(II) und Zn(II) gefällt.

Die **Grenzprüfung auf Schwermetalle** *nach Arzneibuch* fällt bei Haupt- und Nebengruppenelementen wie Ag(I), Co(II), Cu(II), Hg(II), Pb(II) positiv aus, während As-, Cd-, Fe-, Ni-Verbindungen *nicht* erfasst werden.

Durch Einleiten von Schwefelwasserstoff (H_2S) in eine saure Lösung disproportionieren Quecksilber(I)-Ionen (Hg_2^{2+}) zu elementarem *Quecksilber* (Hg) und *Quecksilber*(II)*-sulfid* (HgS):

$$Hg_2^{2+} + H_2S + 2\,H_2O \rightarrow Hg + HgS\downarrow + 2\,H_3O^+$$

296 C **297** C

Beim Versetzen einer Lösung, die Al^{3+}-, Cr^{3+}-, Fe^{2+}-, Mn^{2+}- und Zn^{2+}-Ionen enthält, mit konzentrierter Natriumhydroxid/Wasserstoffperoxid-Lösung ($NaOH/H_2O_2$):

- wird Fe(II) zu Fe(III) oxidiert und *rotbraunes Eisen*(III)*-hydroxid* [**$Fe(OH)_3$**] fällt aus
- wird Cr(III) zu *Chromat* (**CrO_4^{2-}**) oxidiert und die Lösung färbt sich *gelb*
- bilden Al(III) und Zn(II) *amphotere Hydroxide* und verbleiben als farblose Aluminat- **$[Al(OH)_4]^-$**- bzw. Zinkat-Ionen **$[Zn(OH)_4]^{2-}$** in Lösung
- wird Mn(II) zu Mn(IV) oxidiert und *braunschwarzes Mangandioxidhydrat* [Mangan(IV)-oxidhydrat] [**$MnO(OH)_2$**] fällt aus.

298 C

Eine Lösung, die Al^{3+}-, Co^{2+}-, Cr^{3+}-, Fe^{3+}-, Mn^{2+}-, Ni^{2+}- und Zn^{2+}-Ionen enthält, wird mit Ammoniak-Lösung (NH_3) versetzt.

- Es fallen die *Hydroxide* der dreiwertigen Metallionen (Al^{3+}, Cr^{3+}, Fe^{3+}) aus, weil die Löslichkeitsprodukte (K_L) der dreiwertigen Hydroxide in der Regel kleiner sind als die der zweiwertigen.
- Verbleiben die zweiwertigen Metallionen (Co^{2+}, Mn^{2+}, Ni^{2+}, Zn^{2+}) als *Amminkomplexe* in Lösung.

299 B

Aluminium(III)-hydroxid [$AlOH)_3$] und **Zink(II)-hydroxid** [$Zn(OH)_2$] lassen sich am besten durch ihre unterschiedlichen Löslichkeiten in verdünnter (2 M) *Ammoniak-Lösung* (NH_3) trennen. Aluminiumhydroxid ist darin unlöslich, während Zinkhydroxid als Zinkammin-Komplex $[Zn(NH_3)_4]^{2+}$ in Lösung geht.

300 B **301** C

Eine salzsaure Lösung, die Ba^{2+}-, Ca^{2+}-, Li^{+}-, Mg^{2+}- und Sr^{2+}-Ionen enthält, wird mit Ammoniak (NH_3) und danach mit Ammoniumcarbonat [$(NH_4)_2CO_3$] versetzt. Es fallen *Bariumcarbonat* (**$BaCO_3$**), *Calciumcarbonat* (**$CaCO_3$**) und *Strontiumcarbonat* (**$SrCO_3$**) als schwer löslicher Niederschlag aus, während Li^{+}- und Mg^{2+}-Ionen gelöst im Filtrat verbleiben.

Die salzsaure, vorstehende beschriebene Analysenlösung wird mit Ammoniak versetzt. Die daraus resultierende Bildung hinreichender Mengen an *Ammoniumchlorid* (NH_4Cl) verhindert die Mitfällung von *Magnesiumcarbonat* ($MgCO_3$) und *Lithiumcarbonat* (Li_2CO_3), so dass Li^{+}- und Mg^{2+}-Ionen bei der Carbonat-Fällung gelöst bleiben.

Der Carbonat-Niederschlag ($BaCO_3$, $CaCO_3$, $SrCO_3$) wird abzentrifugiert und in Essigsäure gelöst. Nach der Pufferung mit Natriumacetat fügt man eine Kaliumdichromat-Lösung ($K_2Cr_2O_7$) hinzu. *Gelbes Bariumchromat* (**$BaCrO_4$**) fällt als schwer löslicher Niederschlag aus, während **Sr^{2+}**- und **Ca^{2+}**-Ionen in der Lösung verbleiben.

302 B

Eine Unterscheidung von *Zinkammoniumphosphat* (**$ZnNH_4PO_4$**) und *Magnesiumammoniumphosphat* (**$MgNH_4PO_4$**) ist mit konzentrierter Ammoniak-Lösung möglich, mit der Zn(II) einen löslichen Amminkomplex $[Zn(NH_3)_4]^{2+}$ bildet.

Beide Phosphate lösen sich in verdünnter Salzsäure (2 M) und beide Salze reagieren auch *nicht* mit Wasserstoffperoxid-Lösung.

303 D **304** C

Eine Trennung von **Ba^{2+}**- und **Sr^{2+}**-Ionen gelingt mithilfe von *Chromat-Ionen* (**CrO_4^{2-}**), da in *essigsaurer, acetatgepufferter* Lösung die CrO_4^{2-}-Konzentration zur Fällung von *Bariumchromat* (**$BaCrO_4$**) [$pK_L = 9{,}7$] ausreichend hoch, zur Fällung von *Strontiumcarbonat* (**$SrCrO_4$**) [$pK_L = 4{,}44$] jedoch zu gering ist.

Die Trennung beider Ionen gelingt *nicht* in salzsaurer Lösung, weil in dieser Lösung die Chromat-Ionen (CrO_4^{2-}) so weitgehend in Dichromat-Ionen ($Cr_2O_7^{2-}$) übergeführt wurden, dass die CrO_4^{2-}-Konzentration *nicht* zur Fällung von $BaCrO_4$ ausreicht.

Die Trennung beider Ionen gelingt auch *nicht* in *alkalischer* Lösung, weil hier $BaCrO_4$ **und** $SrCrO_4$ als schwer lösliche Salze ausfallen.

305 B **306** C **307** B

Im Gegensatz zu *Bleisulfat* (**$PbSO_4$**) ist *Bariumsulfat* (**$BaSO_4$**) unlöslich in konzentrierter Natriumhydroxid-Lösung oder ammoniakalischer Ammoniumtartrat-Lösung, die beide $PbSO_4$ unter Komplexbildung lösen.

308 A

Li^{+}- und **Mg^{2+}**-Ionen lassen sich am besten voneinander trennen aufgrund der unterschiedlichen Löslichkeit ihrer *Hydroxide. Magnesiumhydroxid* [$Mg(OH)_2$] ist schwer löslich in Wasser, während sich *Lithiumhydroxid* (LiOH) leicht in Wasser löst.

Lithiumcarbonat (Li_2CO_3), *Lithiumphosphat* (Li_3PO_4), *Magnesiumcarbonat* ($MgCO_3$) und *Magnesiumphosphat* [$Mg_3(PO_4)_2$] sind in Wasser schwer lösliche Salze.

Lithiumbromid (LiBr), *Lithiumchlorid* (LiCl), *Magnesiumbromid* ($MgBr_2$) und *Magnesiumchlorid* ($MgCl_2$) sind wasserlöslich.

309 A **310** B

Im Verlauf des Kationentrennungsgangs müssen störende **Phosphat-Ionen** (PO_4^{3-}) nach der Schwefelwasserstoff-Gruppe entfernt werden, weil sonst

- *Magnesiumammoniumphosphat* (**$MgNH_4PO_4$**) in der Ammoniumsulfid-Gruppe ausfallen kann
- *Calciumphosphat* [**$Ca_3(PO_4)_2$**] in der Ammoniumsulfid-Gruppe ausfallen kann und so dem Nachweis in der Ammoniumcarbonat-Gruppe entgeht.

Die Abtrennung von störenden Phosphat-Ionen kann erfolgen durch:

- Fällung als *Eisen*(III)-*phosphat* [**$FePO_4$**]
- Fällung als *Zirkonphosphat* [**$Zr_3(PO_4)_4$**]

311 D

Oxalat-Ionen ($C_2O_4^{2-}$) stören den Kationentrennungsgang, weil Erdalkali-Ionen schon in der Ammoniumsulfid-Gruppe als schwer lösliche Oxalate mit ausgefällt werden und so ihrem Nachweis entgehen.

312 D

Phosphat-Ionen (PO_4^{3-}) stören den Kationentrennungsgang, weil Erdalkali-Ionen schon in der Ammoniumsulfid-Gruppe als schwer lösliche Ammoniumphosphate mit ausgefällt werden.

313 B

Eine Störung des Kationentrennungsgangs durch **Oxalat** ($C_2O_4^{2-}$) tritt ein durch Bildung schwer löslicher Erdalkalioxalate unter den Fällungsbedingungen der Ammoniumsulfid-Gruppe.

314 D

Tartrat-Ionen ($C_4H_4O_6^{2-}$) stören die Trennung und den Nachweis mancher Kationen, weil sie durch Komplexbildung z. B. die Fällung von *Aluminium*(III)-*hydroxid* [$Al(OH)_3$] oder *Chrom*(III)-*hydroxid* [$Cr(OH)_3$] verhindern.

315 C **123** A **125** C **128** C **147** E **148** E **170** B
174 B **175** D **176** A **255** E **272** B **433** E **876** C

Silberchlorid (AgCl) löst sich in Ammoniak-Lösung (NH_3) unter Bildung von *Diamminsilberchlorid* [$Ag(NH_3)_2$]Cl; beim Ansäuern der Lösung mit Salpetersäure fällt AgCl erneut aus.

$$AgCl + 2\,NH_3 \rightarrow [Ag(NH_3)_2]Cl$$

Beim Behandeln von AgCl mit Ammoniumpolysulfid-Lösung [$(NH_4)_2S_x$] bildet sich schwarzes *Silbersulfid* (Ag_2S).

Bei Zugabe von schwefelsaurer Kaliumchromat-Lösung fällt ***kein*** *Silberchromat* (Ag_2CrO_4) aus, da in saurer Lösung keine Chromat- sondern Dichromat-Ionen vorliegen und zudem Silberchromat in saurer Lösung löslich ist. Ag_2CrO_4 fällt nur in *neutraler* Lösung als *rotbrauner* Niederschlag aus.

In ammoniakalischer Lösung wird Silberchlorid durch *Formaldehyd* ($H_2C{=}O$) zu metallischem Silber reduziert, das sich als Metallspiegel an der Gefäßwand niederschlägt (**Tollens-Probe**). Formaldehyd wird dabei zu Formiat ($HCOO^-$) oxidiert.

$$2\,[Ag(NH_3)_2]^+ + H_2C{=}O + H_2O \rightarrow 2\,Ag\downarrow + HCOO^- + 3\,NH_4^+ + NH_3$$

In schwefelsaurer Lösung kann Silberchlorid (AgCl) mit Zink (Zn) zu metallischem Silber reduziert werden; im Filtrat lässt sich Chlorid (Cl^-) nachweisen.

$$2\,AgCl + Zn \rightarrow 2\,Ag\downarrow + Zn^{2+} + 2\,Cl^-$$

316 E **42** D **461** E

Silberoxid (Ag_2O) ist unlöslich in Natriumhydroxid-Lösung, löst sich aber in Säuren wie Salpetersäure (HNO_3).

Die Löslichkeit von Ag_2O in Ammoniak- (NH_3), Ammoniumcarbonat- [$(NH_4)_2CO_3$] oder Kaliumthiocyanat-Lösung (KSCN) beruht auf der Bildung des Diamminsilber- $[Ag(NH_3)_2]^+$ bzw. Dithiocyanatosilber-Komplexes $[Ag(SCN)_2]^-$.

317 D **318** D **434** D **464** E **476** C

Quecksilber(II)-Salze (Hg^{2+}) ergeben mit Natriumhydroxid einen *gelben* Niederschlag von *Quecksilber*(II)*-oxid* (HgO), der schwer löslich im Laugenüberschuss ist, sich jedoch in Säuren löst.

Wird die Lösung eines Hg(II)-Salzes mit *Zinn*(II)*-chlorid* ($SnCl_2$) versetzt, so entsteht zunächst ein *weißer* Niederschlag von *Quecksilber*(I)*-chlorid* [Kalomel] (Hg_2Cl_2). Mit überschüssigem $SnCl_2$ läuft die Reduktion weiter unter Abscheidung von elementarem, *grauem Quecksilber*:

$$2\,HgCl_2 + SnCl_2 \rightarrow Hg_2Cl_2\downarrow + SnCl_4$$
$$Hg_2Cl_2 + SnCl_2 \rightarrow 2\,\mathbf{Hg}\downarrow + SnCl_4$$

Aus Quecksilber(II)-Salzlösungen scheidet sich auf unedleren Metallen wie z. B. einer *Kupferfolie* Quecksilber als grauer Belag ab, der beim Polieren *silberglänzend* wird (*Amalgambildung mit unedleren Metallen*).

Hg(II) bildet in Salzsäure *farbloses*, lösliches *Quecksilber*(II)*-chlorid* [Sublimat] ($HgCl_2$). In Gegenwart von Ammoniumchlorid (NH_4Cl) entsteht daraus bei Zugabe von Ammoniak (NH_3) das weiße *„schmelzbare Präzipitat"*, bei dem es sich um einen schwer löslichen Amminkomplex des Hg(II)-Ions handelt.

$$HgCl_2 + 2\,NH_3 \rightarrow [Hg(NH_3)_2]Cl_2\downarrow$$

Aus einer Hg(II)-Salzlösung fällt mit Kaliumiodid (KI) zunächst *rotes Quecksilber*(II)*-iodid* (HgI_2) aus, das sich im Reagenzüberschuss unter Bildung des *hellgelben Tetraiodomercurat*(II)-Komplexes $[HgI_4]^{2-}$ löst.

$$Hg^{2+} + 2\,I^- \rightarrow HgI_2\downarrow\text{ (rot)} + 2\,I^- \rightarrow [HgI_4]^{2-}\text{ (hellgelb)}$$

319 C **443** B

Wird die Lösung eines **Hg(I)-Salzes** mit Salzsäure (HCl) versetzt, so entsteht ein *weißer* Niederschlag von *Quecksilber*(I)*-chlorid* [Kalomel = „Schönes Schwarz"] (Hg_2Cl_2), der sich beim Übergießen mit Ammoniak-Lösung (NH_3) *schwarz* färbt. Dies beruht auf der Disproportionierung von Hg_2Cl_2 zu fein verteiltem *Quecksilber* (Hg) und *Quecksilber*(II)*-amidochlorid* [„unschmelzbares Präzipitat"] ($HgNH_2Cl$):

$$Hg_2^{2+} + 2\,Cl^- \rightarrow \underset{\text{(weiß)}}{Hg_2Cl_2\downarrow} + 2\,NH_3 \rightarrow \underset{\text{(schwarz)}}{Hg\downarrow + [HgNH_2]Cl\downarrow} + NH_4^+ + Cl^-$$

Aus **Quecksilber(II)-Salzlösungen** fällt mit Alkalihydroxiden *gelbes Quecksilber*(II)*-oxid* (HgO) aus.

Nicht Hg(II)-Salzlösungen, wohl aber Blei(II)-Salzlösungen (Pb^{2+}) ergeben mit verdünnter Schwefelsäure eine Ausfällung von *weißem Bleisulfat* ($PbSO_4$), die in ammoniakalischer Tartrat-Lösung löslich ist.

Aus Hg(II)-Salzlösungen fällt mit Kaliumiodid (KI) *rotes Quecksilber*(II)*-iodid* (HgI_2), das sich im Überschuss des Fällungsmittels zu *hellgelbem Tetraiodomercurat*(II) $[HgI_4]^{2-}$ wieder löst.
Metallisches Quecksilber scheidet sich auf unedleren Metallen wie z. B. Kupfer als grauer Belag ab (*Amalgambildung*).

320 C

Aus Quecksilber(II)-Salzlösungen fällt bei Zugabe von Alkalihydroxiden *gelbes Quecksilber*(II)*-oxid* (HgO) aus.
Quecksilber scheidet sich auf Kupfer als grauer Belag ab, der beim Polieren silberglänzend wird (Bildung von *Kupferamalgam*).
Nicht Hg(II)-Salzlösungen, wohl aber *Bismut*(III)*-Salzlösungen* ergeben im salpetersauren Milieu mit *Thioharnstoff* [H_2N-CS-NH_2] eine gelblich-orange Färbung oder einen *orangefarbenen* Niederschlag.

321 D

Quecksilber(II)*-acetat* [$Hg(OOCCH_3)_2$] wird als Reagenz bei der Gehaltsbestimmung von Alkaloidhydrochloriden ($R_3NH^+Cl^-$) mittels Perchlorsäure-Titration in wasserfreier Essigsäure (Eisessig) verwendet. Aufgrund der Toxizität des Quecksilber-Salzes werden diese volumetrischen Bestimmungen aber in zunehmendem Maße durch Verdrängungstitrationen ersetzt.
Schwefelwasserstoff (H_2S) fällt aus einer Hg(II)-Salzlösung *schwarzes Quecksilber*(II)*-sulfid* (HgS) aus.
Beim Versetzen einer wässrigem *Quecksilber*(II)*-chlorid*-Lösung [Sublimat] ($HgCl_2$) mit Ammoniak (NH_3) fällt *Quecksilber*(II)*-amidochlorid* [„unschmelzbares Präzipitat“] ($HgNH_2Cl$) aus.
Beim Übergießen von *Quecksilber*(I)*-chlorid* [Kalomel] (Hg_2Cl_2) mit Ammoniak-Lösung färbt sich die Substanz *schwarz* infolge Disproportionierung in metallisches *Quecksilber* (Hg) und *Quecksilber*(II)*-amidochlorid* ($HgNH_2Cl$).

$$Hg_2Cl_2 + 2\,NH_3 \rightarrow 2\,Hg\downarrow \text{(schwarz)} + [HgNH_2]Cl\downarrow \text{(weiß)} + NH_4Cl$$

Quecksilber(II)*-iodid* (HgI_2) kann zusammen mit Kaliumiodid (KI) und Natriumhydroxid-Lösung zur Herstellung von **Neßlers Reagenz** [*Kaliumtetraiodomercurat*(II)] ($K_2[HgI_4]$) verwendet werden.

322 B **323** B **28** C

Beim Versetzen eines **Quecksilber(II)-Salzes** mit Ammoniak-Lösung fällt *gelbes Quecksilber*(II)*-oxid* (HgO) aus, das im Überschuss des Fällungsmittels schwer löslich ist.
Quecksilber(II)*-sulfat* ($HgSO_4$) ist wasserlöslich.
Durch unedlere Metalle wie Kupfer werden Quecksilberverbindungen zu metallischem Quecksilber reduziert, das mit dem Metall ein *Amalgam* bildet.

$$Hg^{2+} + Cu \rightarrow Hg\downarrow + Cu^{2+} \mid Hg_2^{2+} + Cu \rightarrow 2\,Hg\downarrow + Cu^{2+}$$

Mit Iodid-Ionen bilden Hg(II)-Ionen einen *roten* Niederschlag von *Quecksilber*(II)*-iodid* (HgI_2), der sich im Reagenzüberschoss als *hellgelber* Tetraiodomercurat(II)-Komplex $[HgI_4]^{2-}$ wieder auflöst.
Mit Kaliumchromat (K_2CrO_4) und Hg^{2+}-Ionen entsteht in neutralen Lösungen *gelbes Quecksilber*(II)*-chromat* ($HgCrO_4$), das beim Erhitzen *rot* wird.

324 A **325** A **326** C **37** B **65** B **255** E **272** B **434** D

Sowohl Hg(I)- als auch Hg(II)-Verbindungen werden durch metallisches Kupfer unter Amalgambildung zu metallischem Quecksilber (Hg) reduziert.

Mit Natriumhydroxid-Lösung ergeben Hg(I)-Ionen unter Disproportionierung einen *schwarzen* Niederschlag bestehend aus Quecksilber und Quecksilber(II)-oxid (HgO), während Hg(II)-Ionen einen *gelben* Niederschlag ergeben, der *nur* aus HgO besteht.

$$Hg_2^{2+} + 2\,HO^- \rightarrow Hg\downarrow + HgO\downarrow + H_2O \mid Hg^{2+} + 2\,HO^- \rightarrow HgO\downarrow + H_2O$$

Versetzt man eine Hg(I)-Salzlösung mit Ammoniak (NH_3), so bildet sich ein schwarzer Niederschlag aus metallischem Quecksilber und dem Quecksilber(II)-amido-Kation $[HgNH_2]^+$, das z.B. je nach Anion als Quecksilber(II)-amidonitrat $[HgNH_2]NO_3$ oder Quecksilber(II)-amidochlorid $[HgNH_2]Cl$ ausfällt, die beide *weiß* sind. Hg(II)-Ionen reagieren hingegen nur unter Bildung der Amidoverbindung.

$$\mathbf{Hg_2^{2+}} + 2\,NH_3 + X^- \rightarrow Hg\downarrow\ (\text{schwarz}) + [HgNH_2]X + NH_4^+$$
$$\mathbf{Hg^{2+}} + 2\,NH_3 + X^- \rightarrow [HgNH_2]X\ (\text{farblos}) + NH_4^+\ (X = Cl^-, NO_3^-)$$

Mit Chromat-Ionen (CrO_4^{2-}) bilden Hg(I)-Ionen rotes *Quecksilber*(I)-*chromat* (Hg_2CrO_4), während mit Hg(II)-Ionen *gelbes Quecksilber*(II)-*chromat* ($HgCrO_4$) gefällt wird.

Mit Salzsäure fällt aus einer Hg(I)-Salzlösung schwer lösliches, *weißes Quecksilber*(I)-*chlorid* [Kalomel] (Hg_2Cl_2) aus, während *Quecksilber*(II)-*chlorid* [Sublimat] ($HgCl_2$) wasserlöslich ist.

327 D **328** C **329** E **35** E **38** D **39** E **40** C **41** C **42** D **43** B **45** E **64** C **435** A **439** C **444** C **501** C

Aus **Blei(II)-Salzlösungen** (Pb^{2+}) fällt in saurer Lösung mit Schwefelwasserstoff oder Thioacetamid schwarzes *Blei*(II)-*sulfid* (**PbS**) aus.

Pb(II)-Ionen ergeben in der Kälte mit Salzsäure (HCl) einen Niederschlag von *weißem Blei*(II)-*chlorid* (**$PbCl_2$**), der sich in heißem Wasser, aber *nicht* im HCl-Überschuss löst.

Verdünnte Schwefelsäure fällt aus Pb^{2+}-Lösungen *weißes Blei*(II)-*sulfat* (**$PbSO_4$**), das sich in konzentrierter Schwefelsäure unter Bildung der komplexen Säure $H_2[Pb(SO_4)_2]$ löst.

Iodid-Ionen (I^-) fällen aus einer Pb(II)-Salzlösung *gelbes Blei*(II)-*iodid* (**PbI_2**), das bei Iodid-Überschuss in ein lösliches, komplexes Anion $[PbI_4]^{2-}$ übergeführt wird.

Pb(II)-Ionen bilden mit Natriumhydroxid-Lösung (Natronlauge) einen Niederschlag von *weißem Blei*(II)-*hydroxid* [**$Pb(OH)_2$**], der sich im Überschuss von HO^--Ionen unter Bildung von Tetrahydroxoplumbat(II) $[Pb(OH)_4]^{2-}$ wieder löst.

Mit Ammoniak (NH_3) entsteht in einer Blei(II)-Salzlösung ebenfalls ein Niederschlag von *Blei*(II)-*hydroxid* [**$Pb(OH)_2$**], der jedoch schwer löslich im Reagenzüberschuss ist, da Pb(II)-Ionen in wässriger Lösung *keine* Amminkomplexe bilden.

Chromat-Ionen (CrO_4^{2-}) ergeben im essigsauren Milieu einen *gelben* Niederschlag von *Blei*(II)-*chromat* (**$PbCrO_4$**).

Blei [$E^o(Pb/Pb^{2+})$ = -0,13 V] ist unedler (besitzt ein negativeres Normalpotential E^o) als Quecksilber [$E^o(Hg/Hg^{2+})$ = +0,85 V], so dass Pb(II)-Salze ***nicht*** durch Hg(II)-Salze zum Metall reduziert werden.

330 E **83** A **91** A **305** B **306** C **307** B

Blei(II)-sulfat ($PbSO_4$) ist löslich in konzentrierter Schwefelsäure (H_2SO_4) unter Bildung der komplexen Säure $H_2[Pb(SO_4)_2]$. Auch in Natriumhydroxid-Lösung (NaOH), ammoniakalischer Ammoniumtartrat- $[(NH_4)_2C_4H_4O_6]$ oder Ammoniumacetat-Lösung $[CH_3COONH_4]$ löst sich $PbSO_4$ auf.

331 B **255** E

Bei der Identifizierung von Blei(II)-Ionen mit Kaliumchromat (K_2CrO_4) fällt *gelbes* **Blei(II)-chromat** ($PbCrO_4$) aus.

332 E **333** E **334** B **335** D **42** D **43** B **44** B
438 E **445** B **487** D **502** D **508** D **755** C **756** B
757 C **758** A

Bismut(III)-Ionen (Bi^{3+}) ergeben in salpetersaurer Lösung mit *Thioharnstoff* [$S{=}C(NH_2)_2$] eine gelblich-orange Färbung oder einen *orangefarbenen* Niederschlag. Auf Zusatz von Fluorid-Ionen (F^-) tritt *keine* Entfärbung ein. Mit *Harnstoff* [$O{=}C(NH_2)_2$] reagiert Bi(III) *nicht* in analoger Weise.

$$Bi^{3+} + 3\,S{=}C(NH_2)_2 \rightarrow [Bi(S{=}C(NH_2)_2)_3]^{3+} \text{ (orange)}$$

Versetzt man eine Bi(III)-Salzlösung mit einer alkoholischen *Diacetyldioxim*-Lösung und fügt Ammoniak bis zur deutlich alkalischen Reaktion hinzu, so entsteht ein *gelber*, voluminöser Niederschlag.

$$2\,Bi^{3+} + \begin{array}{c} H_3C\text{-}C{=}N\text{-}OH \\ | \\ H_3C\text{-}C{=}N\text{-}OH \end{array} + 8\,H_2O \rightarrow \begin{array}{c} H_3C\text{-}C{=}N\text{-}O\text{-}Bi{=}O \\ | \\ H_3C\text{-}C{=}N\text{-}O\text{-}Bi{=}O \end{array} + (6\,H_3O^+)$$

Eine alkalische Trihydroxostannat(II)-Lösung $[Sn(OH)_3]^-$ reduziert Bi(III)-Ionen zum Metall (**Bi**), das als *schwarzes* Pulver ausfällt. Zinn(II) wird dabei zu Zinn(IV) oxidiert und liegt in der alkalischen Lösung als Hexahydroxostannat(IV) vor.

$$2\,Bi(OH)_3 + 3\,[Sn(OH)_3]^- + 3\,HO^- \rightarrow 2\,\mathbf{Bi}\downarrow + 3\,[Sn(OH)_6]^{2-}$$

Wird eine salzsaure Lösung, die *Bismut*(III)-*chlorid* ($BiCl_3$) gelöst enthält, allmählich mit Wasser verdünnt, so entstehen schwer lösliche *weiße bis gelbliche* Salze wechselnder Zusammensetzung, darunter auch Bismutylverbindungen wie *Bismutoxidchlorid* (**BiOCl**). Dieser Niederschlag ist in Weinsäure unlöslich und wandelt sich auf Zusatz von Natriumsulfid-Lösung (Na_2S) in *braunes Bismut*(III)-*sulfid* (**Bi_2S_3**) um. Das Sulfid wird auch gefällt, wenn man in eine nicht zu stark salzsaure Lösung eines Bi(III)-Salzes Schwefelwasserstoff (H_2S) einleitet.

Beim Versetzen einer Bi(III)-Salzlösung mit verdünnter Natronlauge (NaOH) fällt ein *weißer* Niederschlag von *Bismut*(III)-*hydroxid* [**$Bi(OH)_3$**] oder basischen Bismutylsalzen (BiOX) aus.

Aus schwach schwefel- oder salpetersaurer Lösung von Bi(III)-Salzen fällt mit Kaliumiodid (KI) ein schwarzer Niederschlag von *Bismut*(III)-*iodid* (**BiI_3**), der sich im Überschuss von KI als orangegelber Tetraiodobismutat(III)-Komplex $[BiI_4]^-$ löst.
Kaliumtetraiodobismutat(III) wird als **Dragendorffs Reagenz** bezeichnet und dient zum Nachweis vieler organischer Basen.

$$Bi^{3+} + 3\,I^- \rightarrow BiI_3\downarrow \text{ (schwarz)} + I^- \rightarrow [BiI_4]^- \text{ (orangegelb)}$$

8-Hydroxychinolin (*Oxin*) bildet mit Bi^{3+}-Ionen einen in Wasser schwer löslichen Chelatkomplex aus *Bismutoxinat.*

Kaliumtetraiodomercurat(II) $K_2[HgI_4]$ wird als **Neßlers Reagenz** bezeichnet und dient zum Nachweis von Ammonium-Ionen (NH_4^+).

336 D

Beim Verdünnen einer salzsauren **Bi(III)-Salzlösung** mit Wasser entsteht einer *weißer* bis *gelblicher* Niederschlag wechselnder Zusammensetzung aus basischen Bismutylverbindungen (**BiOX**), die sich auf Zusatz von Natriumsulfid-Lösung (Na_2S) *braun* verfärben durch Bildung von *Bismut*(III)-*sulfid* (Bi_2S_3).

- Bi(III)-Salze ergeben in salpetersaurem Milieu bei Zugabe von *Thioharnstoff-Lösung* eine gelblich orange Färbung oder einen *orangefarbenen* Niederschlag, wobei nach Zusatz von Fluorid-Ionen *keine* Entfärbung eintritt.
- α-Methoxyphenylessigsäure [C_6H_5-CH(OCH_3)-COOH] ist ein Reagenz zum Nachweis von Natrium-Ionen (Na^+).
- Molybdat-Vanadat-Reagenz dient zum Nachweis von Phosphat-Ionen (PO_4^{3-}).

337 E

- Bi^{3+}-Ionen ergeben mit ammoniakalischer *Diacetyldioxim*-Lösung einen intensiv *gelb* gefärbten Niederschlag.
- Bi^{3+}-Ionen ergeben mit *Thioharnstoff*-Lösung eine gelborange gefärbte Lösung oder einen *orangefarbenen* Niederschlag, der beide Komponenten [Bi(III):Thioharnstoff] im Verhältnis (1:3) enthält.
- Beim *Verdünnen* einer Bi^{3+}-Lösung *mit Wasser* fallen weiße bis gelblich gefärbte *Bismutylverbindungen* (**BiOX**) wechselnder Zusammensetzung aus.
- Eine alkalische *Trihydroxostannat*(II)-Lösung $[Sn(OH)_3]^-$ reduziert Bi^{3+}-Salze zu metallischem *Bismut* (**Bi**), das als *schwarzes* Pulver ausfällt.
- Aus nicht zu stark sauren Bi^{3+}-Salzlösungen fällt beim Einleiten von *Schwefelwasserstoff* (H_2S) ein *braunschwarzer* Niederschlag von *Bismut*(III)-*sulfid* (**Bi_2S_3**) aus, der in heißer, konzentrierter Salpetersäure löslich ist.

338 B **838** A **877** E

- Wie die *Normalpotentiale* (E°) ausweisen, kann das unedlere Eisen [E°(Fe/Fe^{2+}) = -0,44 V] Cu(II) zu metallischem **Kupfer** [E°(Cu/Cu^{2+}) = +0,35 V] reduzieren. Taucht man also einen Eisennagel in eine Cu(II)-Salzlösung ein, so scheidet sich elementares Kupfer ab.
- Mit Ammoniak-Lösung entsteht aus Cu(II)-Ionen zunächst ein bläulicher Niederschlag von *Kupfer*(II)-*hydroxid* [**$Cu(OH)_2$**], der sich jedoch im Überschuss des Reagenzes zum *tiefblauen Tetramminkupfer*(II)-Komplex **$[Cu(NH_3)_4]^{2+}$** löst:

$$Cu(OH)_2 + 4\,NH_3 \rightarrow [Cu(NH_3)_4]^{2+} + 2\,HO^-$$

- Mit überschüssigen Cyanid-Ionen (CN^-) bildet sich unter gleichzeitiger Reduktion von Cu(II) zu Cu(I) der sehr stabile, farblose *Kupfer*(I)-*tetracyano*-Komplex **$[Cu(CN)_4]^{3-}$**. Cyanid wird dabei zu *Dicyan* $(CN)_2$ oxidiert:

$$2\,Cu^{2+} + 10\,CN^- \rightarrow 2\,[Cu(CN)_4]^{3-} + (CN)_2\uparrow$$

- Mit Kaliumhexacyanaoferrat(II) $K_4[Fe(CN)_6]$ und Cu^{2+}-Ionen entsteht eine *braune*, in verdünnten Säuren schwer lösliche Fällung von *Kupferhexacyanoferrat*(II) **$Cu_2[Fe(CN)_6]$**, die sich aber in Ammoniak unter Bildung des blauen Tetrammin-Komplexes löst.
- In Gegenwart von Weinsäure (HOOC-CHOH-CHOH-COOH) bleibt in alkalischer Lösung infolge Bildung eines *Kupfertartrat-Chelatkomplexes* die Fällung von *Kupfer*(II)-*hydroxid* [$Cu(OH)_2$] aus. Eine alkalische Kupfertartrat-Lösung wird als **Fehling-Reagenz** in der organischen Chemie zum Nachweis von reduzierbarer Verbindungen genutzt.

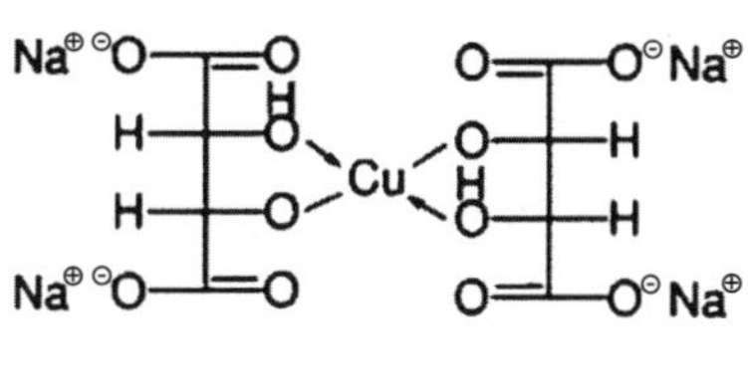

339 A **57** D **285** D

Aus sauren **Cu(II)-Salzlösungen** erfolgt nach Zusatz von Natriumthiocyanat (NaSCN) Bildung von schwer löslichem *schwarzen Kupfer*(II)-*thiocyanat* [$Cu(SCN)_2$], das bei Zugabe von Schwefliger Säure (H_2SO_3) in *weißes Kupfer*(I)-*thiocyanat* (**CuSCN**) übergeht.

$$2\,Cu(SCN)_2 + H_2SO_3 + H_2O \rightarrow 2\,CuSCN\downarrow + H_2SO_4 + 2\,HSCN$$

Wie die *Löslichkeitsprodukte* (K_L) bzw. pK_L-Werte ($-\log K_L = pK_L$) ausweisen ist *Kupfer*(II)-*sulfid* (**CuS**) [$pK_L = 44$] schwerer löslich als *Mangan*(II)-*sulfid* (**MnS**) [$pK_L = 15$), so dass CuS bei geringerer Sulfid-Ionenkonzentration bereits in der Schwefelwasserstoff-Gruppe und MnS erst in der Ammoniumsulfid-Gruppe bei höherer Sulfid-Ionenkonzentration ausfällt.

Aus einer ammoniakalischen Cu(II)-Salzlösung fällt beim Einleiten von Schwefelwasserstoff (H_2S) *schwarzes Kupfer*(II)-*sulfid* (**CuS**) aus.

$$[Cu(NH_3)_4]^{2+} + H_2S \rightarrow CuS\downarrow + 2\,NH_4^+ + 2\,NH_3$$

Bei der Umsetzung des Kupfer(II)-Tetramminkomplexes $[Cu(NH_3)_4]^{2+}$ erfolgt mit überschüssigen Cyanid-Ionen (CN^-) neben der Ligandensubstitution auch eine Reduktion von Cu(II) zu Cu(I) unter Bildung des sehr stabilen Kupfer(I)-Tetracyanokomplexes $\mathbf{[Cu(CN)_4]^{3-}}$. Dabei wird auch Cyanid zu Dicyan $(CN)_2$ oxidiert:

$$[Cu(NH_3)_4]^{2+} + 6\,CN^- \rightarrow [Cu(CN)_4]^{3-} + 4\,NH_3 + (CN)_2\uparrow$$

340 C

Behandelt man eine Cu(II)-Salzlösung mit Natriumhydroxid-Lösung, so fällt ein *bläulicher* Niederschlag von *Kupfer*(II)-*hydroxid* [$\mathbf{Cu(OH)_2}$] aus. Die Fällung von $Cu(OH)_2$ bleibt in Gegenwart von organischen Polyhydroxyverbindungen wie *Citrat* oder *Tartrat* infolge Bildung stabiler Chelatkomplexe aus. Acetat verhindert dagegen *nicht* die Fällung des Hydroxids.

341 C **42** D **44** B **47** D **851** B

Versetzt man eine Cu(II)-Salzlösung mit Ammoniak (NH_3), so entsteht zunächst ein bläulicher Niederschlag von *Kupfer*(II)-*hydroxid* [$\mathbf{Cu(OH)_2}$], der sich jedoch im NH_3-Überschuss zum *tiefblauen* Tetramminkomplex $\mathbf{[Cu(NH_3)_4]^{2+}}$ löst.

$$Cu^{2+} + 2\,HO^- \rightarrow Cu(OH)_2\downarrow + 4\,NH_3 \rightarrow [Cu(NH_3)_4]^{2+} + 2\,HO^-$$

342 B **343** C **42** D **43** B **44** B **45** E **283** D
284 D **285** D **437** A **442** C

Leitet man in eine schwach salzsaure **Cadmium(II)-Salzlösung** (Cd^{2+}) Schwefelwasserstoff (H_2S) ein, so fällt ein *gelber* Niederschlag von *Cadmium*(II)-*sulfid* (**CdS**) aus.

Versetzt man eine Cd(II)-Salzlösung mit Natriumhydroxid-Lösung, so fällt ein *weißer* Niederschlag von *Cadmium*(II)-*hydroxid* [$\mathbf{Cd(OH)_2}$] aus, der im Überschuss des Fällungsmittels schwer löslich ist.

Cd^{2+}-Ionen ergeben mit Cyanid-Ionen (CN^-) einen *weißen* Niederschlag von *Cadmium*(II)-*cyanid* [$\mathbf{Cd(CN)_2}$)], der sich bei Reagenzüberschuss als Tetracyano-Komplex $\mathbf{[Cd(CN)_4]^{2-}}$ wieder löst. Leitet man in die Lösung des komplexen Cyanids Schwefelwasserstoff (H_2S) ein, so fällt *gelbes Cadmium*(II)-*sulfid* (**CdS**) aus.

$$Cd^{2+} + 2\,CN^- \rightarrow Cd(CN)_2\downarrow + 2\,CN^- \rightarrow [Cd(CN)_4]^{2-}$$
$$[Cd(CN)_4]^{2-} + H_2S + 2\,H_2O \rightarrow CdS\downarrow + 4\,CN^- + 2\,H_3O^+$$

Mit Ammoniak (NH_3) entsteht in einer Cd(II)-Lösung zunächst auch ein Niederschlag von $Cd(OH)_2$, der sich jedoch mit überschüssigem NH_3 unter Bildung von *Amminkomplexen* $[Cd(NH_3)_4]^{2+}$ bzw. $[Cd(NH_3]_6]^{2+}$ wieder auslöst.

$$Cd(OH)_2 + 4\,NH_3 \rightarrow [Cd(NH_3)_4]^{2+} + 2\,HO^-$$

Bringt man *Kupfer*(II)-*chlorid* ($CuCl_2$) oder eine andere Kupferverbindung mit $MgCl_2$ vermischt in die nichtleuchtende Bunsenflamme, so wird die Flamme *grün* gefärbt. Diese als **Beilstein-Probe** bekannte Reaktion dient zum Nachweis organischer Halogenverbindungen.

344 D

Beim Behandeln von **Arsen(III)**- oder **Arsen(V)-Lösungen** mit *Hypophosphit-Reagenz* (Natriumhypophosphit, NaH_2PO_2) scheidet sich *braunes*, elementares *Arsen* (**As**) ab. Phosphinsäure [Hypophosphorige Säure] (H_3PO_2) wird dabei zu Phosphonsäure [Phosphorige Säure] (H_3PO_3) oxidiert (**Reaktion nach Thiele**):

$$2\,As^{3+} + 3\,H_3PO_2 + 9\,H_2O \rightarrow 2\,\mathbf{As}\downarrow + 3\,H_3PO_3 + 6\,H_3O^+$$
$$2\,As^{5+} + 5\,H_3PO_2 + 15\,H_2O \rightarrow 2\,\mathbf{As}\downarrow + 5\,H_3PO_3 + 10\,H_3O^+$$

Reduziert man As(III)- oder As(V)-Verbindungen in schwefelsaurer Lösung mit Zink (Zn), so bildet sich *flüchtiger Arsenwasserstoff* [*Arsin*] (AsH_3). Arsin zersetzt sich in der Hitze und schlägt sich als Arsen (As) an der Gefäßwand nieder (**Marsh-Probe**):

$$2\,As^{3+} + 6\,Zn + 6\,H_3O^+ \rightarrow \mathbf{2\,AsH_3}\uparrow + 6\,Zn^{2+} + 6\,H_2O$$
$$2\,AsH_3 \rightarrow 2\,\mathbf{As}\downarrow + 3\,H_2\uparrow$$

Reduziert man As(III)- oder As(V)-Verbindungen mit Zn/HCl (naszierendem Wasserstoff) zu flüchtigem **Arsin** (AsH_3) und deckt das Reagenzglas mit einem Papier ab, das mit *Quecksilber*(II)-*bromid*-Lösung ($HgBr_2$) getränkt ist, so beobachtet man eine *Gelbfärbung* durch Bildung von *Quecksilberarseniden* [$AsH_2(HgBr)$, $AsH(HgBr)_2$, $As(HgBr)_3$, As_2Hg_3], die allmählich in einen *braunen* Farbton übergeht.

Beim **DDTC-Verfahren** werden Arsenverbindungen mit Zn/HCl zu *Arsin* (AsH_3) reduziert. Das flüchtige Arsin wird anschließend in eine Lösung von überschüssigem *Silber**d**iethyl**d**ithio**c**arbamat* [$(CH_3CH_2)_2N\text{-}CSS^-Ag^+$] in Pyridin eingeleitet. Das dabei zum Metall reduzierte Silber bleibt – in nicht zu konzentrierten Lösungen – *kolloidal* mit *rotvioletter* Farbe gelöst.

$$AsH_3 + 6\,(H_5C_2)_2N\text{-}CSSAg \rightarrow 6\,\mathbf{Ag} + As(SSC\text{-}N(C_2H_5)_2)_3 + 3\,(C_2H_5)_2N\text{-}CSSH$$

Hg(II)-Ionen ergeben bei Zusatz von Alkalihydroxid-Lösung einen *gelben* Niederschlag von *Quecksilber*(II)-*oxid* (HgO).

345 C	**346** E	**347** D	**348** E	**70** E	**71** D	**113** E
116 A	**119** C	**121** B	**238** E	**239** E	**240** E	**241** A
262 C	**264** D	**446** B	**486** E			

Drei- und fünfwertige **Arsenverbindungen** werden durch naszierenden Wasserstoff (Zn/HCl) in *Arsin* [Arsenwasserstoff] (**AsH_3**) umgewandelt, dessen thermische Zersetzung zur Abscheidung von elementarem *Arsen* (**As**) führt (**Marsh-Probe**).

Arsenverbindungen lassen sich in stark salzsaurer Lösung mit *Zinn*(II)-*chlorid* ($SnCl_2$) zu elementarem *Arsen* (**As**) reduzieren (**Bettendorf-Probe**).

Arsensensäure (H_3AsO_4) unterscheidet sich von *Phosphorsäure* (H_3PO_4) durch ihr *Oxidationsvermögen*. So wird mit H_3AsO_4 z. B. Schwefelige Säure (H_2SO_3) zu Schwefelsäure (H_2SO_4) oxidiert. Dabei wird Arsensäure zu *Arseniger Säure* (H_3AsO_3) reduziert. Arsensäure und Phosphorsäure enthalten die zentralen Elemente (As, P) in ihrer jeweils höchsten Oxidationsstufe (+5), sodass beide Substanzen *nicht* als Reduktionsmittel eingesetzt werden können.

$$H_3AsO_4 + H_2SO_3 \rightarrow H_3AsO_3 + H_2SO_4$$

Aus Arsen(III)-Salzlösungen fällt in salzsaurer Lösung mit Schwefelwasserstoff (H_2S) *gelbes* **Arsen(III)-sulfid** (**As_2S_3**) aus, das unter Bildung von *Thioarsenit*-Ionen [Thioarsenat(III)] (AsS_3^{3-}) in (farbloser) Ammoniumsulfid-Lösung löslich ist. Arsen(III)-sulfid löst sich auch in Ammoniak-

oder Alkalihydroxid-Lösung, wobei *Thioarsenite* (AsS_3^{3-}), *Thiooxoarsenite* ($AsOS_2^{3-}$, AsO_2S^{3-}) oder *Arsenite* (AsO_3^{3-}) gebildet werden.

$$2\,As^{3+} + 3\,H_2S + 6\,H_2O \rightarrow \mathbf{As_2S_3}\downarrow + 6\,H_3O^+$$
$$As_2S_3 + 3\,S^{2-} \rightarrow 2\,AsS_3^{3-}$$
$$As_2S_3 + 6\,HO^- \rightarrow AsS_3^{3-} + AsO_3^{3-} + 3\,H_2O$$
$$As_2S_3 + 6\,HO^- \rightarrow AsO_2S^{3-} + AsOS_2^{3-} + 3\,H_2O$$

Drei- und fünfwertige Arsenverbindungen lassen sich mit Natriumhypophosphit-Lösung (*Natriumphosphinat*) [*Hypophosphit-Reagenz*] (NaH_2PO_2) zu elementarem *Arsen* (**As**) reduzieren. Phosphinsäure [Unterphosphorige Säure, Hypophosphorige Säure] (H_3PO_2) wird dabei zu Phosphonsäure [Phosphorige Säure] (H_3PO_3) oxidiert (**Reaktion nach Thiele**):

$$2\,As^{3+} + 3\,H_3PO_2 + 9\,H_2O \rightarrow 2\,\mathbf{As}\downarrow + 3\,H_3PO_3 + 6\,H_3O^+$$
$$2\,As^{5+} + 5\,H_3PO_2 + 15\,H_2O \rightarrow 2\,\mathbf{As}\downarrow + 5\,H_3PO_3 + 10\,H_3O^+$$

Arsenit-Ionen (AsO_3^{3-}) bilden in neutraler Lösung einen *gelben* Niederschlag von *Silberarsenit* ($\mathbf{Ag_3AsO_3}$), während Arsenat-Ionen (AsO_4^{3-}) einen *braunen* Niederschlag von *Silberarsenat* ($\mathbf{Ag_3AsO_4}$) ergeben.

In ammoniakalischer, Ammoniumchlorid-haltiger (NH_4Cl) Lösung wird *Arsenat* (AsO_4^{3-}) mit Mg^{2+}-Ionen als *weißes*, schwer lösliches *Magnesiumammoniumarsenat* ($\mathbf{NH_4MgAsO_4}$) gefällt:

$$Mg^{2+} + NH_4^+ + HAsO_4^{2-} + HO^- \rightarrow NH_4MgAsO_4\downarrow + H_2O$$

349 E

Arsenverbindungen können in salzsaurer Lösung mit *Zinn*(II)-*chlorid* ($SnCl_2$) oder *Natriumhypophosphit*-Lösung (NaH_2PO_2) zum Element (**As**) reduziert werden, das als *brauner* Niederschlag ausfällt.

Arsenverbindungen werden von naszierendem Wasserstoff (hergestellt aus Zn/HCl) zu *Arsenwasserstoff* [*Arsin*] ($\mathbf{AsH_3}$) reduziert, der sich mit *Quecksilber*(II)-*bromid* ($HgBr_2$) getränktem Filterpapier als *Gelbfärbung* durch *Quecksilberarsenide* [$AsH_2(HgBr)$, $AsH(HgBr)_2$, $As(HgBr)_3$, As_2Hg_3] nachweisen lässt.
Alternativ dazu kann man *Arsin* in eine Lösung mit überschüssigem Silberdiethyldithiocarbamat in Pyridin einleiten. Das dabei durch AsH_3 zum Metall reduzierte *Silber* (Ag) bleibt kolloidal mit *rotvioletter* Farbe gelöst.

Eine salzsaure Natriumsulfit-Lösung (Na_2SO_3/HCl → Schwefelige Säure „H_2SO_3") reduziert *Arsensäure* (H_3AsO_4) zu *Arseniger* Säure (H_3AsO_3). In H_3AsO_3 kann Arsen durch Reduktion (zu As oder AsH_3) bzw. durch Fällung schwer löslicher Niederschläge (als As_2S_3 oder Ag_3AsO_3) nachgewiesen werden. Ein *direkter* As-Nachweis mit Sulfit-Ionen ist daher *nicht* möglich.

350 A **28** C **446** B

Arsen(V)-sulfid (As_2S_5) ist schwer löslich in konzentrierter Salzsäure, löst sich jedoch in heißer konzentrierter Salpetersäure. Das Sulfid ist auch löslich in warmer Ammoniumcarbonat-, 2 M-Ammoniak- und 2 M-Natriumhydroxid-Lösung. In diesen alkalischen Lösungen liegen *Thioarsenate*(V) [AsS_4^{3-}] bzw. *Thiooxoarsenate*(V) [$AsOS_3^{3-}$, $AsO_2S_2^{3-}$, AsO_3S^{3-}] vor.

$$As_2S_5 + 6\,HO^- \rightarrow AsS_4^{3-} + AsO_3S^{3-} + 3\,H_2O$$
$$As_2S_5 + 6\,HO^- \rightarrow AsOS_3^{3-} + AsO_2S_2^{3-} + 3\,H_2O$$

Arsen(III)-sulfid (As_2S_3) geht beim Behandeln mit warmer Ammoniumcarbonat-Lösung in *Ammoniumthioarsenit* [$(NH_4)_3AsS_3$], *Ammoniumarsenit* [$(NH_4)_3AsO_3$] bzw. in *Ammoniumthiooxoarsenite* [$(NH_4)_3AsOS_2$, $(NH_4)_3AsO_2S$] über.

$$As_2S_3 + 6\,HO^- \rightarrow AsS_3^{3-} + AsO_3^{3-} + 3\,H_2O$$
$$As_2S_3 + 6\,HO^- \rightarrow AsO_2S^{3-} + AsOS_2^{3-} + 3\,H_2O$$

Arsen(III)-Verbindungen reagieren mit naszierendem Wasserstoff – hergestellt aus Zink/ konzentrierter Salzsäure – zu flüchtigem, leicht identifizierbaren *Arsenwasserstoff* [*Arsin*] (**AsH_3**).

Arsen(III)-Verbindungen werden in salzsaurer Lösung durch Hypophosphorige Säure [Phosphinsäure] (H_3PO_2) zu elementarem *Arsen* (**As**) reduziert.

351 B **25** D **26** D **34** B **60** D

Arsenwasserstoff [*Arsin*] (**AsH_3**) kann näher charakterisiert werden durch folgende Reaktionen:

- Auftreten einer Gelbfärbung, die allmählich in Braun übergeht, bei der Umsetzung mit Quecksilber(II)-bromid ($HgBr_2$). Die Färbung wird verursacht durch *Quecksilberarsenide* [$AsH_2(HgBr)$, $AsH(HgBr)_2$, $As(HgBr)_3$, As_2Hg_3]
- Reduktion von Silber-Ionen in Silberdiethyldithiocarbamat [$(H_5C_2)_2N\text{-}CSS^-Ag^+$] zu metallischem *Silber*, das sich mit *rotvioletter* Farbe *kolloidal* in Pyridin löst.
- thermische Zersetzung zu metallischem Arsen (As), das sich in ammoniakalischer (alkalischer) Wasserstoffperoxid-Lösung (H_2O_2) unter *Arsenat*-Bildung (**AsO_4^{3-}**) löst.

$$2\,As + 5\,H_2O_2 + 6\,NH_3 \rightarrow 2\,AsO_4^{3-} + 6\,NH_4^+ + 2\,H_2O$$

352 E **353** E **354** B **355** C **492** E **867** C

Bei der **Identitätsprüfung von Arsen** nach Arzneibuch

- wird *Phosphinsäure* [Hypophosphorige Säure, Unterphosphorige Säure] (H_3PO_2) als reduzierendes Agens [*Hypophosphit-Reagenz*] eingesetzt und dabei zu *Phosphonsäure* (Phosphoriger Säure) (H_3PO_3) oxidiert.
- werden anorganische drei- und fünfwertige Arsenverbindungen zu *braunem*, elementarem *Arsen* (**As**) reduziert.
- erfolgt die Reduktion in stark salzsaurem Milieu.

$$2\,As^{3+} + 3\,H_3PO_2 + 9\,H_2O \rightarrow 2\,\mathbf{As}\downarrow + 3\,H_3PO_3 + 6\,H_3O^+$$

356 E **827** D **879** B

Bei der **Grenzprüfung auf Arsen** *nach Arzneibuch* (Methode A)

- wird naszierender Wasserstoff aus *Zink* und *Salzsäure* hergestellt, der As(III) zu *Arsenwasserstoff* [Arsin] (AsH_3) reduziert.
- wird *Iodwasserstoff* (HI) aus zugesetztem Kaliumiodid und Salzsäure hergestellt, der fünfwertiges Arsen (As^{5+}) zu dreiwertigem (As^{3+}) reduziert.
- reagiert Arsenwasserstoff (AsH_3) mit *Quecksilber*(II)-*bromid* ($HgBr_2$) zu *Quecksilberarseniden* [$AsH_2(HgBr)$, $AsH(HgBr)_2$, $As(HgBr)_3$, As_2Hg_3]
- werden *Störungen* durch *Schwefelwasserstoff* (H_2S) oder *Phosphin* (PH_3) durch einen mit *Blei*(II)-*acetat* [$Pb(OOCCH_3)_2$] getränkten Wattebausch verhindert.

Eine Vorlage gefüllt mit 0,1 M-Natriumhydroxid-Lösung würde man wählen, um saure Gase (CO_2, SO_2, u. a.) aufzufangen.

357 C **30** B **60** D

Unedle Metalle wie Eisen, Zink oder Zinn scheiden aus nicht zu stark sauren Lösungen von drei- und fünfwertigen **Antimonverbindungen** metallisches *Antimon* (**Sb**) in Form *schwarzer* Flocken ab.

$$2\,Sb^{3+} + 3\,Fe\ (\text{Eisennagel}) \rightarrow 2\,\mathbf{Sb}\downarrow + 3\,Fe^{2+}$$

Mit Schwefelwasserstoff (H_2S) fallen aus Sb(III)- oder Sb(V)-Salzlösungen *orangerote* Niederschläge von *Antimon*(III)-*sulfid* (**Sb_2S_3**) bzw. *Antimon*(V)-*sulfid* (**Sb_2S_5**) aus.

Sb_2S_3 und Sb_2S_5 sind unlöslich in Ammoniumcarbonat-Lösung (im Gegensatz zu As_2S_3). Beide Sulfide lösen sich aber in Alkalihydroxid-Lösungen unter Bildung von *Thiooxoantimonaten*.

$$2\,Sb^{3+} + 3\,S^{2-} \rightarrow Sb_2S_3\downarrow + 6\,HO^- \rightarrow SbO_2S^{3-} + SbOS_2^{3-} + 3\,H_2O$$
$$2\,Sb^{5+} + 5\,S^{2-} \rightarrow Sb_2S_5\downarrow + 6\,HO^- \rightarrow SbOS_3^{3-} + SbO_2S_2^{3-} + 3\,H_2O$$

Beim Verdünnen einer Antimon(III)-Salzlösung mit Wasser kann durch Hydrolyse ein *weißer* Niederschlag einer *Antimonylverbindung* (**SbOX**) entstehen.

Hexahydroxoantimonat(V)-Ionen $[Sb(OH)_6]^-$ ergeben in schwach alkalischer Lösung mit Natrium-Ionen (Na^+) einen schwer löslichen, *weißen* Niederschlag von *Natriumhexahydroxoantimonat*(V) **$Na[Sb(OH)_6]$**.

358 B

Sb(III)- oder **Sb(V)-Ionen** ergeben mit *Natriumsulfid-Lösung* (Na_2S) einen *orangeroten* Niederschlag von *Antimon*(III)*-sulfid* (**Sb_2S_3**) bzw. *Antimon*(V)*-sulfid* (**Sb_2S_5**).

Kaliumtetraiodomercurat(II)-Lösung $K_2[HgI_4]$ dient als *Neßler-Reagenz* zum Nachweis von Ammonium-Ionen (NH_4^+).

Natriumthioglycolat $[HS\text{-}CH_2\text{-}CH_2\text{-}COO^-Na^+]$ ist ein Nachweisreagenz auf Eisen(II)-Ionen.

Zinn(II)*-chlorid* ($SnCl_2$) in konzentrierter Salzsäure kann zur Reduktion von As(III)-Verbindungen zum elementaren Arsen eingesetzt werden.

Thioharnstoff $[H_2N\text{-}CS\text{-}NH_2]$ ergibt mit Bismut(III)-Ionen in salpetersaurer Lösung eine gelblich-orange Färbung oder einen orangefarbenen Niederschlag.

359 A

Zur Fällung von *Antimon*(III)*-sulfid* (**Sb_2S_3**) nach *Arzneibuch* wird die Antimonverbindung zunächst in *Kaliumnatriumtartrat-Lösung* [KOOC-CHOH-CHOH-COONa] gelöst, um das Ausfallen basischer Antimonsalze zu verhindern; anschließend wird die Lösung des Antimontartrat-Komplexes mit Natriumsulfid (Na_2S) unter Abscheidung von Sb_2S_3 versetzt.

360 D **27** D **31** A **35** E **36** B **37** B **40** C
41 C **44** B **62** E **63** B **64** C **72** A **89** B
441 D **447** E

Gelbes Ammoniumpolysulfid $[(NH_4)_2S_x]$ löst *Zinn*(II)*-sulfid* (**SnS**) unter gleichzeitiger Oxidation und Bildung von *Thiostannat*(IV) (SnS_3^{2-}):

$$SnS + S_2^{2-} \rightarrow [SnS_3]^{2-}$$

Als Vorprobe auf **Zinnverbindungen** dient die **Leuchtprobe**. Dabei taucht man ein Reagenzglas in eine Zinn(II)-Salzlösung ein und hält das benetzte Reagenzglas anschließend in die nichtleuchtende Bunsenflamme. Bei Anwesenheit von Sn(II)-Verbindungen zeigt sich eine *blaue Fluoreszenz* von *Zinn*(II)*-chlorid* (**$SnCl_2$**) herrührend. Zinn(IV)-Verbindungen müssen zuvor mit Zink/Salzsäure zu Sn(II) reduziert werden.

Zinn(II)*-hydroxid* [**$Sn(OH)_2$**] ist amphoter und löst sich in einem Überschuss an Alkalihydroxid-Lösung unter Bildung von *Trihydroxostannat*(II) $[Sn(OH)_3]^-$ bzw. *Tetrahydroxostannat*(II) $[Sn(OH)_4]^{2-}$ wieder auf.

Mit Ammoniak (NH_3) entsteht in einer Sn(II)-Salzlösung ein *weißer* Niederschlag von *Zinn*(II)*-hydroxid* [**$Sn(OH)_2$**], der aber im Überschuss des Fällungsmittels schwer löslich ist, da Zinn(II) unter diesen Bedingungen *keinen* Amminkomplex bildet.

Sn(II)-Verbindungen lassen sich mit Hg(II)-Salzen zu Zinn(IV)-Verbindungen oxidieren.

$$SnCl_2 + 2\,HgCl_2 \rightarrow Hg_2Cl_2\downarrow + SnCl_4$$
$$Hg_2Cl_2 + SnCl_2 \rightarrow 2\,Hg\downarrow + SnCl_4$$

361 D **362** B **508** D

Die **Nickel-Diacetyldioxim**(Dimethylglyoxim)-Verbindung

- bildet sich im neutralen, essigsauren oder ammoniakalischen Milieu aus Diacetyldioxim und Ni(II)-Ionen, und enthält die Komponenten Ni(II) und Reagenz im Verhältnis 1:2.
- ist ein *roter Chelatkomplex*, der $\mathbf{Ni^{2+}}$-Ionen als Zentralatom enthält und quadratisch eben gebaut ist.
- eignet sich zur gravimetrischen Bestimmung von Nickel(II)-Salzen sowie zur Cobalt/Nickel-Trennung.

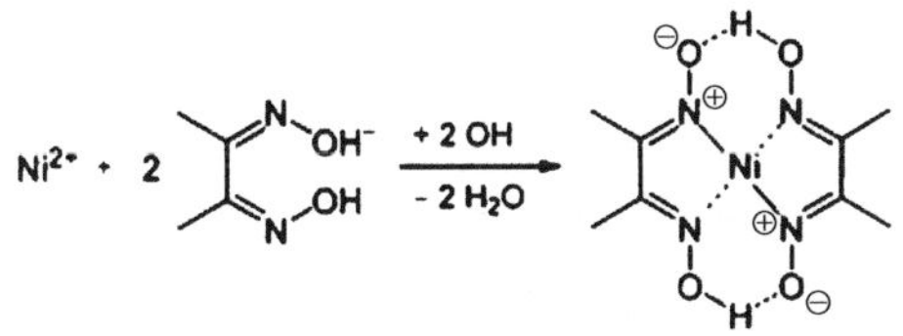

363 E **448** B

Cobalt(II)-Ionen (Co^{2+}) bilden mit Thiocyanat-Ionen (SCN^-) *blaues Cobalt*(II)-*thiocyanat* $\mathbf{[Co(SCN)_2]}$, das in saurer Lösung als komplexe Säure $H_2[Co(SCN)_4]$ vorliegt. Die Reaktion mit Thiocyanat eignet sich auch zum Nachweis von wenig Cobalt(II)- neben viel Nickel(II)-Ionen.

Cobalt(II)-Ionen bilden in neutraler bis essigsaurer Lösung mit Thiocyanatomercurat(II) $[Hg(SCN)_4]^{2-}$ einen *tiefblauen* Niederschlag von *Cobalttetrathiocyanatomercurat*(II) $\mathbf{Co[Hg(SCN)_4]}$.

Co^{2+}-Ionen ergeben in essigsaurer, acetatgepufferter Lösung mit Kaliumnitrit (KNO_2) einen *gelben* Niederschlag. Hierbei wird durch die aus KNO_2 freigesetzte Salpetrige Säure (HNO_2) Co(II) zu Co(III) oxidiert unter gleichzeitiger Bildung des komplexen Anions $[Co(NO_2)_6]^{3-}$. Dieses fällt als *Kaliumhexanitrocobaltat*(III) $\mathbf{K_3[Co(NO_2)_6]}$ bzw. in Gegenwart von Ammonium-Ionen (NH_4^+) als Kaliumammoniumsalz aus.

Mit Cyanid- und Co(II)-Ionen erfolgt in neutraler Lösung zunächst eine *rotbraune* Fällung von *Cobalt*(II)-*cyanid* $[Co(CN)_2]$, die sich im Reagenzüberschuss mit brauner Farbe wieder auflöst.

$$Co^{2+} + 2\,CN^- \rightarrow Co(CN)_2\downarrow + 4\,CN^- \rightarrow [Co(CN)_6]^{4-}$$

Die Eigenschaften des gebildeten Cyanokomplexes können zur *Cobalt/Nickel-Trennung* herangezogen werden. Mit $NaOH/Br_2$ wird der Co(II)-Cyanokomplex in einen Co(III)-Cyanokomplex umgewandelt. Aus den alkalischen Cobalt-Komplexlösungen fällt *kein* Niederschlag aus, weil der $\mathbf{[Co^{III}(CN)_6]^{3-}}$-Komplex wesentlich beständiger ist als das $[Ni(CN)_4]^{2-}$-Ion. Letzteres wird durch $Br_2/NaOH$ in *braunschwarzes Nickel*(III)-*hydroxid* $\mathbf{[Ni(OH)_3]}$ umgewandelt, das ausfällt, während die Co-Komplexlösung klar bleibt.

$$2\,[Co^{II}(CN)_6]^{4-} + Br_2 \rightarrow [Co^{III}(CN)_6]^{3-} + 2\,Br^- \rightarrow \text{keine Fällung}$$
$$[Ni(CN)_4]^{2-} + Br_2/NaOH \rightarrow Ni(OH)_3\downarrow \text{ (braunschwarze Fällung)}$$

Das aus *Cobalt*(II)-*sulfid* (CoS) durch Oxidation an der Luft gebildete *Cobalt*(III)-*sulfid* ($\mathbf{Co_2S_3}$) kann mit konzentrierter Salpetersäure oder essigsaurer Wasserstoffperoxid-Lösung wieder aufgelöst werden, ist aber unlöslich in verdünnter Salzsäure.

Kommentare

364 E **18** B **19** A **20** D **32** C **46** A **258** B
456 E **502** D **866** B **878** D

Mangan(II)-Ionen (Mn^{2+}) bilden in ammoniakalischer, Ammoniumchlorid-haltiger (NH_4Cl) Lösung nach Zugabe von Ammoniumhydrogenphosphat [$(NH_4)_2HPO_4$] einen schwer löslichen, *weißen* Niederschlag von *Manganammoniumphosphat* [$\mathbf{MnNH_4PO_4}$].

Nach alkalisch-oxidierender Schmelze (Na_2CO_3/KNO_3) von Mangansalzen zeigt sich eine *grüne* bis *blaugrüne* Färbung von *Manganat*(VI) [$\mathbf{MnO_4^{2-}}$]. Der blaue Farbton der Schmelze rührt von *Manganat*(V)-Ionen [$\mathbf{MnO_4^{3-}}$] her (**Oxidationsschmelze**).

Mn(II)-Ionen können in stark salpetersaurer Lösung mit Bleidioxid (PbO_2) zu *violettem Permanganat* $\mathbf{MnO_4^-}$ oxidiert werden.

$$2\,Mn^{2+} + 5\,PbO_2 + 4\,H_3O^+ \rightarrow 2\,MnO_4^- + 5\,Pb^{2+} + 6\,H_2O$$

In seinen *Verbindungen* kann Mangan in den *Oxidationsstufen* **+2** bis **+7** auftreten.

Im alkalischen Milieu wird *Permanganat* (MnO_4^-) unter Aufnahme von **3** Elektronen bis zur vierwertigen Stufe des *Braunsteins* [Mangan(IV)-oxid] (MnO_2) reduziert.

365 C **104** E

Der Nachweis von Mangan als **Permanganat** ($\mathbf{MnO_4^-}$) kann durch Reduktionsmittel gestört werden, die die *violette* Permanganat-Lösung entfärben. Dazu zählen u.a. Oxalsäure ($H_2C_2O_4$), Wasserstoffperoxid (H_2O_2) und Eisen(II)-Salze (wie $FeSO_4$), während Zink(II)-Salze (wie $ZnSO_4$) *nicht* reduzierend wirken.

366 B

Mn(II)-Ionen ergeben in ammoniakalischer, *ammoniumsalzhaltiger* Lösung mit Ammoniumhydrogenphosphat [$(NH_4)_2HPO_4$] einen farblosen Niederschlag von *Manganammoniumphosphat* [$MnNH_4PO_4$]. Im Gegensatz zum entsprechenden Magnesiumsalz [$MgNH_4PO_4$] färbt sich der Niederschlag des Mn-Salzes *braun* beim Übergießen mit alkalischer Wasserstoffperoxid-Lösung (**H_2O_2/NaOH**) infolge Bildung von *Mangan*(IV)-*oxidhydrat* [$\mathbf{MnO(OH)_2}$].

Beide Ammoniumphosphate ($MnNH_4PO_4$, $MgNH_4PO_4$) sind löslich in konzentrierter Salzsäure.

Ammoniumchlorid (NH_4Cl) ist in *beiden* Fällungsreaktionen Bestandteil des Fällungsreagenzes.

367 C **368** E **213** B **508** D

Mit Kaliumhexacyanoferrat(III) $K_3[Fe(CN)_6]$ ergeben **Eisen(II)-Salze** (Fe^{2+}) einen *tiefblauen* Niederschlag von **Turnbulls Blau**. Turnbulls Blau ist *identisch* mit **Berliner Blau**; die kolloidal lösliche Form hat die Zusammensetzung $K[Fe^{III}Fe^{II}(CN)_6]$, die unlösliche Form entspricht der Zusammensetzung $Fe_4^{III}[Fe^{III}Fe^{II}(CN)_6]_3$.

Mit *Diacetyldioxim* [$HON{=}C(CH_3){-}(H_3C)C{=}N{-}OH$] und Fe(II)-Ionen entsteht ein dem Nickeldiacetyldioxim analog gebauter, intensiv *rot* gefärbter *Chelatkomplex*. Fe(III)-Ionen stören *nicht*.

Ein Fe(II)-Salz ergibt mit Alkalihydroxid-Lösung einen *weißen* Niederschlag von *Eisen*(II)-*hydroxid* [$\mathbf{Fe(OH)_2}$], der sich beim Stehenlassen an der Luft in braunes Eisen(III)-hydroxid [$Fe(OH)_3$] umwandelt.

Aus einer Fe(II)-Salzlösung fällt auf Zugabe von Alkalicarbonat-Lösung ein *weißer* Niederschlag von *Eisen*(II)-*carbonat* ($\mathbf{FeCO_3}$) aus.

Aus einer Lösung, die Fe^{2+}-Ionen enthält, fällt im ammoniakalischen Milieu mit Natriumsulfid-Lösung ein *schwarzer* Niederschlag von *Eisen*(II)-*sulfid* (**FeS**) aus.

Löst man in einer schwefelsauren Nitrat-Lösung (NO_3^-) etwas *Eisen*(II)-*sulfat* ($FeSO_4$) auf und unterschichtet vorsichtig mit konz. H_2SO_4, so entsteht an der Grenzfläche Wasser/Säure mit überschüssigem $FeSO_4$ *braunes* bis *amethystfarbenes* Pentaaquonitrosylferrat(II)-sulfat $[Fe(H_2O)_5NO]SO_4$ (**Ringprobe**):

$$2\,HNO_3 + 6\,FeSO_4 + 3\,H_2SO_4 \rightarrow 3\,Fe_2(SO_4)_3 + 4\,H_2O + 2\,\mathbf{NO}$$

$$\mathbf{NO} + [Fe(H_2O)_6]^{2+} \rightarrow [Fe(H_2O)_5NO]^{2+}\text{ (braun)} + H_2O$$

Fe(III)-Ionen - *nicht* jedoch Fe(II)-Ionen – ergeben mit Ammoniumthiocyanat eine *Rotfärbung* durch Bildung von *Eisen*(III)-*thiocyanat* $[Fe(SCN)_3]$.

Fe(III)-Ionen – *nicht* jedoch Fe(II)-Ionen – oxidieren Kaliumiodid (KI) in schwefelsaurer Lösung zu elementarem Iod (I_2).

Fe(III)-Ionen – *nicht* jedoch Fe(II)-Ionen – ergeben mit Acetat-Ionen (CH_3COO^-) ein *tiefrot* gefärbtes, komplexes basisches Eisen(III)-acetat $[Fe(OH)_2(CH_3COO)_6]^+$.

369 E **370** E **450** C **453** C **455** C

Eisen(III)-Ionen (Fe^{3+}) ergeben mit Ammoniumthiocyanat-Lösung $[NH_4SCN]$ eine *Rotfärbung* unter Bildung von *Eisen*(III)-*thiocyanat* $[\mathbf{Fe(SCN)_3}]$.

Aus Fe(III)-Salzlösungen fällt mit Alkalihydroxiden wie z. B. Kaliumhydroxid-Lösung (KOH) *rotbraunes Eisen*(III)-*hydroxid* $[\mathbf{Fe(OH)_3}]$ aus.

Fe^{3+}-Ionen ergeben mit Kaliumhexacyanoferrat(II)-Lösung einen blauen Niederschlag von *Berliner Blau* (*Turnbulls Blau*) wechselnder Zusammensetzung. Die kolloidal lösliche Form von Berliner Blau hat die Zusammensetzung $K[Fe^{III}Fe^{II}(CN)_6]$, während die unlösliche, wasserhaltige Form der Zusammensetzung $Fe_4^{III}[Fe^{III}Fe^{II}(CN)_6]_3 \cdot 14\text{-}16\,H_2O$ entspricht.

Aufgrund des höheren Normalpotentials (E°) können Fe^{3+}-Ionen [E°(Fe^{3+}/Fe^{2+}) = +0,75 V] Iodid-Ionen [E°(I_2/I^-) = +0,54 V] zu elementarem Iod oxidieren. Die Reaktion verläuft reversibel und das Gleichgewicht liegt erst bei hohem Fe(III)-Überschuss auf der rechten Seite.

$$2\,Fe^{3+} + 2\,I^- \rightleftharpoons 2\,Fe^{2+} + I_2$$

Fe(III)-Ionen bilden in Ammoniumoxalat-Lösung $[(NH_4)_2C_2O_4]$ einen wasserlöslichen, hellgrünen und lichtempfindlichen Chelatkomplex der Zusammensetzung $(NH_4)_3[Fe(C_2O_4)_3]$. Die Bildung dieses Komplexes hat *keine* analytische Bedeutung.

371 A **372** D **373** C **374** B **375** C **376** A **377** E
378 D **379** A **189** E **190** E **191** E **489** B **617** E
618 E **619** C **620** C **621** E

Im *Gegensatz* zu Fe(II) ergeben **Fe(III)-Ionen** in schwach salzsaurer Lösung mit **Ammoniumthiocyanat** (NH_4SCN) einen tiefroten Komplex, dessen Zusammensetzung vom Verhältnis der beiden Ionen (Fe^{3+}, SCN^-) und deren Konzentrationen abhängt. Die Bildung von *Eisen*(III)-*thiocyanat* $[\mathbf{Fe(SCN)_3}]$ kann zur *kolorimetrischen* Fe(III)-Bestimmung herangezogen werden:

$$[Fe(H_2O)_6]^{3+} + x\,SCN^- \rightarrow [Fe(H_2O)_5SCN]^{2+} \rightarrow [Fe(H_2O)_4(SCN)_2]^+ \rightarrow [Fe(H_2O)_3(SCN)_3] \rightarrow$$
$$[Fe(H_2O)_2(SCN)_4]^- \rightarrow [Fe(H_2O)(SCN)_5]^{2-} \rightarrow [Fe(SCN)_6]^{3-}$$

Der Eisenthiocyanato-Komplex ist mit Ether und Pentanolen wie z. B. Isoamylalkohol extrahierbar. Die organische Phase färbt sich rosa bis rot und die wässrige Phase entfärbt sich.

Die rote Farbe der wässrigen Lösung ist *nicht spezifisch* für Fe(III), da *Nitrite* ($MeNO_2$) in saurer Lösung unter Bildung von *Nitrosylthiocyanat* (NOSCN) ebenfalls eine Rotfärbung hervorrufen. Auch Mo^{3+}-Ionen führen zu einer Rotfärbung.

Der Eisen(III)-Nachweis mit Thiocyanat kann gestört werden durch:

- *Phosphat-Ionen* (PO_4^{3-}). Die rote Farbe des Eisen(III)-thiocyanats verblasst bei Zugabe von Phosphorsäure (H_3PO_4) infolge Bildung des stabilen, *farblosen* $[Fe^{III}(PO_4)_2]^{3-}$-Komplexes.
- *Fluorid-Ionen* (F^-) infolge Bildung des stabilen, *farblosen* Hexafluoroferrat(III)-Komplexes $[Fe^{III}F_6]^{3-}$

Kommentare

- *Oxalat-Ionen* ($C_2O_4^{2-}$) infolge Bildung des Trioxalatoferrat(III)-Chelatkomplexes $[Fe(C_2O_4)_3]^{3-}$
- *Cobalt*(II)-*Ionen* durch Bildung des *blauen* Cobalt(II)-thiocyanats $[Co(SCN)_2]$, das in saurer Lösung in die komplexe Säure $H_2[Co(SCN)_4]$ übergeht.
- Hg(II)-Ionen unter Bildung des *farblosen*, wenig dissoziierten Quecksilber(II)-thiocyanats $[Hg(SCN)_2]$ bzw. des komplexen $[Hg(SCN)_4]^{2-}$-Ions. Wie Phosphat führen somit auch Hg^{2+}-Ionen zur *Entfärbung* einer wässrigen bzw. organischen $Fe(SCN)_3$-Lösung.

Chlorid-Ionen (Cl^-) oder Magnesium-Ionen (Mg^{2+}) stören den Fe(III)-Nachweis mit Thiocyanat *nicht*.

380 E **381** E **35** E **37** B **38** D **41** C **43** B
44 B **46** A **70** E **72** A **73** B **472** A

Zur *Unterscheidung* der *Wertigkeitsstufen* II (Fe^{2+}) und III (Fe^{3+}) des **Eisens** eignen sich folgende Reaktionen:

- Im *Gegensatz* zu Fe^{2+}-Ionen geben Fe^{3+}-Ionen mit Thiocyanat-Ionen (SCN^-) in verdünnt saurer Lösung eine tiefrot gefärbte Lösung von *Eisen*(III)-*thiocyanat* $[Fe(SCN)_3]$.
- Fe^{3+}-Ionen geben mit Kaliumhexacyanoferrat(II) [gelbes Blutlaugensalz] $K_4[Fe^{II}(CN)_6]$ eine tiefblaue Fällung von *Turnbulls Blau* ≡ *Berliner Blau* $Fe_4^{III}[Fe^{III}Fe^{II}(CN)_6]_3$.
- Fe^{2+}-Ionen geben mit Kaliumhexacyanoferrat(III) [rotes Blutlaugensalz] $K_3[Fe^{III}(CN)_6]$ eine tiefblaue Fällung von *Berliner Blau* ≡ *Turnbulls Blau* $Fe_4^{III}[Fe^{III}Fe^{I}I(CN)_6]_3$.
- Fe^{2+}-Ionen – *nicht* jedoch Fe^{3+}-Ionen – geben mit 2,2´-Dipyridyl einen *rotgefärbten* Chelatkomplex.

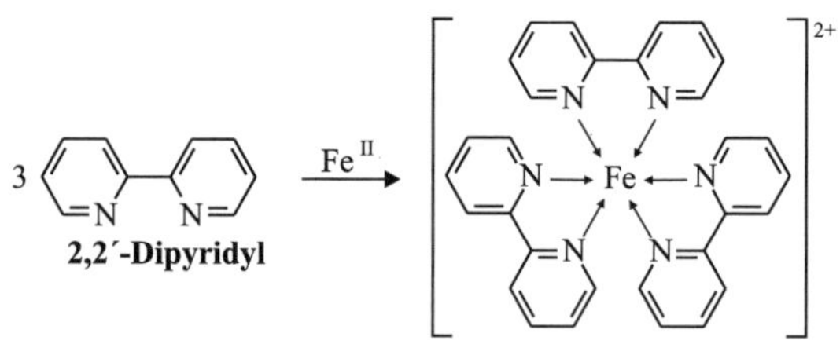

2,2´-Dipyridyl

- Fe^{2+} -Ionen – *nicht* jedoch Fe^{3+}-Ionen – reduzieren (entfärben) in saurer Lösung eine violette Kaliumpermanganat-Lösung ($KMnO_4$).

$$MnO_4^- + 5\,Fe^{2+} + 8\,H_3O^+ \rightarrow Mn^{2+} + 5\,Fe^{3+} + 12\,H_2O$$

- Fe^{3+}-Ionen im Überschuss – *nicht* jedoch Fe^{2+}-Ionen – oxidieren in saurer Lösung Kaliumiodid (KI) zu elementarem Iod (I_2).

$$2\,Fe^{3+} + 2\,I^- \rightleftharpoons 2\,Fe^{2+} + I_2$$

Ammoniak ergibt mit Fe(II)-Ionen zunächst eine Fällung von *farblosem Eisen*(II)-*hydroxid* $[Fe(OH)_2]$, die sich jedoch im Überschuss des Fällungsmittels unter Bildung des Amminkomplexes $[Fe(NH_3)_6]^{2+}$ wieder auflöst. Dagegen fällt mit Ammoniak aus einer Fe(III)-Salzlösung *rotbraunes Eisen*(III)-*hydroxid* $[Fe(OH)_3]$ aus, das im NH_3-Überschuss schwer löslich ist.

$$Fe^{2+} + 2\,NH_3 + 2\,H_2O \rightarrow \mathbf{Fe(OH)_2}\downarrow \text{ (weiß)} + 2\,NH_4^+ \rightarrow [Fe(NH_3)_6]^{2+}$$
$$Fe^{3+} + 3\,NH_3 + 3\,H_2O \rightarrow \mathbf{Fe(OH)_3}\downarrow \text{ (braun)} + 3\,NH_4^+ \not\rightarrow \text{kein Amminkomplex}$$

382 C **494** B

Die **Grenzprüfung auf Eisen** *nach Arzneibuch* erfolgt mit *Thioglycolsäure* [HS-CH_2-COOH] als Nachweisreagenz.

- In ammoniakalischer, citratgepufferter Fe(II)-Salzlösung bilden Fe^{2+}-Ionen mit Thioglycolsäure einen farblosen bis *blassgelben* Eisen(II)-bisthioglycolat-Chelatkomplex, der nach Oxidation des Fe(II)-Zentralions zum Fe(III)-Zentralion durch Luftsauerstoff *purpurrot* gefärbt ist.

$Fe^{2+} + 2\,HS{-}CH_2{-}COO^- + 2\,NH_3 \longrightarrow 2\,NH_4^+ +$

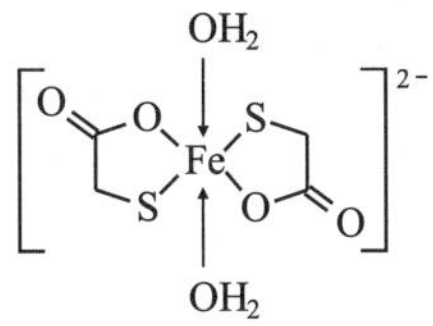

- Eisen(III)-Ionen ergeben *gleichfalls* eine positive Reaktion, weil Fe(III) durch Thioglycolsäure bzw. Thioglycolat zu Fe(II) reduziert wird. Dabei geht die oxidationsempfindliche Thioglycolsäure in das entsprechende Disulfid (R-S-S-R) über.

$$2\,Fe^{3+} + 2\,HS\text{-}CH_2\text{-}COO^- \rightarrow 2\,Fe^{2+} + {}^-OOC\text{-}CH_2\text{-}S\text{-}S\text{-}CH_2\text{-}COO^- + 2\,H^+$$

383 D **451** E **460** B **462** B **837** A

Erhitzt man *Aluminium*(III)-*oxid* (**Al_2O_3**) mit Cobalt(II)-nitrat [$Co(NO_3)_2$] in der oxidierenden Bunsenflamme, so bildet sich ein *blaues Spinell* der Zusammensetzung **$CoAl_2O_4$** ($CoO{\cdot}Al_2O_3$) [**Thenards Blau**].

$$Al_2O_3 + Co(NO_3)_2 \rightarrow 2\,NO_2\uparrow + ½\,O_2\uparrow + CoAl_2O_4$$

Aluminium(III)-Ionen reagieren mit **Alizarin S** – einem Hydroxyanthrachinon-Derivat – in ammoniakalischer Lösung zu einem *roten Farblack*, der in Essigsäure stabil ist. Bei diesen Farblacken handelt es sich im Allgemeinen um *Chelatkomplexe* mit nicht ganz exakter stöchiometrischer Zusammensetzung.

Al^{3+}-Ionen bilden in einer methanolischen **Morin-Lösung** – einem Flavon-Derivat – in neutralem oder essigsaurem Milieu eine Suspension einer intensiv *grün* fluoreszierenden Komplexverbindung. (Die Pfeile in den u. a. Formeln markieren die Position der Chelatkomplexbildung.)

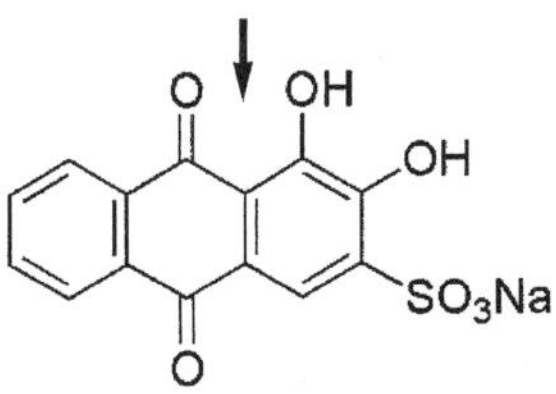

Alizarin S

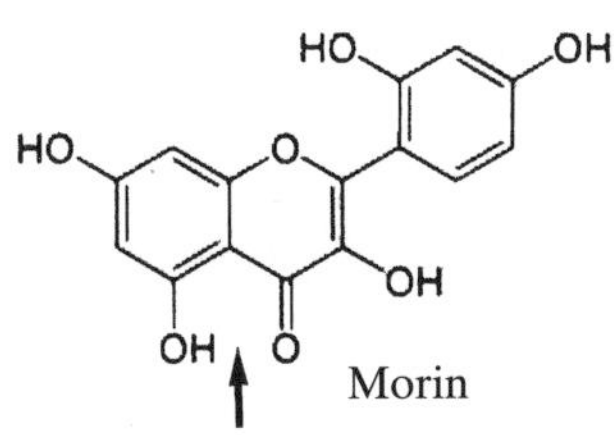

Morin

Al^{3+}-Ionen ergeben *keine* farbigen Boraxperlen.

Al(III)-Salzlösungen bilden mit Alkalihydroxid-Lösung einen gallertigen, *weißen* Niederschlag von *Aluminium*(III)-*hydroxid* [**$Al(OH)_3$**], der in überschüssiger Lauge unter Bildung von *Tetrahydroxoaluminat*(III) **$[Al(OH)_4]^-$** löslich ist. Mit Ammoniak (NH_3) bildet sich gleichfalls ein Niederschlag von $Al(OH)_3$, der jedoch unlöslich im Überschuss des Fällungsmittels ist.

$$Al^{3+} + 3\,HO^- \rightarrow Al(OH)_3\downarrow + HO^- \rightarrow [Al(OH)_4]^-$$

384 E

Aluminium(III)-*hydroxid* [**$Al(OH)_3$**] ist in Säuren löslich und reagiert z. B. mit Schwefelsäure (H_2SO_4) zu *Aluminium*(III)-*sulfat* [$Al_2(SO_4)_3$] und Wasser gemäß folgender Formelgleichung:

$$2\,Al(OH)_3 + 3\,H_2SO_4 \rightarrow Al_2(SO_4)_3 + 6\,H_2O$$

385 C **386** D **387** D **388** B **389** E **390** C

Zum **Nachweis von Aluminium-Ionen** *nach Europäischem Arzneibuch wird die Analyt-Lösung mit salzsaurer Thioacetamid-Lösung versetzt. Es darf kein Niederschlag auftreten. Danach gibt man verdünnte Natriumhydroxid-Lösung hinzu und es entsteht ein gallertartiger, weißer Niederschlag, der sich bei weiterem Zusatz von NaOH-Lösung auflöst. Fügt man danach eine Ammoniumchlorid-Lösung hinzu, so bildet sich erneut ein gallertartiger, weißer Niederschlag.*

Über den Ablauf dieser Prüfung können folgende Aussagen gemacht werden:

- Der salzsauren Analysenlösung wird *Thioacetamid-Reagenz* zugesetzt, aus dem sich Schwefelwasserstoff (H_2S) entwickelt. Damit soll auf Kationen (Schwermetalle) geprüft werden, die im sauren Milieu schwer lösliche Sulfide, und die wie Aluminium(III)-Ionen im Alkalischen amphotere Hydroxide bilden.
- Auf tropfenweise Zugabe von verdünnter Natriumhydroxid-Lösung zur Prüflösung entsteht ein weißer, gallertartiger Niederschlag von *Aluminium*(III)-*hydroxid* [**$Al(OH)_3$**]. Die gallertartige Konsistenz des Niederschlags kann als ein Aspekt der analytischen Erkennung von Al(III) gewertet werden.
- Aluminium(III)-hydroxid ist amphoter. Daher löst sich der Niederschlag von $Al(OH)_3$ auf Zusatz überschüssiger Natriumhydroxid-Lösung als *Tetrahydroxoaluminat*(III) **$[Al(OH)_4]^-$** wieder auf.
- *Ammoniumchlorid* (NH_4Cl) reagiert in wässriger Lösung schwach sauer und senkt somit den pH-Wert der Prüflösung. Bei Zugabe einer ausreichenden Menge von NH_4Cl zur $[Al(OH)_4]^-$-Lösung (Verbrauch/Abfangen von Hydroxid-Ionen) tritt daher *Aluminium*(III)-*hydroxid* [$Al(OH)_3$] erneut als Niederschlag auf und die Prüflösung wird trüb.

Der Nachweis von Aluminium nach Arzneibuch kann somit durch folgende Formelgleichungen für die Teilreaktionen beschrieben werden

$$CH_3\text{-}CSNH_2 + H_2O \rightarrow H_2S + \text{Folgeprodukte}$$
$$Al^{3+} + 3\,HO^- \rightarrow Al(OH)_3\downarrow$$
$$Al(OH)_3 + HO^- \rightarrow [Al(OH)_4]^-$$
$$NH_4^+ + HO^- \rightarrow NH_3 + H_2O$$
$$[Al(OH)_4]^- + NH_4^+ \rightarrow Al(OH)_3\downarrow + NH_3 + H_2O$$

391 E **506** D

Das *Arzneibuch* benutzt zur **Grenzwertbestimmung des Aluminiumgehaltes** eine *fluorimetrische Methode* mit 8-*Hydroxychinolin* (*Oxin*) als Komplexbildner.

Versetzt man eine acetatgepufferte Al(III)-Prüflösung (pH = 6,0) mit einer essigsauren Lösung von Oxin, so fällt wasserhaltiges, *hellgelbes Aluminiumoxinat* [$Al(C_9H_6NO)_3$] aus, das mit *Chloroform* extrahiert werden kann. Die Intensität der *grünlichen* Fluoreszenz (bei λ = 518 nm) der Chloroform-Phase (Anregung bei λ = 392 nm) kann mit einem Fluorimeter gemessen werden. Eine Referenzlösung wird in analoger Weise behandelt.

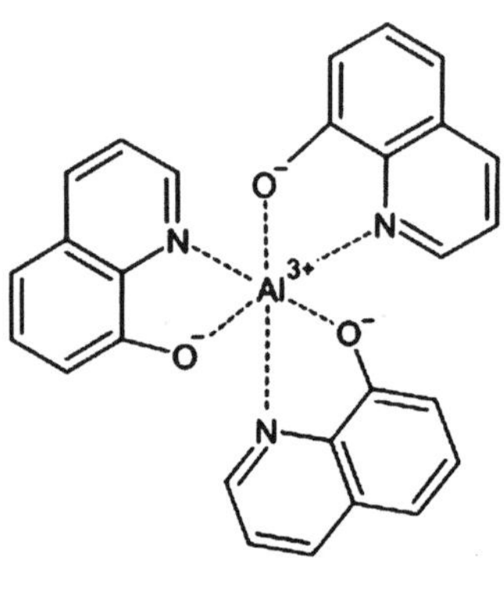

Oxin vermag auch viele andere Kationen zu komplexieren. Daher ist der pH-Wert von 6,0 (Acetatpuffer) einzuhalten, da im schwach sauren nur Al(III)-Ionen, nicht aber Calcium- und Magnesium-Ionen mit 8-Hydroxychinolin mit Chloroform extrahierbare *Oxinate* bilden.

392 E **35** E **36** B **37** B **38** D **39** E **40** C
41 C **43** B **45** E **46** A **47** D **395** B **836** C

Zink(II)-Ionen bilden mit Natriumhydroxid-Lösung einen *weißen* Niederschlag von *Zink*(II)-*hydroxid* **[Zn(OH)$_2$]**, der sich bei weiterer Zugabe von NaOH-Lösung als *Tetrahydroxozinkat* **[Zn(OH)$_4$]$^{2-}$** wieder auflöst. Gibt man zur Lösung des Hydroxokomplexes ausreichende Mengen an Ammoniumchlorid (NH_4Cl) hinzu, so wird der pH-Wert der Prüflösung gesenkt, die Lösung bleibt aber klar infolge Bildung des Zinktetraamminkomplexes **[Zn(NH$_3$)$_4$]$^{2+}$**. Versetzt man schließlich die Lösung des Amminkomplexes mit Natriumsulfid, so fällt *weißes Zink*(II)-*sulfid* (**ZnS**) aus.

$$Zn^{2+} + 2\,HO^- \rightarrow Zn(OH)_2\downarrow + 2\,HO^- \rightarrow [Zn(OH)_4]^{2-}$$
$$[Zn(OH)_4]^{2-} + 4\,NH_3 \rightarrow [Zn(NH_3]_4]^{2+} + 4\,HO^-$$
$$[Zn(NH_3)_4]^{2+} + S^{2-} \rightarrow ZnS\downarrow + 4\,NH_3$$

Al(III)-Ionen ergeben mit Natriumhydroxid-Lösung einen gallertartigen, *weißen* Niederschlag von Aluminium(III)-hydroxid [$Al(OH)_3$], der sich im Überschuss des Fällungsmittels als Tetrahydroxoaluminat(III) $[Al(OH)_4]^-$ wieder auflöst. Auf Zusatz von Ammoniumchlorid und Absenken des pH-Wertes wird die Lösung trüb und $Al(OH)_3$ fällt erneut aus.

Sb(III)-Ionen bilden mit Hydroxid-Ionen zunächst einen *weißen* Niederschlag von Antimoniger Säure [Sb(O)OH], der sich im Überschuss des Fällungsmittels als Tetrahydroxokomplex $[Sb(OH)_4]^-$ wieder auflöst. Beim Absenken des pH-Wertes durch Zusatz von NH_4Cl und anschließender Zugabe von Na_2S bildet sich ein *orangeroter* Niederschlag von *Antimon*(III)-*sulfid* (**Sb$_2$S$_3$**).

Ca^{2+}-Ionen ergeben mit überschüssigen Hydroxid-Ionen lösliches Calciumhydroxid [$Ca(OH)_2$].

Mg^{2+}-Ionen ergeben mit Hydroxid-Ionen schwer lösliches, *weißes* Magnesiumhydroxid [$Mg(OH)_2$], das sich – als nichtamphoteres Hydroxid – im Überschuss des Fällungsmittel *nicht* auflöst.

393 A **392** E **394** D **395** B

Zink(II)-Salze besitzen keine reduzierenden Eigenschaften, wohingegen metallisches Zink [E°(Zn/Zn^{2+}) = -0,76 V] ein starkes Reduktionsmittel darstellt.

Zinksalze können mit Natriumedetat in saurer Lösung gegen Xylenolorange und in alkalischer Lösung gegen Eriochromschwarz T-Mischindikator *komplexometrisch* titriert werden.

Versetzt man eine Zink(II)-chlorid-Lösung ($ZnCl_2$) mit Natriumhydroxid-Lösung, so fällt *weißes Zink*(II)-*hydroxid* **[Zn(OH)$_2$]** aus, das sich mit überschüssiger Lauge als Tetrahydroxo-Komplex **[Zn(OH)$_4$]$^{2-}$** wieder auflöst.

Das bei Raumtemperatur *weiße Zinkoxid* (**ZnO**) zeigt beim Erhitzen eine reversible (beim Abkühlen wieder verschwindende) Farbänderung nach *Gelb* (*Thermochromie*).

394 D **395** B **459** D **467** B **828** D

Bei der **Identitätsprüfung** auf **Zn^{2+}-Ionen** *nach Arzneibuch* wird:
- die Prüflösung mit Natriumhydroxid-Lösung (NaOH) versetzt; es fällt *weißes Zink*(II)-*hydroxid* **[Zn(OH)$_2$]** aus.
- das gebildete $Zn(OH)_2$ durch einen Überschuss an Alkalihydroxid-Lösung als *Tetrahydroxozinkat*(II) **[Zn(OH)$_4$]$^{2-}$** aufgelöst.

- durch Zugabe von Ammoniumchlorid (NH_4Cl) der pH-Wert der Prüflösung gesenkt und der Hydroxokomplex in den löslichen Zinktetraammin-Komplex **$[Zn(NH_3)_4]^{2+}$** umgewandelt.
- aus der Lösung des Amminkomplexes mit Natriumsulfid (Na_2S) flockiges, *weißes Zink*(II)-*sulfid* (**ZnS**) ausgefällt.

$$Zn^{2+} \rightarrow Zn(OH)_2\downarrow \rightarrow [Zn(OH)_4]^{2-} \rightarrow [Zn(NH_3)_4]^{2+} \rightarrow ZnS\downarrow$$

396 E **397** E **470** C **502** D **850** D

Gibt man zu einer ammoniakalischen, mit Ammoniumchlorid (NH_4Cl) gepufferten Lösung eines **Magnesiumsalzes** Natriummonohydrogenphosphat (Na_2HPO_4) hinzu, so kristallisiert *weißes Magnesiumammoniumphosphat* (**$MgNH_4PO_4$**) aus.

Aus einer ungepufferten Lösung, die Mg^{2+}-Ionen enthält, fällt auf Zusatz einer Alkalihydroxid- (z.B. NaOH) oder Erdalkalihydroxid-Lösungen [z.B. $Ba(OH)_2$] *weißes Magnesiumhydroxid* [**$Mg(OH)_2$**] aus, das in Überschuss des Fällungsmittels *unlöslich* ist.

Mg(II)-Ionen ergeben in alkalischer Lösung mit dem Triazen-Derivat *Titangelb* einen *hellroten* Farblack.

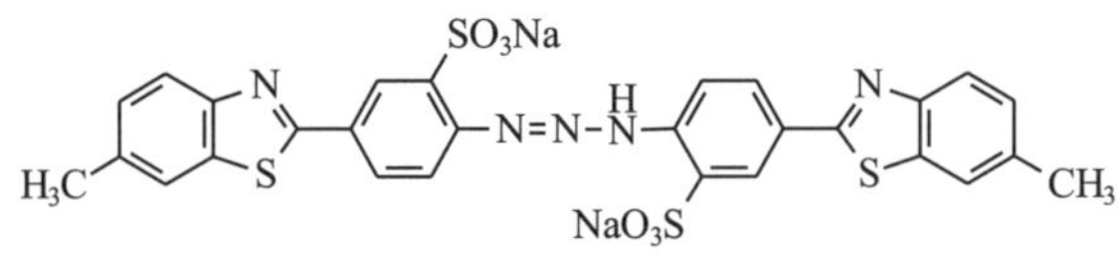

Titangelb

Mg^{2+}-Ionen können in einer Ammoniak/Ammoniumchlorid-Pufferlösung mit 0,1 M-Natriumedetat-Maßlösung direkt *komplexometrisch* titriert werden.

Mg^{2+}-Ionen können in Gegenwart ausreichender Mengen von Ammoniumchlorid (NH_4Cl) im Kationentrennungsgang *nicht* mit Ammoniumcarbonat [$(NH_4)_2CO_3$) als *Magnesiumcarbonat* ($MgCO_3$) gefällt werden, weil durch die Verringerung des pH-Wertes und die Pufferung der Lösung überwiegend Hydrogencarbonat-Ionen (HCO_3^-) statt Carbonat-Ionen (CO_3^{2-}) vorliegen.

Persulfate – ein veralteter Begriff – sind die Salze der Peroxodischwefelsäure ($H_2S_2O_8$). Sie sollten besser als *Peroxodisulfate* bezeichnet werden. Diese Salze besitzen ein hohes Oxidationspotentials, ergeben jedoch mit Mg(II)-Ionen *keine* charakteristischen Nachweisreaktionen.

398 B **302** B **366** B

In ammoniakalischer, Ammoniumchlorid-haltiger Lösung ergeben von den genannten Kationen *nur* Mg^{2+}-Ionen nach Zugabe von Natriummonohydrogenphosphat (Na_2HPO_4) einen *weißen* Niederschlag von *Magnesiumammoniumphosphat* (**$MgNH_4PO_4$**).

399 E **36** B **40** C **308** A

Das *Ausbleiben der Fällung* von in Wasser schwer löslichem, nicht amphoterem *Magnesiumhydroxid* [**$Mg(OH)_2$**] in einer ammoniakalischen, Ammoniumchlorid-haltigem (NH_4Cl) Lösung hat folgende Ursachen:

- Durch die Anwesenheit einer ausreichenden Menge an Ammonium-Ionen (NH_4^+) wird die HO^--Ionenkonzentration so stark herabgesetzt, dass das Löslichkeitsprodukt (K_L) von $Mg(OH)_2$ *nicht* erreicht wird.
- In analoger Weise wirkt sich auch die Verringerung der Mg^{2+}-Konzentration durch Komplexbildung der Mg(II)-Ionen mit Ammoniak (NH_3) aus.

400 E

Magnesiumsulfat ($MgSO_4$) ist ein wasserlösliches Salz.

Magnesiumhydroxid [$Mg(OH)_2$], *Magnesiumphosphat* [$Mg_3(PO_4)_2$], *Magnesiumoxalat* (MgC_2O_4) und *Magnesiumcarbonat* ($MgCO_3$) sind schwer löslich in Wasser.

401 C **402** C **490** E **496** D

Wird die neutrale Lösung eines **Calciumsalzes** mit Ammoniumcarbonat [$(NH_4)_2CO_3$] versetzt, so fällt ein *weißer* Niederschlag von *Calciumcarbonat* (**$CaCO_3$**) aus.

Calciumsulfat (**$CaSO_4$**) lässt sich aufgrund seiner Kristallstruktur (feine dünne Nadeln, die sich zu Büscheln vereinigen) von Strontiumsulfat ($SrSO_4$) oder Bariumsulfat ($BaSO_4$) unterscheiden, die feinkristallin ausfallen.

Je kleiner das Löslichkeitsprodukt (K_L) ist, desto schwerer löslich ist das Salz, und desto früher setzt die Fällung ein.
Wie die K_L-Werte ausweisen, ist *Calciumsulfat* (**$CaSO_4$**) [$K_L = 1{,}5 \cdot 10^{-2}$ $mol^2 \cdot l^{-2}$] leichter löslich als Strontiumsulfat ($SrSO_4$) [$K_L = 6{,}0 \cdot 10^{-4}$ $mol^2 \cdot l^{-2}$]. Daher kann $SrSO_4$ mit Gipswasser gefällt werden. Innerhalb der Erdalkali-Gruppe nimmt die *Löslichkeit der Sulfate* vom $MgSO_4$ zum $BaSO_4$ hin ab.

Calciumhydroxid [**$Ca(OH)_2$**] ($K_L = 1{,}6 \cdot 10^{-2}$ $mol^3 \cdot l^{-3}$) hat verglichen mit Bariumhydroxid [$Ba(OH)_2$] ($K_L = 2{,}0 \cdot 10^{-1}$ $mol^3 \cdot l^{-3}$) das kleinere Löslichkeitsprodukt. Innerhalb der Gruppe der Erdalkalielemente nimmt die *Löslichkeit der Hydroxide* von $Mg(OH)_2$ zu $Ba(OH)_2$ hin zu.

Calciumoxalat (**CaC_2O_4**) [$K_L = 3{,}1 \cdot 10^{-5}$ $mol^2 \cdot l^{-2}$] ist schwerer löslich als Magnesiumoxalat (MgC_2O_4) [$K_L = 6{,}2 \cdot 10^{-2}$ $mol^2 \cdot l^{-2}$], so dass die Fällung von CaC_2O_4 aus essigsaurer Lösung zur Ca/Mg-Trennung genutzt werden kann.

Calciumchlorid (**$CaCl_2$**) ist im Gegensatz zu Strontiumchlorid ($SrCl_2$) oder Bariumchlorid ($BaCl_2$) in Amylalkohol (Pentanol) löslich.

403 E

Mit Hexacyanoferrat(II) [$Fe(CN)_6]^{4-}$ bilden Ca^{2+}-Ionen in essigsaurer Lösung und in Gegenwart von Ammoniumsalzen einen *weißen* Niederschlag von *Ammoniumcalciumhexacyanoferrat* (II) **$(NH_4)_2Ca[Fe(CN)]_4$**.

Phosphat-Ionen (PO_4^{3-}) ergeben mit Ca^{2+}-Ionen in neutralem oder alkalischem Milieu einen *weißen* Niederschlag eines *basischen Calciumphosphats* (*Hydroxylapatit*) der Zusammensetzung [$3\ Ca_3(PO_4)_2 \cdot Ca(OH)_2 \equiv 2$ **$Ca_5(PO_4)_3(OH)$**]

Wird die Lösung eines Calciumsalzes mit Ammoniumoxalat [$(NH_4)_2C_2O_4$] versetzt, so fällt weißes *Calciumoxalat* (**CaC_2O_4**) aus, das in Essigsäure und Ammoniak unlöslich ist.

Versetzt man die wässrige Lösung eines Calciumsalzes mit Sulfat-Ionen (SO_4^{2-}), so fällt *weißes, wasserhaltiges Calciumsulfat* (**$CaSO_4 \cdot 2\,H_2O$**) aus. Die Fällung ist aber nie quantitativ, weil $CaSO_4$ bei Raumtemperatur zu 0,015 mol/l in Wasser löslich ist.

Calciumsulfid (CaS), das bei der Reduktion von Calciumsulfat mit Kohle [$CaSO_4 + 2\,C \rightarrow CaS + 2\,CO_2$] gebildet wird, ist instabil und reagiert in Wasser zu einem Gemisch basischer *Calciumhydrogensulfide* [$Ca(OH)(SH)$]. Das Salz besitzt keine analytische Bedeutung.

404 A **405** A **406** E **134** C

Calciumnitrat [$Ca(NO_3)_2$], *Calciumchlorid* ($CaCl_2$) und *Calciumhydroxid* [$Ca(OH)_2$] sind wasserlösliche Calciumverbindungen.

Je kleiner der Wert des Löslichkeitsproduktes (K_L) ist, desto schwer löslich ist ein Salz.

Calciumoxalat (CaC_2O_4) [$K_L = 3{,}1 \cdot 10^{-5}$ $mol^2 \cdot l^{-2}$], *Calciumphosphat* [$Ca_3(PO_4)_2$] [$K_L = 1{,}3 \cdot 10^{-5}$ $mol^5 \cdot l^{-5}$], *Calciumfluorid* (CaF_2) [$K_L = 2{,}1 \cdot 10^{-4}$ $mol^3 \cdot l^{-3}$] und *Calciumcarbonat* ($CaCO_3$) [$K_L = 1{,}5 \cdot 10^{-4}$ $mol^2 \cdot l^{-2}$] sind schwer löslich in Wasser; *Calciumsulfat* ($CaSO_4$) [$K_L = 1{,}5 \cdot 10^{-2}$ $mol^2 \cdot l^{-2}$] und *Calciumchromat* ($CaCrO_4$) [$K_L = 1{,}4 \cdot 10^{-1}$ $mol^2 \cdot l^{-2}$] sind mäßig löslich in Wasser.

407 E **70** E

Bei der **Identitätsprüfung auf Calcium** *nach Arzneibuch* wird der Calciumcarbonat-Niederschlag ($CaCO_3$) (nach Aufkochen und Abkühlen = *Alterung*) mit Ammoniumchlorid-Lösung (NH_4Cl) behandelt. Dies ist ein wichtiges Unterscheidungsmerkmal zwischen Calciumcarbonat und Magnesiumcarbonat ($MgCO_3$). Während $CaCO_3$ in NH_4Cl-Lösung unlöslich ist, löst sich $MgCO_3$ unter Bildung eines Amminkomplexes darin auf.

408 D

Mit *Hexacyanoferrat*(II) bilden Ca^{2+}-Ionen in essigsaurer Lösung in Gegenwart von Ammoniumsalzen einen *weißen* Niederschlag von Ammoniumcalciumhexacyanoferrat(II) $(NH_4)_2Ca[Fe(CN)_6]$.

$$Ca^{2+} + 2\,NH_4^+ + [Fe(CN)_6]^{4-} \rightarrow (NH_4)_2Ca[Fe(CN)_6]\downarrow$$

409 D **478** C **868** E

Mit *Glyoxalbishydroxyanil* [2,2´-(Ethandiylidendinitrilo)diphenol] bilden **Calcium-Ionen** (Ca^{2+}) im alkalischen, carbonathaltigen Milieu einen *roten* Chelatkomplex, der sich mit Chloroform/Ethanol extrahieren lässt. Dabei werden die beiden Wassermoleküle durch Ethanol als Liganden ersetzt (*Ph. Eur.*).

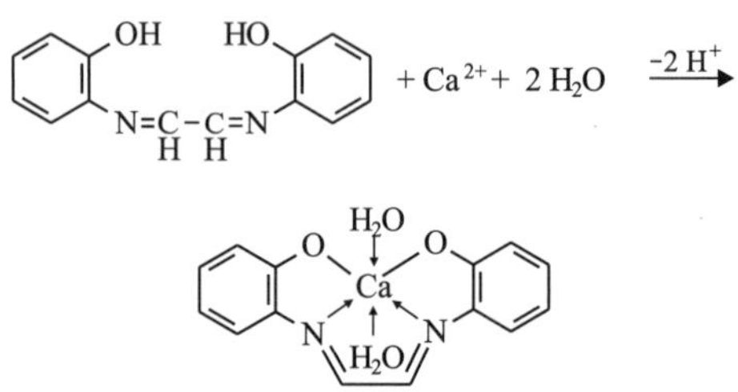

410 B **709** C **710** D **734** C

Calciumoxalat (**CaC_2O_4**) löst sich in verdünnter (2 M) Salzsäure oder *Salpetersäure*, weil in mineralsaurer Lösung durch Zurückdrängen der Dissoziation – Bildung von Oxalsäure ($H_2C_2O_4$) – die Konzentration an Oxalat-Ionen ($C_2O_4^{2-}$) *nicht* mehr ausreicht, das Löslichkeitsprodukt (K_L) von CaC_2O_4 zu überschreiten.

Das in Alkalihydroxid-Lösungen unlösliche Calciumoxalat wird aus diesem Grund am besten aus essigsaurer, acetatgepufferter Lösung gefällt.

411 D

Bei der **Grenzprüfung auf Calcium-Ionen** *wird eine ethanolische Lösung, die 100 ppm Ca^{2+}-Ionen enthält, mit Ammoniumoxalat versetzt. Nach 1 Minute gibt man dann Essigsäure (12 %ig) und die Prüflösung hinzu. Eine Referenzlösung mit 10 ppm Calcium wird in gleicher Weise behandelt.*

Die zunächst aus Calciumacetat und Ammoniumoxalat erzeugten *Impfkristalle* von *Calciumoxalat* (**CaC_2O_4**) sollen in der anschließend hinzugefügten Prüflösung bzw. in der Referenzlösung CaC_2O_4-Teilchen gleicher Größe induzieren, weil der zum Vergleich herangezogene *Trübungsgrad* der Lösungen von der Zahl und der Größe der gebildeten CaC_2O_4-Teilchen abhängt.

412 A

Je kleiner der Wert des Löslichkeitsproduktes (K_L) ist, desto schwerer löslich ist das betreffende Salz.
Strontiumsulfat (**$SrSO_4$**) (K_L = 6,0·10^{-4} $mol^2·l^{-2}$) ist leichter löslich als *Bariumsulfat* ($BaSO_4$) [K_L = 8,6·10^{-6} $mol^2·l^{-2}$]

Strontium-Ionen (Sr^{2+}) lassen sich von Ba^{2+}-Ionen durch Fällen von *Bariumnchromat* ($BaCrO_4$) aus essigsaurer, acetatgepufferter Lösung abtrennen. *Strontiumchromat* ($SrCrO_4$) fällt erst in neutraler oder ammoniakalischer Lösung als schwer löslicher Niederschlag aus.

Strontiumnitrat [**$Sr(NO_3)_2$**] ist im Gegensatz zu Calciumnitrat [$Ca(NO_3)_2$] schwer löslich in einem Ether/Ethanol-Gemisch.

Aus einer Sr^{2+}-Lösung lässt sich *Strontiumsulfat* (**$SrSO_4$**) mit einer gesättigten wässrigen Lösung von Calciumsulfat [Gipswasser] ($CaSO_4$) ausfällen.

Je kleiner das Löslichkeitsprodukt (K_L) ist, desto schwerer löslich ist das betreffende Salz.
So ist *Strontiumoxalat* (**SrC_2O_4**) [K_L = 2,6·10^{-5} $mol^2·l^{-2}$] in Wasser leichter löslich als Calciumoxalat (CaC_2O_4) [K_L = 3,1·10^{-5} $mol^2·l^{-2}$].

413 B **5** C **6** E **7** E **8** D **11** A **74** E
76 E **78** E **242** C **243** C **305** B **306** C **307** B
865 E **895** C

Bariumsalze ergeben – unabhängig vom Anion – eine *fahlgrüne Flammenfärbung* mit charakteristischen Linien bei λ = 524,2 nm und λ = 513,9 nm.

Obwohl *Bariumchlorid* (**$BaCl_2$**) in wässriger Lösung leicht löslich ist, kann es in der Kälte aus verhältnismäßig konzentrierten Ba^{2+}-Lösungen mit konz. HCl als *Konzentrationsniederschlag* gefällt werden.

Zur gravimetrischen Bestimmung von Ba^{2+}-Ionen wird Barium am besten als *Bariumsulfat* (**$BaSO_4$**) aus *salzsaurer* Lösung mit verdünnter Schwefelsäure (H_2SO_4) gefällt.

Bariumsulfat (**$BaSO_4$**) lässt sich aus einer Ba^{2+}-Lösung mit einer gesättigten Strontiumsulfat-Lösung ($SrSO_4$) oder mit Gipswasser ($CaSO_4$) fällen, weil das Löslichkeitsprodukt von $BaSO_4$ kleiner ist als das der übrigen Erdalkalisulfate.

$$Ba^{2+} + SrSO_4 \rightarrow BaSO_4\downarrow + Sr^{2+}$$

Eine Trennung von Sr^{2+} und Ba^{2+} kann mit Chromat-Ionen (CrO_4^{2-}) in schwach essigsaurem, acetatgepuffertem Milieu erfolgen, wobei nur *gelbes Bariumchromat* ($BaCrO_4$) ausfällt, während $SrCrO_4$ erst in alkalischer Lösung ausfällt.

414 D **255** E **304** C

Der Nachweis von **Ba^{2+}-Ionen** als *Bariumchromat* ($BaCrO_4$) neben Strontium-Ionen (Sr^{2+}) wird in essigsaurer, acetatgepufferter Lösung durchgeführt, weil

- in *essigsaurer*, acetatgepufferter Lösung die Chromat-Ionenkonzentration [CrO_4^{2-}] zur Fällung von $BaCrO_4$ ausreichend hoch ist, um das Löslichkeitsprodukt [$K_L(BaCrO_4)$ = 1,6·10^{-5} $mol^2·l^{-2}$] zu überschreiten, zur Fällung von Strontiumchromat [$K_L(SrCrO_4)$ = 5,9·10^{-3} $mol^2·l^{-2}$] jedoch zu gering ist. $SrCrO_4$ fällt *erst* in alkalischer Lösung aus.
- in *salzsaurer* Lösung die Chromat-Ionen (CrO_4^{2-}) so weitgehend in Dichromat-Ionen ($Cr_2O_7^{2-}$) übergeführt wurden, dass die CrO_4^{2-}-Konzentration *nicht* zur Fällung von $BaCrO_4$ ausreicht.
- in *alkalischer* Lösung $BaCrO_4$ und $SrCrO_4$ gemeinsam ausfallen und somit *keine* Trennung erfolgt.

415 E **129** E **130** E **131** A **132** A **133** E

Bariumhydroxid [$Ba(OH)_2$] ist wasserlöslich. Die wässrige Lösung heißt *Barytwasser*.

Bariumsulfat [$K_L = 8{,}6 \cdot 10^{-6}$ mol²·l⁻²], *Bariumcarbonat* ($BaCO_3$) [$K_L = 8{,}6 \cdot 10^{-5}$ $mol^2 \cdot l^{-2}$], *Bariumchromat* ($BaCrO_4$) [$K_L = 1{,}5 \cdot 10^{-5}$ $mol^2 \cdot l^{-2}$] und *Bariumoxalat* [$K_L = 3{,}9 \cdot 10^{-4}$ $mol^2 \cdot l^{-2}$] sind schwer löslich in Wasser.

416 E **308** A **484** A **825** B **864** D **888** B

Carbonat-Ionen (CO_3^{2-}) ergeben mit **Lithium-Ionen** (Li^+) in wässriger Lösung einen *weißen* Niederschlag von *Lithiumcarbonat* (**Li_2CO_3**). Die Fällung bleibt in Anwesenheit von Ammoniumsalzen aus.

Lithiumchlorid (**LiCl**) ist – im Gegensatz zu Magnesiumchlorid ($MgCl_2$) oder den übrigen Alkalichloriden – in Ethanol oder Pentanol (Amylalkohol) ebenso gut löslich wie in Wasser und kann auf diese Weise von Mg^{2+}-Ionen und den anderen Alkali-Ionen abgetrennt werden. LiCl löst sich auch in einem Ethanol/Ether-Gemisch.

Li^+-Ionen bilden in natronalkalischer Lösung mit Natriumhydrogenphosphat (Na_2HPO_4) einen *weißen* Niederschlag von *Lithiumphosphat* (**Li_3PO_4**), der in Säuren leicht löslich ist.

$$3\,Li^+ + HPO_4^{2-} + HO^- \rightarrow Li_3PO_4\downarrow + H_2O$$

Li^+-Ionen bilden mit einer alkalischen Lösung von Eisen(III)-orthoperiodat $[FeIO_6]^{2-}$ einen *gelblichweißen* Niederschlag von **$Li_2[FeIO_6]$** oder **$KLi[FeIO_6]$**.

Natrium-Ionen (Na^{+}) – *nicht* jedoch Lithium-Kationen – ergeben in wässriger Lösung mit Kaliumhexahydroxoantimonat(V)-Lösung $K[Sb(OH)_6]$ einen *weißen* Niederschlag von *Natriumhexahydroxoantimonat*(V) **$Na[Sb(OH)_6]$**.

417 D **12** E **416** E **468** A **473** D **493** B **849** B

Natrium-Ionen (Na^+) bilden in stark alkalischer Lösung mit Kaliumhexahydroxoantimonat(V) $K[Sb(OH)_6]$ einen *weißen* Niederschlag von *Natriumhexahydroxoantimonat*(V) **$Na[Sb(OH)_6]$**.

Wird die konzentrierte Lösung eines Natriumsalzes mit Magnesiumuranylacetat versetzt, so fällt wasserhaltiges *Natriummagnesiumuranylacetat* **$NaMg[(UO_2)_3(CH_3COO)_9]$** als *gelber* Niederschlag aus. In diesem Tripelsalz kann das Mg^{2+}-Ion durch Co(II) oder Zn(II) ersetzt werden.

Natriumverbindungen erteilen der nichtleuchtenden Bunsenflamme eine intensive *gelbe Farbe* (**Na-D-Line** bei $\lambda \sim 589$ nm).

Natriumperchlorat (**$NaClO_4$**) ist in Wasser leichter löslich als Kaliumperchlorat ($KClO_4$).

Natriumchlorid (**NaCl**) ist in Amylalkohol (Pentanol) schwerer löslich als Lithiumchlorid (LiCl), das leicht löslich ist. Auf diese Weise lassen sich NaCl und LiCl voneinander trennen.

418 B **474** B **477** E **481** A **483** C **497** C **498** C
503 A

In schwach salzsaurer Lösung ergeben **Kalium-Ionen** (K^+) in der Kälte einen *weißen* Niederschlag von *Kaliumperchlorat* (**$KClO_4$**). Die $KClO_4$-Fällung eignet sich besonders gut zur Natrium/Kalium-Trennung, da Natriumperchlorat ($NaClO_4$) wasserlöslich ist.

K+-Ionen bilden in neutraler bis essigsaurer Lösung mit Natriumhexanitrocobaltat(III) $Na_3[Co(NO_2)_6]$ einen *zitronengelben* Niederschlag, dessen Zusammensetzung in Abhängigkeit von den Konzentrationsverhältnissen zwischen $K_3[Co(NO_2)_6]$, $K_2Na[Co(NO_2)_6]$ und $KNa_2[Co(NO_2)_6]$ variieren kann. Da der Niederschlag sowohl K^+- als auch Na^+-Ionen enthalten kann, eignet sich die Fällung *nicht* zur Natrium/Kalium-Trennung.

$$2\,K^+ + Na^+ + [Co(NO_2)_6]^{3-} \rightarrow \mathbf{K_2Na}[Co(NO_2)_6]\downarrow$$

Aus schwach essigsaurer Lösung können K^+-Ionen mit einer Lösung aus Kupfer(II)-acetat/Blei(II)-acetat/Natriumnitrit als *schwarzes* bis *dunkelbraunes* Tripelsalz der allgemeinen Zusammensetzung **$[K_2CuPb(NO_2)_6]$** gefällt werden.

Natriumtetraphenylborat (Kalignost) ($Na^+[B(C_6H_5)_4]^-$) fällt aus neutraler Lösung einen schwer löslichen *weißen* Niederschlag von *Kaliumtetraphenylborat* $\mathbf{K[B(C_6H_5)_4]}$. Die Fällung kann auch zur *Grenzprüfung auf Kalium* nach dem Arzneibuch herangezogen werden.

Versetzt man eine K^+-Prüflösung mit Hexachloroplatin(IV)-säure $H_2[PtCl_6]$, so kristallisiert *Kaliumhexachloroplatinat*(IV) $\mathbf{K_2[PtCl_6]}$ als *zitronengelber* Niederschlag aus. Beim Glühen des Niederschlags bildet sich Platin.

$$2\,K^+ + [PtCl_6]^{2-} \rightarrow \mathbf{K_2PtCl_6}\downarrow \rightarrow Pt\downarrow + 2\,KCl + 2\,Cl_2\uparrow$$

419 D **485** A **491** A

Eine **K^+-Ionen** enthaltende Lösung wird nacheinander mit einer Natriumcarbonat- (Na_2CO_3) und einer Natriumsulfid-Lösung (Na_2S) versetzt. Es darf *kein Niederschlag* auftreten, wodurch die Anwesenheit von Schwermetall-Ionen, die als Sulfide ausfallen würden, und von Erdalkali-Ionen, die als Carbonate ausfallen würden, ausgeschlossen werden kann.

Gibt man danach zur Prüflösung unter Eiskühlung eine Weinsäure-Lösung hinzu, so fällt *weißes*, kristallines *Kaliumhydrogentartrat* $\mathbf{K^+[HC_4H_4O_6]^-}$ als schwer löslicher Niederschlag aus.

420 E **421** A **471** B **480** A **482** C **826** B

Ammonium-Ionen (NH_4^+) bilden mit Natriumhexanitrocobaltat(III) $Na_3[Co(NO_2)_6]$ einen *gelben*, schwer löslichen Niederschlag von *Ammoniumnatriumhexanitrocobaltat*(III) $\mathbf{(NH_4)_2Na[Co(NO_2)_6]}$.

NH_4^+-Ionen ergeben – wie K^+-Ionen auch – mit Hexachloroplatin(IV)-säure $H_2[PtCl_6]$ schwer lösliches *Ammoniumhexachloroplatinat*(IV) $\mathbf{(NH_4)_2[PtCl_6]}$. Beim Erhitzen des Niederschlags scheidet sich Platin ab.

$$2\,NH_4^+ + [PtCl_6]^{2-} \rightarrow (NH_4)_2[PtCl_6]\downarrow \rightarrow Pt\downarrow + 2\,NH_4Cl + 2\,Cl_2\uparrow$$

Starke Basen wie Alkalihydroxide setzen aus *Ammoniumsalzen* **Ammoniak** (NH_3) frei, der an seinem Geruch oder mithilfe des Farbumschlags eines Säure-Base-Indikators wie Methylrot erkannt wird.

Der aus Ammoniumsalzen mit starken Basen freigesetzte Ammoniak (NH_3) bewirkt auch eine Disproportionierung von Quecksilber(I)-Verbindungen in metallisches Quecksilber und in Quecksilber(II)-Salze.

Ammoniak (NH_3) – aus Ammoniumsalzen freisetzt – bildet mit Kaliumtetraiodomercurat(II) (**Neßlers Reagenz**) $K_2[HgI_4]$ ein schwer lösliches Iodid. Aus der zunächst *gelbbraun* gefärbten Lösung scheiden sich alsbald Flocken von braunem $\mathbf{Hg_2NI}$ ab, dem Iodid der hochmolekularen *Millonschen Base* $[Hg_2N]^+$.

$$NH_3 + 2\,[HgI_4]^{2-} + 3\,HO^- \rightarrow [Hg_2NI{\cdot}H_2O]\downarrow + 2\,H_2O + 7\,I^-$$

Eine konzentrierte *Ammoniumnitrit*-Lösung ($\mathbf{NH_4NO_2}$) zersetzt sich beim Erwärmen unter Bildung von molekularem Stickstoff (N_2).

$$NH_4NO_2 \rightarrow N_2\uparrow + 2\,H_2O$$

Ammonium-Ionen (NH_4^+) enthalten das N-Atom in der niedrigst möglichen *Oxidationsstufe* (**-3**), sodass NH_4^+-Ionen keine reduzierenden Eigenschaften besitzen und eine Kaliumpermanganat-Lösung ($KMnO_4$) *nicht* entfärben.

422 E **423** E

Bei der Freisetzung von flüchtigem **Ammoniak** (NH_3) aus Ammoniumsalzen durch Behandeln mit einer starken Base *stören* alle Stoffe, die ebenfalls *flüchtig* sind und *basisch* reagieren können. Dazu zählen:

- *primäre aliphatische Amine* (RNH_2) und ihre Salze wie *Methylammoniumchlorid* [$CH_3NH_3^+Cl^-$]
- *sekundäre aliphatische Amine* (R_2NH) und ihre Salze wie *Dimethylammoniumchlorid* [$(CH_3)_2NH_2^+Cl^-$]
- *tertiäre aliphatische Amine* (R_3N) und ihre Salze wie *Trimethylammoniumchlorid* [$(CH_3)_3NH^+Cl^-$]

Aus einem *quartären Ammoniumchlorid* ($R_4N^+Cl^-$) wie *Tetramethylammoniumchlorid* [$(CH_3)_4N^+Cl^-$] lässt sich mit Alkalilaugen *keine* flüchtige, basisch reagierende Verbindung freisetzen.

424 E **425** D **426** E **427** E **826** B

Dem **Ammonium-Nachweis** (NH_4^+) *nach Arzneibuch* liegt folgende Verfahrensweise zugrunde: *Die Prüflösung wird mit Magnesiumoxid* (MgO) *versetzt. Der dabei aus den Ammoniumsalzen freigesetzte Ammoniak wird in eine salzsaure Methylrot-Lösung eingeleitet und als Ammoniumchlorid* (NH_4Cl) *gebunden. Die durch Ammoniak bedingte pH-Änderung verursacht einen Farbumschlag des Säure-Base-Indikators Methylrot von Rot nach Gelb. Nach Zusatz von Natriumhexanitrocobaltat*(III) $Na_3[Co(NO_2)_6]$ *entsteht ein gelber Niederschlag von Ammoniumnatriumhexanitrocobaltat*(III) **$(NH_4)_2Na[Co(NO_2)_6]$**.

Die bei diesem Nachweis ablaufenden Teilprozesse lassen sich durch folgende Formelgleichungen beschreiben:

$$MgO + H_2O \rightleftharpoons Mg(OH)_2$$
$$Mg(OH)_2 + 2\,NH_4^+ \rightarrow 2\,NH_3\uparrow + Mg^{2+} + 2\,H_2O$$
$$NH_3 + HCl \rightarrow NH_4^+ + Cl^- \text{ (Umschlag des Methylrot-Indikators)}$$
$$2\,NH_4^+ + Na^+ + [Co(NO_2)_6]^{3-} \rightarrow (NH_4)_2Na[Co(NO_2)_6]\downarrow$$

Kalium-Ionen (K^+) stören *nicht* die Identitätsprüfung auf Ammonium-Ionen (NH_4^+) nach Arzneibuch, da sie unter den gegebenen Bedingungen *keine* flüchtigen Verbindungen bilden. K^+-Ionen verbleiben in der alkalischen Prüflösung und kommen *nicht* mit dem Hexanitrocobaltat(III)-Reagenz in Berührung.

428 D

Neßlers Reagenz zum Nachweis von Ammonium-Ionen enthält Natriumhydroxid (NaOH) und Kaliumtetraiodomercurat(II) **$K_2[HgI_4]$**.

429 C **430** D

Das Arzneibuch ließ früher die **Grenzprüfung auf Blei in Zuckern** (wie z.B. Glucose) mit *Dithizon* [1,5-Diphenylthiocarbazon oder 3-(Phenylamino)-1-phenylimino-thioharnstoff] durchführen. Pb^{2+}-Ionen bilden mit Dithizon einen *roten Chelatkomplex* im Verhältnis Pb^{2+} : Dithizon = 1:2.

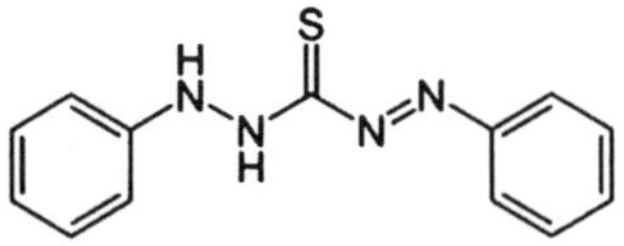

Dithizon

Die Grenzprüfung auf Blei in Zuckern wird erfolgt nach Ph.Eur.7 durch Atomabsorptionsspektrometrie mit Ammoniumpyrrolidincarbodithioat als Komplexbildner.

431 E

Für die **Grenzprüfung auf Schwermetalle** ist bei vielen organischen Substanzen die vorherige *Veraschung* notwendig. Dafür sind *nach Arzneibuch* folgende Veraschungsreagenzien vorgesehen:
- *Magnesiumsulfat* ($MgSO_4$)/*Schwefelsäure* (H_2SO_4)
- *Magnesiumoxid* (MgO)

432 E

Für die **Grenzprüfung auf Schwermetalle** *nach Arzneibuch* gemäß Methode A:
- werden potentiell vorhandene Schwermetalle (Ag, Hg, Cu, Co, u. a.) durch Zugabe von *Thioacetamid* zur Prüflösung in ihre *Sulfide* übergeführt.
- ist **Blei** Leitsubstanz für die Prüfung, wobei Pb(II) bei pH = 3,5 mit Thioacetamid- oder einer Natriumsulfid-Lösung in *schwarzes Bleisulfid* (**PbS**) übergeführt wird.

$$CH_3CSNH_2 + 3\,H_2O + Pb^{2+} \rightarrow PbS\downarrow + CH_3CONH_2 + 2\,H_3O^+$$

- dient eine Lösung mit 1 ppm oder 2 ppm an Pb(II) als Referenzlösung.

Ist die Untersuchungslösung nicht stärker gefärbt als die Referenzlösung, kann die Grenzprüfung als negativ auf Schwermetalle gewertet werden.

433 E

Silberchlorid (**AgCl**) und *Silberiodid* (**AgI**) können durch Behandeln mit Ammoniak-Lösung (NH_3) voneinander getrennt und somit voneinander unterschieden werden. AgCl löst sich in NH_3-Lösung unter Bildung des Diamminsilber-Komplexes $[Ag(NH_3)_2]Cl$ auf, während AgI darin unlöslich ist.

$$AgCl + 2\,NH_3 \rightarrow [Ag(NH_3)_2]^+ + Cl^-$$
$$AgI + NH_3 \not\rightarrow \text{keine Reaktion}$$

434 D

Quecksilber(II)-*Ionen* (**Hg^{2+}**) bilden in Anwesenheit von Chlorid beim Behandeln mit Ammoniak-Lösung (NH_3) schwer lösliches *Quecksilberamidochlorid* (**$HgNH_2Cl$**) („*unschmelzbares Präzipitat*").

$$HgCl_2 + 2\,NH_3 \rightarrow [HgNH_2]Cl\downarrow + NH_4^+ + Cl^-$$

435 A **327** D

Pb^{2+}-Ionen bilden mit Chlorid (Cl^-) einen *weißen* Niederschlag von *Blei*(II)-*chlorid* (**$PbCl_2$**), der in heißem Wasser löslich ist und beim Abkühlen in charakteristischen Nadeln und Prismen wieder auskristallisiert.

436 C **339** A

In ammoniakalischer Lösung liegt ein **Kupfer(II)-Ion** als Tetraamminkomplex $[Cu(NH_3)_4]^{2+}$ vor. Durch Zugabe eines Überschusses an Kaliumcyanid (KCN) wird dieser Komplex unter Ligandensubstitution und gleichzeitiger Reduktion von Cu(II) zu Cu(I) in den Kupfer(I)-tetracyano-Komplex $[Cu(CN)_4]^{3-}$ umgewandelt. Cyanid-Ionen werden dabei zu Dicyan $(CN)_2$ oxidiert.

$$2\,[Cu^{II}(NH_3)_4]^{2+} + 10\,CN^- \rightarrow 2\,[Cu^{I}(CN)_4]^{3-} + 8\,NH_3 + (CN)_2\uparrow$$

437 A **283** D

Beim Einleiten von Schwefelwasserstoff (H_2S) in eine ammoniakalische Lösung des Cadmium(II)-tetracyano-Komplexes $[Cd(CN)_4]^{2-}$ fällt *gelbes Cadmium*(II)*-sulfid* (**CdS**) aus.

438 E **335** D **336** D **337** E

Bei **Bismut(III)-Salzen** tritt in wässriger Lösung leicht Hydrolyse ein unter Bildung zum Teil schwer löslicher *basischer Salze* der allgemeinen Zusammensetzung **BiOX**, wie z. B. *Bismutoxidchlorid* (BiOCl) oder *Bismutoxidnitrat* ($BiONO_3$).

439 C **327** D

Mit Salzsäure (HCl) fällt aus einer **Pb(II)-Salzlösung** ein *weißer* Niederschlag von *Blei*(II)*-chlorid* (**$PbCl_2$**) aus, der sich durch Erhitzen auflösen lässt und beim Abkühlen in charakteristischen Nadeln auskristallisiert.

440 A **340** C **877** E

Versetzt man eine **Cu(II)-Salzlösung** mit verdünnter Natriumhydroxid-Lösung, so fällt ein *bläulicher* Niederschlag von *Kupfer*(II)*-hydroxid* [**$Cu(OH)_2$**] aus, der sich beim Erhitzen in *schwarzes Kupfer*(II)*-oxid* (**CuO**) umwandelt.

$$Cu^{2+} + 2\,HO^- \rightarrow Cu(OH)_2\downarrow\ [\text{blau}] \rightarrow CuO\ [\text{schwarz}] + H_2O$$

441 D **360** D

Sn(II)-Verbindungen ergeben mit Schwefelwasserstoff (H_2S) einen *braunen* Niederschlag von *Zinn*(II)*-sulfid* (**SnS**), der unlöslich in *farbloser* Ammoniumsulfid-Lösung ist, da Sn(II) *keine* Thiosalze bildet. SnS löst sich dagegen in *gelber* Ammoniumpolysulfid-Lösung auf unter gleichzeitiger Oxidation zu *Thiostannat*(IV) $[SnS_3]^{2-}$.

$$Sn^{2+} + S^{2-} \rightarrow SnS\downarrow + S_2^{2-} \rightarrow [SnS_3]^{2-}$$

442 C **342** B

Aus einer **Cd(II)-Salzlösung** fällt mit Alkalihydroxid-Lösung ein *weißer* Niederschlag von *Cadmium*(II)*-hydroxid* [**$Cd(OH)_2$**] aus, der schwer löslich im Laugenüberschuss ist. $Cd(OH)_2$ zählt zu den *nichtamphoteren* Hydroxiden.

443 B

Aus **Quecksilber(I)-Salzlösungen** (Hg_2^{2+}) fällt beim Versetzen mit Salzsäure *weißes*, schwer lösliches *Quecksilber*(I)*-chlorid* [*Kalomel*] (**Hg_2Cl_2**) aus.

444 C **328** C **329** E

Pb^{2+}-Ionen bilden mit Iodid-Ionen (I^-) einen schwer löslichen Niederschlag von *Blei*(II)*-iodid* (**PbI_2**), der sich in heißem Wasser löst und beim Abkühlen in Form *gelber* Blättchen auskristallisiert.

445 B **332** E **333** E

Bi(III)-Ionen ergeben in salpetersaurer Lösung mit *Thioharnstoff* $[S{=}C(NH_2)_2]$ eine gelblich-orange Färbung oder einen *orangefarbenen* Niederschlag.

$$Bi^{3+} + 3\,S{=}C(NH_2)_2 \rightarrow [Bi(S{=}C(NH_2)_2)_3]^{3+}$$

446 B

As^{3+}**-Ionen** bilden mit Schwefelwasserstoff (H_2S) *gelbes Arsen*(III)-*sulfid* (**As_2S_3**), das in konzentrierter Salzsäure schwer löslich ist, sich jedoch in konz. HNO_3 löst.

447 E **360** D

Zinn(II)-*sulfid* (**SnS**) löst sich *nicht* in Ammoniumsulfid-Lösung, da Sn(II) keine Thiosalze bildet. SnS ist aber löslich in Ammoniumpolysulfid-Lösung unter gleichzeitiger Oxidation zu Sn(IV) und Bildung von *Thiostannat*(IV) **$[SnS_3]^{2-}$**.

$$Sn^{2+} + S^{2-} \rightarrow SnS + {}^{-}S\text{-}S^{-} \rightarrow [SnS_3]^{2-}$$

448 B **363** E

Beim Versetzen einer essigsauren, acetatgepufferten **Cobalt(II)-Salzlösung** mit Kaliumnitrit (KNO_2) bildet sich – unter gleichzeitiger Oxidation von Co(II) zu Co(III) - ein *gelber* Niederschlag von *Kaliumhexanitrocobaltat*(III) **$K_3[Co(NO_2)_6]$**.

$$Co^{2+} + 7\,NO_2^- + 3\,K^+ + 2\,H_3O^+ \rightarrow K_3[Co^{III}(NO_2)_6]\downarrow + NO\uparrow + 3\,H_2O$$

449 D

Aus einer **Ni^{2+}-Lösung** fällt auf Zusatz von Alkalihydroxid-Lösung *hellgrünes Nickel*(II)-*hydroxid* [**$Ni(OH)_2$**] aus, das im Überschuss des Fällungsmittels praktisch unlöslich ist. $Ni(OH)_2$ ist somit ein *nichtamphoteres* Hydroxid.

450 C **369** E

Aus einer **Eisen(III)-Salzlösung** fällt auf Zusatz von Natriumhydroxid-Lösung *rotbraunes Eisen*(III)-*hydroxid* [**$Fe(OH)_3$**] aus, das im NaOH-Überschuss sowie in Anwesenheit von Ammoniumsalzen schwer löslich ist. $Fe(OH)_3$ ist ein *nichtamphoteres* Hydroxid.

451 E **383** D

Aus **Al(III)-Salzlösungen** fällt mit *Ammoniak* (NH_3) ein *weißer* Niederschlag von *Aluminium*(III)-*hydroxid* [**$Al(OH)_3$**] aus, der im Überschuss des Fällungsmittels unlöslich ist.

452 B

Wasserstoffperoxid (H_2O_2) oxidiert in alkalischer Lösung **Chrom(III)-Verbindungen** zu *Chromat* (CrO_4^{2-}). Im Chromat besitzt das Cr-Atom die Oxidationszahl **+6**.

$$2\,Cr(OH)_3 + 3\,H_2O_2 + 4\,HO^- \rightarrow 2\,CrO_4^{2-} + 8\,H_2O$$

453 C **369** E

Aus einer **Eisen(III)-Salzlösung** fällt auf Zusatz von Natriumhydroxid-Lösung *rotbraunes Eisen*(III)-*hydroxid* [**$Fe(OH)_3$**] aus, das im NaOH-Überschuss sowie in Anwesenheit von Ammoniumsalzen schwer löslich ist. $Fe(OH)_3$ ist ein *nichtamphoteres* Hydroxid.

454 B **21** E

Bei der Oxidation von **Chrom(III)-Salzen** mittels *Oxidationsschmelze* (Na_2CO_3/KNO_3) entsteht *gelbes Chromat* (CrO_4^{2-}), das Chrom in der Oxidationsstufe **+6** enthält.

$$Cr_2O_3 + 3\,NO_3^- + 2\,CO_3^{2-} \rightarrow 2\,CrO_4^{2-} + 3\,NO_2^- + 2\,CO_2\uparrow$$

455 C

Eisen(II)-Salze (Fe^{2+}) können mit verdünnter Salpetersäure (HNO_3) zu Eisen(III)-Salzen (Fe^{3+}) oxidiert werden.

456 E **866** B

$\mathbf{Mn^{2+}}$**-Ionen** können mit Blei(IV)-oxid (PbO_2) in saurer Lösung zum *violetten* Oxoanion *Permanganat* ($\mathbf{MnO_4^-}$) oxidiert werden.

$$2\,Mn^{2+} + 5\,PbO_2 + 4\,H_3O^+ \rightarrow 2\,MnO_4^- + 5\,Pb^{2+} + 6\,H_2O$$

457 B

$\mathbf{Al^{3+}}$**-Ionen** bilden mit Fluorid-Ionen (F^-) einen Komplex mit der Koordinationszahl **6** $[AlF_6]^{3-}$. Natriumhexafluoroaluminat(III) $\mathbf{Na_3[AlF_6]}$ kommt als *Kryolith* in der Natur vor.

458 A

Chrom kommt im Oxoanion *Chromat* ($\mathbf{CrO_4^{2-}}$) in der Oxidationsstufe **+6** vor.

459 D **394** D **395** B

$\mathbf{Zn^{2+}}$**-Ionen** ergeben – im Gegensatz zu Al^{3+}- und Cr^{3+}-Ionen – in essigsaurer, acetatgepufferter Lösung beim Einleiten von Schwefelwasserstoff (H_2S) einen *weißen* Niederschlag von *Zinksulfid* (**ZnS**).

460 B **383** D

$\mathbf{Al^{3+}}$**-Ionen** ergeben mit Natriumhydroxid-Lösung (NaOH) einen farblosen Niederschlag von *Aluminium*(III)-*hydroxid* $\mathbf{[Al(OH)_3]}$, der sich mit überschüssigem Reagenz zum *Tetrahydroxoaluminat*(III) $\mathbf{[Al(OH)_4]^-}$ löst. $Al(OH)_3$ zählt zu den *amphoteren* Hydroxiden.

461 E

$\mathbf{Ag^+}$**-Ionen** bilden mit *Ammoniak* (NH_3) einen Niederschlag von *Silberhydroxid* (**AgOH**) bzw. *Silberoxid* ($\mathbf{Ag_2O}$), der sich im Überschuss des Reagenzes als Diamminsilber-Komplex $\mathbf{[Ag(NH_3)_2]^+}$ wieder auflöst.

462 B **383** D

$\mathbf{Al^{3+}}$**-Ionen** ergeben mit Natriumhydroxid-Lösung (NaOH) einen farblosen Niederschlag von *Aluminium*(III)-*hydroxid* $\mathbf{[Al(OH)_3]}$, der sich mit überschüssigem Reagenz zum *Tetrahydroxoaluminat*(III) $\mathbf{[Al(OH)_4]^-}$ löst.

463 E

$\mathbf{Ag^+}$**-Ionen** ergeben mit Thiosulfat-Ionen ($S_2O_3^{2-}$) einen Niederschlag von *Silberthiosulfat* $\mathbf{[Ag_2S_2O_3]}$, der sich im Überschuss des Fällungsmittels als Dithiosulfat-Komplex $\mathbf{[Ag(S_2O_3)_2]^{3-}}$ wieder auflöst.

464 E **317** D

Aus **Hg(II)-Salzlösungen** scheidet sich mit unedleren Metallen wie z. B. *Kupfer* metallisches Quecksilber unter Bildung eines *Amalgams* ab.

465 C

Zink(II)-Salze ergeben beim Erhitzen mit Co(II)-nitrat $[Co(NO_3)_2]$ in der Oxidationsflamme ein *Spinell* der Zusammensetzung $ZnCo_2O_4 \equiv ZnO \cdot Co_2O_3$ (**Rinmanns Grün**).

466 A **237** C **824** B **863** D

Phosphat-Ionen (PO_4^{3-}) bilden mit Silbernitrat-Lösung ($AgNO_3$) einen *gelben* Niederschlag von *Silberphosphat* (Ag_3PO_4), der in Säuren und Ammoniak löslich ist. In Säuren entstehen hydratisierte Ag^+-Ionen, in ammoniakalischer Lösung bildet sich der Diamminsilber-Komplex $[Ag(NH_3)_2]^+$.

467 B **394** D **395** B

Aus **Zink(II)-Salzlösungen** entsteht mit NaOH-Lösung ein *weißer* Niederschlag von *Zink*(II)-*hydroxid* $[\mathbf{Zn(OH)_2}]$, der im Überschuss des Fällungsmittels löslich ist unter Bildung eines Tetrahydroxo-Komplexes $\mathbf{[Zn(OH)_4]^{2-}}$. In Anwesenheit von Ammoniumsalzen bildet sich daraus der lösliche Tetraammin-Komplex $\mathbf{[Zn(NH_3)_4]^{2+}}$, aus dem sich bei Zugabe von Natriumsulfid-Lösung (Na_2S) schwer lösliches, *weißes Zinksulfid* (**ZnS**) abscheidet.

$$Zn^{2+} + 2\,HO^- \rightarrow Zn(OH)_2\downarrow + 2\,HO^- \rightarrow [Zn(OH)_4]^{2-}$$
$$[Zn(OH)_4]^{2-} + 4\,NH_4^+ \rightarrow [Zn(NH_3)_4]^{2+} + 4\,H_2O$$
$$[Zn(NH_3)_4]^{2+} + S^{2-} \rightarrow ZnS\downarrow + 4\,NH_3$$

468 A **417** D

$\mathbf{Na^+}$**-Ionen** bilden mit Kaliumhexahydroxoantimonat(V) $K[Sb(OH)_6]$ einen schwer löslichen *weißen* Niederschlag von *Natriumhexahydroxoantimonat*(V) $\mathbf{Na[Sb(OH)_6]}$.

469 C **235** A **863** D

Aus einer salpetersauren **Phosphat-Lösung** (PO_4^{3-}) fällt bei Zugabe von Ammoniummolybdat schwer lösliches *gelbes Ammoniumdodekamolybdatophosphat* $\mathbf{(NH_4)_3[P(Mo_3O_{10})_4]}$ aus.

470 C **396** E **397** E **398** B

Durch Hinzufügen von Natriumhydrogenphosphat (Na_2HPO_4) zu einer ammoniakalischen, Ammoniumchlorid-gepufferten Lösung eines **Magnesiumsalzes** kann *weißes Magnesiumammoniumphosphat* ($\mathbf{NH_4MgPO_4}$) gefällt werden.

471 B **420** E

Ammoniak (NH_3), aus **Ammonium-Ionen** (NH_4^+) freigesetzt, bildet mit Kaliumtetraiodomercurat(II) $K_2[HgI_4]$ (**Neßlers Reagenz**) ein schwer lösliches Iodid. Aus der zunächst *gelbbraun* gefärbten Lösung scheiden sich alsbald braune Flocken von **[HgN]I** ab.

472 A

Eisen(III)-Salze ergeben bei der Umsetzung mit Hexacyanoferrat(II) $[Fe^{II}(CN)_6]^{4-}$ einen blauen Niederschlag von **Berliner Blau**, dessen unlösliche Form die Zusammensetzung $\mathbf{Fe_4^{III}[Fe^{III}Fe^{II}(CN)_6]_3 \cdot 14\text{-}16\,H_2O}$ hat.

Kommentare

473 D **417** D

Na^+-Ionen bilden mit Kaliumhexahydroxoantimonat(V) $K[Sb(OH)_6]$ einen schwer löslichen, *weißen* Niederschlag von *Natriumhexahydroxoantimonat*(V) **$Na[Sb(OH)_6]$**.

474 B **418** B

Kalium-Ionen (K^+) bilden in neutraler bis essigsaurer Lösung mit Natriumhexanitrocobaltat (III) $Na_3[Co(NO_2)_6]$ einen *zitronengelben* Niederschlag, dessen Zusammensetzung in Abhängigkeit von den Konzentrationsverhältnissen variieren kann zwischen $K_3[Co(NO_2)_6]$, $K_2Na[Co(NO_2)_6]$ und $KNa_2[Co(NO_2)_6]$.

475 D **46** A

Aus **Ni(II)-Salzlösungen** fällt mit Ammoniak (NH_3) ein *hellgrüner* Niederschlag von *Nickel*(II)*-hydroxid* [**$Ni(OH)_2$**] aus, der jedoch in überschüssigem Ammoniak als *blauer* Hexaamminkomplex **$[Ni(NH_3)_6]^{2+}$** löslich ist.

476 C **317** D

Aus **Hg(II)-Salzlösungen** scheidet sich mit unedleren Metallen wie z. B. *Kupfer* metallisches Quecksilber unter Bildung eines *Amalgams* ab.

477 E **418** B

Kalium-Ionen (K^+) bilden in neutraler bis essigsaurer Lösung mit Natriumhexanitrocobaltat (III) $Na_3[Co(NO_2)_6]$ einen *zitronengelben* Niederschlag, dessen Zusammensetzung in Abhängigkeit von den Konzentrationsverhältnissen variieren kann zwischen $K_3[Co(NO_2)_6]$, $K_2Na[Co(NO_2)_6]$ und $KNa_2[Co(NO_2)_6]$.

478 C **409** D **505** D **868** E

Calcium-Ionen (Ca^{2+}) bilden im alkalischen, carbonathaltigen Milieu mit *Glyoxalbishydroxyanil* einen *roten* Chelatkomplex.

479 D

Natrium-Ionen (Na^+) ergeben in der Kälte mit racemischer *α-Methoxyphenylessigsäure* [C_6H_5-$CH(OCH_3)$-$COOH$] einen voluminösen, *weißen* Niederschlag.

480 A **420** E **421** A

Ammonium-Ionen (NH_4^+) bilden mit Natriumhexanitrocobaltat(III) $Na_3[Co(NO_2)_6]$ einen *gelben*, schwer löslichen Niederschlag von *Ammoniumnatriumhexanitrocobaltat*(III) **$(NH_4)_2Na[Co(NO_2)_6]$**.

481 A **418** B

Kalium-Ionen (K^+) bilden in neutraler bis essigsaurer Lösung mit Natriumhexanitrocobaltat (III) $Na_3[Co(NO_2)_6]$ einen *zitronengelben* Niederschlag, dessen Zusammensetzung in Abhängigkeit von den Konzentrationsverhältnissen variieren kann zwischen $K_3[Co(NO_2)_6]$, $K_2Na[Co(NO_2)_6]$ und $KNa_2[Co(NO_2)_6]$.

482 C **420** E **421** A

Ammonium-Ionen** (NH_4^+) bilden mit Natriumhexanitrocobaltat(III) $Na_3[Co(NO_2)_6]$ in essigsaurer Lösung einen *gelben*, schwer löslichen Niederschlag von *Ammoniumnatriumhexanitrocobaltat*(III) $\mathbf{(NH_4)_2Na[Co(NO_2)_6]}$.

483 C **418** B

Kalium-Ionen (K^+) bilden in neutraler bis essigsaurer Lösung mit Natriumhexanitrocobaltat (III) $Na_3[Co(NO_2)_6]$ einen *zitronengelben* Niederschlag, dessen Zusammensetzung in Abhängigkeit von den Konzentrationsverhältnissen variieren kann zwischen $K_3[Co(NO_2)_6]$, $K_2Na[Co(NO_2)_6]$ und $KNa_2[Co(NO_2)_6]$.

484 A **416** E **888** B

Lithium-Ionen (Li^+) ergeben mit Natriumhydrogenphosphat (Na_2HPO_4) in natronalkalischer Lösung (NaOH) beim Kochen einen *weißen* Niederschlag von *Lithiumphosphat* ($\mathbf{Li_3PO_4}$), der leicht löslich in Säuren ist.

485 A **419** D

Kalium-Ionen (K^+) bilden im pH-Bereich um pH ~ 3,5 mit *Weinsäure* einen *weißen* Niederschlag von *Kaliumhydrogentartrat* [KOOC-CHOH-CHOH-COOH]

486 E **345** C **346** E **347** D **348** E

Arsen(III)-Verbindungen werden von Zinn(II)-chlorid ($SnCl_2$) zu metallischem Arsen (**As**) reduziert.

487 D **332** E **333** E

Bi(III)-Ionen ergeben in salpetersaurer Lösung mit *Thioharnstoff* $[S{=}C(NH_2)_2]$ eine gelblich-orange Färbung oder einen *orangefarbenen* Niederschlag.

488 E

$\mathbf{Zn^{2+}}$**-Ionen** bilden mit Hexacyanoferrat(III)-Ionen $[Fe(CN)_6]^{3-}$ einen *braungelben* Niederschlag von *Zinkhexacyanoferrat*(III) $\mathbf{Zn_3[Fe(CN)_6]_2}$.

489 B **371** A

Eisen(III)-Ionen (Fe^{3+}) reagieren mit Natriumthiocyanat (NaSCN) zu *rotem Eisen*(III)-*thiocyanat* $\mathbf{[Fe(SCN)_3]}$.

490 E

Calcium-Ionen (Ca^{2+}) reagieren mit Natriumoxalat ($Na_2C_2O_4$) zu *weißem*, schwer löslichem *Calciumoxalat* ($\mathbf{CaC_2O_4}$).

491 A **419** D

Kalium-Ionen (K^+) bilden im pH-Bereich um pH ~ 3,5 mit *Weinsäure* einen *weißen* Niederschlag von *Kaliumhydrogentartrat* [KOOC-CHOH-CHOH-COOH]. Die Reaktion dient als Identitätsprüfung auf **Kalium** *nach Arzneibuch*.

492 E **827** D **867** C

Versetzt man eine arsenhaltige, stark salzsaure Prüflösung mit *Hypophosphit-Reagenz* (Natriumphosphinat-Lösung, NaH_2PO_2), so fällt *braunes* Arsen (As) aus. Die Reaktion wird vom Arzneibuch zur Identitäts- und Grenzprüfung auf **Arsen** genutzt.

493 B **417** D

Die Fällung von *gelbem*, wasserhaltigem *Natriummagnesiumuranylacetat* ($NaMg(UO_2)_3(CH_3COO)_9$ aus essigsaurer Lösung mit Magnesiumuranylacetat ist ein möglicher Nachweis auf Natrium, jedoch setzt *Ph.Eur.* 7 zur Identitätsprüfung auf **Natrium** *Kaliumhexahydroxoantimonat*(V) $K[Sb(OH)_6]$ bzw. *Methoxyphenylessigsäure* [C_6H_5-CH(OCH_3)-COOH] als Reagenzien ein.

494 B **382** C

Thioglycolsäure (HS-CH_2-COOH) dient dem Arzneibuch zur *Grenzprüfung* auf **Eisen**. Thioglycolat-Ionen reagieren in ammoniakalischer Lösung mit Fe^{2+}-Ionen zu einem komplexen Anion der Zusammensetzung $[Fe(H_2O)_2(SCH_2COO)_2]^{2-}$. Fe(III) bildet einen ähnlichen Komplex.

495 D **429** C **430** D

Bei der Grenzprüfung auf „**Blei in Zuckern**" setzt *Ph.Eur.* 7 Ammoniumpyrrolidincarbodithioat als Komplexbildner ein und lässt den Bleigehalt mittels Atomabsorptionsspektroskopie bestimmen, während andere Arzneibücher *Dithizon* (1,5-Diphenylthiocarbazon) als Reagenz verwenden. Pb^{2+}-Ionen bilden in neutraler bis alkalischer Lösung mit Dithizon einen *roten* Chelatkomplex, der sich mit Chloroform extrahieren lässt.

496 D

Ammoniumoxalat [$(NH_4)_2C_2O_4$] wird vom Arzneibuch als Nachweisreagenz zur Grenzprüfung auf **Calcium** eingesetzt. Es wird die durch *Calciumoxalat* (CaC_2O_4) verursachte Trübung begutachtet.

497 C **418** B

Zur Grenzprüfung auf **Kalium** setzt Ph.Eur. 7 Natriumtetraphenylborat $Na[B(C_6H_5)_4]$ als Fällungsreagenz ein, das mit K^+-Ionen einen schwer löslichen Niederschlag von *Kaliumtetraphenylborat* $\mathbf{K[B(C_6H_5)_4]}$ bildet. Die Reaktion kann auch zur gravimetrischen Bestimmung von K^+-Ionen genutzt werden.

498 C **418** B

Kalium-Ionen (K^+) bilden in neutraler bis essigsaurer Lösung mit Natriumhexanitrocobaltat(III) $Na_3[Co(NO_2)_6]$ einen *zitronengelben* Niederschlag, dessen Zusammensetzung in Abhängigkeit von den Konzentrationsverhältnissen variieren kann zwischen $K_3[Co(NO_2)_6]$, $K_2Na[Co(NO_2)_6]$ und $KNa_2[Co(NO_2)_6]$. *Ph.Eur.* 7 setzt zur Grenzprüfung auf **Kalium** jedoch Natriumtetraphenylborat $Na[B(C_6H_5)_4]$ als Reagenz ein.

499 A **144** E **145** E **146** D

Aminomethylalizarindiessigsäure ist ein *Komplexbildner*, der in wässriger Lösung mit Cer(III)- (Ce^{3+}) und **Fluorid-Ionen** (F^-) einen *blau* gefärbten Chelatkomplex bildet mit einem Absorptionsmaximum bei $\lambda = 620\,nm$. Das Arzneibuch setzt das Reagenz zur Grenzwertbestimmung von Fluorid ein.

500 D **397** E **850** D

Mg^{2+}-Ionen bilden in ammoniakalischer Lösung mit 8-*Hydroxychinolin* (Oxin) einen schwer löslichen grün-gelblichen Chelatkomplex von *Magnesiumoxinat* [$Mg(Ox)_2 \cdot 2\,H_2O$]. Im Arzneibuch dient diese Reaktion zur Grenzprüfung auf Magnesium.

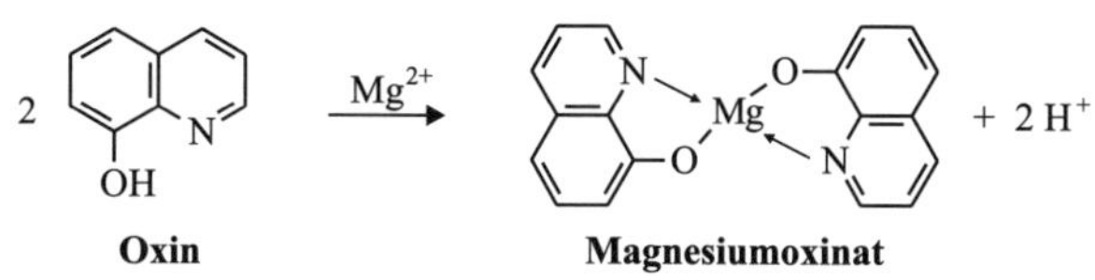

501 C **329** E

Die beiden Bestanteile von **Blei(II)-acetat** [$Pb(OOCCH_3)_2$] können nachgewiesen werden mit:

- Fällung von *Blei*(II)*-chromat* ($PbCrO_4$) beim Versetzen einer essigsauren Pb(II)-Salzlösung mit Kaliumdichromat ($K_2Cr_2O_7$).
- *Acetat* (CH_3COO-) kann mit Lanthannitrat, Iod- und Ammoniak-Lösung durch Bildung eines *blauen* Niederschlags oder einer tiefblauen Färbung nachgewiesen werden.

Die anderen genannten Salze *Bariumiodid* (BaI_2), *Bariumoxalat* (BaC_2O_4), *Strontiumnitrat* [$Sr(NO_3)_2$] und *Bleinitrat* [$Pb(NO_3)_2$] ergeben unter geeigneten Bedingungen zwar auch schwer lösliche Chromate, jedoch verläuft bei diesen Verbindungen die Lanthannitrat-Probe negativ.

502 D **334** B **364** E **396** E **397** E **398** B

Zweiwertige Kationen wie **Mg^{2+}**, **Mn^{2+}** oder **Zn^{2+}** ergeben in ammoniakalischer Lösung mit Natrium- (Na_2HPO_4) oder Kaliumhydrogenphosphat (K_2HPO_4) *weiße* schwer lösliche Niederschläge von Ammoniumphosphat der allgemeinen Zusammensetzung **$MeNH_4PO_4$** [Me = Mg^{2+}, Mn^{2+}, Zn^{2+}].

$$Me^{2+} + NH_4^+ + HPO_4^{2-} + HO^- \rightarrow MeNH_4PO_4\downarrow + H_2O$$

503 A **418** B

Kalium- (K^+) und **Ammonium-Ionen** (NH_4^+) ergeben mit Natriumtetraphenylborat $Na[B(C_6H_5)_4]$ schwer lösliche Niederschläge der allgemeinen Zusammensetzung $Me[B(C_6H_5)_4]$ (Me = K, NH_4]. Lithium-Ionen (Li^+) stören *nicht*.

504 B

Acetate (CH_3COOMe) setzen sich mit **Diarsentrioxid** (As_2O_3) unter Bildung von giftigem *Kakodyloxid* [$(CH_3)_2As\text{-}O\text{-}As(CH_3)_2$] um, das an seinem widerlichen *Geruch* erkannt werden kann.

Kommentare

505 D **409** D **478** C

Glyoxalbishydroxyanil bildet im alkalischen, carbonathaltigen Milieu mit Ca^{2+}-Ionen einen roten *Chelatkomplex*.

506 D **391** E

8-Hydrochinolin (**Oxin**) bildet mit vielen zwei- und dreiwertigen Kationen (Mg^2+, Pb^{2+}, Al^{3+}, u. a.) stabile *Chelatkomplexe*, die zur quantitativen gravimetrischen Bestimmung dienen können.

507 D **655** A **846** B

Acetylaceton (CH_3-CO-CH_2-CO-CH_3) ist ein zweizähniger *Komplexbildner*, der mit vielen Kationen [Al(III), Ca(II), Co(III), Cr(III), Cu(I), Cu(II), Fe(III), Ni(II), Zn(II), u. a.] stabile *Metallacetylacetonate* bildet.

Darüber hinaus ist Acetylaceton Bestandteil des *Nash-Reagenzes* zum *Nachweis von Formaldehyd*.

508 D **332** E **361** D **362** B **367** C

Diacetyldioxim (**Dimethylglyoxim**) bildet mit Kationen wie z. B. $\mathbf{Bi^{3+}}$, $\mathbf{Ni^{2+}}$ oder $\mathbf{Fe^{2+}}$ stabile *Chelatkomplexe*.

3 Organische Bestandteile

3.1 Siedetemperatur und Siedebereich

509 C

Die Apparatur zur „**Bestimmung der Siedetemperatur**“ (nach *DAB*) besteht aus zwei koaxial miteinander verbundenen Glasrohren. Das innere Glasrohr dient zur Aufnahme der Substanz und des Thermometers, dessen Länge durch die drei Dornen in 60 mm und 200 mm Höhe über dem unteren Ende festgelegt ist. Das auf einem Drahtnetz stehende Gerät ist von einem weiteren, etwa 50 mm höher angebrachten Glasrohr umgeben. Das Gerät steht auf einem Laborstativ.

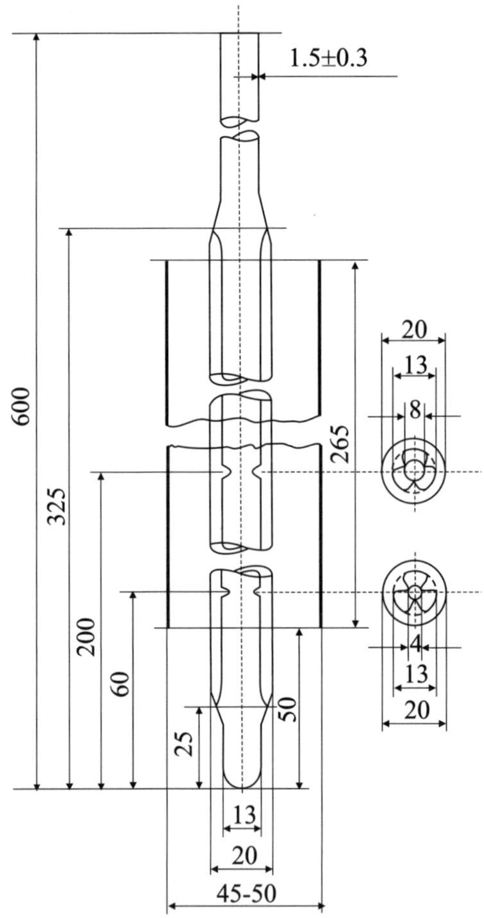

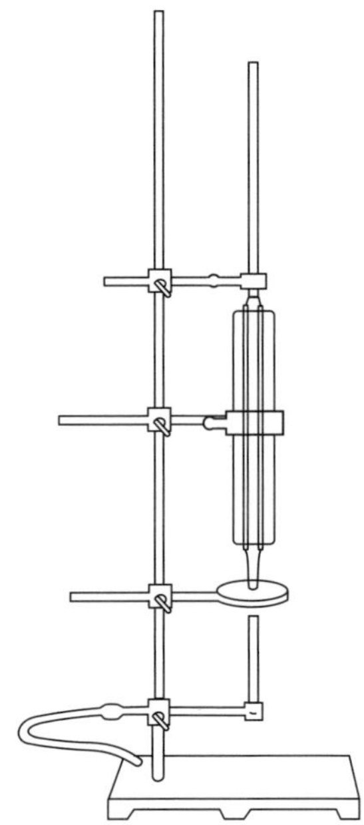

510 C **511** E

Zur **Bestimmung von Wassergehalten** in Feststoffen können folgende Methoden herangezogen werden:

- **Karl-Fischer-Titration**, wobei Iod (I_2) durch Schwefeldioxid (SO_2) in Gegenwart von Wasser (H_2O) zu Iodid-Ionen (I^-) reduziert wird.

$$SO_2 + I_2 + 6\,\mathbf{H_2O} \rightarrow SO_4^{2-} + 2\,I^- + 4\,H_3O^+$$

- **Azeotrope Destillation** nach Zusatz von Toluen (Toluol) als "Wasserschlepper" und volumetrische Bestimmung des Wassers im Destillat.
- Bestimmung des Masseverlustes durch Trocknung („**Trocknungsverlust**“) bei geeigneten Temperaturen. Meistens wird eine Bestimmung des Masseverlustes durch Trocknung bei 100-105 °C im Trockenschrank durchgeführt. Gegebenenfalls erfolgt die Bestimmung durch Anlegung eines Vakuums.

512 B **513** C

Die Apparatur für die „**Bestimmung von Wasser durch Destillation**" besteht aus einem Rundkolben (A), der die wasserhaltige Substanz und Toluol als „Wasserschlepper" enthält. Der Rundkolben (A) ist über ein Verbindungsstück (D) mit einem Kondensationsrohr (B) und einem graduierten Auffangrohr (E) verbunden. Ein Kühler (C) wird auf das Kondensationsrohr aufgesetzt. Das flüchtige, einheitliche Azeotrop bestehend aus Wasser/Toluol wird im Kühler verflüssigt und das sich vollständig in Toluol und Wasser trennende Kondensat wird im Auffangrohr gesammelt. Die abgeschiedene, spezifisch schwerere (unten befindliche) Wassermenge wird abgelesen (in ml).

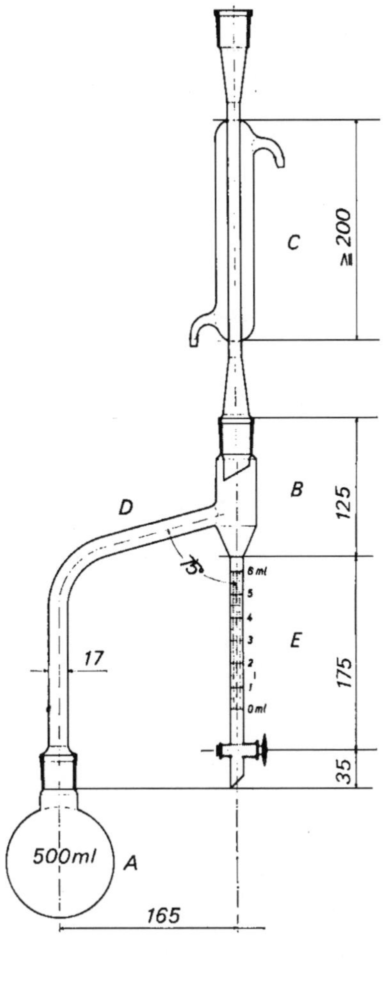

Ein Liebigkühler ist Bestandteil der Apparatur zur Bestimmung des Destillationsbereiches.

3.2 Schmelztemperatur

514 C

Mit Hilfe eines Metallblocks bestimmt das Arzneibuch den „**Sofortschmelzpunkt**“. Bei dieser Methode entfällt jede Wärmeeinwirkung auf die Substanz vor Erreichen der Schmelztemperatur. Die Methode ist daher geeignet für Stoffe, die zu Modifikationsänderungen neigen (polymorphe Stoffe) oder die unter *Zersetzung* schmelzen.

515 D

Bei der Methode zur Bestimmung des „**Sofortschmelzpunktes**“ wird:

- die Substanz auf einen *Metallblock* während des *Aufheizens* aufgestreut und die Temperatur (t_1) abgelesen, wenn die Substanz sofort schmilzt, wenn sie den Metallblock berührt.
- wird die Substanz auf einen Metallblock während des Abkühlens aufgestreut und die Temperatur (t_2) abgelesen, wenn die Substanz aufhört zu schmelzen, sobald sie den Metallblock berührt.

Der Sofortschmelzpunkt ist der Mittelwert $[(t_1 + t_2)/2]$ der beiden gemessenen Temperaturen.

516 D

Unter **Schmelztemperatur** nach der „**Kapillarmethode**“ wird die Temperatur verstanden, bei der das letzte, feste Teilchen einer kleinen Substanzsäule in einem Schmelzpunktröhrchen in die flüssige Phase (Schmelze) übergeht.

517 D

Die Apparatur zur „**Bestimmung des Tropfpunktes**“ besteht aus zwei zusammenschraubbaren Metallhülsen (A und B). Die obere Hülse (A) ist an einem Thermometer befestigt. Ein Metallnippel (F) ist am unteren Ende der Hülse (B) mit zwei Klemmbacken (E) befestigt. Sperrstifte (D) fixieren die Lage des Nippels und zentrieren das Thermometer. Eine Öffnung (C) in der Hülse (B) dient zum Druckausgleich.

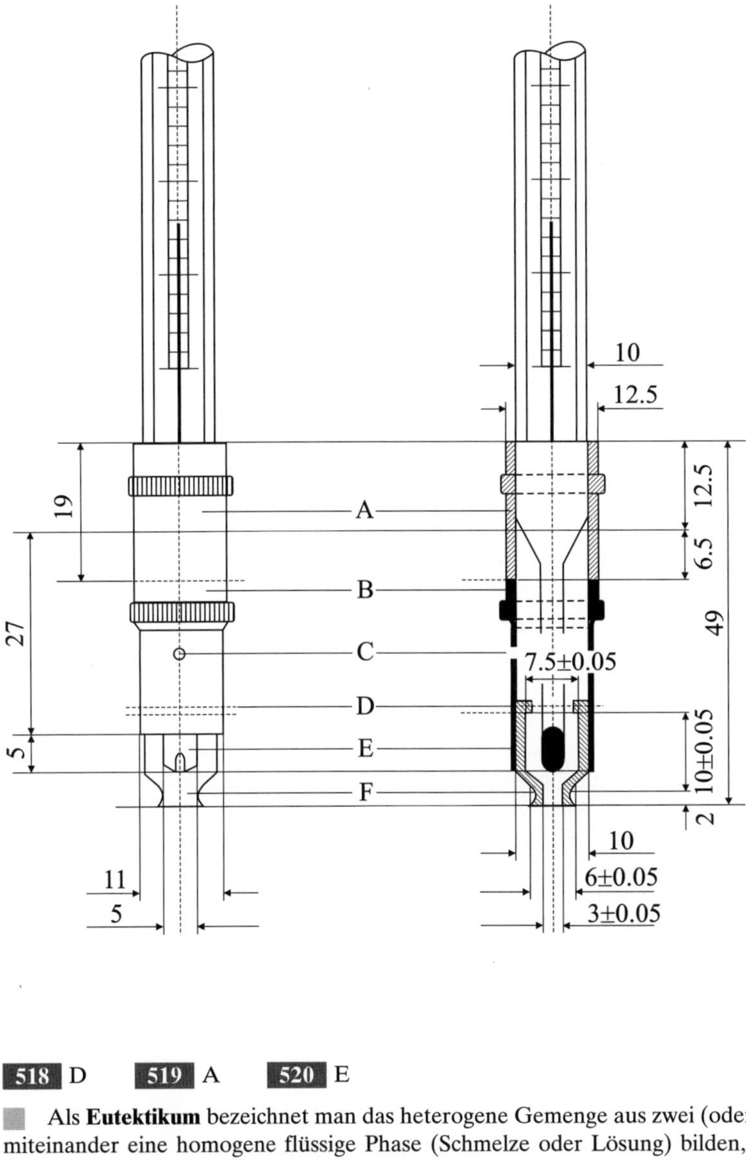

518 D **519** A **520** E

Als **Eutektikum** bezeichnet man das heterogene Gemenge aus zwei (oder mehr) Stoffen, die miteinander eine homogene flüssige Phase (Schmelze oder Lösung) bilden, die aber im festen Aggregatzustand *nicht* miteinander mischbar sind.

Ein Eutektikum erstarrt oder schmilzt wie ein reiner Stoff bei einer bestimmten Temperatur, dem so genannten **eutektischen Punkt**.

Der eutektische Punkt ist die *niedrigste Temperatur*, bei der ein Zwei- oder Mehrkomponentengemisch, das ein Eutektikum bildet, in Abhängigkeit von seiner Zusammensetzung zu schmelzen beginnt.

3.3 Dichte

521 E

Die **Dichte** ist eine stoffspezifische Konstante, deren Zahlenwert vom Grad der Reinheit eines Stoffes abhängt. Dichtemessungen sind daher Verfahren für *Reinheits-* und *Identitätsprüfungen*, insbesondere von *flüssigen Stoffen*.

Die SI-Maßeinheit der *absoluten* Dichte ist **kg/m³**, während die *relative* Dichte eine *dimensionslose* Verhältniszahl ist.

In wässrigen Lösungen bestimmter Substanzen kann die Dichte in Abhängigkeit von der Konzentration dieser Substanzen ein Maximum durchschreiten. Beispielsweise zeigt eine wässrige Essigsäure-Lösung mit einem Masseanteil von 75 % Essigsäure ein *Dichtemaximum*.

Die Dichte macht als Summenparameter Aussagen über die Gesamtmasse einer Flüssigkeit und kann daher zu *Gehalts-* und *Konzentrationsbestimmungen* (Schwefelsäure, Zucker, Alkohole) herangezogen werden.

522 D **523** D **524** C

Zur Bestimmung der absoluten oder relativen Dichte können verwendet werden:
- Pyknometer [für Feststoffe und Flüssigkeiten]
- Hydrostatische Waage (Mohr-Westphal-Waage) [für Feststoffe]
- Aräometer [für Flüssigkeiten]
- Digitale Densitometer [für Flüssigkeiten und Gase]

Ein Abbe-Refraktometer dient der Bestimmung des Brechungsindex.

525 D

Aräometer sind Glashohlkörper, die mit Bleischrot gefüllt sind und nach oben in ein zylindrisches Glasrohr mit einer Skala auslaufen. Aräometer tauchen so tief in eine Flüssigkeit ein, bis das Gewicht der verdrängten Flüssigkeit gleich dem Eigengewicht des Aräometers ist.

Je spezifisch leichter die Flüssigkeit ist, desto tiefer taucht das Aräometer in die Flüssigkeit ein. Die Skalenwerte für kleine Dichten (= große Eintauchtiefe) befinden sich somit am Skalenrohr oben, für große Dichten unten (= geringe Eintauchtiefe). Das eingetauchte Teilvolumen des Aräometers ist daher umgekehrt proportional zur Dichte der Flüssigkeit.

Für exakte Dichtemessungen ist Voraussetzung, dass der Schwerpunkt des Aräometers unterhalb der Skala liegt. Bei sonst gleicher Bauweise ist die Empfindlichkeit des Aräometers umso größer, je dünner das Skalenrohr ist.

Der Benetzungsgrad einer Flüssigkeit ist für die Bestimmung der Dichte mithilfe eines Aräometers nicht relevant.

526 E **527** E

Unter **relativer Dichte** versteht man das Verhältnis der Dichte der zu prüfenden Substanz zur Dichte einer Vergleichssubstanz, jeweils bei derselben Temperatur gemessen. Die relative Dichte ist somit – im Gegensatz zur absoluten Dichte – eine *dimensionslose* Verhältniszahl.

528 D

In einem Pyknometer besitzen 50 ml einer Flüssigkeit eine Masse von 60 g. Daraus berechnet sich die Dichte (ρ) der Flüssigkeit nach:

$$\rho = m\ (\text{in g}) / V\ (\text{in ml}) = 60/50 = \mathbf{1{,}2\ g \cdot cm^{-3}}\ (\text{g/ml})$$

529 D

Wenn bei einer Mohrschen Waage der größte Reiter auf Marke 10 (Haken) den Auftrieb einer Flüssigkeit mit der Dichte 1 g/cm³ kompensiert, so sind dies 0,9 g/cm³ auf Marke 9. Der mittlere Reiter wurde zur Messung nicht verwendet. Der kleinste Reiter kompensiert auf Marke 10 0,01 g/cm³ und somit auf Marke 5 nur 0,005 g/cm³. Daher berechnet sich die Dichte (ρ) der Flüssigkeitsprobe (Summe aller Reiter) zu:

$$\rho = 0{,}9 + 0 + 0{,}005 = \mathbf{0{,}905\ g \cdot cm^{-3}}$$

530 B

Die Apparatur zur „**Bestimmung des Ethanolgehalts**" besteht aus einem Rundkolben (A), der über eine Destillationsbrücke mit Tropfenzähler (B) mit einem senkrecht stehenden Kühler (C) verbunden ist. Das untere Ende des Kühlers ist mit einem Vorstoß (D) versehen, der in einen 100-250 ml Messkolben reicht. Der Messkolben steht während der Destillation in einer Eis/Wasser-Kältemischung (E).

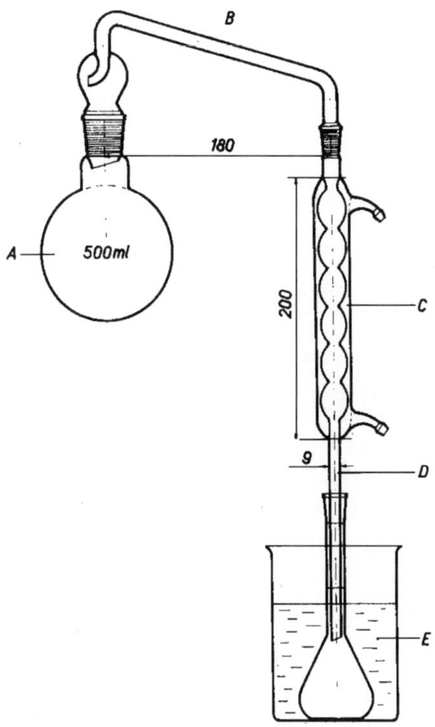

Kommentare

3.4 Analyse von Elementen

531 D

Wasserstoff in organischen Verbindungen wird beim Verbrennen in Wasser umgewandelt, das u. a. mithilfe folgender Reaktionen nachgewiesen werden kann:

- *Karl-Fischer-Reagenz* [Iod (I_2) reagiert mit Schwefeldioxid (SO_2) in Gegenwart von Wasser (H_2O) zu Iodid und Sulfat. Der Ablauf der Reaktion kann elektrochemisch verfolgt werden.]

$$SO_2 + I_2 + 2\,\mathbf{H_2O} \rightarrow H_2SO_4 + 2\,HI$$

- *Grignard-Reagenzien* [Hydrolysiert man z. B. Methylmagnesiumbromid (CH_3MgBr) mit Wasser, so bildet sich Methan (CH_4), das volumetrisch gemessen werden kann (Zerewitinoff-Reaktion).]

$$CH_3MgBr + \mathbf{H_2O} \rightarrow CH_4\uparrow + Mg(OH)Br$$

- *Lithiumaluminiumhydrid* (Lithiumalanat) [$LiAlH_4$] hydrolysiert mit Wasser bei Raumtemperatur zu Aluminium(III)-hydroxid [$Al(OH)_3$] und Lithiumhydroxid (LiOH) unter gleichzeitiger Freisetzung von Wasserstoff (H_2). Al^{3+}- und Li^+-Ionen können dann in Folgereaktionen mit den üblichen Reagenzien nachgewiesen werden.

$$LiAlH_4 + 4\,\mathbf{H_2O} \rightarrow 4\,H_2\uparrow + Al(OH)_3 + LiOH$$

- *Calciumcarbid* (Calciumacetylid) [CaC_2] reagiert mit Wasser zu Acetylen (Ethin) [HC≡CH] und Calciumhydroxid [$Ca(OH)_2$]. Acetylen ist brennbar und bildet mit einigen Schwermetallionen (Ag^+, Cu^{2+}) gefärbte, unlösliche Acetylide.

$$CaC_2 + 2\,\mathbf{H_2O} \rightarrow HC{\equiv}CH\uparrow + Ca(OH)_2$$

- *Wassergas* ist ein Gemisch aus Kohlenmonoxid (CO) und Wasserstoff (H_2). Es entsteht, wenn man Wasserdampf über glühende Kohle (bei etwa 1000 °C) leitet. Mit weiterem Wasserdampf kann daraus in Gegenwart eines Cobalt-Katalysators bei etwa 450 °C Kohlendioxid (CO_2) erhalten werden.

[***Anmerkung:*** Kohlenmonoxid kann mit Wasser reagieren, jedoch ist die Kohlendioxid-Konvertierung nur wenig für eine analytische Identifizierung von Wasser geeignet. Es ist Antwort (D) als die am *wenigsten zutreffende* Antwortalternative als Lösung anzukreuzen.]

$$C + H_2O\ (1000\,°C) \rightarrow [CO + H_2]\ (Wassergas)$$
$$[CO + H_2] + H_2O + (Katalysator, 450\,°C] \rightarrow CO_2 + H_2$$
$$CO_2 + 2\,NaOH \rightarrow H_2O + Na_2CO_3 \rightarrow Carbonat\text{-}Nachweis$$

532 E

Aus einer organischen Verbindung, die neben Kohlenstoff (C)und Wasserstoff (H) auch Stickstoff (N) *und* Schwefel (S) enthält, entsteht beim **Lassaigne-Aufschluss** (Schmelzen mit metallischem Natrium):

- *Natriumcyanid* (aus C, N) [NaCN]
- Natriumsulfid (aus S) [Na_2S]
- *Natriumthiocyanat* (Natriumrhodanid] (aus C, N und S) [NaSCN)

533 A

Beim Schmelzen einer stickstoffhaltigen, schwefelfreien organischen Substanz mit metallischem Natrium entsteht **Natriumcyanid** (NaCN).

534 D **794** D

Beim Schmelzen einer stickstofffreien, schwefelhaltigen organischen Substanz mit metallischen Natrium entsteht **Natriumsulfid** (Na_2S).

535 D **536** A

Beim **Lassaigne-Aufschluss** (Schmelze mit metallischem Natrium) einer organischen Substanz, die neben Kohlenstoff (C), Wasserstoff (H) und Sauerstoff (O) noch Stickstoff (N), Schwefel (S) und Brom (Br) enthält, entstehen:

- *Natriumbromid* (aus Na, Br) [NaBr]
- *Natriumcyanid* (aus Na, C, N) [NaCN]
- *Natriumsulfid* (aus Na, S) [Na_2S]
- *Natriumthiocyanat* (aus Na, C, S, N) [NaSCN]
- *Natriumcarbonat* (aus Kohlendioxid (CO_2) - entstanden aus den Elementen C,O) [Na_2CO_3]

537 D

Beim Schmelzen einer chlorhaltigen organischen Verbindung mit metallischem Natrium entsteht **Natriumchlorid** (NaCl).

538 A

Beim Schmelzen einer iodhaltigen organischen Verbindung mit metallischem Natrium entsteht **Natriumiodid** (NaI).

539 B

Beim **Lassaigne-Aufschluss** einer *stickstoffhaltigen* organischen Substanz entsteht *Natriumcyanid* (NaCN), das durch Umsetzung mit einem Eisen(II)-Salz in *Natriumhexacyanoferrat*(II) $Na_4[Fe(CN)_6]$ umgewandelt wird. Gibt man anschließend ein Eisen(III)-Salz hinzu, so entsteht *Berliner Blau* (≡Turnbulls Blau) $Fe_4^{III}[Fe^{II}(CN)_6]_3$.

$$[C,N] + Na \rightarrow NaCN \rightarrow [Fe(CN)_6]^{4-} \rightarrow Fe_4[Fe(CN)_6]_3$$

540 E

Beim **Lassaigne-Aufschluss** einer *bromhaltigen* organischen Substanz entsteht *Natriumbromid* (NaBr). Oxidiert man anschließend mit Permanganat-Lösung (MnO_4^-), so wird Bromid zu Brom (Br_2) umgewandelt. Letzteres reagiert mit gelbem Fluorescein-Natrium in ammoniakalischer Lösung zu *rotem Eosin* (Tetrabromfluorescein).

541 D

Beim **Lassaigne-Aufschluss** einer *schwefelhaltigen* organischen Substanz entsteht *Natriumsulfid* (Na_2S), das mit *Natriumpentacyanonitrosylferrat*(II) $Na_2[Fe(CN)_5NO]$ zu einem *blauvioletten* Komplex reagiert.

$$S^{2-} + [Fe(CN)_5NO]^{2-} \rightarrow \{Fe(CN)_5NO\mathbf{S}]^{4-} \text{ (violett)}$$

542 D

Beim Aufschluss einer *schwefelhaltigen* organischen Substanz mit metallischem Natrium entsteht *Natriumsulfid* (Na_2S), das mit einer Blei(II)-acetat-Lösung als *schwarzer* Niederschlag von *Blei*(II)-*sulfid* (**PbS**) nachgewiesen werden kann.

543 B

Beim **Lassaigne-Aufschluss** einer *bromhaltigen* organischen Substanz entsteht *Natriumbromid* (NaBr). Oxidiert man anschließend mit Permanganat-Lösung (MnO_4^-), so wird Bromid zu Brom (Br_2) umgewandelt. Letzteres reagiert mit gelbem Fluorescein-Natrium in ammoniakalischer Lösung zu *rotem Eosin* (Tetrabromfluorescein).

544 E

Beim oxidierenden Aufschluss einer *phosphorhaltigen* organischen Substanz mit *Natriumperoxid* (Na_2O_2) [Wurzschmitt-Bombe] entsteht *Natriumphosphat* (Na_3PO_4).

545 B

Organisch gebundenes **Brom** kann auf *hydrolytischem* oder *reduktivem* Wege in *Bromid* übergeführt werden. Dafür geeignet sind:

- *Lassaigne-Aufschluss* mit metallischem Natrium, bei dem Natriumbromid (NaBr) als Reaktionsprodukt gebildet wird.
- *Hydrogenolyse* mir Raney-Nickel in Ethanol oder in wässrig-alkalischer Suspension.

$$\text{R-Br} + „2\,\mathbf{H}“\ (\text{RaNi/HO}^-/\text{H}_2\text{O}) \rightarrow \text{R-}\mathbf{H} + \mathbf{H}\text{-Br}$$

- *Reduktion* der bromhaltigen Verbindung mit Zink in Schwefelsäure oder mit Zink in Ethanol.
- *Schöniger-Methode* durch Verbrennen im Sauerstoffkolben. Dabei entsteht zunächst Brom (Br_2), das von Schwefelsäure (H_2SO_4) absorbiert und mit Wasserstoffperoxid (H_2O_2) zu *Bromid* reduziert wird.

$$Br_2 + H_2O_2 \rightarrow O_2\uparrow + 2\,\text{H-Br}$$

Beim oxidativen Aufschluss mit *überschüssiger* alkalischer Permanganat-Lösung (MnO_4^-/HO^-) würde eventuell vorliegendes Bromid zu Brom (Br_2) oxidiert werden:

$$2\,MnO_4^- + 6\,Br^- + 4\,H_2O \rightarrow 2\,MnO_2\downarrow + 3\,Br_2 + 8\,HO^-$$

546 E **547** E

Der Nachweis des organischen gebundenen *Chlors* in **Chloralhydrat** [$Cl_3C\text{-}CH(OH)_2$] kann erfolgen:

- nach *Hydrogenolyse* (= Bindungsspaltung durch Wasserstoff) in Gegenwart von Raney-Nickel in einer wässrig-alkalischen Suspension.

$$\text{R-Cl} + „2\,\text{H}“ \rightarrow \text{R-H} + \text{HCl}$$

- nach *Hydrolyse* mit Alkalihydroxid-Lösung unter Bildung von Chlorid und Formiat ($HCOO^-$).

$$Cl_3C\text{-}CH(OH)_2 + HO^- \rightarrow HCCl_3 + HCOO^- + H_2O$$
$$HCCl_3 + 4\,HO^- \rightarrow HCOO^- + + 3\,Cl^- + 2\,H_2O$$

- nach Durchführung der *Schöniger-Methode* (Verbrennen im Sauerstoffkolben) und argentometrische Bestimmung der gebildeten Chlorid-Ionen.
- mit der *Beilstein-Probe* durch Erhitzen der chlorhaltigen organischen Substanzen mit einem Kupferdraht in der nichtleuchtenden Bunsenflamme. Die Flamme zeigt die *grüne* bis *blaugrüne* Farbe des verdampfenden *Kupfer*(II)*-chlorids* ($CuCl_2$).
- nach *Lassaigne-Aufschluss* mit metallischem Natrium und Nachweis des Chlorids als schwer lösliches *Silberchlorid* (NaCl).

Aus Chloralhydrat lässt sich in salpetersaurer Lösung mit Silbernitrat-Lösung *nicht direkt* Silberchlorid abspalten.

548 D

Organisch, an einen aromatischen Rest gebundenes Chlor wie im **Chlorcresol** [4-Chlor-3-methylphenol] lässt sich als Chlorid mithilfe einer *Alkalicarbonatschmelze* abspalten, jedoch ist das Chloratom *nicht* mit verdünnter Natriumhydroxid-Lösung hydrolytisch zu eliminieren.

Schöniger-Aufschluss (Verbrennen im Sauerstoffkolben) sowie die Beilstein-Probe sind zum Chlor-Nachweis in organischen Verbindungen weitgehend unabhängig vom Bindungszustand des Chloratoms geeignet.

549 E **550** E **551** E **573** C

Im **Chloramphenicol** liegt ein *geminales Dichlorid* ($R\text{-}CHCl_2$) vor, dessen Chloratome sich relativ leicht hydrolytisch mit konzentrierten Alkalihydroxid-Lösungen abspalten lassen.

$$R\text{-}CHCl_2 + 2\,HO^- \rightarrow R\text{-}CHO + H_2O + 2\,Cl^-$$

Der Nachweis des organisch gebundenen Chlors gelingt auch durch Hydrogenolyse mit Raney-Nickel in ethanolischer Lösung, mithilfe der Beilstein-Probe, durch Schöniger- und Lassaigne-Aufschluss.

Chlor tritt in der Natur als *Isotopengemisch* auf: 75,4 % ^{35}**Cl** und 24,6 % ^{37}**Cl** auf. Daher treten im *Massenspektrum* einer chlorhaltigen Verbindung am Signal des Molekülions charakteristische *Isotopenpeaks* auf, die durch das leichtere und schwerere Chlorisotop verursacht werden. Mit anderen Worten: Es treten in Massenspektren von Substanzen, die ein Chloratom enthalten, zwei Molekülionenpeaks auf, die sich um zwei Masseneinheiten unterscheiden und ein Intensitätsverhältnis von etwa 3:1 aufweisen.

552 E **553** D

In **Iopansäure** und **Levothyroxin-Natrium** sind Iodatome direkt an einen Phenylrest (Ar-I) gebunden. In solchen Iodarenen gelingt der Nachweis des Iods:

- durch Hydrogenolyse in Gegenwart von Raney-Nickel in Ethanol bzw. in einer wässrig-alkalischen Suspension.
- durch Verbrennung in einer Sauerstoff-Atmosphäre (Schöniger-Methode).
- durch Aufschluss mit metallischem Natrium (Lassaigne-Aufschluss).
- durch die reduktive Behandlung mit Zink in stark saurer oder stark alkalischer Lösung bzw. mit Zink in Ethanol.

Die Abspaltung des Iodatoms in den oben genannten Iodarenen gelingt hingegen *nicht* durch *Hydrolyse* (Erwärmen) in verdünnter Alkalihydroxid-Lösung, z.B. verdünnter Natronlauge (NaOH).

In **Levothyroxin-Natrium** kann man Iod nach Arzneibuch auch durch Behandeln mit Schwefelsäure als Oxidationsmittel nachweisen. Es entstehen violette Iod-Dämpfe (I_2).

554 E **555** D

Mit der **Schöniger-Methode** (Verbrennen einer organischen Substanz in einer Sauerstoff-Atmosphäre) können folgende Elemente quantitativ bestimmt werden: *Brom - Chlor - Fluor - Iod - Schwefel*

Stickstoff und naturgemäß auch Sauerstoff sind mit der Schöniger-Methode *nicht* zu bestimmen.

556 C **557** D

Bei der *Schöniger-Methode* liegt nach dem Aufschluss
- **Fluor** als Fluorwasserstoff (HF) vor, der in verdünnter Lauge absorbiert wird. Die *Fluorid-Ionen* werden anschließend fällungsanalytisch mit Thorium(IV)-nitrat-Lösung gegen Alizarinsulfonsäure als Indikator titriert.
- **Chlor** als Chlorwasserstoff (HCl) vor, der in verdünnter Lauge absorbiert wird. Die gebildeten *Chlorid-Ionen* werden argentometrisch nach Volhard titriert.
- **Brom** als elementares *Brom* (Br_2) vor, das in Schwefelsäure absorbiert und mit Wasserstoffperoxid reduziert wird. Die dabei gebildeten *Bromid-Ionen* werden anschließend argentometrisch nach Volhard titriert.
- **Iod** als elementares *Iod* (I_2) vor, das in Natriumhydroxid-Lösung absorbiert und mit Hypobromit-Lösung zu *Iodat* (IO_3^-) oxidiert wird. Setzt man Kaliumiodid (HI) hinzu, so komproportioniert die gebildete Iodsäure (HIO_3) erneut zu elementarem *Iod* (I_2), das mit Thiosulfat-Maßlösung oxidimetrisch bestimmt werden kann.

558 A

Im **Diazepam** wird das organisch gebundene Chlor mit Hilfe der Schöniger-Methode in Chlorwasserstoff (HCl) übergeführt und diese in Natronlauge absorbiert. Somit liegt vor der Titration Chlor als *Chlorid-Ion* (**Cl^-**) vor.

559 E

Bei der **Bestimmung einer iodhaltigen organischen Substanz** liegt nach dem *Schöniger-Aufschluss* elementareres *Iod* (I_2) vor, das in Natriumhydroxid-Lösung (NaOH) absorbiert wird und dabei in Iodid (I-) und Hypoiodit (IO^-) disproportioniert. Beide Ionen werden anschließend mit Hypobromit (BrO^-) zu *Iodat* (IO_3^-) oxidiert. Durch Zugabe von Kaliumhydrogenphthalat wird ein pH-Wert von 4-5 eingestellt. Das dabei aus überschüssigem Hypobromit und Bromid gebildete Brom (Br_2) wird verkocht oder an Phthalsäure gebunden. Danach setzt man Kaliumiodid (HI) hinzu, das mit der in saurer Lösung vorliegenden *Iodsäure* (HIO_3) zu elementarem Iod (I_2) komproportioniert. Abschließend wird Iod oxidimetrisch mit Thiosulfat-Lösung ($S_2O_3^{2-}$) titriert. Thiosulfat wird dabei in Tetrathionat ($S_4O_6^{2-}$) umgewandelt. Die ablaufenden Teilprozesse der Bestimmung iodhaltiger Verbindungen nach Schöniger lassen sich somit wie folgt formulieren:

$$I_2 + 2\,HO^- \rightarrow IO^- + I^- + H_2O$$
$$IO^- + I^- + 5\,BrO^- \rightarrow 2\,IO_3^- + 5\,Br^-$$
$$BrO^- + Br^- + 2\,H_3O^+ \rightarrow Br_2\uparrow + 3\,H_2O$$
$$IO_3^- + 5\,I^- + 6\,H_3O^+ \rightarrow 3\,I_2 + 9\,H_2O$$
$$I_2 + 2\,S_2O_3^{2-} \rightarrow 2\,I^- + S_4O_6^{2-}$$

560 D

Das in **Levothyroxin-Natrium**, ein Iodaren, gebundene Iod liegt nach Schöniger-Aufschluss, Absorption in Natriumhydroxid-Lösung und Oxidation mit Hybromit als *Iodat* (IO_3^-) vor. Nach Zusatz von Kaliumhydrogenphthalat, Einstellen eines pH-Wertes von 4-5 und Verkochen des überschüssigen Hypobromits als Brom enthält die saure Reaktionslösung *Iodsäure* (HIO_3).

561 B

Nitrazepam [$C_{15}H_{11}N_3O_2$] enthält *kein* Element, das mithilfe der Schöniger Methode bestimmt werden kann.

Die Arzneistoffe *Promethazin* [$C_{17}H_{20}N_2\mathbf{S}$], *Haloperidol* [$C_{21}H_{23}\mathbf{ClF}NO_2$], *Chloramphenicol* [$C_{11}H_{12}\mathbf{Cl_2}N_2O_5$] und *Sulfanilamid* [$C_6H_8N_2O_2\mathbf{S}$] enthalten jeweils (in Fettdruck) Elemente, die sich mithilfe des Schöniger-Verfahrens bestimmen lassen.

562 E

Grundlage für die Summenformel einer Verbindung sind die aus der quantitativen Elementaranalyse ermittelten Gewichtsprozentwerte der einzelnen Elemente. Dividiert man die Gewichtsprozentwerte durch die Atommasse des betreffenden Elements, so erhält man das Atomverhältnis der unbekannten Verbindung. Dividiert man anschließend die errechneten Quotienten durch die kleinste erhaltene Zahl, so ergibt sich daraus die Verhältnisformel (Summenformel) der Verbindung.

Für eine organische Verbindung wurde gefunden, dass sie zu 84 % aus Kohlenstoff und zu 16 % aus Wasserstoff besteht. Ihre Summenformel berechnet sich zu:

$$C = 84\,\% : 12 = 7 \text{ und } H = 16\,\% : 1 = 16$$

Die einfachste Verhältnisformel ist demnach: $\mathbf{C_7H_{16}}$

563 B

Eine Substanz, die zu 80 % aus Kohlenstoff und zu 20 % aus Wasserstoff besteht, hat die Summenformel:

$$C = 80\,\% : 12 = 6{,}67 : 6{,}67 = 1$$
$$H = 20\,\% : 1 = 20{,}00 : 6{,}67 = 3$$

Da auch *ganzzahlige Vielfache* der Verhältnisformel das gleiche Atomverhältnis besitzen, bestehen alle Verbindungen der Zusammensetzung $\mathbf{C_nH_{3n}}$ aus 80 % C und 20 % H, mit dem einfachsten Vertreter *Ethan* ($\mathbf{C_2H_6}$).

564 A

Eine Substanz, die zu 75 % aus Kohlenstoff und zu 25 % aus Wasserstoff besteht, hat die Summenformel $\mathbf{C_nH_{4n}}$, mit *Methan* ($\mathbf{CH_4}$) als einfachstem Vertreter.

$$C = 75\,\% : 12 = 6{,}25 : 6{,}25 = 1$$
$$H = 25\,\% : 1 = 25{,}00 : 6{,}25 = 4$$

565 E

Der Prozentgehalt für Sauerstoff, der häufig nicht direkt bestimmt werden kann, ergibt sich – nach Summation der erhaltenen Gewichtsprozentwerte – als Differenzwert ad 100 %.

Eine Substanz, die zu 48,65 % aus Kohlernstoff und zu 8,11 % aus Wasserstoff besteht, enthält daher 43,24 % an Sauerstoff. Daraus errechnet sich die Verhältnisformel wie folgt:

$$C = 48{,}65\,\% : 12 = 4{,}04 : 2{,}70 = 1{,}5$$
$$O = 43{,}24\,\% : 16 = 2{,}70 : 2{,}70 = 1{,}0$$
$$H = 8{,}11\,\% : 1 = 8{,}11 : 2{,}70 = 3{,}0$$

Die einfachste denkbare Verbindung hat somit die Summenformel: $\mathbf{C_3H_6O_2}$

566 C

Acetylaceton [Pentan-2,4-dion] ($CH_3COCH_2COCH_3$) besitzt die Summenformel $C_5H_8O_2$ und besteht zu **60 %** aus Kohlenstoff, **8 %** aus Wasserstoff und zu **32 %** aus Sauerstoff.

$$C = 5 \cdot 12 = 60\,\% \text{ - } H = 8 \cdot 1 = 8\,\% \text{ - } O = 2 \cdot 16 = 32\,\%$$

567 B

Bei einer Substanz, die zu 50,05 % aus Schwefel und zu 49,95 % aus Sauerstoff besteht, handelt es sich im *Schwefeldioxid* (**SO_2**).

$$S = 50{,}05\,\% : 32 = 1{,}56 : 1{,}56 = 1$$
$$O = 49{,}95\,\% : 16 = 3{,}12 : 1{,}56 = 2$$

568 D

Eine anorganische Substanz, die zu 25,6 % aus Kupfer, zu 12,8 % aus Schwefel, zu 4,0 % aus Wasserstoff und zu 57,6 % aus Sauerstoff besteht, hat die Summenformel:

$$Cu = 25{,}6\,\% : 64 = 0{,}4 : 0{,}4 = 1$$
$$S = 12{,}8\,\% : 32 = 0{,}4 : 0{,}4 = 1$$
$$H = 4{,}0\,\% : 1 = 4{,}0 : 0{,}4 = 10$$
$$O = 57{,}6\,\% : 16 = 34{,}6 : 0{,}4 = 9$$

Bei der Substanz handelt es sich somit um *Kupfer*(II)*-sulfat-Pentahydrat* [**$CuSO_4 \cdot 5\,H_2O$**]

3.5 Chemische Analyse funktioneller Gruppen

569 E **570** E **571** C **572** C

Durch *alkalische* **Hydrolyse** (in wässrig-alkoholischer Alkalihydroxid-Lösung) können folgende Verbindungsklassen über ihre Hydrolyseprodukte charakterisiert bzw. identifiziert werden:

- **Carbonsäureamide** (Amide) [R-$CONH_2$, R-CONH-R´, R-CO-NR_2´] → Carbonsäuren [R-COOH] + Amine [R-NH_2, R_2NH] (bzw. Ammoniak bei primären Amiden)
- **Carbonsäureester** (Ester) [R-CO-OR´] → Carbonsäuren [R-COOH] + Alkohole [R´-OH]
- **Lactone** (innere Ester) → Hydroxycarbonsäuren
- **Lactame** (innere Amide) → Aminocarbonsäuren
- **Carbonitrile** (Nitrile) [R-C≡N] → Carbonsäuren (R-COOH) + Ammoniak (NH_3)

Vorwiegend im *sauren* Milieu (HCl, HI) können durch Hydrolyse gespalten werden:

- **Acetale** [R-CH$(OR´)_2$] → Aldehyde [R-CH=O] + Alkohole [R´-OH]
- **Azomethine** (Imine) [R-CH=NH-R´] → Aldehyde [R-CH=O] + Amine [R´-NH_2]

Ketone [R_2C=O] und *Azoverbindungen* [R-N=N-R´] können im Allgemeinen *nicht* durch *Hydrolyse* (*Bindungsspaltung im wässrigen Milieu*) in leicht identifizierbare Verbindungen übergeführt werden.

573 C **548** D **549** E **550** E **551** E

Chlorambucil ist ein *Alkylchlorid* [R-CH_2-**Cl**], aus dem durch Hydrolyse im alkalischen Milieu leicht *Chlorid* (**Cl^-**) abgespalten wird.

Chloramphenicol ist ein *geminales Alkylchlorid* [R-CH**Cl_2**], aus dem das organisch gebundene Chlor leicht mit Natriumhydroxid-Lösung als Chlorid abgespalten wird.

Im **Haloperidol** ist das Chloratom an einen Phenylrest (Ar-Cl) gebunden. Das organisch gebundene Chlor kann aus diesem *Chloraren nicht* durch Hydrolyse mit Alkalihydroxiden als Chlorid abgespalten werden.

Chlorobutanol [$(CH_3)_2$COH-CCl_3] und **Metrifonat** [$(CH_3O)_2$PO-CHOH-CCl_3] sind *geminale Trihalogenide* [R-CCl_3], aus denen sich das Chloratom leicht mit NaOH-Lösung als Chlorid abspalten und anschließend identifizieren lässt.

574 D

Mit der *Entfärbung* einer *Kaliumpermanganat*-Lösung ($KMnO_4$) können **Reduktionsmittel** (oxidierbare Substanzen) nachgewiesen werden wie z. B.:

- **Mercaptane** [R-SH], die sich zu *Sulfonsäuren* [R-SO_3H] oxidieren lassen. In Sulfonsäuren besitzt das Schwefelatom die höchst mögliche Oxidationszahl (+6).
- **Alkene** [R-CH=CH-R], die mit Permanganat zu *cis-Glycolen* [R-CHOH-CHOH-R] und schließlich unter *Glycolspaltung* zu *Carbonylverbindungen* [R-CH=O] reagieren.
- Aliphatische **Aldehyde** [R-CH=O], die zu *Carbonsäuren* [R-COOH] oxidiert werden.
- **Endiole** [R-COH=COH-R], die zu 1,2-*Diketonen* [R-CO-CO-R] oxidiert werden.

575 B

Ascorbinsäure ist ein Endiol (Redukton) [R-COH=COH-R´], das sich mit Iod (I_2) zu *Dehydroascorbinsäure*, einer 1,2-Dicarbonylverbindung [R-CO-CO-R´] oxidieren lässt.

In **Citronensäure** liegt eine tertiärer Alkohol [R_3C-OH] vor, der sich unter Erhalt des C-Gerüstes *nicht* weiter oxidieren lässt.

Epinephrin besitzt zwei ortho-ständige, phenolische Hydroxylgruppen (Brenzcatechin-Struktur), die sich zu einer ortho-chinoiden Struktur oxidieren lassen.

Fructose besitzt das oxidationsempfindliche Strukturelement eines *Hydroxyketons* und reduziert z. B. Tollens- oder Fehling-Reagenz.

2-Methyl-naphthohydrochinon besitzt zwei para-ständige, phenolische Hydroxylgruppen und ist leicht zu 2-Methyl-1,4-naphthochinon [*Menadion*] zu oxidieren.

576 B **577** A **578** E **579** A **580** E **581** D **788** A
791 C **793** A

Durch Anlagerung von *Ozon* (O_3) an **Alkene** (R_2C=CR_2) bilden sich *Ozonide*, die sich reduktiv mit Zink/Essigsäure zu *Carbonylverbindungen* (R_2C=O) spalten lassen. Die Reaktion dient der *Konstitutionsermittlung* (Bestimmung der Lage der Doppelbindung).

Alkene bilden mit *Peroxosäuren* (R-CO_3H) wie *Peroxoessigsäure* [CH_3-CO_3H] oder Peroxobenzoesäure [C_6H_5-CO_3H] *Epoxide* (Oxirane), die sich in Gegenwart von Lewis-Säuren wie Bortrifluorid (BF_3) zu Carbonylverbindungen umlagern und danach näher charakterisieren lassen.

Alkene (R-CH=CH-R) *entfärben* eine alkalische *Kaliumpermanganat*-Lösung ($KMnO_4$). Permanganat bildet mit dem Alken zunächst einen cyclischen Ester, der zu cis-Glycolen (R-CHOH-CHOH-R) hydrolysiert und wird selbst zu Mangan(IV)-oxidhydrat [$MnO(OH)_2$] reduziert. Diese Bishydroxylierung von Alkenen wird auch als **Baeyer-Probe** bezeichnet.

Die Addition von *Brom* (Br_2) an Alkene (R-CH=CH-R) ist erkennbar an dessen *Entfärbung* unter Bildung von (vicinalen) 1,2-Dibromiden (R-CHBr-CHBr-R).

Nitrosylchlorid (NOCl) kann an die C=C-Doppelbindung eines Alkens [R_2C=CR_2] unter Bildung von Nitrosoalkylchloriden [R_2C(NO)-CClR_2] angelagert werden, die sich gegebenenfalls in Isonitrosoverbindungen (Oxime) umlagern.

In Gegenwart eines Metallkatalysators (Pt, Pd, RaNi) lagert sich *Wasserstoff* (H_2) an Alkene (R_2C=CR_2) unter Bildung von Alkanen (R_2CH-CHR_2) an.

Natriummetaperiodat ($NaIO_4$) reagiert *nicht* mit Alkenen. Jedoch kann das Reagenz zur Glycolspaltung von 1,2-Diolen (R-CHOH-CHOH-R) eingesetzt werden, die ihrerseits durch Oxidation von Alkenen mit Kaliumpermanganat oder Osmiumtetroxid erhalten werden.

Ammoniak (NH_3) bzw. Ammonium-Ionen bilden mit Kaliumtetraiodomercurat(II) (*Neßlers Reagenz*) $K_2[HgI_4]$ ein schwer lösliches Iodid. Aus der zunächst gelbbraun gefärbten Lösung scheiden sich alsbald *braune* Flocken von Hg_2NI ab. Alkene reagieren *nicht* mit Neßlers Reagenz.

Sauerstoff (**O_2**) greift im Allgemeinen die C=C-Doppelbindung eines Alkens *nicht* an, sondern reagiert bevorzugt in der Allylposition [C=C-**C**H-] unter Bildung von Hydroperoxiden [-C=C-C(**OO**H)-].

Alkalihydroxide (wie KOH, NaOH) oder Salze (wie $FeCl_3$, $CuSO_4$) können *nicht* zum Nachweis von C=C-Doppelbindungen eingesetzt werden.

582 B

Alkene (R-CH=CH-R) wie **Cyclohexen** reagieren mit
- konzentrierter *Schwefelsäure* (H_2SO_4) unter Bildung von Alkylhydrogensulfaten (RCH_2-CHR-O-SO_3H).
- wässriger, sodaalkalischer *Kaliumpermanganat*-Lösung ($KMnO_4$) unter Entfärbung und Bildung von cis-*Glycolen* (R-CHOH-CHOH-R) [Bishydrolyierung von Alkenen] und Abscheidung von Mangan(IV)-oxidhydrat [$MnO(OH)_2$].
- *Brom* (Br_2) unter Entfärbung zu (vicinalen) 1,2-*Dibromiden* (R-CHBr-CHBr-R).
- *Peroxosäuren* (R-CO_3H) wie Peroxoessigsäure (CH_3-CO_3H) oder Peroxobenzoesäure (C_6H_5-CO_3H) unter Bildung von Epoxiden (Oxiranen).

Alkane (R-CH_2-CH_2-R) wie **Cyclohexan** gehen die vorstehend genannten Reaktionen *nicht* ein, sodass diese Reaktionen zur Unterscheidung von Alkanen und Alkenen herangezogen werden können.

Weder Alkane noch Alkene lassen sich mit ammoniakalischer Silbersalz-Lösung nachweisen. Die **Tollens-Probe** ist daher zur Unterscheidung von Alkenen und Alkanen *nicht* geeignet.

583 B **584** B **585** C

Monosubstituierte **Alkine** (Acetylene) [R-C≡CH] wie **1-Butin** [CH_3CH_2-C≡CH] ergeben folgende Nachweisreaktionen:
- Wasseranlagerung in schwefelsaurem Milieu in Gegenwart von Hg^{2+}-Ionen unter Bildung von *Carbonylverbindungen* wie *Ethylmethylketon* [CH_3CH_2-CO-CH_3]. Dabei wird die Stufe eines Enols als Zwischenprodukt durchlaufen.

$$CH_3CH_2\text{-}C{\equiv}CH + H_2O \rightarrow CH_3CH_2\text{-}COH{=}CH_2 \rightarrow CH_3CH_2\text{-}CO\text{-}CH_3$$

- Entfärbung einer wässrigen, sodaalkalischen Kaliumpermanganat-Lösung ($KMnO_4$).
- Entfärbung einer wässrigen Brom-Lösung (Br_2).
- Bildung eines schwer löslichen Niederschlags von substituiertem Silberacetylid (R-C≡C-Ag) beim Versetzen mit einer alkalischen Silbersalz-Lösung.

Alkylhalogenide lassen sich durch Reaktion mit *Thioharnstoff* (H_2N-CS-NH_2) und nachfolgende Umsetzung der gebildeten S-Alkylisothiuroniumhalogenide mit *Pikrinsäure* identifizieren. Die dabei ausfallenden, schwer löslichen *S-Alkylisothiuroniumpikrate* besitzen einen charakteristischen Schmelzpunkt.

585 C

Monosubstituierte **Alkine** (R-C≡CH) wie **1-Butin** (But-1-in) [CH_3CH_2-C≡CH] reagieren mit:
- einer ammoniakalischen Silbersalz-Lösung unter Bildung eines schwer löslichen Niederschlags von Silberacetylid (R-C≡C-Ag).
- Wasser in schwefelsaurem Milieu unter der katalytischen Wirkung von Hg^{2+}-Ionen zu Carbonylverbindungen (R-CO-CH_3).

Die beiden vorstehend genannten Reaktionen werden vom entsprechenden **Alken**, dem **1-Buten (**But-2-en) (CH_3CH_2-CH=CH_2) *nicht* eingegangen und können somit zur Unterscheidung beider Substanzklassen dienen.

Alkene wie **Alkine** entfärben eine wässrige, sodaalkalische Permanganat-Lösung oder eine wässrige Bromlösung. Beide Oxidationsreaktionen können daher zur Unterscheidung von Alkenen und Alkinen *nicht* beitragen.

586 B

Monosubstituierte **Alkine** (Acetylene) [R-C≡CH] wie **Ethinylestradiol** ergeben folgende Nachweisreaktionen:

- Wasseranlagerung in schwefelsaurem Milieu in Gegenwart von Hg^{2+}-Ionen unter Bildung von *Carbonylverbindungen*. Dabei wird die Stufe eines Enols als Zwischenprodukt durchlaufen.

$$R\text{-}C{\equiv}CH + H_2O \rightarrow R\text{-}C(OH){=}CH_2 \rightarrow R\text{-}CO\text{-}CH_3\,(\textit{Methylketon})$$

- Entfärbung einer wässrigen, sodaalkalischen Kaliumpermanganat-Lösung ($KMnO_4$).
- Entfärbung einer wässrigen Brom-Lösung (Br_2)
- Bildung eines schwer löslichen Niederschlags von substituiertem *Silberacetylid* (R-C≡C-Ag) beim Versetzen mit einer alkalischen Silbersalz-Lösung.

Alkylhalogenide lassen sich durch Reaktion mit *Thioharnstof* (H_2N-CS-NH_2) und nachfolgende Umsetzung der gebildeten S-Alkylisothiuroniumhalogenide mit *Pikrinsäure* identifizieren. Die dabei ausfallenden, schwer löslichen *S-Alkylisothiuroniumpikrate* besitzen einen charakteristischen Schmelzpunkt.

587 D **588** B **589** C **590** E **583** B **584** B **586** B
592 E

Alkylhalogenide (R-CH_2-**Cl**, R-CH_2-**Br**, R-CH_2-**I**) reagieren mit *Thioharnstoff* (H_2N-CS-NH_2) zu S-Alkylisothiuroniumhalogeniden. Deren Umsetzung mit *Pikrinsäure* (2,4,6-Trinitrophenol) ergibt schwer lösliche S-*Alkylisothiuroniumpikrate*, die sich durch ihren Schmelzpunkt charakterisieren lassen.

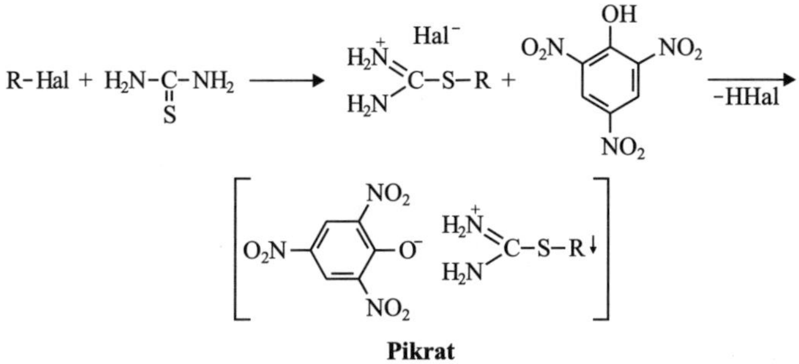

Pikrat

591 A

Der **Lucas-Test** (Behandeln mit HCl/$ZnCl_2$) dient der Unterscheidung von *primären* (RCH_2OH), *sekundären* (R_2CHOH) und *tertiären* **Alkoholen** (R_3COH). Dabei nutzt man zur Differenzierung die unterschiedliche Substitutionsgeschwindigkeit der Alkohole unter Bildung von *Alkylchloriden* aus:

$$[\textit{Alkohol}]\ R\text{-}\mathbf{OH} + HCl + (ZnCl_2) \rightarrow H_2O + R\text{-}\mathbf{Cl}\ [\textit{Alkylchlorid}]$$

Primäre Alkohole (bis C-5) werden gelöst, die Lösung färbt sich oft dunkel, bleibt aber klar. Sekundäre Alkohole lösen sich zunächst klar, die Lösung wird aber rasch trüb und es scheiden sich feine Tröpfchen des betreffenden Alkylchlorids ab. Bei tertiären Alkoholen entstehen schnell zwei Phasen, eine davon ist das Alkylchlorid.

592 E **593** E **594** E **595** A **596** A

Alkohole können nachgewiesen und über den Schmelzpunkt der gebildeten Derivate charakterisiert werden als:

- 3-*Nitrobenzoesäureester* mit 3-Nitrobenzoylchlorid
- 3,5-*Dinitrobenzoesäureester* mit 3,5-Dinitrobenzoylchlorid
- *Halbester* der *Phthalsäure* oder der 3-Nitrophthalsäure mit Phthalsäureanhydrid bzw. 3-Nitrophthalsäureanhydrid

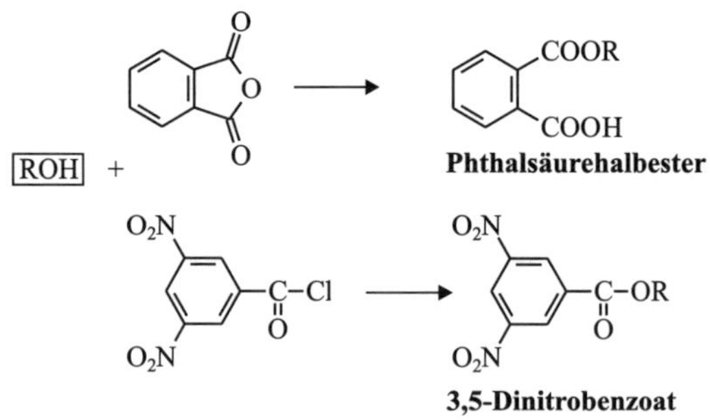

- als N-Phenylcarbaminsäureester (Phenylurethane) mit Phenylisocyanat

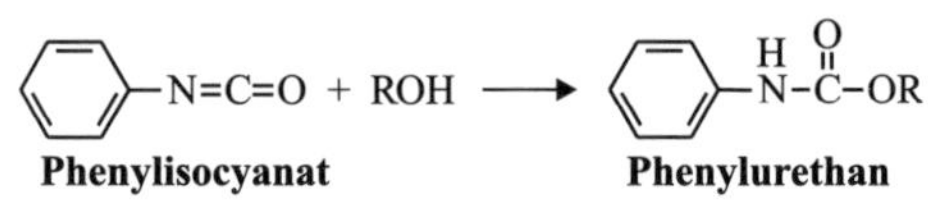

- als 2,4-*Dinitrophenylether* mit 2,4-Dinitrochlorbenzol oder 2,4-Dinitrofluorbenzol (*Sanger-Reagenz*)

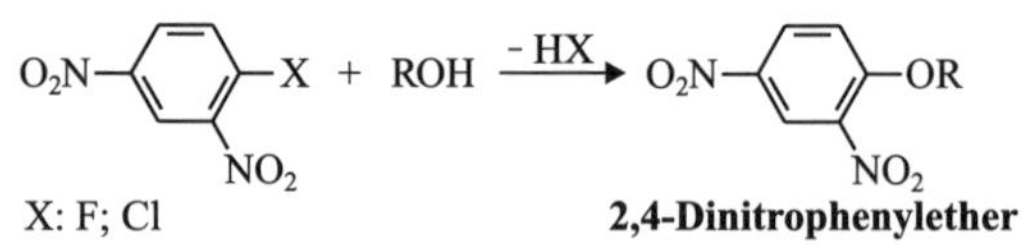

- als *gelbe Alkylxanthogenate* [RO-CSS$^-$Me$^+$] durch Umsetzung mit Schwefelkohlenstoff [Kohlenstoffdisulfid] (CS_2) in alkalischer Lösung

$$ROH + CS_2 + NaOH \rightarrow RO\text{-}CSS^-Na^+ + H_2O$$

Thioharnstoff [H_2N-CS-NH_2] ist ein Reagenz zum Nachweis von Bi^{3+}-Ionen sowie zum Nachweis von *Alkylhalogeniden* (RCH_2Hal). Mit Alkylhalogeniden ergeben sich S-*Alkylisothiuroniumhalogenide*, die sich mit *Pikrinsäure* (2,4,6-Trinitrophenol) als schwer lösliche S-*Alkylisothiuroniumpikrate* identifizieren lassen.

Thioacetamid (CH_3-CS-NH_2) ist ein Reagenz zur Fällung von schwer löslichen *Metallsulfiden* in homogener Phase (Schwefelwasserstoff-Gruppe, Ammoniumsulfid-Gruppe).

Cyanessigester (N≡C-CH_2-COOR) ist – als CH-acide Komponente anstelle von Malonsäureester [ROOC-CH_2-COOR] - ein wichtiger Synthesebaustein der organischen Chemie, zur Identifizierung von Alkoholen aber *nicht* geeignet.

597 A

Alkohole geben folgende analytisch verwertbare Reaktionen:

- Bildung von O-Acylderivaten [≡ *Carbonsäureester*] (hier: 3,5-Dinitrobenzoesäureester) bei der Umsetzung mit 3,5-Dinitrobenzoylchlorid.
- Bildung von *Phenylurethanen* (C_6H_5-NH-CO-OR) bei der Umsetzung von primären und sekundären Alkoholen (ROH) mit Phenylisocyanat (C_6H_5-N=C=O).

Natriumpentacyanonitrosylferrat(II) [Nitroprussidnatrium] $Na_2[Fe(CN)_5NO]$ ist ein Reagenz, das bei der *Legalschen Probe* zum *Nachweis* von Aceton (CH_3-CO-CH_3) eingesetzt wird.

Fuchsin-Schweflige Säure (*Schiffs Reagenz*) dient zum Nachweis von *Bromiden* (Br^-) oder *Bromaten* (BrO_3^-) [reagierendes Agens ist Brom] sowie zum Nachweis von *Aldehyden* (R-CH=O) [*Formaldehyd* H_2C=O, *Acetaldehyd* CH_3CH=O].

598 C

Primäre (RCH_2OH) und sekundäre (R_2CHOH) **Alkohole** reagieren mit *Phenylisocyanat* (C_6H_5-N=C=O) zu *Phenylurethanen* [Phenylcarbaminsäureestern] (C_6H_5-NH-CO-OR´).

599 C **600** E **601** A **602** A

3,5-Dinitrobenzoylchlorid reagiert in Gegenwart von Pyridin als säurebindendes Mittel (Abfangen von HCl) zu kristallinen Produkten mit:

- Phenolen (Ar-OH) zu 3,5-Dinitrobenzoesäurephenylestern (R´-CO-OAr)
- primären (RCH_2OH) und sekundären (R_2CHOH) Alkoholen zu 3,5-Dinitrobenzoesäurealkylestern (R´-CO-OCH_2R bzw. R´-CO-$OCHR_2$)
- primären (RNH_2) und sekundären (R_2NH) Aminen zu 3,5-Dinitrobenzoesäureamiden (R´-CO-NH-R bzw. R´-CO-NR_2) [R´ = 3,5-Dinitrobenzoyl-Rest]

603 E

N- und O-Nucleophile reagieren mit **3,5-Dinitrobenzoylchlorid** in Gegenwart von Pyridin als säurebindendes Mittel zu kristallinen Produkten, die über ihren Schmelzpunkt charakterisiert werden können. Im Allgemeinen bewirken dabei die Nitrogruppen in dem oben genannten Reagenz im Vergleich zu Reagenzien ohne diese Nitrogruppen:

- eine erhöhte Reaktivität des Reagenzes
- ein erhöhtes Kristallisationsvermögen des entstehenden Ester- oder Amid-Derivates
- eine geringere Löslichkeit der entstehenden Produkte
- eine intensivere Färbung der entstehenden Produkte

604 B

Glycole [1,2-Diole, vicinale Dole] (R_2COH-$COHR_2$) reagieren mit Natriummetaperiodat ($NaIO_4$) [**Malaprade-Reaktion**] unter Glycolspaltung zu Carbonylverbindungen (R_2C=O).

$$R_2COH\text{-}COHR_2 \rightarrow R_2C{=}O + O{=}CR_2$$

Aus der *Glycolspaltung* von **1,2,4,5,6-Pentahydroxyheptan** ergeben sich folgende Produkte:

$$\overset{1}{HOCH_2}\text{-}\overset{\downarrow 2}{CHOH}\text{-}\overset{3}{CH_2}\text{-}\overset{4}{CHOH}\text{-}\overset{\downarrow 5}{CHOH}\text{-}\overset{\downarrow 6}{CHOH}\text{-}\overset{7}{CH_3}$$

- *Formaldehyd* [HCHO] (Spaltung C 1-C 2)
- *Malondialdehyd* [OCH-CH_2-CHO] (Spaltung C 1-C 2 und C 4-C 5)
- *Ameisensäure* [HCOOH] (Spaltung C 4-C 5 und C 5-C 6)
- *Acetaldehyd* [CH_3-CHO] (Spaltung C 5-C 6)

Glycolaldehyd [$HOCH_2$-CHO] ist *kein* Spaltprodukt der oben genannten Polyhydroxyverbindung.

605 E

Die **Glycolspaltung** nach **Malaprade** mit Natriummetaperiodat ($NaIO_4$) gelingt mit folgenden Substraten:

- **1,2-Diole** (Glycole, vicinale Diole) wie z. B. **1,2-Ethandiol** (Ethylenglycol) [$HOCH_2$-CH_2OH], wobei hier 2 Moleküle Formaldehyd (H_2C=O) als Reaktionsprodukt entstehen.
- α-**Hydroxycarbonylverbindungen** wie z. B. **Glycolaldehyd** [$HOCH_2$-CH=O] wobei Formaldehyd (H_2C=O) und Ameisensäure (HCOOH) als Reaktionsprodukte gebildet werden.
- **1,2-Dicarbonylverbindungen** wie **Glyoxal** [O=CH-CH=O], wobei 2 Moleküle Ameisensäure als Spaltungsprodukt gebildet werden.
- **primären** α-**Aminoalkoholen** wie z. B. **2-Aminoethanol** [H_2NCH_2-CH_2OH], wobei 2 Moleküle Formaldehyd (H_2C=O] aus der Glycolspaltung resultieren.

Die Glycolspaltung gelingt *nicht*, wenn die Hydroxylgruppen verestert oder verethert sind, wie z. B. im **2-Methoxyethanol** [CH_3O-CH_2-CH_2OH].

606 C

1,2-Aminoalkohole mit primärer Aminofunktion (Ethanolamin-Struktur) [H_2N-CH_2-CH_2-OH] bilden mir Schwermetall-Ionen wie Cu(II) in alkalischer Lösung charakteristisch gefärbte Chelatkomplexe, die zur Unterscheidung dieser Substanzen von einfachen 1,2-Diolen (Glycole) dienen können.

1,2-Aminoalkohole *und* 1,2-Diole (Glycole) lassen sich mit Natriummetaperiodat [$NaIO_4$] (**Malaprade-Reaktion**) oder mit Bleitetraacetat [$Pb(OOCCH_3)_4$] (**Criegee-Reaktion**) zu Carbonylverbindungen spalten.

Metallisches Natrium setzt aus 1,2-Aminoalkoholen *und* 1,2-Diolen Wasserstoff frei:

$$2\,R\text{-}OH + 2\,Na \rightarrow R\text{-}O^-Na^+ + H_2\uparrow$$

607 E **783** A **831** B

Versetzt man **Ephedrin** mit einer alkalischen Kupfer(II)-sulfat-Lösung, so tritt *Violettfärbung* auf. Beim Schütteln mit Ether färbt sich die organische Schicht purpurfarben, die wässrige blau. Die als **Chen-Kao-Reaktion** bezeichnete Umsetzung führt zu farbigen Kupferchelaten. Auch **Etilefrin** mit seiner Aminoethanol-Struktur (HO-C-C-NH) gibt eine positive Chen-Kao-Reaktion.

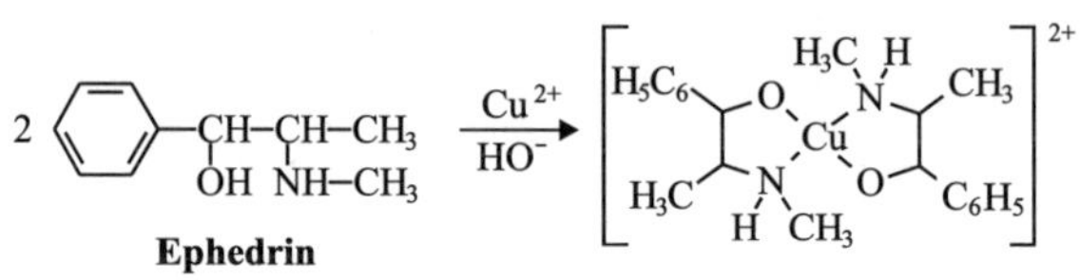

Polyole wie **Sorbitol** [$HOCH_2$-$(CHOH)_4$-CH_2OH] geben ebenfalls mit Schwermetall-Ionen (Cu^{2+}, Fe^{2+}) gefärbte Chelatkomplexe

Die Bildung von *blau* gefärbten Chelatkomplexen zwischen Cu(II)-Ionen und α-*Aminosäuren* wie **Glycin** (H_2N-CH_2-COOH) oder **L-Alanin** (H_2N-$CHCH_3$-COOH) als zweizähnigen Liganden dient zum Nachweis von Aminosäuren.

Benzocain (p-Aminobenzoesäureethylester) ergibt im Alkalischen *keinen* gefärbten Komplex mit Cu(II)-Ionen.

608 C **609** B **800** E

Phenole (Ar-OH) reagieren als aktivierte Aromaten mit aromatischen Diazoniumsalzen zu gefärbten *Azofarbstoffen* (Ar-N=N-Ar-OH) (Azokupplung, Diazotierungs-Kupplungs-Reaktion). Im unten angeführten Beispiel kuppelt diazotierte Sulfanilsäure (Diazobenzolsulfonsäure) [HO_3S-C_6H_4-N_2^+] in alkalischer Lösung mit einem Phenol (bzw. Phenolat):

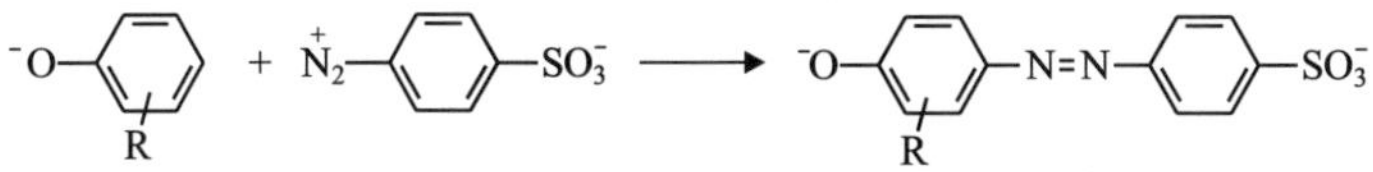

Charakteristisch für zahlreiche Phenole ist die Bildung eines farbigen Reaktionsproduktes bei der Umsetzung mit *Eisen*(III)-*chlorid* ($FeCl_3$). Die Farbausbildung ist besonders ausgeprägt und lang anhaltend, wenn sich in ortho-Stellung zum phenolischen Hydroxyl (Ar-OH) weitere chelatbildende Substituenten (HO, CHO, COOH, SO_3H) befinden.

Phenole mit freier para-Position reagieren in alkalischer Lösung mit dem **Gibbs-Reagenz** (2,6-Dichlor-1,4-chinon-4-chlorimid) zu einem *Indophenol-Farbstoff* (siehe Frage Nr. 610)

Die oxidative Kupplung von Phenolen mit freier para-Position mit 4-*Aminoantipyrin* (Aminopyrazolon ≡ 4-Amino-2,3-dimethyl-1-phenylpyrazolin-5-on) in Gegenwart eines Oxidationsmittels wie Kaliumhexacyanoferrat(III) $K_3[Fe(CN)_6]$ führt zu gefärbten *Chinoniminen* nachfolgender Struktur (**Emerson-Reaktion**):

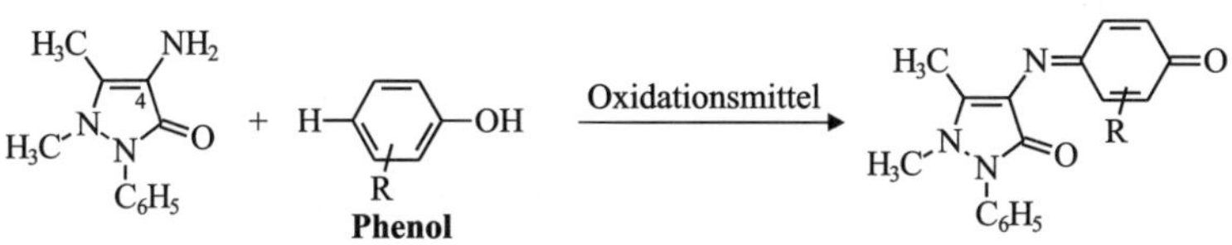

Phenole (Ar-OH) lassen sich mit aromatischen Säurechloriden wie *Benzoylchlorid* (C_6H_5-COCl) in alkalischer Lösung in *Phenolester* (C_6H_5-CO-O-Ar) umwandeln [Veresterung nach Schotten-Baumann].

Phenole (Ar-OH) reagieren mit *Arylisocyanaten* wie z. B. Phenylisocyanat (C_6H_5-N=C=O) zu kristallinen *Phenylurethanen* (C_6H_5-NH-CO-OAr).

Azomethine [Imine] (R-CH=N-R´) werden unter Wasserabspaltung aus primären Aminen und Carbonylverbindungen (Aldehyden, Ketonen) erhalten, so dass deren Bildung zum Nachweis der beiden Substanzklassen herangezogen werden kann.

610 A **818** D **820** D

Phenole mit freier para-Position reagieren in alkalischer Lösung mit dem **Gibbs-Reagenz** (2,6-Dichlor-1,4-chinon-4-chlorimid) zu einem Indophenol-Farbstoff.

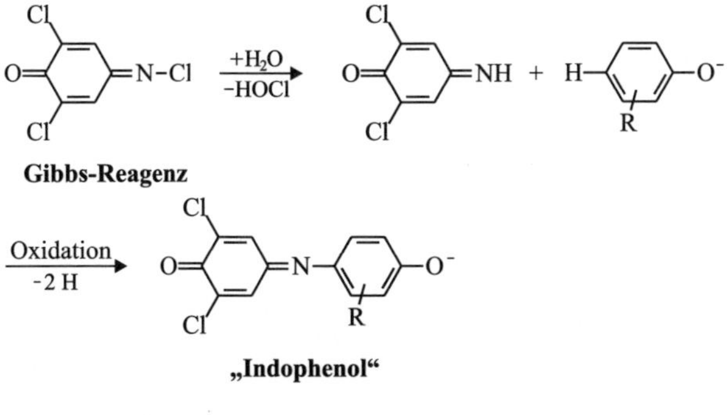

611 E

- **Phenole** (Ar-OH) können nachgewiesen werden mit:
  - 2,6-Dichlor-1,4-chinon-4-chlorimid (*Gibbs-Reaktion*)
  - Aminopyrazolon in Gegenwart von Kaliumhexacyanoferrat(III) $K_3[Fe(CN)_6]$ (*Emerson-Reaktion*)
  - Diazobenzolsulfonsäure-Lösung (*Azokupplung*)
  - Eisen(III)-chlorid ($FeCl_3$) [*Eisen*(III)*-chlorid-Reaktion*]
- *Chromotropsäure* (4,5-Dihydroxy-naphthalin-2,7-disulfonsäure) ist ein Nachweisreagenz zur kolorimetrischen Bestimmung von *Formaldehyd* ($H_2C=O$).

612 E **613** E

- **Phenole** (Ar-OH) reagieren mit
  - 2,4-Dinitrochlorbenzol in einer S_NAr-Reaktion unter Bildung kristalliner Diarylether (Ar-O-Ar´)
  - Natriumhydroxid-Lösung als schwache Säuren unter Salzbildung (Bildung von Natriumphenolaten ArO^-Na^+)
  - Fe^{3+}-Ionen unter Bildung von gefärbten Komplexen
  - mit 2,6-Dichlor-1,4-chinon-4-chlorimid unter oxidativer Kupplung zu Indophenol-Farbstoffen (*Gibbs-Reaktion*)
  - Säurechloriden wie 3,5-Dinitrobenzoylchlorid in Gegenwart von Pyridin zu Phenolestern (Ar´-CO-OAr) [Veresterung nach Einhorn]
- **Phenolether** (Ar-OR) wie *Phenylmethylether* [Anisol] (C_6H_5-OCH_3) gehen die oben angeführten Reaktionen *nicht* ein. Die vorstehend genannten Reaktionen können somit zur *Unterscheidung* von Phenolen und Phenolethern herangezogen werden.

614 A **615** B **616** C **609** B

- *Impfstoffe* und *Sera* dürfen bis zu 0,25 % an **Phenol** als Konservierungsstoff enthalten. Zu dessen Bestimmung lässt das Arzneibuch die **Emerson-Reaktion** durchführen, bei der Phenole mit Aminopyrazolon (4-Aminoantipyrin) oxidativ gekuppelt werden. Als Oxidationsmittel dient Kaliumhexacyanoferrat(III) $K_3[Fe(CN)_6]$. Es bildet sich ein *roter* Indophenol-Farbstoff nachfolgender Konstitution dessen Konzentration (Farbintensität) photometrisch (kolorimetrisch) bei einer Wellenlänge von $\lambda = 546$ nm gemessen wird. Die Bestimmung ist somit ein Spezialfall einer Indophenol-Reaktion.

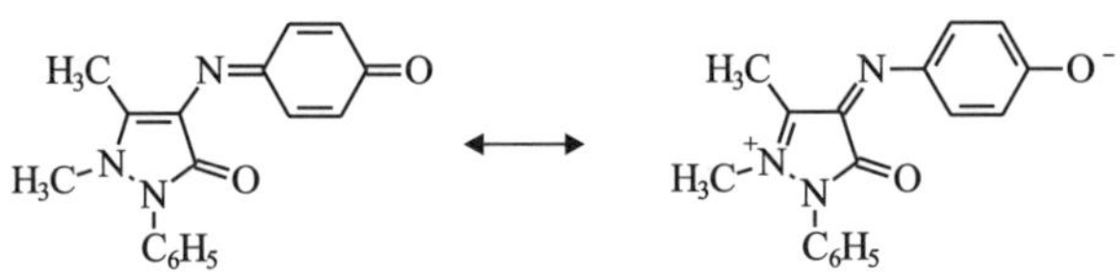

617 E **618** E **619** C **620** C **621** E **622** A **623** D
833 D **857** B

- Die **Eisen(III)-chlorid-Reaktion** ist eine Nachweismethode für *Phenole* (Ar-OH) und *Enole* (C=C-OH), die mit $FeCl_3$ zu *rot* oder *violett* gefärbten Produkten reagieren.
- Die Farbbildung ist dann besonders ausgeprägt und lang anhaltend, wenn sich in ortho-Stellung zum phenolischen Hydroxyl weitere chelatbildende Substituenten (HO, CHO, COOH, SO_3H) befinden, wie dies z. B. bei **Salicylsäure** (2-Hydroxybenzoesäure), **Methylsalicylat** (2-Hydroxybenzoesäuremethylester), **Sulfosalicylat** (2-Hydroxy-5-sulfobenzoat) oder **Vanillin** (3-Methoxy-4-hydroxy-benzaldehyd) der Fall ist.

- Stark CH-acide Verbindungen wie z.B **Acetylaceton** (CH_3-CO-CH_2-CO-CH_3) oder **Acetessigsäureethylester** (CH_3-CO-CH_2-CO-OCH_2CH_3) reagieren über ihre *Enolformen* [CH_3-CH(OH)=CH-CO-CH_3 bzw. CH_3-CH(OH)=CH-CO-OCH_2CH_3] ebenfalls positiv mit $FeCl_3$.
- **Thiocyanat** (SCN^-) reagiert mit Fe^{3+}-Ionen zu *rotem Eisen*(III)-*thiocyanat* $Fe(SCN)_3$ bzw. Thiocyanatoferrat(III)-Komplexen.
- Ein *Sulfonsäureamid* (Ar-SO_2-NH-R) wie p-Aminobenzolsulfonsäureamid (H_2N-C_6H_4-SO_2-NH_2) verfügt *nicht* über ein phenolisches Hydroxyl und verursacht deshalb mit $FeCl_3$ *keine* Färbung.
- *Phenolether* (Ar-OR) oder *Alkohole* (R-OH) wie **Menthol** geben keine Reaktion mit $FeCl_3$. Ebenso reagieren *Phenolester* (Ar-O-CO-R) wie **Acetylsalicylsäure** oder **Acetylsalicylsäureanhydrid** *nicht* mit Eisen(III)-chlorid. Acetylsalicylsäure reagiert positiv mit Fe(III)-Ionen erst nach der Hydrolyse zu Salicylsäure (siehe auch Frage Nr. 627).

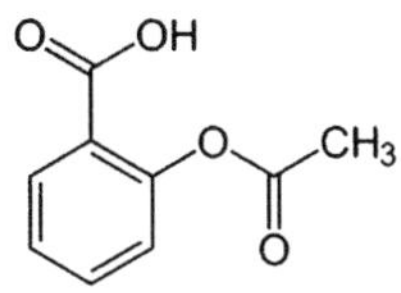

Acetylsalicylsäure

- Eisen(III)-Ionen ergeben mit den Chelatliganden *Oxalat* oder *Tartrat farblose* Komplexe.

624 E **625** D **626** D **722** B **723** C **799** B **833** D
856 D **857** B

- *Phenole* (Ar-OH) ergeben mit Eisen(III)-chlorid-Lösung ($FeCl_3$) gefärbte Reaktionsprodukte. Daher reagieren **Phenol** (Hydroxybenzol), **Hydrochinon** (1,4-Dihydroxybenzol) und **Salicylsäure** (2-Hydroxybenzoesäure) positiv mit $FeCl_3$.

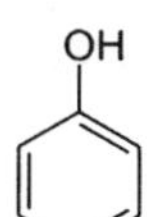

Phenol

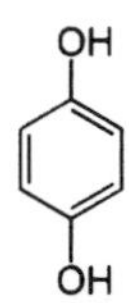

Hydrochinon

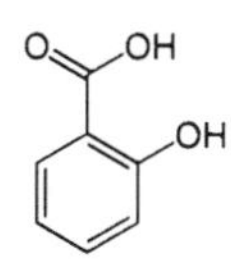

Salicylsäure

- Auch *Enole* (C=C-OH) wie **Acetessigsäureethylester** (CH_3-CO-CH_2-CO-OC_2H_5), der als Flüssigkeit zu 7,6 % in der Enolform (CH_3-C(OH)=CH-CO-OC_2H_5) vorliegt, reagieren positiv mit $FeCl_3$.
- *Hydroxamsäuren* (R-CO-NHOH) wie z. B. **Acetohydroxamsäure** (CH_3-CO-NHOH) bilden mit Eisen(III-Ionen *rotgefärbte* Chelatkomplexe (*Hydroxamsäure-Reaktion*).
- Alkohole wie *Cyclohexanol* ($C_6H_{11}OH$) oder 1,2-*Dihydroxycyclohexan* reagieren *nicht* mit Eisen(III)-chlorid unter Bildung gefärbter Reaktionsprodukte.

627 C

- **Vanillin** (3-Methoxy-4-hydroxy-benzaldehyd), **Levodopa** (3,4-Dihydroxy-phenylalanin) [L-DOPA] und **Methylsalicylat** (Salicylsäuremethylester) enthalten *phenolische Hydroxylgruppen* und reagieren daher mit $FeCl_3$-Lösung unter Bildung farbiger Reaktionsprodukte.

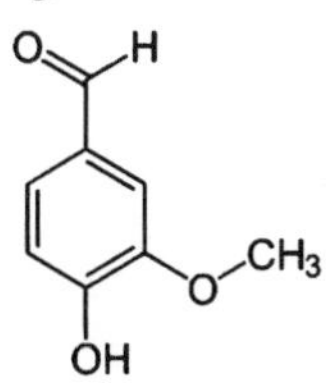

Vanillin

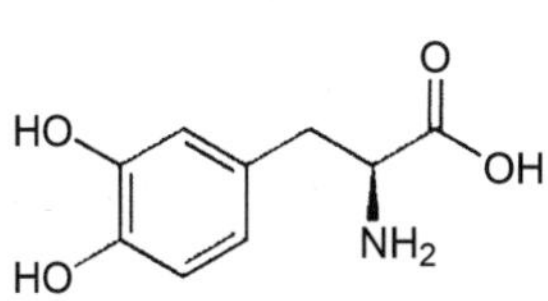

Levodopa

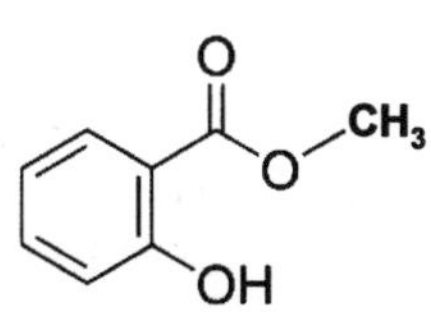

Methylsalicylat

Menthol [5-Methyl-2-(1-methylethyl)cyclohexanol] und **Benzocain** (p-Aminobenzoesäureethylester) enthalten keine phenolischen Hydroxylgruppen und ergeben daher *keine* farbigen Produkte bei der Umsetzung mit $FeCl_3$.

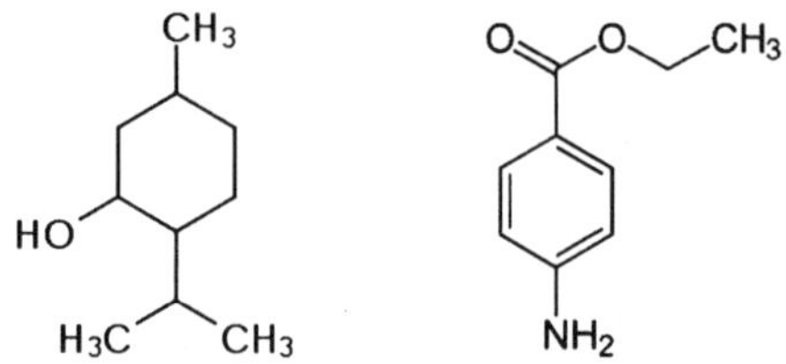

Menthol **Benzocain**

628 A

Mercaptane (Alkanthiole, Sulfanylalkane) [R-SH] reagieren stärker sauer als die entsprechenden Alkohole und bilden mit vielen Schwermetall-Ionen (Ag, Hg, **Pb**) z.T. gefärbte, schwer lösliche Salze, so genannte *Mercaptide* [$Pb(SR)_2$].

Zum Nachweis von Mercaptanen nutzt man häufig die Darstellung von kristallinen Thiobenzoaten [Ar-CO-S-R] insbesondere von 3,5-Dinitrothiobenzoaten oder die Umsetzung mit 3-Nitrophthalsäureanhydrid zu den betreffenden Thiohalbestern.

$$\text{R-SH} + \text{Cl-CO-Ar} \rightarrow \text{Ar-S-CO-Ar} + \text{HCl}$$

Alkanthiole (R-SH) werden durch milde Oxidationsmittel wie Iod (I_2) zu **Disulfiden** (R-S-S-R) oxidiert. Es tritt *Entfärbung* der Iod-Lösung ein. Das Cystein-Cystin-Redoxsystem hat biochemische Bedeutung (siehe Frage Nr. 629).

Starke Oxidationsmittel wie Kaliumpermanganat ($KMnO_4$) oxidieren Mercaptane zu **Alkansulfonsäuren** (R-SO_3H). Die $KMnO_4$-Lösung wird entfärbt.

Alkohole (ROH) reagieren mit Schwefelkohlenstoff [Kohlenstoffdisulfid] (S=C=S) in alkalischer Lösung zu kristallinen, gelben *Alkanxanthogenaten* [RO-CSS^-Me^+], die sich durch ihren Schmelzpunkt charakterisieren lassen.

629 E

Die Aminosäure **Cystein** (2-Amino-3-sulfanyl-propansäure) reagiert mit Iod-Lösung (I_2) in salzsaurem Milieu zu **Cystin** [3,3´-Disulfanylbis(2-aminopropansäure)]. Die Reaktion wird auch zur iodometrischen Gehaltsbestimmung des Cysteins genutzt.

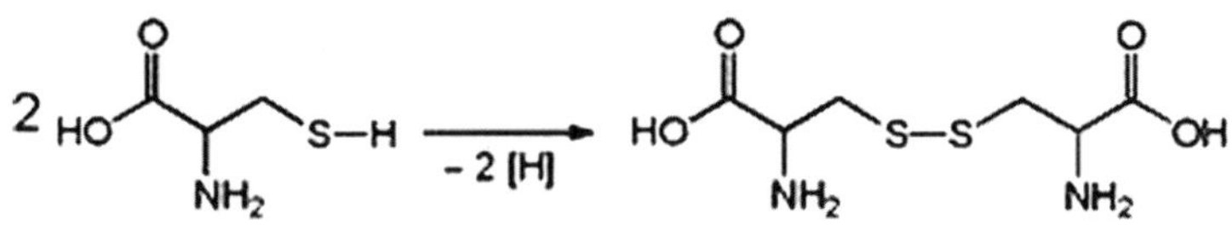

Cystein Cystin

630 C

Dimercaprol (2,3-Disulfanylpropan-1-ol) [$HSCH_2$-CH(SH)-CH_2OH] geht folgende Reaktionen ein, die zum Nachweis dieses Antidots herangezogen werden:

- Eine Iod-Lösung wird durch Dimercaprol entfärbt. Iod oxidiert das Hydrogensulfid (R-SH) zu einem *weißen*, polymeren Disulfid (R-S-S-R) komplexer Zusammensetzung.

- Mit Pb(II)-Ionen bildet Dimercaprol ein schwer lösliches, *zitronengelbes* Bleisalz.
- Dimercaprol entfärbt als Reduktionsmittel eine Lösung von 2,6-Dichlorphenolindophenol-Natrium (*Tillmans-Reagenz*).
- Dimercaprol zeigt eine positive *Gmelin-Reaktion* mit Natriumpentacyanonitrosylferrat (II)-Lösung [Nitroprussidnatrium] ($Na_2[Fe(CN)_5NO]$). Unter Gmelin-Reaktion versteht man die Umsetzung von Nitroprussidnatrium mit Sulfid-Ionen (S^{2-}) oder Mercaptid-Ionen (RS^-) zu *rotvioletten* Komplexen der Zusammensetzung $[Fe(CN)_5NO\mathbf{SR}]^{3-}$.

Als Reduktionsmittel kann Dimercaprol Iodid *nicht* zu Iod oxidieren und dadurch eine Stärke-Lösung blau färben.

631 A **632** A

Stark reduzierende Substanzen (**Reduktionsmittel**) scheiden aus einer ammoniakalischen Silbersalz-Lösung (Ag^+) metallisches Silber (**Ag**) ab (**Tollens-Probe**). Eine positive Reaktion deutet hin auf:
Aldehyde (R-CH=O) wie *Benzaldehyd* (C_6H_5-CH=O), *reduzierende Zucker* wie Glucose, Endiole (α-Ketole) [HO-C=C-OH] wie *Ascorbinsäure*, α-Diketone [-CO-CO-], mehrwertige Phenole, Aminophenole, Hydrazin- und Hydroxylamin-Derivate.

633 B **634** C **635** A

Carbonylverbindungen (**Aldehyde** R-CH=O oder **Ketone** R_2C=O) können mit folgenden Reagenzien nachgewiesen und identifiziert werden:
- *Hydroxylaminhydrochlorid* ($HO\text{-}NH_3^+Cl^-$) unter Bildung von Oximen (Aldoxime R-CH=N-OH bzw. Ketoxime R_2C=N-OH)
- *Isonicotinsäurehydrazid* (Het-CO-NH-NH_2) oder *Phenylhydrazin* (C_6H_5-NH-NH_2) unter Bildung von Hydrazonen (R-CH=N-NH-Ar bzw. R_2C=N-NH-Ar)
- *Hydrazinsulfat* [$^+H_3N\text{-}NH_3^+SO_4^{2-}$] unter Bildung von Azinen (R-CH=N-N=CH-R bzw. R_2C=N-N=CR_2)
- *Semicarbazid* (H_2N-CO-NH-NH_2) unter Bildung von Semicarbazonen (R-CH=N-NH-CO-NH_2 bzw. R_2C=N-NH-CO-NH_2)

4-*Nitrobenzoylchlorid* (O_2N-C_6H_4-CO-Cl) ist ein Nachweisreagenz für Alkohole oder Phenole unter Bildung von Nitrophenylestern.

Hydrazobenzen (Hydrazobenzol) [C_6H_5-NH-NH-C_6H_5] ist *nicht* als Nachweisreagenz der C=O-Funktion geeignet.

Diphenylamin (C_6H_5-NH-C_6H_5) dient in schwefelsaurer Lösung zum Nachweis von Nitraten und anderen starken Oxidationsmitteln.

636 B **637** C

Aliphatische Aldehyde (Alkyl-CH=O) wie *Formaldehyd* (H-CH=O) oder *Acetaldehyd* (CH_3-CH=O) können nachgewiesen werden
- aufgrund ihrer reduzierenden Eigenschaften mit ammoniakalischer Silbernitrat-Lösung ($AgNO_3$) unter Abscheidung von metallischem Silber (Ag) [*Tollens-Probe*]
- mit Fuchsin-Schwefliger Säure (*Schiffs Reagenz*) unter Bildung *roter*, mesomeriestabilisierter Triphenylmethan-Kationen
- mit Hydroxylamin (H_2N-OH) bzw. Hydroxylaminhydrochlorid ($HO\text{-}NH_3^+Cl^-$) unter Bildung von Aldoximen (R-CH=N-OH)
- mit Phenylhydrazin (C_6H_5-NH-NH_2) unter Bildung von Phenylhydrazonen (C_6H_5-NH-N=CH-R)
- Semicarbazid (H_2N-CO-NH-NH_2) unter Bildung von Semicarbazonen (H_2N-CO-NH-N=CH-R)

Phenylisocyanat (C_6H_5-N=C=O) dient u. a. zum Nachweis von Alkoholen (ROH) unter Bildung von Phenylurethanen (C_6H_5-NH-CO-OR).
2,6-Dichlor-1,4-chinon-4-chlorimid (*Gibbs-Reagenz*) dient zur Identifizierung von Phenolen.

638 D **639** A

Zur *Derivatbildung* von **Aldehyden** (R-CH=O) und somit zur Charakterisierung dieser Verbindungen über die Schmelzpunkte der gebildeten Nachweisprodukte werden eingesetzt:
- Semicarbazid (H_2N-CO-NH-NH_2) unter Bildung von Semicarbazonen (R-CH=N-NH-CO-NH_2)
- Hydroxylamin (H_2N-OH) unter Bildung von Aldoximen (R-CH=N-OH)
- 2,4-Dinitrophenylhydrazin (Ar-NH-NH_2) unter Bildung von 2,4-Dinitrophenylhydrazonen (R-CH=N-NH-Ar)

3,5-Dintrobenzoylchlorid (Ar-CO-Cl) und Phenylisocyanat (C_6H_5-N=C=O) sind Reagenzien zur Identifizierung von primären (RCH_2OH) und sekundären (R_2CHOH) Alkoholen, Phenolen (Ar-OH) oder primären (RNH_2) und sekundären (R_2NH) Aminen.
Diphenylcarbazon (C_6H_5-N=N-CO-NH-NH-C_6H_5) ist ein komplexierendes Agens, das z. B. mit Hg(II)- oder Cr(III)-Ionen *rot* gefärbte Komplexe bildet.

640 E

Zur Identifizierung von **aliphatischen Aldehyden** (R-CH=O) können beitragen:
- die Bildung von Semicarbazonen (R-CH=N-NH-CO-NH_2) durch Umsetzung mit Semicarbazid (H_2N-NH-CO-NH_2)
- die Bildung eines rötlich gefärbten Niederschlags von Kupfer(I)-oxid/Kupfer(I)-hydroxid [Cu_2O/CuOH] bei der Umsetzung mit *Fehlingscher Lösung*, einer alkalischen, tartrathaltigen Cu(II)-Salzlösung
- die Bildung von 2,4-Dinitrophenylhydrazonen (R-CH=N-NH-Ar) durch Umsetzung mit 2,4-Dinitrophenylhydrazin
- die starke Bande für die C=O-Valenzschwingung bei Frequenzen um 1700 cm^{-1} im Infrarotspektrum von Aldehyden

Bei einfachen Carbonylverbindungen erfordert die Anregung des $\pi \rightarrow \pi^*$-Elektronenübergangs so hohe Energiebeträge, dass das Absorptionsmaximum unterhalb von $\lambda = 200$ nm liegt. Diese Verbindungen zeigen daher im UV-Spektrum nur einen schwachen $n \rightarrow \pi^*$-Elektronenübergang bei etwa $\lambda = 275$-295 nm.

641 A

Cyclohexanon wandelt sich mit Hydroxylaminhydrochlorid in Cyclohexanonoxim um und bildet mit dem sekundären Amin Pyrrolidin ein Enamin, nämlich 1-Pyrrolidinocyclohexen.

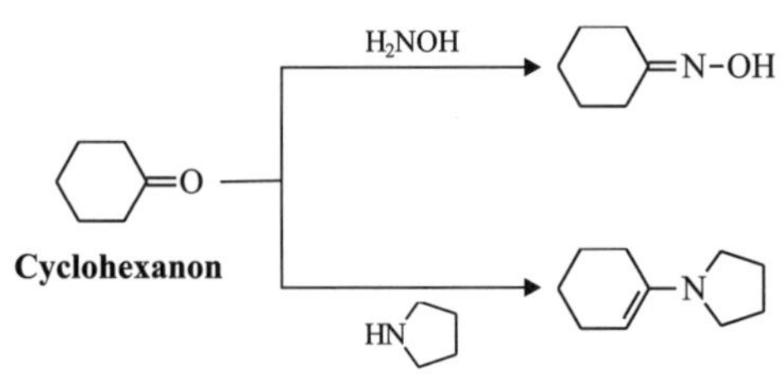

Aromatische Carbonylverbindungen wie *Benzophenon* (C_6H_5-CO-C_6H_5) oder 4-*Methoxybenzaldehyd* (H_3CO-C_6H_4-CH=O) bilden zwar mit Hydroxylamin ein Oxim, reagieren aber *nicht* mit Pyrrolidin zu einem Enamin, da diese Carbonylverbindungen am α-C-Atom keinen Wasserstoff besitzen.

Auch α,β-ungesättigte Aldehyde wie *Crotonaldehyd* (But-2-enal) [H_3C-CH=CH-CH=O] sind *nicht* zur Enamin-Bildung befähigt.

2-*Nitrobenzylchlorid* (Ar-CO-Cl) reagiert mit Hydroxylamin zu einer Hydroxamsäure (Ar-CO-NHOH) und mit Pyrrolidin (R_2NH) zu einem tertiären Carbonsäureamid (Ar-CO-NR_2).

642 D **643** D **644** D **645** D **646** D

Aldehyde (R-CH=O) oder **Ketone** (R_2C=O) kondensieren mit Hydrazin (H_2N-NH_2) oder Hydrazin-Derivaten wie 2,4-Dinitrophenylhydrazin (Ar-NH-NH_2), Semicarbazid (H_2N-CO-NH-NH_2) bzw. Thiosemicarbazid (H_2N-CS-NH-NH_2) unter Verlust der C=O-Funktion und Ausbildung einer C=N-Doppelbindung zu 2,4-*Dinitrophenylhydrazonen* (R-CH=N-NH-Ar, R_2C=N-NH-Ar), *Semicarbazonen* (R-CH=N-NH-CO-NH_2, R_2C=N-NH-CO-NH_2) und *Thiosemicarbazonen* (R-CH=N-NH-CS-NH_2, R_2C=N-NH-CS-NH_2). Unsubstituiertes *Hydrazin* (H_2N-NH_2) bildet zunächst ein normales Hydrazon (R-CH=NH-NH_2, R_2C=N-NH_2), jedoch kann die Kondensation mit überschüssiger Carbonylverbindungen weiterlaufen zum *Azin* (R-CH=N-N=CH-R, R_2C=N-N=CR_2). Der Initialschritt all dieser Reaktionen entspricht dem einer nucleophilen Addition an die C=O-Doppelbindung mit nachfolgender Eliminierung von Wasser.

Carbonsäure-Derivate wie z. B. Carbonsäureester (R-CO-OR´) reagieren in einer S_N2 t-Reaktion mit Hydrazin-Derivaten (Ar-NH-NH_2) unter Erhalt der C=O-Funktion zu *Hyraziden* (R-CO-NH-NH-Ar). Die o. a. Reaktionen können daher zur Unterscheidung von Aldehyden oder Ketonen von anderen Carbonylverbindungen (Carboxylverbindungen) dienen.

Aldehyde (R-CH=O) und Ketone (R_2C=O) reagieren mit Hydroxylamin (H_2N-OH) zu *Aldoximen* (R-CH=NH-OH) bzw. *Ketoximen* (R_2C=N-OH). Carboxylverbindungen wie z. B. Carbonsäureester (R-CO-OR´) ergeben im Unterschied dazu bei der Umsetzung mit Hydroxylamin unter Erhalt der C=O-Doppelbindung *Hydroxamsäuren* (R-CO-NHOH).

Aldehyde (R-CH=O) und Ketone (R_2C=O) ergeben in saurem Milieu mit Alkoholen (R´OH) *Acetale* [R-CH(OR´)$_2$] oder *Ketale* [R_2C(OR´)$_2$]. Carbonsäuren reagieren dagegen mit Alkoholen unter saurer Katalyse zu Carbonsäureestern (R-CO-OR´). Carbonsäureester lassen sich unter geeigneten Bedingungen mit anderen Alkoholen umestern.

Pikrinsäure (2,4,6-Trinitrophenol) ist als Reagenz *nicht* zur Unterscheidung der verschiedenen Carbonylverbindungen geeignet. Pikrinsäure ist eine starke Säure (pK_s = 1,02) und dient in der Analytik der Bildung gut kristallisierender, schwer löslicher Salze (*Pikrate*) bei der Umsetzung mit zahlreichen organischen Basen. Mit einigen aromatischen Kohlenwasserstoffen wie z. B. Naphthalen bildet Pikrinsäure farbige Molekülverbindungen (charge-transfer-Komplexe). Mit S-Alkylisothiuoroniumhalogeniden bildet Pikrinsäure schwer lösliche S-Alkylisothiuroniumpikrate und dient damit zusammen mit Thioharnstoff zum Nachweis von Alkylhalogeniden.

3,5-*Dinitrobenzoate* (3,5-Dinitrobenzoesäureester) sind die Reaktionsprodukte der Umsetzung von 3,5-Dinitrobenzoylchlorid mit Alkoholen (ROH) oder Phenolen (ArOH).

647 A **655** A **656** E

Formaldehyd (H_2C=O) reagiert in ammoniakalischer Lösung (NH_3) mit *Acetylaceton* (CH_3-CO-CH_2-CO-CH_3) [**Nash-Reagenz**] zum *gelben* 3,5-Diacetyl-1,4-dihydrolutidin. Diese Reaktion wird auch zur *Grenzprüfung auf freien Formaldehyd* genutzt (siehe auch Frage Nr. 655).

648 D **789** B **792** B

Aceton** (CH_3-CO-CH_3) ergibt mit Natriumpentacyanonitrosylferrat(II) $Na_2[Fe(CN)_5NO]$ in alkalischer Lösung ein *violettes* Nachweisprodukt [**Legalsche Probe**].

649 B

Aceton (CH_3-CO-CH_3), **Formaldehyd** (H_2C=O), **p-Nitrobenzaldehyd** (O_2N-C_6H_4-CH=O) und **Vanillin** (3-Methoxy-4-hydroxy-benzaldehyd) reagieren als Carbonylverbindungen mit 2,4-Dinitrophenylhydrazin zu 2,4-*Dinitrophenylhydrazonen*, die über ihren Schmelzpunkt charakterisiert werden können.

Die *Azokupplung* mit Diazobenzolsulfonsäure (HO_3S-C_6H_4-N_2^+) als schwaches Elektrophil dient zum Nachweis stark aktivierter Aromaten wie Phenolen (Ar-OH) oder Anilin-Derivaten (Ar-NR_2) bzw. anderen aromatischen Aminen. Desaktivierte Aromaten wie z. B. p-Nitrobenzaldehyd reagieren *nicht*.

Eisen(III)-*chlorid* ($FeCl_3$) ergibt mit Phenolen wie *Vanillin* farbige Produkte, reagiert aber *nicht* mit den anderen genannten Substanzen.

Aldehyde (R-CH=O) sind starke Reduktionsmittel, die z. B. eine ammoniakalische Silbernitrat-Lösung zu metallischem Silber reduzieren (**Tollens-Probe**).
Einfache *Ketone* wie *Aceton* sind hingegen als Reduktionsmittel nicht geeignet und ergeben keine positive Tollens-Probe (bei energischer Oxidation erfolgt Spaltung der Kohlenstoffkette).

Die **TTC-Reaktion** beruht auf der Reduktion von farblosem Triphenyltetrazoliumchlorid (TTC) zu *rotem* Triphenylformazan. Als Reduktionsmittel dienen α-*Ketole* [R-CO-CH_2OH] (siehe auch Frage Nr. 665).

650 E **651** B **652** E **653** E **654** E **821** B **846** B

Formaldehyd [*Methanal*] (H_2C=O) besitzt stark reduzierende Eigenschaften und scheidet aus einer ammoniakalischen Silbernitrat-Lösung metallisches Silber (Ag) ab (**Tollens-Probe**).

Formaldehyd bildet mit *Acetylaceton* ($CH_3COCH_2COCH_3$) in Gegenwart von Ammonium-Ionen nach dem Prinzip der *Hantzsch-Reaktion* ein Dihyropyridin-Derivat als *gelbes* Kondensationsprodukt (**Nash-Reaktion**) [siehe Frage Nr. 655].

In schwefelsaurer Lösung reagiert Formaldehyd mit *Chromotropsäure* (4,5-Dihydroxynaphthalin-2,7-disulfonsäure) zu einem *blau* bis *rotvioletten*, mesomeriestabilisierten 3,4,5,6-Dibenzoxanthylium-Ion als Nachweisprodukt (siehe Frage Nr. 658).

Formaldehyd ergibt mit *Fuchsin-Schwefliger Säure* (**Schiffs-Reagenz**) einen *roten* Triarylmethanfarbstoff.
Fuchsin (1) ist ein Gemisch (R = H, CH_3) tiefrot gefärbter Salze. Durch Anlagerung von Hydrogensulfit-Ionen (HSO_3^-) bildet sich die farblose, zwitterionische Sulfonsäure (2), die von überschüssigem Hydrogensulfit zu dem ebenfalls farblosen Monokation (3) bzw. Dikation (4) protoniert wird. Das Verschwinden der roten Farbe ist darauf zurückzuführen, dass das zunächst sp^2-hybridisierte, ebene Triaryl-C-Atom in eine tetraedrische sp^3-Hybridisierung übergeht.
Durch Anlagerung von **Formaldehyd** (R´= H) oder **Acetaldehyd** (R´ = CH_3) bildet sich aus den Verbindungen (2) und (3) die sehr schwach basische α-Aminosulfonsäure (5), die sich leicht zum *roten* Kation (6) deprotonieren lässt.

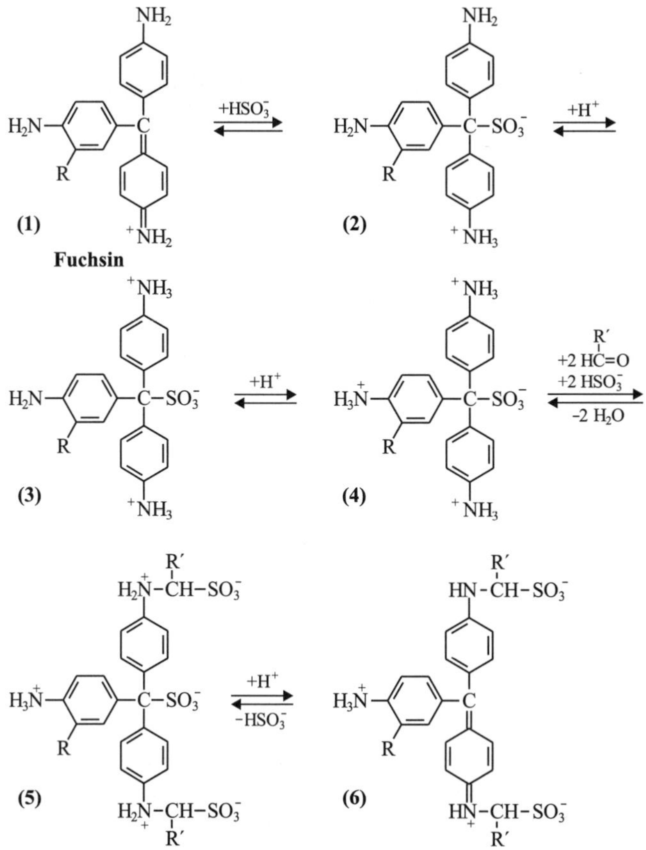

$R^{`};R = H;CH_3$

Dimedon (5,5-Dimethyl-cyclohexan-1,3-dion) ist als Reagenz zur gravimetrischen Bestimmung von Formaldehyd geeignet. Eine Identitätsprüfung gelingt durch Bestimmung des Schmelzpunktes des gebildeten Dimedon-Derivates.

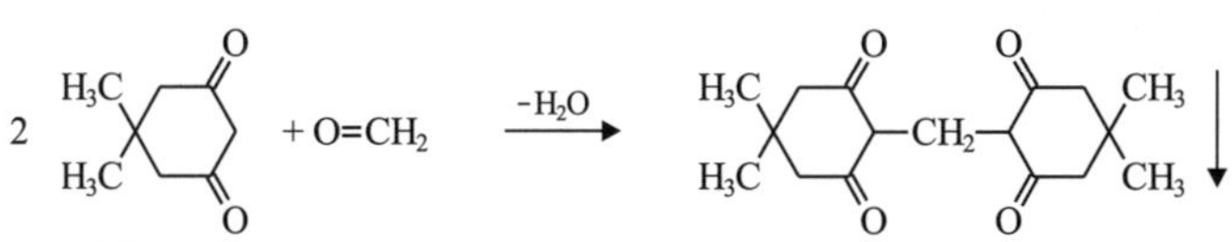

Dimedon

Iod (I_2) oxidiert Formaldehyd ($H_2C{=}O$) in alkalischer Lösung zu Formiat ($HCOO^-$). Hierbei wirkt Hypoiodit (IO^-) als eigentliches oxidierendes Agens.

$$I_2 + 2\,HO^- \rightarrow I^- + IO^- + H_2O$$
$$H_2C{=}O + IO^- + HO^- \rightarrow HCOO^- + I^- + H_2O$$

Die *Indophenol-Reaktion* ist eine Methode zur Identifizierung von *Phenolen*, wobei sich 2,6-Dichlor-1,4-chinon-chlorimid (*Gibbs-Reagenz*) mit Phenolen zu Indophenol-Farbstoffen umsetzt.

Diazobenzensulfonsäure-Lösung (diazotierte Sulfanilsäure) kuppelt mit aktivierten Aromaten wie *Phenolen* oder *aromatischen Aminen* zu charakteristisch gefärbten *Azofarbstoffen*.

Natriumpentacyanonitrosylferrat(II) [Nitroprussidnatrium] $Na_2[Fe(CN)_5NO]$ wird als Reagenz zum Nachweis von CH-aciden Verbindungen wie *Aceton* eingesetzt (*Legalsche Probe*).

655 A **656** E **657** C **507** D **647** A **846** B

Formaldehyd [Methanal] ($H_2C{=}O$) kann durch Umsetzung mit *Acetylaceton* (CH_3-CO-CH_2-CO-CH_3) in Gegenwart von Ammonium-Ionen (*Nash-Reagenz*) nachgewiesen werden. Dabei bildet sich nach dem Prinzip der **Hantzsch-Reaktion** als *gelbes* Kondensationsprodukt 3,5-*Diacetyl*-1,4-*dihydrolutidin*, das photometrisch erfasst wird. In diesem Dihydropyridin-Derivat liegt ein kurzkettiges, cyclisches *Merocyanin* (vinyloges Carbonsäureamid) [-NH-C=C-CO-] vor. Die Hantzsch-Reaktion ist eine der Methoden zur *Grenzprüfung auf freien Formaldehyd*.

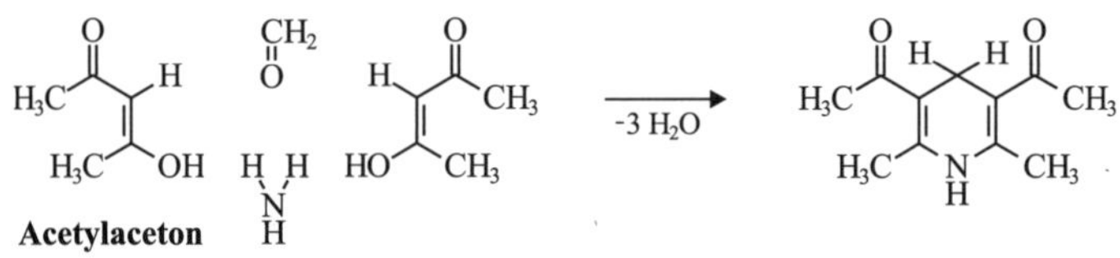

658 A **659** B **812** A

Chromotropsäure-Reaktion: Eine schwefelsaure **Formaldehyd**-Lösung färbt sich auf Zusatz von Chromotropsäure-Lösung (4,5-Dihydroxynaphthalin-2,7-disulfonsäure) *blau* bis *rotviolett*. Zunächst kondensiert Formaldehyd ($H_2C{=}O$) mit 2 Molekülen Chromotropsäure zu einem tricyclischen Ringgerüst, aus dem mit Schwefelsäure als Oxidationsmittel ein mesomeriestabilisiertes 3,4,5,6-Dibenzoxanthylium-Ion entsteht. Die Farbreaktion ist weitgehend spezifisch für Formaldehyd und kann zu dessen kolorimetrischer Bestimmung genutzt werden.

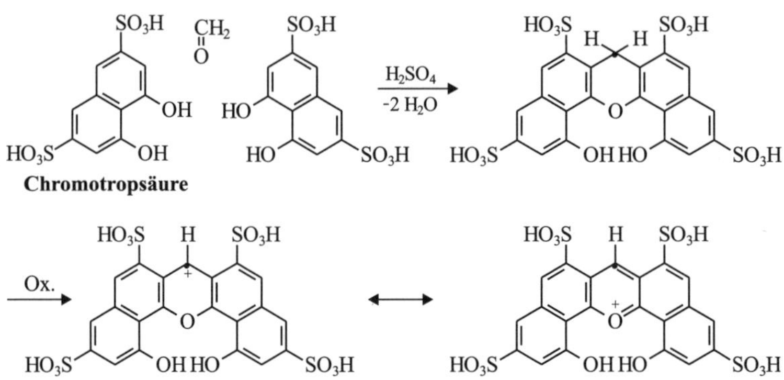

660 B **832** E

Aus **Hexetidin**, ein Antiseptikum, kann bei 60 °C in schwefelsaurer Lösung aufgrund der Aminal-Struktur (R_2N-$\mathbf{CH_2}$-NR_2) *Formaldehyd* ($\mathbf{H_2}$C=O) freigesetzt werden. Auf Zusatz von Chromotropsäure entwickelt sich eine *violette* Färbung.

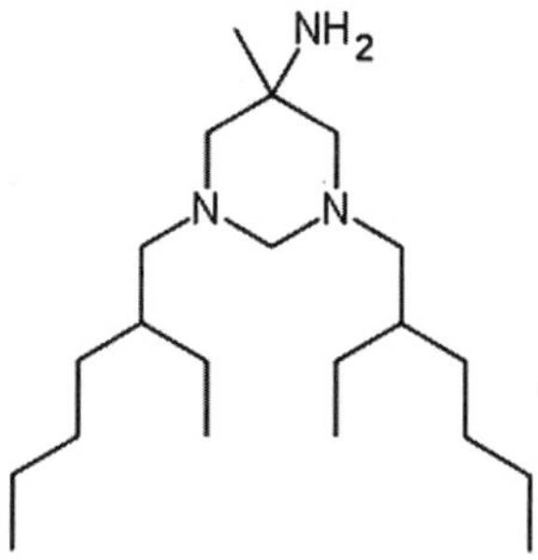

Hexetidin

661 E **662** E **663** B **664** B **790** B

Bei der **Haloform-Reaktion** (**Iodoform-Probe**) werden *Methylketone* (CH_3-CO-R) oder Alkohole mit einer $\mathbf{CH_3}$**-CHOH**-Gruppierung unter Verlust eines C-Atoms zu Carbonsäuren gespalten. Hierbei werden diese Substanzen mit Halogenen ($X_2 = Cl_2$, Br, I_2) in alkalischer Lösung (oder mit Hypohalogeniten: ClO^-, BrO^-, IO^-) umgesetzt.
Zunächst wird der sekundäre Methylalkohol [CH_3-CHOH-R] zum Methylketon [CH_3-CO-R] oxidiert, danach die Methylgruppe perhalogeniert [X_3C-CO-R] und schließlich im alkalischen Milieu das perhalogenierte Intermediat in ein Haloform-Derivat (HCX_3) und das um ein C-Atom ärmere Carboxylat (R-COO^-) gespalten.
In der präparativen Chemie dient die Haloform-Reaktion zur Darstellung von Carbonsäuren.
In der analytischen Chemie verwendet man im Allgemeinen Iod als oxidierendes und halogenierendes Agens. Das dabei entstehende **Iodoform** ($\mathbf{HCI_3}$) ist *gelb* gefärbt und besitzt einen süßlichen Geruch sowie einen definierten Schmelzpunkt von Fp = 119 °C.

$$H_3C\text{-}CHOH\text{-}R + I_2 \rightarrow H_3C\text{-}CO\text{-}R + 2\ HI \text{ (Oxidation)}$$
$$H_3C\text{-}CO\text{-}R + 3\ I_2 \rightarrow I_3C\text{-}CO\text{-}R + 3\ HI \text{ (Halogenierung)}$$
$$I_3C\text{-}CO\text{-}R + HO^- \rightarrow \mathbf{HCI_3}\downarrow + {}^-OOC\text{-}R \text{ (C-C-Spaltung)}$$

Ethanol (CH_3CH_2OH) wird über die Stufe von *Acetaldehyd* (CH_3CHO) zu *Formiat* ($HCOO^-$) gespalten.

Propan-2-ol [Isopropanol] ($H_3CCHOHCH_3$) wird zu **Aceton** (CH_3COCH_3) oxidiert, aus dem durch Halogenierung und alkalische Bindungsspaltung *Acetat* (CH_3COO^-) entsteht.

Ethylmethylketon [Butan-2-on] [$CH_3COCH_2CH_3$] ergibt bei der Iodoform-Reaktion *Propionat* ($CH_3CH_2COO^-$)

Aus **Milchsäure** [2-Hydroxypropionsäure] (CH_3-CHOH-COOH) entsteht bei der Iodoform-Probe *Oxalat* ($^-$OOC-COO^-)

Pentan-3-on ($CH_3CH_2COCH_2CH_3$) und andere *Ethylketone* wie CH_3CH_2-CO-Ar ergeben ebenso wie *Weinsäure* (2,3-Dihydroxybernsteinsäure) [HOOC-CHOH-CHOH-COOH] *keine* positive Haloform Reaktion.

Ether wie CH_3O-C_6H_4-Alkyl oder tertiäre Alkohole wie Hal_3C-$C(CH_3)_2$-OH reagieren ebenfalls *nicht* im Sinne einer Haloform-Reaktion.

665 B **666** D **667** E **649** B **796** C **819** B

Die **TTC-Reaktion** beruht auf der Reduktion von farblosem *Triphenyltetrazoliumchlorid* (TTC) zu *rotem* Triphenylformazan (TF). Als Reduktionsmittel dienen α-*Ketole* (α-Ketoalkohole) [R-CO-CH_2OH] bzw. *Endiole* [R_3C-C(OH)=C(OH)-CR_3].

Während der Reaktion wird das α-Ketol zum α-Oxoaldehyd dehydriert, der aber im angewandten alkalischen Milieu spontan eine intramolekulare Cannizzaro-Reaktion zum α-Hydroxycarboxylat eingeht. Als Dehydrierungsmittel (Oxidationsmittel) fungiert TTC.

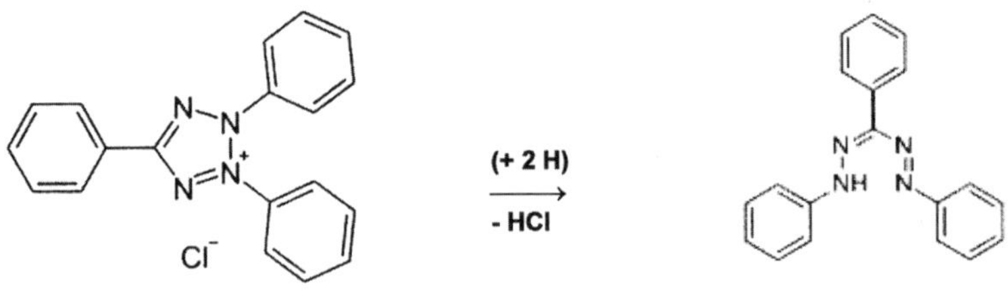

TTC (farblos) **TF (rot)**

R-CO-CH_2OH (- 2 H) → R-CO-CH=O + HO- → R-CHOH-COO-
α-Ketol α-Oxoaldehyd α-Hydroxycarboxylat

668 D **669** D

Die Prüfung von **Fetten** auf *Verdorbenheit* beruht auf dem Nachweis von **Malondialdehyd** [O=CH-CH_2-CH=O], der bei der *Fettautoxidation* und nachfolgender Hydrolyse als eines der Zerfallsprodukte gebildet wird. Malondialdehyd kondensiert in salzsaurer Lösung mit 2 Molekülen *Resorcin* zu einen *rotem* Polymethinfarbstoff.

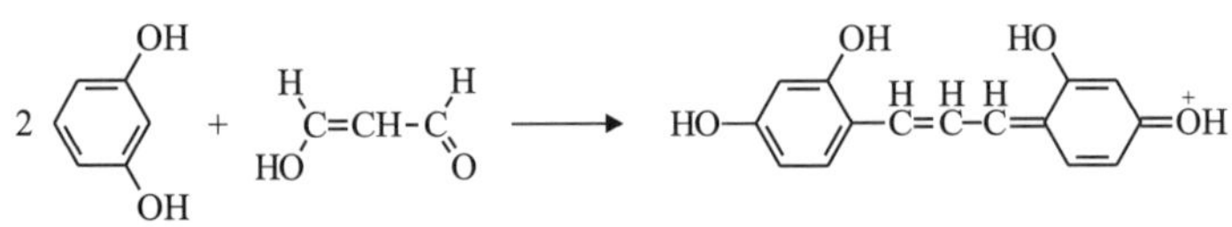

670 B

Die **Zimmermann-Reaktion** zum Nachweis aktiver Methyl- (**CH_3**-CO-) und Methylengruppen (-**CH_2**-CO- oder –**CH_2**-COO-) beruht auf der Umsetzung dieser CH-aciden Verbindungen mit Polynitroaromaten unter Bildung gefärbter *Meisenheimer-Salze*.

Von den im Aufgabentext genannten Verbindungen besitzen nur die Teilstrukturen (1) und (2) in der α-Position des Lactonringes (1) bzw. in der α-Position des cyclischen Ketons (2) eine aktivierte Methylengruppe.

(1)

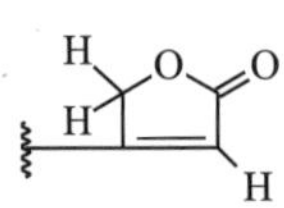

(2)

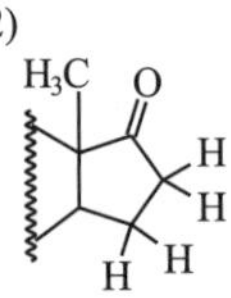

671 D

Primäre Amine ($R\text{-}NH_2$) bilden mit Chloroform ($CHCl_3$) in alkalischer Lösung *Isonitrile* (R-NC), die man an ihrem unangenehmen Geruch leicht erkennen kann. Bei der Reaktion entsteht aus $CHCl_3$ und den zugesetzten Hydroxid-Ionen (HO^-) zunächst *Dichlorcarben* (CCl_2), das sich an das primäre Amin anlagert. Aus dem Addukt wird HCl eliminiert unter Bildung des Isonitrils. Mit *Anilin* ($C_6H_5\text{-}NH_2$) als primärem Amin lässt sich der Ablauf der **Isonitril-Reaktion** wie folgt formulieren:

$$CHCl_3 + HO^- \rightarrow CCl_2 + H_2O + Cl^-$$

$$\underset{\textbf{Anilin}}{C_6H_5\text{-}NH_2} + CCl_2 \rightarrow C_6H_5\text{-}N{=}CH\text{-}Cl + HCl$$

$$C_6H_5\text{-}N{=}CH\text{-}Cl \rightarrow HCl + \underset{\textbf{Phenylisonitril}}{C_6H_5\text{-}\overset{+}{N}{\equiv}C^-}$$

672 B **673** C **674** E

Primäre Amine ($R\text{-}NH_2$) reagieren mit *Schwefelkohlenstoff* [Kohlenstoffdisulfid] (S=C=S) in alkalischer Lösung zu Dithiocarbaminaten [$(R\text{-}NH\text{-}CSS)^-(RNH_3)^+$], die anschließend mit Quecksilber(II)-chlorid ($HgCl_2$) zu widerlich riechenden *Senfölen* [Thiocyanaten] (R-N=C=S] entschwefelt werden [**Senföl-Reaktion**]:

$$R\text{-}NH_2 + CS_2 + HgCl_2 \rightarrow\rightarrow R\text{-}N{=}C{=}S + HgS\downarrow + 2\,HCl$$

Primäre Amine ($R\text{-}NH_2$) bilden mit *Chloroform* ($CHCl_3$) in alkalischer Lösung unangenehm riechende *Isonitrile* (R-NC) [**Isonitril-Reaktion**]:

$$R\text{-}NH_2 + CHCl_3 + 3\,KOH \rightarrow\rightarrow R\text{-}NC + 3\,KCl + 3\,H_2O$$

Primäre Amine ($R\text{-}NH_2$) reagieren mit *Carbonsäurechloriden* [Acetylchlorid, Benzoylchlorid, 3,5-Dinitrobenzoylchlorid] (R´-CO-Cl, Ar-CO-Cl) oder mit *Carbonsäureanhydriden* [Acetanhydrid, 3-Nitrophthalsäureanhydrid] (R´-CO-O-CO-R´, Ar-CO-O-CO-Ar) zu kristallinen *Carbonsäureamiden* (R-NH-CO-R´, R-NH-CO-Ar), die sich durch ihren Schmelzpunkt charakterisieren lassen [**Acylierung**]:

$$R\text{-}NH_2 + Cl\text{-}CO\text{-}Ar \rightarrow R\text{-}NH\text{-}CO\text{-}Ar + HCl$$

Primäre Amine ($R\text{-}NH_2$) ergeben mit aromatischen *Sulfonsäurechloriden* ($Ar\text{-}SO_2\text{-}Cl$) wie z. B. 4-Toluolsulfonsäurechlorid ($H_3C\text{-}C_6H_4\text{-}SO_2\text{-}Cl$) alkalilösliche Sulfonamide ($R\text{-}NH\text{-}SO_2\text{-}Ar$) [**Sulfonierung**]:

$$R\text{-}NH_2 + Cl\text{-}SO_2\text{-}Ar \rightarrow HCl + R\text{-}NH\text{-}SO_2\text{-}Ar$$

$$R\text{-}NH\text{-}SO_2\text{-}Ar + HO^- \rightarrow [R\text{-}N\text{-}SO_2\text{-}Ar]^- + H_2O$$

Primäre Amine ($R\text{-}NH_2$) addieren sich an Arylisocyanate (Ar-N=C=O) unter Bildung von **Harnstoff-Derivaten** (R-NH-CO-NH-Ar), die durch ihren Schmelzpunkt identifiziert werden.

$$R\text{-}NH_2 + O{=}C{=}N\text{-}Ar \rightarrow R\text{-}NH\text{-}CO\text{-}NH\text{-}Ar$$

Primäre Amine ($R\text{-}NH_2$) reagieren mit dem Natriumsalz der 1,2-*Naphthochinon*-4-*sulfonsäure* [1,2-Naphthochinon-4-natriumsulfonat] (**Folins Reagenz**) zu farbigen *Chinoniminen* (siehe auch Frage Nr. 677).

Primäre aromatische Amine ($Ar\text{-}NH_2$) können in saurem Milieu mit Salpetriger Säure in Aryldiazonium-Ionen ($Ar\text{-}N_2^+$) umgewandelt werden, die sich anschließend mit Phenolen oder anderen aromatischen Aminen zu *Azofarbstoffen* (Ar-N=N-Ar´) kuppeln lassen [**Azokupplung**].

Primäre aromatische Amine ($Ar\text{-}NH_2$) ergeben mit 4-*Dimethylaminobenzaldehyd* [$(H_3C)_2N\text{-}C_6H_4\text{-}CH{=}O$] (**Ehrlich-Reagenz**) farbige Azomethine [$(H_3C)_2N\text{-}C_6H_4\text{-}CH{=}N\text{-}Ar$].

Carbonsäuren (R-COOH) werden mit Thionylchlorid ($SOCl_2$) in Carbonsäurechloride (R-CO-Cl) umgewandelt, die mit Hydroxylamin ($HO\text{-}NH_2$) zu Hydroxamsäuren (R-CO-NH-OH) reagieren.

675 C **676** D

Primäre Amine ($R\text{-}NH_2$) reagieren mit *Schwefelkohlenstoff* [Kohlenstoffdisulfid] (S=C=S) in alkalischer Lösung zu Dithiocarbaminaten $[(R\text{-}NH\text{-}CSS)^-(RNH_3)^+]$, die anschließend mit *Quecksilber*(II)-*chlorid* ($HgCl_2$) zu widerlich riechenden *Senfölen* [Thiocyanaten] (R-N=C=S] entschwefelt werden [**Senföl-Reaktion**].

$$2\ R\text{-}NH_2 + S{=}C{=}S \rightarrow [R\text{-}NH\text{-}CSS]^- + [R\text{-}NH_3]^+$$
$$R\text{-}NH\text{-}CSS]^-[R\text{-}NH_3]^+ + HgCl_2 \rightarrow \mathbf{R\text{-}N{=}C{=}S} + HgS\downarrow + 2\ HCl + R\text{-}NH_2$$

Sekundäre Amine (R_2NH) reagieren mit CS_2 zwar auch zu Dithiocarbaminaten $[R_2N\text{-}CSS]^-[R_2NH_2]^+$, diese lassen sich aber *nicht* in Senföle umwandeln

$$2\ R_2NH + S{=}C{=}S \rightarrow [R_2N\text{-}CSS]^- + [R_2NH_2]^+$$

677 D **678** B **801** D

Primäre Amine ($R\text{-}NH_2$) reagieren mit dem Natriumsalz der 1,2-Naphthochinon-4-sulfonsäure [1,2-Naphthochinon-4-natriumsulfonat] (**Folins Reagenz**) unter Abspaltung von Natriumhydrogensulfit ($NaHSO_3$) zu farbigen Chinoniminen.

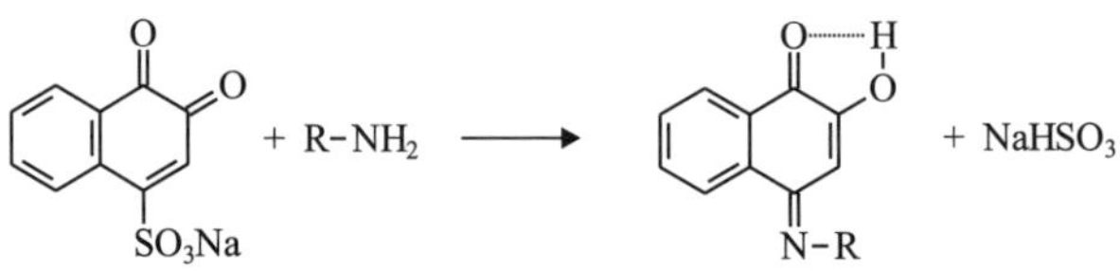

679 A **680** D **858** C **898** C

Primäre aromatische Amine ($Ar\text{-}NH_2$) werden in mineralsaurer Lösung durch die aus *Natriumnitrit* ($NaNO_2$) freigesetzte Salpetrige Säure (HNO_2) in Aryldiazoniumsalze ($Ar\text{-}N_2^+X^-$) übergeführt, die mit 2-*Naphthol* (β-Naphthol) zu gefärbten Azoverbindungen (Ar-N=N-Ar´) kuppeln (siehe auch Fragen Nr. 682/683).

Hydroxylaminhydrochlorid-Lösung ($HONH_3^+Cl^-$) dient zum Nachweis von Carbonylverbindungen, wobei aus Aldehyden und Ketonen Oxime ($R_2C{=}N\text{-}OH$) gebildet werden und aus aktivierten Carbonsäure-Derivaten Hydroxamsäuren (R-CO-NH-OH) entstehen.

Eisen(III)-chlorid-Lösung ($FeCl_3$) ist ein Reagenz zum Nachweis von Phenolen (Ar-OH) oder Enolen (C=C-OH) unter Bildung von Eisen(III)-Chelatkomplexen.

Cobalt(II)-*nitrat*-Lösung $[Co(NO_3)_2]$ wird als Reagenz bei der *Zwikker-Reaktion* zur Identifizierung von Barbituraten verwendet.

681 D **858** C **898** C

Zum Nachweis von **primären aromatischen Aminen** ($Ar\text{-}NH_2$) ist geeignet:

- die Diazotierung des Amins mit $NaNO_2/HCl$ und die nachfolgende Kupplung mit 2-Naphthol zu gefärbten Azofarbstoffen (Ar-N=N-Ar´) [*Azokupplung*] (siehe auch Fragen Nr. 682/683)
- die Kondensation mit 4-Dimethylaminobenzaldehyd $[(H_3C)_2N\text{-}C_6H_4\text{-}CH{=}O]$ (*Ehrlich-Reagenz*) zu gefärbten Azomethinen $[(H_3C)_2N\text{-}C_6H_4\text{-}CH{=}N\text{-}Ar]$
- die Umsetzung mit Chloroform ($CHCl_3$) in alkalischer Lösung unter Bildung von unangenehm riechenden Arylisonitrilen (Ar-NC) [*Isonitril-Reaktion*].

Diphenylamin/Schwefelsäure $[C_6H_5\text{-}NH\text{-}C_6H_5/H_2SO_4]$ wird als Redoxindikator sowie zum Nachweis von Nitraten (NO_3^-) eingesetzt.

682 B

p-Aminosalicylsäure (4-Amino-2-hydroxy-benzoesäure) kondensiert im Rahmen einer Diazotierungs-Kupplungs-Reaktion mit 2-Naphthol zu einem Azofarbstoff nachfolgender Konstitution.

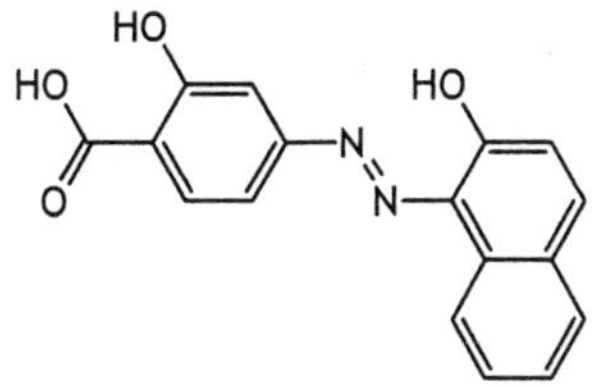

683 D **689** D **690** E **808** D **858** C

Primäre aromatische Amine (Ar-NH_2) werden in mineralsaurer Lösung durch die aus *Natriumnitrit* ($NaNO_2$) freigesetzte Salpetrige Säure (HNO_2) in Aryldiazoniumsalze (Ar-$N_2^+X^-$) übergeführt, die mit 2-*Naphthol* (β-Naphthol) zu gefärbten Azoverbindungen (Ar-N=N-Ar´) kuppeln.

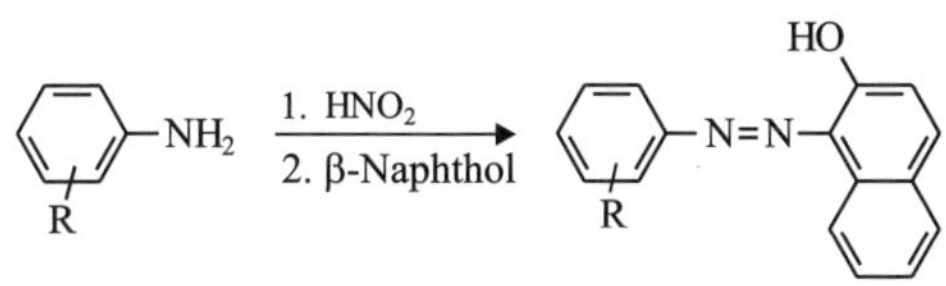

684 D **685** D

Ein **primäres aliphatisches Amin** [Alkyl-NH_2] kann von einem **sekundären aliphatischen Amin** [$(Alkyl)_2NH$] unterschieden werden durch:

- Umsetzung mit *Benzaldehyd* (C_6H_5-CH=O]. Das primäre Amin bildet mit dem aromatischen Aldehyd ein *Azomethin* [C_6H_5-CH=N-R], während das sekundäre Amin ein *Aminal* [C_6H_5-CH$(NR_2)_2$] ergibt.
- Umsetzung mit *Benzolsulfochlorid* [C_6H_5-SO_2-Cl] oder *Toluolsulfonsäurechlorid* [H_3C-C_6H_4-SO_2-Cl]. Das primäre Amin reagiert mit dem Sulfochlorid zum *Sulfonamid* [C_6H_5-SO_2-**NH**-R], das als NH-acide Verbindung in Alkalihydroxid-Lösungen unter Salzbildung [(C_6H_5-SO_2-**N**-R)$^-$$Na^+$] löslich ist. Sekundäre aliphatische Amine ergeben in Alkalilaugen unlösliche Sulfonamide [C_6H_5-SO_2-NR_2] (**Hinsberg-Trennung**).
- Umsetzung mit Chloroform/Kaliumhydroxid-Lösung. Primäre aliphatische Amine ergeben unangenehm riechende *Isonitrile* (R-NC), während sekundäre aliphatische Amine *kein* Isonitril bilden.
- Umsetzung mit Natriumnitrit/Essigsäure. Primäre aliphatische Amine [Alkyl-NH_2] ergeben aliphatische *Diazoniumsalze* (Alkyl-$N_2^+X^-$), die in wässriger Lösung spontan *Stickstoff* (N_2) abspalten unter Bildung von Alkoholen oder Alkenen. Sekundäre aliphatische Amine [$(Alkyl)_2NH$] bilden unter diesen Bedingungen *N-Nitrosamine* [$(Alkyl)_2N$-N=O].
- Umsetzung mit 1,2-Naphthochinon-4-sulfonsäure. Primäre (aliphatische oder aromatische) Amine reagieren mit dem **Folins Reagenz** unter Abspaltung von Hydrogensulfit (HSO_3^-) zu einem farbigen *Chinonimin*. Sekundäre Amine reagieren *nicht*.

Primäre aliphatische Amine [Alkyl-NH_2] können *nicht* von sekundären aliphatischen Aminen [$(Alkyl)_2NH$] durch Umsetzung mit Carbonsäurehalogeniden (R-CO-Hal) unterschieden werden. Es bilden sich sekundäre [Alkyl-NH-CO-R] bzw. tertiäre Carbonsäureamide [$(Alkyl)_2N$-CO-R], die sich in ihren Eigenschaften (z. B. dem Löslichkeitsverhalten) kaum voneinander unterscheiden.

686 E

Nur primäre Amine reagieren mit Chloroform und Alkalihydroxid-Lösung unter Bildung eines Isonitrils (R-NC). Sekundäre Amine ergeben keine **Isonitril-Reaktion**, so dass diese Nachweisreaktion zur Unterscheidung primärer und sekundärer Amine geeignet ist.

Primäre ($R\text{-}NH_2$) und sekundäre Amne (R_2NH) reagieren beide mit
- Phenylisocyanat ($C_6H_5\text{-}N\text{=}C\text{=}O$) unter Bildung von Harnstoff-Derivaten [$C_6H_5\text{-}NH\text{-}CO\text{-}NH\text{-}R$ bzw. $C_6H_5\text{-}NH\text{-}CO\text{-}NR_2$]
- Benzoylchlorid ($C_6H_5\text{-}CO\text{-}Cl$) zu Carbonsäureamid-Derivaten ($C_6H_5\text{-}CO\text{-}NH\text{-}R$ bzw. $C_6H_5\text{-}CO\text{-}NR_2$)
- 2,4-Dinitrochlorbenzen unter S_NAr-Reaktion und Ersatz des Chloratoms zu 2,4-Dinitroanilin-Derivaten [Ar-NH-R bzw. $Ar\text{-}NR_2$]
- Schwefelkohlenstoff (CS_2) (in Abwesenheit von $HgCl_2$!) zu Dithiocarbaminaten [$R\text{-}NH\text{-}CSS^-RNH_3^+$ bzw. $R_2N\text{-}CSS^-R_2NH_2^+$].

Diese Reagenzien sind daher für die Unterscheidung von primären und sekundären Aminen **nicht** geeignet.

687 D

Die **Diazotierungs-Kupplungs-Reaktion** – eine wichtige Methode zur Herstellung charakteristisch gefärbter *Azoverbindungen* (Ar-N=N-Ar´) – kann durch folgende Teilprozesse beschrieben werden:
- *Salpetrige Säure* (HNO_2) wird aus einem *Alkalinitrit* ($NaNO_2$, KNO_2) mit einer Mineralsäure oder Essigsäure freigesetzt.
- Ein primäres aromatisches Amin ($Ar\text{-}NH_2$) – wie *Anilin* ($C_6H_5\text{-}NH_2$) – wird als *Diazokomponente* mit HNO_2 zum *Aryldiazoniumsalz* ($Ar\text{-}N_2^+X^-$) diazotiert.
- Das entstandene Diazonium-Ion ($Ar\text{-}N_2^+$) greift als schwaches Elektrophil aktivierte Aromaten (Amine, Phenole) – wie z.B. 2-*Naphthol* ($C_{10}H_7\text{-}OH$) – oder aktivierte Heteroaromaten als *Kupplungskomponente* an unter Bildung einer gefärbten *Azoverbindung* (Ar-N=N-Ar´).

$$NO_2^- + 2\,H_3O^+ + Cl^- \rightarrow NOCl + 3\,H_2O$$
$$C_6H_5\text{-}NH_2 + NOCl \rightarrow C_6H_5\text{-}N_2^+ + H_2O + Cl^-$$
$$C_6H_5\text{-}N_2^+ + C_{10}H_7\text{-}OH \rightarrow C_6H_5\text{-}N\text{=}N\text{-}C_{10}H_7\text{-}OH + (H^+)$$

688 C **689** D **690** E **683** D **800** E **808** D

Die Diazotierungs-Kupplungs-Reaktion (**Azokupplung**) ist geeignet zum Nachweis von:
- primären aromatischen Aminen ($Ar\text{-}NH_2$) als Diazokomponente (Bildung eines Aryldiazonium-Ions $Ar\text{-}N_2^+$)
- primären aromatischen Aminen ($Ar\text{-}NH_2$) mit freier ortho- oder para-Position als Kupplungskomponente (Substrat für S_EAr-Reaktionen mit *schwachen* Elektrophilen)
- sekundären (Ar-NHR) oder tertiären aromatischen Aminen ($Ar\text{-}NR_2$) mit freier ortho- und para-Position (unsubstituiert in den Positionen 2,4 und 6) als Kupplungskomponente
- Phenolen (Ar-OH) mit freier ortho- und para-Position als Kupplungskomponente
- Nitrit-Ionen (NO_2^-), die in mineralsaurer Lösung nacheinander mit Sulfanilsäure (p-Aminobenzolsulfonsäure) [$H_2N\text{-}C_6H_4\text{-}SO_3H$] und 1-Naphthylamin zu einem Azofarbstoff umgesetzt werden (**Lunge-Reaktion**).

Phenole (Ar-OH) können nur als Kupplungskomponente und *nicht* als Diazokomponente eingesetzt werden.

Primäre aliphatische Amine ($R\text{-}NH_2$) lassen sich mit Salpetriger Säure (HNO_2) zwar diazotieren, die gebildeten Alkyldiazonium-Ionen sind aber instabil und verlieren spontan Stickstoff unter Bildung (in wässrigem Milieu) von Alkoholen oder Alkenen.

Sekundäre aliphatische Amine (R_2NH) reagieren mit Salpetriger Säure unter Bildung von N-Nitrosaminen (R_2N-N=O).

Aromatische Aldehyde (Ar-CH=O) sind weder als Diazokomponente noch als Kupplungskomponente geeignet.

691 C

Aryldiazonium-Ionen sind schwache Elektrophile, sodass sie nur mit stark aktivierten Aromaten (Phenolen, aromatischen Aminen) zu Azofarbstoffen kuppeln (S_EAr-Reaktion).

N-(1-Naphthyl)-ethylendiamin (**Bratton-Marshal-Reagenz**) [Formel A], 2-Naphthol [Formel B], N,N-Dimethylanilin [Formel D] und 1-Naphthylamin [Formel E] sind aktivierte Aromaten und somit als Kupplungskomponente für die Azokupplung geeignet.

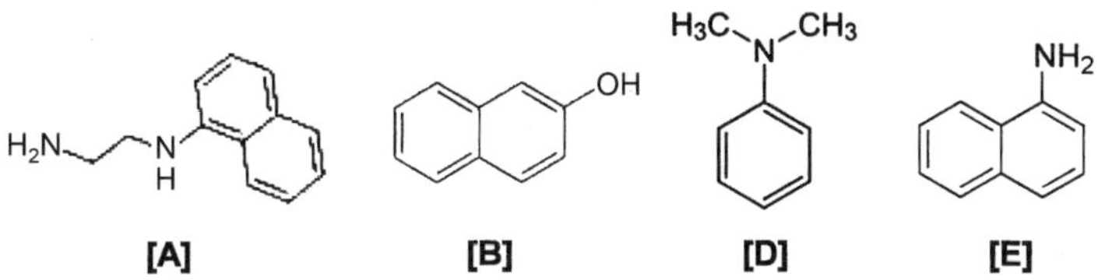

2-Naphthoesäureamid [Formel C] ist ein desaktivierter Aromat und somit *nicht* als Kupplungskomponente geeignet.

692 C **693** E **694** C **695** A **696** D **697** A

Primäre aromatische Amine ($Ar-NH_2$) reagieren mit dem **Ehrlich-Reagenz** (p-Dimethylaminobenzaldehyd) [$(H_3C)_2N-C_6H_4-CH=O$] zu gefärbten Azomethinen [Ar´-CH=N-Ar].

$$Ar-NH_2 + O=CH-C_6H_4-N(CH_3)_2 \rightarrow Ar-N=CH-C_6H_4-N(CH_3)_2 + H_2O$$

p-*Aminosalicylsäure* (4-Amino-2-hydroxy-benzoesäure), *Sulfanilamid* (4-Amino-benzolsulfonsäureamid) enthalten eine primäre Aminogruppe und kondensieren daher mit dem Ehrlich-Reagenz.

Auch Hydrazin (H_2N-NH_2) oder Carbonsäurehydrazide ($R-CO-NH-NH_2$) wie *Isonicotinsäurehydrazid* (Pyridin-4-carbonsäurehydrazid) enthalten die NH_2-Funktion und reagieren mit p-Dimethylaminobenzaldehyd zu gefärbten Hydrazonen.

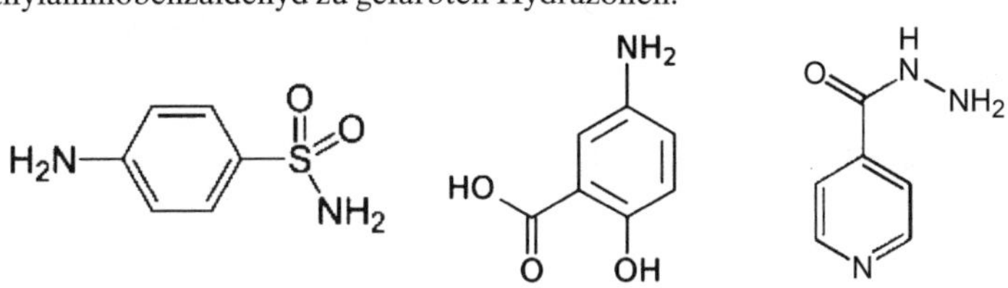

Sulfanilamid **p-Aminosalicylsäure** **Isonicotinsäurehydrazid**

Methanol (CH_3OH) reagiert *nicht* mit dem Ehrlich-Reagenz.

4-*Hydroxyacetanilid* reagiert *nicht direkt* mit dem Ehrlich-Reagenz, jedoch liefert die Hydrolyse p-*Aminophenol* ($HO-C_6H_4-NH_2$), das mit p-Dimethylaminobenzaldehyd zu einem farbigen Azomethin kondensiert.

Coffein, *Nicotinsäurediethylamid* [Nicethamid] (Pyridin-3-carbonsäurediethylamid), *Salicylsäureamid* [Salicylamid] (2-Hydroxy-benzamid) oder *Aminophenazon* (4-Dimethylamino-2,3-dimethyl-1-phenyl-pyrazolin-5-on) enthalten keine primäre Aminfunktion ($R-NH_2$) und reagieren daher *nicht* mit dem Ehrlich-Reagenz.

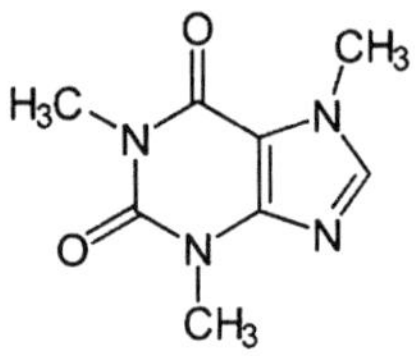

Coffein

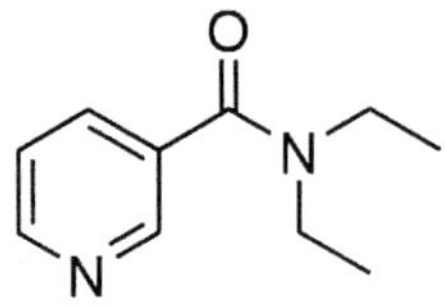

Nicethamid

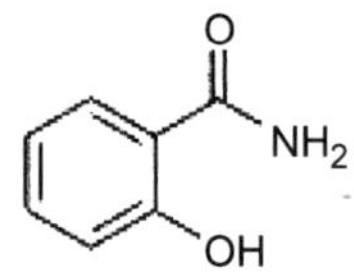

Salicylamid

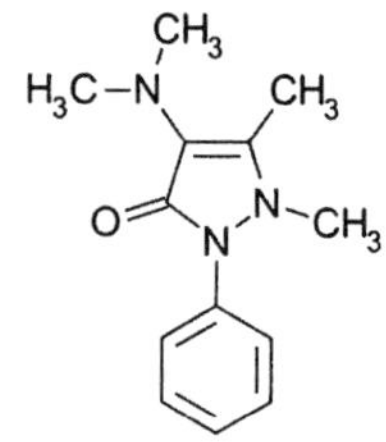

Aminophenazon

698 B

Reduziert man eine **N-Nitrosoverbindung** (R_2N-N=O) mit Zink in Eisessig, so bildet sich ein Hydrazin-Derivat (R_2N-NH_2), das mit p-Dimethylaminobenzaldehyd zu einem *Hydrazon* (R_2N-N=CH-Ar) reagiert.

$$R_2N\text{-}N{=}O \rightarrow R_2N\text{-}NH_2 + O{=}CH\text{-}Ar \rightarrow R_2N\text{-}N{=}CH\text{-}Ar + H_2O$$

699 C **782** E **834** C

Benzocain (4-Aminobenzoesäureethylester) reagiert mit p-Dimethylaminobenzaldehyd zu einem Azofarbstoff nachfolgender Struktur:

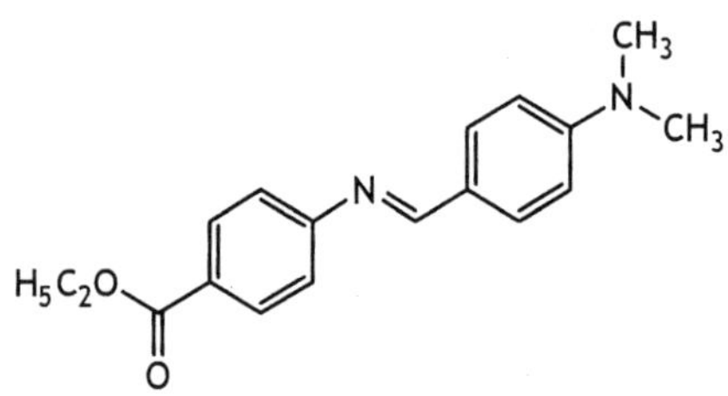

700 E

Aryldiazonium-Ionen (Ar-N_2^+) reagieren als schwache Elektrophile im Sinne einer S_EAr-Reaktion nur mit stark aktivierten Aromaten oder Heteroaromaten

- z. B. mit aromatischen Aminen (Ar-NH_2) wie *Anilin* [Aminobenzol] (C_6H_5-NH_2) oder Phenolen (Ar-OH) wie Phenol [Hydroxybenzol] (C_6H_5-OH)
- sowie mit π-elektronenreichen Heteroaromaten wie Pyrrol oder Indol.

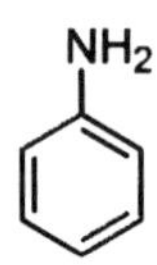

Anilin

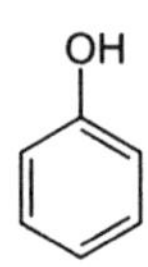

Phenol

Pyrrol

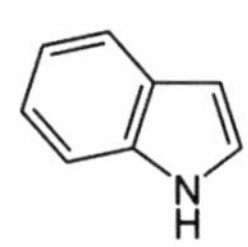

Indol

701 E

Zur Identifizierung von aliphatischen **Carbonsäuren** (R-COOH) können beitragen:
- ihre Löslichkeit in wässrigen Laugen unter Bildung von *Carboxylaten* ($RCOO^-Me^+$)
- die Bildung von *Hydroxamsäuren* (R-CO-NHOH) durch Umsetzung mit Hydroxylamin (NH_2OH) in Gegenwart von Dicyclohexylcarbodiimid als wasserbindendes Mittel. Hydroxamsäuren bilden mit Fe^{3+}-Ionen farbige Chelatkomplexe.
- die Umwandlung mit Thionylchlorid ($SOCl_2$) in Carbonsäurechloride (R-CO-Cl), die durch Umsetzung mit *Ammoniak* (NH_3), *Anilin* (C_6H_5-NH_2) oder *Benzylamin* (C_6H_5-CH_2-NH_2) kristalline *Carbonsäureamide* (R-CO-NH_2, R-CO-NH-C_6H_5, R-CO-NH-CH_2-C_6H_5) ergeben, die sich durch die Bestimmung der Schmelztemperatur näher charakterisieren lassen.
- durch gaschromatographische Bestimmung ihrer flüchtigen *Methylester* (R-CO-OCH_3). Als Methylierungsmittel werden *Diazomethan* (CH_2N_2) oder *Methanol* (CH_3OH) in Gegenwart von Bortrifluorid (BF_3) eingesetzt.

Aromatische *Isocyanate* (Ar-N=C=O) sind Nachweisreagenzien für Alkohole (R-OH) oder Phenole (Ar-OH) unter Bildung von Urethanen (Ar-NH-CO-OR, Ar-NH-CO-OAr) bzw. für primäre (R-NH_2) und sekundäre Amine (R_2NH) unter Bildung von Harnstoff-Derivaten (R-NH-CO-NH-Ar, R_2N-CO-NH-Ar).

702 D **873** D

Stärkere Säuren setzen schwächere Säuren aus ihren Salzen in Freiheit. Daher entwickeln sich aus **Acetaten** (CH_3COO^-) mit Phosphorsäure (H_3PO4) saure Dämpfe von *Essigsäure* (CH_3COOH), die an ihrem charakteristischen *Geruch* erkannt werden.

$$CH_3COO^- + H_3PO_4 \rightarrow CH_3COOH\uparrow + H_2PO_4^-$$

703 E

Acetate ($CH_3COO^-Me^+$) können nachgewiesen werden durch:
- Verreiben mit *Kaliumhydrogensulfat* ($KHSO_4$) oder *Oxalsäure* (HOOC-COOH), die als stärkere Säuren Acetat in flüchtige Essigsäure (CH_3COOH) umwandeln, die einen charakteristischen Geruch besitzt.
- Umsetzung mit Eisen(III)-chlorid ($FeCl_3$) in neutraler Lösung. Fe(III) bildet mit Acetaten *tiefrote*, mehrkernige Komplexe $[Fe_3O(H_2O)(CH_3COO)_6]^+$, die beim Erwärmen zu basischen Fe(III)-acetaten von *rotbrauner* Farbe hydrolysieren.
- Umsetzung mit Ethanol (CH_3CH_2OH) in Gegenwart von konzentrierter Schwefelsäure (H_2SO_4) als Katalysator unter Bildung von *Ethylacetat* [Essigsäureethylester] ($CH_3COOCH_2CH_3$), der an seinem *fruchtartigen* Geruch leicht zu erkennen ist.

$$2\ CH_3\text{-}COO^- + H_2SO_4 \rightarrow 2\ CH_3COOH + SO_4^{2-}$$
$$CH_3COOH + CH_3CH_2OH + (H_2SO_4) \rightarrow CH_3\text{-}CO\text{-}OCH_2CH_3\uparrow + H_2O$$

Acetate lassen sich *nicht* mit Iod (I_2) oxidieren.

704 D **873** D

Stärkere Säuren setzen schwächere Säuren aus ihren Salzen frei. Je stärker eine Säure ist, desto kleiner ist ihr pKs-Wert.

Oxalsäure (HOOC-COOH) ist eine zweibasige Carbonsäure mit den Werten für $pK_{s1} = 1{,}23$ (1.Protolysestufe) und $pK_{s2} = 4{,}19$ (2.Protolysestufe). Essigsäure (CH_3COOH) ist eine einbasige Carbonsäure mit dem Wert $pK_s = 4{,}76$. Oxalsäure ist somit in beiden Protolysestufen eine stärkere Säure als Essigsäure und vermag deshalb Acetate zu Essigsäure zu protonieren.

Die *Protonierung von Acetaten* zu flüchtiger Essigsäure, die an ihrem charakteristischen *Geruch* erkannt wird, ist Grundlage dieser Nachweisreaktion.

Oxalsäure kann in dieser Nachweisreaktion durch andere, *nicht flüchtige* Säuren gleicher oder stärkerer Acidität (Säurestärke) ersetzt werden. Stärkere Säuren, die jedoch flüchtig sind, könnten den Geruch nach Essigsäure überdecken und somit den Nachweis stören.

705 D **728** B **873** D

Säuren, die stärker sauer sind als Essigsäure (einen kleineren pK_s-Wert haben als $pK_s = 4{,}76$) und zudem nicht flüchtig sind, können für den Nachweis von Acetaten (CH_3COO^-) als Essigsäure (CH_3COOH) verwendet werden.

Zur Freisetzung von Essigsäure aus Acetaten werden als nicht flüchtige Säuren verwendet:

- *Hydrogensulfate* (Natrium- [$NaHSO_4$] und Kaliumhydrogensulfat [$KHSO_4$]) [$pK_s(HSO_4^-) = 1{,}92$)
- *Phosphorsäure* (H_3PO_4) [$pK_{s1} = 1{,}96$]
- *Oxalsäure* (HOOC-COOH) [$pK_{s1} = 1{,}23$]

Dinatriumhydrogenphosphat (Na_2HPO_4) [$pK_s = 12{,}32$] ist für diese Nachweisreaktion *nicht* geeignet und reagiert zudem in wässriger Lösung alkalisch.

706 D **707** B **268** B **725** B **730** B

Eine Acetat-Prüflösung (CH_3COO^-) wird *nach Arzneibuch* nacheinander mit *Lanthan*(III)-*nitrat* [$La(NO_3)_3$], Iod- (I_2) und Ammoniak-Lösung (NH_3) versetzt und zum Sieden erhitzt. Nach kurzer Zeit entsteht ein *blauer* Niederschlag oder eine tiefblaue Färbung.
Man vermutet, dass bei dieser Reaktion Iod an basisches Lanthanacetat adsorbiert wird oder die Bildung einer Einschlussverbindung wie bei der Iod-Stärke-Reaktion erfolgt.

Die Reaktion wird gestört durch Ionen, die mit La(III) schwer lösliche Salze wie z. B. *Oxalat* oder stabile Komplexe wie z. B. *Citrat* oder *Tartrat* bilden.

708 C

Oxalate ($^-OOC\text{-}COO^-$) oder **Oxalsäure** werden zur Einstellung einer Kaliumpermanganat-Maßlösung ($KMnO_4$) als Urtiter eingesetzt. Die *Entfärbung* einer schwefelsauren $KMnO_4$-Lösung kann daher auch zur Identifizierung von Oxalat-Ionen beitragen:

$$2\,MnO_4^- + 5\,C_2O_4^{2-} + 16\,H_3O^+ \rightarrow 2\,Mn^{2+} + 10\,CO_2\uparrow + 24\,H_2O$$

709 C **710** D **410** B **726** E **734** C

Der Nachweis von Oxalat-Ionen ($C_2O_4^{2-}$) mit Ca^{2+}-Ionen als **Calciumoxalat** (CaC_2O_4) wird durch alle Anionen gestört, die ebenfalls in neutraler Lösung schwer lösliche Calcium-Salze bilden. Hierzu zählen: Fluorid (F^-), Hexacyanoferrat(II) [$Fe(CN)_6]^{4-}$, Hexacyanoferrat(III) [$Fe(CN)_6]^{3-}$, Sulfit (SO_3^{2-}), Sulfat (SO_4^{2-}), Phosphat (PO_4^{3-}) u. a.

Thiocyanat- (SCN^-), Cyanid- (CN^-), Arsenit- (AsO_3^{3-}) und Acetat-Ionen (CH_3COO^-) bilden *keine* schwer löslichen Calciumsalze. Diese Ionen verursachen daher *keine Störung* des Oxalat-Nachweises als CaC_2O_4.

711 D **733** A **830** D **843** E

Zur Identitätsprüfung von **Lactat** ($CH_3\text{-}CHOH\text{-}COO^-$) werden herangezogen:

- **Iodoform-Probe**: Wird ein Lactat mit Iod-Lösung (I_2) und einem geringen Überschuss an Natriumhydroxid-Lösung versetzt, so entsteht ein *gelber* Niederschlag von *Iodoform* (I_3CH). Lactat wird dabei zu *Pyruvat* ($CH_3\text{-}CO\text{-}COO^-$) [Anion der Brenztraubensäure] oxidiert und dieses anschließend perhalogeniert und zu Iodoform und Oxalat (^-OOC-

COO^-) gespalten. Insgesamt lässt sich der Nachweis durch folgende Teilprozesse beschreiben:

$$I_2 + 2\,HO^- \rightarrow IO^- + I^- + H_2O$$
$$CH_3\text{-}CHOH\text{-}COO^- + IO^- \rightarrow CH_3\text{-}CO\text{-}COO^- + I^- + H_2O$$
$$CH_3\text{-}CO\text{-}COO^- + 3\,IO^- \rightarrow I_3C\text{-}CO\text{-}COO^- + 3\,HO^-$$
$$I_3C\text{-}CO\text{-}COO^- + HO^- \rightarrow \mathbf{I_3CH}\downarrow + {}^-OOC\text{-}COO^-$$

- In Anwesenheit von *Guajacol* (2-Methoxy-phenol) kondensiert der aus Lactat bzw. in schwefelsaurer Lösung aus Milchsäure gebildete *Acetaldehyd* (CH_3-CH=O) zu einem 1,1-Diphenylethan-Derivat, das in saurer Lösung wahrscheinlich zu einem *roten*, mesomeriestabilisierten Oxonium-Ion oxidiert zu.

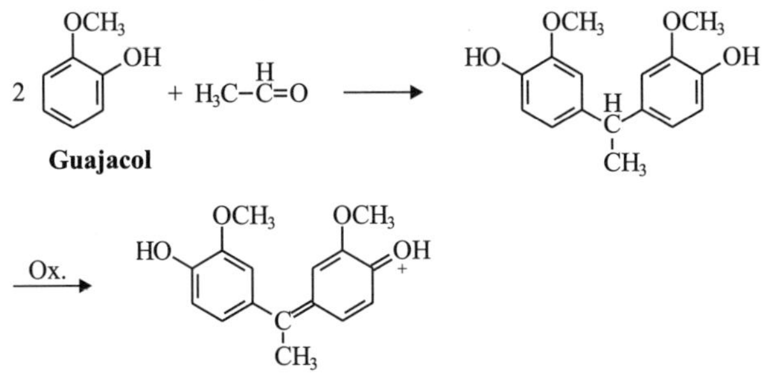

- Wird die Lösung eines Lactats mit Brom (Br_2) oder Kaliumpermanganat ($KMnO_4$) in schwefelsaurer Lösung versetzt, so entsteht *Acetaldehyd* (CH_3CH=O), der an seinem Geruch erkennbar ist bzw. mit Schiffs Reagenz nachgewiesen werden kann.

Beim Ansäuern von Lactat-Lösungen mit Mineralsäuren entsteht **Milchsäure** [2-Hydroxypropionsäure] (CH_3-CHOH-COOH). Milchsäure ist ein geruchloser Feststoff, der bei Fp = 18 °C schmilzt und in Wasser *leicht löslich* ist.

712 A 731 E 732 D 766 C 847 B 860 E 900 C

Citrate werden in schwefelsaurem Milieu zu *Citronensäure* (2-Hydroxypropan-1,2,3-tricarbonsäure) protoniert. Citronensäure wird bei Temperaturen unterhalb von 35 °C durch Kaliumpermanganat ($KMnO_4$) zu *Acetondicarbonsäure* [3-Oxoglutarsäure] (HOOC-CH_2-CO-CH_2-COOH) oxidiert, die beim Erwärmen zu *Aceton* [CH_3-CO-CH_3] decarboxyliert Das gebildete Aceton wird in ammoniakalischer Lösung mit Natriumpentacyanonitrosylferrat(II) (Nitroprussidnatrium) $Na_2[Fe(CN)_5NO]$ als *violetter* Komplex nachgewiesen (**Legalsche Probe**). Der Zusatz von Amidosulfonsäure (Sulfaminsäure) [H_2N-SO_3H] hat dabei die Aufgabe eventuell entstehende Salpetrige Säure (HNO_2) oder nitrose Gase in elementaren Stickstoff (N_2) umzuwandeln.

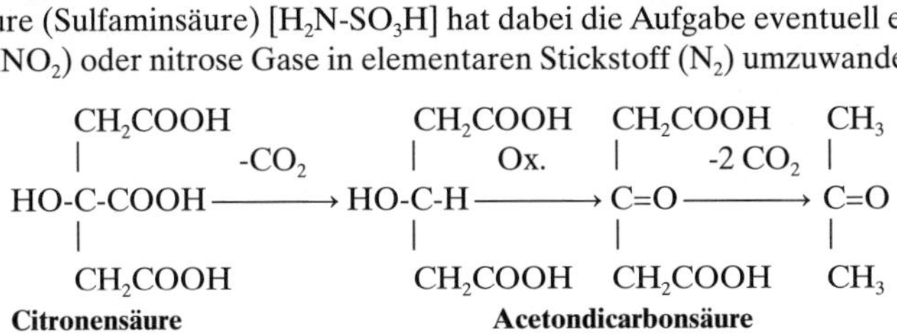

$$CH_3\text{-}CO\text{-}CH_3 + HO^- \rightarrow H_2O + CH_3\text{-}CO\text{-}CH_2^-$$

Aceton **Carbanion**

$$CH_3\text{-}CO\text{-}CH_2^- + [Fe(CN)_5NO]^{2-} \rightarrow [Fe(CN)_5NO\mathbf{CH\text{-}CO\text{-}CH_3}]^{4-} + (H^+)$$

Nitroprussid-Anion **Legal-Komplex**

Das Gemisch Fe^{2+}/H_2O_2 dient als *Fentons Reagenz* zum Nachweis von *Tartraten.*

Acetondicarbonsäure ($HOOCCH_2$-CO-CH_2COOH) kann nach Zugabe von Hg^{2+}-Ionen als schwer lösliches Quecksilber(II)-Salz gefällt werden.

Beim Erhitzen von Citraten in schwefelsaurer Lösung mit Kaliumpermanganat ($KMnO_4$) entsteht *Aceton* (CH_3-CO-CH_3) und *nicht* Acetaldehyd (CH_3-CH=O) als Reaktionsprodukt.

Beim Erwärmen von Citronensäure oder Citraten mit konz. H_2SO_4 tritt lediglich eine Gelbfärbung auf. Weinsäure und Tartrate färben sich hingegen braun.

713 C **714** D **715** B **729** A **735** D

Tartrate werden in schwefelsaurer Lösung zu *Weinsäure* [2,3-Dihydroxybernsteinsäure] (HOOC-CHOH-CHOH-COOH) protoniert. Erhitzt man anschließend die Weinsäure-Lösung mit Kaliumbromid (KBr) und Resorcin (1,3-Dihydroxybenzol), so färbt sich das Reaktiongemisch *tiefblau*. Beim Eingießen des Gemischs in Wasser schlägt die Farbe nach *Rot* um (**Pesez-Reaktion**).

Bei diesem Nachweis bildet sich aus Weinsäure und KBr/konz.H_2SO_4 durch Oxidation *Glyoxylsäure* (O=CH-COOH), die mit 2 Molekülen Resorcin zu einem Diphenylmethan-Derivat kondensiert. Die weitere Oxidation und Bromierung mit Brom (aus KBr/konz.H_2SO_4) führt wahrscheinlich zu einem chinoiden, bromierten Oxonium-Ion:

$$\underset{\textbf{Weinsäure}}{\text{HOOC-CHOH-CHOH-COOH}} \xrightarrow[-H_2O]{(H2SO4)} HOCH_2\text{-COOH} + CO_2\uparrow + CO\uparrow$$

$$\underset{\textbf{Glycolsäure}}{HOCH_2\text{-COOH}} \xrightarrow{(Ox.)} \underset{\textbf{Glyoxylsäure}}{\text{O=CH-COOH}} + (2\,H)$$

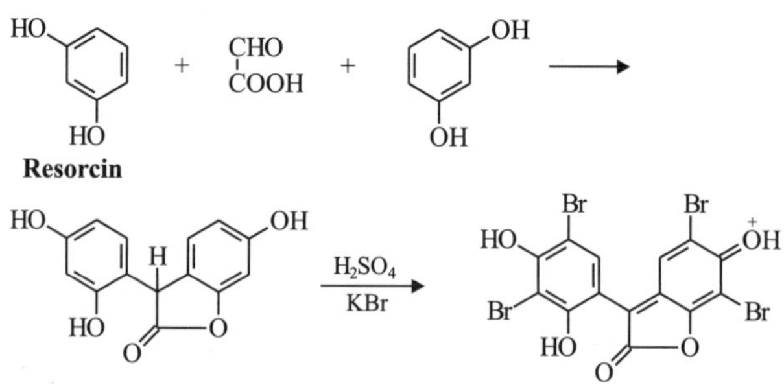

Die blaue Lösung des *Kupfer*(II)*-tartrat-Komplexes* – hergestellt aus Kupfer(II)-sulfat ($CuSO_4$), Kaliumnatriumtartrat und NaOH-Lösung – dient als **Fehling-Reagenz** zur Prüfung auf oxidierbare Substanzen (Reduktionsmittel).

Beim *trockenen Erhitzen* von Tartraten und in Abwesenheit von Oxidationsmitteln erfolgt Verkohlung und *Brenzreaktion* (Abspaltung von Wasser und Kohlendioxid), die sich in ihrem charakteristischen Geruch zu erkennen gibt. Auch beim Erhitzen (Brenzen) von Weinsäure (Traubensäure) mit einem Gemisch aus $NaHSO_4/KHSO_4$ tritt Bildung von *Brenztraubensäure* (CH_3-CO-COOH) bzw. *Pyruvat* ein.

Eine saure, wässrige Tartrat-Lösung wird mit *Wasserstoffperoxid* (H_2O_2) und *Eisen*(II)*-sulfat* ($FeSO_4$) versetzt. Es tritt eine Gelbfärbung auf. Gibt man danach NaOH-Lösung hinzu, so schlägt die Farbe in eine intensive *Blaufärbung* um (**Fenton-Reaktion**).

In Gegenwart von Fe^{2+}-Ionen oxidiert H_2O_2 Weinsäure zu *Dihydroxyfumarsäure*, die mit Fe(II) im alkalischen Milieu *blauviolett* gefärbte Komplexe bildet.

HOOC-CH-OH		HOOC-C-OH
|	→	||
HO-CH-COOH		HO-C-COOH
Weinsäure		**Dihydroxyfumarsäure**

■ Versetzt man eine essigsaure Tartrat-Lösung mit einer Kaliumchlorid-Lösung (KCl), so fällt weißes *Kaliumhydrogentartrat* (KOOC-CHOH-CHOH-COOH) aus. Der Zusatz von Essigsäure ist essentiell, damit eine hinreichend hohe Hydrogentartrat-Konzentration in der Lösung vorliegt.
■ Aldehyde reduzieren eine alkalische, tartrathaltige Bismut(III)-hydroxid-Lösung zum *metallischem Bismut*, das als *schwarzer* Niederschlag ausfällt (**Nylanders Reagenz**). Dabei hält Tartrat das farblose Bismut(III)-hydroxid [$Bi(OH)_3$] im alkalischen Milieu in Lösung.
■ *Kaliumhydrogensulfat* ($KHSO_4$) [$pK_s = 1{,}92$] ist eine stärkere Säure als *Weinsäure* [$pK_{s1} = 2{,}92$, $pK_{s2} = 4{,}23$], sodass sich beim Verreiben von Tartraten mit $KHSO_4$ Weinsäure bildet. Die Weinsäure ist ein nicht flüchtiger, farb- und *geruchloser* Festsoff mit säuerlichem Geschmack. Sie kann daher *nicht* an einem stechenden Geruch – wie zum Beispiel Essigsäure – erkannt werden.
■ Beim Verreiben von *Acetaten* (CH_3COO^-) – *nicht* von Tartraten – mit Kaliumhydrogensulfat ($KHSO_4$) wird *Essigsäure* (CH_3-COOH) freigesetzt und kann an ihrem stechenden Geruch erkannt werden.
■ Beim Versetzen eines Soda-Auszuges, der *Acetat* (CH_3-COO^-) enthält, mit *Lanthannitrat* [$La(NO_3)_3$], Iod- (I_2) und Ammoniak-Lösung entsteht eine *tiefblaue* Farbe.

716 A **815** C

■ **Fentons Reagenz** [$FeSO_4/H_2O_2$/NaOH] dient zum Nachweis von *Tartraten*.
■ Rosanilinhydrochlorid/Natriumhydrogensulfat (Fuchsin-Schweflige Säure) [**Schiffs Reagenz**] dient zum Nachweis von *Formaldehyd* (H_2C=O).
■ Cobalt(II)-nitrat in Natriumhydroxid-Lösung dient nach Arzneibuch als Reagenz zur Identitätsprüfung auf nicht am Stickstoff substituierte *Barbiturate* [**Zwikker-Reaktion**].
■ Aus *Bismut*(III)-*nitrat* [$Bi(NO_3)_3$] und Kaliumiodid (KI) bildet sich *Kaliumtetraiodobismutat*(III), das als **Dragendorffs Reagenz** vom Arzneibuch zur Prüfung auf *Alkaloide* eingesetzt wird.
■ Carbonsäureester (R-CO-OR´) wandeln sich mit Hydroxylaminhydrochlorid ($HONH_3^+Cl^-$) in *Hydroxamsäuren* (R-CO-NHOH] um, die mit Eisen(III)-chlorid ($FeCl_3$) *bläulichrote* bis *rote* Chelatkomplexe ergeben [**Hydroxamsäure-Reaktion**].

717 B **815** C

■ Bei der **Reaktion nach Fenton** wandeln sich *Tartrate* mit einem Gemisch aus Eisen(II)-Salz/Wasserstoffperoxid [$FeSO_4/H_2O_2$] in **Dihydroxyfumarsäure** [HOOC-C(OH)=C(OH)-COOH] um.
■ *Acetondicarbonsäure* [$HOOCCH_2$-CO-CH_2COOH] entsteht beim Behandeln von *Citronensäure* mit $KMnO_4/H_2SO_4$.
■ *Glycolaldehyd* (O=CH-CH_2OH) entsteht bei der Oxidation von *Ethylenglycol* ($HOCH_2$-CH_2OH) mit Wasserstoffperoxid-Lösung in Gegenwart von Eisen(II)-Salzen (*Fentons Reagenz*).
■ *Glyoxylsäure* (O=CH-COOH) bildet sich beim Behandeln einer schwefelsauren Weinsäure-Lösung mit Kaliumbromid (KBr).
■ *Maleinsäure* [HOOC-CH=CH-COOH] kann durch Behandeln mit Brom (Br_2) in alkalischer Lösung (als oxierendes Agens fungiert Hypobromit BrO^-) in Weinsäure bzw. in Tartrate [$^-$OOC-CHOH-CHOH-COO^-] umgewandelt werden.

718 B **816** E

Bei der Identitätsprüfung auf **Tartrat** [$^-$OOC-CHOH-CHOH-COO$^-$] mit Resorcin/H_2SO_4/KBr wird eine positive Reaktion erhalten mit *Glyoxylat* (O=CH-COO$^-$) bzw. *Glyoxylsäure* [O=CH-COOH).

719 B **815** C

Bei der über Hydroxylradikale ablaufenden Reaktion von **Tartrat** mit **Fentons Reagenz** [$FeSO_4/H_2O_2$] unter Bildung von *Dihydroxyfumarsäure* laufen folgende Teilprozesse ab:

$$H_2O_2 + Fe^{2+} \rightarrow Fe^{3+} + HO^- + HO^{\cdot}$$

$$\begin{array}{ccccc} \text{HOOC-CH-OH} & & \text{HOOC-C-OH} & \\ | & + 2\,HO^{\cdot} \rightarrow & \| & + 2\,H_2O \\ \text{HO-CH-COOH} & & \text{HO-C-COOH} & \\ \textbf{Weinsäure} & & \textbf{Dihydroxyfumarsäure} & \end{array}$$

720 E **721** B **872** D

Wird ein **Benzoat** (C_6H_5-COO$^-$) in einem Reagenzglas mit Schwefelsäure angefeuchtet und erwärmt, so bildet ein weißes *Sublimat* von *Benzoesäure* (C_6H_5-COOH), das sich an der Innenseite des kälteren Teils des Reagenzglases wieder niederschlägt.

Wird die Lösung eines Benzoats mit verdünnter Salzsäure (HCl) versetzt, so bildet sich undissoziierte Benzoesäure, die ausfällt. Aus siedendem Wasser umkristallisiert schmilzt Benzoesäure bei Fp = 120-124 °C.

Wird zur neutralen Lösung eines Benzoats eine $FeCl_3$-Lösung hinzugefügt, so entsteht ein salzartiger, *beigefarbener* Niederschlag der Zusammensetzung $[Fe_3(C_6H_5\text{-}COO)_6(OH)_2]^+[C_6H_5\text{-}COO]^-$, der sich in Diethylether löst.

722 B **723** C **724** E **624** E **625** D **626** D **727** E
799 B **833** D **857** B **870** C

Säuert man eine **Salicylat**-Lösung mit Salzsäure an, so fällt *Salicylsäure* (2-Hydroxybenzoesäure) aus, die nach Umkristallisation aus Wasser durch ihren Schmelzpunkt Fp = 156-161 °C charakterisiert werden kann.

Salicylsäure besitzt eine phenoliche Hydroxyl-Gruppe (Ar-OH). Das Molekül reagiert daher mit $FeCl_3$-Lösung unter *Violettfärbung* zu einem Chelatkomplex (der u. a. Konstitution), der in verdünnter Essigsäure beständig ist.

Salicylsäure ist auch ein Phenol mit freier para-Position und reagiert daher in alkalischer Lösung als Phenolat positiv mit diazotierter Sulfanilsäure ($HO_3S\text{-}C_6H_4\text{-}N_2^+$] unter *Azokupplung*.

Salicylsäure als Phenol mit freier para-Position ergibt in ammoniakalischer Lösung mit 4-Amino-2,3-dimethyl-1-phenyl-3-pyrazolin-5-on (4-Aminoantipyrin, Aminopyrazolon) und Kaliumhexacyanoferrat(III) $K_3[Fe(CN)_6]$ als Oxidationsmittel eine positive *Emerson-Reaktion*.

Salicylsäure (bzw. ein Salicylat) reagiert als Phenol in alkalischer Lösung positiv mit 2,6-Dichlor-1,4-chinon-4-chlorimid zu einem Indophenol-Farbstoff (*Gibbs-Reaktion*)

Salicylsäure bildet mit einem Gemisch von Formaldehyd/Schwefelsäure ein *tiefrot* gefärbtes Kondensationsprodukt.

Weiterhin reagiert Salicylsäure beim Behandeln mit Bromwasser (Br_2) unter Decarboxylierung und Bromierung zu farblosem 2,4,4,6-*Tetrabrom*-2,5-*cyclohexadien*-1-*on*, das in flockiger Form ausfällt. Beim Erhitzen mit Methanol/konzentrierter Schwefelsäure bildet sich *Methylsalicylat* (Salicylsäuremethylester), der an seinem charakteristischen Geruch erkannt werden kann.

All diese Nachweisreaktion von **Salcylsäure** bzw. **Salicylaten** fasst die nachfolgende Abbildung nochmals zusammen.

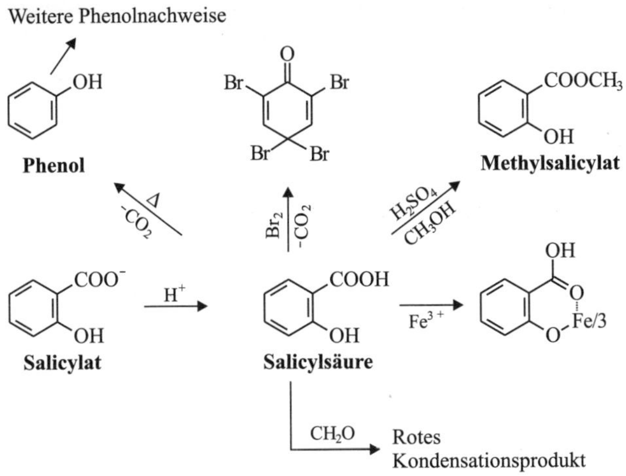

Die Bildung von *Kakodyloxid* $[(H_3C)_2As\text{-}O\text{-}As(CH_3)_2]$ beim trockenen Erhitzen mit Arsen(III)-oxid (As_2O_3) dient zum Nachweis von *Acetaten.*

Die Bildung eines *rotgefärbten* 1,1-Diphenylethan-Derivates bei der Umsetzung von *Acetaldehyd* (CH_3CHO) mit *Guajacol* (2-Methoxyphenol) in Gegenwart von Schwefelsäure dient zum Nachweis von *Lactat* ($CH_3\text{-}CHOH\text{-}COO^-$) [siehe auch Frage Nr. 711].

725 B

Aus einer **Acetat** ($CH_3\text{-}COO^-$) enthaltenen Prüflösung fällt beim Versetzen mit Lanthan(III)-nitrat- und Iod-Lösung sowie nach Zugabe von Ammoniak-Lösung ein *blauer* Niederschlag aus bzw. es entsteht eine tiefblaue Färbung von basischem Lanthanacetat, an das Iod adsorbiert wird.

726 E

Aus einer **Oxalat**-haltigen Prüflösung ($C_2O_4^{2-}$) fällt beim Versetzen mit Calciumchlorid ($CaCl_2$) farbloses *Calciumoxalat* (CaC_2O_4) aus. Oxalat kann mit Kaliumpermanganat ($KMnO_4$) zu *Kohlendioxid* (CO_2) oxidiert werden.

$$Ca^{2+} + C_2O_4^{2-} \rightarrow CaC_2O_4\downarrow$$

$$2\,MnO_4^- + 5\,C_2O_4^{2-} + 16\,H_3O^+ \rightarrow 2\,Mn^{2+} + 10\,CO_2\uparrow + 24\,H_2O$$

727 E

Keines der in Liste 2 genannten Reagenzien bzw. keine der aufgeführten Reagenzienkombinationen eignet sich zum Nachweis von **Salicylsäure**.

728 B

Beim Verreiben eines **Acetats** ($CH_3\text{-}COO^-$) mit der stärkeren Säure *Kaliumhydrogensulfat* ($KHSO_4$) [$pK_s = 1{,}92$] wird *Essigsäure* ($CH_3\text{-}COOH$) [$pK_s = 4{,}76$] freigesetzt, die an ihrem charakteristischen *Geruch* zu erkennen ist.

729 A **718** B **735** D **816** E

Aus **Tartraten** ($^{-}$OOC-CHOH-CHOH-COO^{-}) entsteht mit Kaliumbromid/Schwefelsäure *Glyoxylsäure* (O=CH-COOH], die mit Resorcin unter saurer Katalyse zu einem *tiefblauen*, bromierten Diphenylmethan-Derivat kondensiert, dessen Farbe beim Eingießen in Wasser nach *Rot* umschlägt (*Reaktion nach Pesez*).

730 B

Eine **Acetat**-haltige Prüflösung bildet mit Lanthan(III)-nitrat-, Iod- und Ammoniak-Lösung einen *blauen* Niederschlag oder eine tiefblaue Färbung von basischem Lanthanacetat, an das Iod adsorbiert wird.

731 E **732** D

Citrat bzw. Citronensäure wird mit $KMnO_4/H_2SO_4$ zu *Acetondicarbonsäure* [3-Oxoglutarsäure] ($HOOCCH_2$-CO-CH_2COOH) oxidiert, die auf Zusatz von $HgSO_4$-Lösung als schwer lösliches, *weißes* Hg(II)-Salz gefällt wird.

733 A

Wird ein **Lactat** mit Iod-Lösung (I_2) und einem geringen Überschuss an Natriumhydroxid-Lösung versetzt, so entsteht ein *gelber* Niederschlag von *Iodoform* (I_3CH). Lactat wird dabei zu *Pyruvat* (CH_3-CO-COO^{-}) [Anion der Brenztraubensäure] oxidiert und dieses anschließend perhalogeniert und zu Iodoform und Oxalat ($^{-}$OOC-COO^{-}) gespalten. Insgesamt lässt sich der Nachweis durch folgende Teilprozesse beschreiben:

$$I_2 + 2\,HO^- \rightarrow IO^- + I^- + H_2O$$
$$CH_3\text{-CHOH-COO}^- + IO^- \rightarrow CH_3\text{-CO-COO}^- + I^- + H_2O$$
$$CH_3\text{-CO-COO}^- + 3\,IO^- \rightarrow I_3C\text{-CO-COO}^- + 3\,HO^-$$
$$I_3C\text{-CO-COO}^- + HO^- \rightarrow \mathbf{I_3CH}\downarrow + {}^-OOC\text{-COO}^-$$

734 C

Oxalat-Ionen ($^{-}$OOC-COO^{-}) bilden in essigsaurem Medium mit Calciumchlorid ($CaCl_2$) einen schwer löslichen Niederschlag von *farblosem Calciumoxalat* (CaC_2O_4).

735 D **718** B **729** A **816** E

Tartrat-Ionen ergeben beim Erhitzen mit Kaliumbromid/Resorcin/Schwefelsäure eine *blaue* Färbung, die beim Eingießen in Wasser nach *Rot* umschlägt (**Reaktion nach Pesez**). Dabei wird intermediär aus Tartrat *Glyoxylsäure* (O=CH-COOH) gebildet, die mit 2 Molekülen Resorcin (1,3-Dihydroxybenzol) zu einem Diphenylmethan-Derivat kondensiert.

736 D **737** E **829** A **859** D

Folgende **Carbonsäure-Derivate** reagieren mit Hydroxylamin zu *Hydroxamsäuren* (R-CO-NH-OH), die mit Eisen(III)-Ionen *rote* bis *blaurote* Chelatkomplexe ergeben:

- Carbonsäurechloride (R-CO-Cl) wie Acetylchlorid (CH_3-CO-Cl),
- Carbonsäureanhydride (R-CO-O-CO-R) wie Acetanhydrid (CH_3-CO-O-CO-CH_3)
- *Carbonsäureester* (R-CO-OR´) wie *Methylacetat* (CH_3-CO-OCH_3)
- *Lactone* (cyclische Ester) wie *Butyro*-1,4-*lacton* (γ-Butyrolacton)

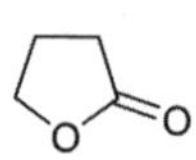

Butyro-1,4-lacton

Ketone (R-CO-R) wie *Aceton* (CH_3-CO-CH_3) reagieren mit Hydroxylamin zu Ketoximen (R_2C=N-OH).

738 C **739** C **740** C **741** C **829** A **884** E **897** D

Folgende funktionelle *Gruppen* reagieren mit *Hydroxylamin* (H_2N-OH) zu **Hydroxamsäuren** (R-CO-NH-OH), die über ihre Eisen(III)-Chelatkomplexe nachweisbar sind:

- *Carbonsäureester* (R-CO-OR´), *Carbonsäurechloride* (R-CO-Cl), *Carbonsäureanhydride* (R-CO-O-CO-R) und cyclische Amide wie β-*Lactame* (Azetidinone)

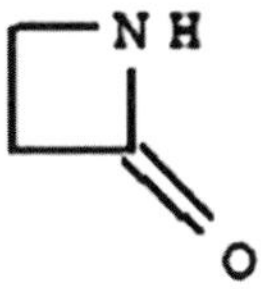

β-Lactam

Quartäre Ammoniumverbindungen ($R_4N^+X^-$), Ether (R-O-R), Nitrile (R-CN) oder Alkohole (R-OH) sind *nicht* mit Hydroxylamin und anschließender Bildung eines gefärbten Fe(III)-Komplexes nachweisbar.

742 E **884** E

Carbonsäureethylester (R-CO-OCH_2CH_3) und β-*Lactame* reagieren mit Hydroxylamin zu *Hydroxamsäuren* (R-CO-NH-OH).

Aldehyde (R-CH=O) und *Ketone* (R_2C=O) kondensieren mit Hydroxylamin zu *Aldoximen* (R-CH=N-OH) bzw. *Ketoximen* (R_2C=N-OH).

Sekundäre Alkohole (R_2CHOH) lassen sich *nicht* mit Hydroxylamin nachweisen.

743 C **884** E

Bei β-**Lactamen** wie z. B. *Penicillinen* erfolgt die Bildung der Hydroxamsäure durch Umsetzung mit Hydroxylamin (H_2N-OH) unter Aufspaltung des ß-Lactamringes.

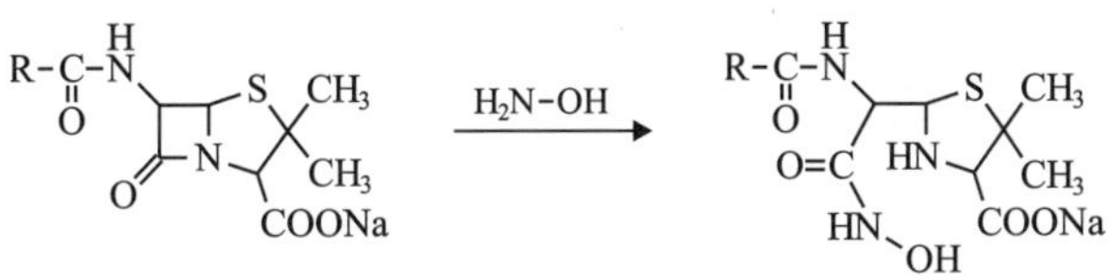

Ether (R-O-R), Acetale [R-CH(OR´)$_2$], Ketale [R_2C(OR´)$_2$] und Hydrazone (R_2C=N-NH-R´) reagieren *nicht* mit Hydroxylamin.

744 E **829** A **884** E

Carbonsäureethylester (R-CO-OCH_2CH_3), *Carbonsäureanhydride* (R-CO-CO-R) und β-*Lactame* reagieren mit Hydroxylamin zu *Hydroxamsäuren* (R-CO-NH-OH).

Aldehyde (R-CH=O) und *Ketone* (R_2C=O) kondensieren mit Hydroxylamin zu *Aldoximen* (R-CH=N-OH) bzw. *Ketoximen* (R_2C=N-OH).

745 D **746** C **807** C **897** D

Zur allgemeinen **Identitätsprüfung auf Carbonsäureester** (Ester) (R-CO-OR´) sieht das Arzneibuch die *direkte* Umsetzung der Ester im alkalischen Milieu mit Hydroxylaminhydrochlorid ($HO\text{-}NH_3^+Cl^-$) unter Bildung von **Hydroxamsäuren** (R-CO-NH-OH) vor, die mit Fe^{3+}-Ionen *bläulich rote* bis *rote* Chelatkomplexe ergeben. Der Ablauf der Reaktion kann wie folgt beschrieben werden:

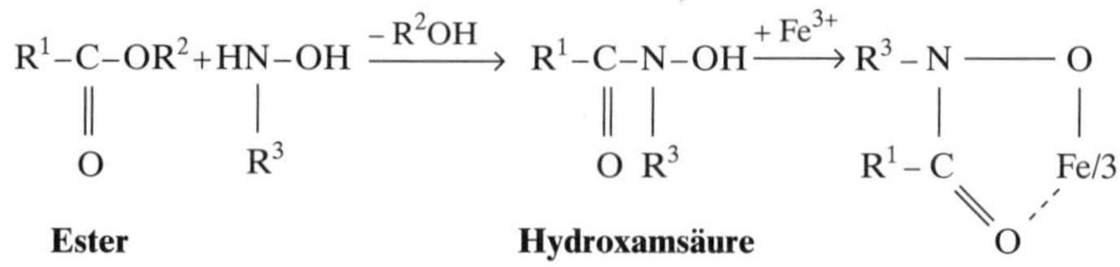

Die direkte Bildung der Hydroxamsäuren wird im alkalischen Milieu vorgenommen, damit aus Hydroxylaminhydrochlorid die freie Base Hydroxylamin ($H_2N\text{-}OH$) entsteht.

Die Reaktion gelingt auch mit am Stickstoffatom monosubstituierten Hydroxylamin-Derivaten (R-NH-OH), sie gelingt jedoch *nicht* mit am Sauerstoffatom substituierten Hydroxylaminen ($H_2N\text{-}OR$)

Carbonsäureester reagieren direkt – ohne vorherige Verseifung – mit Hydroxylaminhydrochlorid zu Hydroxamsäuren.

747 E

Auch **Carbonsäureamide** (R-CO-NH-.R´) ergeben eine positive **Hydroxamsäure-Reaktion** (R-CO-NH-OH). Amide erfordern jedoch wegen ihrer geringeren Reaktivität gegenüber Hydroxylamin längere Reaktionszeiten und erhöhte Reaktionstemperaturen.

$$R\text{-}CO\text{-}NH\text{-}R' + H_2N\text{-}OH \rightarrow R'\text{-}NH_2 + R\text{-}CO\text{-}NH\text{-}OH \rightarrow Fe^{III}\text{-Chelat}$$

748 D **785** C **835** E **885** C

Durch Erhitzen in wässriger Alkalihydroxid-Lösung wird **Nicotinamid** (Pyridin-3-carboxamid) zu **Nicotinsäure** (Pyridin-3-carbonsäure) und *Ammoniak* (NH_3) gespalten, der an seinem Geruch erkannt wird.

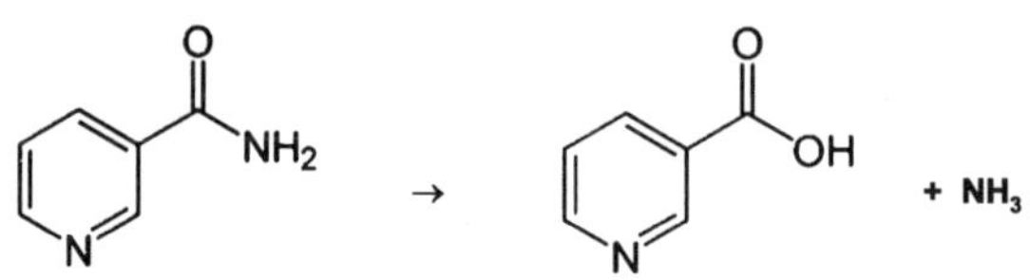

Nicotinamid

Beim Erhitzen mit starken Säuren oder Alkalien wird im **Nicethamid** (N,N-Diethylpyridin-3-carboxamid) die Säureamid-Gruppe gespalten und es entstehen Nicotinsäure und N,N-*Diethylamin* [$HN(CH_2CH_3)_2$].

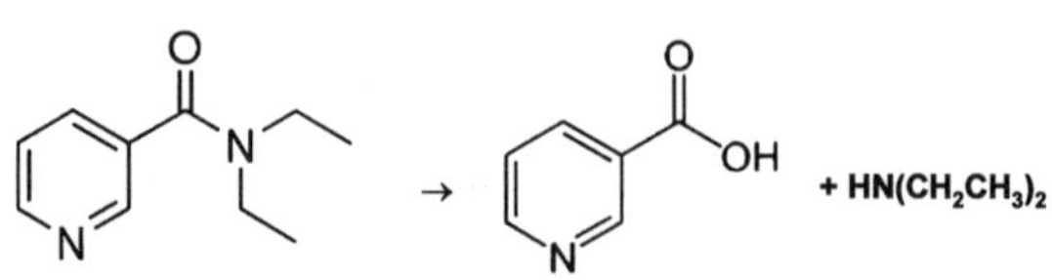

Nicethamid

Beim hydrolytischen Zerfall von **Isoniazid** (Pyridin-4-carbohydrazid) entstehen Isonicotinsäure (Pyridin-4-carbonsäure) und *Hydrazin* (H_2N-NH_2), das z. B. mit Ehrlich-Reagenz nachgewiesen werden kann.

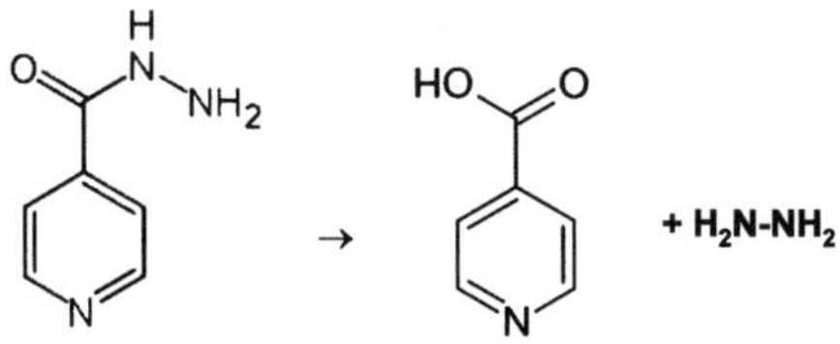

Isoniazid

Pyridoxin [5-Hydroxy-6-methylpyridin-3,4-diyl)dimethanol] ist weitgehend hydrolysestabil und kann z. B. in mineralsaurer Lösung sterilisiert (30 min 120 °C) werden. Beim Erhitzen in neutraler Lösung (30 min 120 °C) wird Dimerisierung beobachtet.

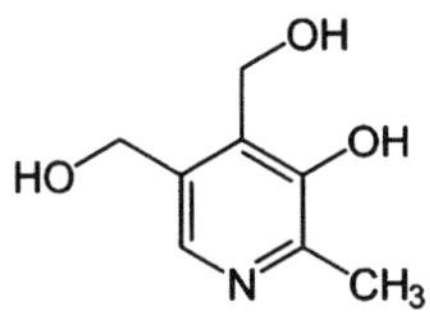

Pyridoxin

749 D

Primäre **Carbonsäureamide** (R-**CO-NH**$_2$) und *primäre* **Sulfonamide** (R-**SO**$_2$**-NH**$_2$) und einige NH-acide Barbiturate bilden mit 9-Hydroxyxanthen (*Xanthydrol*) gut kristallisierende 9-Acylxanthene (R´= R-CO-) bzw. 9-Sulfonylxanthene (R´= R-SO_2-).

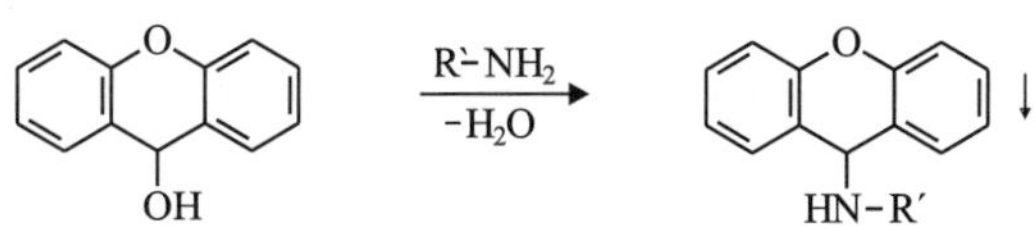

Xanthydrol

R` = R–C(=O)— ; R–S(=O)$_2$— ; Barbiturat

Tertiäre Carbonsäureamide (R-CO-NR_2) oder Imine (R-CH=N-Alkyl) reagieren *nicht* mit Xanthydrol.

750 C

Die Titration von α-**Aminosäuren** (R-CHNH$_2$-COOH) nach *Sörensen* ist ein Spezifall der Formoltitration, nach der sich Aminosäuren mit Kaliumhydroxid-Lösung in Gegenwart von **Formaldehyd** (H_2C=O) volumetrisch bestimmen lassen.
Hierbei reagiert die primäre Aminogruppe (R-NH_2) mit Formaldehyd unter Bildung einer deutlich *schwächer basischen* N-*Methylol-Verbindung*, aus der durch nachfolgende Dehydratisierung das nahezu neutrale *Azomethin* entstehen kann. Anschließend wird die verbleibende Carboxylgruppe (R-COOH) alkalimetrisch gegen geeignete Indikatoren titriert.

$$\underset{\alpha\text{-Aminosäure}}{\text{R-CH(NH}_2\text{)-COOH}} \xrightarrow{+\,\mathbf{CH_2O}} \underset{\text{N-Methylol-Verbindung}}{\text{R-CH(NH-CH}_2\text{OH)-COOH}} \xrightarrow{-\,H_2O} \underset{\text{Azomethin}}{\text{R-C(=N-CH}_2\text{)-COOH}}$$

751 B **752** D **753** D **813** E

α-**Aminosäuren** mit freier NH_2-Gruppe wie z. B. *Glycin* (H_2NCH_2-COOH) oder *Alanin* (CH_3-$CHNH_2$-COOH) kondensieren mit **Ninhydrin** (1,2,3-Indantrion-Monohydrat) zu einem Azomethin. Daraus bildet sich durch Decarboxylierung ein tautomeres Azomethin, das zu 2-Amino-1,3-indandion hydrolysiert. Dieses primäre Amin kondensiert anschließend mit überschüssigem Ninhydrin zu einem *blauvioletten* Farbstoff (*Ruhmanns Purpur*), der bei $\lambda = 570$ ein Absorptionsmaximum besitzt.

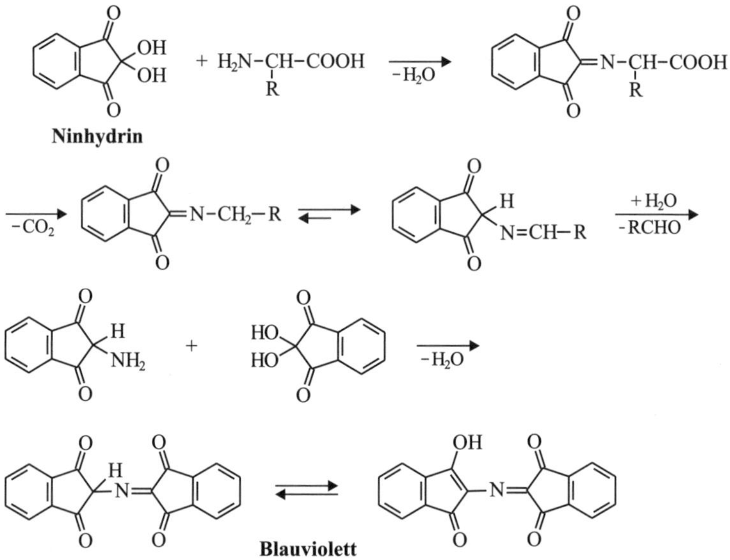

754 E

Bei der *Verseifung* von Substanzen, die **Acetylgruppen** (**CH_3-CO**-X) enthalten mit einer schwer flüchtigen Säure wie z. B. 85 %iger Phosphorsäure entsteht die flüchtige *Essigsäure* (CH_3-COOH), die abdestilliert und mit der *Lanthannitrat-Probe* nachgewiesen wird. Dazu wird ein Tropfen der Destillat-Lösung auf einer Tüpfelplatte mit Lanthannitrat, Iod und verdünnter Ammoniak-Lösung behandelt. Nach kurzer Zeit entsteht eine *Blaufärbung*.

755 C **756** B **757** C **758** A **759** B **805** B **814** D
845 E **871** A

Dragendorffs Reagenz wird aus Bismut(III)-nitrat [$Bi(NO_3)_3$] und Kaliumiodid (KI) in essigsaurer Lösung hergestellt und enthält Tetraiodobismutat(III)-Anionen [BiI_4]$^-$, die mit *Alkaloid*-Kationen oder anderen basischen, kationbildenden organischen Molekülen wie *Aminen orangefarbene* bis *orangerote* Niederschläge bilden. Dragendorffs Reagenz eignet sich auch als Sprühreagenz in der Dünnschichtchromatographie.

760 E

Tropaalkaloide wie *Atropinsulfat*, *Scopolaminhydrobromid* und deren quartäre Ammoniumderivate (N,N-Dimethyl-Derivate) $[(CH_3)_2NR_2)^+X^-]$ wie *Methylatropiniumbromid* bzw. *Methylatropiniumnitrat* oder *Methylscopolaminiumnitrat* reagieren als kationbildende Basen positiv mit Dragendorffs Reagenz und ergeben zudem ein positive Vitali-Morin-Reaktion.

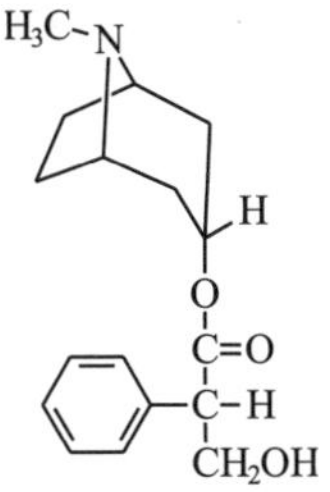

Atropin

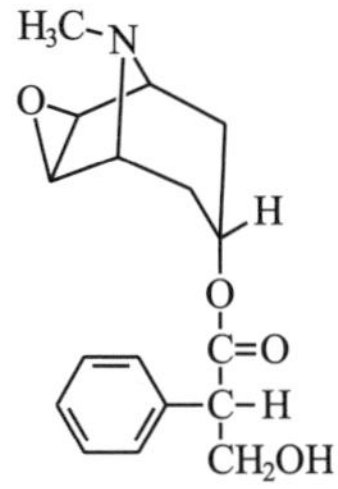

Scopolamin

Die kationische Struktur des bicyclischen *Tropins* (Tropan-3α-ol) ist verantwortlich für die positive Reaktion mit dem *Dragendorff-Reagenz*.

Die **Vitali-Reaktion** in der Modifikation nach **Morin** ist eine recht empfindliche Reaktion auf *Tropasäureester*. Dabei werden die Esterderivate mit rauchender Salpetersäure – unter Nitrierung des Phenylrings – zur Trockne eingedampft. Aus den gebildeten Nitroderivaten entstehen beim Behandeln mit Alkali mesomeriestabilisierte, *violett* gefärbte Anionen.

761 A **806** E **809** D

Die **Zwikker-Reaktion** ist eine Identitätsprüfung auf am Stickstoff nicht substituierte **Barbiturate**. Hierfür wird die methanolische Lösung der Prüfsubstanz mit *Cobalt*(II)-*nitrat* $[Co(NO_3)_2]$ und Calciumchlorid ($CaCl_2$) versetzt. Auf Zusatz von Natriumhydroxid-Lösung tritt eine *blauviolette* Färbung oder ein blauvioletter Niederschlag auf. Die Färbung rührt von einem oktaedrischen Co(II)-dibarbiturat-Komplex her, in dem vier Ligandenpositionen von Lösungsmittelmolekülen besetzt sind.

Auch in der Seitenkette halogenierte Barbiturate ergeben eine positive Zwikker-Reaktion.

Die Reaktion ist aber *nicht spezifisch* für Barbiturate bzw. Thiobarbiturate und fällt z. B. auch positiv aus bei Hydantoinen. *Hydantoine* wie *Phenytoin stören* deshalb diesen Barbiturat-Nachweis.

762 B **763** C **803** A **810** C **811** B

Zur **Prüfung auf Xanthine** (Purine) wie z. B. **Coffein** (1,3,7-Trimethylxanthin) lässt das Arzneibuch die **Murexid-Reaktion** durchführen.

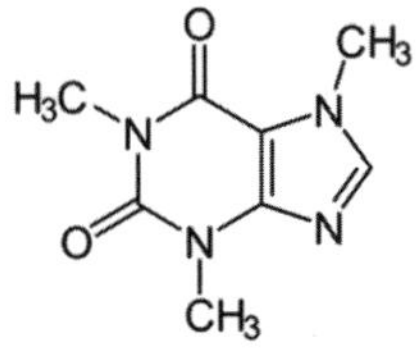

Coffein

Hierbei wird das Purin-Ringgerüst mit salzsaurer, konzentrierter Wasserstoffperoxid-Lösung (Eindampfen bis zur Trockne) oxidativ abgebaut. Beim Versetzen des gelblich roten Rückstandes mit Ammoniak-Lösung färbt sich der Rückstand rotviolett. Im komplexen Reaktionsgemisch findet sich u. a. auch das *violett* gefärbte *Ammoniumsalz* der *Purpursäure*, das so genannte **Murexid** (R = H).

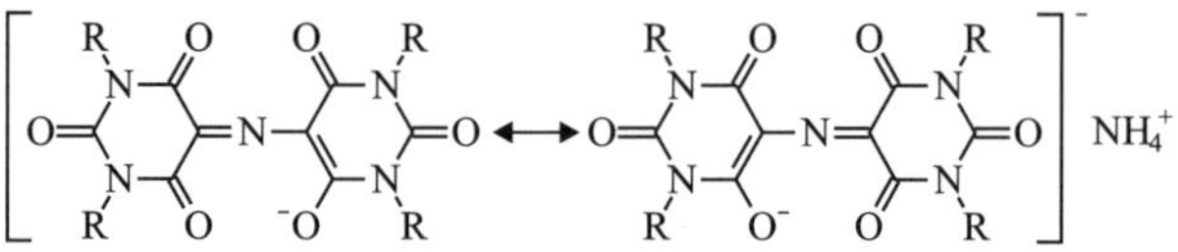

Murexid

764 B

Methenamin (Hexamethylentetramin, Urotropin, 1,3,5,7-Tetraazaadamantan) zeigt folgende Eigenschaften:

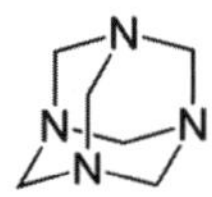

Methenamin

- Methenamin ($pK_b = 9{,}4$) ist schwächer basisch als Ammoniak ($pK_b = 4{,}76$)
- Methenamin wird in saurer Lösung zu Formaldehyd ($H_2C{=}O$) und Ammonium-Ionen (NH_4^+) gespalten.
- Methenamin wird zum Puffern saurer Lösungen verwendet (z. B. beim Urotropin-Trennungsgang).

765 A

Beim Erwärmen von **Calcium-D-Gluconat-Monhydrat**

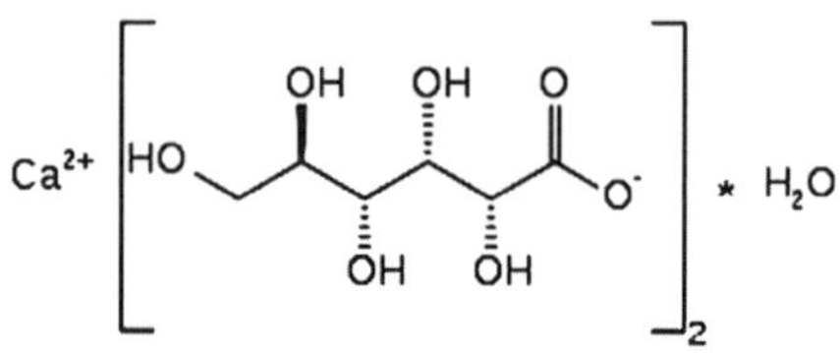

Calcium-D-Gluconat-Monohydrat

mit Phenylhydrazin (C_6H_5-NH-NH_2) in essigsaurer Lösung entsteht *Gluconsäurephenylhydrazid* (R-CO-NH-NH-C_6H_5), das durch seinen Schmelzpunkt von Fp = 187-190 °C charakterisiert werden kann.

Die Umsetzung von Prüfsubstanzen mit Hydroxylamin (H_2NOH) in alkalischer Lösung unter Bildung von Hydroxamsäuren (R-CO-NH-OH), die nach Ansäuern mit Fe^{3+}-Ionen eine Rotfärbung ergeben, dient zum Nachweis von *Carbonsäureestern* (R-CO-OR´).

Die Bildung von *Osazonen* aus Phenylhydrazin (Ph-NH-NH_2) und Zuckern wird hauptsächlich zur Charakterisierung und Abtrennung von Kohlenhydraten durchgeführt.

H-C=O		H-C=N-NH-Ph		H-C=N-NH-Ph		H_2C-OH
|		|		|		|
H-C-OH	→	H-C-OH	→	H-C=N-NH-Ph	←	C=O
|		|		|		|
R		R		R		R
Aldose		**Phenylhydrazon**		**Osazon**		**Ketose**

766 C **712** A **731** E **732** D **847** B **860** E **900** C

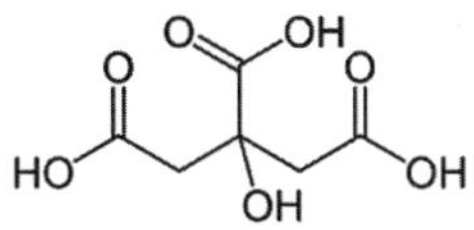

Citronensäure

Citronensäure (2-Hydroxypropan-1,2,3-tricarbonsäure) ist eine *dreibasige* Säure ($pK_{s1} = 3{,}14$; $pK_{s2} = 4{,}77$; $pK_{s3} = 6{,}39$), die bei der Titration in wässrigem Milieu mit Natriumhydroxid-Lösung gegen Phenolphthalein als Indikator **3** Äquivalente Lauge verbraucht; somit werden alle drei Carboxylgruppen (R-COO**H**) deprotoniert.

Beim Versetzen einer neutralen Lösung eines Citrats mit Calciumchlorid ($CaCl_2$) entsteht beim Aufkochen der Lösung ein weißer Niederschlag von *Calciumcitrat*, der in *heißem* Wasser schwer, in kaltem Wasser leicht löslich ist.

Citronensäure bildet als mehrzähniger Ligand mit zwei- und dreiwertigen Metallionen relativ stabile Chelatkomplexe.

Wird bei Temperaturen unter 35 °C eine schwefelsaure Citronensäure-Lösung mit Kaliumpermanganat ($KMnO_4$) behandelt, so entsteht unter Decarboxylierung und Dehydrierung (Oxidation) *Acetondicarbonsäure* [3-Oxoglutarsäure] (HOOCCH_2-CO-CH_2COOH).

Acetondicarbonsäure (3-Oxoglutarsäure) bildet sich auch unter Decarbonylierung (Abspaltung von Kohlenmonoxid!) und Dehydratisierung (Abspaltung von Wasser) beim Behandeln von Citronensäure mit konzentrierter Schwefelsäure.

767 E **768** B

Ascorbinsäure ist eine *vinyloge Carbonsäure* (HO-C=C-C=O), die aufgrund ihrer pK_s-Werte ($pK_{s1} = 4{,}17$; $pK_{s2} = 11{,}57$) mit Natriumhydroxyid-Maßlösung in *Wasser* nur unter Verbrauch von *einem* Äquivalent Lauge titriert wird. Dabei wird das acide H-Atom an der HO-Gruppe von C-3 neutralisiert.

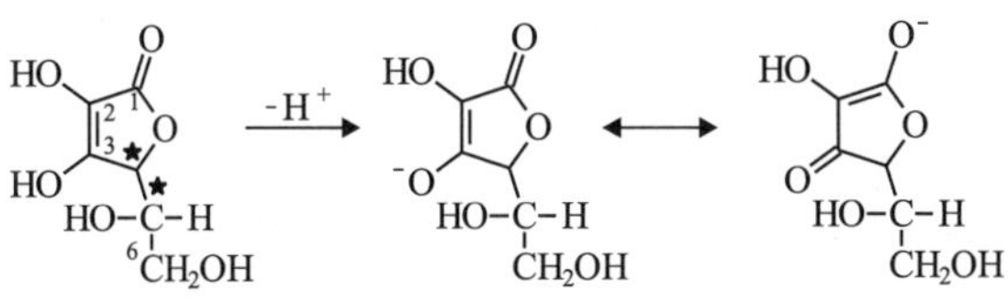

Ascorbinsäure

Wie alle *Reduktone*, so zeichnet sich auch Ascorbinsäure aufgrund ihrer *Endiol-Struktur* (HO-C=C-OH) durch ein hohes Reduktionsvermögen aus, und reduziert z. B. eine ammoniakalische Silbernitrat-Lösung zu metallischem Silber (*Tollens-Probe*).

Iod-Lösung oxidiert Ascorbinsäure unter Abgabe von 2 Protonen und 2 Elektronen zu *Dehydroascorbinsäure*, die in wässriger Lösung in hydratisierter Form vorliegt. Die Oxidation zu Dehydroascorbinsäure nutzt das Arzneibuch zur iodometrischen Bestimmung des Vitamins.

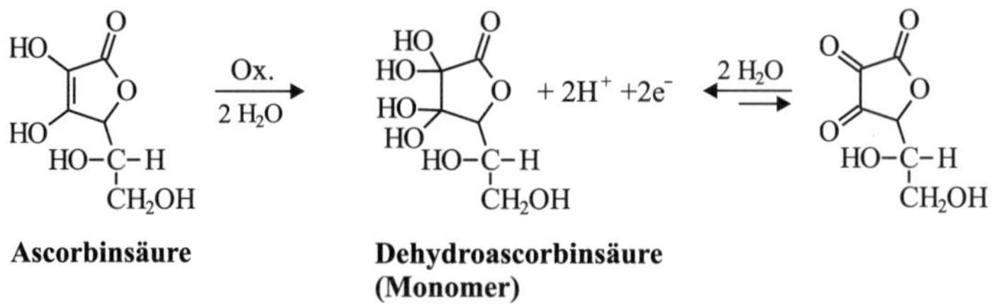

Eine weitere Identitätsprüfung von Ascorbinsäure ist die Reduktion des *blauen* 2,6-Dichlorphenol-indophenols (*Tillmans Reagenz*) zur *farblosen* Leukobase.

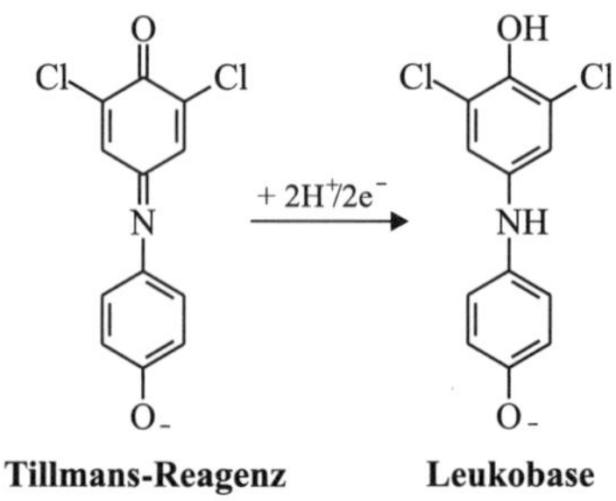

769 C

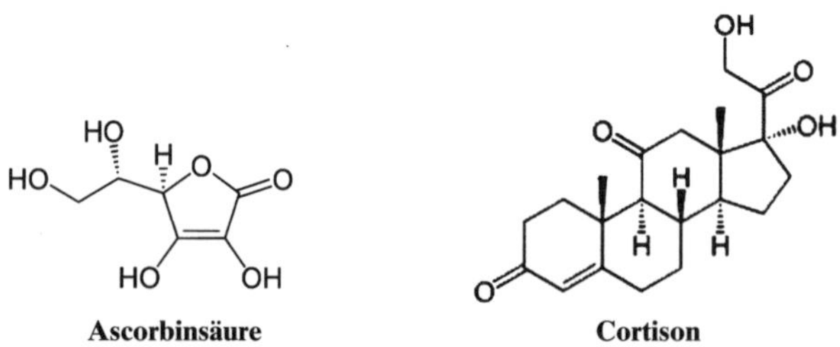

Ascorbinsäure und **Cortison** besitzen an *gemeinsamen* Eigenschaften:

- ein *Absorptionsmaximum* bei etwa 240 nm aufgrund der En-on-Struktur (O=C-C=C) (Ascorbinsäure: λ_{max} = 243 nm in 0,1 HCl – Cortison: λ_{max} = 237 nm in Ethanol).
- wirken *reduzierend* gegenüber Tollens-Reagenz (ammoniakalische Silbernitrat-Lösung) aufgrund der Endiol-Struktur (HO-C=C-OH) der Ascorbinsäure bzw. aufgrund der α-Ketol-Gruppierung (O=C-CH_2OH) im Cortison.

$FeCl_3$ ist ein Nachweis-Reagenz auf Phenole und Enole. Endiole reagieren auch mit Fe(III), jedoch verblasst die Farbe des Chelatkomplexes rasch, weil Endiole aufgrund ihres Reduktionsvermögens Fe(III) zu Fe(II) reduzieren und selbst zu Dicarbonylverbindungen oxidiert werden. Im Cortison sind nur alkoholische Hydroxylgruppen als Strukturelement enthalten.

Ascorbinsäure kann als einbasige Säure mit Natriumhydroxid-Lösung titriert werden; Cortison verfügt hingegen in wässrigem System über kein mit NaOH-Lösung neutralisierbares H-Atom.

770 B

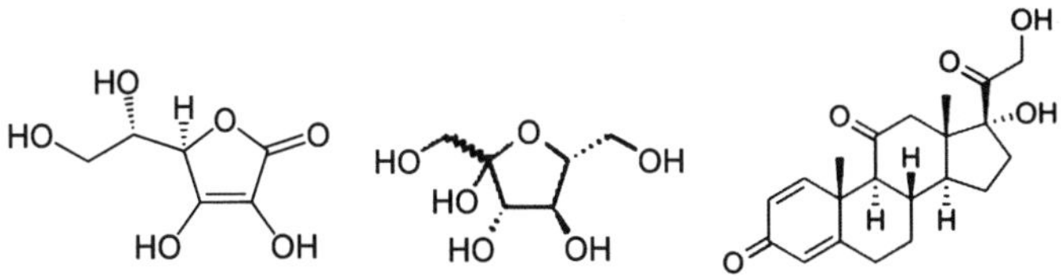

Ascorbinsäure **Fructose** **Prednison**

Ascorbinsäure, **Fructose** und **Prednison** besitzen folgende gemeinsame Eigenschaft:

- Sie wirken *reduzierend* aufgrund der Endiol-Struktur (HO-C=C-OH) in der Ascorbinsäure bzw. aufgrund der α-Ketol-Struktur (O=C-CH_2OH) im Prednison oder in der offenkettigen Ketoform der Fructose.

$FeCl_3$ ist ein Nachweis-Reagenz auf Phenole und Enole. Endiole reagieren auch mit Fe(III), jedoch verblasst die Farbe des Chelatkomplexes rasch, weil Endiole aufgrund ihres Reduktionsvermögens Fe(III) zu Fe(II) reduzieren und selbst zu Dicarbonylverbindungen oxidiert werden. Im Prednison sind nur alkoholische Hydroxylgruppen als Strukturelement enthalten; Fructose enthält alkoholische Hydroxylgruppen bzw. besitzt eine Hydroxylgruppe als Teil eines Cyclohalbacetals (RO-C-OH).

Aufgrund der En-on-Struktur besitzen Ascorbinsäure (λ_{max} = 243 nm) und Prednison (λ_{max} = 238 nm) zwar ein Absorptionsmaximum bei etwa 240 nm, Fructose hingegen verfügt *nicht* über diesen Chromophor.

Ascorbinsäure kann als einbasige Säure mit Natriumhydroxid-Lösung titriert werden; Prednison und Fructose verfügen hingegen in wässrigem System über kein mit NaOH-Lösung neutralisierbares H-Atom.

Ascorbinsäure und Fructose sind leicht in Wasser löslich, Prednison ist praktisch unlöslich in Wasser.

771 B

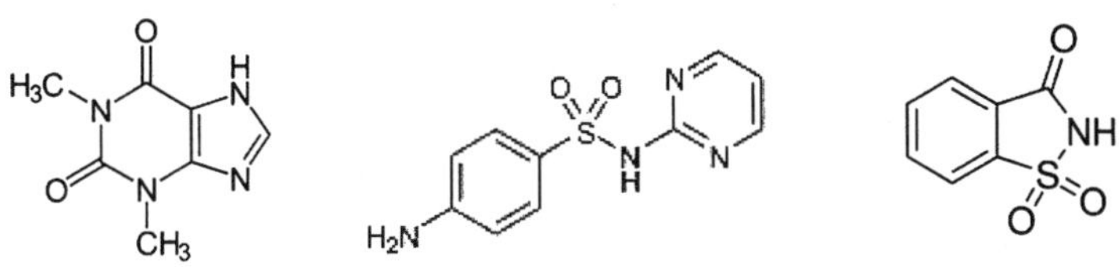

Theophyllin **Sulfadiazin** **Saccharin**

Theophyllin, **Sulfadiazin** und **Saccharin** besitzen als gemeinsame Eigenschaft:

- Es sind **NH-acide Verbindungen**.

Mithilfe der *Diazotitration* (Nitritometrie) sind primäre aromatische Amine (Ar-NH_2) wie *Sulfadiazin* volumetrisch bestimmbar.

Das Imidazol-Ringsystem, das als Teilstruktur im *Theophyllin* enthalten ist, ist zur Imin-Enamin-Tautomerie befähigt. Für die beiden anderen Arzneistoffe lassen sich solche Tautomere *nicht* formulieren.

Enamin –C=C-N**H**-R ⇌ -C**H**-C=N-R Imin (Schiffsche Base)

-N=C-N**H**- ⇌ -N**H**-C=N- (Imidazol-Teilstruktur)

Kommentare

Theophyllin und *Sulfadiazin* sind als *amphotere* Substanzen in Säuren und Basen unter Salzbildung löslich, während sich *Saccharin* als NH-acide Verbindung nur in Alkalicarbonat- oder Alkalihydroxid-Lösung auflöst.

Nur für *Theophyllin* ist eine wasserfreie Bestimmung mit Perchlorsäure-Maßlösung ($HClO_4$) in Eisessig beschrieben.

772 B **773** B **775** A

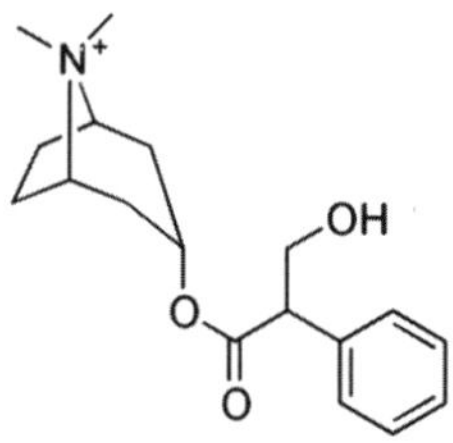

Methylatropinium-Kation

Methylatropiniumbromid und **Methylatropiniumnitrat** sind *quartäre Ammoniumsalze* [$R_4N^+X^-$], die das gleiche – oben abgebildete – Kation besitzen.

Daher ergeben beide Arzneistoffe die gleichen Reaktionen, sofern der kationische Teil des Salzes für die Nachweisreaktion verantwortlich ist (Identitätsreaktion auf Alkaloide mit *Dragendorffs Reagenz*; Reaktion nach *Vitali* in der Modifikation von *Morin*).

Da beide quartären Ammoniumsalze das Anion einer starken Säure als Gegenion enthalten, ist der pH-Wert ihrer gleichkonzentrierten, wässrigen Lösung gleich.

Als quartäre Ammoniumsalze ergeben das Bromid und das Nitrat – im Gegensatz zu Aminsalzen – keine Fällung (Trübung) der freien Basen auf Zusatz von Natriumhydroxid-Lösung.

Eine Unterscheidung beider Substanzen ist nur aufgrund der unterschiedlichen Eigenschaften ihrer Anionen möglich:

- Fügt man zu einer Lösung von Methylatropinium**nitrat** in konz. H_2SO_4/HCl *Diphenylamin* hinzu, so tritt eine *tiefblaue* Färbung von Diphenylbenzidinviolett (Diphenylaminblau) auf. In saurer Lösung sind Nitrate starke Oxidationsmittel, die farbloses Diphenylamin oxidieren. Methylatropiniumbromid zeigt diese Reaktion *nicht*.
- Beim Versetzen der wässrigen Lösung von Methylatropinium**bromid** mit Silbernitrat-Lösung ($AgNO_3$) fällt ein gelblicher Niederschlag aus von *Silberbromid* (AgBr), der in Ammoniak-Lösung schwer löslich ist. Atropiniumnitrat zeigt diese Reaktion *nicht*.

774 E

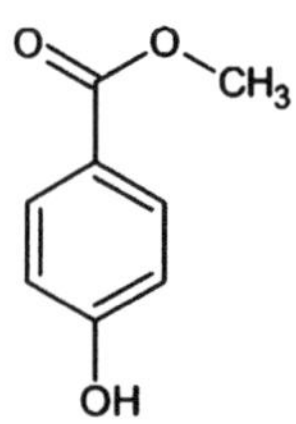

Methyl-p-hydroxybenzoat

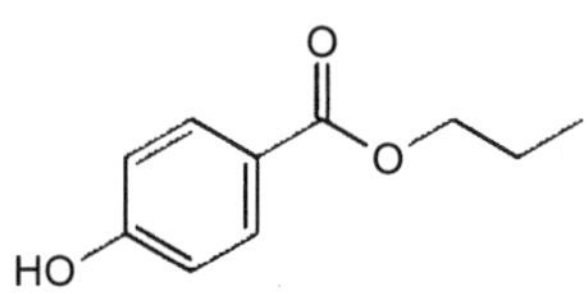

Propyl-p-hydroxybenzoat

Beide **para-Hydroxybenzoesäureester** (*Parabene*, PHB-Ester) besitzen den gleichen Chromophor und weisen ein ähnliches UV-Absorptionsmaximum auf.

■ Alle Parabene reagieren aufgrund des freien phenolischen Hydroxyls mit einer Quecksilber(II)-nitrat-Lösung [$Hg(NO_3)_2$] (*Millons Reagenz*) und geben auch eine positive Eisen(III)-chlorid-Reaktion ($FeCl_3$).

■ Alle PHB-Ester lassen sich alkalisch verseifen und nach Zusatz einer Mineralsäure fällt **p-Hydroxybenzoesäure** aus, die durch ihren Schmelzpunkt (Fp = 213-217 °C) identifiziert werden kann.

■ Die beste Methode, die Parabene zu unterscheiden, ist die Bestimmung der Schmelztemperatur der unverseiften Ester: Methylester (Fp = 131 °C), Ethylester (Fp = 116 °C), Propylester (Fp = 96-97 °C), Butylester (Fp = 68-69 °C).

775 A **772** B **773** B

■ **Trimethylbutylammoniumbromid** [$(CH_3)_3NCH_2CH_2CH_2CH_3]^+Br^-$ und **Trimethylbutylammoniumnitrat** [$(CH_3)_3NCH_2CH_2CH_2CH_3]^-NO_3^-$ besitzen das gleiche Kation, so dass eine Unterscheidung dieser Substanzen nur über unterschiedliche Reaktionen der betreffenden Anionen möglich ist.

■ Fügt man zu einer Lösung von *Trimethylbutylammoniumnitrat* in konz. H_2SO_4/HCl *Diphenylamin* hinzu, so tritt eine *tiefblaue* Färbung von Diphenylbenzidinviolett (Diphenylaminblau) auf. In saurer Lösung sind Nitrate starke Oxidationsmittel, die farbloses Diphenylamin oxidieren. *Trimethylbutylammoniumbromid* zeigt diese Reaktion nicht.

■ Als quartäre Ammoniumsalze ergeben das Bromid und das Nitrat – im Gegensatz zu Aminsalzen – keine Fällung der freien Basen auf Zusatz von Natriumhydroxid-Lösung.

■ Da beide quartären Ammoniumsalze das Anion einer starken Säure als Gegenion enthalten, ist der pH-Wert ihrer gleichkonzentrierten, wässrigen Lösung gleich.

776 C **779** D **780** E

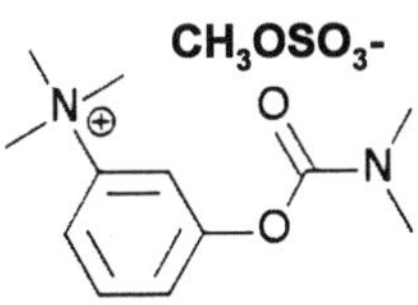

Neostigminmetilsulfat

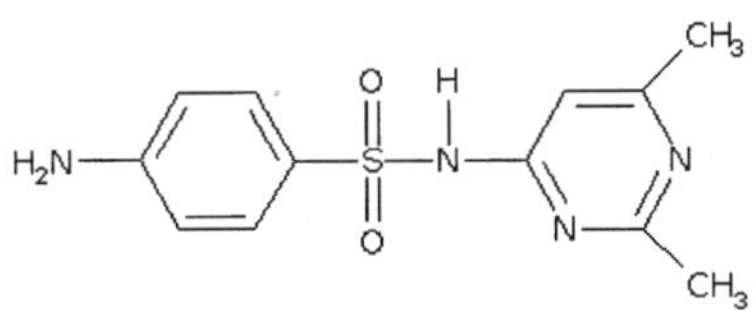

Sulfisomidin

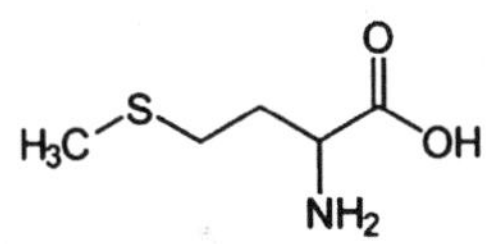

Methionin

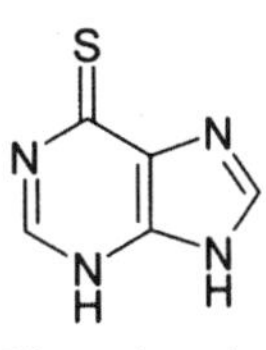

Mercaptopurin

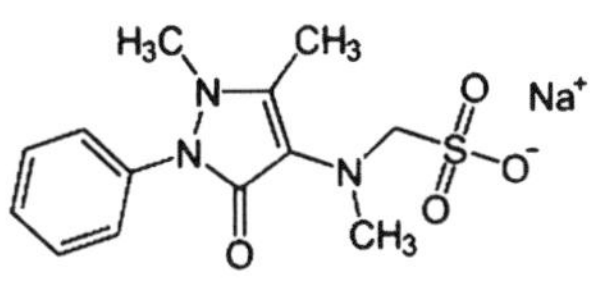

Metamizol-Natrium

■ Von den aufgelisteten Verbindungen zeigt nur **Sulfisomidin** *alle* genannten Eigenschaften:

■ Sulfisomidin ist schwer löslich in Wasser, löst sich aber unter Salzbildung (aufgrund der primären aromatischen Amin-Struktur Ar-$\mathbf{NH_2}$) in verdünnten Mineralsäuren und (aufgrund der NH-aciden Sulfonamid-Struktur Ar-SO_2-**NH**-R) in verdünnten Alkalihydroxid-Lösungen.

- Sulfisomidin zersetzt sich beim Erhitzen in Anilin, Ammoniak (färbt Lackmus-Papier blau) und Schwefelwasserstoff (färbt Bleiacetat-Papier infolge Bildung von Bleisulfid [PbS] schwarz).

- Als primäres aromatisches Amin (Ar-NH_2) lässt sich Sulfisomidin mit Salpetriger Säure (HNO_2) diazotieren (Ar-N_2^+) und anschließend mit 2-Naphthol zu einem Azofarbstoff kuppeln.
- Als aminoaktivierter Aromat (Ar-NH_2) mir zwei freien ortho-Positionen wird Sulfisomidin bei der Koppeschaar-Titration unter Verbrauch von 4 Äquivalenten Brom zum 3,5-Dibrom-Derivat bromiert.

Von den anderen genannten Wirkstoffen sollen nur einige wenige, abweichende und somit *nicht* zutreffenden Eigenschaften genannt werden:

- *Neostigminmetilsulfat* und *Metamizol*-Natrium sind als Salze wasserlöslich.
- *Methionin* enthält eine primäre Aminogruppe, die diazotiert werden kann. Das aliphatische Diazonium-Ion ist aber in wässriger Lösung instabil und spaltet spontan Stickstoff (N_2) ab unter Bildung einer Hydroxycarbonsäure (*van Slyke-Methode*).
- *Mercaptopurin* enthält keine primäre aromatische Aminogruppe und kann somit nicht diazotiert und in einen Azofarbstoff umgewandelt werden.

777 C   778 A   798 D

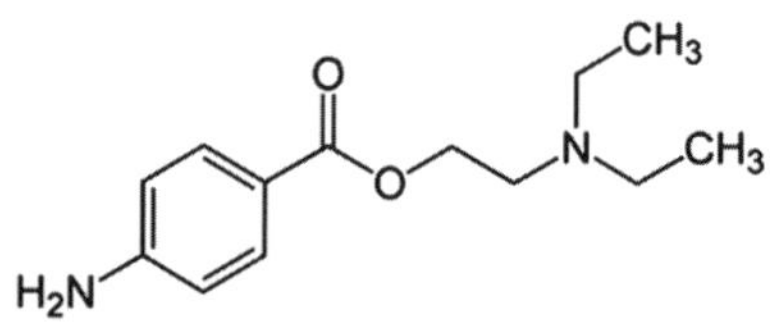

Procain

Procain ergibt als primäres aromatisches Amin (Ar-NH_2) in saurer Lösung mit 4-Dimethylaminobenzaldehyd (*Ehrlich-Reagenz*) [O=CH-C_6H_4-N$(CH_3)_2$] ein farbiges Azomethin [Ar-NH=CH-C_6H_4-N$(CH_3)_2$].

In einer wässrigen Lösung von Procainhydrochlorid bildet sich auf Zusatz von Natriumhydroxid-Lösung eine Trübung oder einen Niederschlag, der durch die Freisetzung der Procain-Base verursacht wird.

Als aminoaktivierter Aromat (Ar-NH_2) mit zwei freien ortho-Positionen am aromatischen Ringsystem verbraucht Procain bei der Koppeschaar-Titration 4 Äquivalente Brom unter Bildung des 3,5-Dibrom-Derivates.

Procainhydrochlorid verbraucht bei der wasserfreien Titration in Gegenwart von Quecksilber(II)-acetat zwei Äquivalente Perchlorsäure-Maßlösung. Ein Äquivalent dient zur Protonierung der aromatischen Aminogruppe (Ar-NH_2), das zweite Äquivalent dient zur Neutralisation von Acetat, das sich aus Quecksilber(II)-acetat und Chlorid gebildet hat.

$$Hg(OOCCH_3)_2 + 2\,Cl^- \rightarrow HgCl_2 + 2\,CH_3COO^-$$
$$CH_3COO^- + CH_3COOH_2^+ClO_4^- \rightarrow 2\,CH_3COOH + ClO_4^-$$
$$Ar\text{-}NH_2 + CH_3COOH_2^+ClO_4^- \rightarrow Ar\text{-}NH_3^+ + CH_3COOH + ClO_4^-$$

Im Procainhydrochlorid ist fast ausschließlich die tertiäre aliphatische Aminogruppe in der Ester-Seitenkette protoniert.

779 D **776** C **780** E

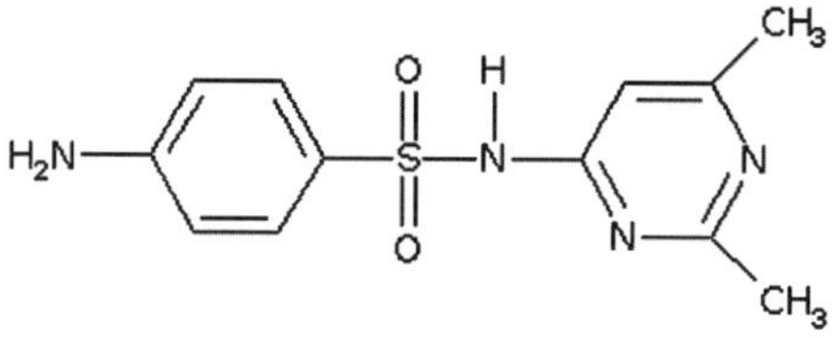

Sulfisomidin

Das Sulfonamid **Sulfisomidin**
- löst sich unter Salzbildung ($Ar\text{-}NH_3^+Cl^-$) aufgrund der primären aromatischen Aminogruppe ($Ar\text{-}NH_2$) in Salzsäure auf.
- löst sich unter Salzbildung [$(Ar\text{-}SO_2\text{-}N\text{-}R)^-Na^+$] aufgrund der NH-aciden Sulfonamid-Struktur ($Ar\text{-}SO_2\text{-}NH\text{-}R$) in Natriumhydroxid-Lösung auf.
- reagiert als primäres aromatisches Amin ($Ar\text{-}NH_2$) mit Nitrit-Ionen (NO_2^-) in saurer Lösung zu einem Aryldiazoniumsalz ($Ar\text{-}N_2^+$).
- zeigt im IR-Spektrum zwei gut getrennte Banden bei 3470 und 3320 cm^{-1} für die symmetrische und asymmetrische NH-Valenzschwingung
- reduziert Fehlingsche Lösung oder Tollens-Reagenz *nicht*.

780 E **776** C **779** D

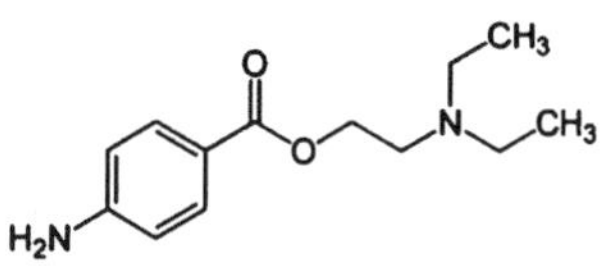

Procain

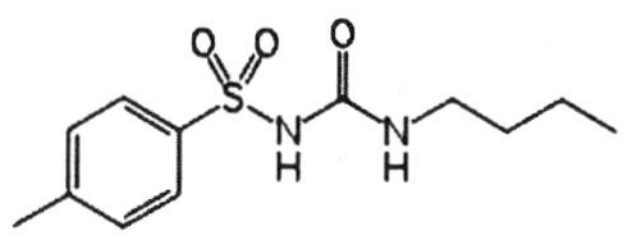

Tolbutamid

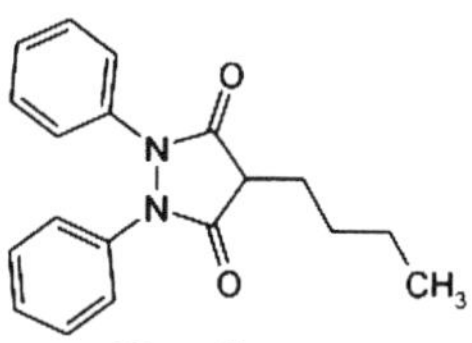

Phenylbutazon

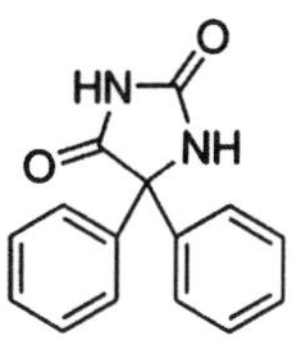

Phenytoin

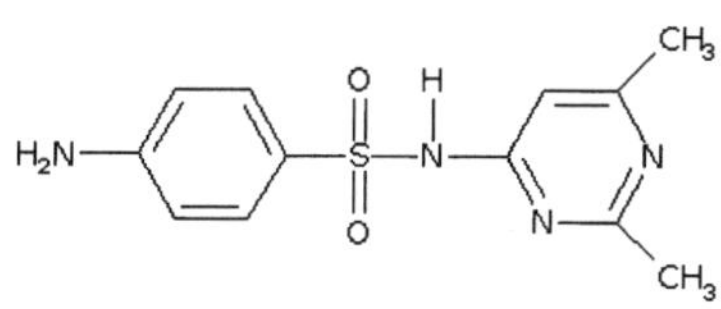

Sulfisomidin

Von den genannten Verbingungen erfüllt nur **Sulfisomidin** *alle* drei genannten Eigenschaften:
- Sulfisomidin ergibt mit Natriumnitrit ($NaNO_2$) in salzsaurer Lösung als primäres aromatisches Amin ($Ar\text{-}NH_2$) ein Diazoniumsalz ($Ar\text{-}N_2^+$), das sich mit 2-Naphthol zu einem Azofarbstoff kuppeln lässt.
- Sulfisomidin lässt sich als NH-acide Verbindung ($Ar\text{-}SO_2\text{-}$**NH**$\text{-}R$) in wasserfreiem Milieu titrieren.
- Sulfisomidin löst sich als primäres aromatisches Amin ($Ar\text{-}NH_2$) unter Salzbildung ($Ar\text{-}NH_3^+X^-$) in Mineralsäuren auf.

Tolbutamid, *Phenylbutazon* oder *Diphenylhydantoin* (*Phenytoin*) verfügen über keine primäre aromatische Aminogruppe und sind somit zur Diazotierung mit nachfolgender Azokupplung *nicht* befähigt.

Procain ist als primäres aromatisches Amin zwar in Mineralsäuren löslich und lässt mit $NaNO_2$/HCl auch diazotieren, ist aber *nicht* in wasserfreiem Milieu als Säure titrierbar.

781 A **844** E

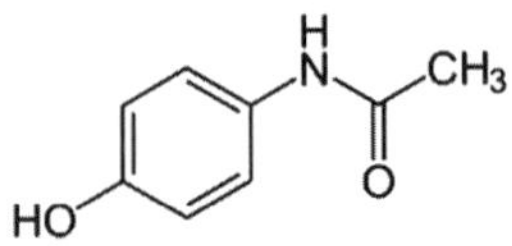

Paracetamol

Paracetamol (N-Acetyl-p-aminophenol; p-Hydroxy-acetanilid) wird in saurer Lösung zu 4-*Aminophenol* und *Essigsäure* hydrolysiert. Die gebildete Essigsäure kann durch die *Blaufärbung* nach Zusatz von Lanthannitrat/Iod nachgewiesen werden.

p-Aminophenol (H_2N-C_6H_4-OH) besitzt eine Aza-analoge Hydrochinon-Struktur (p-Dihydroxybenzol-Struktur), die für oxidimetrische Bestimmungen genutzt wird. So kann man p-Aminophenol mit einer Cer(IV)-Maßlösung unter Bildung von *gelbem p-Chinonimin* titrieren. Ferroin dient als Redoxindikator.

Die *Herstellung* von Paracetamol geht von 4-Nitrophenol aus. 4-Nitrophenol (O_2N-C_6H_4-OH) wird durch Nitrierung von Phenol (Ar-OH) oder durch alkalische Hydrolyse von 4-Chlornitrobenzol (O_2N-C_6H_4-Cl) gewonnen. Die Reduktion von 4-Nitrophenol in saurer Lösung liefert p-Aminophenol, das mit Acetanhydrid in Paracetamol umgewandelt wird. Paracetamol kann daher 4-*Chloracetanilid* (Cl-C_6H_4-NH-$COCH_3$) als Verunreinigung enthalten, wenn seine Herstellung von 4-Chlornitrobenzol als Startmaterial ausgeht.

782 E

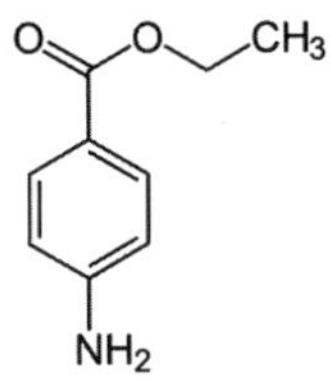

Benzocain

Benzocain (p-Aminobenzoesäureethylester) reagiert als primäres aromatisches Amin (Ar-NH_2) mit Nitrit-Ionen (NO_2^-) in salzsaurer Lösung zu einem Aryldiazonium-Ion (Ar-N_2^+), das mit β-Naphthol (2-Naphthol) zu einem Azofarbstoff kuppelt.

Benzocain kondensiert als primäres aromatisches Amin (Ar-NH_2) mit p-Dimethylaminobenzaldehyd [*Ehrlichs Reagenz*] [O=CH-C_6H_4-$N(CH_3)_2$] zu einem farbigen Azomethin nachfolgender Struktur:

$$CH_3CH_2O\text{-}CO\text{-}C_6H_4\text{-}N{=}CH\text{-}C_6H_4\text{-}N(CH_3)_2$$

Beim Erwärmen von Benzocain mit *Essigsäure* (CH_3COOH) und konzentrierter Schwefelsäure erfolgt eine *Umesterung* zu *Essigsäureethylester* [*Ethylacetat*] (CH_3CO-OCH_2CH_3), der an seinem charakteristischen, fruchtartigen Geruch erkannt werden kann.

Bei der Verseifung von Benzocain entsteht *Ethanol* (CH_3CH_2OH), der mit Chrom(VI)-oxid (CrO_3) zu *Acetaldehyd* (CH_3CH=O) oxidiert werden kann.

783 A **607** E **831** B

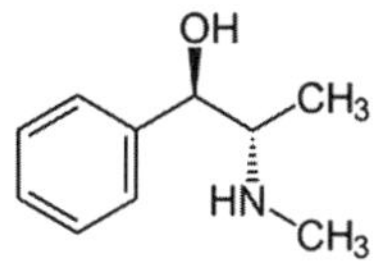

Ephedrin

Als Ethanolamin-Derivate (HO-C-C-NH) ergibt **Ephedrin** in natronalkalischer Lösung mit Kupfer(II)-Ionen einen *violetten* Chelatkomplex (*Chen-Kao-Reaktion*) [siehe auch Frage Nr. 607].
Die Umsetzung mit 2,4-Dinitrophenylhydrazin und Bildung von Hydrazonen dient zum Nachweis der C=O-Funktion in Carbonylverbindungen.
Die Umsetzung mit Kaliumiodid-Stärke-Lösung unter Bildung des *blauen* Iod-Stärke-Komplexes dient zum Nachweis von Oxidationsmitteln (reduzierbaren Substanzen).

784 A

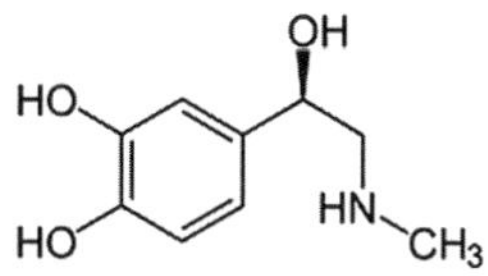

Epinephrin

Epinephrin (Adrenalin) ergibt als Phenol eine positive Eisen(III)-chlorid-Reaktion ($FeCl_3$); es tritt eine *grüne* Farbe auf.
Die Umsetzung mit 2,4-Dinitrophenylhydrazin und Bildung von Hydrazonen dient zum Nachweis der C=O-Funktion in Carbonylverbindungen.
Die Umsetzung mit Kaliumiodid-Stärke-Lösung unter Bildung des *blauen* Iod-Stärke-Komplexes dient zum Nachweis von Oxidationsmitteln (reduzierbaren Substanzen).

785 C **748** D **835** E **885** C

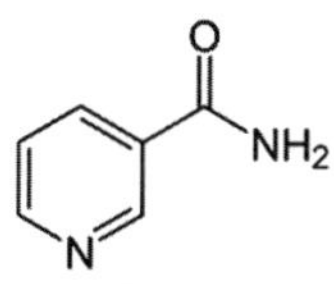

Nicotinamid

Nicotinamid (Pyridin-3-carboxamid) ist eine *schwache* Base ($pK_b = 10{,}65$). Bei der wasserfreien Titration in Eisessig unter Verbrauch von **1** Äquivalent Perchlorsäure-Maßlösung wird der Pyridin-Stickstoff protoniert.
Beim Erhitzen von Nicotinamid mit wässriger Natriumhydroxid-Lösung entsteht neben Nicotinsäure *Ammoniak* (NH_3), der an seinem Geruch erkannt wird.
Nicotinamid ergibt mit Pikrinsäure (2,4,6-Trinitrophenol) ein kristallines *Pikrat*, das bei Fp = 192-196 °C schmilzt.

786 B

Isonicotinsäurehydrazid (*Isoniazid*, INH) kondensiert mit Vanillin (3-Methoxy-4-hydroxybenzaldehyd) zu einem Imin nachfolgender Struktur:

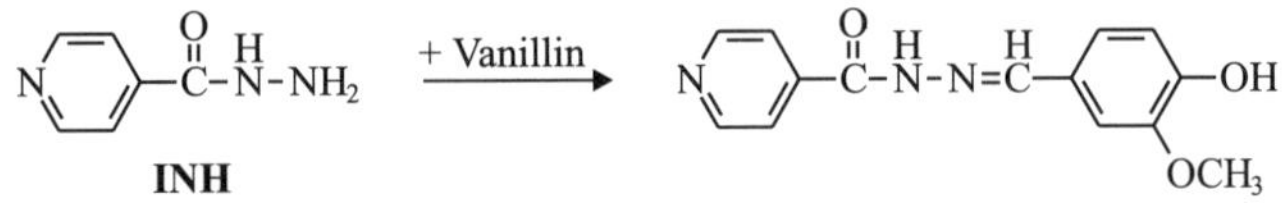

787 D

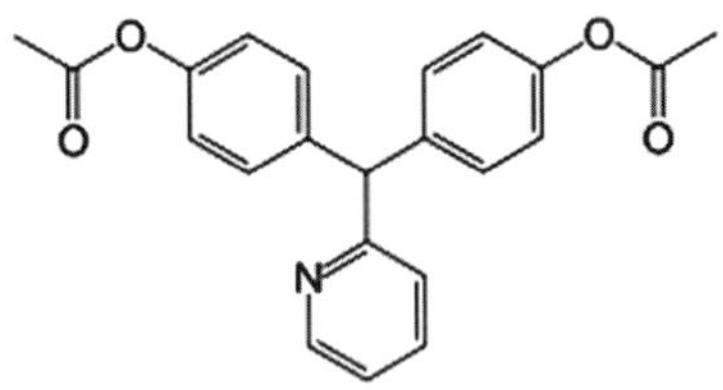

Bisacodyl

Bisacodyl ist eine schwache Base ($pK_b = 9{,}53$), die bei der wasserfreien Titration *ein* Äquivalent Perchlorsäure-Maßlösung verbraucht; es wird das Pyridin-Stickstoffatom protoniert.

Beim Erhitzen mit Ethanol (CH_3CH_2OH) in konzentrierter Schwefelsäure erfolgt eine Umesterung der Bisacetyl-Verbindung in *Essigsäureethylester* [*Ethylacetat*] ($CH_3CO\text{-}OCH_2CH_3$), der an seinem fruchtartigen Geruch erkannt wird.

Das *achirale* Bisacodyl ist die *Leukoform* eines Triarylmethanfarbstoffes (Ar_2CH-Hetaryl); als achirale Verbindung tritt es *nicht* in Enantiomeren auf.

Aufgrund des basischen Pyridin-N-Atoms, das protoniert werden kann, ist Bisacodyl in verdünnten Mineralsäuren unter Salzbildung löslich, löst sich aber *nicht* in verdünnten Alkalilaugen.

788 A **791** C **793** A

Alkene [*Olefine*] (C=C) entfärben eine sodaalkalische Kaliumpermanganat-Lösung ($KMnO_4$) und werden dabei zu Glycolen (HO-C-C-OH) oxidiert. Diese *Bishydroxylierung* von Alkenen wird auch als **Baeyer-Probe** bezeichnet.

789 B **792** B

Natriumpentacyanonitrosylferrat(II) reagiert in natronalkalischer Lösung mit **Methylketonen** (R-CO-CH_3) wie z.B. *Aceton* (CH_3-CO-CH_3) zu *violetten* Reaktionsprodukten (**Legalsche Probe**).

$$H_3C\text{-}CO\text{-}CH_3 + HO^- \rightarrow H_2O + CH_3\text{-}CO\text{-}CH_2^-$$
$$CH_3\text{-}CO\text{-}CH_2^- + [Fe(CN)_5NO]^{2-} \rightarrow [Fe(CN)_5NOCHCOCH_3]^{4-} + (H^+)$$

790 B **663** B **664** B

Methylketone (R-CO-CH_3) reagieren mit Iod (I_2) in Natriumhydroxid-Lösung zu dem um ein C-Atom ärmeren Carboxylat (R-COO^-) und *Iodoform* (I_3CH) [**Iodoform-Probe**].

$$I_2 + HO^- \rightarrow IO^- + I^- + H_2O$$
$$R\text{-}CO\text{-}CH_3 + 3\,IO^- \rightarrow R\text{-}CO\text{-}CI_3 + 3\,HO^-$$
$$R\text{-}CO\text{-}CI_3 + HO^- \rightarrow R\text{-}COO^- + HCI_3\downarrow$$

791 C **788** A

Als **Baeyer-Probe** bezeichnet man die Entfärbung einer essigsauren oder sodaalkalischen Kaliumpermanganat-Lösung ($KMnO_4$) durch **Alkene** (durch C=C-Doppelbindungen) [C=C] unter Bildung von Glycolen (1,2-Diolen) [HO-C-C-OH].

792 B **648** D **789** B

Als **Legalsche-Probe** bezeichnet man die Farbreaktion von Methylketonen (R-CO-CH_3) wie z. B. *Aceton* (CH_3-CO-CH_3) mit Natriumpentacyanonitrosylferrat(II) $Na_2[Fe(CN)_5NO]$ im alkalischen Milieu.

793 A **788** A **791** C

Olefine (Alkene) lassen sich mittels **Baeyerscher Probe** durch Entfärben einer Permanganat-Lösung nachweisen. Es bilden sich unter Bishydroxylierung Glycole (1,2-Diole).

794 D **534** D

Das Schwefelatom in *Sulfonen* (R-SO_2-R´) lässt sich mittels **Lassaigne-Aufschluss** als *Natriumsulfid* (Na_2S) nachweisen.

795 C **159** E **650** E **651** B **652** E **654** E **817** A

Schiffs Reagenz (Fuchsin-Schweflige Säure) wird eingesetzt:
- zur *Identifizierung von Bromiden* (Br-). Bromide werden mit Blei(IV)-oxid (PbO_2) zu elementarem Brom (Br_2) oxididert, welches den aus Schiffs Reagenz freigesetzten Triphenylmethanfarbstoff *Fuchsin* elektrophil bromiert. Es bilden sich *violette* Pentabrom- und Hexabromrosanilinium-Salze (siehe auch Frage Nr. 159).
- zur *Grenzprüfung von Methanol* (CH_3OH) in *Ethanol*. Hierzu wird Methanol zu *Formaldehyd* (H_2C=O) oxidiert und dieser mit Fuchsin-Schweflige Säure zu einem *roten* Triarylmethanfarbstoff umgesetzt. Das aktuelle Arzneibuch lässt die Grenzprüfung auf Methanol gaschromatographisch durchführen.

Zur Identifizierung primärer aromatischer Amine (Ar-NH_2) dient deren Diazotierung ($NaNO_2$/HCl) und nachfolgende Azokupplung mit 2-Naphthol bzw. die Kondensation mit p-Dimethylaminobenzaldehyd (*Ehrlich-Reagenz*) zu einem farbigen Azomethin.

Antioxidanten sind Verbindungen, welche die Oxidation anderer Substanzen verhindern. Dazu zählen *unterschiedliche Stoffklassen* wie Radikalfänger (z. B. Tocopherole) oder Reduktionsmittel (Ascorbinsäure und Derivate, Glutathion, Cystein u. a.), sodass es *keine* einheitliche Prüfung auf Antioxidantien geben kann.

796 C **667** E **819** B

Triphenyltetrazoliumchlorid wirkt oxidierend und wird im Rahmen der **TTC-Reaktion** zum Nachweis einer α-Ketol-Struktur (R-CO-CH_2OH) eingesetzt (siehe auch Frage Nr. 667).

797 D

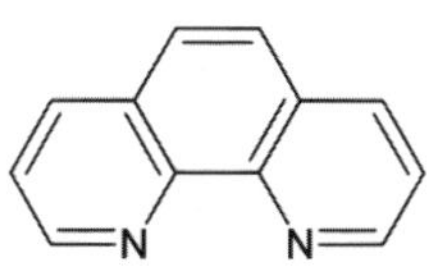

1,10-Phenanthrolin

1,10-Phenanthrolin (phen) ist ein zweizähniger Ligand und bildet zum Beispiel mit Fe(II)-Ionen einen Chelatkomplex der Zusammensetzung $[Fe(phen)_3]^{2+}$, der als *Ferroin* bei Redoxtitrationen als Indikator eingesetzt wird.

798 D **777** C **778** A

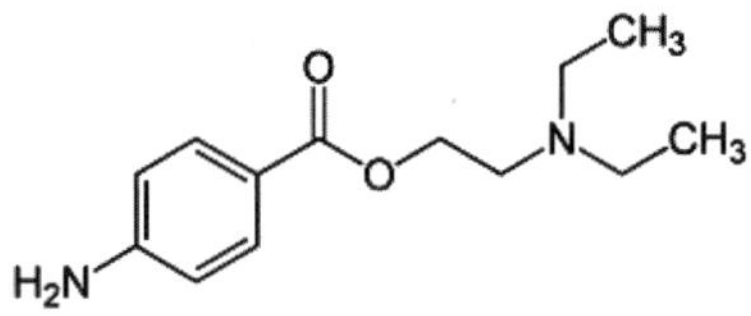

Procain

Procain lässt sich als primäres aromatisches Amin ($Ar\text{-}NH_2$) mit Natriumnitrit ($NaNO_2$) in salzsaurer Lösung diazotieren und anschließend mit 2-Naphthol zu einem *orangerot* gefärbten Azofarbstoff kuppeln.

799 B **624** E **625** D **626** D **722** B **723** C **833** D
857 B **870** C

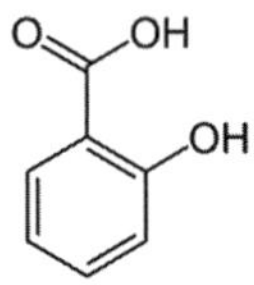

Salicylsäure

Salicylsäure reagiert als Phenol mit Eisen(III)-chlorid ($FeCl_3$) zu einem *violetten* Chelatkomplex. Aufgrund der Stabilisierung des Komplexes durch die ortho-ständige Carboxylgruppe ist der Farbkomplex auch nach Zusatz von Essigsäure beständig.

800 E **609** B **689** D **690** E

Phenole (Ar-OH) reagieren mit diazotierter Sulfanilsäure ($HO_3S\text{-}C_6H_4\text{-}N_2^+$) zu gefärbten Azoverbindungen folgender Konstitution:

$$HO_3S\text{-}C_6H_4\text{-}N{=}N\text{-}Ar\text{-}OH$$

801 D **677** D **678** B

Primäre Amine ($R\text{-}CH_2\text{-}NH_2$) reagieren mit 1,2-Naphthochinon-4-natriumsulfonat (*Folins-Reagenz*) unter Abspaltung von Natriumhydrogensulfit ($NaHSO_3$) zu einem farbigen *Chinonimin*.

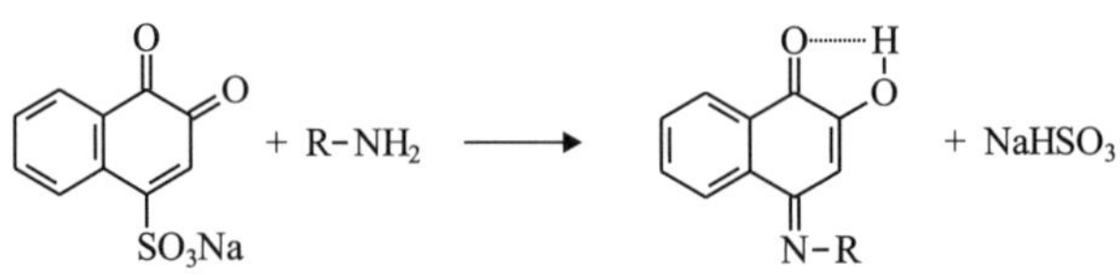

802 A

Lösungen des farblosen Titanoxidsulfats $[TiO]SO_4$ enthalten Titanyl-Ionen $[TiO]^{2+}$, die unter dem Einfluss von Wasserstoffperoxid (H-O-O-H) oder **Hydroperoxiden** (R-O-O-H) in *orangegelb* gefärbte Peroxotitanyl-Kationen $[TiO_2]^{2+}$ umgewandelt werden. Hierbei wird formal das Oxid-Ion (O^{2-}) durch ein Peroxid-Ion (O_2^{2-}) ersetzt.

$$(farblos)\ (Ti\mathbf{O})SO_4 + R\text{-}O\text{-}O\text{-}H \rightarrow R\text{-}O\text{-}H + (Ti\mathbf{O_2})SO_4\ (orangegelb)$$

803 A **762** B **810** C **811** B

Xanthine können durch Behandeln und Eindampfen mit einer salzsauren Wasserstoffperoxid-Lösung (H_2O_2/HCl) nachgewiesen werden. Der gelblich rote Eindampfrückstand färbt sich auf Zusatz von Ammoniak-Lösung (NH_3) *rotviolett* [**Murexid-Reaktion**] (siehe auch Fragen Nr. 810/811).

804 D

Primäre aromatische Amine ($Ar\text{-}NH_2$) kondensieren mit 4-*Dimethylaminobenzaldehyd* $[O{=}CH\text{-}C_6H_4\text{-}N(CH_3)_2]$ – dem *Ehrlich-Reagenz* – zu einem gefärbten Azomethin $[Ar\text{-}N{=}CH\text{-}C_6H_4\text{-}N(CH_3)_2]$.
(***Anmerkung:*** Ph.Eur. 7 lässt – nach vorheriger Diazotierung mit Natriumnnitrit – *nur* die Azokupplung mit 2-Naphthol als Identitätsprüfung auf primäre aromatische Amine durchführen.)

805 B **755** C **756** B **757** C **814** D **871** A

Die Identitätsprüfung auf **Alkaloide** *nach Arzneibuch* erfolgt mit *Dragendorffs Reagenz*, das *Kaliumtetraiodobismutat*(III) $K[BiI_4]$ enthält.

806 E **761** A **809** D

Barbiturate können mit einer methanolischen Cobalt(II)-nitrat-Lösung $[Co(NO_3)_2]$ in Gegenwart von Natriumtetraborat ($Na_2B_4O_7$) nachgewiesen werden (*Zwikker-Reaktion*).
(***Anmerkung:*** Ph.Eur. 7 verwendet für die Identitätsprüfung auf Barbiturate die Reagenzienkombination Cobalt(II)-nitrat/Calciumchlorid/ Natriumhydroxid-Lösung.)

807 C **745** D **746** C

Carbonsäureester (R-CO-OR′) bilden im alkalischen Milieu (KOH) mit Hydroxylaminhydrochlorid ($H_2N\text{-}OH{\cdot}HCl$) *Hydroxamsäuren* (R-CO-NHOH). Nach Ansäuern der Lösung können die Hydroxamsäuren mit Eisen(III)-chlorid-Lösung ($FeCl_3$) als *bläulich rote* bis *rote* Eisen(III)-Chelatkomplexe nachgewiesen werden. (Siehe auch Frage Nr. 745).

808 D **683** D **689** D **690** E **858** C **898** C

Primäre aromatische Amine ($Ar\text{-}NH_2$) lassen sich in salzsaurer Lösung mit Natriumnitrit ($NaNO_2$) diazotieren und die gebildeten Aryldiazonium-Ionen ($Ar\text{-}N_2^+$) mit 2-Naphthol zu einem Azofarbstoff kuppeln. (Siehe auch Frage Nr. 683).

809 D **761** A **806** E

Nicht am Stickstoff substituierte **Barbiturate** ergeben mit der Reagenzienkombination Cobalt(II)-nitrat/Calciumchlorid/ Natriumhydroxid-Lösung $[Co(NO_3)_2/CaCl_2/NaOH]$ eine blauviolette Färbung oder einen *blauvioletten* Niederschlag (**Zwikker-Reaktion**).

810 C **762** B **803** A

Xanthine können durch Behandeln und Eindampfen mit einer salzsauren Wasserstoffperoxid-Lösung (H_2O_2/HCl) nachgewiesen werden. Der gelblich rote Eindampfrückstand färbt sich auf Zusatz von Ammoniak-Lösung (NH_3) *rotviolett* [**Murexid-Reaktion**].

811 B **762** B **763** C **810** A

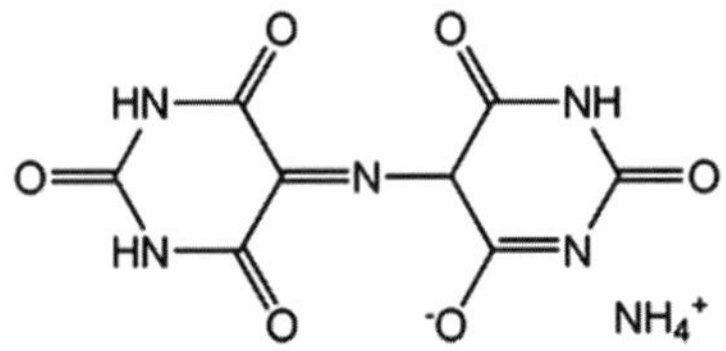

Murexid

Murexid ist das *rotbraune* Ammoniumsalz der im freien Zustand nicht beständigen *Purpursäure*. Es ist das Nachweisprodukt der **Murexid-Reaktion**, einer Identitätsprüfung auf *Xanthine* wie **Coffein**.

812 A **653** E **654** E **658** A **659** B

Formaldehyd ($H_2C=O$) kondensiert in schwefelsaurer Lösung mit 2 Molekülen *Chromotropsäure* (4,5-Dihydroxynaphthalin-2,7-disulfonsäure) zu einem mesomeriestabilisierten, *blauen* bis *rotvioletten* Xanthylium-Ion nachfolgender Konstitution (das Formaldehyd-C-Atom ist durch einen • gekennzeichnet):

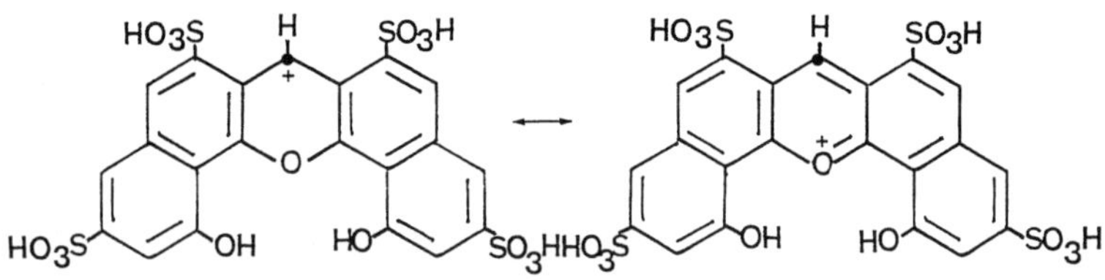

813 E **751** B **752** D **753** D

Aminosäuren (R-CHNH$_2$-COOH) mit freier Aminogruppe wie **Methionin** (CH_3S-CH_2CH_2-CHNH$_2$-COOH) kondensieren mit *Ninhydrin* (1,2,3-Indantrion – 1,2,3-Triketoindan), das als stabiles Hydrat vorliegt, zu einem *blauvioletten* Farbstoff (*Ruhmanns-Purpur*) nachfolgender Konstitution:

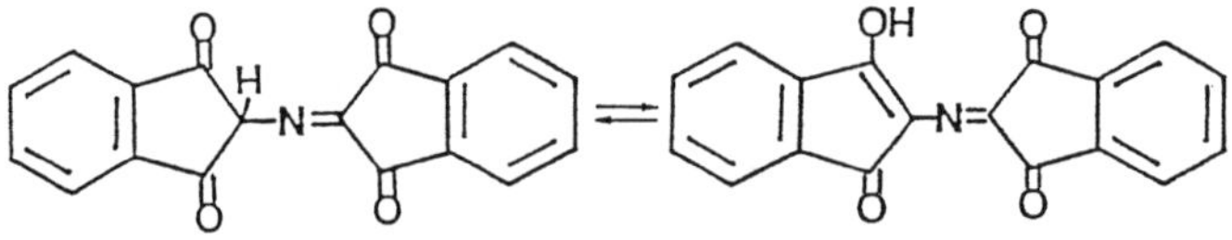

814 D **755** C **756** B **757** C **805** B **845** E **871** A

Die Identitätsprüfung auf **Alkaloide** *nach Arzneibuch* erfolgt mit **Dragendorffs Reagenz**, das *Kaliumtetraiodobismutat*(III) $K[BiI_4]$ enthält.

815 C **716** A **717** B **719** B

In Gegenwart von *Eisen*(II)*-sulfat* ($FeSO_4$) oxidiert *Wasserstoffperoxid* (H_2O_2) Weinsäure (bzw. **Tartrate**) zu 2,3-*Dihydroxyfumarsäure* [HOOC-C(OH)=C(OH)-COOH], die mit Fe^{2+}-Ionen im alkalischen Milieu einen *blauviolett* gefärbten Komplex bildet (**Reaktion nach Fenton**).

816 E **718** B **729** A **735** D

Aus Weinsäure (bzw. **Tartraten**) bildet sich durch Oxidation mit schwefelsaurer Kaliumbromid-Lösung (KBr) über *Glycolsäure* (HOH_2C-COOH) schließlich *Glyoxylsäure* (O=CH-COOH). Diese kondensiert mit zwei Molekülen *Resorcin* (1,3-Dihydroxybenzol) zu einem Diphenylmethan-Derivat, wobei Carboxyl- und eine phenolische Hydroxylgruppe zusätzlich noch einen Lacton-Ring aufbauen. Die weitere Oxidation mit Brom (aus KBr/H_2SO_4) führt zu einem chinoiden System, das anschließend von Brom (Br_2) elektrophil angegriffen wird und in saurer Lösung wahrscheinlich als bromiertes Oxonium-Ion nachfolgender Struktur vorliegt (**Reaktion nach Pesez**):

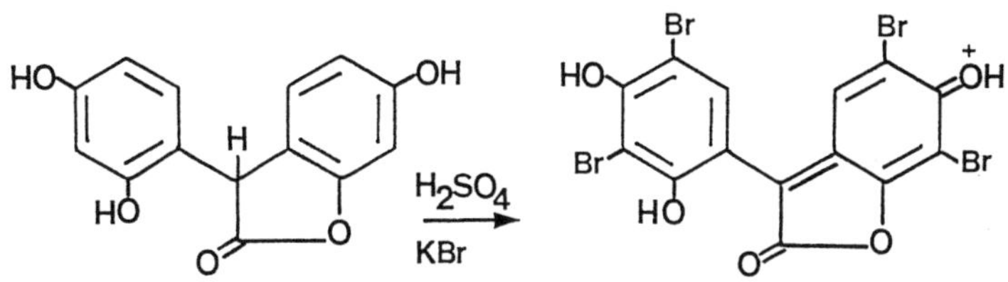

817 A **159** E **795** C

Blei(IV)-oxid (PbO_2) oxidiert **Bromid** (Br^-) in essigsaurer Lösung zu elementarem Brom (Br_2), welches den aus *Schiffs Reagenz* (Fuchsin-Schweflige Säure) freigesetzten Triphenylmethanfarbstoff *Fuchsin* (Rosanilin) in ortho-Stellung zu den Aminogruppen elektrophil bromiert. Es entstehen *violette Pentabrom-* und *Hexabromrosanilinium*-Salze.

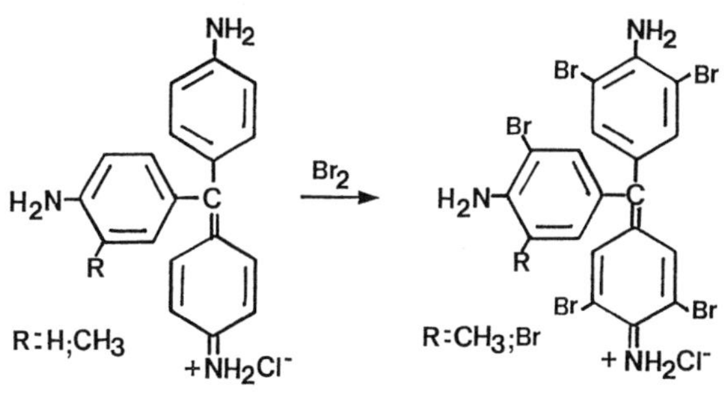

Rosanilin-HCl

818 D **610** A **612** E **820** D

In alkalischer Lösung kondensiert 2,6-Dichlor-1,4-chinon-4-chlorimid (**Gibbs-Reagenz**) mit **Phenolen** mit freier para-Position zu Indophenol-Farbstoffen. Für die Nachweisreaktion wird folgender Ablauf postuliert:

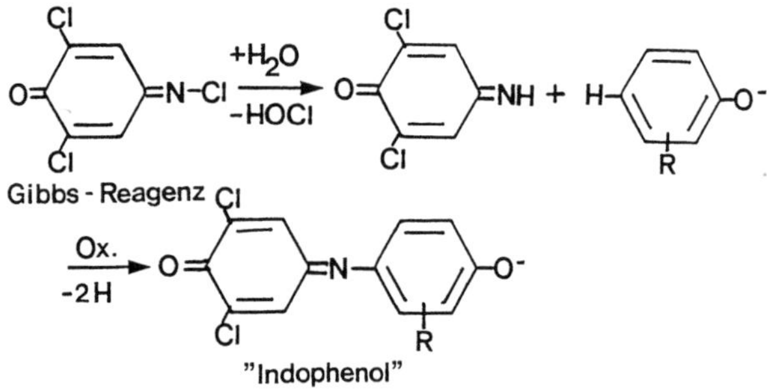

819 B **665** B **666** D **667** E **796** C

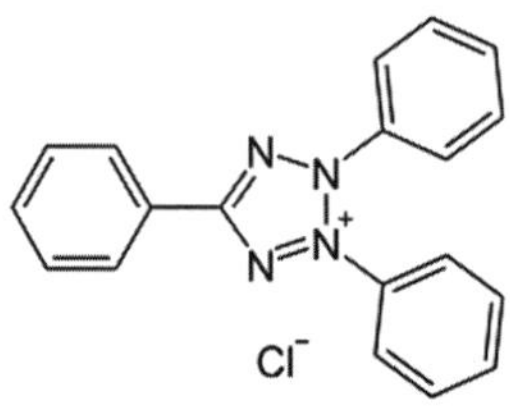

Triphenyltetrazoliumchlorid

Triphenyltetrazoliumchlorid wirkt oxidierend und dient im Rahmen der TTC-Reaktion zum Nachweis von α-**Ketolen** (R-CO-CH_2OH) [siehe Frage Nr. 667].

820 D **610** A **612** E **818** D

In alkalischer Lösung kondensiert 2,6-Dichlor-1,4-chinon-4-chlorimid (**Gibbs-Reagenz**) mit para-unsubstituierten **Phenolen** zu *Indophenol-Farbstoffen* (siehe Frage Nr. 818).

821 B **651** B

Aldehyde (R-CHO) kondensieren mit zwei Molekülen **Dimedon** (5,5-Dimethylcyclohexan-1,3-dion) zu kristallinen Produkten, die über ihren Schmelzpunkt identifiziert werden können.

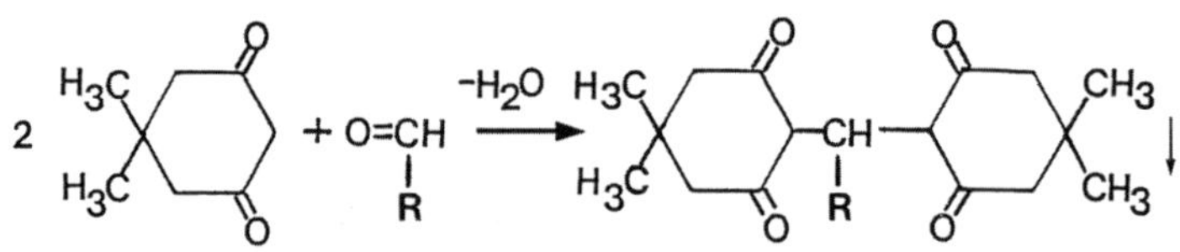

Dimedon

4 Prüfung Frühjahr 2009

822 D **150** C **151** B **152** D

Chromylchlorid-Reaktion: **Chlorid-Ionen** (Cl^-) reagieren in schwefelsaurer Lösung mit Kaliumdichromat ($K_2Cr_2O_7$) zu flüchtigem, *rotbraunem Chromylchlorid* (CrO_2Cl_2). Chromylchlorid oxidiert als sechswertige Chromverbindung zugesetztes *Diphenylcarbazid* (C_6H_5-NH-NH-CO-NH-NH-C_6H_5) zu *Diphenylcarbazon* (C_6H_5-N=N-CO-NH-NH-C_6H_5) und wird dabei selbst zu dreiwertigem Chrom reduziert. Cr(III) bildet anschließend mit Diphenylcarbazon einen *violetten* Chelatkomplex. Im Allgemeinen tränkt man ein Filterpapier mit der Diphenylcarbazid-Lösung und lässt es vom gebildeten, flüchtigen Chromylchlorid anströmen.

$$4\,\mathbf{Cl^-} + Cr_2O_7^{2-} + 6\,H_3O^+ \rightarrow 2\,\mathbf{CrO_2Cl_2}\uparrow + 9\,H_2O$$

823 D **212** C **862** E

Nitrat-Ionen (NO_3^-) müssen zum Nachweis durch Bildung eines *Azofarbstoffes* zunächst zu Nitrit-Ionen (NO_2^-) reduziert werden.

Teststäbchen zum Nachweis von Nitrat über die Bildung eines Azofarbstoffes, die eine Nitrit-Warnzone enthalten, *fehlt* deshalb in dieser Zone das Reduktionsmittel (Nitrat → Nitrit).

824 B **235** A **236** D **466** A

Versetzt man eine *neutrale* (pH = 7) Lösung eines **Phosphats** (PO_4^{3-}) mit Silbernitrat-Lösung ($AgNO_3$), so fällt *gelbes Silberphosphat* (Ag_3PO_4) aus, das in Salpetersäure (pH = 1), Essigsäure und Ammoniak löslich ist.

In einer stark alkalischen Lösung (pH = 12) fällt ein *brauner* Niederschlag von *Silberoxid* (Ag_2O) aus, der im Laugenüberschuss schwer löslich ist.

825 B **416** E **888** B

Lithiumchlorid (LiCl) löst sich in Pentan-1-ol. Schüttelt man diese Lösung mit einer Dinatriumhydrogenphosphat-Lösung (Na_2HPO_4) und einigen Tropfen Natronlauge (NaOH), so werden Li^+-Ionen in die wässrige Phase extrahiert und die untere, wässrige Phase trübt sich beim Erwärmen durch Bildung von *Lithiumphosphat* (Li_3PO_4). NaOH ist erforderlich zum Abfangen der freigesetzten H^+-Ionen.

$$3\,Li^+ + HPO_4^{2-} + HO^- \rightarrow \mathbf{Li_3PO_4}\downarrow + H_2O$$

Lithiumsulfid (Li_2S), Lithiumtetraphenylborat $Li[B(C_6H_5)_4]$ und Lithiumoxalat ($Li_2C_2O_4$) sind wasserlöslich.

In schwach alkalischer Lösung können Lithium-Ionen mit 8-Hydroxychinolin (Oxin) durch eine *grüne* Fluoreszenz nachgewiesen werden.

826 B **421** A **424** E **425** D **426** E **427** E **480** A
482 C

Bei der *Identitätsprüfung* von **Ammoniumsalzen** nach *Arzneibuch*

- wird die Prüflösung durch Zugabe von Magnesiumoxid (MgO) alkalisiert und Ammoniak freigesetzt,

$$MgO + 2\,NH_4^+ \rightarrow 2\,\mathbf{NH_3}\uparrow + Mg^{2+} + H_2O$$

- wird der Ammoniak mit einem Luftstrom unter die Oberfläche einer salzsauren Lösung geleitet, die Methylrot als pH-Indikator enthält,
- bewirkt der eingeleitete Ammoniak durch Anstieg des pH-Wertes einen Umschlag des Säure-Base-Indikators Methylrot nach gelb.
- entsteht nach Zusatz von Natriumhexanitrocobaltat(III) $Na_3[Co(NO_2)_6]$ ein *gelber* Niederschlag von Ammoniumnatriumhexanitrocobaltat(III) $(NH_4)_2Na[Co(NO_2)_6]$

Kalium-Ionen (K^+) ergeben zwar auch mit Natriumhexanitrocobaltat(III) eine schwer löslichen *gelben* Niederschlag, sie stören aber den Ammonium-Nachweis *nicht*, da Kaliumsalze nach Zusatz von MgO nicht flüchtig sind und somit nicht in die salzsaure Methylrot-Lösung gelangen.

827 D **352** E **353** E **354** B **355** C **492** E **867** C
879 B

Zur **Grenzprüfung auf Arsen** nach *Arzneibuch*

- wird die salzsaure Prüflösung mit Iodid-Ionen (I^-) versetzt, um fünfwertiges As(V) zu dreiwertigem As(III) zu reduzieren.

$$AsO_4^{3-} + 2\,I^- + 2\,H_3O^+ \rightarrow AsO_3^{3-} + I_2 + 3\,H_2O$$

- wird die Lösung nach Zugabe von Natriumhypophosphit (NaH_2PO_2) erhitzt, wobei As(III) zu *braunem*, metallischem *Arsen* (As) reduziert und Phosphinsäure (H_3PO_2) zu Phosphonsäure (H_3PO_3) oxidiert wird.

$$2\,AsO_3^{3-} + 3\,H_2PO_2^- + 9\,H_3O^+ \rightarrow 2\,\mathbf{As}\downarrow + 3\,H_3PO_3 + 12\,H_2O$$

Auch Arsen(V)-Verbindungen reagieren mit Hypophosphit-Reagenz zu metallischem Arsen.

828 D **392** E **394** D **395** B **467** B

Zum Nachweis von **Zink-Ionen** (Zn^{2+}) nach *Arzneibuch*

- nutzt man die amphoteren Eigenschaften von *Zinkhydroxid* $[Zn(OH)_2]$,
- löst sich *weißes* Zinkhydroxid im Überschuss des Fällungsmittels als Tetrahydroxozinkat(II) $[Zn(OH)_4]^{2-}$ auf,
- führt die Zugabe von Ammoniumchlorid-Lösung (NH_4Cl) als saures Salz zu einer Absenkung des pH-Wertes, die Lösung bleibt aber klar infolge Bildung des Zinktetramminkomplexes $[Zn(NH_3)_4]^{2+}$,
- fällt aus der Lösung des Tetramminkomplexes bei Zugabe von Natriumsulfid (Na_2S) *weißes Zinksulfid* (ZnS) aus.

$$Zn^{2+} + 2\,HO^- \rightarrow \mathbf{Zn(OH)_2}\downarrow + 2\,HO^- \rightarrow [Zn(OH)_4]^{2-}$$
$$[Zn(OH)_4]^{2-} + 2\,NH_4^+ + 2\,NH_3 \rightarrow [Zn(NH_3)_4]^{2+} + 2\,H_2O + 2HO^-$$
$$[Zn(NH_3)_4]^{2+} + S^{2-} \rightarrow \mathbf{ZnS}\downarrow + 4\,NH_3$$

829 A **736** D **737** E **738** C **739** C **740** C **741** C
744 E

Carbonsäureanhydride (R-CO-O-CO-R) reagieren mit Hydroxylamin (H_2NOH) zu Hydroxamsäuren (R-CO-NHOH), die mit Fe(III)-Ionen farbige Chelatkomplexe ergeben.

Dialkylether (R-O-R), Acetale [$R\text{-}CH(OR')_2$], tertiäre Alkohole ($R_3C\text{-}OH$) und primäre aliphatische Amine (Alkyl-NH_2) ergeben *keine* positive **Hydroxamsäure-Reaktion**.

830 D **711** D **843** E

Bei der Identitätsprüfung auf **(S)-Milchsäure** [CH_3-CHOH-COOH] wird die Substanz mit Bromwasser (Br_2) in schwefelsaurem Milieu zu *Brenztraubensäure* (CH_3-CO-COOH) *oxidiert*, die unter den Reaktionsbedingungen zu *Acetaldehyd* (CH_3-CH=O) *decarboxyliert.*

831 B **607** E **783** A

Versetzt man eine Prüflösung von **Ephedrin** mit einer alkalischen Kupfer(II)-sulfat-Lösung ($CuSO_4$), so tritt eine *Violettfärbung* auf. Beim Ausschütteln mit Ether wird die organische Phase purpurfarben, die wässrige blau. Diese als **Chen-Kao-Reaktion** bezeichnete Umsetzung ist recht spezifisch für Ethanolamin-Derivate (HN-C-C-OH).

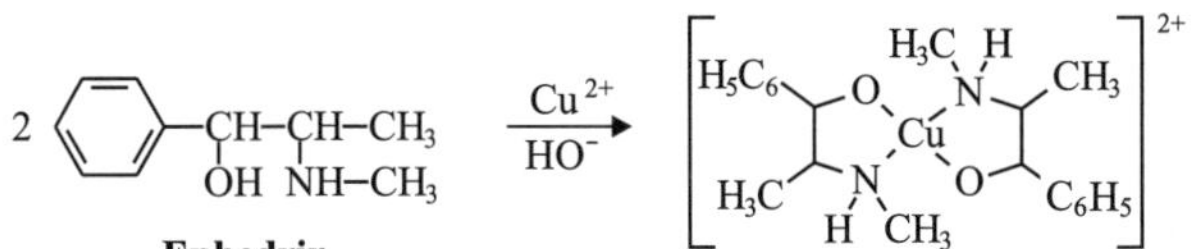

Ephedrin

Ephedrin wirkt *nicht* oxidierend, sodass Diphenylamin nicht in Diphenylaminblau umgewandelt wird und sich auch *nicht* eine Kaliumiodid-Stärke Lösung durch Bildung von Iod blau färbt. Die Oxidation von Diphenylamin in schwefelsaurer Lösung zu Diphenylaminblau dient zum Nachweis von Nitraten.

832 E **660** B

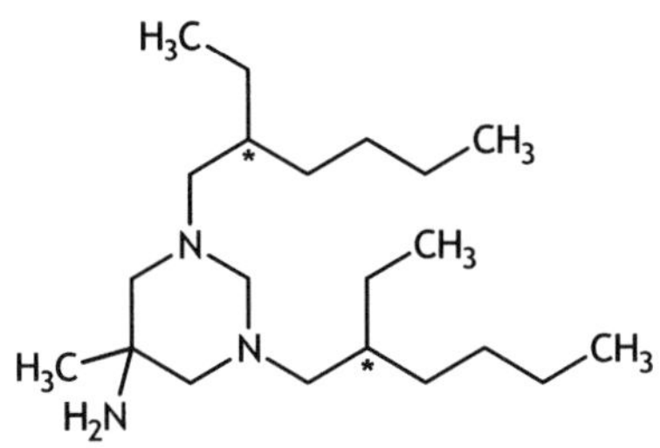

Hexetidin

Hexetidin ergibt in ethanolischer, schwefelsaurer Lösung mit Kupfer(II)-sulfat-Lösung ($CuSO_4$) einen blauen Kupferkomplex, der mit Dichlormethan extrahierbar ist. Verantwortlich dafür ist die *vicinale Aminfunktion* ($R_2N\text{-}CH_2\text{-}NR_2$).

833 D   617 E   618 E   619 C   620 C   621 E   623 D
624 E   626 D   722 B   723 C   724 E   799 B

Die Farbbildung von **Salicylat** (o-Hydroxybenzoat) mit Eisen(III)-chlorid ($FeCl_3$) ist eine generelle Nachweisreaktion auf wasserlösliche Phenole (Ar-OH) und Enole (C=C-OH) [**Eisen(III)-chlorid-Reaktion**].

Die Farbbildung zwischen Phenolen und Eisen(III)-chlorid ist *nicht* für alle Phenole gleich stark ausgeprägt. Solche Farbkomplexe sind dann besonders beständig, wenn sich in ortho-Stellung zum phenolischen Hydroxyl weitere chelatbildende Substituenten (HO, CHO, COOH, SO_3H) befinden.

In den Eisenkomplexen wird das Metallkation (Fe^{3+}) z. B. durch den zweizähnigen Liganden Salicylat chelatisiert. Es bilden sich Komplexe der stöchiometrischen Zusammensetzung 1:3 von Fe(III) zu Salicylat.

Die Farbbeständigkeit des [Fe(salicylat)$_3$]-Komplexes im essigsauren Milieu ist auf die Stabilisierung des Reaktionsproduktes (Chelatbildung) durch die ortho-ständige Carboxylgruppe (COOH) zurückzuführen.

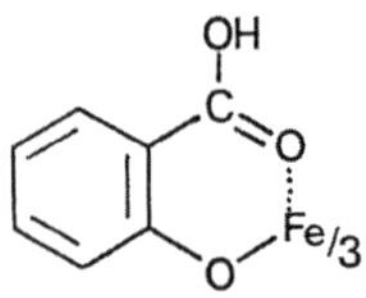

834 C   699 C   782 E

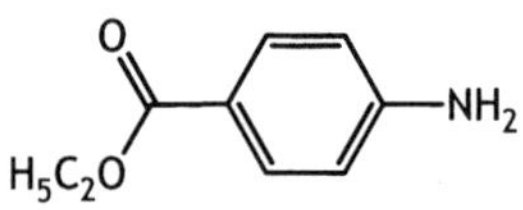

Benzocain

Benzocain (4-Aminobenzoesäureethylester) gibt als primäres aromatische Amin (Ar-NH_2) im schwach sauren Milieu (pH ca. 5,5) mit p-Dimethylaminobenzaldehyd (*Ehrlichs Reagenz*) ein farbiges Azomethin nachfolgender Struktur:

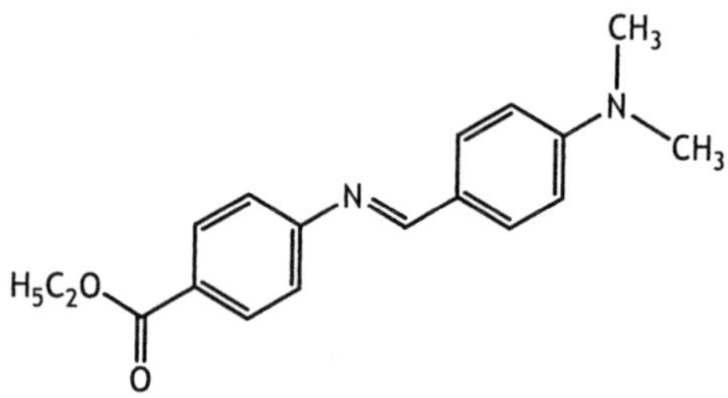

835 E **748** D **785** C

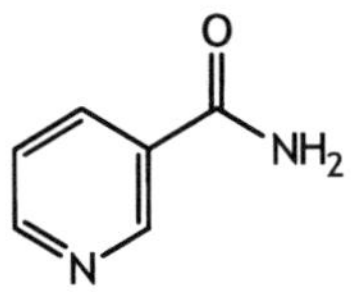

Nicotinamid

Nicotinamid (Pyridin-3-carboxamid)

- ist eine schwache Base ($pK_b = 10{,}65$),
- kann mit Pikrinsäure (2,4,6-Trinitrophenol) in ein kristallines Pikrat übergeführt werden, das bei Fp = 192-196 °C schmilzt,
- wird beim Erhitzen mit Natriumhydroxid-Lösung zu Nicotinsäure (Pyridin-3-carbonsäure) und Ammoniak (NH_3) verseift,
- verbraucht bei der wasserfreien Titration in Eisessig 1 Äquivalent Perchlorsäure-Maßlösung; es wird das Pyridin-Stickstoffatom protoniert.

5 Prüfung Herbst 2009

836 C

Zinksalze ergeben beim Erhitzen mit Cobalt(II)-nitrat [$Co(NO_3)_2$] in der Oxidationsflamme ein *grünes Spinell* der Zusammensetzung $ZnCo_2O_4$ (≡ $ZnO·Co_2O_3$) [**Rinmans-Grün**].

$$ZnO + 2\,Co(NO_3)_2 \rightarrow ZnCo_2O_4 + 4\,NO_2 + ½\,O_2$$

837 A **383** D

Aluminiumkaliumsulfat [$AlK(SO_4)_2·12\,H_2O$] (*Kaliumalaun*) ist eine in Wasser *leicht* lösliche Substanz, deren wässrige Lösung *sauer* reagiert.

Aufgrund der Al^{3+}-Anteils bildet die Substanz mit Alizarin-S-Lösung einen *roten* Farblack und lässt sich komplexometrisch mit Natriumedetat-Maßlösung quantitativ bestimmen.

Aufgrund seines SO_4^{2-}-Anteils fällt bei Zugabe von Bariumchlorid-Lösung ($BaCl_2$) ein *weißer* Niederschlag von Bariumsulfat ($BaSO_4$) aus.

838 A **338** B **877** E

Bei Zugabe von Kaliumiodid (KI) zu einer **Kupfer(II)-Salzlösung** fällt *weißes* Kupfer(I)-iodid (CuI) aus, das durch das gebildete Iod jedoch braun gefärbt wird.

$$2\,Cu^{2+} + 4\,I^- \rightarrow 2\,\mathbf{CuI}\downarrow + I_2$$

Taucht man einen Eisennagel (Fe) in eine Kupfer(II)-Salzlösung ein, so scheidet sich elementares Kupfer ab.

$$Cu^{2+} + Fe \rightarrow Cu\downarrow + Fe^{2+}$$

Eine Cu^{2+}-Lösung ergibt mit Natriumhydroxid-Lösung einen *bläulichen* Niederschlag von *Kupfer*(II)-*hydroxid* [$Cu(OH)_2$], der sich beim Erwärmen unter Wasserabspaltung in *schwarzes Kupfer*(II)-oxid (CuO) umwandelt.

$$Cu^{2+}\,2\,HO^- \rightarrow Cu(OH)_2\downarrow \rightarrow CuO\downarrow + H_2O$$

839 D **243** C **244** A

Bei der Identifizierung von **Carbonat/Hydrogencarbonat** *nach Arzneibuch wird die Prüflösung in einem Reagenzglas mit Essigsäure (CH_3COOH) versetzt. Es entwickelt sich ein Gas, das über ein Glasrohr in eine Bariumhydroxid-Lösung [$Ba(OH)_2$] eingeleitet wird. Es entsteht ein weißer Niederschlag, der sich in überschüssiger Salzsäure (HCl) löst.*

Bezüglich dieses Nachweises lassen sich folgende Aussagen machen:

- Die durch die Zugabe von Essigsäure aus Carbonaten (CO_3^{2-}) bzw. Hydrogencarbonaten (HCO_3^-) formal entstehende *Kohlensäure* („H_2CO_3") ist *instabil* und zerfällt in *Kohlendioxid* (CO_2) und Wasser.
- Die *„räumliche"* Trennung von Analysensubstanz und Nachweislösung (Gefäß der Niederschlagsbildung) erhöht die Selektivität dieser Identitätsprüfung.
- Die Bildung von CO_2 kann nur in saurer Lösung erfolgen („die stärkere Säure setzt die schwächere Säure in Freiheit"), da im Alkalischen Carbonat (CO_3^{2-}) stabil ist und sich nicht in „Kohlensäure" umwandelt.
- Der *weiße* Niederschlag bestehend aus *Bariumcarbonat* ($BaCO_3$) ist schwer löslich in Wasser, löst sich aber in Mineralsäuren wie Salzsäure.

$$CO_3^{2-} + 2\,CH_3COOH \rightarrow 2\,CH_3COO^- + \text{„}H_2CO_3\text{"} \rightarrow H_2O + \mathbf{CO_2}\uparrow$$
$$CO_2 + Ba(OH)_2 \rightarrow H_2O + \mathbf{BaCO_3}\downarrow$$
$$BaCO_3 + 2\,HCl \rightarrow Ba^{2+} + 2\,Cl^- + H_2O + CO_2\uparrow$$

840 E

Bromid-Ionen (Br^-):

- lassen sich mit Blei(IV)-oxid [Bleidioxid] (PbO_2) zu elementarem Brom (Br_2) oxidieren

$$2\,Br^- + PbO_2 + 4\,H_3O^+ \rightarrow \mathbf{Br_2} + Pb^{2+} + 6\,H_2O$$

- bilden mit Silbernitrat-Lösung schwer lösliches *Silberbromid* (**AgBr**)
- bilden mit einer Blei(II)-Salzlösung schwer lösliches *Blei*(II)-*bromid* (**$PbBr_2$**)
- werden zusammen mit Schwefelsäure und Resorcin (1,3-Dihydroxybenzol) zum Nachweis von *Weinsäure* (bzw. Tartraten) [2,3-Dihydroxybernsteinsäure] verwendet [**Reaktion nach Pesez**].

841 B **214** B **215** A **216** A **217** E **218** D **219** D **220** E **883** B

Bei der Identitätsprüfung auf **Nitrat-Ionen** (NO_3^-) *nach Arzneibuch wird die Analysensubstanz mit Nitrobenzol/Schwefelsäure versetzt und anschließend mit Aceton im alkalischen Milieu behandelt. Es entsteht eine tiefviolette Färbung.*

Über diesen Nachweis lassen sich folgende Aussagen machen: Es

- entsteht aus Nitrat und konzentrierter Schwefelsäure „Nitriersäure", die Nitrobenzol in 1,3-*Dinitrobenzol* (1,3-Dinitrobenzen) umwandelt (S_EAr-Reaktion).
- bildet sich aus Aceton (CH_3COCH_3) im alkalischen Milieu ein *Carbanion* ($CH_3COCH_2^-$), das den Nitroaromaten in ortho-Stellung zu einer NO_2-Gruppe *nucleophil* angreift (S_NAr-Reaktion).
- entsteht dabei das tiefviolette *Janovsky-Produkt* (Meisenheimer-Komplex), das von überschüssigem Nitroaromaten zum nachfolgend abgebildeten, mesomeriestabilisierten *Zimmermann-Produkt* oxidiert werden kann.

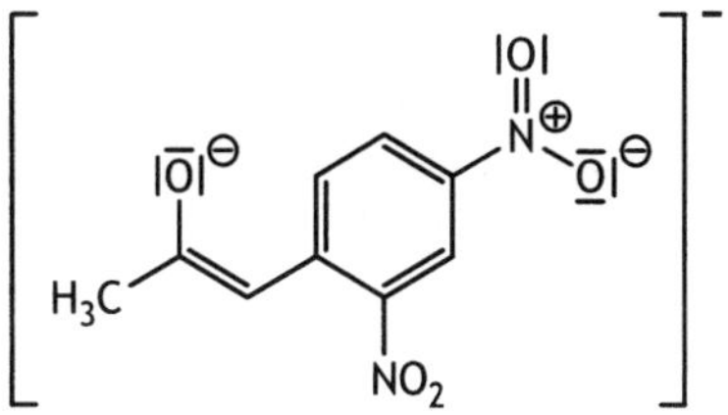

- stören *Nitrit-Ionen* (NO_2^-) den Nachweis *nicht*, da die aus Nitriten mit Schwefelsäure freigesetzte Salpetrige Säure (HNO_2) Nitrobenzol *nicht* zu 1,3-Dinitrobenzol zu nitrieren vermag.

842 C **248** B **249** C **250** D

Zum Nachweis von **Silicaten** *nach Arzneibuch wird die Analysensubstanz in einem Tiegel mit Natriumfluorid (NaF) und einigen Tropfen konzentrierter Schwefelsäure (H_2SO_4) behandelt. Der Tiegel ist mit einer durchsichtigen Kunststoffplatte bedeckt, an deren Unterseite ein Tropfen Wasser hängt. Bei Anwesenheit von Silicat bildet sich ein weißer Ring.*

Über diese Identitätsprüfung auf Silicat lassen sich folgende Aussagen machen:

- Aus Silicat, Fluorid und Schwefelsäure bildet sich flüchtiges *Siliciumtetrafluorid* (SiF_4).
- Besteht der *weiße* Ring aus Kieselsäure-Gel [$SiO_2(H_2O)_x$].
- Ist ein Überschuss von Natriumfluorid zu vermeiden, da sich mit überschüssigem Fluorwasserstoff (HF) anstelle von SiF_4 die nicht flüchtige, stabile Hexafluorokieselsäure (H_2SiF_6) bilden würde.
- Wird der Nachweis in einem Blei- oder Platintiegel durchgeführt. Glas- und Porzellantiegel können als silicathaltige Materialien nicht verwendet werden und würden zu „falsch-positiven" Ergebnissen führen.
- Dient ein Kupferdraht nur zum Durchmischen des Reaktionsgemischs und fungiert *nicht* als Katalysator.

$$2\,NaF + H_2SO_4 \rightarrow Na_2SO_4 + 2\,HF$$
$$4\,HF + SiO_2 \rightarrow SiF_4\uparrow + 2\,H_2O$$
$$SiF_4 + (x+2)\,H_2O \rightarrow SiO_2(H_2O)_x\downarrow + 4\,HF$$
$$SiF_4 + 2\,HF \rightarrow H_2[SiF_6]$$

843 E **711** D **830** D

Milchsäure (2-Hydroxypropionsäure) [CH_3-CHOH-COOH] wird in schwefelsaurer Lösung mit Bromwasser (Br_2) zu *Brenztraubensäure* (2-Oxo-propionsäure) [CH_3-CO-COOH] oxidiert, die leicht zu *Acetaldehyd* [CH_3-CH=O] decarboxyliert. Acetaldehyd ergibt als CH-*acide Verbindung* mit Natriumpentacyanonitrosylferrat(II) eine positive *Legalsche Probe.*

844 E **741** C

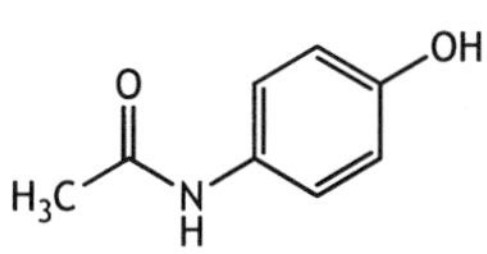

Paracetamol

Paracetamol (4-Hydroxyacetanilid, N-Acetyl-p-aminophenol) ergibt aufgrund seines phenolischen Hydroxyls eine positive Eisen(III)-chlorid-Reaktion.

Bei der Hydrolyse in schwefelsaurem oder salzsaurem Milieu bilden sich p-Aminophenol und *Essigsäure* als Spaltprodukte. Essigsäure kann anschließend mit Lanthan(III)-nitrat/Iod in ammoniakalischer Lösung nachgewiesen werden.

Aufgrund seines phenolischen Hydroxyls reagiert Paracetamol mit 4-Nitrobenzoylchlorid zu einem 4-*Nitrobenzoat* (4-Nitrobenzoesäurephenylester), das durch seinen Schmelzpunkt (Fp = 211-218 °C) identifiziert werden kann.

Das bei der sauren Hydrolyse gebildete p-*Aminophenol* reagiert in alkalischer Lösung mit Phenol in Gegenwart von Sauerstoff zu einen *blauvioletten* Indophenol-Farbstoff (*Indanilin*).

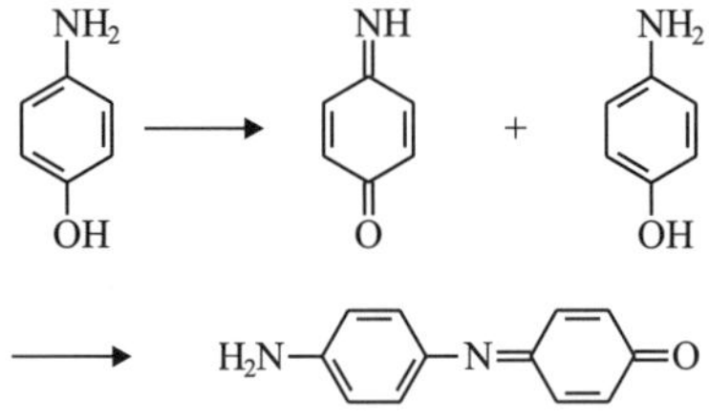

Indanilin

845 E **755** C **756** B **757** C **758** A **759** B **814** D

Kaliumtetraiodobismutat(III) K[BiI_4] (**Dragendorffs Reagenz**) bildet mit Alkaloid-Kationen oder anderen basischen, kationenbildenden größeren organischen Molekülen wie z.B. *tertiären Aminen* (R_3N) *orangefarbene*, schwer lösliche Salze [z.B. $R_3NH^+BiI_4^-$]

846 B **635** A **650** E **651** B **652** E **656** E **657** C

Formaldehyd reagiert mit *Acetylaceton* (Pentan-2,4-dion) [CH_3-CO-CH_2-CO-CH_3] in Gegenwart von Ammonium-Ionen (aus dem Ammoniak entsteht) zu 3,5-Diacetyl-1,4-dihydrolutidin, das ein 1,4-Dihydropyridin-Ringgerüst enthält [**Hantzsch-Reaktion**].

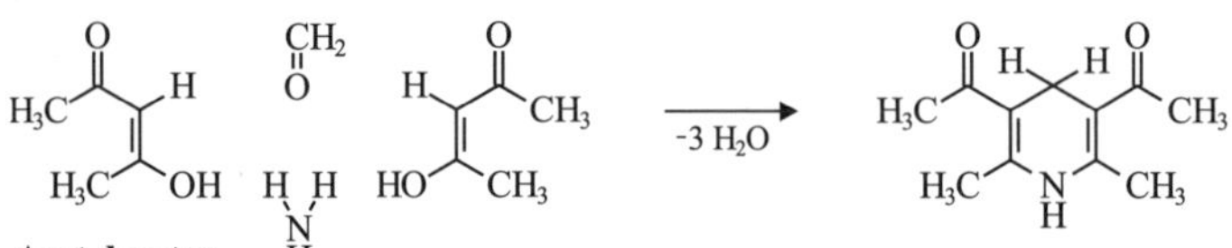

Die Hantzsch-Pyridin-Synthese erfordert eine 1,3-Dicarbonylverbindung (1,3-Diketon, β-Ketoester) als Startmaterial, so dass man anstelle von Acetylaceton Aceton als Edukt *nicht* einsetzen kann.

Ammonium-Ionen sind für den Aufbau des Pyridin-Gerüstes essentiell, so dass man Ammoniumacetat *nicht* durch ein Essigsäure/Natriumacetat-Gemisch ersetzen kann.

Murexid ist das Ammoniumsalz der *Purpursäure* und bildet sich beim Nachweis von *Xanthinen* mit salzsaurer Wasserstoffperoxid-Lösung.

847 B **712** A **766** C **860** E **900** C

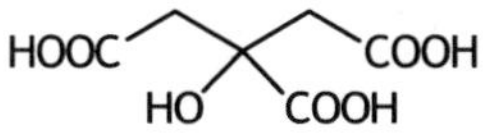

Citronensäure

Citronensäure (pK_{s1} = 3,14; pK_{s2} = 4,77; pK_{s3} = 6,39) ist eine dreibasige Säure. Sie ist in der 1.Protolysestufe eine stärkere Säure als Essigsäure (pK_s = 4,76). Daher reagiert eine wässrige Citronensäure-Lösung stärker sauer als eine gleich konzentrierte Essigsäure-Lösung.

Bei der Titration mit Natriumhydroxid-Maßlösung werden alle drei Carboxyl-Protonen (RCOO**H**) der Citronensäure erfasst.

Nach Versetzen einer neutralisierten Citronensäure-Lösung mit Calciumchlorid-Lösung ($CaCl_2$) fällt beim Erhitzen ein *weißer* Niederschlag von *Calciumcitrat* aus. Calciumcitrat ist ein in kaltem Wasser leicht, in heißem Wasser schwer lösliches Salz.

Beim Erhitzen einer Citronensäure-Lösung mit Kaliumpermanganat-Lösung ($KMnO_4$) entsteht *Acetondicarbonsäure*[$HOOCCH_2$-CO-CH_2COOH], die leicht zu *Aceton* [CH_3-CO-CH_3] decarboxyliert.

Citronensäure bzw. Citrate bilden mit vielen zwei- und dreiwertigen Metallionen stabile Chelatkomplexe.

848 D

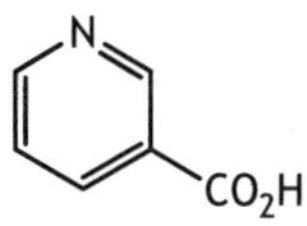

Nicotinsäure

Nicotinsäure bildet mit Alkalicarbonat-Lösung in Wasser lösliche Alkalisalze (Pyr-COO^-Me^+).

Nicotinsäure lässt sich als *einbasige* Säure (Pyr-COO**H**) alkalimetrisch gegen Phenolphthalein als Indikator titrieren.

Nicotinsäure reagiert aufgrund des basischen Pyridin-N-Atoms und der sauren Carboxyl-Funktion (COOH) *amphoter*.

Die farblose Nicotinsäure besitzt in wässriger Lösung ein Absorptionsmaximum im UV-Bereich bei λ_{max} = 261,5 nm; die Lage des Absorptionsmaximums ist pH-abhängig.

Kommentare

6 Prüfung Frühjahr 2010

849 B

Bei der **Flammenfärbung** von Natriumsalzen werden die Salze in der Flamme eincs Bunsenbrenners verdampft und die Natrium-Ionen in *gasförmige Natriumatome* umgewandelt (Atomisierung). Anschließend werden die Natriumatome in der Flamme in den energiereicheren, angeregten Zustand übergeführt. Die danach beobachtete *Gelbfärbung* der Flamme resultiert aus der Energieabgabe bei der Rückkehr gasförmiger, angeregter Natriumatome [Na*(g)] in den elektronenenergetischen Grundzustand des Natriumatoms [Na(g)]. Die Lichtemission (**Na-D-Linie**) bei einer Wellenlänge von $\lambda = 589\,nm$ geht somit einher mit einem Valenzelektronenübergang ($3p \rightarrow 3s$).

850 D **500** D

Magnesium-Ionen (Mg^{2+}):

- lassen sich im stark alkalischen Milieu als *Magnesiumhydroxid* [$Mg(OH)_2$] fällen; das Hydroxid ist nicht amphoter.
- bilden ein in Wasser und Säuren leicht lösliches Sulfat ($MgSO_4$).
- bilden auf Zugabe von 8-Hydroxychinolin (Oxin) schwer lösliches *Magnesiumoxinat* [$Mg(ox)_2$], das zur gravimetrischen Bestimmung von Mg^{2+}-Ionen herangezogen wird.

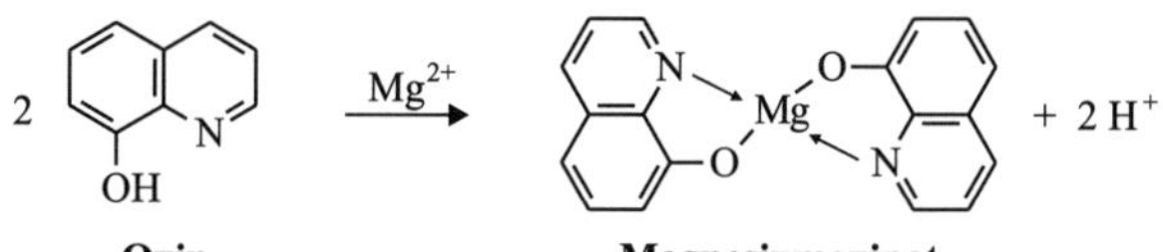

Oxin **Magnesiumoxinat**

- bilden auf Zugabe von Diammoniumhydrogenphosphat [$(NH_4)_2HPO_4$] schwer lösliches, *weißes Magnesiumammoniumphosphat* [$MgNH_4PO_4$], das eine charakteristische Kristallform (Sargdeckel) besitzt.
- können *nicht* durch Flammenfärbung nachgewiesen werden.

851 B **341** C **877** E

Eine **Cu(II)-Salzlösung** ergibt mit Ammoniak zunächst einen *blauen* Niederschlag von *Kupfer*(II)-*hydroxid* [$Cu(OH)_2$], der sich auf weiteren NH_3-Zusatz als *tiefblauer* Kupfertetrammin-Komplex [$Cu(NH_3)_4]^{2+}$ wieder auflöst.

Wird **Fehling-Lösung**, eine alkalische, tartrathaltige Kupfer(II)-sulfat-Lösung, in der Cu(II) als anionischer Komplex vorliegt, mit *reduzierenden Substanzen* wie z. B. aliphatischen Aldehyden versetzt, fällt ein *gelbrotes* Gemisch von Cu_2O/CuOH aus, da Cu(I)-Ionen in alkalischer Lösung mit Weinsäure keine stabilen Komplexe bilden.

Der Gehalt einer Kupfer(II)-Salzlösung kann durch Zugabe von Kaliumiodid (KI) volumetrisch bestimmt werden. Dabei bildet sich schwer lösliches, *weißes Kupfer*(I)-*iodid* (CuI). Das mitausgeschiedene Iod wird anschließend mit Natriumthiosulfat-Maßlösung unter Zusatz von Stärke-Lösung titriert.

$$2\,Cu^{2+} + 4\,I^- \rightarrow 2\,CuI\downarrow + I_2$$
$$I_2 + 2\,S_2O_3^{2-} \rightarrow 2\,I^- + S_4O_6^{2-}$$

Wasserfreies, *hellgrünes* **Kupfer(II)-sulfat** ($CuSO_4$) ist *hygroskopisch* und geht unter Feuchtigkeitseinfluss in das *blaue* Pentahydrat [$CuSO_4 \cdot 5\,H_2O$] über.

Wird eine salzsaure, wässrige Kupfer(II)-sulfat-Lösung mit Bariumchlorid-Lösung ($BaCl_2$) versetzt, entsteht ein *weißer* Niederschlag von schwer löslichem *Bariumsulfat* ($BaSO_4$).

852 A

Zur Unterscheidung von **Natriumdihydrogenphosphat** (NaH_2PO_4) und **Dinatriumhydrogenphosphat** (Na_2HPO_4) dient die Bestimmung des pH-Wertes ihrer wässrigen Lösungen. NaH_2PO_4-Lösungen reagieren *sauer*, Na_2HPO_4-Lösungen reagieren alkalisch. Der pH-Wert einer 1 %igen NaH_2PO_4-Lösung liegt bei pH = 4,5, der einer 1 %igen Na_2HPO_4-Lösung bei pH 9,1.

Beide Substanzen bilden gleichermaßen ein schwer lösliches *Silberphosphat* (Ag_3PO_4) bzw. ein schwer lösliches *Magnesiumammoniumphosphat* ($MgNH_4PO_4$).

Beide Substanzen zeigen aufgrund des Natrium-Gehaltes eine *gelbe* Flammenfärbung, deren Zeitdauer davon abhängt, wie lange man das betreffende Salz einer Bunsenbrennerflamme aussetzt. Beide Substanzen bilden in stark alkalischer Lösung auf Zusatz von Kaliumhexahydroxoantimonat(V) $K[Sb(OH)_6]$ schwer lösliches, *weißes* Natriumhexahydroxoantimonat(V) $Na[Sb(OH)_6]$.

853 D **212** C

Nitrate (NO_3^-) lassen sich in alkalischer Lösung mit Aluminium bis zur Stufe des Ammoniaks (NH_3) reduzieren.

$$3\,NO_3^- + 8\,Al + 5\,HO^- + 18\,H_2O \rightarrow 3\,NH_3\uparrow + 8\,[Al(OH)_4]^-$$

Nitrate lassen sich *nicht* direkt mit diazotiertem Sulfanilamid und 2-Naphthol in einen Azofarbstoff überführen. Sie müssen zuvor zu Nitriten (NO_2^-) reduziert werden.

Thallium tritt in stabilen Verbindungen in der ein- und dreiwertigen Oxidationsstufe auf. Eine stabile Verbindung der Summenformel $Tl^{II}(NO_3)_2$ existiert nicht.

Die Nitrierung von Nitrobenzol mit Nitriersäure (Salpetersäure/konzentrierte Schwefelsäure) ergibt 1,3-Dinitrobenzol, das in alkalischer Lösung vom Carbanion des Acetons nucleophil angegriffen wird unter Bildung eines *tiefvioletten Janovsky-Produktes* (Meisenheimer-Komplex) [**Reaktion nach Pesez**].

854 A **142** D

Durch Bildung des komplexen $[ZrF_6]^{2-}$-Ions entfärben **Fluorid-Ionen** (F^-) in salzsaurer Lösung den *violettroten* Zirkonium-Alizarin-Farblack unter Freisetzung von *gelbem* Alizarin S.

855 B **160** B **861** E

Eine salzsaure **Bromid**-Lösung (Br^-), die *Phenolrot* enthält, zeigt bei pH < 2,8 die *gelbe* Farbe des Indikators. Nach Zugabe von Chloramin T-Lösung wird im sauren Milieu Bromid zu elementarem Brom (Br_2) oxidiert, das Phenolrot (Phenolsulfonphthalein) in *Bromphenolblau* (Tetrabromphenolsulfonphthalein) umwandelt. Setzt man anschließend Natriumacetat hinzu, so bildet sich ein Essigsäure/Acetat-Puffergemisch, das einen pH-Wert um pH 4,76 stabilisiert. Bei pH > 4,4 schlägt aber die gelbe Farbe von Bromphenolblau nach *blauviolett* um.

856 D **624** E **625** D **626** D

Eine positive **Eisen(III)-chlorid-Reaktion** zeigen Phenole (Hydroxybenzole) [Formel 4], Brenzcatechin-Derivate (ortho-Dihydroxybenzole) [Formel 1] und Enole bzw. enolisierbare β-Carbonylverbindungen [Formel 3]

1,2-Diole (Glycole) [Formel 2] und α-Aminoalkohole [Formel 5] zeigen keine positive $FeCl_3$-Reaktion.

857 B **617** E **618** E **619** C **620** C **621** E **623** D
624 E **625** D **626** D **627** C **723** C **799** B **870** C

Salicylat (o-Hydroxybenzoat) zeigt als Phenol eine positive Eisen(III)-chlorid-Reaktion ($FeCl_3$); die resultierende *Violettfärbung* bleibt auf Zusatz von Essigsäure bestehen.

Die Komplexbildung einfacher Phenole mit $FeCl_3$ hängt vom verwendeten Lösungsmittel und dem pH-Wert der Lösung ab.

Die zur phenolischen Hydroxylgruppe des Salicylats ortho-ständige Carboxylgruppe erhöht – im Vergleich zu Phenol (C_6H_5-OH) – die Stabilität und Farbintensität des Fe(III)-salicylat-Chelatkomplexes.

Phenolester ergeben *keine* positive $FeCl_3$-Reaktion. Daher reagiert **Acetylsalicylsäure** [2-(Acetyloxy)benzoesäure] erst nach vorheriger Hydrolyse zu Salicylsäure positiv mit Eisen(III)-chlorid.

858 C **679** A **680** D **681** D **682** B **683** D **808** D
898 C

Das Arzneibuch schreibt zur Identitätsprüfung auf **primäre aromatische Amine** (Ar-NH_2) wie z.B. Anilin (C_6H_5-NH_2) die Umsetzung mit Natriumnitrit-Lösung in salzsaurem Milieu vor. Anschließend wird das gebildete Aryldiazonium-Ion (Ar-N_2^+) mit 2-Naphthol zu einer *orange* bis *rot* gefärbten Azoverbindung (HO-Ar´-N=N-Ar) gekuppelt (**Diazotierungs-Kupplungs-Reaktion**).

859 D **736** E **737** E **897** D

Carbonsäureester [Formel 3] und **Lactone** (cyclische Carbonsäureester) [Formel 5] reagieren mit Hydroxylaminhydrochlorid ($HONH_3^+Cl^-$) zu Hydroxamsäuren (R-CO-NHOH), die mit Eisen(III)-chlorid-Lösung *bläulich rote* bis **rote** Chelatkomplexe bilden.

Primäre [Formel 1] und sekundäre [Formel 2] Alkohole reagieren *nicht* mit Hydroxylamin, Ketone [Formel 4] ergeben Ketoxime [R_2C=N-OH].

860 E **712** A **766** C **847** B **900** C

Versetzt man eine schwefelsaure **Citronensäure-Lösung** mit Kaliumpermanganat ($KMnO_4$), so bildet sich *Acetondicarbonsäure* [HOOC-CH_2-CO-CH_2-COOH] (1), die beim Verkochen des überschüssigen Permanganats (3) zu Aceton [CH_3-CO-CH_3] (2) decarboxyliert. Aceton kann anschließend in ammoniakalischer Lösung mit Nitroprussidnatrium [Natriumpentacyanonitrosylferrat(II)] zu einem *violetten* Komplex (4) [**Legal-Probe**] reagieren.

(1)

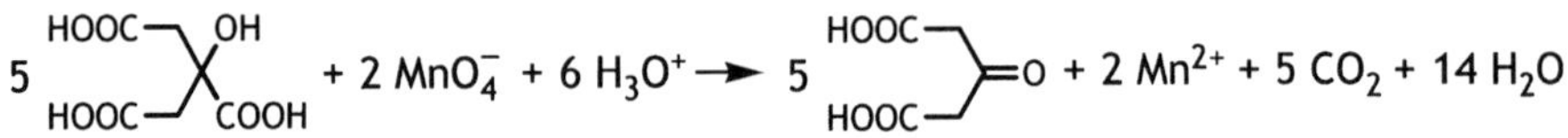

(2)

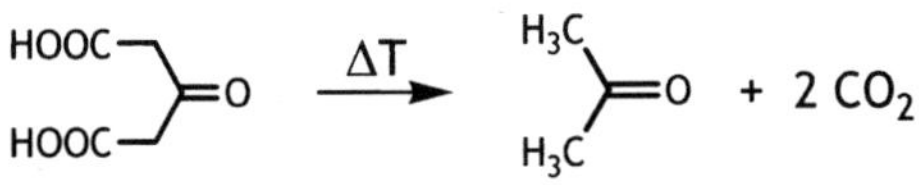

(3) $$4\,MnO_4^- + 12\,H_3O^+ \xrightarrow{\Delta T} 4\,Mn^{2+} + 5\,O_2 + 18\,H_2O$$

(4) $$[Fe(CN)_5NO]^{2-} + O{=}C(CH_3)_2 + 2\,NH_3 \longrightarrow [Fe(CN)_5NOCHCOCH_3]^{4-} + 2\,NH_4^+$$

7 Prüfung Herbst 2010

861 E **160** B **855** B

Ein mit *gelb* gefärbtem *Fluorescein* getränktes Filterpapier wird mit Bromdämpfen (Br_2) behandelt. Es bildet sich das *rote Eosin* (2´, 4´, 5´, 7´- Tetrabromfluorescein). Die rote Farbe tritt stärker hervor, wenn man das Filterpapier anschließend über Ammoniak hält. Die **Eosin-Probe** dient zum Nachweis von **Bromid-Ionen** (Br^-) die mit Kaliumdichromat in schwefelsaurer Lösung zu Brom oxidiert werden.

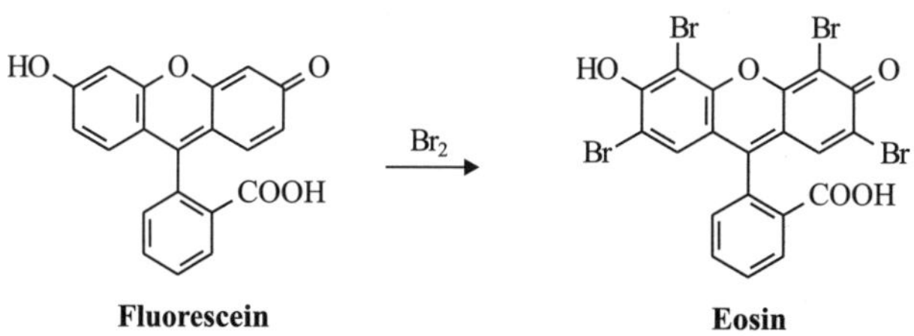

862 E **212** C **823** D **892** C

Nitrat-Ionen (NO_3^-) müssen zum Nachweis durch Bildung eines *Azofarbstoffes* zunächst zu Nitrit-Ionen (NO_2^-) reduziert werden.

Teststäbchen zum Nachweis von Nitrat über die Bildung eines Azofarbstoffes, die eine Nitrit-Warnzone enthalten, fehlt deshalb in dieser Zone das Reduktionsmittel (Nitrat → Nitrit).

863 D **237** D **466** A **469** C

Phosphat-Ionen (PO_4^{3-}) können nachgewiesen werden durch:
- Bildung eines *gelben* Niederschlags von *Silberphosphat* (Ag_3PO_4) beim Versetzen einer neutralen Probelösung mit Silbernitrat-Lösung. Silberphosphat ist in Säuren und Ammoniak löslich,
- Auftreten einer *gelben* Färbung oder eines gelben Niederschlags von *Divanadatodekamolybdatophosphat* $[PV(Mo_{10}O_{40}]^{5-}$ beim Behandeln mit Molybdat-Vanadat-Reagenz.

Natrium-Ionen (Na^+) ergeben mit *α-Methoxyessigsäure* in der Kälte einen voluminösen *weißen* Niederschlag, der sich in Ammoniak löst.

Natrium-Ionen (Na^+) bilden in der Kälte mit Kaliumhexahydroxoantimonat(V) $K[Sb(OH)_6]$ einen *weißen*, kristallinen Niederschlag von Natriumhexahydroxoantimonat(V) $Na[Sb(OH)_6]$.

864 D **13** B **14** A **416** E **888** B

Lithiumcarbonat (Li_2CO_3)
- färbt eine nicht leuchtende Bunsenflamme *rot*,
- ist in Wasser schwer löslich.

Lithiumcarbonat reagiert mit Salzsäure zu *Lithiumchlorid* (LiCl), das sich in Ethanol ebenso gut löst wie in Wasser.

Lithiumsulfat (Li_2SO_4) ist ein in Wasser leicht lösliches Salz.

865 E **5** C **6** E **7** E **8** D **11** A **413** B

Barium-Ionen (Ba^{2+}) können nachgewiesen werden durch:
- eine *grüne* Flammenfärbung,
- Fällung von *Bariumsulfat* ($BaSO_4$) mit Natriumsulfat- (Na_2SO_4) oder Schwefelsäure-Lösung (H_2SO_4) [pH = 1]
- Fällung von *Bariumchromat* ($BaCrO_4$) beim Versetzen einer essigsauren, acetatgepufferten Lösung mit Kaliumchromat (K_2CrO_4). Bariumchromat ist löslich in Salzsäure, da in salzsaurer Lösung Chromat-Ionen (CrO_4^{2-}) soweit in Dichromat ($Cr_2O_7^{2-}$) umgewandelt wurden, dass die CrO_4^{2-}-Konzentration zur Fällung von $BaCrO_4$ *nicht* mehr ausreicht.

866 B **364** E **365** C **456** E **878** D

Mangan(II)-Salze wie *Mangan*(II)-*sulfat* ($MnSO_4$) zeigen folgendes Reaktionsverhalten:
- Das Mn(II)-Kation bildet mit Ammoniak zunächst Mangan(II)-hydroxid [$Mn(OH)_2$], das sich im Überschuss des Fällungsmittels als *Manganhexammin-Komplex* $[Mn(NH_3)_6]^{2+}$ wieder auflöst.
- Mn(II)-Salze ergeben mit Alkalihydroxiden einen *weißen* Niederschlag von *Mangan*(II)-*hydroxid* [$Mn(OH)_2$], der im Überschuss des Fällungsmittels unlöslich ist. $Mn(OH)_2$ ist ein nichtamphoteres Hydroxid.
- In der Schmelze mit Natriumnitrat/Pottasche ($NaNO_3/K_2CO_3$) werden Mangan(II)-Ionen zu *grünem* Manganat(VI) oxidiert (*Oxidationsschmelze*).

$$Mn^{2+} + 2\,NO_3^- + 2\,CO_3^{2-} \rightarrow MnO_4^{2-} + 2\,NO_2^- + 2\,CO_2\uparrow$$

- Mn(II)-Salze werden in salpetersaurer Lösung mit Blei(IV)-oxid (PbO_2) bis zur Stufe von *violettem* Permanganat [Manganat(VII)] (MnO_4^-) oxidiert.

$$2\,Mn^{2+} + 5\,PbO_2 + 4\,H_3O^+ \rightarrow 2\,MnO_4^- + 5\,Pb^{2+} + 6\,H_2O$$

- Aus einer Mn(II)-Probelösung fällt mit ammoniakalischer Hydrogensulfid-Lösung (NH_3/HS^-) *fleischfarbenes*, wasserhaltiges *Mangan*(II)-*sulfid* (MnS) aus.

867 C **352** E **353** E **354** B **355** C **492** E **827** D
879 B

Zur **Grenzprüfung auf Arsen** nach *Arzneibuch* wird:
- die salzsaure Prüflösung mit Iodid-Ionen (I^-) versetzt, um fünfwertiges As(V) zu dreiwertigem As(III) zu reduzieren.

$$AsO_4^{3-} + 2\,I^- + 2\,H_3O^+ \rightarrow AsO_3^{3-} + I_2 + 3\,H_2O$$

- die Lösung nach Zugabe von Natriumhypophosphit (NaH_2PO_2) erhitzt, wobei As(III) zu *braunem*, metallischem *Arsen* (As) reduziert und Phosphinsäure (H_3PO_2) zu Phosphonsäure (H_3PO_3) oxidiert wird.

$$2\,AsO_3^{3-} + 3\,H_2PO_2^- + 9\,H_3O^+ \rightarrow 2\,\mathbf{As}\downarrow + 3\,H_3PO_3 + 12\,H_2O$$

868 E **409** D **478** C

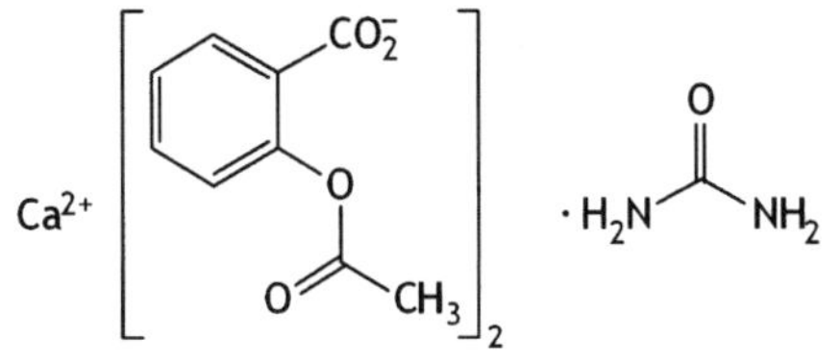

Carbasalat-Calcium

Glyoxalbishydroxyanil [2,2´-(Ethandiylidendinitrilo)diphenol] bildet im alkalischen, carbonathaltigen Milieu mit **Calcium-Ionen** (Ca^{2+}) einen *roten Chelatkomplex* nachfolgender Struktur:

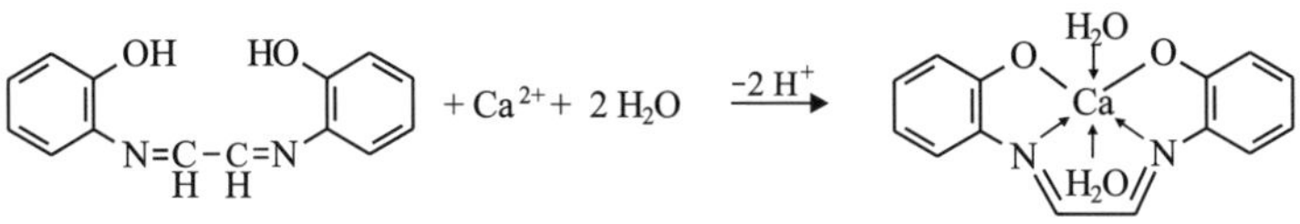

869 B

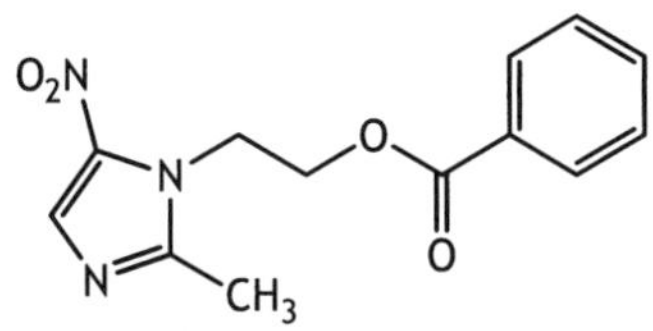

Metronidazolbenzoat

Für die Analytik des Arzneistoffes **Metronidazolbenzoat** sind folgende Aussagen zutreffend:

- Bei der Umsetzung des Wirkstoffes, der eine Benzoesäureester-Funktion (C_6H_5-COO-Het) enthält, mit Hydroxylamin bildet sich Phenylhydroxamsäure [C_6H_5-CO-NHOH], die mit Eisen(III)-chlorid ($FeCl_3$) *bläulich rote* bis *rote* Chelatkomplexe bildet (**Hydroxamsäure-Reaktion**).
- Behandelt man den Wirkstoff, der eine heteroaromatische Nitro-Gruppe enthält, mit Zinkpulver in verdünnter Salzsäure, so bildet sich durch Redukion der NO_2-Gruppe ein *primäres* hetero*aromatisches Amin* (Het-NH_2).
- Metronidazolbenzoat ist *achiral* und zeigt *keine* optische Drehung.

870 C **723** C **799** B **857** B

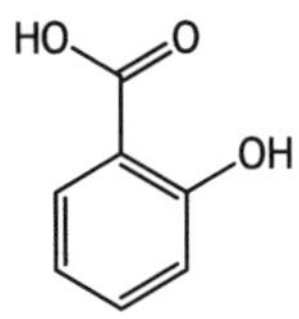

Salicylsäure

Salicylsäure (2-Hydroxybenzoesäure) ergibt als *Phenol* mit Eisen(III)-chlorid-Lösung einen violetten Chelatkomplex, der auch nach Zusatz von Essigsäure noch beständig ist.

871 A **755** C **756** B **757** C **758** A **759** B **805** B
814 D

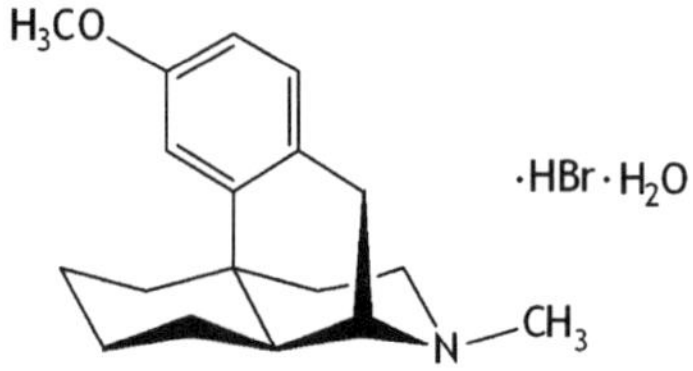

Dextromethorphanhydrobromid

Basische, kationbildende größere organische Moleküle wie z. B. tertiäre Amine (R_3N) bilden nach Zugabe einer essigsauren Tetraiodobismutat(III)-Lösung $[BiI_4]^-$ (**Dragendorffs Reagenz**) einen *orangefarbenen* oder orangeroten Niederschlag. Dextromethorphan enthält das Strukturelement eines tertiären Methylamins (R_2N-CH_3).

872 D **720** E **721** B

Natriumbenzoat (C_6H_5-COO^-Na^+) zeigt folgendes Reaktionsverhalten, das zu seiner Identitätsprüfung genutzt werden kann:

- Mineralsäuren wie Schwefelsäure setzen als stärkere Säuren aus Natriumbenzoat *Benzoesäure* (C_6H_5-COOH) frei, die aus Wasser umkristallisiert über ihren Schmelzpunkt (Fp = 121-124 °C) identifiziert werden kann.
- Benzoesäure sublimiert leicht beim Erwärmen unter Normaldruck.
- Beim *Schmelzen* von Natriumbenzoat mit Natrium- oder Calciumhydroxid tritt Decarboxylierung ein unter Bildung von Benzol.

$$C_6H_5\text{-COONa} + NaOH \rightarrow C_6H_6 + Na_2CO_3$$

- Die Tendenz zur Abspaltung von Kohlendioxid (CO_2), das als Gas entweicht, ist bei einfachen Carbonsäuren gering. α-ständige elektronenanziehende Substituenten (C=C, CO, NO_2, Cl u. a.) erleichtern jedoch die CO_2-Abspaltung.

Fluorwasserstoff (HF) ätzt Glas.

873 D **702** D **704** D **705** D

Über eine der *Identitätsprüfungen* auf **Acetat** nach *Arzneibuch* treffen folgende Aussagen zu:

- Grundlage der Nachweisreaktion mit Oxalsäure-Dihydrat ist die Protonierung des Acetats (CH_3-COO^-) unter Bildung von Essigsäure (CH_3-COOH).
- Essigsäure mit einem pK_s-Wert von 4,76 zählt zu den schwachen Säuren und kann durch stärkere Säuren aus ihren Salzen freigesetzt werden.
- Der Dampfdruck der Essigsäure ist hinreichend hoch (Essigsäure ist hinreichend *flüchtig*), um die Säure am Geruch erkennen zu können.
- Die zweibasige *Oxalsäure* [HOOC-COOH] (pK_{s1} = 1,23; pK_{s2} = 4,19) ist in beiden Protolysestufen eine stärkere Säure (kleinerer pK_s-Wert) als Essigsäure.
- Oxalsäure könnte in dieser Nachweisreaktion durch andere, *nicht flüchtige* Säuren (H_3PO_4, NaH_2PO_4, $NaHSO_4$, $KHSO_4$ u. a.) ersetzt werden.

874 E

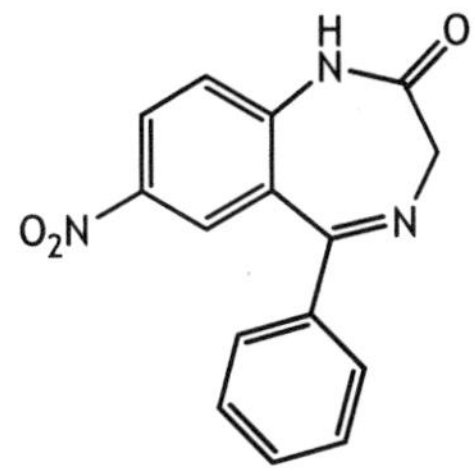

Nitrazepam

Über die Analytik von **Nitrazepam** treffen folgende Aussagen zu:

- In Methanol vermessen besitzt Nitrazepam im UV-Spektrum *Absorptionsmaxima* bei $\lambda_{max} = 257$ nm und $\lambda_{max} = 306$ nm. Die Lage dieser Maxima hängt stark vom pH-Wert der Lösung ab. In alkalischer Lösung wird die Amid-Funktion deprotoniert und ein mesomeriestabilisiertes Anion gebildet, dessen Absorptionsmaximum im Sichtbaren liegt. Diese bathochrome Verschiebung führt zu einer *Gelbfärbung* der Lösung.
- Bei der sauren Hydrolyse von Nitrazepam bildet sich 2-*Amino-5-nitro-benzophenon*, das als primäres aromatisches Amin z.B. mit Natriumnitrit diazotiert und mit 2-Naphthol gekuppelt werden kann bzw. positiv mit *Ehrlich-Reagenz* reagiert.
- Die aromatische Nitro-Gruppe (Ar-NO_2) im Nitrazepam kann mit Zink-Staub (Zn) in salzsaurer Lösung oder mit Natriumdithionit ($Na_2S_2O_4$) zum primären aromatischen Amin (Ar-NH_2) reduziert und die erhaltene Aminoverbindung danach für die weitere Identifizierung derivatisiert werden.
- Bei der wasserfreien Titration mit Perchlorsäure-Maßlösung wird *ein* Äquivalent verbraucht unter Protonierung des Imin-N-Atoms (=N-).
- Bei der wasserfreien Titration mit Tetrabutylammoniumhydroxid-Maßlösung wird *ein* Äquivalent verbraucht unter Deprotonierung der Amid-Funktion (-NH-CO-).

8 Prüfung Frühjahr 2011

875 D

Natriumperchlorat ($NaClO_4$) und *Natriumsulfat* (Na_2SO_4) sind Neutralsalze, die in Wasser *neutral* (pH = 7) reagieren.

Hydrazinhydrochlorid ($H_2N\text{-}NH_3^+Cl^-$), Aluminiumsulfat [$Al_2(SO_4)_3$] und Ammoniumchlorid ($NH_4^+Cl^-$) sind Salze aus einer schwachen Base und einer starken Säure, ihre wässrigen Lösung reagieren daher sauer. Für den Entscheid, welches Salz in gleichkonzentrierten wässrigen Lösungen am stärksten sauer reagiert, müssen die pK_s-Werte herangezogen und verglichen werden.

Die Kationen besitzen folgende pK_s-Werte:
Aluminiumhydrat $[Al(H_2O)_6]^{3+}$ (pK_s = 4,85) - Hydrazin-Kation $[H_2N\text{-}NH_3]^+$ (pK_s = 7,93) - Ammonium-Ion $[NH_4]^+$ (pK_s = 9,25).
Von den genannten Kationen ist das *hydratisierte Aluminium-Ion* die stärkste Säure und somit reagiert eine wässrige Lösung von **Aluminiumsulfat** am stärksten *sauer*.

876 C

Silberchlorid (AgCl) ist ein in Wasser schwer lösliches Salz. Die *Löslichkeit* wird aber durch Fremdsubstanzen, die gleichfalls in der Lösung anwesend sind, beeinflusst.

Sofern eine Lösung Ionen enthält, die auch in dem zu lösenden oder auszufällenden Salz enthalten sich, spricht man von *gleichionigen Zusätzen*. Für AgCl wären es Salze wie Natriumchlorid (NaCl) oder Aluminium(III)-chlorid ($AlCl_3$). *In der Regel wird die Löslichkeit eines Salzes in Wasser durch gleichionige Zusätze verringert* (früheres Überschreiten des Löslichkeitsproduktes).

Man spricht von *fremdionigen Zusätzen*, wenn die Fremdsalze keine Ionen des zu bestimmenden schwer löslichen Salzes enthalten. In unserem Falle sind es Aluminium(III)-nitrat [$Al(NO_3)_3$] und Natriumnitrat ($NaNO_3$).

Da aber die Aktivitätskoeffizienten (f) von der *Ionenstärke aller* in der Lösung befindlichen Teilchen abhängen, ändert sich die Löslichkeit eines Salzes auch bei fremdionigen Zusätzen. Da $f < 1$ ist, *nimmt in der Regel die Löslichkeit eines Salzes bei Anwesenheit von Fremdionen* zu. Die Ionenstärke einer $Al(NO_3)_3$-Lösung ist größer als die einer gleichkonzentrierten $NaNO_3$–Lösung, so dass die Löslichkeit von AgCl am größten ist in einer **$Al(NO_3)_3$-Lösung** [$c = 0{,}1\ mol \cdot l^{-1}$].

877 E **338** B **838** A **851** B

Bei Zugabe von Kaliumiodid (KI) zu einer **Cu(II)-Salzlösung** fällt *weißes Kupfer*(I)*-iodid* (CuI) aus, das durch das gebildete Iod braun gefärbt ist.

$$2\,Cu^{2+} + 4\,I^- \rightarrow 2\,CuI\downarrow + I_2$$

Eine Cu^{2+}-Lösung ergibt mit Alkalihydroxid-Lösung einen *bläulichen* Niederschlag von *Kupfer*(II)*-hydroxid* [$Cu(OH)_2$], der sich beim Erhitzen in *schwarzes Kupfer*(II)*-oxid* (CuO) umwandelt. Beide Substanzen lösen sich im frisch gefällten Zustand im Überschuss des Fällungsmittels zu Tetrahydroxocuprat(II) [$Cu(OH)_4]^{2-}$:

$$Cu^{2+} + 2\,HO^- \rightarrow Cu(OH)_2\downarrow \rightarrow CuO\downarrow + H_2O$$
$$Cu(OH)_2 + 2\,HO^- \rightarrow [Cu(OH)_4]^{2-}$$

Eine Cu(II)-Probelösung bildet mit Schwefelwasserstoff (H_2S) in salzsaurem Milieu einen *schwarzen* Niederschlag von *Kupfer*(II)*-sulfid* (CuS).

Taucht man einen Eisennagel [Fe(0)] in eine Cu(II)-Probelösung ein, so scheidet sich elementares Kupfer (Cu) ab und Eisen wird zu Eisen(II) oxidiert.

$$Cu^{2+} + Fe \rightarrow Cu + Fe^{2+}$$

Kupfer(II)- und Eisen(III)-Ionen sind als oxidierte Formen nebeneinander stabil.

878 D **364** E **866** B

Für **Mangan(II)-Salze** sind folgende Aussagen zutreffend:

- Mit Ammoniak erfolgt aus einer Mn(II)-Salzlösung zunächst eine unvollständige Fällung von *Mangan*(II)*-hydroxid* [$Mn(OH)_2$], die sich im Überschuss von Ammoniak als Manganhexamminkomplex [$Mn(NH_3)_6]^{2+}$ wieder auflöst.

$$Mn^{2+} + 2\,NH_3 + 2\,H_2O \rightarrow 2\,NH_4^+ + Mn(OH)_2\downarrow$$
$$Mn(OH)_2 + 2\,NH_4^+ + 4\,NH_3 \rightarrow [Mn(NH_3)_6]^{2+} + 2\,H_2O$$

- Mn(II)-Salze bilden mit Natronlauge oder anderen Alkalihydroxiden einen *weißen* Niederschlag von *Mangan*(II)*-hydroxid* [$Mn(OH)_2$], der im Überschuss des Fällungsmittels unlöslich ist. Mn(II)-hydroxid ist somit nicht amphoter.

$$Mn^{2+} + 2\,HO^- \rightarrow Mn(OH)_2\downarrow$$

- Beim Zusammenschmelzen von Mn(II)-Salzen mit Natriumnitrat/Kaliumchromat ($NaNO_3/K_2CrO_4$) bildet sich *grünes Manganat*(VI) [MnO_4^{2-}] (*Oxidationsschmelze*).

$$Mn^{2+} + 2\,NO_3^- + 2\,CO_3^{2-} \rightarrow MnO_4^{2-} + 2\,NO_2^- + 2\,CO_2\uparrow$$

- Beim Kochen von Mangan(II)-Salzen mit Bleidioxid (PbO_2) in schwefelsaurer Lösung entsteht *violettes Permanganat* [Manganat(VII)] (MnO_4^-).

$$2\,Mn^{2+} + 5\,PbO_2 + 4\,H_3O^+ \rightarrow 2\,MnO_4^- + 5\,Pb^{2+} + 6\,H_2O$$

879 B **356** E **827** D **867** C

Die Reagenzienkombination **Salzsäure/Kaliumiodid/ Natriumhypophosphit** wird zur *Grenzprüfung auf Arsen* eingesetzt. Dabei wird Arsen(III) in salzsaurer Lösung mit aus Hypophosphit ($H_2PO_2^-$) freigesetzter Phosphinsäure (H_3PO_2) zu elementarem, braunem Arsen (As) reduziert. Die Zugabe von Iodid-Ionen (KI) dient der Reduktion von As(V) zu As(III) [**Methode nach Thiele**]:

$$2\,As^{3+} + 3\,H_3PO_2 + 9\,H_2O \rightarrow 2\,\mathbf{As}\downarrow + 3\,H_3PO_3 + 6\,H_3O_+$$

Die Reagenzienkombination Thioglycolsäure/Ammoniak dient der *Grenzprüfung auf Eisen.*

Die Reagenzienkombination Mangan(II)-sulfat/Silbernitrat dient der *Grenzprüfung auf Ammonium-Ionen.*

Die Reagenzienkonbination 8-Hydroxychinolin/n-Butylamin/Triethanolamin dient der *Grenzprüfung auf Magnesium.*
Die Reagenzienkombination Ammoniumoxalat/Essigsäure dient der *Grenzprüfung auf Calcium.*

880 D **49** E

Der *Geruch* an freigesetztem **Schwefeldioxid** (SO_2) kann wahrgenommen werden beim:

- Ansäuern einer Natriumsulfit-Lösung (Na_2SO_3) mit verdünnter Schwefelsäure, wobei intermediär die im Sauren instabile Schweflige Säure (H_2SO_3) gebildet wird. [*Die stärkere Säure setzt die schwächere Säure aus ihren Salzen in Freiheit!*].

$$SO_3^{2-} + 2\,H_3O^+ \rightarrow 2\,H_2O + (H_2SO_3) \rightarrow H_2O + \mathbf{SO_2}\uparrow$$

- Ansäuern einer Natriumthiosulfat-Lösung ($Na_2S_2O_3$) mit verdünnter Salzsäure, wobei intermediär die instabile Thioschwefelsäure ($H_2S_2O_3$) entsteht, die in SO_2 und Schwefel (S) zerfällt.

$$S_2O_3^{2-} + 2\,H_3O^+ \rightarrow 2\,H_2O + (H_2S_2O_3) \rightarrow H_2O + \mathbf{SO_2}\uparrow + S\downarrow$$

- Verbrennen von Schwefel an der Luft, die auf der Stufe des Schwefeldioxids stehen bleibt.

Beim Übergießen von *Eisen*(II)-*sulfid* (FeS) mit verdünnter Salzsäure entsteht Schwefelwasserstoff (H_2S).

881 D **141** C

Bei der Identitätsprüfung von **Natriumfluorid** (NaF) nach *Arzneibuch* wird folgende Vorgehensweise vorgeschrieben:
Eine wässrige Lösung der Substanz wird mit Calciumchlorid-Lösung versetzt. Es entsteht ein gelatinöser Niederschlag, der sich auf Zugabe von Eisen(III)*-chlorid-Lösung wieder auflöst.*
Die Prüfung dient zum Nachweis von Fluorid-Ionen, die mit Calciumchlorid ($CaCl_2$) einen gelatinösen Niederschlag von *Calciumfluorid* (CaF_2) ergeben. Calciumchlorid kann also *nicht* durch Kaliumchlorid als Fällungsreagenz ersetzt werden.
Frisch gefälltes Calciumfluorid kann durch Zugabe von Eisen(III)-chlorid ($FeCl_3$) aufgelöst werden, wobei sich das sehr stabile Hexafluoroferrat(III)-Anion $[FeF_6]^{3-}$ bildet. (Kristalline CaF_2-Produkte sind jedoch *nicht* in $FeCl_3$-Lösung löslich!).

882 B **166** E

Bei der *Reinheitsprüfung* von **Kaliumiodid** (KI) nach *Arzneibuch* wird die Substanz mit iodidfreier Stärke-Lösung und verdünnter Schwefelsäure versetzt und anschließend 2 min im Dunkeln stehengelassen. Es darf *keine* Blaufärbung auftreten.
Hierbei handelt es sich um eine Prüfung auf **Iodat** (IO_3^-) als Verunreinigung. Iodat komproportioniert in saurer Lösung mit Iodid-Ionen zu Iod (I_2), das in Anwesenheit von iodidfreier Stärke zum blauen Iod-Stärke-Komplex reagiert.

$$IO_3^- + 5\,I^- + 6\,H_3O^+ \rightarrow 9\,H_2O + 3\,I_2 \rightarrow \text{Iod-Stärke-Reaktion } (\textit{blau})$$

Die Prüfung auf Iodid-Ionen erfolgt nach Arzneibuch durch Fällung als *Silberiodid* (AgI) oder durch Oxidation von Iodid mit Kaliumdichromat-Lösung zu elementarem *Iod* (I_2), das eine Chloroform-Schicht *violett* bis violettrot färbt.
Die Blaufärbung kann *nicht* die Anwesenheit von Thiosulfat-Ionen ($S_2O_3^{2-}$) anzeigen, weil Thiosulfat Iod zu Iodid reduzieren würde und die Iod-Stärke-Reaktion ausbleibt.

$$2\,S_2O_3^{2-} + I_2 \rightarrow 2\,I^- + S_4O_6^{2-}$$

883 B **214** B **215** A **217** E **218** D **219** D **220** E
841 B

Nitrat-Ionen (NO_3^-) können nach *Arzneibuch* nachgewiesen werden durch Reaktion mit Nitrobenzol/Schwefelsäure und anschließende Umsetzung mit Aceton im alkalischen Milieu. Es tritt eine *Violettfärbung* auf (**Reaktion nach Pesez**).

Über diesen Nachweis können folgende Aussagen gemacht werden:

- Aus Nitrat-Ionen und konzentrierter Schwefelsäure bildet sich Nitriersäure, die Nitrobenzol in 1,3-Dinitrobenzol als Zwischenprodukt umwandelt.
- Aus Aceton (CH_3-CO-CH_3) bildet sich im Alkalischen ein Carbanion (CH_3-CO-CH_2^-), welches das 1,3-Dinitrobenzol *nucleophil* angreift und es entsteht ein *tiefviolettes Meisenheimer Salz* (S_NAr-Reaktion).
- **Nitrit-Ionen** (NO_2^-) stören *nicht*, weil sie Nitrobenzol *nicht* in 1,3-Dinitrobenzol, ein stark desaktivierter Aromat, umwandeln können.
- Das tiefviolett gefärbte Endprodukt (*Janovsky-Produkt*) kann durch nachfolgende Struktur beschrieben werden:

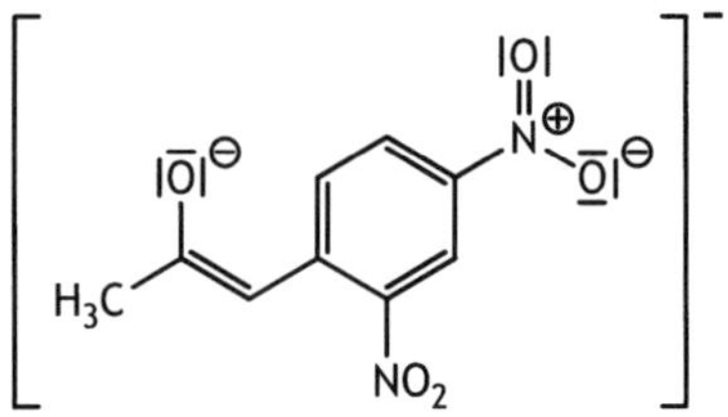

884 E **738** C **739** C **740** C **742** E **743** C **744** E

Carbonsäureester (R-CO-OR´) reagieren mit Hydroxylamin (H_2NOH) zu Hydroxamsäuren (R-CO-NHOH), die mit Eisen(III)-Ionen farbige Chelatkomplexe bilden. In analoger Weise reagieren **β-Lactame** mit Hydroxylamin unter Öffnung des Lactamringes. β-Lactame stören somit die Hydroxamsäure-Reaktion.

Sekundäre (R_2CHOH) und tertiäre (R_3COH) Alkohole, Dialkylether (R-O-R´) sowie Acetale [R-CH(OR´)$_2$] stören hingegen die Hydroxamsäure-Reaktion *nicht*.

885 C **748** D **785** C

Durch Erhitzen in wässriger Alkalihydroxid-Lösung wird **Nicotinamid** (Pyridin-3-carboxamid) [Formel **C**] zu *Nicotinsäure* (Pyridin-3-carbonsäure) und **Ammoniak** (NH_3) gespalten, der an seinem Geruch erkannt wird.

Durch Hydrolyse mit Salzsäure entsteht aus **Paracetamol** [N-(4-Hydroxyphenyl)acetamid] [Formel **A**] durch Spaltung der Amid-Funktion 4-Aminophenol, das zu farbigen Produkten oxidiert werden kann.

Pyridoxin [5-Hydroxy-6-methylpyridin-3,4-diyl)dimethanol] (Formel **B**] ist weitgehend hydrolysestabil und kann z. B. in mineralsaurer Lösung sterilisiert (30 min 120 °C) werden. Beim Erhitzen in neutraler Lösung (30 min 120 °C) wird Dimerisierung beobachtet.

Beim hydrolytischen Zerfall von **Isoniazid** (Pyridin-4-carbohydrazid) [Formel **D]** entstehen *Isonicotinsäure* (Pyridin-4-carbonsäure) und *Hydrazin* (H_2N-NH_2), das z. B. mit Ehrlich-Reagenz nachgewiesen werden kann.

Bei der Verseifung der Esterstruktur im **Benzocain** [Ethyl(4-aminobenzoat)] [Formel **E**] entstehen *Ethanol* und p-Aminobenzoesäure. Ethanol kann zu *Acetaldehyd* oxidiert und mit den üblichen Carbonylreagenzien nachgewiesen werden.

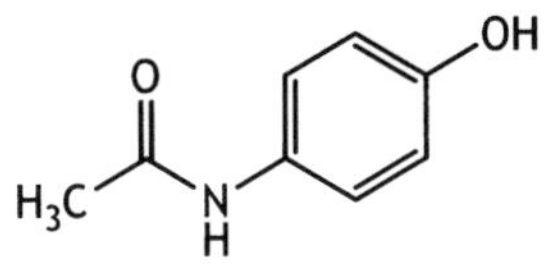

(A)

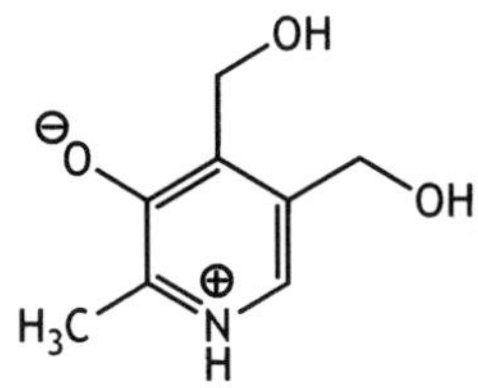

(B)

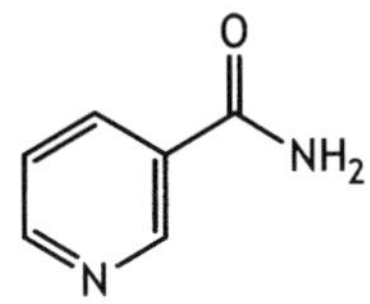

(C)

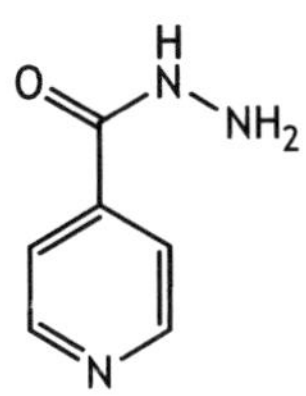

(D)

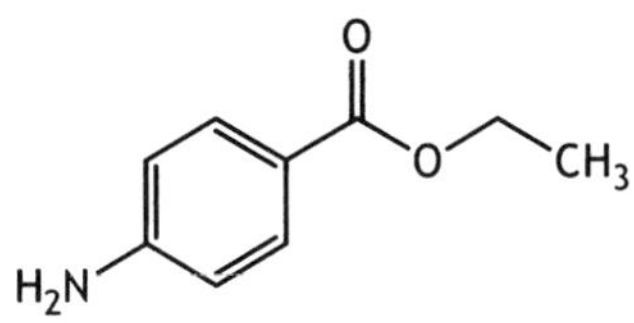

(E)

886 D **899** E

Auf die *Gehaltsbestimmung* von **Schwefel** (A_r = 32,07] mithilfe der **Schöniger-Methode** (Verbrennung im Sauerstoffkolben) treffen folgende Aussagen zu:

- Bei der Verbrennung von Schwefel in der Sauerstoffatmosphäre wird *Schwefeldioxid* (SO_2) gebildet, das in der Absorptionslösung mit Wasserstoffperoxid (H_2O_2) zu **Schwefelsäure** (H_2SO_4) oxidiert wird. Die Absorptionslösung reagiert somit *sauer*.
- Die Schwefelsäure wird mit Natriumhydroxid-Maßlösung gegen Phenolphthalein titriert. Der Farbumschlag am Äquivalenzpunkt der Titration erfolgt somit von farblos nach rot.
- 1 ml Natriumhydroxid-Lösung (0,1 $mol \cdot l^{-1}$) entspricht 1,603 mg S.

9 Prüfung Herbst 2011

887 B **76** E **89** B

Mithilfe eines alkalischen **Soda-Pottasche-Aufschlusses** lassen sich aufschließen: Bariumsulfat ($BaSO_4$), Silberbromid (AgBr), Aluminium(III)-oxid (Al_2O_3) und Calciumaluminiumsilicat ($Ca_3Al_2[SiO_4]_3$). Der Aufschluss dieser Substanzen kann durch folgende Reaktionsgleichungen beschrieben werden.

$$BaSO_4 + Na_2CO_3 \rightarrow BaCO_3 + Na_2SO_4$$
$$2\,AgBr + Na_2CO_3 \rightarrow Ag_2CO_3 + 2\,NaBr$$
$$Al_2O_3 + Na_2CO_3 \rightarrow 2\,NaAlO_2 + CO_2\uparrow$$
$$Ca_3Al_2[SiO_4]_3 + 7\,Na_2CO_3 \rightarrow 3\,Na_4SiO_4 + 2\,NaAlO_2 + 3\,CaCO_3 + 4\,CO_2\uparrow$$

Zinn(IV)-oxid [Zinnstein] (SnO_2) kann *nicht* durch einen Soda-Pottasche-Aufschluss in Lösung gebracht werden. Der Aufschluss erfolgt mithilfe des **Freiberger Aufschlusses** und wird durch folgende Bruttoreaktionsgleichung beschrieben:

$$2\,SnO_2 + 2\,Na_2CO_3 + 9\,S \rightarrow 2\,Na_2SnS_3 + 3\,SO_2\uparrow + 2\,CO_2\uparrow$$

888 B **13** B **14** A **416** E **484** A **825** B **864** D

Lithium-Ionen (Li^+) lassen sich nachweisen durch die:

- *rote* Flammenfärbung mit einer Spektrallinie bei $\lambda = 670$ nm.
- Bildung von schwer löslichem *Lithiumphosphat* (Li_3PO_4), das im Alkalischen auf Zugabe von Dinatriumhydrogenphosphat (Na_2HPO_4) ausfällt.

$$3\,Li^+ + HPO_4^{2-} + HO^- \rightarrow \mathbf{Li_3PO_4}\downarrow + H_2O$$

Lithiumhydroxid (LiOH), Lithiumtartrat [LiOOC-$(CHOH)_2$-COOLi] und Lithiumhexanitrocobaltat(III) $Li_3[Co(NO_2)_6]$ sind wasserlösliche Verbindungen.

889 C **181** C **183** C **185** E **186** D

Cyanide (CN^-) bilden mit Silber-Ionen einen *weißen* Niederschlag von *Silbercyanid* (AgCN), der sich in Ammoniak-Lösung oder im Überschuss von Cyanid-Ionen löst. Für die Fällung ist also ein Überschuss an Ag^+-Ionen erforderlich.

$$Ag^+ + CN^- \rightarrow \mathbf{AgCN}\downarrow + CN^- \rightarrow [Ag(CN)_2]^- + Ag^+ \rightarrow 2\,\mathbf{AgCN}\downarrow$$
$$AgCN + 2\,NH_3 \rightarrow [Ag(NH_3)_2]^+ + CN^-$$

890 B **205** B

Thiosulfat-Ionen ($S_2O_3^{2-}$) ergeben mit Silbernitrat-Lösung in neutralem bis essigsaurem Milieu einen *weißen* Niederschlag von *Silberthiosulfat* ($Ag_2S_2O_3$). Silberthiosulfat ist unbeständig und zersetzt zu *schwarzem* **Silbersulfid** (Ag_2S). Dabei schlägt die Farbe der Lösung von Weiß über Gelb nach Braun und schließlich Schwarz um.

$$2\,Ag^+ + S_2O_3^{2-} \rightarrow \mathbf{Ag_2S_2O_3}\downarrow + H_2O \rightarrow \mathbf{Ag_2S}\downarrow + H_2SO_4$$

891 B **189** E

Thiocyanat-Ionen (SCN^-) können nachgewiesen werden durch:
- Fällung von *weißem Silberthiocyanat* (AgSCN) beim Versetzen einer salpetersauren Probelösung mit $AgNO_3$-Lösung.
- Bildung von *rotem*, in Ether extrahierbarem *Eisen*(III)-*thiocyanat* [$Fe(SCN)_3$] beim Versetzen einer schwach sauren Probelösung mit $FeCl_3$-Lösung.
- Bildung von *blauem*, in Amylalkohol/Ether löslichem *Cobalt*(II)-*thiocyanat* [$Co(SCN)_2$] beim Versetzen der neutralen Probelösung mit $CoCl_2$-Lösung.
- Fällung von *weißem Kupfer*(I)-*thiocyanat* (CuSCN) beim Versetzen einer Probelösung mit $CuSO_4$-Lösung und Schwefliger Säure (H_2SO_3) als Reduktionsmittel.

$$2\,Cu^{2+} + SO_3^{2-} + 2\,SCN^- + 3\,H_2O \rightarrow 2\,\mathbf{CuSCN}\downarrow + SO_4^{2-} + 2\,H_3O^+$$

Chrom(III)-Ionen bilden mit überschüssigen Thiocyanat-Ionen lösliche Komplexe der Form $[Cr(SCN)_6]^{3-}$.

892 C **229** A **230** A **826** B

Nitrat-Ionen (NO_3^-) können nach *Arzneibuch* nachgewiesen werden durch die Reaktion mit Nitrobenzol/Schwefelsäure und anschließender Umsetzung mit Aceton im alkalischen Milieu. Es tritt eine *Violettfärbung* auf (**Reaktion nach Pesez**).
Nitrit-Ionen (NO_2^-) stören *nicht*, weil sie Nitrobenzol nicht in 1,3-Dinitrobenzol, ein stark desaktivierter Aromat, umwandeln können.

Die *Ringprobe* (Zugabe von $FeSO_4$-Lösung, Unterschichten mit konzentrierter Schwefelsäure) unter Bildung von *braunen* bis amethystfarbenen Pentaaquonitrosylferrat(II)-Ionen $[Fe(H_2O)_5NO]^{2+}$ wird von Nitraten *und* Nitriten gegeben.

Amidosulfonsäure ($H_2N\text{-}SO_3H$) zerstört Nitrit (NO_2^-) unter Bildung von elementarem Stickstoff (N_2), reagiert aber nicht mit Nitrat, sodass es *nicht* zum Nitrat-Nachweis neben Nitrit geeignet ist.

$$H_2N\text{-}SO_3H + HNO_2 \rightarrow N_2\uparrow + H_2SO_4 + H_2O$$

Im alkalischen Milieu (NaOH) werden sowohl Nitrate als auch Nitrite durch Aluminium-Grieß zu Ammoniak (NH_3) reduziert.

Nitrat-Ionen (NO_3^-) werden mit Zink (Zn) in essigsaurer Lösung zu Nitrit (NO_2^-) reduziert und anschließend mit Sulfanilsäure/2-Naphthol als Azofarbstoff nachgewiesen. Die Reaktion ist aber *nicht* zum Nachweis von Nitrat neben Nitrit geeignet.

$$\mathbf{NO_3^-} + Zn + 2\,H_3O^+ \rightarrow \mathbf{NO_2^-} + Zn^{2+} + 3\,H_2O$$

893 C

■ **Ölsäure** [(*Z*)-Octadec-9-ensäure] und **Elaidinsäure** [(E)-Octadec-9-ensäure] sind **cis/trans-isomere** Verbindungen. Als cis/trans-Isomere sind sie *diastereomer* und besitzen unterschiedliche **Schmelzpunkte**.

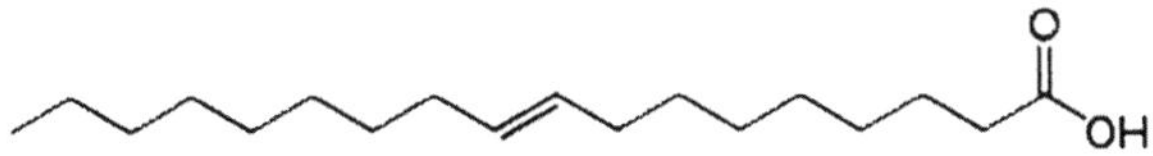

Elaidinsäure (trans-Isomer)

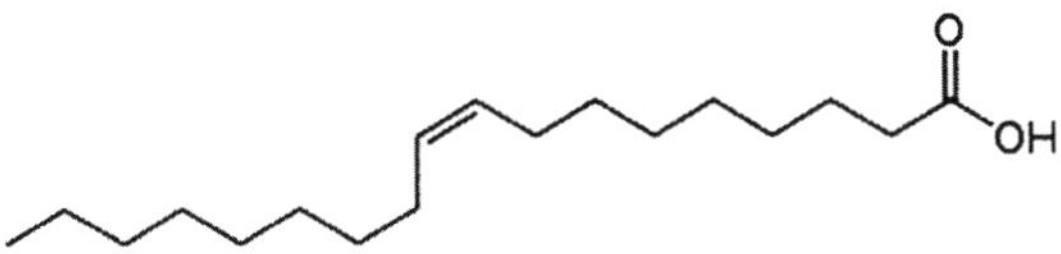

Ölsäure (cis-Isomer)

■ Ölsäure und Elaidinsäure sind beide *achiral* und daher drehen beide Substanzen *nicht* die Ebene des linear polarisierten Lichts.
■ Olsäure und Elaidinsäure besitzen beide eine C=C-Doppelbindung, an die Brom angelagert werden kann (Entfärbung der Brom-Lösung).
■ Ölsäure und Elaidinsäure sind beide Monocarbonsäuren gleicher Molmasse, so dass bei der Titration gleichkonzentrierter Lösungen der identische Äquivalentverbrauch an NaOH-Maßlösung resultiert.
■ Die Methylester von Ölsäure und Elaidinsäure sind Isomere und besitzen die gleiche Summenformel; daher zeigen beide Ester das gleiche Signal (m/z) im EI-Massenspektrum für das jeweilige Molekülion.

894 C

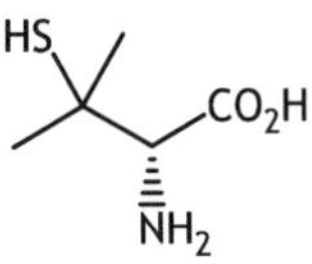

D-Penicillamin

■ Eine salzsaure Lösung von D-Penicillamin ergibt mit Aceton das kristalline Hydrochlorid eines Acetonids [Formel **C**]. Das Acetonid [C] ist im Gegensatz zum D-Penicillamin rechtsdrehend.
■ Die Formeln [A] und [B] zeigen Derivate des L-Penicillamin. Das chirale C-Atom zeigt die enantiomere Konfiguration.
■ Die Formeln [D] und [E] zeigen achirale Verbindungen. Sie können also *nicht* rechtsdrehend sein.

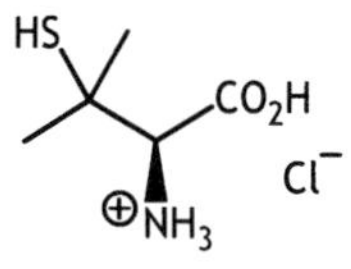

(A)

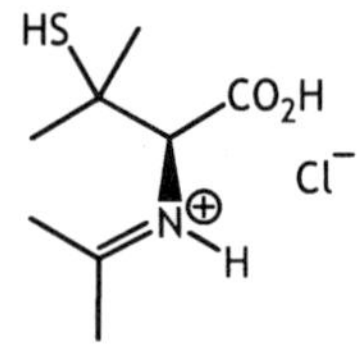

(B)

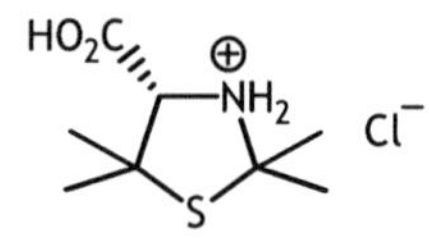

(C)

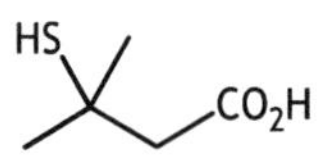

(D)

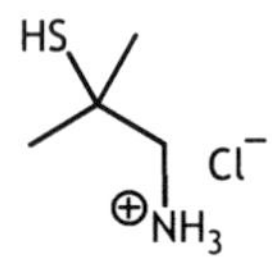

(E)

895 C **198** D **413** B

Das *Arzneibuch* lässt in der Monographie „**Wasserfreie Glucose**" [(+)-D-Glucopyranose] mit verdünnter Schwefelsäure auf einen überhöhten Barium-Gehalt prüfen. Die durch die Trübung von schwer löslichem *Bariumsulfat* ($BaSO_4$) verursachte Opaleszenz darf nicht stärker sein als die einer Prüflösung.

Eine Verunreinigung durch L-Glucose müsste sich bei der Bestimmung der spezifischen Drehung bemerkbar machen.

Mit chemischen Methoden kann ein mikrobieller Befall nicht quantifiziert werden.

Die Identitätsprüfung auf *Acetat* (CH_3COO^-) lässt das *Arzneibuch* mithilfe der Lanthannitrat/Iod/Ammoniak-Reagenzienkombination durchführen oder es weist Acetat nach Freisetzung von flüchtiger Essigsäure durch deren charakteristischen Geruch nach. Eine Grenzprüfung auf Acetat sieht das Arzneibuch *nicht* vor.

Die Grenzprüfung auf freien Formaldehyd erfolgt nach *Arzneibuch* mit Acetylaceton [Pentan-2,4-dion] (Methode A) oder mit Methylbenzothiazolonhydrazonhydrochlorid (Methode B).

896 C

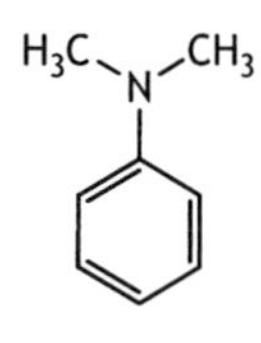

***N,N*-Dimethylanilin**

***N,N*-Dimethylanilin** ist ein tertiäres Amin mit aromatischem Rest. Das Molekül wird beim Behandeln mit Natriumnitrit (Salpetriger Säure) in saurer Lösung in einer elektrophilen Substitutionsreaktion (S_EAr-Reaktion) in para-Stellung nitrosiert. Es bildet sich ***N,N*-Dimethyl-4-nitrosoanilin**.

N,N-Dimethylanilin könnte als aktivierter Aromat als Kupplungskomponente bei der Azokupplung eingesetzt werden. Durch Umsetzung mit Aryldiazonium-Ionen entstehen *Azofarbstoffe*.

Meisenheimer Salze entstehen als Zwischen- oder Endprodukte bei nucleophilen Substitutionsreaktionen an desaktivierten Aromaten (S_NAr-Reaktion) nach einem Additions-Eliminations-Mechanismus.

897 D **738** C **739** C **740** C **741** C **746** C **859** D

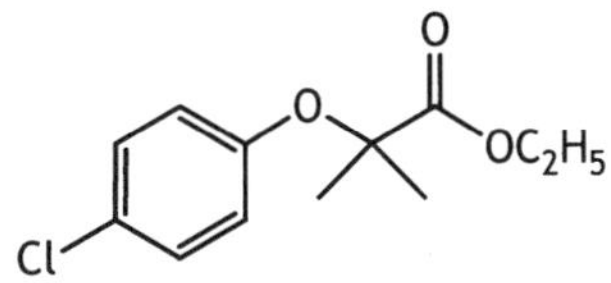

Clofibrat

Clofibrat enthält eine *Carbonsäureester*-Funktion (R-CO-OR´), die mit Hydroxylaminhydrochlorid ($HONH_3^+Cl^-$) in eine *Hydroxamsäure* (R-CO-NHOH) übergeführt wird. Hydroxamsäuren ergeben dann auf Zusatz von Eisen(III)-chlorid-Lösung ($FeCl_3$) einen bläulich roten bis *roten* Chelatkomplex.

898 C **679** A **680** D **681** D **808** D **858** C

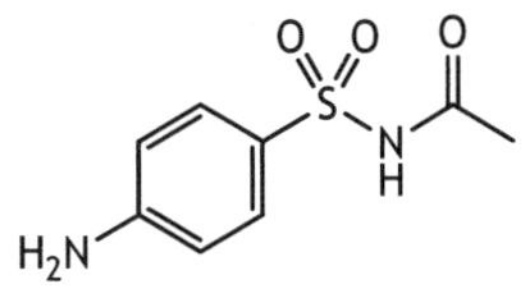

Sulfacetamid

Sulfacetamid ist ein *primäres aromatisches Amin* (Ar-NH_2), das mit Natriumnitrit ($NaNO_2$) in salzsaurer Lösung in ein Aryldiazonium-Ion (Ar-N_2^+] umgewandelt und danach mit 2-Naphthol zu einem orangefarbenen bis *roten Azofarbstoff* gekuppelt werden kann.

899 E **886** D

Auf die *Gehaltsbestimmung* von **Schwefel** (A_r = 32,07] mithilfe der **Schöniger-Methode** (Verbrennung im Sauerstoffkolben) treffen folgende Aussagen zu:

- Bei der Verbrennung von Schwefel in der Sauerstoffatmosphäre wird *Schwefeldioxid* (SO_2) gebildet, das in der Absorptionslösung mit Wasserstoffperoxid (H_2O_2) zu **Schwefelsäure** (H_2SO_4) oxidiert wird. Die Absorptionslösung reagiert somit *sauer.*
- Die Schwefelsäure wird mit Natriumhydroxid-Maßlösung gegen Phenolphthalein titriert. Der Farbumschlag am Äquivalenzpunkt der Titration erfolgt somit von farblos nach rot.
- 1 ml Natriumhydroxid-Lösung (0,1 mol·l^{-1}) entspricht 1,603 mg S.

Kommentare

900 C **712** A **766** C **847** B **860** E

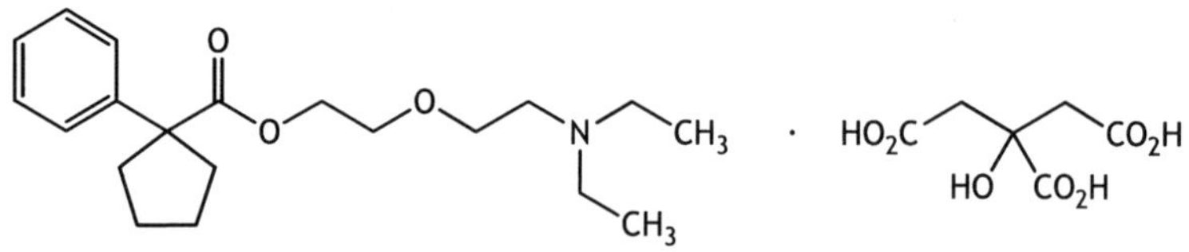

Pentoxyverinhydrogencitrat

Versetzt man eine schwefelsaure Dihydrogencitrat-Lösung mit Kaliumpermanganat-Lösung ($KMnO_4$), so tritt beim Erwärmen Entfärbung ein. Dabei wird die im Sauren gebildete *Citronensäure* decarboxyliert und zu *Acetondicarbonsäure* (HOOC-CH_2-CO-CH_2-COOH) oxidiert, die danach zu *Aceton* (CH_3-CO-CH_3) decarboxyliert.

Beim Pentoxyverinhydrogencitrat (M_r 525,6) liegt im Dihydrogencitrat-Gegenion ein Monoanion vor, das bei der wasserfreien Titration ein Äquivalent Perchlorsäure verbraucht. 1 ml Perchlorsäure-Maßlösung ($c = 0{,}1\ mol \cdot l^{-1}$) entspricht somit 52,56 mg des Wirkstoffsalzes.

Aufgrund des Dihydrogencitrat-Anions (zweibasige Säure) reagiert eine 10 %ige wässrige Lösung von Pentoxyverinhydrogencitrat *sauer*.

10 Prüfungsfragen aus Grundlagen der Physik, der Physikalischen Chemie und der Arzneiformenlehre

901 C **902** C **903** E **904** C

Unter einem **Schmelzdiagramm** versteht man ein fest-flüssig *Zustandsdiagramm* von einem Zweistoffgemisch (binäres System), in dem bei konstanten Druck (p = const.) die Abhängigkeit der Temperatur (T) von der *Zusammensetzung* der festen und der flüssigen Phase (ausgedrückt durch den Molenbruch oder das Konzentrationsverhältnis) aufgetragen wird.

Die unten angeführte Abbildung zeigt das Schmelzdiagramm eines binären Systems aus den Stoffen A und B mit *vollständiger Mischbarkeit* der beiden Stoffe im festen und im flüssigen Zustand. Über dieses Schmelzdiagramm können folgende Aussagen gemacht werden:

- Der reine Stoff A *schmilzt* (bzw. *erstarrt*) bei der Temperatur [Fp(A)] und der höher schmelzende, reine Stoff B bei der Temperatur [Fp(B)].
- Der bei höherer Temperatur schmelzende Stoff (B) wird beim Abkühlen (sinkende Temperatur) bevorzugt abgeschieden, beim Schmelzen (steigende Temperatur) dagegen werden beide Stoffe gleichzeitig flüssig.
- Man erhält zwei unterschiedliche Kurven, eine **Liquiduskurve** (*Schmelzkurve*) und eine **Soliduskurve** (*Erstarrungskurve*).
- Oberhalb der Liquiduskurve befindet sich das *Einphasengebiet* der *homogenen Schmelze* und unterhalb der Soliduskurve das *Einphasengebiet* der *einheitlichen Mischkristalle* beider Stoffe.
- Zwischen beiden Kurven liegt das *Zweiphasengebiet* der Schmelze und der Mischkristalle (feste Phase).

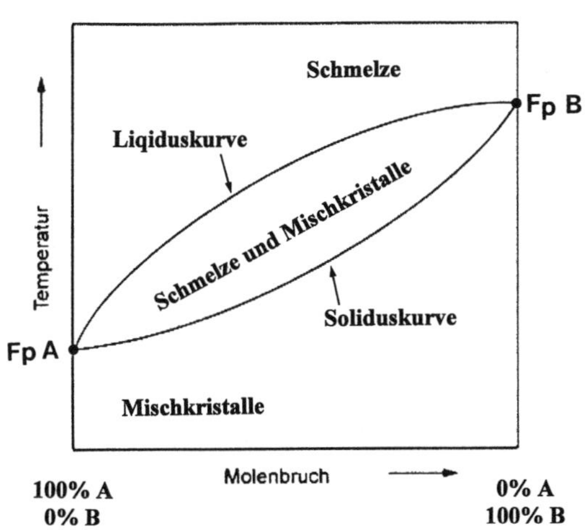

Als *Eutektikum* bezeichnet man ein *heterogenes Gemenge* aus zwei (oder mehr) Stoffen, die eine *homogene* flüssige Phase (*Schmelze* oder *Lösung*) bilden. Ein Eutektikum bildet somit im festen Zustand keine einheitlichen Mischkristalle.

905 C **906** B **907** B **908** E **909** E **910** A **911** E
912 B

Die **Gibbssche Phasenregel** beschreibt den Zusammenhang zwischen
- der Zahl der Phasen (P), die miteinander im Gleichgewicht stehen,
- der Zahl der unabhängigen Komponenten (K), die das System aufbauen und
- der Zahl der Freiheitsgrade (F) [Druck, Temperatur, chemische Zusammensetzung], die man unabhängig voneinander variieren kann, ohne dass eine der Phasen verschwindet.

Die Gibbssche Phasenregel lautet: **F = K – P + 2**
Für **F = 1** bezeichnet man das System als *univariant*, für **F = 2** als *bivariant* (*divariant*) und für **F = 0** als *nonvariant* (*invariant*).

Weil die Gleichgewichte in Zweistoffsystemen (K = 2) fast immer auf den Druck p = 1 atm bezogen werden, d. h., der Druck konstant ist, ändert sich die Phasenregel und lautet: **F = K – P +1**
In einem *homogenen Zustandsfeld* eines Zweistoffsystems, d. h., in einem Einphasengebiet wird F = 2 – 1 + 1 = 2. Das System ist *divariant*. Mit anderen Worten, Temperatur und Konzentration (Molenbruch) sind in diesem homogenen Bereich frei veränderbar.

Die unten abgebildete Graphik zeigt schematisch das Schmelzdiagramm für zwei im festen Zustand unmischbare und im flüssigen Zustand (*Schmelze*) miteinander mischbare Stoffe A und B.
In diesem Schmelzdiagramm ist wiederum bei konstantem Druck (p = const.) die Temperatur eines binären Systems in Abhängigkeit von der Zusammensetzung (Molenbruch bzw. Konzentrationsverhältnis) der Mischung aufgetragen. [Fp(A)] kennzeichnet den Schmelzpunkt des reinen Stoffes A, [Fp(B)] den Schmelzpunkt des reinen Stoffes B.
Die *Liquiduskurve* (Schmelzkurve) durchläuft hierbei ein *Minimum* und es tritt ein *eutektischer Punkt* (Punkt E) auf.

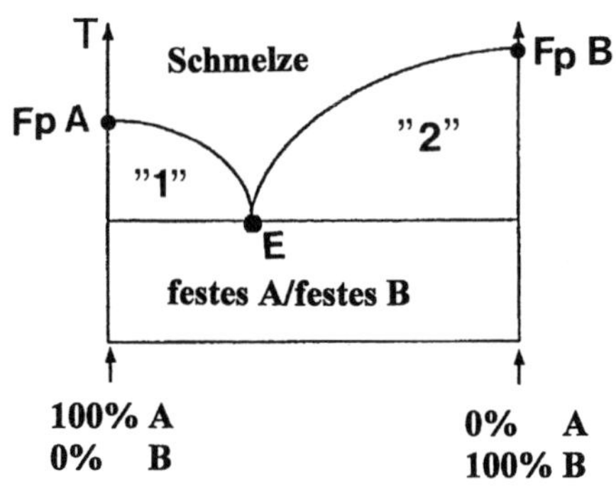

Über das Schmelzdiagramm eines binären Systems mit Eutektikum der beiden Stoffe A und B lassen sich folgende Aussagen machen:
- Das Gebiet oberhalb der Liquiduskurve kennzeichnet die *homogene Schmelze*, in der die beiden Komponenten (K = 2) vollständig miteinander mischbar sind. Nach der Gibbsschen Phasenregel ist das binäre System in diesem Bereich *bivariant;* es existieren zwei Freiheitsgrade (**F** = 2 – 1 + 1 = **2**)
- Der Punkt E ist das *Eutektikum* der binären Mischung. An diesem Punkt sind alle drei möglichen Phasen (homogene Schmelze, fester Stoff A, fester Stoff B) nebeneinander

koexistent. Die Anzahl der Freiheitsgrade ist *Null* (**F** = 2 – 3 + 1 = **0**). Das System ist *nonvariant.* Bei der eutektischen Temperatur erstarrt die Mischung als Ganzes ohne vorherige Abscheidung von Mischkristallen.

- Im Zustandsgebiet „1" koexistieren homogene Schmelze und reine Kristalle des Stoffes A. Im Zustandsgebiet „2" koexistieren homogene Schmelze und reine Kristalle des Stoffes B. Auch in diesem Bereich ist das System *bivariant* (**F** = 3 – 2 + 1 = **2**).
- Entlang der Schmelzkurven [Fp A→E und E→Fp B] ist das System *univariant* (F = 1).
- Eine *homogene Schmelze* kann nur bei einer Temperatur vorliegen, die einer Temperatur oberhalb der Schmelzkurve entspricht.

913 C

Aräometer tauchen so tief in eine Flüssigkeit ein, bis das Gewicht der verdrängten Flüssigkeit gleich dem Eigengewicht des Aräometers ist. Je spezifisch leichter eine Flüssigkeit ist, umso tiefer taucht das Aräometer ein.

Das Eintauchvolumen V eines Aräometers mit der Masse m = 24 g in einer Flüssigkeit der Dichte $\rho = 1{,}00\ g/cm^3$ beträgt 24 cm^3. In einer Flüssigkeit der größeren Dichte $\rho = 1{,}2\ g/cm^3$ beträgt das Eintauchvolumen V nur noch 4/5 (0,2 = 1/5) also **20 cm^3**.

914 D **529** D

Der größte Reiter auf Marke 10 (Haken) einer **Mohrschen Waage** kompensiert bei austarierter Waage den Auftrieb einer Flüssigkeit mit der Dichte 1,000 g/cm^3.
Wenn ein zweiter, gleich großer Reiter sich auf Marke 2 befindet, kompensiert dies eine Dichte von 0,200 g/cm^3.
Der zweitgrößte Reiter kompensiert auf Marke 10 eine Dichte von 0,1 g/cm^3 und somit auf Marke 5 0,050 g/cm^3.
Der kleinste Reiter kompensiert auf Marke 10 eine Dichte von 0,01 g/cm^3 und somit auf Marke 8 0,008 g/cm^3.
Daher berechnet sich die Dichte der untersuchten Flüssigkeitsprobe mithilfe einer Mohrschen Waage zu:

$$\rho = 1{,}000 + 0{,}200 + 0{,}050 + 0{,}008 = \mathbf{1{,}258\ g/cm^3}$$

Kommentare

Basiswissen schnell verfügbar

Bechthold
Pharmazeutische Mikrobiologie kompakt
2012. XIV, 271 S., 66 Abb., 50 Tab., Kartoniert.
ISBN 978-3-8047-2862-2
E-Book: PDF.
ISBN 978-3-8047-3047-2

→ Grundlagen der Molekularbiologie und Biochemie von Mikroorganismen
→ Eigenschaften, Klassifizierung, Diagnostik von Viren, Bakterien, Pilzen, Algen und Parasiten
→ Basiswissen zu Immunität, Infektion und Impfung
→ Mikroorganismen in der Biotechnologie.

Dieses Werk setzt Sie auf den richtigen Nährboden.

Rybach
Physik kompakt
Grundlagen und Anwendungen in Pharmazie, Medizin und Gesundheitswesen
2012. X, 228 S., 141 Abb., 12 Tab., 101 Wiederholungsfragen, 64 Praxisbeispiele, 44 Infokästen. Kartoniert.
ISBN 978-3-8047-2880-6
E-Book: PDF.
ISBN 978-3-8047-3103-5

Der Autor dieses kompakten Lehrbuchs schärft durch geschickte Verknüpfung der Inhalte den Blick für die inneren Parallelen und die logische Struktur der Physik. Denn wer ein paar grundsätzliche Zusammenhänge verstanden hat, besitzt den Schlüssel zur gesamten Wissenschaft und braucht keine Details mehr zu pauken. Mit Praxisbeispielen zur Wissensvertiefung und Wiederholungsfragen zur Lernkontrolle.

Leistner · Breckle
Pharmazeutische Biologie kompakt
Grundlagen, Systematik, Humanbiologie
7. Auflage 2008. XII, 714 S., 447 Abb., 38 Tab., zahlr. Formeln. Kartoniert.
ISBN 978-3-8047-2230-9
E-Book: PDF.
ISBN 978-3-8047-2626-0

Grundlagen der pharmazeutischen Biologie wie auch die Prüfungsthemen der Humanbiologie.
→ Definitionen und Merksätze bringen die Inhalte auf den Punkt.
→ Randbemerkungen und Zusammenfassungen ermöglichen schnelles Rekapitulieren
→ Veranschaulichungen und Praxisbeispiele erleichtern das Verständnis.

Derendorf u.a.
Pharmakokinetik kompakt
Grundlagen und Praxisrelevanz
3., völlig neu bearb. und erw. Aufl. 2011. XIV, 378 S., 196 Abb., 29 Tab., Kartoniert.
ISBN 978-3-8047-2450-1
E-Book: PDF.
ISBN 978-3-8047-3006-9

Das Buch berücksichtigt neueste Erkenntnisse bei der Populationspharmakokinetik, Bioäquivalenz und Bioverfügbarkeit. Die Verknüpfung von Pharmakokinetik und Pharmakodynamik erschließt faszinierende Zusammenhänge zwischen der errechneten Dosierung und der tatsächlichen Wirkung.

Wätzig · Mehnert · Bühler
Mathematik und Statistik kompakt
Grundlagen und Anwendungen in Pharmazie und Medizin
2009. XII, 339 S., 83 Abb., 55 Tab., Kartoniert.
ISBN 978-3-8047-2439-6
E-Book: PDF.
ISBN 978-3-8047-2640-6

→ Schnell zugängliches Basiswissen,
→ Die richtige Mischung aus Grundlagen, Methoden und Wissen in Zusammenhängen,
→ Anschauliche Praxisbeispiele und Übungsaufgaben.

Entdecken Sie die verborgenen Reize der Mathematik und lassen Sie sich von der Statistik verführen.

Weidenauer · Beyer
Arzneiformenlehre kompakt
Einführung in die Herstellung der Arzneiformen
2008. IX, 221 S., 73 Abb., 36 Tab., Kartoniert. Kommentierte Examensfragen unter www.Online-PlusBase.de
ISBN 978-3-8047-2393-1
E-Book: PDF.
ISBN 978-3-8047-2632-1

Von unnötigem Ballast befreit finden Sie alles laut Gegenstandskatalog Notwendige – von den Grundbegriffen der Arzneiformenlehre bis zu speziellen Arzneiformen. Ausgewählte MC-Fragen und Antworten festigen Ihr Wissen.

wvg | **Wissenschaftliche Verlagsgesellschaft Stuttgart**

www.wissenschaftliche-verlagsgesellschaft.de